環境・エネルギーの賞事典

日外アソシエーツ

A Reference Guide
to
Awards and Prizes
for
Environment and Energy

Compiled by

Nichigai Associates, Inc.

©2013 by Nichigai Associates, Inc.

Printed in Japan

本書はディジタルデータでご利用いただくことができます。詳細はお問い合わせください。

●編集担当● 安藤 真由子
装丁：赤田 麻衣子

刊行にあたって

　本書は、日本の環境・エネルギー分野の主要な賞の概要と創設以来の受賞情報を集めた「賞の事典」である。

　各国の経済活動の拡大とともに、地球温暖化や環境汚染、エネルギー資源の枯渇など様々な環境問題が発生し、これらの問題に対して有効な対策を取ることが現代社会の大きな課題となっている。日本国内でも、環境保全対策や自然保護のとりくみ、省エネルギーや資源の有効利用技術の開発など、環境・エネルギーに関係する賞が設けられ、研究成果・技術開発の顕彰が行われてきた。

　本書はその中でも著名な58賞を、「環境」、「エネルギー」の分野別に収録した。各賞ごとに、趣旨・主催者・選考基準などの概要と、創設以来の歴代の受賞記録を掲載し、各分野の発展の潮流をたどることができる。また、主催者ごとに賞を引ける主催者名索引と、特定の人物・団体の受賞歴を通覧することが可能な受賞者名索引を付した。

　小社では、賞の概要や受賞者を調べるための「賞の事典」シリーズとして、「文学賞事典」「音楽・芸能賞事典」「美術・デザイン賞事典」「科学賞事典」「文化賞事典」の5分野について、数年ごとに最新情報を調査・追補収録した新版を編集・刊行している。本書と併せてご利用いただければ幸いである。

　2013年6月

　　　　　　　　　　　　　　　　　　　　　日外アソシエーツ

凡　　例

1. 収録範囲

　　日本国内の団体等が主催している賞のうち、環境・エネルギー分野に関する58賞の受賞情報を2013年6月現在で収録した。

2. 賞名見出し
   1) 賞名の表記は原則正式名称を採用した。
   2) 改称や他の呼称がある場合は目次に個別の賞名見出しを立て、参照を付した。

3. 賞の分類と賞名見出しの排列

　　「環境」「エネルギー」の2分野に分類し、それぞれの見出しの下では賞名の五十音順に排列した。その際、濁音・半濁音は清音とみなし、ヂ→シ、ヅ→スとした。促音・拗音は直音とみなし、長音（音引き）は無視した。「日本」の読みは「にほん」に統一した。

4. 記載内容
   1) 概　　要

　　　賞の概要を示すために、賞の由来・趣旨／主催者／選考委員／選考方法／選考基準／締切・発表／賞・賞金／公式ホームページURLを記載した。

   2) 受賞者・受賞理由

　　　創設以来の歴代受賞者・受賞理由を受賞年ごとにまとめ、部門・席次／受賞者（受賞時の所属・肩書等）／受賞理由の順に記載した。

5. 主催者名索引
   1) 賞の主催者名から賞名を引けるようにした。
   2) 本文の所在は賞名および賞番号で示した。

3) 主催者名の排列は、読みの五十音順とし、同一主催者のもとでは賞の読みの五十音順とした。なお、濁音・半濁音は清音とみなし、ヂ→シ、ヅ→スとした。促音・拗音は直音とみなし、長音（音引き）は無視した。「日本」は「にほん」に読みを統一した。

6．受賞者名索引

1) 受賞者名から本文での記載頁を引けるようにした。
2) 排列は人名の場合、姓の読みの五十音順、同一姓のもとでは名の読みの五十音順とした。なお、濁音・半濁音は清音とみなし、ヂ→シ、ヅ→スとした。促音・拗音は直音とみなし、長音（音引き）は無視した。

目　　次

環　境

001 明日への環境賞 ……………………………………………………… 3
002 エコ&アート アワード ……………………………………………… 6
003 エコ・プロダクツデザインコンペ ………………………………… 8
004 おおさか環境賞 ……………………………………………………… 10
　　　大島賞　→*033*　日本生態学会大島賞
005 環境科学会学術賞 …………………………………………………… 12
006 環境科学会学会賞 …………………………………………………… 13
007 環境化学会賞 ………………………………………………………… 14
008 環境科学会奨励賞 …………………………………………………… 23
009 環境科学会年会優秀発表賞（富士電機賞）………………………… 25
010 環境科学会優秀研究企画賞 ………………………………………… 27
011 環境科学会論文賞 …………………………………………………… 28
012 環境技術賞 …………………………………………………………… 30
013 環境資源工学会論文賞・技術賞 …………………………………… 31
014 環境賞 ………………………………………………………………… 34
015 環境・設備デザイン賞 ……………………………………………… 42
016 環境デザイン賞 ……………………………………………………… 48
017 環境水俣賞 …………………………………………………………… 49
　　　韓日国際環境賞　→*026*　日韓国際環境賞
　　　近畿化学協会環境技術賞　→*012*　環境技術賞
018 グリーン・サステイナブルケミストリー賞 ……………………… 51
019 花の万博記念「コスモス国際賞」…………………………………… 55
　　　斎藤潔賞　→*023*　大気環境学会賞
020 JIA環境建築賞 ……………………………………………………… 58
　　　GSC賞　→*018*　グリーン・サステイナブルケミストリー賞
　　　白沢賞　→*031*　日本森林学会賞
021 しれとこ賞 …………………………………………………………… 62
　　　鈴木賞　→*036*　日本生態学会奨励賞（鈴木賞）
022 生態学琵琶湖賞 ……………………………………………………… 63
　　　大気汚染研究協会賞　→*023*　大気環境学会賞
023 大気環境学会賞 ……………………………………………………… 66
024 田尻賞 ………………………………………………………………… 71
　　　地球環境技術賞　→*027*　日経地球環境技術賞

(6)

目　次

025　土木学会景観・デザイン委員会デザイン賞 ……………………………… 73
　　　土木学会デザイン賞　→*025*　土木学会景観・デザイン委員会デザイン賞
026　日韓国際環境賞 ………………………………………………………………… 85
027　日経地球環境技術賞 …………………………………………………………… 87
　　　日本環境動物昆虫学会研究奨励賞　→*028*　日本環境動物昆虫学会奨励賞
028　日本環境動物昆虫学会奨励賞 ………………………………………………… 91
　　　日本環境変異原学会研究奨励賞　→*029*　日本環境変異原学会顕彰事業
029　日本環境変異原学会顕彰事業 ………………………………………………… 92
　　　日本環境変異原学会功労賞　→*029*　日本環境変異原学会顕彰事業
　　　日本環境変異原学会賞　→*029*　日本環境変異原学会顕彰事業
030　日本森林学会学生奨励賞/JFR論文賞 ………………………………………… 96
031　日本森林学会賞 ………………………………………………………………… 97
032　日本生態学会Ecological Research論文賞 …………………………………… 100
033　日本生態学会大島賞 …………………………………………………………… 102
034　日本生態学会功労賞 …………………………………………………………… 103
035　日本生態学会賞 ………………………………………………………………… 103
036　日本生態学会奨励賞（鈴木賞） ……………………………………………… 104
037　日本生態学会宮地賞 …………………………………………………………… 104
　　　日本騒音制御工学会環境デザイン賞　→*016*　環境デザイン賞
038　日本水大賞 ……………………………………………………………………… 105
　　　日本林学会賞　→*031*　日本森林学会賞
　　　日本林学会林学賞　→*031*　日本森林学会賞
　　　花の万博記念コスモス国際賞　→*019*　花の万博記念「コスモス国際賞」
　　　富士電機賞　→*009*　環境科学会年会優秀発表賞（富士電機賞）
　　　富士電機賞　→*010*　環境科学会優秀研究企画賞
039　ブループラネット賞 …………………………………………………………… 113
040　本田賞 …………………………………………………………………………… 117
041　松下幸之助花の万博記念賞 …………………………………………………… 120
　　　宮地賞　→*037*　日本生態学会宮地賞
　　　望月喜多司記念賞　→*029*　日本環境変異原学会顕彰事業
042　山階芳麿賞 ……………………………………………………………………… 124
　　　林学賞　→*031*　日本森林学会賞

エネルギー

　　　井口賞　→*054*　日本ガス協会賞
043　岩谷直治記念賞 ………………………………………………………………… 126
044　エネルギー・資源学会学会賞 ………………………………………………… 128
045　エネルギー・資源学会 茅奨励賞 …………………………………………… 129
046　エネルギー・資源学会技術賞 ………………………………………………… 132
047　エネルギー・資源学会論文賞 ………………………………………………… 134
048　エネルギーフォーラム賞 ……………………………………………………… 135

(7)

目　次

　　太田賞　→*054*　日本ガス協会賞
049 省エネ大賞……………………………………………………138
　　省エネバンガード21　→*049*　省エネ大賞
050 新エネ大賞……………………………………………………156
　　新エネバンガード21　→*050*　新エネ大賞
051 石油学会賞……………………………………………………164
052 石油技術協会賞………………………………………………182
053 日本エネルギー学会賞………………………………………191
054 日本ガス協会賞………………………………………………216
055 日本ガスタービン学会賞……………………………………240
056 日本風工学会賞………………………………………………245
057 日本原子力学会賞……………………………………………249
　　燃料協会賞　→*053*　日本エネルギー学会賞
058 野口記念賞……………………………………………………277
主催者名索引……………………………………………………283
受賞者名索引……………………………………………………287

環境・エネルギーの賞事典

環 境

001 明日への環境賞

朝日新聞創刊120周年を記念して平成11年に創設。地球温暖化防止から家庭のごみ減らしまで、環境保全に関する幅広い分野を対象とし、先見性、モデル性、継続性に富む実践活動を顕彰する。平成21年(第10回)をもって休止。

【主催者】朝日新聞社
【選考委員】同賞審査委員会
【選考方法】公募(自薦・他薦)
【選考基準】〔対象〕(1) 環境保全に貢献する実践活動。NGOや自治体、企業などの活動。著作、映像など。いずれも日本国内での活動、および日本人または日本に本拠を置く団体による海外での活動に限る。個人・団体を問わない。〔応募規定〕所定の応募推薦用紙(等倍でのコピー使用可)に記入して郵送
【賞・賞金】正賞(賞杯)と副賞100万円
【URL】http://www.asahi.com/shimbun/award/env/

第1回(平12年)
　霞ケ浦・北浦をよくする市民連絡会議(茨城県牛久市) "住民、学校、行政、企業などが一体となり、水草のアサザ群落再生事業を中心に「百年後にはトキの舞う湖」を目指す"
　藤前干潟を守る会(愛知県名古屋市) "ごみ処分場建設を食い止め、日本一のシギ、チドリ類の飛来地、藤前干潟を保全"
　アジア砒素ネットワーク(宮崎県日向市) "土呂久鉱害支援の経験を生かし、中国、タイ、バングラデシュなどのヒ素汚染地区で地下水汚染の調査や安全な飲み水確保に努める"
　◇農業特別賞
　　木次乳業(島根県木次町) "「有機農業と食の安全性」という理念のもと、中山間地で地域の生産・加工・流通・消費をつなぐ安定したネットワークを確立"
　◇森林文化特別賞
　　地球緑化センター(東京都中央区) "中国・内モンゴル自治区と長江流域への植林ボランティア派遣のほか、「緑のふるさと協力隊」として国内過疎地へも希望者を送り込む"

第2回(平13年)
　北海道グリーンファンド(札幌市) "市民の手で、日本初の「グリーン電力料金」を実現し、風力発電施設を着工"
　富士ゼロックス(東京都港区) "回収した自社製品から、使用可能な部品を品質保証してリユースするなど、廃棄物を一切

出さない「100％再資源化」のシステムを確立"

福井県大野の水を考える会（福井県大野市）"四半世紀にわたる地下水保全や節水の活動"

◇農業特別賞

阿蘇グリーンストック（熊本県阿蘇町）"野焼き支援ボランティアやあか牛の産地直売など，農林畜産業の振興と，阿蘇の大草原を守る活動を続ける"

◇森林文化特別賞

速水林業（三重県海山町）「最も美しい森林は最も収穫の高い森林である」との理念を掲げ，環境保全に配慮した森林管理による模範的な林業経営を続ける"

第3回（平14年）

滋賀県環境生活協同組合（滋賀県安土町）"菜の花を栽培しクリーン燃料を作る資源循環モデル「菜の花プロジェクト」を確立"

環境監視研究所（大阪市）"環境汚染に取り組む市民のために水，食料，土壌，大気などを調査・分析"

吉野川シンポジウム実行委員会（徳島市）"吉野川可動堰建設計画の可否を問う住民投票を実現するなど，河川環境を保全する活動を続ける"

◇農業特別賞

日本農書全集編集委員会（東京都港区）"江戸時代の農書の復刻・現代語訳「日本農書全集」72巻（農山漁村文化協会刊）を編集・刊行"

◇森林文化特別賞

トトロのふるさと財団（埼玉県所沢市）"市民から集めた募金で雑木林の保全に努めるとともに，行政や地元自治会と協力して田畑や古い民家の保存，環境教育につとめる"

第4回（平15年）

セイコーエプソン（長野県）"オゾン層を破壊するフロンの全廃，地球温暖化の原因となるガスの大量削減などに取り組む"

気候ネットワーク（京都府）"地球温暖化防止に取り組む全国の個人や団体のネットワークの中心として，市民啓発，調査研究，政策提言などの活動を続ける"

緑の地球ネットワーク（大阪府）"中国の黄土高原での植林活動に取り組み，砂漠化防止や農民の暮らしの向上などにつとめる"

全国合鴨水稲会（岡山県）"アイガモを利用した稲作の除草技術を確立し，我が国の有機農業の発展に大きく寄与するとともに，アジア諸国でのアイガモ農法の普及と向上につとめる"

檮原町（高知県高岡郡）"風力発電を軸に森林認証の取得や千枚田オーナー制度などの施策を展開，環境保護と町の活性化に取り組む"

第5回（平16年）

レインボープラン推進協議会（山形県）"住民，農家，行政が協力して循環型社会の実現に取り組む先駆的な試みが，着実な成果を上げている"

水俣フォーラム（東京都）"わが国の公害の原点とも言われる「水俣病」を風化させないために，全国各地で水俣展を開催するなど，水俣病と市民との出会いの場を設け，歴史の橋渡しをしている"

クマタカ生態研究グループ（滋賀県）"豊かな森林環境の指標であるクマタカの知られざる生態を，長年にわたるフィールド調査で解明した。成果は各地の環境保全に生かされ，東南アジアの人々との協力の輪も広がっている"

廃棄物対策豊島住民会議（香川県）"国内最大級の産廃不法投棄と長年闘い，排出者責任を追及するとともに香川県に撤去・処理させ，国の産廃行政に大きな影響を与えた"

第6回（平17年）

残土・産廃問題ネットワーク・ちば（千葉県）"市民ぐるみで建設残土，産廃に立

ち向かう"
日本環境会議（東京都）"「アジア環境白書」の継続的な発行"
愛農学園農業高等学校（三重県）"有機農業教育で農業の後継者を育成"
コウノトリ野生復帰推進連絡協議会（兵庫県）"コウノトリの保護増殖と野生復帰への取り組み"
国頭村安田区（沖縄県）"絶滅の危機にあるヤンバルクイナを守る"

第7回（平18年）
知床財団（北海道）"知床の生態系の調査研究と先進的な保護管理活動"
グラウンドワーク三島（静岡県）"市民の連携による清流の街再生と水辺景観の創造"
矢作川漁業協同組合（愛知県）"ダムで分断された川の蘇生を進める"
宍道湖・中海汽水湖研究所（島根県）"市民とともに公共事業を中止させ，湖の自然修復に取り組む"
農と自然の研究所（福岡県）"田んぼの生物調査を通し，環境に配慮した農業を提言"

第8回（平19年）
山本 純郎（北海道根室市）"絶滅の危機にあるシマフクロウを守るため，長年にわたり生息環境の整備や啓発活動に取り組む。1994年に世界初の人工孵化を成功させる"
シナイモツゴ郷の会（宮城県大崎市）"東北地方の淡水魚シナイモツゴの保護を中心に，ため池，小川，田んぼで成り立つ日本の原風景と生態系を取り戻す活動に取り組む"
公害地域再生センター〈あおぞら財団〉（大阪市）"大気汚染公害訴訟の和解金をもとに設立した財団を拠点に，国や企業に働きかけながら地域の環境改善に取り組む"
屋久島・ヤクタネゴヨウ調査隊（鹿児島県上屋久町）"学問的に信頼性の高い調査を続けながら，民・官・学協働の事業で中心的な役割を果たし，絶滅が危惧されるヤクタネゴヨウの保全に尽力"

第9回（平20年）
矢作川森の健康診断実行委員会（愛知県）"市民と研究者が一緒に自然に親しみながら参加できる「森の健康診断」というモデル性の高い調査を実施し，森林管理に役立つ基礎的資料として，行政など関係者に提供している"
緑と水の連絡会議（島根県）"市民，農家，研究者が協働して放牧の再開された三瓶山の草原景観を維持する活動を展開し，生物多様性に富む草原の価値を蘇らせるとともに，地域の自然保全にも取り組む"
宮崎野生動物研究会（宮崎県）"1970年代から30年以上にわたり日本におけるウミガメの科学的な調査を行い，保護活動と環境教育をリード。砂浜減退の問題などにも積極的に取り組む"

第10回（平21年）
大地を守る会〈NGO〉（東京都）"農薬による環境汚染が社会問題化した1970年代から30年以上にわたり，日本の有機農業の拡大をリードし，生産者と消費者を結びつけ，地域の自然保全にも取り組む"
地球環境と大気汚染を考える全国市民会議（大阪府）"地球温暖化問題に対して市民の立場で考え解決策を示そうと，研究者とともに科学的知識に裏付けられた情報を分かりやすく市民に伝えるとともに，政府や国際社会への提言をしている"
ツシマヤマネコを守る会（長崎県）"長崎県の対馬だけに生息しているツシマヤマネコを絶滅の危機から救うために生息環境を改善する活動を展開し，保護のための啓発活動にも積極的に取り組む"

002 エコ&アート アワード

「アート（芸術）」には環境問題の解決に役立つ力があると考え、eco&artというテーマを揚げて平成21年に創設。

【主催者】 コニカミノルタホールディングス株式会社

【選考委員】 （平成24年）伊勢谷友介（REBIRTH PROJECT代表），杉原有紀（アーティスト/学術博士），山本裕子（ギャラリスト/山本現代代表），安藤貴之（Pen編集長）

【選考方法】 公募

【選考基準】 〔資格〕16歳～39歳に限る。アートの視点で環境活動（エコ）を促進するための芸術作品，製品デザイン，グラフィックデザインなどを制作するアーティスト，クリエーター。プロ・アマ，個人・グループ，法人・学校，国籍不問。〔部門〕ビジュアルアーツ部門：エコロジーに対して提言するファインアートの意識に基づいた作品（純粋美術）。絵画，グラフィックアート，インスタレーション，立体アート，CG，映像，絵本等ビジュアルを中心にした作品。プロダクト&コミュニケーション部門：プロダクト化の意識に基づき考えられた工芸，デザイン，もしくはコンセプト・アイデア。自動車，飛行機，家電製品，オフィス用品，産業用，医療用，公共用機器等の工業製品から，家具や，食器等の日用品，服飾デザインまで，工業的に生産されるあらゆるデザイン，もしくはコンセプト，アイデアが対象。〔出品料〕無料

【締切・発表】 （平成24年）応募期間は平成24年8月1日～12月31日，作品展示は平成25年3月6日～22日コニカミノルタプラザにて開催，公開発表会は3月22日

【賞・賞金】 グランプリ（各部門1点）：賞金30万円。準グランプリ（各部門1点）：賞金10万円。オーディエンス賞（各部門1点）：賞金3万円，Pen年間購読権。審査員特別賞（部門問わず4点）：賞金2万円。協賛社特別賞・IDÉE賞：IDÉE SHOP（東京ミッドタウン店）またはDélier IDÉE（新丸ビル）でのアートワークの発表。協賛社特別賞・J-WAVE賞：J-WAVEオリジナルグッズのデザインワーク

【URL】 http://www.konicaminolta.jp/plaza/index.html

（平21年）
◇ビジュアルアーツ部門
- グランプリ
  GREEN ISLAND project team「Green Island」
- 準グランプリ
  塩川 友紀 「さいごのゆうひ」
  室 麻衣子 「Marionette」
- オーディエンス賞
  櫻庭 萬里夢 「Visionary Garden」
◇プロダクト&コミュニケーション部門
- グランプリ，オーディエンス賞
  白鳥 裕之 「脱がせるラベル」

- 準グランプリ
  Carta Design Studio「OTTO」
  松尾 真吾 「HEART BEAT」

（平22年）
◇ビジュアルアーツ部門
- グランプリ
  点colers〈坂本光・佐藤志都穂〉「Plastic Cycle」
- オーディエンス賞
  mmm「ビンテージ・デニム『紙漉き』による再生」
◇プロダクト&コミュニケーション部門
- グランプリ

MATHRAX LLC.〈久世祥三・坂本茉里子〉「remo-kuma（リモクマ）」
- オーディエンス賞
    対 Tsui-Design 「(e)coパック―エコロジーについて考えさせるビニール袋―」
◇審査員特別賞
    宮崎 宏康 「CO2 mega-net」
    宮下 知也 「KNOT」
    堀井 将太 「ONE MORE？」
    OMOCHIRI「I'm home.」
◇主催者特別賞
    村田 勝彦 「ECO FISH」
（平23年）
◇ビジュアルアーツ部門
- グランプリ
    植田 未月 「ENTRANCE」 "（同時受賞：IDEE協賛社特別賞）"
- 準グランプリ
    古川 祥智雄 「Paper Theater」
- オーディエンス賞
    吉田 孝侑 「NEO BUTTERFLIES」
◇プロダクト＆コミュニケーション部門
- グランプリ
    山下 卓也, 森分 優太 「Branch」
- 準グランプリ
    正光 亜実 「fragments」
- オーディエンス賞
    YOSHIOKA PLUS〈吉岡 佑二＋浜崎 美保〉「THANK YOU SO MATCH」
◇審査員特別賞
- 安藤貴之賞
    中尾 正風 「melt」
- 浅井治彦賞
    大橋 さとみ 「安全な深呼吸」
- 伊藤豊嗣賞
    志村 リョウ 「29000→600頭」
- 伊勢谷友介賞
    岩田 征一郎 「PET-tree」
- J-WAVE協賛社特別賞
    影山 友章 「HOKKYOKUGUMA SEKKEN」

（平24年）
◇ビジュアルアーツ部門
- グランプリ
    古川 真直 「WE are the JAPAN」
- 準グランプリ
    佐藤 みのり 「air plant」
- オーディエンス賞
    安藤 はるか 「リサイクル・アニマル」
◇プロダクト＆コミュニケーション部門
- グランプリ
    NOTE（青木大輔・樋口太郎）「玉響-たまゆら-」
- 準グランプリ
    松田 優 「eneMAL」
- オーディエンス賞
    SMARAG（吉岡佑二・浜崎美保）「Happy Rebirthday！」
◇next ACTION部門
- グランプリ
    竹澤 葵（株式会社FREEing）「RIP lamp」
- 準グランプリ
    進藤 篤 「Denki no tobira」
- オーディエンス賞
    中川 真知子 「再／生」
◇審査員特別賞
- 安藤貴之審査員特別賞
    櫻庭 芽生夢 "「雪どけ」〔ビジュアルアーツ部門〕"
- 廣田尚子審査員特別賞
    屋木 はるか "「おかえり」〔ビジュアルアーツ部門〕"
- ミヤケマイ審査員特別賞
    村上 慧 "引越しと定住を繰り返す生活（仮）〔ネクストアクション部門〕"
- 伊勢谷友介審査員特別賞
    原 麻奈美 "「海」〔ビジュアルアーツ部門〕"
◇協賛社特別賞 J-WAVE賞
    竹澤 葵（株式会社FREEing）「RIP lamp」
◇協賛社特別賞 IDÉE賞
    SMARAG（吉岡佑二・浜崎美保）「Happy Rebirthday！」

(平25年)
◇ビジュアルアーツ部門
- グランプリ
  都築 崇広 「僕の起きるベッドでは鳥が鳴かない」
- 準グランプリ
  土屋 淳 「人間椅子」
- オーディエンス賞
  永塚 剛士 「もし日本が4人の家族と1匹の犬だったら」
- コニカミノルタプラザ賞
  松岡 ジョセフ 「ソーラー」
- 協賛社特別賞 J-WAVE賞
  永塚 剛士 「もし日本が4人の家族と1匹の犬だったら」
- 協賛社特別賞 IDÉE賞
  小和田 成美 「dress cluck」

◇プロダクト&コミュニケーション部門
- グランプリ
  中西 咲理 「葉っぱ吹雪」
- 準グランプリ
  陳 怡帆 「一緒に…」
- オーディエンス賞
  中西 咲理 「葉っぱ吹雪」
- 審査員特別賞
  藤田 朋浩, 湊 大介 "ニコンセント"

003 エコ・プロダクツデザインコンペ

優れた技術を持つ企業から提供される,エコをテーマとした課題に対し,全国より作品を募集,選定,審査を通過した優秀な作品の商品化を目指すコンペティションとして,平成19年に創設.

【主催者】エコ・プロダクツデザインコンペ実行委員会

【選考委員】(第4回)特別審査員:山本良一(東京大学名誉教授/国際グリーン購入ネットワーク会長),惣宇利紀男(大阪市立大学 名誉教授(公共経済学)/関西消費者協会理事長/NPO法人イービーング理事),審査委員長:ムラタ・チアキ((株)ハーズ実験デザイン研究所代表取締役/METAPHYS代表),審査員:池上俊郎(京都市立芸術大学美術学部教授/NPO法人エコデザインネットワーク理事長),益田文和((株)オープンハウス/エコデザイン研究所代表取締役デザインコンサルタント),左合ひとみ((株)左合ひとみデザイン室代表取締役),三木健(大阪芸術大学デザイン学科客員教授/三木健デザイン事務所代表)

【選考方法】公募

【選考基準】〔部門〕企業テーマ部門:企業テーマに沿ったエコデザイン提案.自由テーマ部門:独創的なエコデザイン提案.卒業作品部門:学内で発表された卒業制作などのエコデザイン提案.〔資格〕あらゆる分野のデザイナー,技術者,学生などの団体あるいは個人・グループ.年齢・性別・国籍不問.表彰式に出席できる方(受賞された場合).〔作品規定〕ジャンル不問.コンペ未発表で本人が知財権を有する作品に限る.〔応募規定〕応募点数の制限なし

【締切・発表】(第3回)応募期間は平成21年9月15日~11月15日,表彰式は平成22年3月11日

【賞・賞金】グランプリ(1点):賞金100万円,近畿経済産業局長賞(1点):賞金20万円,大阪府知事賞(1点):賞金20万円,大阪市長賞(1点):賞金20万円,優秀賞(10点):賞金5万円,企業賞

【URL】http://compe.osaka-design.co.jp/

第1回（平19年）
◇グランプリ
大木 陽平 "引き出すプリンタ"（エプソン販売）"
◇近畿経済産業局長賞
Tefu Wu, Hsin Yeh（ToGo）"「Basin」"（資源リサイクルセンター松田商店）"
◇大阪府知事賞
平石 はるか（Harukata Design Office）"中空瓦の技術を使ったWall等の制作を目的としたブロック"（ダイトー）"
◇大阪市長賞
河端 伸裕 "定形郵便サイズのカートリッジ"（リコー）"
◇優秀賞
稲田 祐介 "紙を無駄にさせないプリンター"（エプソン販売）"
大西 陽子 "ふろしきバッグ『スクエコ』"（おおさかATCグリーンエコプラザ事務局）"
渡邊 隆久 "エコ・パッケージングシステム"
高 祥佑, 蒲生 孝志（IDs）"「Organic WALL」"（ダイトー）"
角田 陽太 "Bamboo Door Handle"（ユニオン）"

第2回（平20年）
◇グランプリ
羽田 安秀 "MULTI ECO BAG"（ザ・パック）"
◇近畿経済産業局長賞
山本 学 "echo blind"（grege社）"
◇大阪府知事賞
藤井 マナブ（藤井マナブデザイン室FACE）"母と子供のCO₂削減努力の『見える化』プロジェクト"（エプソン販売）"
◇大阪市長賞
本田 敬, 木村 かおり（Design Studio CRAC）"訪問看護士のための消毒液ボトル"（サラヤ）"
◇優秀賞
工古田 尚子（トゥーウェイズ）"タッチパネルを用いた、温暖化対策学習ツール"（おおさかATCグリーンエコプラザ）"
大内 庸博（AZ・ALDO）"Echo-Pot/Echo-Cooler"（grege社）"
岩田 征一郎 "battery box watch"（リコー）"

第3回（平21年）
◇グランプリ
園部 竜太 "立体漉和紙ペンダント照明器具 YAMA"（谷口和紙）"
◇近畿経済産業局長賞
川島 優（Studio .00）"Hot Carton Can"（ポッカコーポレーション）"
◇大阪府知事賞
加賀 大喜 "SOLAR SUCKER"（グルマンディーズ）"
◇大阪市長賞
弓田 敦 "現代建築に調和する提案型LED照明システム。LOOP"（マックスレイ）"
◇優秀賞
嶋 淳子 "Lunch Communication Tool"（卒業作品）"
酒井 雄大, 古田 龍司（SLYME）"測れる段ボール"（ザ・パック・自由テーマ）"
中里 洋平 "Soft Heat"（大阪ガス・自由テーマ）"
正徳 理栄子 "無限鉛筆"（自由テーマ）"
廣田 倫央 "distep-display×step"（長谷川工業・森田アルミ工業）"
丁野 博行 "Conect"（ユニオン・自由テーマ）"
橋本 崇秀 "額和紙〜GAKUWASHI〜"（谷口和紙）"
嶋田 康佑 "Paper place 紙のある場所"（卒業作品）"

小林 雅之(studio vaersgo) "「Hinoki Basin + Faucet」(サンワカンパニー)"
大口 進也 "「POWER ring」(グルマンディーズ)"

第4回(平22年)
◇グランプリ
sono mocci(イタリア)「sunny battery」
◇近畿経済産業局長賞
柿木 一男(千葉県)「Solar&LED Gallery CORNICE」
◇大阪府知事賞
楠 隆一(イギリス)「バイオマス(藻類)を利用し光合成によって水素を作る集合住宅」
◇大阪市長賞
内山 健(allegro progetto, 東京都)「Ecological Bluetooth Headset」
◇優秀賞
横山 浩史(神奈川県)「DOUZO」
大口 進也(千葉県)「いぐさのたま」
山上 義一(長崎県)「手肌と環境にもっとやさしい詰め替えパックの提案」
平井 孝雄(DESIGN TAKAO HIRAI, 神奈川県)「NOBINOBO コンパクトエコバッグ」
小林 孝寿(千葉県)「r」
岩田 賢二(愛知県)「IGUSA LIGHT/IGUSA SLIPPER RACK」
川嶋 崇史, 山内 真一(兵庫県)「段ゴトク」
片岡 徹郎(京都府)「ストレッチ電動鋸」
金 鍾其(兵庫県)「one+one=ECO」
佐野 誠治(大阪府)「shift(シフト)」
◇企業賞:大阪ガス株式会社
河田 聡, 下地 勇貴, 中島 修, 森 憲朗〈INNOS〉(東京都)「五徳カバー 華凛」
◇企業賞:シャープ株式会社
徳田 祐太朗, 石黒 和寛〈烽火〉(埼玉県)「光の自転車専用レーン -Light Lane-」
◇企業賞:サラヤ株式会社
鈴木 啓太(鈴木啓太建築設計事務所, 神奈川県)「universal-eco-pack」
◇企業賞:おおさかATCグリーンエコプラザ
飯田 澄人(静岡県)「BAG+U」
◇企業賞:株式会社オフィスジャパン
杉原 加奈(千葉県)「ふりふりらいと」
◇企業賞:株式会社グルマンディーズ
柳澤 郷司(東京都)「Cyclus」
◇企業賞:株式会社ペーパーワールド
毛塚 順次(東京都)「ペット用ダンボールパッシブエコハウス」
◇企業賞:株式会社添島勲商店
曽田 博文(大阪府)「green ball」
◇企業賞:大光電機株式会社
山口 健介(京都府)「Angle Light -For Private Space」
◇企業賞:谷口和紙株式会社
中里 洋平(東京都)「flask」
◇企業賞:長谷川工業株式会社
大口 進也(千葉県)「PINCH」
◇企業賞:株式会社メディディア医療デザイン研究所
飯田 澄人(静岡県)「evolution Urinal」
◇企業賞:森田アルミ工業株式会社
さかえだ さかえ(千葉県)「best brush eco.」
◇企業賞:山本光学株式会社
仲井 優一(兵庫県)「Molding Glasses MONO」

004 おおさか環境賞

環境への負荷の低減や自然との共生,快適環境の創造など,自主的かつ積極的に他の模範となる環境の保全又は創造に資する活動に取り組んでいる個人若しくは団体(NGO,サークル,グループ等を含む。),又は事業者に対し,その活動を賞し,奨励することを通して,豊かな環境づくりに向けた行動の輪を広げることを目的とする。

【主催者】豊かな環境づくり大阪府民会議
【選考委員】豊かな環境づくり大阪府民会議の企画委員4名,大阪府環境農林水産総合研究所長
【選考方法】市町村長,府民会議に参加している府民団体,事業者団体及び関連団体等の長又は府民会議会長が指定する報道機関からの推薦
【選考基準】賞の対象となる活動 (1) 府民活動：この賞の対象となる活動は,大阪府内で個人・団体が取り組む豊かな環境の保全又は創造に資する調査研究活動,教育啓発活動,実践活動,その他これに類する活動とする。ただし,大阪府外の活動であっても,大阪府内に住所を有する個人の活動又は構成員の大半が大阪府域に住所を有する団体の活動については,この賞の対象とする。(2) 事業活動：この賞の対象となる活動は,大阪府内で事業者が取り組む豊かな環境の保全又は創造に資する事業活動などとする。ただし,大阪府外の活動であっても,大阪府内に事業所を有する事業者の活動については,この賞の対象とする
【締切・発表】（第14回）平成22年7月29日発表,8月31日授与式
【賞・賞金】表彰状
【URL】http://www.epcc.pref.osaka.jp/fumin/html/fkaigi.html

第1回（平9年）
◇個人部門
●大賞
　浅野 美信
◇団体部門
●大賞
　アクアユートピア実行会議
　（社）大阪自然環境保全協会
第2回（平10年）
◇個人部門
●大賞
　髙谷 善雄
◇団体部門
●大賞
　エコライフ八尾
　地球環境と大気汚染を考える全国市民会議
　　（CASA）
◇事業者部門
●大賞
　大阪ガス株式会社
第3回（平11年）
◇個人部門
●大賞
　西 義史

◇団体部門
●大賞
　大阪府少年少女文化財教室
　尊延寺の自然を守る会
◇事業者部門
●大賞
　関西環境開発株式会社
第4回（平12年）
◇個人部門
●大賞
　氏家 巧
◇団体部門
●大賞
　野山に学ぶ会
◇事業者部門
●大賞
　積水化学工業株式会社
第5回（平13年）
◇個人部門
●大賞
　岩倉 恒美
◇団体部門
●大賞
　自然と本の会

◇事業者部門
- 大賞
  三洋電機株式会社大東事業所
  田辺製薬株式会社

第6回（平14年）
◇個人部門
- 大賞
  吉岡 静子
◇団体部門
- 大賞
  特定非営利活動法人 緑の地球ネットワーク
◇事業者部門
- 大賞
  ダイキン工業株式会社 堺製作所・淀川製作所

第7回（平15年）
◇個人部門
- 大賞
  田中 正視
◇団体部門
- 大賞
  能勢町立天王小学校
◇事業者部門
- 大賞
  ダイハツ工業株式会社

第8回（平16年）
◇団体部門
- 大賞
  堺千年の森クラブ
◇事業者部門
- 大賞
  関西電力株式会社

第9回（平17年）
◇個人部門
- 大賞
  池田 浩一
◇事業者部門
- 大賞
  佐川急便株式会社

第10回（平18年）
◇府民活動部門
- 大賞
  とよなか市民環境会議アジェンダ21
◇事業活動部門
- 大賞
  積水ハウス

第11回（平19年）
◇府民活動部門
- 大賞
  堺市立神石小学校
◇事業活動部門
- 大賞
  大阪ガス

第12回（平20年）
◇府民活動部門
- 大賞
  大阪府立大学 環境部「エコロ助」

第13回（平21年）
◇府民活動部門
- 大賞
  大学生協 大阪・和歌山地域センター 学生委員会

第14回（平22年）
◇事業活動部門
- 大賞
  阪急電鉄株式会社

第15回（平23年）
◇事業活動部門
- 大賞
  一般社団法人 コミュニティ彩都

第16回（平24年）
◇事業活動部門
- 大賞
  パナソニック株式会社エコソリューションズ社

005 環境科学会学術賞

環境科学分野において特に優れた業績をあげた者を表彰する。

【主催者】（社）環境科学会
【選考委員】 表彰委員会/理事会
【選考方法】 推薦
【選考基準】 環境科学分野において特に優れた業績をあげた会員
【締切・発表】 毎年10～12月頃に公募を受付け,3月頃に通知。
【賞・賞金】 毎年1～2名程度。表彰楯。
【URL】 http：//www.ses.or.jp/

(平17年)
　岡田 光正（国立大学法人広島大学大学院工学研究科・教授(研究科長)）「生態工学に基づく藻場・干潟保全に関する研究」
　森田 恒幸（元・独立行政法人国立環境研究所社会環境研究システム研究領域・領域長）「アジア太平洋地域統合評価モデル（AIM）の開発と普及」

(平18年)
　植田 和弘（国立大学法人京都大学大学院経済学研究科および同地球環境学堂・教授）「環境経済学の立場からの循環型社会形成の推進」

(平19年)
　佐藤 洋（東北大学大学院医学系研究科・教授）「人間-環境系の視点からの保健医学に関する研究」
　原科 幸彦（東京工業大学大学院総合理工学研究科・教授）「環境アセスメント方法論の研究」

(平20年)
　花木 啓祐（東京大学大学院工学系研究科・サステイナビリティ学連携研究機構・教授）「都市の環境システム分析に関する研究」
　原沢 英夫（内閣府・政策統括官付参事官）「地球温暖化の影響評価ならびに環境計画に関する研究」

(平21年)
　新藤 純子（農業環境技術研究所物質循環研究領域・上席研究員）「人間活動に伴う窒素のフローと環境影響に関する研究」

(平22年)
　藤江 幸一（横浜国立大学大学院環境情報研究院・教授）「持続可能社会に向けた物質および水資源の循環利用に関する研究」
　柳 憲一郎（明治大学法科大学院法務研究科・教授）「持続可能な社会の構築に向けた環境法の役割に関する研究」

(平23年)
　甲斐沼 美紀子（独立行政法人国立環境研究所・フェロー）「地球温暖化対策を定量的に評価するための統合評価モデルAIMの開発とその適用」

(平24年)
　肥田野 登（東京工業大学大学院社会工学専攻・教授）「環境経済学における人間の心理や行動意識の理論的・実証的研究」

(平25年)
　迫田 章義（東京大学生産技術研究所）「化学工学的手法による資源循環ならびに環境浄化に関する研究」
　吉田 喜久雄（(独)産業技術総合研究所安全科学研究部門）「マルチメディアモデリングを用いた化学物質のヒト健康リスク評価に関する研究」

006 環境科学会学会賞

007 環境化学会賞

環境科学ならびに環境科学会の発展に貢献した者を表彰する。
【主催者】（社）環境科学会
【選考委員】表彰委員会/理事会
【選考方法】推薦
【選考基準】環境科学ならびに環境科学会の発展に貢献した会員
【締切・発表】毎年10～12月頃に公募を受付け,3月頃に通知。
【賞・賞金】毎年1～2名程度。表彰楯。
【URL】http://www.ses.or.jp/

（平17年）
　浅野 直人（福岡大学法学部・教授）「環境管理のための法的手法の体系化・実践的研究と環境科学会の発展への貢献」

（平18年）
　北野 大（明治大学理工学部・教授）「環境コミュニケーションの実践的活動と環境科学会の発展への貢献」
　渡辺 正（国立大学法人東京大学生産技術研究所・教授）「生体機能分子に関わる環境科学研究と環境科学会の発展への貢献」

（平19年）
　小倉 紀雄（東京農工大学・名誉教授）「水環境における栄養塩・有機物の動態研究と環境科学会の発展への貢献」
　安井 至（国際連合大学・副学長）「市民のための環境学の実践と環境科学会の発展への貢献」

（平20年）
　高野 健人（東京医科歯科大学・教授）「都市の公衆衛生に関する研究と本学会の発展への貢献」
　原口 紘炁（社団法人国際環境研究協会・プログラムオフィサー）「生体金属総合科学における研究と本学会の発展への貢献」

（平21年）
　井村 秀文（名古屋大学大学院環境学研究科・教授）「アジアにおける経済発展と環境問題の研究と環境科学会の発展への貢献」

（平22年）
　内海 英雄（九州大学先端融合医療レドックスナビ研究拠点・拠点長・特任教授）「環境研究におけるバイオアッセイ法開発と環境科学会の発展への貢献」
　原科 幸彦（東京工業大学大学院総合理工学研究科・教授）「環境アセスメント方法論分野における貢献」

（平23年）
　浦野 紘平（横浜国立大学大学院環境情報研究院・自然環境と情報部門・環境管理学分野・特任教授）「エコケミストリー研究会を通じた化学物質の環境影響に関する先駆的かつ長年にわたる啓発活動」

（平24年）
　大塚 柳太郎（財団法人自然環境研究センター・理事長,東京大学・名誉教授）「人類生態学に基づく環境健康研究と環境科学会の発展への貢献」

（平25年）
　該当者なし

007 環境化学会賞

環境化学会会員の研究・技術・業績に対して贈られる賞。

【主催者】(一社)日本環境化学会
【選考委員】表彰委員会
【選考方法】推薦
【選考基準】〔資格〕同会会員〔対象〕功績賞:環境化学の学問的進歩に対する貢献が極めて顕著な研究業績をあげ,その成果を同会での活動を通じて発表した会員。学術賞:環境化学分野で優れた研究業績をあげ,その成果を同会での活動を通じて発表した会員。論文賞:前年の機関誌「環境化学」に発表された原著論文の中から独創的かつ発展性のある論文の著者。技術賞:前年の機関誌「環境化学」に発表された技術開発に関連した論文の中から,環境化学関連技術の発展に大きな寄与をすると判断された論文の著者。有功賞:同会の運営あるいは発展に多大の貢献をした会員(賛助会員を含む)。
【賞・賞金】賞状,副賞
【URL】http://www.j-ec.or.jp/toppage.shtml

(平4年)
◇環境化学功労賞
　山本 武(大阪市立環境科学研究所)「GC/MSによる環境中の化学物質のモニタリング手法の開発研究に関する功績」
◇環境化学学術賞
　安原 昭夫(国立環境研究所)「環境化学情報分野に対する多大の貢献」
◇環境化学学術賞(論文部門)
　奥村 為男(大阪府公害監視センター)"「農薬の揮発速度について」(Vol.1,38-47),「メチルシリコンキャピラリーカラムによる環境化学物質のためのGC保持指数(PTRI)」(Vol.1,333-358)"
　鈴木 茂(川崎市公害研究所)"「大気中の農薬の分析法」(Vol.1,2-5)"
◇環境化学学術賞(講演部門)
　田中 博之(水産庁遠洋水産研究所)「PCBsの蓄積特性から見た海鳥類の化学汚染に対する感受性」
　飯塚 宏栄,小林 滋(農業環境技術研究所)「農薬の水系における動態解析」
◇環境化学技術賞
　松居 正巳(島津製作所)"「キャリアーガスに空気を用いたガスクロマトグラフィーのカラム充填剤の研究」(Vol.1,299)"

(平5年)
◇環境化学功労賞
　脇本 忠明(愛媛大学農学部)「有機塩素化合物の環境動態の解明に関する研究」
◇環境化学学術賞
　彼谷 邦光(国立環境研究所)「藍藻毒の化学的ならびに毒性的研究」
　川田 邦明(新潟県衛生公害研究所)「大気中農薬の分析ならびに動態の解明に関する研究」
◇環境化学学術賞(論文部門)
　高橋 敬雄(新潟大学工学部)"「新潟県下主要都市の水道中のトリハロメタン量」(Vol.2,181)"
　兼俊 明夫,小川 広(北海道立衛生研究所)"「塩素化2-ヒドロキシジフェニルエーテル類の環境衛生化学的考察—加熱により生成する塩素化ダイオキシンの異性体分析—」(Vol.2,503)"
　松枝 隆彦,黒川 陽一,大崎 靖彦(福岡県衛生公害センター)"「喫煙に伴う室内空気中のダイオキシン類濃度の変化」(Vol.2,791)"
◇環境化学論文賞
◇環境化学学術賞(講演部門)
　中野 武,藤森 一男,高石 豊,奥野 年秀(兵庫県立公害研究所)「ゴルフ場農薬

の流出挙動」

田中 茂(慶応義塾大学理工学部)「生物起源有機硫黄(DMS)の海洋における濃度分布とその海洋からの放出量の算出」

◇環境化学技術賞

高菅 卓三,井上 毅(島津テクノリサーチ)"「ダイオキシンおよび関連化合物のHRGC/HRMSによる超微量分離定量分析における最適条件化の検討」(Vol.2,599)"

◇環境化学有功賞

石黒 智彦(日本環境衛生センター)「環境化学研究会の発展ならびに啓蒙における多大の貢献」

(平6年)

◇環境化学功労賞

加藤 誠哉(日本食品分析センター)「農薬分析法の開発に関する研究」

◇環境化学学術賞

劔持 堅志(岡山県環境保健センター)「有害化学物質の分析法開発とモニタリング法に関する研究」

◇環境化学学術賞(論文部門)

今川 隆,宮崎 章(工業技術院資源環境技術総合研究所)"「フライアッシュおよびハロワックス中のテトラ〜ペンタクロロナフタレン異性体の同定」(Vol.3,221)"

山本 耕司,福島 実(大阪市立環境科学研究所)"「低沸点有機塩素化合物による水汚染—淀川および大和川水系・大阪市内河川・大阪湾—」(Vol.3,239)"

◇環境化学技術賞

田嶋 晴彦(化学品検査協会)「ガスクロマトグラフィーにおける大容量試料導入法の開発と応用」

◇環境化学有功賞

毛利 勝興(日本電子)「環境化学研究会における経理制度の確立における貢献」

(平7年)

◇環境化学功労賞

該当者なし

◇環境化学学術賞

小野寺 祐夫(東京理科大学薬学部)「水環境中の有害化学物質の動態化学的ならびに毒性的研究」

宮田 秀明(摂南大学薬学部)「ダイオキシンおよび関連化合物の環境汚染に関する研究」

◇環境化学学術賞(論文部門)

益永 秀樹,米澤 義堯(工業技術院資源環境技術総合研究所)"「沿岸海域における溶存態と懸濁態への化学物質の分配」(Vol.4,619)"

高橋 保雄(東京都立衛生研究所)"「消毒(塩素処理)副生成物による汚染について」(Vol.4,285)"

◇環境化学技術賞

後藤 純雄(国立公衆衛生院)「揮発性化合物の変異原性簡易測定法の開発」

◇環境化学有功賞

松岡 広和(横河アナリティカルシステムズ)「環境化学研究会の活動に対する多大の貢献」

◇環境化学特別賞

伊藤 裕康(国立環境研究所)「環境化学分野の進歩・発展に寄与した功績」

(平8年)

◇環境化学功労賞

奥村 為男(大阪府公害監視センター)「GC/MSによる化学物質のモニタリング法の開発に関する研究」

◇環境化学学術賞

玉川 勝美(仙台市衛生研究所)"「有害化学物質による空気汚染と個人暴露に関する研究」"

高菅 卓三(島津テクノリサーチ)「廃棄物処理に伴うダイオキシン・PCB等微量有機ハロゲン化合物の分析化学的・環境化学的研究」

◇環境化学学術賞(論文部門)

花田 喜文,門上 希和夫(北九州市環境科学研究所),白石 寛明(国立環境研究所),今村 清(大阪府公害監視センター),鈴木 茂(川崎市公害研究所),長谷川 敦子

（神奈川県環境科学センター），村山 等（新潟県衛生公害研究所）"ガスクロマトグラフィー/質量分析法を用いた環境中の化学物質検索」(Vol.5,47)"
松田 宗明（愛媛大学農学部）"「韓国馬山湾の表層低質と湾周辺地域の土壌中のダイオキシン類濃度」(Vol.5,625)"
◇環境化学技術賞
陰地 義樹（奈良県衛生研究所）"「大量注入GC/MSシステムによる大気中農薬の分析」(Vol.5,23)"
松居 正巳（島津製作所），小笠原 啓一，増岡 登志夫（工業技術院物質工学研究所）"クロマトグラフィにおける中空系シリコン膜を用いた試料導入法及び抽出法」(Vol.5,73)"
◇環境化学有功賞
多田 幸一（ジーエルサイエンス）「日本環境化学会の設立に関する多大の貢献」
◇環境化学有功賞
藤本 武利（住友分析センター）「広報活動ならびに情報収集活動における多大の貢献」
（平9年）
◇環境化学功労賞
松下 秀鶴（静岡県立大学）「多年にわたる環境化学教育及び環境行政への貢献ならびに多環芳香族化合物の環境化学的研究」
◇環境化学学術賞
西川 雅高（国立環境研究所）「大気エアロゾルおよび降水の環境化学的研究」
◇環境化学学術賞（論文部門）
白石 不二雄，山本 貴士（国立環境研究所）"培養細胞を用いたハロン代替物質など揮発性，難溶性化合物の遺伝毒性スクリーニング法の検討」(Vol.6,217)"
寺口 智美，沖田 智，尹 順子，岩島 清（環境管理センター）"多摩川におけるいくつかの溶存有機化合物の分布と供給源」(Vol.6,521)"
◇環境化学技術賞

谷口 紳（荏原製作所），細見 正明（東京農工大学）"パイロット規模の連続式実験装置によるPCB汚染土壌の処理」(Vol.6,183)"
◇環境化学有功賞
久本 泰秀（日立製作所）「学会への貢献」
◇環境化学特別賞
小川 人士（玉川大学農学部）「第5回討論会における多大な貢献」
（平10年）
◇環境化学功労賞
大河内 春乃（元科学技術庁金属材料研究所）「有害有機金属化合物の分子種分析法の開発に関する研究」
◇環境化学学術賞
柴田 康行（国立環境研究所）「環境中のヒ素の化学形態に関する研究」
◇環境化学学術賞（論文部門）
有泉 彰，大塚 哲郎，神山 昌士（日本曹達），細見 正明（東京農工大学）"金属ナトリウム分散体法によるPCBの脱塩素化とその分解挙動」(Vol.7,793)"
水戸部 英子，田辺 顕子，川田 邦明，坂井 正昭（新潟県保健環境科学研究所）"空中散布による河川水中の農薬の挙動」(Vol.7,507)"
◇環境化学技術賞
前田 恒昭，市岡 耕二，船木 薫，坂井 亜紀，荒川 智，安木 由佳（電気化学計器）"キャピラリーカラムGC/MSによる有害大気汚染物質（揮発性）の長期連続測定の為の自動試料平均化採取装置の開発」(Vol.7,297)"
◇環境化学有功賞
松田 知憲（和光純薬工業）「学会への貢献」
秋葉 善弥（バリアンジャパン）「学会への貢献」
◇環境化学特別賞
全 浩（中華人民共和国 中日友好環境保護中心）「環境化学における日中共同研究の推進」
◇環境化学特別賞

007 環境化学会賞

安原 昭夫(国立環境研究所)「情報収集に対する貢献」

(平11年)

◇環境化学功労賞

溝口 次夫(佛教大学)「大気汚染物質の計測手法の開発に関する研究」

◇環境化学学術賞

髙橋 保雄(東京都立衛生研究所)「淡水中の微量有機物及び塩素処理副生成物に関する研究」

◇環境化学学術賞(論文部門)

房家 正博(静岡県立大学,静岡県環境衛生科学研究所),雨谷 敬史,松下 秀鶴,相馬 光之(静岡県立大学)"「空気清浄機から発生するオゾンとその室内濃度に与える要因」(Vol.8,823)"

◇環境化学技術賞

杉本 岩雄,小川 茂樹,中村 雅之,瀬山 倫子,加藤 忠(NTT生活環境研究所)"「水晶振動子式センサーによるppbレベルの石油留分ガスの検出」(Vol.8,831)"

◇環境化学有功賞

柴田 晴道(柴田科学器械工業)「学会への貢献」

辻川 毅(堀場製作所)「学会への貢献」

栗原 権右エ門(日本電子)「学会への貢献」

木村 良夫(林純薬工業)「学会への貢献」

萩原 達也(ヤナコ東部販売)「学会への貢献」

加藤 肇(ユニフレックス)「学会への貢献」

石堂 雅一(日本ジャーレルアッシュ)「学会への貢献」

小林 章一(島津製作所)「学会への貢献」

今野 俊秀(晃栄産業)「学会への貢献」

丸福 幹夫(シグマアルドリッチジャパン)「学会への貢献」

中里 正光(ジーエルサイエンス)「学会への貢献」

稲葉 重郎(イセブ)「学会への貢献」

泉 博文(関東化学)「学会への貢献」

内藤 稔(内藤環境管理)「学会への貢献」

塩谷 洋一(三洋)「学会への貢献」

金子 広之(東京化成工業)「学会への貢献」

(平12年)

◇環境化学功労賞

宮田 秀明(摂南大学)「ダイオキシン類の汚染実態の究明に関する研究」

松居 正巳(島津製作所)「環境中の化学物質の分析法に関する研究」

◇環境化学学術賞

門上 希和夫(北九州市環境科学研究所)「化学物質による環境汚染と動態に関する研究」

◇環境化学学術賞(論文部門)

坂井 伸一(京都大学環境保全センター)"「琵琶湖および大阪湾底質中のダイオキシン類に関する歴史トレンド解析」(Vol.9,379)"

◇環境化学技術賞

趙 一先(中国華東理工大学),前田 泰昭(大阪府立大学)"「超音波による有機塩素化合物の分解」(Vol.9,647)"

◇環境化学有功賞

田井 慎吾(環境研究センター)「学会への貢献」

(平13年)

◇環境化学功労賞

安原 昭夫(国立環境研究所)「廃棄物処理過程における有機成分の挙動に関する研究」

◇環境化学学術賞

松村 徹(国土環境)「環境中のダイオキシン類及びPCBの測定に関する研究―サンプリングから精度管理まで―」

◇環境化学学術賞(論文部門)

吉永 淳(東京大学),安原 昭夫,白石 寛明(国立環境研究所)"「廃棄物埋立処分場におけるホウ素の収支」(Vol.10,19)"

康 允碩,松田 宗明,河野 公栄,脇本 忠明(愛媛大学)"「韓国人体脂肪及び母乳中の有機塩素系農薬とPCBsによる暴露評価」(Vol.10,581)"

◇環境化学技術賞

清家 伸康(農業環境技術研究所),山下 正

純, 大内 宗城(三浦工業), 宮本 伊織, 本田 克久(愛媛大学)(Vol.10,841)「凝集材を用いた水中ダイオキシン類捕集法の開発」
◇環境化学有功賞
　尹 順子(環境研究センター)「学会への貢献」
(平14年)
◇環境化学功労賞
　宮崎 章(岡山県工業技術センター)「学会ならびに討論会の企画・運営等に対する多大の尽力」
◇環境化学学術賞
　神 和夫(北海道立衛生研究所)「日本におけるガンカモ類及びワシ類の鉛汚染の実態解明に関する研究」
◇環境化学学術賞(論文部門)
　中村 嘉利, 沢田 達郎(金沢大学), 小森 正樹(石川県保健環境センター)"「クラフトパルプ排水のオゾン分解機構と生成有機酸の微生物分解」(Vol.11,43)"
　瀬山 倫子(NTT生活環境研究所), 杉本 岩雄(東京工科大学)"「高感度水晶振動子式センサのニオイ識別と室内大気質モニタリン適用への基礎検討」(Vol.11,233)"
◇環境化学技術賞
　田邊 潔(国立環境研究所), 前田 恒昭(産業総合研究所), 星 純也(東京都環境科学研究所), 泉川 碩雄(中外テクノス)"試料平均化採取・GC/MSによる揮発性有害大気汚染物質自動分析装置の開発」(Vol.1,51)"
　水戸部 英子, 村山 等, 向井 博之(新潟県保健環境科学研究所)"「活性炭素繊維ろ紙捕集-GC/MS法による大気中の農薬の一斉分析」(Vol.11,477)"
◇環境化学有功賞
　浅田 正三(日本品質保証機構)「学会への貢献」
　金丸 新(日本電子)「学会への貢献」
(平15年)
◇環境化学功績賞

彼谷 邦光(東北大学) "有毒シアノバクテリアに関する環境化学的研究"
◇環境化学学術賞
　島村 匡(北里大学) "相模川水系の水質に関する研究"
　高橋 敬雄(新潟大学) "微量有害物質による水系汚染の解明と対策に関する研究"
◇環境化学論文賞
　池田 久美子, 山田 久〔他〕(水産総合研究センター) "日本海底層の食物網における有機スズ化合物の生物濃縮"
　飯村 文成, 佐々木 裕子, 吉岡 秀俊(東京都環境科学研究所), 竹田 宣人〔他〕(東京都環境局) "東京湾における魚類のダイオキシン類, PCBs汚染"
◇環境化学技術賞
　関根 嘉香(東海大学), 佛願 道男(日立化成工業) "空気中揮発性有機化合物(VOCs)濃度測定用溶媒脱離型パッシブサンプラーの性能評価"
　舟川 将史, 高田 誠(東京農工大学), 新居田 真美(日本子孫基金), 細見 正明(東京農工大学) "PCB含有安定器からのPCB揮発と室内汚染"
◇環境化学有功賞
　大竹 明(ジーエルサイエンス), 荒井 豊明(ジャスコインタナショナル) "学会への多大な貢献"
(平16年)
◇環境化学功績賞
　小野寺 祐夫(東京理科大学) "塩素処理・燃焼過程における化学的研究"
◇環境化学論文賞
　亀田 豊, 益永 茂樹〔他〕(横浜国立大学) "稲藁のダイオキシン類と農薬汚染の変遷及びそれが日本人のPCDD/DFs摂取量に与えた影響の推定"
　長谷川 淳, 松田 宗明, 河野 公栄, 脇本 忠明〔他〕(愛媛大学) "日本産鳥類におけるダイオキシン類の蓄積特性"
◇環境化学学術賞
　田辺 信介(愛媛大学) "POPsによる海洋

汚染の研究"
◇環境化学技術賞
　松原 英隆〔他〕(新日本環境コンサルタント) "絶縁油中のPCBs分析におけるゲルクロマトグラフィーを用いた前処理方法"
◇環境化学有功賞
　白根 義治(しらねエース) "学会への多大な貢献"
　橘和 丘陽(島津製作所) "学会への多大な貢献"

(平17年)
◇環境化学功績賞
　中原 武利(大阪府立大学名誉教授) "環境分析の進歩および標準化に多大な貢献"
　全 浩(中国環境科学学会固体廃棄物専門委員会) "日中間の環境化学分野における相互交流および人材育成に多大な貢献"
◇環境化学論文賞
　橋本 俊次(国立環境研究所) "統計学的手法によるダイオキシン類の発生源推定のための基礎検討"
　佐藤 学, 澤井 淳, 菊地 幹夫(神奈川工科大学) "高速液体クロマトグラフ/蛍光検出法によるノニルフェノールエトキシレートおよびその生分解生成物の一斉分析"
◇環境化学学術賞
　佐々木 裕子(東京都環境科学研究所) "東京都におけるダイオキシン類,PCBs等の汚染に関する研究"
◇環境化学技術賞
　大隅 仁, 大山 聖一, 工藤 聡, 坂田 昌弘(電力中央研究所) "イオン電極を用いた排水中ホウ素の簡易・迅速測定法"
　江崎 達哉(日本環境衛生センター), 堀内 泰, 藤井 大将, 大橋 眞(SGEジャパン), 塩崎 卓哉(日本環境衛生センター) "GC分取システムによるキャピラリーカラムガスクロマトグラフィーにおけるダイオキシン類の溶出順位決定方法"
◇環境化学有功賞
　小谷崎 眞(島津製作所) "学会への多大な貢献"
　吉岡 浩実(サーモエレクトロン) "学会への多大な貢献"

(平18年)
◇環境化学功績賞
　柴田 康行(国立環境研究所) "環境中の砒素の化学形態および放射性同位体元素の環境化学研究への応用"
◇環境化学学術賞
　太田 壮一(摂南大学) "有機臭素系化合物による環境及び人体汚染実態に関する研究"
　福嶋 実(大阪市環境科学研究所) "環境汚染物質の分析方法の開発と実態調査"
◇環境化学論文賞
　鳥山 成一, 近藤 隆之, 奥村 秀一, 水上 昭弘, 山崎 敬久, 木戸 瑞佳, 日吉 真一郎, 溝口 俊明, 安田 洋(富山県環境科学センター), 西川 雅高(国立環境研究所), 吉永 淳(東京大学), 田尾 博明(産業技術総合研究所) "人工植物曝露装置を用いた大気中ホウ素化合物による各種野菜,園芸植物及び樹木の黄化・褐変等の障害"
　今西 克也, 川上 学, 木村 義孝, 村上 雅志(富山県環境科学センター), 梶原 夏子(愛媛大学), 山田 格(国立科学博物館), 田辺 信介〔他〕(愛媛大学) "トキサフェン及びマイレックスによる日本近海鯨類の汚染とその蓄積特性"
◇環境化学技術賞
　藤田 寛之(愛媛大学), 濱田 典明(三浦工業), 沢田石 一之, 本田 克久(愛媛大学) "GC-MS法及び生物検定法によるダイオキシン類測定のための簡易精製・濃縮法に関する検討"
◇環境化学有功賞
　大橋 真(エス・ジー・イージャパン) "学会への多大な貢献"
　壁谷 俊彦(三井化学分析センター) "学会への多大な貢献"

(平19年)
◇環境化学功績賞
　高橋 保雄（東京都健康安全研究センター）"水道原水および水道水中の微量有機物と塩素処理副生成物の分析化学的研究"
◇環境化学学術賞
　貝瀬 利一（東京薬科大学）"有機ヒ素化合物の環境化学的研究"
　白石 不二雄（国立環境研究所）"酵母Two-Hybridアッセイ法による環境ホルモンの評価手法の確立"
◇環境化学論文賞
　平井 祐介，小谷 憲雄，佐渡友 秀夫，常見 知広，村田 麻里子，松崎 寿，高久 正昭，横山 泰一〔他〕（製品評価技術基盤機構化学物質管理センター）"化学物質の初期リスク評価手法の開発（1）（2）（3）"
◇環境化学技術賞
　松本 幸一郎，塩崎 卓哉〔他〕（日本環境衛生センター）"銅フタロシアニン化学結合シリカゲルによるダイオキシン類の迅速前処理法"
◇環境化学有功賞
　国見 祐治（上野製薬）"学会活動への多大な貢献"
　中島 邦治（バリアン・テクノロジーズ・ジャパン・リミテッド）"学会活動への多大な貢献"
　藤峰 慶徳（大塚製薬）"学会活動への多大な貢献"

(平20年)
◇環境化学功績賞
　篠原 亮太（熊本県立大学）「化学物質の環境動態研究, 学会への貢献」
◇環境化学学術賞
　高田 秀重（東京農工大学）「化学物質の環境動態解明」
　野馬 幸生（国立環境研究所）「廃棄物試料中PCB等の有機化学物質分析に関する研究」
◇環境化学論文賞
　今泉 圭隆，白石 寛明，鈴木 規之（国立環境研究所）「一律基準を組み入れた食品残留農薬リスク評価と残留農薬実測結果の不確実性を加味した曝露評価」
　田原 るり子，大塚 英幸，加藤 拓紀（北海道環境科学研究センター）「オホーツク海沿岸に漂着した海鳥に付着した油の分析」
◇環境化学技術賞
　澤津橋 徹哉，塚原 千幸人（三菱重工業（株）），馬場 恵吾（長菱エンジニアリング（株）），篠田 晶子（昭和電工（株）），大井 悦雅（（株）島津テクノリサーチ），三浦 則雄（九州大学産学連携センター）「PCB迅速分析のための液体クロマトグラフィッククリーンアップ剤の探索と分離特性評価」
　丸尾 容子，中村 二朗（NTT環境エネルギー研究所）「多孔質ガラスとβ-ジケトン類を用いたホルムアルデヒド検出素子の開発」
◇環境化学有功賞
　原田 修一（林純薬工業（株））「学会活動への多大な貢献」
　瀧川 義澄（アジレント・テクノロジー（株））「学会活動への多大な貢献」

(平21年)
◇環境化学功績賞
　佐々木 裕子（元東京都環境科学研究所）「東京都におけるダイオキシン類, PCBs等の汚染に関する研究等, 環境化学に対する多大な貢献」
◇環境化学学術賞
　中野 武（兵庫県環境研究センター）「有害物質の環境動態に関する研究」
　貴田 晶子（国立環境研究所）「廃棄物管理における無機性有害物質・資源性金属に関する研究」
◇環境化学論文賞
　上堀 美知子，今村 清，服部 幸和（大阪府環境農林水産総合研究所），坂東 博（大阪府立大学）"CNET誘導体法を用いる環境大気中アクロレインの

LC/MS/MSによる定量」〔Vol.18,No.1, 73-80〕,「大阪市内大気環境におけるアクロレイン等アルデヒド類の挙動」〔Vol.18,No.2,197-204〕"

齋藤 啓太,片岡 洋行(就実大学)"Automated Analysis of Non-steroidal Anti-inflammatory Drugs in Environmental Water by On-line In-tube Solid-phase Microextraction Coupled with Liquid Chromatography-Tandem Mass Spectrometry」〔Vol.18, No.4,511-520〕"

◇環境化学技術賞

丸尾 容子,中村 二朗,山田 巧(NTT環境エネルギー研究所),徳満 知,泉 克幸(東洋大学),内山 政弘(国立環境研究所)"β-ジケトン検知素子を用いた室内及び家具内のホルムアルデヒド測定」〔Vol.18,No.4,501-509〕"

津田 泰三(滋賀県琵琶湖環境科学研究センター)"「GC/MSによる魚介類中の農薬一斉分析法の検討」〔Vol.18,No.2,227-235〕"

◇環境化学有功賞

石田 典子(株式会社 神鋼環境ソリューション)「学会活動における貢献」

(平22年)

◇環境化学功績賞

神 和夫(北海道立衛生研究所)「鳥類の鉛中毒・鉛汚染の実態解明に関する研究」

福嶋 実(元大阪市立環境科学研究所)「化学物質の長期モニタリング等,地域を基盤とした環境化学研究発展への貢献」

◇環境化学学術賞

吉永 淳(東京大学)「環境試料中の無機元素の分析化学的研究」

◇環境化学論文賞

門上 希和夫,陣矢 大助,岩村 幸美(北九州市立大学)"「Survey on 882 Organic Micro-Pollutants in Rivers throughout Japan by Automated Identification and Quantification System with a Gas Chromatography-Mass Spectrometry Database」〔Vol.19,No.3,351-360〕"

酒井 伸一,浅利 美鈴(京都大学環境保全センター)"「レジ袋に含まれる鉛とその物質フローについて」〔Vol.19,No.4, 497-507〕"

◇環境化学技術賞

澤津橋 徹哉,塚原 千幸人,嬉野 絢子(三菱重工業(株)),中尾 智春,馬場 恵吾,福永 義徳(長菱エンジニアリング(株)),三浦 則雄(九州大学産学連携センター)"「オンライン固相抽出のためのポリ塩化ビフェニルの最適吸着剤の探索」〔Vol.19,No.2,229-243〕"

山下 正純,本田 克久(愛媛大学)"「副生酸化鉄のヒ素吸着剤としての利用検討」〔Vol.18,No.4,553-558〕,「副生酸化鉄のヒ素吸着剤としての利用検討(第2報)」〔Vol.19,No.2,215-220〕"

◇環境化学有功賞

平岡 敬朗(株式会社 島津製作所)「学会への多大な貢献」

加藤 修(株式会社 エンテックス)「学会への多大な貢献」

(平23年)

◇環境化学功績賞

門上 希和夫(北九州市立大学)「研究実績,学会への貢献ともに卓越している」

玉 坤(韓国 国立釜慶大学 環境大気学科・ダイオキシン研究センター)「日韓環境化学シンポジウムへの貢献」

◇環境化学学術賞

鈴木 規之(国立環境研究所)「環境汚染物質のリスク管理における統合情報モデルの構築に関する多大な研究業績」

滝上 英孝(国立環境研究所)「生物検定法を用いて,廃棄物焼却施設や土壌中からダイオキシン類の計測を行う手法の開発と構築を行ってきた」

◇環境化学論文賞

田中 博之,隠塚 俊満((独)水産総合研究センター 瀬戸内海区水産研究所)"「二

枚貝を指標とした日本沿岸における多環芳香族化合物汚染のバックグランド」〔Vol.20,No.2,pp.137-148,2010〕"
　金 俊佑(愛媛大学沿岸環境科学研究センター)，高尾 雄二(長崎大学)"Contamination of Pharmaceutical and Personal Care Products in Sewage Treatment Plants and Surface Waters in South Korea and their Removal during Activated Sludge Treatment」〔Vol.20,No.2,PP.127-135,2010〕"

◇環境化学技術賞
　三島 聡子(神奈川県環境科学センター)"「ポリジメチルシロキサン(PDMS)コーティングスターバーに対する水中農薬の分配特性と定量」〔Vol.20,No.3,PP.231-239,2010〕"
　高久 雄一((財)環境科学技術研究所)"ICP質量分析法による環境水中のHgの定量分析」〔Vol.20,No.1,pp.45-49,2010〕"

◇環境化学有功賞
　全 浩(中国環境科学学会・廃棄物学会)「日中の環境科学の相互交流および人財育成に貢献」
　今野 俊秀(名水産業株式会社)「学会活動に対する貢献」

(平24年)
◇環境化学功績賞
　劔持 堅志(財団法人岡山県健康づくり財団)「環境化学物質の微量分析技術発展への功績」

◇環境化学学術賞
　橋本 俊次(独立行政法人 国立環境研究所 環境計測研究センター)「ダイオキシン等有機塩素化合物の高度GC/MS分析法普及における貢献」
　渡邉 泉(東京農工大学)「重金属類に関する生物濃縮を利用した環境汚染モニタリングに関する研究」

◇環境化学論文賞
　姉崎 克典，山口 勝透(北海道立総合研究機構 環境・地質研究本部 環境科学研究センター)"「活性炭繊維フェルトを用いた一ヶ月サンプリング法による大気中のダイオキシン類及びPCBsのモニタリング」〔Vol.21,No.4,pp.303-311,2011〕"
　戸次 加奈江(Center for Health and the Environment,University of California, Davis)，滝上 英孝，鈴木 剛(独立行政法人 国立環境研究所 循環型社会・廃棄物研究センター)，唐 寧(兵庫医科大学)，鳥羽 陽，亀田 貴之，早川 和一(金沢大学医薬保健研究域薬学系)"中国・北京及び日本・金沢の大気が示すAhR活性化作用へのPAH類及びダイオキシン類の寄与」〔Vol.21,No.1,pp.27-33,2011〕"

◇環境化学技術賞
　石坂 閣啓，上田 祐子(愛媛大学農学部環境産業科学)"電気絶縁油中PCB分析におけるPCNの除去方法」〔Vol.21,No.2,pp.141-152,2011〕"
　陣矢 大助，岩村 幸美(北九州市環境科学研究所)，門上 希和夫(北九州市立大学国際環境工学部)"「固相抽出法とGC-MS自動同定定量データベース法による水試料中半揮発性化学物質の包括分析法の開発」〔Vol.21,No.1,pp.35-48,2011〕"

◇環境化学有功賞
　村瀬 秀也((有)ゼンユー)「学会活動への多大な貢献」

008 環境科学会奨励賞

環境科学分野において独創的な研究による論文,著書等を発表し,将来の活躍が期待できる満40歳未満の者,若干名を表彰する。

【主催者】 (社)環境科学会

008 環境科学会奨励賞

【選考委員】表彰委員会/理事会
【選考方法】推薦
【選考基準】環境科学分野において独創的な研究による論文,著書等を発表し,将来の活躍が期待できる満40歳未満の会員
【締切・発表】毎年10〜12月頃に公募を受付け,3月頃に通知。
【賞・賞金】毎年1〜3名程度。表彰楯
【URL】http://www.ses.or.jp/

(平17年)
　蒲生 昌志(独立行政法人産業技術総合研究所化学物質リスク管理研究センター・チームリーダー)「化学物質の健康リスク定量評価手法に関する研究」
　松本 亨(公立大学法人北九州市立大学国際環境工学部・助教授)「次世代社会システムの環境影響評価手法に関する研究」

(平18年)
　増井 利彦(独立行政法人国立環境研究所社会環境システム研究領域・主任研究員)「物質循環を考慮した統合環境政策評価モデルの開発に関する研究」

(平19年)
　関 雅範(化学物質評価研究機構久留米事業所試験第四課・副長)「内分泌かく乱化学物質の魚類影響評価法の開発に関する研究」
　毛利 紫乃(岡山大学大学院環境学研究科・准教授)「環境・廃棄物試料の生物影響評価に関する研究」

(平20年)
　高橋 潔(独立行政法人国立環境研究所地球環境研究センター・主任研究員)「気候変動により引き起こされる影響の予測と評価」

(平21年)
　小林 剛(横浜国立大学大学院環境情報研究院・准教授)「有害化学物質の土壌汚染評価と自主管理に関する研究」
　竹内 憲司(神戸大学大学院経済学研究科・准教授)「環境および健康リスクの経済的評価」

(平22年)
　岸本 充生(独立行政法人産業技術総合研究所安全科学研究部門・研究グループ長)「環境科学分野におけるリスク評価・政策評価」
　松橋 啓介(独立行政法人国立環境研究所社会環境システム研究領域・主任研究員)「持続可能な都市交通システムからみた低炭素都市構築に関する分析」

(平23年)
　肱岡 靖明(独立行政法人国立環境研究所・社会環境システム研究センター・持続可能社会システム研究室・主任研究員)「地球温暖化影響評価・適応策検討に関する研究」
　馬奈木 俊介(東北大学大学院・環境科学研究科・准教授)「持続可能な発展のための経済分析手法の提案と実証」

(平24年)
　中谷 隼(東京大学大学院工学系研究科都市工学専攻・助教)「3Rシステムなどの環境政策の統合的評価に関する研究」
　大久保 彩子(東海大学海洋学部海洋文明学科・専任講師)「海洋生物資源管理の政策分析に関する研究」
　増原 直樹(NPO法人環境自治体会議環境政策研究所・副所長)「地方自治体の環境政策分析に関する研究」

(平25年)
　熱田 洋一(豊橋技術科学大学環境・生命工学系)「バイオマス有効利用システムの評価に関する研究」
　田崎 智宏((独)国立環境研究所資源循環・

廃棄物研究センター）「資源・廃棄物管理の政策とライフスタイルに関する研究」

橘 隆一（東京農業大学地域環境科学部森林総合科学科）「植物や微生物を介した物質循環と環境影響に関する研究」

009 環境科学会年会優秀発表賞（富士電機賞）

環境科学分野の発展とその将来を担う創意ある若手研究者・学生等を育成・奨励することを目的として，平成20年に創設された。なお，副賞はこの趣旨に賛同する富士電機株式会社の出捐による。

【主催者】（社）環境科学会
【選考委員】同会年会に参加した同会正会員による投票の上で，年会優秀発表賞選考委員会が選考
【選考方法】公募（同会年会の研究発表申込時に申し込む）
【選考基準】〔資格〕同会会員で，4月1日現在で満35歳未満の者。ポスドクおよび博士課程学生の部，修士課程（博士課程前期を含む）学生の部，学部学生・高専生・高校生等の部の3部門からなり，前年度に修了または就職した者が在学中の成果を発表する場合も含む。〔対象〕同会年会で優秀な一般講演発表あるいはシンポジウム発表を行った若手研究者・学生等。
【締切・発表】同会年会中に開催される懇親会において表彰。平成25年度の応募締切は平成25年6月12日，表彰は9月4日
【賞・賞金】最優秀発表賞（各部門1名），優秀発表賞（各部門若干名）。各賞とも表彰状，副賞（図書券）
【URL】http://www.ses.or.jp/

（平20年）
◇最優秀発表賞
　苣戸 翔一（横浜国立大学大学院環境情報学府）"農薬散布時の急性・亜急性・亜慢性毒性を考慮した健康リスク評価方法の検討"
◇優秀発表賞
● ポスドクおよび博士課程学生の部
　遠藤 はる奈（長崎大学大学院生産科学研究科）"堆肥化及び液肥化による有機性廃棄物の需給バランス解析—九州地区を事例として—"
● 修士課程（博士課程前期を含む）学生の部
　勝原 英治（北九州市立大学大学院国際環境工学研究科）"地域資源循環拠点の持つ環境負荷削減効果の総合的評価に関する研究"

● 学部学生，高専生，高校生等の部
　澤田 采佳（西浦高校）"アンケートからみる鳥インフルエンザの人への感染に関する意識"
　小松 直登（東住吉高校）"環境保護を目的とする住民運動を伝える新聞報道に関する考察"

（平21年）
◇最優秀発表賞
● ポスドクおよび博士課程学生の部
　蒲原 弘継（豊橋技術科学大学大学院工学研究科環境生命工学専攻）"明治時代から現代にかけての日本の物質・エネルギーフローの変遷"
◇優秀発表賞
● ポスドクおよび博士課程学生の部
　岸田 美紗子（鹿児島大学大学院理工学研究

科物質生産工学専攻）"消毒副生成物を考慮した農薬の管理"
- 修士課程（博士課程前期を含む）学生の部
  窪田 千穂（酪農学園大学大学院酪農学研究科酪農学専攻）"農業地帯を流れる河川とその河口・沿岸海洋の環境と温室効果気体の動態"
  瀬脇 康弘（北九州市立大学大学院国際環境工学研究科環境システム専攻）"LCA及びマテリアルフローコスト会計による農産物用輸送資材の評価"
- 学部学生，高専生，高校生等の部
  畠山 貴博（初芝富田林高等学校）"発芽とカルンクルの関連性"

（平22年）
◇最優秀発表賞
　長岡 耕平（和歌山大学大学院システム工学研究科）"清掃工場の更新シナリオとエネルギー消費に関する研究"
◇優秀発表賞
- ポスドクおよび博士課程学生の部
  Fomichova, Kseniya（山梨大学大学院医学工学総合教育部環境社会創生工学専攻）"Analysis of life and environmental science curriculums of Japanese and Ukrainian secondary school (Grades 7-12)"
  陽 玉球（京都工芸繊維大学ベンチャーラボラトリー）"CO_2排出量削減を目指した天然繊維プラスチックに関する研究"
- 修士課程（博士課程前期を含む）学生の部
  吉村 玄（早稲田大学大学院環境・エネルギー研究科）"国内外の温暖化対策の戦略分析"
- 学部学生，高専生，高校生等の部
  齋藤 美穂（横浜国立大学工学部物質工学科物質のシステムとデザインコース）"包括的な多成分一斉分析法が適用可能な化管法対象物質の分類整理"

（平23年）
◇最優秀発表賞
- ポスドクおよび博士課程学生の部

藤山 淳史（北九州市立大学）"循環資源の品目特性と処理効率に基づいた最適循環圏に関する分析"
◇優秀発表賞
- ポスドクおよび博士課程学生の部
  中澤 暦（大阪大学）"産業環境システムの耐リスク性—ケーススタディと今後の展望—"
- 修士課程（博士課程前期を含む）学生の部
  金村 静香（秋田県立大学）"畜産排水の液肥化による地域資源循環システムの確立"
  齋藤 美穂（横浜国立大学）"微量有害物質の生物処理における分解挙動"
- 学部学生，高専生，高校生等の部
  武田 一宏（大阪府立大学工業高等専門学校）"大阪星田妙見神社社寺林の衰退度と土壌酸性化調査"

（平24年）
◇最優秀発表賞
- ポスドクおよび博士課程学生の部
  小谷 健輔（横浜国立大学大学院環境情報学府）"有機リン系難燃材の有害性予測モデルの開発とリスクトレードオフ解析への適用"
- 修士課程（博士課程前期を含む）学生の部
  今井 佑（静岡県立大学大学院生活健康科学研究科）"リチウム同位体比を指標とした大気エアロゾルの発生源推定法の検討"
- 学部学生，高専生，高校生等の部
  小澤 裕（東京大学大学院工学系研究科）"宇都宮市の現状に基づく再生可能エネルギー導入ポテンシャル"
◇優秀発表賞
- ポスドクおよび博士課程学生の部
  奥岡 桂次郎（名古屋大学大学院環境学研究科）"都市圏の低物質・低炭素化に向けた人口規模とその分布の検討"
  高浦 佑介（東京大学大学院新領域創成科学研究科）"原子力発電・高レベル放射性廃棄物処分場に対する人々の認知の変化

の検討～3.11前後の比較による社会心理学的分析～"
- 修士課程(博士課程前期を含む)学生の部
  森 一星(横浜国立大学大学院環境情報学府) "1,4-ジオキサンや揮発性有機化合物の土壌気化・拡散挙動予測による環境影響の考察"
  小曽戸 貴典(東京電機大学大学院理工学研究科) "北八ヶ岳茶臼山における縞枯現象の推移の報告"
  小林 義幸(豊橋技術科学大学大学院工学研究科) "大学生の環境行動と環境情報の関係に関する研究"
- 学部学生,高専生,高校生等の部
  山下 裕太(横浜国立大学工学部物質工学科) "大気中六価クロムの年間濃度変動に及ぼすクロムの形態変化の影響と解析"

010 環境科学会優秀研究企画賞

環境科学分野の将来を担う若手研究者による創意ある優秀な研究企画を公募し選考して表彰することにより,環境科学分野および同学会の発展に資する。

【主催者】(社)環境科学会
【選考委員】若手育成事業委員会/理事会
【選考方法】公募
【選考基準】〔資格〕満45歳未満の正会員
【締切・発表】毎年4～6月頃に公募を受付け,9月末頃に通知。
【賞・賞金】毎年2名程度。表彰状と副賞。
【URL】http://www.ses.or.jp/

(平20年)
　加藤 尊秋(北九州市立大学国際環境工学部准教授) "原子力発電リスクの心理的負担費用の計測:震災と住民参加型原子力防災を考慮して"
　金澤 伸浩(秋田県立大学システム科学技術部准教授) "体験学習法を活用した環境リスクの教育システム開発"

(平21年)
　齊藤 修(早稲田大学高等研究所助教) "バイオマス利用と生態系サービスのマルチスケール相互連関分析"
　石 峰(名古屋大学大学院環境科学研究科研究員) "中国の水資源におけるインフラ建設の影響に関する研究"
　馬奈木 俊介(東北大学大学院環境科学研究科准教授) "シミュレーション手法の実践:環境問題の合意形成のための仮想モデル設計"

(平22年)
　下ヶ橋 雅樹(東京農工大学・環境リーダー育成センター特任准教授) "糸状緑藻の資源化に関する研究"
　中島 常憲(鹿児島大学・大学院理工学研究科助教) "光触媒を用いた環境浄化システムの水処理への応用:妨害因子の克服と持続的技術への最適化"
　棟居 洋介(東京工業大学大学院社会理工学研究科助教) "バイオマスプラスチックの普及が世界の食料不安に及ぼす影響の長期評価"

(平23年)
　馬場 健司(電力中央研究所社会経済研究所上席研究員) "防災・インフラ分野における気候変動適応策をめぐるアクターのフレーミングギャップ"

三宅 祐一(静岡県立大学環境科学研究所助教)"ハロゲン化多環芳香族炭化水素類の生成・排出機構解析とリスク低減への手法提案"

(平24年)

小林 剛(横浜国立大学・大学院環境情報研究院准教授)"土壌汚染の未然防止のための多様な化学物質の土壌汚染可能性のスクリーニング手法"

堀井 勇一(埼玉県環境科学国際センター化学物質担当主任)"新規PBT候補物質：揮発性メチルシロキサンの環境排出実態と生態環境影響の評価"

011 環境科学会論文賞

環境科学会誌に掲載された原著論文ならびに総合論文の中から特に優れた論文の著者(会員)を表彰する。

【主催者】(社)環境科学会
【選考委員】表彰委員会/理事会
【選考方法】推薦
【選考基準】〔資格〕同会員〔対象〕環境科学会誌に掲載された原著論文ならびに総合論文の中から特に優れた論文の著者
【締切・発表】毎年10~12月頃に公募を受付け,3月頃に通知。
【賞・賞金】毎年1~3編。表彰楯
【URL】http://www.ses.or.jp/

(平17年)

伏見 暁洋((独)国立環境研究所(元横浜国大)),梶原 秀夫((独)産業技術総合研究所(元新潟大)),吉田 喜久雄,中西 準子((独)産業技術総合研究所(元横浜国大))"大気拡散モデルを用いた濃度予測及びPRTRデータの検証—ベンゼンを例に—"〔環境科学会誌,15(1),pp.35-47(2002)〕"

小川 祐美(元筑波大学),中杉 修身(上智大学(元(独)国立環境研究所),西川 雅高((独)国立環境研究所),井伊 博行,平田 健正(和歌山大学システム工学部)"GISを用いた茶栽培流域における水質評価法の検討"〔環境科学会誌,16(3),pp.155-166(2003)〕"

(平18年)

平野 勇二郎(群馬大学工学部電気電子工学科・助手),安岡 善文(東京大学生産技術研究所・教授),一ノ瀬 俊明((独)国立環境研究所社会環境システム研究領域・主任研究員)"衛星リモートセンシングとメソスケール気象モデルを用いた都市緑地のヒートアイランド緩和効果の評価"〔環境科学会誌,17(5),343-358(2004)〕"

田崎 智宏((独)国立環境研究所循環型社会・廃棄物研究センター・主任研究員),寺園 淳((独)国立環境研究所循環型社会・廃棄物研究センター・室長),森口 祐一((独)国立環境研究所循環型社会・廃棄物研究センター・センター長)"家電リサイクル法の効力測定"〔環境科学会誌,18(3),229-242(2005)〕"

(平19年)

手口 直美((独)産業技術総合研究所),神子 尚子(元(独)産業技術総合研究所),吉田 喜久雄((独)産業技術総合研究所)"フタル酸ジ(2-エチルヘキシル)のヒ

中野 牧子（名古屋学院大学経済学部・講師），馬奈木 俊介（横浜国立大学大学院国際社会科学研究科准教授）"「環境マネジメントシステムの導入が生産性に与える影響」〔環境科学会誌,19（5）,385-395（2006）〕"

（平20年）
山口 治子（京都大学大学院農学研究科博士課程（（独）産業技術総合研究所化学物質リスク管理研究センター）），恒見 清孝（（独）産業技術総合研究所,化学物質リスク管理研究センター・研究員），東海 明宏（大阪大学大学院工学研究科教授（（独）産業技術総合研究所化学物質リスク管理研究センター））"「生産から廃棄までの動的サブスタンスフロー分析を用いたDecaBDEの環境排出量推定」〔環境科学会誌,19（4）,291-307,2006年〕"

丸本 幸治（国立水俣病総合研究センター・国際・総合研究部・研究員），坂田 昌弘（静岡県立大学環境科学研究所・教授）"「日本海側における水銀等化学成分の大気中濃度と湿性沈着量の季節変動」〔環境科学会誌,20（1）,47-60,2007年〕"

（平21年）
棟居 洋介（東京工業大学大学院社会理工学研究科助教），増井 利彦 "「IPCC 排出シナリオ（SRES）にもとづいた世界の食料必要量の長期推計」〔環境科学会誌,21（1）,63-88,2008年〕"

（平22年）
奥村 忠誠，清水 庸，大政 謙次（東京大学大学院農学生命科学研究科）"「ニホンジカ（ Cervus nippon ）の分布拡大に影響を与える要因」〔環境科学会誌,22（6）,379-390,2009年〕"

（平23年）
瀧口 博明（環境省水・大気環境局調査官），森田 一樹（東京大学生産技術研究所教授）"「太陽電池の3R評価モデルの構築」〔環境科学会誌,23（2）,81-95,2010年〕"

立花 潤三（地方独立行政法人鳥取県産業技術センター企画管理部），迫田 章義（東京大学生産技術研究所教授），門脇 亙（地方独立行政法人鳥取県産業技術センター機械素材研究所），山田 強（地方独立行政法人鳥取県産業技術センター企画管理部），玉井 博康（地方独立行政法人鳥取県産業技術センター機械素材研究所），稲永 忍（株式会社トーエル常勤特別顧問,鳥取大学名誉教授），鈴木 基之（東京工業大学監事,東京大学名誉教授）"鳥取県における低炭素社会実現可能性に関する研究（環境科学会誌,23（5），363-374,2010年）"

（平24年）
加賀 昭和，鶴川 正寛，近藤 明，井上 義雄（大阪大学大学院工学研究科）"土壌流出モデルとマルチメディアモデルを組み合わせた流域スケールでの高疎水性物質の挙動予測（環境科学会誌,24（5），449-461,2011年）"

（平25年）
藤田 慎一，速水 洋，高橋 章（（財）電力中央研究所），光瀬 彦哲，三浦 和彦（東京理科大学）「東京都狛江市における降水組成の経年変化」

新保 雄太，中谷 隼（東京大学大学院工学系研究科），栗栖 聖（東京大学先端科学技術研究センター），花木 啓祐（東京大学大学院工学系研究科）「家庭における廃棄物発生抑制行動のライフスタイル評価」

小林 憲弘，久保田 領志，田原 麻衣子，杉本 直樹，西村 哲治（国立医薬品食品衛生研究所）「水道水質管理目標設定項目の候補とされている農薬のGC/MS一斉分析法の開発」

012 環境技術賞

平成12年、化学に関連する研究・技術で、地球環境との共存並びにその維持・改善を積極的に意識し、方向付けがなされた新技術・改良技術で、特に顕著な業績のあった者を讃えることを目的として設立された。

【主催者】（一社）近畿化学協会
【選考方法】関係機関・学識経験者の推薦による
【選考基準】〔資格〕同会会員で、当該年度の3月末日で45歳に達しない者。〔対象〕化学に関連する研究・技術で、地球環境との共存並びにその維持・改善を積極的に意識し、方向付けがなされた新技術・改良技術で顕著な業績と認められた者。〔基準〕研究業績の独自性、工業的社会的価値など
【締切・発表】毎年11月末日締切、翌年5月社員総会席上で表彰
【賞・賞金】賞状および賞牌
【URL】http://www.kinka.or.jp/

第1回（平12年度）
　石井 徹, 塩田 祐介（日本触媒）「触媒湿式酸化法による排水処理システムの開発」
　石野 政治, 中井 孝弘, 大賀 隆史（東洋ゴム工業）「硬質ウレタンフォームのケミカルリサイクル実用化技術」
　山口 敦史, 平野 正人, 桑田 秀典, 宇田 和博（松下電器産業）, 高野 宏明（松下テクノリサーチ）「鉛フリーはんだ接合技術の開発とその製品化」
　早味 宏, 宿島 悟志, 森内 清晃（住友電気工業）「自動車・電子機器用環境対応型電線の開発」
　吉江 直樹, 藤原 利光（ミノルタ）「水膨潤膜方式リユーザブルメディアの開発」

第2回（平13年度）
　石川 博之, 前田 直彦（松下電工）, 松下 真一郎, 下間 澄也（コニシ）「リサイクル対応『接着・分離技術』の開発」
　河原 正佳（ホソカワミクロン）「小型焼却炉のダイオキシン類抑制技術開発と熱処理工程への適用」
　岡本 功二, 岡村 一弘, 松永 俊明, 村上 洋平（日本触媒）「フリクションカット被覆剤&塗布剤〈高分子含水ゲルの埋設鉄鋼材引抜撤去技術（環境保全技術）への応用」

第3回（平14年度）
　藤井 弘明（クラレ西条）「担体法による排水処理システムの開発」
　中村 明則, 武本 隆志, 小川 勝也（トクヤマ）「ごみ焼却灰のセメント原料化技術の開発」

第4回（平15年度）
　長田 尚理, 森内 清晃（住友電機工業）「ノンハロゲン光コードの開発」
　板倉 雅彦, 辻岡 邦夫（ダイセルポリマー）, 鈴木 晋介（ダイセル化学工業）「成形加工機用洗浄剤の開発」

第5回（平16年度）
　北坂 和也, 島尻 はつみ（住化分析センター）「新規アルデヒドサンプラー（CNET）の研究開発」
　正木 信之, 森田 敦, 生田 伸治, 熊 涼慈（日本触媒）「ダイオキシン類分解触媒の開発」
　岸本 章, 柏木 愛一郎, 西村 浩一（大阪ガス）「空調ポンプ動力を30%削減する配管摩擦低減剤の開発」

第6回（平17年度）
　船山 俊幸，羽村 康，大高 豊史，田中 秀一，服部 弘一（ダイソー）「エピクロロヒドリン系共重合体ゴムにおける環境対応技術の開発」
　住田 康隆，下村 雅俊，北島 光弘，伊奈 智美，齋藤 周（日本触媒）「環境適合型キレート剤（ヒドロキシイミノジコハク酸）の開発」
　加藤 真理子，阪本 浩規，川口 隆文，川崎 真一（大阪ガス）「廃PET/PEの新相溶化剤活用高機能化によるリサイクル技術の開発」

第7回（平18年度）
　横田 善行，内田 雅也，白石 諭勲，中尾 貫治（日本触媒）「環境対応型塗料用アクリルエマルションの開発」
　濱多 広輝，櫻井 良寛，中谷 隆，矢野 隆行（荒川化学工業）「環境対応を指向した水系エマルジョン型タッキファイヤー（粘着付与樹脂）の開発」

第8回（平19年度）
　中村 卓志，冨田 理会（日本ペイント）"低汚染型粉体塗料の開発と応用"

第9回（平20年度）
　西本 幸史，岡 茂範（長瀬産業），川西 優喜，椎﨑 一宏（大阪府立大学）"遺伝子組換え酵母を用いた簡便な環境ホルモン類検出キットの開発"
　深谷 重一（積水化学工業）"遮熱中間膜の開発"

第10回（平21年度）
　大西 勇，枡田 一明，中村 勲（日本ペイント），島田 守，南 晴康（日本ペイントマリン）"低摩擦機能を有する，新規な船底防汚塗料の研究開発"
　武中 晃，岸本 洋昭，森 雅弘，森若 博文（花王）"環境調和型改質PLA樹脂の開発"

第11回（平22年度）
　吉田 佳弘，佐直 英治（宇部興産）"環境にやさしい香料ヘリオフレッシュ（HLF）の開発"
　川本 英貴（日油），加治木 武"生分解性合成エステル系潤滑油（ミルーブEシリーズ）の開発"
　古川 敏治（徳山積水工業），山内 博史（積水化学工業）"セラミックフィルター用中空粒子の開発"

第12回（平23年度）
　水田 元就，江花 寛厚（日油（株））「環境対応型アスファルト合材付着防止剤（アスファゾール（R））の開発」

013 環境資源工学会論文賞・技術賞

環境資源工学会において優秀な研究業績を発表した者に贈られる賞。

【主催者】環境資源工学会
【選考委員】編集委員会
【選考方法】学会評議員以上の役員の推薦による
【選考基準】〔資格〕「論文賞」については，同会会員。〔対象〕環境資源および関連領域において創造的かつ主導的な研究を行い，学会の発展に顕著な貢献をした研究者・技術者。原則として学会が発行する著作物において発表された業績。
【締切・発表】学会総会席上で授賞
【賞・賞金】賞状と盾

【URL】http://www.nacos.com/rpsj/

(平19年度)
◇論文賞
　川井 隆夫(株式会社神鋼環境ソリューション)"受賞者は10年にわたり,焼却方式に代わるPCB,ダイオキシン類汚染物の無害化処理技術開発に従事し,化学的処理をベースとした処理技術を確立してきた。その成果の例として,PCB汚染電気絶縁油処理技術が中国電力株式会社,日本環境安全株式会社 豊田事業所ならびに北海道事業所におけるPCB処理方式として実用化されている。PCB汚染土壌等については国土交通省京浜河川事務所鶴見川河川敷汚染土砂の処理候補技術として採用され,試験操業により実用性が確認されるなど,社会的に顕在化しつつある残留性有機物質に汚染された環境修復への貢献が大であり,技術賞にふさわしいと認める。"

(平20年度)
◇論文賞
　新苗 正和,青木 悠二,青木 謙治(京都大学大学院工学研究科)"動電学的土壌浄化法は,原位置で土壌浄化・修復できる点に技術的優位性が見出される。本論文にて検討された浄化予測を可能とする数値解析手法により,本技術のコア部分の一つである電極配置の効率化に関して極めて有用な知見を与えている。さらには,第53巻,第4号でも本研究に関連する2件の論説論文が掲載されており,標記の論文を中心とする一連の研究成果は学術的価値の高いと評価することができる。よって,第53巻,第2号および第4号に掲載された一連の研究成果は環境資源工学会の論文賞として相応しいものである。"
◇技術賞
　栗和田 穆(東京大学大学院工学系研究科),佐瀬 佐(旭砥末資料合資会社),ドドビバ,ジョルジ,定木 淳,藤田 豊久(東京大学大学院工学系研究科)"近年,入手困難な軽質炭酸カルシウムの代替物の製造を目的として,汎用石灰石粒子の表面のみに白色度の高い結晶質を被覆させることにより,同水準の品質を有する製品を作る方法を開発している点に新規性および技術的価値が見出される。この論文では,得られる製品粒子の品質を向上させるための詳細な因子解析が行われている。本技術は,軽質炭酸カルシウム以外にも,樹脂,製紙,陶器などの様々な分野での色調制御への応用が考えられ,その波及効果は大きいと考えられる。よって,環境資源工学会の技術賞として相応しいものである。"

(平21年度)
◇論文賞
　日下 英史,横井 惇(京都大学大学院エネルギー科学研究科)"浮選法による廃水中の有機物質(ポテト澱粉粒子)の除去について,陽イオン捕収剤の適用により澱粉粒子を効果的に除去できることを明らかにすると共にその分離機構を解明し,優れた成果を挙げている。本研究は浮選の新たな適用分野を開拓したという点から,学術的に価値の高い論文であると評価することができる。よって,本論文は環境資源工学会の論文賞として相応しいものである。"
◇技術賞
　大石 徹(株式会社新日化環境エンジニアリング,独立行政法人石油天然ガス・金属鉱物資源機構),橋本 晃一(独立行政法人石油天然ガス・金属鉱物資源機構,九州大学大学院工学研究院),古山 隆(九州大学大学院工学研究院)"高炉スラグから作られるロックウールは主としてアスベスト代替材料として使用されてきているが,この研究はロックウールのアルカリ供給能に着目し,酸性含鉄排水の中

和と濾過を同時に実現できる斬新な技術として注目される。また，脱鉄した後の鉄成分の資源化，あるいは吸着剤として期待されるシュベルトマイトの確実な固定と活用法へ進展が期待されるものであり，その技術的波及効果は大きいと考えられる。よって，本研究は環境資源工学会の技術賞として相応しいものである。"

(平22年度)

◇論文賞

日下 英史，横井 惇（京都大学大学院エネルギー科学研究科）"浮選法による廃水中の有機物質（ポテト澱粉粒子）の除去について，陽イオン捕収剤の適用により澱粉粒子を効果的に除去できることを明らかにすると共にその分離機構を解明し，優れた成果を挙げている。本研究は浮選の新たな適用分野を開拓したという点から，学術的に価値の高い論文であると評価することができる。よって，本論文は環境資源工学会の論文賞として相応しいものである。"

◇技術賞

大石 徹（株式会社新日化環境エンジニアリング，独立行政法人石油天然ガス・金属鉱物資源機構），橋本 晃一（独立行政法人石油天然ガス・金属鉱物資源機構，九州大学大学院工学研究院），古山 隆（九州大学大学院工学研究院）"高炉スラグから作られるロックウールは主としてアスベスト代替材料として使用されてきているが，この研究はロックウールのアルカリ供給能に着目し，酸性含鉄排水の中和と濾過を同時に実現できる斬新な技術として注目される。また，脱鉄した後の鉄成分の資源化，あるいは吸着剤として期待されるシュベルトマイトの確実な固定と活用法へ進展が期待されるものであり，その技術的波及効果は大きいと考えられる。よって，本研究は環境資源工学会の技術賞として相応しいものである。"

(平23年度)

◇論文賞

王 立邦，ドドビバ，ジョルジ，岡屋 克則，定木 淳，藤田 豊久（東京大学大学院工学系研究科），菱山 元（独立行政法人石油天然ガス・金属鉱物資源機構）"身近に安価で環境にフィットしやすい海藻，活性炭の吸着剤を利用する効率的かつ経済的な白金回収を新たに提案し，鉄，マンガン，ニッケルなどの金属イオン共存下において白金の回収実験を緻密に進めるとともに，海藻の還元機能まで見出した研究成果は吸着剤を利用する貴金属回収技術に有用な知見を与えた。よって学術的に価値の高い論文と評価することができる。"

◇技術賞

金子 敏行（新日本製鐵株式会社 大分製鐵所）"我が国で多量に発生している製鋼スラグのリサイクル利用の技術的課題はフッ素の安定化である。本報告書は著者の長年の経験に基づいて詳細な検討と独創的な解決がなされ，同分野においてリンの活用への発展に道を開いたものであり，今後の益々の発展が期待される。"

(平24年度)

◇論文賞

所 千晴（早稲田大学理工学術院創造理工学部），山下 達也，久保田 英敏（早稲田大学大学院創造理工学研究科），大和田 秀二（早稲田大学理工学術院創造理工学部）"本論文は，DEM（離散要素法）に基づき対象混合機内の粒子運動のシミュレーションを行い，その導入の指針を与える種々のデータを提供している。このデータは環境資源工学が目指すリサイクル，資源循環の前処理としての粉砕・混合処理の適正化において極めて重要であり，論文賞に資すると認められる。"

◇技術賞

新田 幸人（日本アイリッヒ株式会社，チーマジャパン），古山 隆（九州大学大学院工学研究院，東北公益文科大学）"効率化等のコストダウンが望まれている有機

塩素化合物汚染土壌の無害化処理の分野において,ロータリーキルンを中間吹込式に改良する斬新な技術を提案し,90％以上のダイオキシン,PCB類を除去できることを実証した。本技術は同化合物の土壌浄化のみならず適用範囲の広いかつ汎用性の高い技術と考えられ,技術賞に相応しいと認められる。"

014 環境賞

環境保全に貢献した個人またはグループを表彰することにより,我が国の環境保全活動の一層の発展をはかることを目的として,昭和49年に創設された。

- 【主催者】(公財)日立環境財団,日刊工業新聞社
- 【選考委員】審査委員長:合志陽一(国際環境研究協会会長,東京大学名誉教授),石井吉徳(もったいない学会会長,東京大学名誉教授),大井玄(東京大学名誉教授),大垣眞一郎(国立環境研究所理事長,東京大学名誉教授),大塚柳太郎(自然環境研究センター理事長,東京大学名誉教授),松野建一(日本工業大学教授・工業技術博物館館長),丸山瑛一(理化学研究所イノベーション推進センター特別顧問),本川達雄(東京工業大学大学院教授),安河内朗(九州大学大学院教授),環境省総合環境政策局長,日刊工業産業研究所所長
- 【選考方法】関係学会・団体等の推薦,自薦
- 【選考基準】〔対象〕環境への負荷の少ない持続的発展が可能な研究・開発・調査で画期的な成果を上げるか,その成果が期待される個人や企業・団体〔基準〕独創性・将来性・有効性・経済性・環境保全対策に対する貢献度,等
- 【締切・発表】12月締切,発表は5月「日刊工業新聞」誌上および財団ホームページ,表彰式は環境月間中の6月初旬に行われる
- 【賞・賞金】優秀賞:賞状,楯と副賞100万円。優良賞:賞状,楯と副賞50万円。環境大臣賞:環境賞のうちとくに優秀と認められるものに環境大臣賞の楯が授与される
- 【URL】http://www.hitachi-zaidan.org/kankyo/index.html

第1回(昭49年度)
◇優良賞
高田利夫(京都大学科学研究所),木山雅雄(日本電気中央研究所),辻俊郎,菅野出 "フェライト製造技術を応用した重金属イオン除去方式の実用化"
渡辺貞良(北海道大学) "パルプの酸素酸化精製"
大阪府公害防止計画プロジェクトチーム "大阪府環境管理計画"
◇特別賞
産業公害問題法理研究委員会 "産業公害に関する法理的経済的研究"

第2回(昭50年度)
◇優良賞
砂原広志(工技院名古屋工業技術試験所),永瀬六郎(東亜共石名古屋製油所) "石油精製排水処理の自動計測管理法"
新田忠雄(日本エヌ・ユー・エス) "産業排水等の海域に及ぼす影響の研究"
政策科学研究所環境調査研究委員 "生きもの指標を用いた総合的な環境診断とその土地利用計画,環境事前評価への応用"

第3回(昭51年度)
◇優良賞
川崎製鉄粉塵処理システム開発グループ,川鉄鉱業粉塵処理グループ "製鉄所粉塵

の完全処理"

三井 茂夫（工技院北海道工業開発試験所），佐伯 康治（日本ゼオン），野村 平典（日本揮発油）"古タイヤ等廃ゴム類の流動熱分解による資源化プロセス"

青淵 静郎（アオカ産業）"ミミズによる産業廃棄物の処理及び有効利用について"

第4回（昭52年度）

◇環境庁長官賞

協和醗酵工業防府工場 "発酵廃液処理のクローズド化と周辺海域の水質改善"

◇優良賞

阿部 英彦（日本国有鉄道），荒井 昌昭，谷口 紀久 "鉄道の鉄桁防音工法の開発"

西田 耕之助（京都大学），川村 弘一（住友金属工業），森口 義人，小島 康彦 "製鉄所高炉滓処理場の防臭方法の開発"

岡田 克人（森永乳業），田中 俊郎（森永エンジニアリング）"長時間曝気法による有機廃水の安定化処理"

第5回（昭53年度）

◇優良賞

涌島 滋（神戸製鋼所），鈴木 昭男（住友重機械工業），坪田 晋三，野村 努 "工業建屋用直接搭載型電気集塵装置"

コークス工場排水処理技術開発グループ（新日本製鉄化学工業；日鉄化工機）"コークス工場排水の総合処理技術"

鈴木 智雄（工技院微生物工業技術研究所），太宰 宙朗（クラレ），福永 和二 "ポリビニルアルコールの微生物分解とその含有排水処理への応用"

バブコック日立 "汚泥流動焼却システムにおける無公害技術の開発"

第6回（昭54年度）

◇優良賞

大阪市立環境科学研究所衛生工学課 "廃棄物埋立に伴う環境汚染防止に関する研究"

東レ・エンジニアリング，東レエンジニアリング研究所，日本紙業 "硫酸バンド回収法排煙脱硫技術の開発"

通産省工技院公害資源研究所公害第一部第一課 "大気境界層の拡散に関する構造の解明と汚染質拡散シミュレーション手法の研究"

ブリヂストンタイヤ，日本セメント "古タイヤ処理システムとセメントキルンへの燃料化技術の開発"

同和鉱業中央研究所 "鉄粉による排水中の重金属等の除去方法の開発"

第7回（昭55年度）

◇環境庁長官賞

荏原インフィルコ "循環式硝化脱窒素法の研究開発とし尿処理への適用"

◇優良賞

東レ，東レ・エンジニアリング "新規生物膜装置の開発と余剰汚泥クローズド化システムへの応用"

花嶋 正孝（福岡大学工学部），山崎 惟義，松藤 康司，下司 裕子，長野 修治 "廃棄物の処理処分と埋立構造に関する研究"

今上 一成（通産省工技院公害資源研究所），田森 行男，小暮 信之 "発生源ばいじん濃度測定装置の開発"

第8回（昭56年度）

◇優良賞

植下 協（名古屋大学工学部），佐藤 健 "濃尾平野における広域地盤沈下対策に関する研究"

ミウラ化学装置 "濡れ網式脱臭技術の開発"

日立プラント建設集塵装置事業部，日本石油精製横浜製油所 "移動電極形電気集塵装置の実用化"

東洋紡績AC事業部 "活性炭素繊維（Kフィルター）による公害防止装置の開発"

高木 正巳（松下電工津工場），中山 俊一，小野 靖則，浦口 良範 "金属表面処理クロム酸使用工程クローズドシステムの確立"

第9回（昭57年度）

◇優良賞

荏原製作所 "中性亜硫酸ソーダパルプ蒸解

薬品回収装置"

北川原 徹（建設省土木研究所），西ヶ谷 忠明（日本建設機械化協会），川添 紀一（建設機械調査），田崎 靖朗（高橋エンジニアリング）"低公害形杭打機械の研究開発"

日色 和夫（通産省工技院大阪工業技術試験所），田中 孝，川原 昭宣"海水中の富栄養化成分の自動計測技術の開発"

本田技研工業鈴鹿製作所，富士化水工業"微生物処理による脱臭技術の開発と実用化"

小野田セメント"膨張性破砕剤「ブライスター」の開発"

第10回（昭58年度）
◇優良賞

住友重機械エンバイロテック，山陽国策パルプ"パルプ排水のメタン発酵処理"

三菱樹脂"自然流下型接触酸化による排水処理システム"

三重県環境汚染解析プロジェクトチーム"四日市地域における硫黄酸化物総量規制方式の確立"

大阪府新環境計画プロジェクトチーム"大阪府環境総合計画"

清水建設，徳山曹達"スタックレイン処理に関する研究開発"

静岡県経済農業協同組合連合会"と畜血液の分離とその肥料化"

第11回（昭59年度）
◇環境庁長官賞

竹中工務店"ヘドロ処理技術「竹中式スラッジ処理システム」の開発"

◇優良賞

鎮守の森保存修景研究会"鎮守の森の保存修景に関する一連の基礎調査研究"

久保田鉄工"生物学的脱窒素法にもとづくし尿の無希釈処理方式の開発"

通産省工技院中国工業技術試験所，内海環境部環境化学研究室"瀬戸内海の底質汚染と二次汚染に関する研究"

第12回（昭60年度）
◇優良賞

日本鋼管，三菱重工"転炉スラグ風砕システム"

栗原 淳（農水省農業環境技術研究所），井ノ子 昭夫，渡辺 光昭"都市ごみコンポストの品質評価と利用指針"

裾野長泉清掃施設組合「いずみ苑」"し尿高次処理への自然浄化能の活用と公園化並びに汚泥の発酵肥料化"

大阪府メタン発酵研究委員会"廃棄物のメタン発酵システムに関する研究"

佐藤 吉彦（鉄道技術研究所），大石 不二夫（日清紡績），本宮 達也，鈴木 敏夫，小川 嘉彦"新幹線等高速軌道における振動騒音低減材料の開発と工業化"

第13回（昭61年度）
◇優良賞

ダイキン工業"有機溶剤の脱臭と回収システム"

渡辺 守（三重大学教育学部），大沢 尚之（私立清真学園高等学校），田口 正男（神奈川県立橋本高等学校）"均翅亜目群集を生物指標とした樹林―池沼複合生態系の定量的評価法に関する基礎的研究"

荏原インフィルコ"し尿新処理技術開発チーム」"し尿の無希釈高負荷処理方式の開発"

滋賀県琵琶湖研究所"環境情報のデータベース化と"滋賀県地域環境アトラス"の作成"

日立脱硝装置開発グループ"板状触媒を用いる排煙脱硝システムの開発"

第14回（昭62年度）
◇優良賞

橋本 奨（大阪大学工学部）"PVA―固定化活性汚泥法の開発"

フジクリーン工業"家庭用小型合併処理浄化槽の開発と普及"

日本鋼管"ごみ焼却炉排ガスの無触媒脱硝法の開発"

三浦 裕二（日本大学理工学部），矢島 富広

(東京都板橋区役所）"透水性舗装の研究・開発と普及"

ミヨシ油脂キレート樹脂開発グループ "キレート樹脂の開発研究"

第15回（昭63年度）

◇優良賞

小倉 紀雄（東京農工大学農学部）"都市河川の水質汚濁機構の解明と保全対策"

工業技術院微生物工業技術研究所 "回分式活性汚泥法におけるバルキング防止と窒素・リンの高度同時処理技術の開発"

トヨタ自動車，ガデリウス "フェノール系排ガスの新脱臭技術の開発"

岐阜県紙業試験場，長良製紙，富士総合設備 "再々生紙の製造技術の開発"

荏原インフィルコ，荏原総合研究所 "アメニティ優先指向の技術手法によるごみ処理施設"

第16回（平1年度）

◇優良賞

出光興産，出光バルクターミナル "石炭物流基地における炭じん飛散防止システムの開発"

小瀬 洋喜（各務原市地下水汚染研究会代表）"各務原台地の地下水汚染の原因究明と将来予測"

安渓 遊地（山口大学教養部）"西表島における生活と自然に関する総合的研究"

久保田 宏（東京工業大学名誉教授）"活性汚泥法における微細気泡と全面ばっ気による性能向上ならびに省エネルギー"

埼玉県東部清掃組合，栗田工業 "限外ろ過膜を利用したし尿処理技術の開発"

第17回（平2年度）

◇環境庁長官賞

大阪ガス，大阪ガスエンジニアリング "コークスベッド式下水汚泥溶融再資源化プロセスの開発"

◇優秀賞

日本電気 "未然防止・自主管理をベースとする環境管理"

◇優良賞

中川 吉弘（兵庫県立公害研究所），光木 偉勝 "着生植物による複合大気汚染環境の評価法に関する研究"

北海道電力，日立製作所，バブコック日立 "石炭灰利用乾式脱硫装置の開発"

川崎重工業 "半乾式簡易脱硫装置の開発"

第18回（平3年度）

◇環境庁長官賞・優秀賞

陽 捷行，野内 勇，八木 一行（農林水産省農業環境技術研究所）"水田におけるメタン発生量の評価とその放出機構に関する研究"

西山 昌史，細川 純（工業技術院四国工業技術試験所）"微生物分解性プラスチックの開発"

◇優良賞

上村 桂（新潟県衛生公害研究所所長），ほか "有機塩素系溶剤の環境中の動態及び分解性に関する研究"

本田 繁，村上 幸夫，田中 博史，矢沢 哲夫，江口 清久（工業技術院大阪工業技術試験所）"外孔質ガラスを利用した微生物による排水処理法の研究"

馬場 研二，依田 幹男（日立製作所），小野 二男（福岡県南広域水道企業団），平岡 正勝，津村 和志（京都大学工学部）"上下水道システムの画像監視制御技術の開発"

大阪市建設局，大阪ガス "道路廃材の総合的再利用システムの開発"

第19回（平4年度）

◇環境庁長官賞・優秀賞

幸田 文男，森田 茂雄，中下 成人，吉廻 秀久（バブコック日立），小豆畑 茂（日立製作所）"火災内脱硝による微粉炭燃低NOxバーナーの開発"

岡田 斉夫（農林水産省農業環境技術研究所）"天敵微生物による害虫の防除"

常盤 寛（福岡県保健環境研究所）"大気中変異原物質の汚染と評価"

小林 正幸，辻 藤吾，長谷川 清善，大橋 恭一（滋賀県農業試験場）"琵琶湖集水

域における農業排水の水質改善に関する研究"

吉田 博次, 長屋 利郎, 北浜 弘宰, 山本 康弘 (キリンビール) "流量調整式高度小規模合併処理浄化槽の開発"

第20回 (平5年度)

◇環境庁長官賞・優秀賞

　三野 重和, 清水 健二, 山田 豊, 和泉 清司, 師 正史, 石田 宏司 (クボタ) "浸漬型有機平膜による生活排水処理システムの開発"

◇優良賞

　小川 英夫, 河ばた 公昭, 藤本 光昭 (名古屋大学理学部), 今村 健 (富士通研究所) "超伝導ミクサを用いたオゾン高度分布測定装置の開発"

　中山 哲男 (通商産業省工業技術院), 横山 伸也, 小木 知子, 土手 裕, 美濃輪 智朗 (資源環境技術総合研究所), 中村 忠, 鈴木 明, 伊藤 新治 (オルガノ) "下水汚泥油化によるエネルギー自立型処理システムの開発"

　玉置 元則, 平木 隆年, 正賀 充, 光木 偉勝 (兵庫県立公害研究所) "酸性雨調査手法の確立と降水化学としての酸性化機構の解明"

　金盛 弥 (大阪府土木部) "箕面川ダムの環境保全に関する調査研究"

第21回 (平6年度)

◇優良賞

　大内 日出夫, 水野 光一 (通産省工業技術院資源環境技術総合研究所), 吉田 豊信 (東京大学工学部), 朝倉 友美 (東京電力), 植松 伸行, 原 行明, 中村 正和 (新日本製鉄グループ), 小牧 久 (日本電子) "フロン分解のためのプラズマ反応装置の開発"

　阿南 文政, 藤井 憲二, 福田 光信 (九州電力), 新藤 泰宏, 北島 正一, 石田 昌彦 (日立製作所) "新型バイオ式生ゴミ処理機の開発"

　田中 信男, 細矢 憲, 荒木 長男 (京都工芸繊維大学), 木全 一博 (ナカライテスク) "ダイオキシン異性体の分離法の確立および水系環境中からの連続的濃縮と光分解の試み"

　鈴木 喜計, 楡井 久, 佐藤 賢司, 吉野 邦雄, 原田 泰雄, 村田 順一 (千葉県君津市内箕輪地下水汚染現場・調査チーム) "揮発性有機塩素化合物による土壌・地下水汚染をはじめとする地質汚染浄化の推進—その1—"

　渡辺 征紀 (熊本県環境公害部), 東 軍三 (熊本市環境保全局) "揮発性有機塩素化合物による土壌・地下水汚染をはじめとする地質汚染浄化の推進—その2—"

　中山 隆志 (光洋精工), 神田 耕治 (スズキ) "電動式パワーステアリングの実用化"

第22回 (平7年度)

◇優良賞

　草木 一男, 倉田 周一 (鐘紡), 三宅 裕幸, 春田 昌宏 (キヤノン) "コンピュータデザイン・バブルジェットプリントシステムの開発"

　徳永 興公 (日本原子力研究所), 田中 雅 (中部電力), 土居 祥孝 (荏原製作所) "電子ビーム照射による排煙処理技術の開発"

　日野自動車 "ディーゼル・電気ハイブリッド低公害車の実用化"

　小松 一也, 重津 雅彦, 高見 明秀, 斉藤 史彦, 竹本 崇, 清水 多恵子, 市川 智士, 京極 誠, 磯部 正 (マツダ) "リーンバーンエンジン用三元触媒の開発"

　岩本 真二 (福岡県保健環境研究所) "浮遊粒子状物質の汚染予測手法と動態に関する研究"

第23回 (平8年度)

◇環境庁長官賞・優秀賞

　日本下水道事業団, 日立プラント建設 "包括固定化硝化細菌による排水の窒素除去技術の開発"

◇優良賞

　金沢大学大学院 "発癌性ニトロアレーンの

超高感度分析法の開発"

玉川大学農学部 "日本在来種マルハナバチの実用化に関する研究"

出光興産 "石炭燃焼におけるNOx生成機構の解明"

タクマ "天然ガスを用いたごみ焼却炉の有害ガス抑制技術の開発"

第24回（平9年度）

◇優秀賞

安東 弘光（三菱自動車工業乗用車開発本部）"筒内噴射ガソリンエンジンの開発"

◇優良賞

バイオーレ研究会（大成建設）"微生物製剤と用いた厨房排水処理システムの開発"

位地 正年，横山 貞彦（日本電気資源環境技術研究所）"プリント基板の再資源化秘術の開発"

土壌地下浄化技術グループ（大成建設）"揮発性有機塩素化合物汚染土壌の浄化に関する技術開発"

辻 征雄（大阪府企業局）"りんくうタウン事業のミティゲーション施設と効果追跡調査"

井上 孝太郎（日立製作所機械研究所），寺薗 勝二（ダム水源地環境整備センター），大槻 均（琵琶湖・淀川水質保全機構）"ソーラー駆動流動床型生物膜ろ過装置の開発"

第25回（平10年度）

◇環境庁長官賞・優秀賞

八重樫 武久，内山田 竹志（トヨタ自動車）"乗用車用量産型ハイブリッドシステムの開発"

◇優良賞

井出 温，新井 作司，村石 忠，松木 正人，深川 正美（本田技術研究所）"超低公害天然ガス自動車エンジンの開発"

神島 敬介（大阪ガス）"実験集合住宅NEXT21における環境技術の研究・開発"

有本 山弘，岸井 貞浩，中村 亘，畑田 明

良，鈴木 隣太郎（富士通研究所基板技術研究所）"リサイクルが可能な酸化マンガン研磨剤の開発"

井手 寿之，市川 芳明（日立製作所），荘村 多加志（中央法規出版）"環境マネジメント支援システムの開発"

田中 一彦（工業技術院名古屋工業技術研究所）"酸性雨のモニタリングシステムの開発に関する研究"

第26回（平11年度）

◇優秀賞

藤本 弘次，玉田 慎，菅野 周一，黒川 秀昭（日立製作所）"触媒式PFC分解装置"

◇優良賞

パッシブサンプラー開発グループ "パッシブサンプラー方式有害大気物質簡易測定器"

渡辺 富夫（富士ゼロックス），渡辺 祐二（宇部サイコン）"ABS樹脂のリサイクル技術"

武岡 栄一（タケオカ自動車工芸），長坂 秀雄（北陸電力地域総合研究所）

第27回（平12年度）

◇優秀賞

王 青躍（国際善隣協会環境推進センター），溝口 次夫（仏教大学社会学部），北村 必勝（国際善隣協会環境推進センター），坂本 和彦（埼玉大学大学院理工学研究科），丸山 敏彦（北海道科学・産業技術振興財団）"バイオブリケットの開発と実用化"

◇優良賞

木村 信夫，上田 博信，林 政克，高村 義之，藤森 幹治，福本 千尋，桑原 崇行（日立製作所）"冷蔵庫断熱材フロンの回収装置"

藤原 恭司（九州芸術工科大学）"新型遮音壁の研究"

工藤 鴻基，中里 広幸（トップエコロジー）

町井 光吉，新井 徹（横浜市水道局），津久井 裕己，篠崎 功，草間 伸行（東芝）"汚泥消化ガス燃料電池発電システム"

014 環境賞

第28回（平13年度）
◇優秀賞
　無鉛はんだ導入推進プロジェクト（ソニー）"無鉛はんだ材料の開発と実用化"
　峠田 博史（産業技術総合研究所中部センターセラミックス研究部門），山田 善市（新東工業抗菌剤技術部），相沢 和宇（ヤマダ・インダストリー）
◇優良賞
　田中 茂，成田 祥（慶応義塾大学理工学部応用科学科），藤井 雅則，米津 晋（三機工業開発本部技術研究所）"拡散スクラバー法を用いた新しい空気清浄技術の開発"
　北村 精男（技研製作所）"低振動・低騒音パイラーによるシステム施工技術の開発"

第29回（平14年度）
◇優良賞
　東京電力，電力中央研究所，デンソー "家庭用CO_2ヒートポンプ給湯器の開発と実用化"
　河原 秀夫，浅野 修，皆合 哲男，御園生 雅郎，森 重樹（日本板硝子）"断熱二重真空ガラスの開発"
　今野 次雄（旭化成機能製品カンパニー新事業企画開発室），藤埜 一仁（旭エンジニアリングプラントエンジ事業部九州事業所）"焼酎蒸留残渣の資源化"
　沢 俊雄，大月 惇，広瀬 保男（日立製作所原子力事業部），上田 禎俊（日立インダストリイズエンジニア事業部），石井 淑升（グローバル・ニュークリア・フュエル・ジャパン環境安全部）"電気化学プロセスによる窒素含有核燃料廃液処理技術の開発"

第30回（平15年度）
◇優良賞
　加美 陽三，藤澤 義和，藤本 幸人，小椋 正巳（本田技術研究所）"実用的燃料電池車の開発"
　河合 大洋，堀尾 公秀，水野 誠司，松本 克成，浜島 清高（トヨタ自動車）"実用的燃料電池車の開発"
　大見謝 辰男（沖縄県衛生環境研究所）"赤土汚染の簡易測定法の開発とサンゴ礁保全への貢献"
　滝口 健一，小川 朗二，勝又 正治，清水 英樹，林原 茂（前田建設工業）"建設汚泥・浚渫土のリサイクルを目的とした脱水固化，及び流動化技術"
　リコー研究開発本部 "何回も書き換えられるペーパーとプリントシステムの開発"
　清水 勝一（キヤノンインクジェット事業本部）"インクジェットプリンタにおける高付加価値プラスチックリサイクル技術の開発と実用化"

第31回（平16年度）
◇環境大臣賞・優秀賞
　特定非営利活動法人 北の海の動物センター "北方四島周辺における生態系の調査と保全"
　フジクリーン工業 "高度処理型家庭用浄化槽の開発"
◇優良賞
　栗屋野 香，高瀬 昭三，栗屋野 伸樹，石川 栄（盛和工業）"光触媒セラミックフィルターを用いた空気浄化システム"
　茅野 政道，永井 晴康，山澤 弘実，西沢 匡人（日本原子力研究所）"大気環境予測システムの開発と適用"

第32回（平17年度）
◇環境大臣賞・優秀賞
　岡本 正英，池田 靖（日立製作所），加藤 力弥，山形 咲枝，長谷川 永税（千住金属工業）"高温無鉛はんだ材料の開発"
　橘井 敏弘，佐藤 仁俊，裳地 伸治，久保 昌則（正和電工），寺沢 実（北海道大学）"おが屑を用いた乾式し尿処理装置の開発"
◇優良賞
　村上 良一，吉原 望，村山 哲（日本ペイント），東郷 育郎，伊藤 孝良（旭化成ケミカルズ）"電着塗装洗水循環方式の実用

化"

今井 登，寺島 滋，太田 充恒，御子柴 真澄，立花 好子（産業技術総合研究所）"環境評価の基盤となる地球化学図の作成"

鈴木 孝治，柳沢 三郎（慶應義塾大学理工学部），佐伯 正夫，小野 昭紘（新日本製鐵），柴田 正夫（空港環境整備協会）"排ガス中窒素酸化物の国際標準分析法の確立"

第33回（平18年度）

◇環境大臣賞・優秀賞

遠藤 栄治，中尾 真，沢田 直行（旭硝子）"脱水銀・アスベスト 苛性ソーダ製造法の開発 ― 高耐久性活性陰極の開発と実用化 ―"

◇優秀賞

山田 益義，和気 泉，坂入 実（日立製作所），阪本 将三（日立ハイテクコントロールシステムズ），森田 昌敏（国立環境研究所）"PCBの連続オンライン測定技術の実用化"

池田 正之，小泉 昭夫（京都大学人体試料バンク研究班）"環境汚染物質のリスク評価にむけた人体試料バンクの創設"

◇優良賞

青木 久治，大平 博文，外川 浩司（青木科学研究所）"Water Free 離型剤とその極少量スプレー方法による環境改善"

舟ヶ崎 剛志，豊久 志朗，松本 勝生，宮本 博司，小山 忠志（神鋼環境ソリューション）"下水汚泥消化ガスの精製法の開発"

第34回（平19年度）

◇環境大臣賞・優秀賞

松村 文代，小倉 靖弘，齊官 貞雄，高山 暁，佐野 健二（東芝）"消去可能インクの開発"

◇優良賞

日立化成工業機能性材料研究所 リサイクル技術グループ "常圧溶解法を用いたFRPリサイクル技術"

宮本 誠，樋野本 宣秀，上山 智嗣，溝上 陽介，前川 滋樹（三菱電機）"マイクロバブルを用いた洗浄技術の開発と実用化"

栗本 駿，土田 進一（新日本石油），大橋 秀俊（新日本石油開発）"ベトナム・ランドン油田随伴ガス回収・有効利用プロジェクトのCDM登録"

第35回（平20年度）

◇優秀賞

望月 明，武村 清和（日立プラントテクノロジー），佐保 典英（日立製作所），小佐古 修士（三菱重工業），村上 好男（日本船舶技術研究協会）"凝集・磁気分離技術によるバラスト水浄化装置の開発"

谷本 浩志，猪俣 敏（国立環境研究所）"大気中揮発性有機化合物の多成分同時計測手法の開発"

◇優良賞

ジェイペック 若松環境研究所 "開発途上国における生ごみ堆肥化技術の普及"

大林 久（大林環境技術研究所）"杉・ヒノキの樹皮を用いた急勾配大屋根緑化技術の開発"

梶 さち子，村上 忠明，辻 英之，村上 由紀，辻 典子（グリーンウッド自然体験教育センター）"僻地農山村における自然体験教育システムの開発と実践"

第36回（平21年度）

◇環境大臣賞・優秀賞

真藤 豊，山口 巌，山中 敦（IDCフロンティア）"外気活用によるデータセンターの空調動力削減"

◇優秀賞

新日本石油基地，新日本石油 "原油中継備蓄基地におけるタンカー排出ガス処理設備"

◇優良賞

神戸製鋼所 加古川製鉄所 "薄板全製品のクロメートフリー化"

柿沼 博彦，井原 禎之（北海道旅客鉄道），小田 哲也，柄沢 亮，小野 貴博（日立ニコトランスミッション）"ディーゼル・電動パラレルハイブリッド鉄道車両の開

発"
第37回（平22年度）
◇環境大臣賞・優秀賞
　三菱電機 "使用済み家電プラスチックの高度回収・再生技術"
◇優秀賞
　ブリヂストン "高純度SiC製プロセスウエハーの開発"
◇優良賞
　Hi Star Water Solutions LLC., 日立プラントテクノロジー "MBR-RO法による水再生システム"
　東邦レオ "多目的耐圧基盤土壌の開発"
第38回（平23年度）
◇環境大臣賞・優秀賞
　鹿島建設株式会社 「保水性コンクリートによる生き物の棲み処づくり」
◇優秀賞
　株式会社日立製作所，日立化成工業株式会社 「環境適合バナジウム系低融点ガラスの開発」
◇優良賞
　フジクリーン工業株式会社，株式会社ハウステック 「環境適合バナジウム系低融点ガラスの開発」

特定非営利活動法人 どんぐり1000年の森をつくる会 「未来に生きる子どもたちのためのどんぐりの森づくり」
高橋 弘（東北大学大学院環境科学研究科教授），森 雅人（株式会社森環境技術研究所代表取締役），益子 恵治（ボンテラン工法研究会会長）「繊維質物質を用いた高含水比泥土の再資源化工法の開発」
第39回（平24年度）
◇環境大臣賞・優秀賞
　高田 十志和（東京工業大学），山田 聿男（ダイソー株式会社）「革新的添加剤製造法の開発による低燃費タイヤの普及」
◇優秀賞
　多機能フィルター株式会社 「多機能シートによる緑化技術」
◇優良賞
　住友金属工業株式会社 和歌山製鉄所，国土防災技術株式会社 「人工腐植土と製鋼スラグによる森林再生の取り組み」
　畠山 史郎（東京農工大学），村野 健太郎（法政大学），坂東 博（大阪府立大学），高見 昭憲（国立環境研究所），（故）Wang,Wei（中国環境科学研究院）「東アジア地域の大気汚染物質の航空機観測」

015 環境・設備デザイン賞

　環境・設備デザインに的確で客観的な評価が広く一般社会に公開され，認知されることが望ましいと考え，そのために優秀な「環境・設備デザイン」に対して賞を贈って表彰することを趣旨とし，平成14年に創設。

【主催者】（社）建築設備綜合協会
【選考委員】（第11回）審査委員長：古谷誠章（早稲田大学理工学部建築学科教授），審査委員：伊香賀俊治（慶應義塾大学理工学部システムデザイン工学科教授），小泉雅生（首都大学東京大学院都市環境科学研究科建築学域教授），篠原聡子（日本女子大学家政学部住居学科教授），中村光恵（新建築社住宅特集編集長），藤江和子（藤江和子アトリエ代表取締役，多摩美術大学美術学部環境デザイン学科客員教授），柳井崇（日本設計執行役員 環境・設備設計群長），吉村純一（多摩美術大学美術学部環境デザイン学科教授 登録ランドスケープアーキテクト，設計組織プレイスメディアパートナー）
【選考方法】公募
【選考基準】〔部門〕(1) 設備器具・システムデザイン部門：設備器具・設備機器・設備

システムで審美性・機能性などに優れたデザインを対象とする。(2) 建築・設備統合デザイン部門：設備機器，設備システムが調和的，機能的に，主として単体の建築の中に統合化されているデザインを対象とする。(3) 環境デザイン部門：太陽光や風などの自然エネルギーの利用や自然環境との調和に積極的に取り組んだ，建築とランドスケープの調和，都市空間や広場の提案など，より広がりのある空間のデザインを対象とする。〔対象〕第11回の場合，平成23年末までに竣工した建築物，設備，またはこれに類するもので，本顕彰制度の趣旨に沿ったもの。〔資格〕対象とする施設・設備の発注者，設計者，施工者，製造者，管理者などで，その環境・設備デザインの創出に関わった個人又は会社・団体

【締切・発表】（第11回）応募締切は平成24年11月20日，入賞作品は建築設備綜合協会発行の「BE建築設備」誌及びホームページで公表，平成25年5月22日の建築設備綜合協会定時総会で授与式を開催

【賞・賞金】上記3部門ごとに最優秀賞，優秀賞，入賞，BE賞を選定し表彰

【URL】http://homepage2.nifty.com/abee/

第1回（平15年）
◇第Ⅰ部門：設備器具・システムデザイン部門
● 最優秀賞
　INAX "サティスシャワートイレ"
● 優秀賞
　リコー機器 "ウォーターフライヤー"
　鹿島建設 "ニューフラットコアシステム"
◇第Ⅱ部門：建築・設備統合デザイン部門
● 最優秀賞
　渡辺 誠（アーキテクツオフィス）"地下鉄大江戸線飯田橋駅"
● 優秀賞
　ピーエス "ピーエスオランジュリ"
　野生司環境設計 "冷暖房時に切替え可能な吹出しスリットと籐網代天井"
◇第Ⅲ部門：環境デザイン部門
● 最優秀賞
　日本設計 "ヒートアイランドを緩和するステップガーデン（アクロス福岡）"
● 優秀賞
　長谷エコーポレーション "プレイシア"

第2回（平16年）
◇第Ⅰ部門：設備器具・システムデザイン部門
● 最優秀賞
　日建設計 "高効率光ダクトシステム"
● 優秀賞
　エヌ・ワイ・ケイ "自由設計 受水槽"
　三機工業 "パラフルメータ（ダクト風速・風量計測システム）"
　INAX "センサー一体型ストール小便器"
◇第Ⅱ部門：建築・設備統合デザイン部門
● 最優秀賞
　日本大学理工学部1号館建設委員会 "日本大学理工学部駿河台校舎1号館のトータルデザイン"
● 優秀賞
　森村設計 "大旋回気流による居住域空調"
　鹿島建設 "きんでん東京本社ビル"
◇第Ⅲ部門：環境デザイン部門
● 最優秀賞
　上野藤井建築研究所 "高エネルギー加速器研究機構（KEK）研究棟4号館"
● 優秀賞
　坪山 幸王（日本大学理工学部）"日本大学理工学部テクノプレース15"
　大林組 "栄公園地区（広場ゾーン）【愛称：オアシス21】"
　三洋電機 "SANYO SOLAR ARK"

第3回（平17年）
◇第Ⅰ部門：設備器具・システムデザイン部門

- 最優秀賞/BE賞
  横田 雄史(日建設計)"外部環境呼応型窓システム"
- 優秀賞
  田口 哲(サンウエーブ工業)"サスティナブル・デザイン・キッチンActyes〈アクティエス〉"
  河嶋 俊之(東京電力)"集合住宅設置対応型エコキュート"
◇第Ⅱ部門:建築・設備統合デザイン部門
- 最優秀賞
  渡辺 真理(設計組織ADH)"兵庫県西播磨総合庁舎"
- 優秀賞/BE賞
  水出 喜多郎(日建設計)"堺ガスビル"
- 優秀賞
  岩本 弘光(岩本弘光建築研究所)"静岡ガス研修センター"
◇第Ⅲ部門:環境デザイン部門
- 最優秀賞/BE賞
  山下 和正(山下和正建築研究所)"亜鉛閣およびその庭園"
- 優秀賞
  中村 勉(中村勉総合計画事務所)"大東文化大学板橋キャンパス(第一期)"
  野呂 一幸(大成建設)"神内ファーム 21 プラントファクトリー"

第4回(平18年)
◇第Ⅰ部門:設備器具・システムデザイン部門
- 最優秀賞
  藤塚 譲二(原田産業)"クランツ・ドラフトフリーラインディフューザー IN-V"
- 優秀賞/BE賞
  林 達也(森村設計)"金沢21世紀美術館の展示光環境制御システム"
- 優秀賞
  町井 義生(ヴィンボック・ジャパン)"ヴィンボック厨房換気天井システム"
◇第Ⅱ部門:建築・設備統合デザイン部門
- 最優秀賞
  藤江 和子(藤江和子アトリエ)"Function Wall"
- 優秀賞
  横山 孝治(山下設計)"早稲田大学93号館 早稲田リサーチパーク・コミュニケーションセンター"
  柳井 崇(日本設計)"マブチモーター本社棟"
  宮崎 浩(プランツアソシエイツ)"安曇野高橋節郎記念美術館"
◇第Ⅲ部門:環境デザイン部門
- 最優秀賞
  大平 滋彦(竹中工務店)"聖ヨゼフ学園 京都暁星高等学校"
- 優秀賞/BE賞
  齊藤 義明(日建設計)"瀬戸市立品野台小学校"
- 優秀賞
  白鳥 泰宏(竹中工務店)"光と風の道(竹中工務店 東京本店)"

第5回(平19年)
◇第Ⅰ部門:設備器具・システムデザイン部門
- 最優秀賞
  水谷 優孝(INAX)"超節水「ECO6(エコシックス)トイレ」"
- 優秀賞
  杉 鉄也(竹中工務店)"ダンボールダクト"
  清水 直明(東芝キヤリア空調システムズ)"Xフレーム(スーパーフレックスモジュールチラー)"
◇第Ⅱ部門:建築・設備統合デザイン部門
- 最優秀賞
  下城 宏文(佐藤総合計画)"高知医療センター"
- 優秀賞/BE賞
  安井 妙子(安井設計工房)"白川村合掌造り迎賓館「好々庵」"
◇第Ⅲ部門:環境デザイン部門
- 最優秀賞
  佐藤 昌之(日本設計)"秋田県立横手清陵学院中学校・高等学校"
- 優秀賞

二井 清治(二井清治建築研究所)"身体・知的障害者通所授産施設里の風"

第6回(平20年)

◇第Ⅰ部門：設備器具・システムデザイン部門

- 最優秀賞

  井田 卓造(鹿島建設)"水幕による防火設備 ウォータースクリーン"

- 優秀賞

  梶野 勇(新富士空調)"省資源工法エコダクト0.5(愛称：風船ダクト)"

  安藤 秀幸(INAX)"くるりんポイ排水口"

◇第Ⅱ部門：建築・設備統合デザイン部門

- 最優秀賞

  松川 敏正(竹中工務店)"岡山県総合福祉・ボランティア・NPO会館「きらめきプラザ」"

- 優秀賞

  古岡 清司(大林組)"平和の門―広島―"

  中辻 正明(中辻正明都市建築研究室)"武庫之荘F邸 CONNECTOR"

  五十君 興(日建設計)"エプソンイノベーションセンター"

◇第Ⅲ部門：環境デザイン部門

- 最優秀賞

  千葉 学(千葉学建築計画事務所)"日本盲導犬総合センター"

- 優秀賞

  河井 敏明(一級建築士事務所河合事務所)"平安座島のロングハウス"

第7回(平21年)

◇第Ⅰ部門：設備器具・システムデザイン部門

- 最優秀賞

  伊藤 孝信(新日本空調)"空調用外気取入れルーバー：レインキャプチャー"

- 優秀賞

  飯塚 宏(日建設計)"2-WAYソックフィルタシステム"

  小林 光(大成建設)"建築用フラットパネルスピーカー T-Sound (Stealth)"

◇第Ⅱ部門：建築・設備統合デザイン部門

- 最優秀賞

  本井 和彦(竹中工務店)"断熱障子"

  早川 和男(戸田建設)"大空間高精度空調"

- 優秀賞

  河野 有悟(河野有悟建築計画室)"東京松屋 UNITY"

◇第Ⅲ部門：環境デザイン部門

- 最優秀賞

  淺石 優(日本設計)"グランドプラザ"

  伊東 豊雄(伊東豊雄建築設計事務所)"瞑想の森 市営斎場,公園墓地"

- 優秀賞

  山口 広嗣(竹中工務店)"トラスコ中山プラネット北関東"

第8回(平22年)

◇第Ⅰ部門：設備器具・システムデザイン部門

- 最優秀賞

  谷 潤一(TOTO)「RESTROOM ITEM 01 レストルームアイテム01」

- 優秀賞

  森 陽司(協立エアテック)「VAVユニット」

  小竹 達也(大成建設)「調光天井」

- 入賞/BE賞

  浅貝 昇夫(新日空サービス)「細霧冷房・加湿装置〔パワフルミスト〕」

- 入賞

  岡崎 慶明(日本サーモエナー)「ハイブリット給湯機「デュオキューブ」」

  中村 卓司(清水建設)「PCM躯体蓄熱システム」

  平岡 雅哉(鹿島建設)「エコロジカル・ウォーターループ」

  櫻井 正昭(パナソニック電工)「EVERLEDSLED BILLBOAD LIGHTING」

  小比賀 一史(日建設計)「高機能各階換気型ダブルスキンファサード」

  松林 茂樹(キッツ)「水道メータ設置器「メータユニット」」

◇第Ⅱ部門：建築・設備統合デザイン部門

015 環境・設備デザイン賞

- 最優秀賞
  末光 弘和（末光弘和＋末光陽子一級建築事務所 SUEP.）「我孫子の住宅 kokage」
- 優秀賞
  山口 広嗣（竹中工務店）「アステラス製薬つくば研究センター/居室・厚生棟」
- 入賞
  池原 義郎（池原義郎建築設計事務所）「いしかわ総合スポーツセンター」
  船木 幸子（フナキサチコケンチクセッケイジムショ・細矢仁建築設計事務所設計共同体）「沖縄小児保健センター」
  桑原 裕彰（竹中工務店 東北支店）「ラ・フォーレ天童のぞみ」
  古屋 誠二郎（竹中工務店）「エコとクリエイティブを両立させた次世代オフィス コクヨ東京ショールーム5F・エコライブオフィス」
- BE賞
  福井 博俊（三機工業）「サントリー天然水のエネルギー高度利用施設」

◇第Ⅲ部門：環境デザイン部門

- 最優秀賞
  蕪木 伸一（大成建設）「ノリタケの森」
- 優秀賞
  大坪 泰（日本設計）「日産先進技術開発センター」
  小屋 かをり（東京ガス）「SUMIKA Project by Tokyo Gas〜プリミティブな暮らし〜」
- 入賞
  吉田 明弘（アプルデザインワークショップ）「YKK黒部事業所ランドスケーププロジェクト（丸屋根展示館・健康管理センター・古御堂守衛所）」
- BE賞
  安澤 百合子（日建設計）「かごしま環境未来館の環境共生手法」

第9回（平23年）

◇第Ⅰ部門：設備器具・システムデザイン部門

- 最優秀賞
  「世界初！ 絶対に指を挟まない扉」
- 優秀賞
  「多機能ダブルスキンサッシNEXAT」
  「ウリマット」
  「制振装置」
- 入賞/BE賞
  「平面型表示灯 パラサイン」
- 入賞
  「グリッド天井用カセット形エアコン「スキットエア」」
  「IH調理器専用排気システム「スリムハイキⅡ」」
  「放射併用パーソナル空調システム」

◇第Ⅱ部門：建築・設備統合デザイン部門

- 最優秀賞
  「株式会社共栄鍛工所 新鍛造工場」
- 優秀賞
  「東急東横線 渋谷駅の放射冷房東急東横線」
- 優秀賞/BE賞
  「木材会館」
- 入賞
  「自然エネルギーを活かした「半屋外空間の活用 他」
  「2009高雄ワールドゲームズメインスタジアム」
  「ソラノメグミ」

◇第Ⅲ部門：環境デザイン部門

- 最優秀賞
  「ポーラ銀座ビル〜街と建物をつなぐキネティックファサード〜」
- 優秀賞
  「丸の内パークビルディング・三菱一号館」
  「カマン・カレホユック考古学博物館」
- 入賞
  「霞が関ビルディング 低層部リニューアル計画」
  「麻布グリーンテラス」
  「隙屋（すきや）」
- BE賞
  「富士山環境交流プラザ」

第10回（平24年）

◇第Ⅰ部門：設備器具・システムデザイン

部門
- 最優秀賞
  「尿流量測定装置・フロースカイ」
- 優秀賞/BE賞
  「「アクアオート・エコ」（オールインワンタイプ）」
- 優秀賞
  「水配管レス調湿外気処理機DESICA（デシカ）」
- 入賞
  「LED光膜放射空調複合システム」
  「地下水を大切に使い、大切に還すカスケード利用システム」
  「回転扉の安全性追求「ミライツアー」」
  「均一面発光薄型軽量グリッド照明器具」
  「ソフトダクト組込み空調機」

◇第Ⅱ部門：建築・設備統合デザイン部門
- 最優秀賞
  「大林組技術研究所本館」
- 優秀賞
  「サステナブルデザインラボラトリー」
  「諫早市こどもの城」
- 入賞
  「日東工器新本社・研究所」
  「A-ring」
  「明星大学 日野キャンパス31号館 -Ponte-」
  「ペトロの家 聖堂の自然採光機構」
- 入賞/BE賞
  「ホキ美術館の躯体利用放射冷暖房」

◇第Ⅲ部門：環境デザイン部門
- 最優秀賞
  「立正大学熊谷キャンパス」
- 優秀賞
  「東急キャピトルタワー」
- 入賞/BE賞
  「放射線医学総合研究所 新治療研究棟」
- 入賞
  「ヨックモッククレア日光工場」

第11回（平25年）
◇第Ⅰ部門：設備器具・システムデザイン部門
- 最優秀賞
  丸山 俊樹（(株)豊和）「ハイブリッドドアー」
- 優秀賞
  尾崎 東志郎（株式会社 サワヤ）「冷えルーフ【屋根遮熱シート】」
  谷口 隆博（TOTO株式会社）「エコシングル水栓」
- 入賞
  宮下 信顕（(株)竹中工務店）「ジュシマド」
  本村 英人（(株)竹中工務店）「見える化とパーソナル制御を実現するビルコミュニケーションシステム」
  浦野 勝博（木村工機株式会社）「冷温水式エクセル空調システム」
  桑原 哲（新日本空調株式会社）「病原性微生物を抑制する空調システム」
- BE賞
  大越 靖（三菱電機株式会社）「コンパクトキューブEAHV形」

◇第Ⅱ部門：建築・設備統合デザイン部門
- 最優秀賞
  堀場 弘（シーラカンスケイアンドエイチ（株）），工藤 和美 「金沢海みらい図書館」
- 優秀賞
  山本 雅洋（(株)大林組）「「オフィスビルを人と環境にやさしい "魅せるラボ"へコンバージョン」大林組技術研究所 材料化学実験棟」
  北村 俊裕（(株)竹中工務店）「塩野義製薬医薬研究センター SPRC4 ～知的生産性を高める環境配慮型研究所」
- 入賞
  森下 修（(株)森下建築総研）「アロン化成ものづくりセンター」
  澁谷 学（(株)竹中工務店）「大崎フォレストビルディング」
  米田 浩二（鹿島建設(株)）「オムロンヘルスケア新本社」
  穐本 敬子（積水ハウス(株)）「観環居/kankankyo」

- BE賞
  塚見 史郎((株)日建設計)「次世代型グリーンホスピタル 足利赤十字病院」
◇第Ⅲ部門：環境デザイン部門
- 最優秀賞
  安田 俊也((株)NAP建築設計事務所)「録 museum」
- 優秀賞
  宮島 一仁(積水ハウス(株))「御殿山プロジェクト」
- 入賞
  行徳 昌則((株)ランドスケープデザイン関西支社)「小松製作所大阪工場 コマツ里山」
- 入賞/BE賞
  阿久津 太一((株)山下設計)「東部地域振興ふれあい拠点施設」

016 環境デザイン賞

都市環境，住環境，作業環境等を対象として音環境の快適性向上のための計画，実施例，及びこれらに関する研究・技術開発を表彰する賞。

【主催者】（公社）日本騒音制御工学会
【選考委員】同賞選考委員会
【選考方法】推薦（自薦，他薦を問わず）
【選考基準】〔対象〕平成24年の場合，23年度間に貢献があったもの
【締切・発表】毎年12月末日締切(学会事務局必着)，次年度総会席上で表彰
【賞・賞金】賞状と副賞
【URL】http://www.ince-j.or.jp

(平8年)
千代田化工建設 "札幌高架下屋内街路「音の遊歩道」の設計施工"
電力中央研究所横須賀研究所，鹿島建設横浜支店 "周辺住居の音と環境保全に考慮した巨大放電実験施設の防音設計施工"
横浜市環境科学研究所 "快適音環境の関する横浜市の一連の調査研究"
電源開発 "発電所の周辺の音環境保全計画"

(平9年)
阪神高速道路公団 "阪神高速道路3号線神戸線の環境対策"
大成建設，梓設計，松田平田，日本空港コンサルタンツ "東京国際空港新旅客ターミナルビルチェックインロビーの音響設計"

(平10年)
東日本旅客鉄道東京工事事務所 "軌道が貫通する建物における列車振動及び騒音対策"
東海旅客鉄道技術本部 "音響インテンシティを用いた低騒音化技術の開発"
静岡新聞，大成建設，音環境研究所 "静岡新聞社製作センター作業環境改善対策"

(平11年)
九州旅客鉄道，鉄道総合技術研究所，トーニチコンサルタント，鹿島建設 "JR小倉駅ビルにおける列車などの振動や固体音対策"
飛島建設，飛騨庭石 "地下空間の音環境を考えた高山祭りミュージアム"

(平12年)
西日本旅客鉄道 "在来線における環境対策の実施"

日本道路公団東名古屋工事事務所 "東名阪自動車道特殊吸音ルーバーの環境対策工事"

(平13年)
　日本道路公団東京第二管理局，荏原製作所エンジニアリング事業本部 "東京湾アクアライン浮島換気所における総合環境対策"
　静岡県本川根町 "「音戯の里」の建設及び管理"

(平14年)
　北海道旅客鉄道，鉄道総合技術研究所 "学園都市線におけるフローティング・ラダー防振起動工事"
　国土交通省北九州国道工事事務所，東京製綱 "国道3号線における新型遮音壁防音工事"
　名古屋高速道路公団，オリエンタルコンサルタンツ "名古屋高速道路都心環状線高架部(明道町地区)のTMDを利用した低周波音対策工事"
　東日本旅客鉄道東京工事事務所 "弾性バラスト軌道による騒音低減対策"

(平15年)
　日本電波塔，千代田化工建設 "東京タワー展望台リニューアルプロジェクトにおける「静けさ創出による音環境デザイン」"

(平16年)
　日本道路公団中部支社名古屋工事事務所 "伊勢湾岸自動車道における騒音低減効果の高い大型の分岐型遮音壁の設置"
　東北大学，関・空間設計，戸田建設，東亜建設，ヤクモ "将来の音振動環境に配慮した高品位な講義スペースの設計と施工—東北大学マルチメディア棟—"

(平17年)
　受賞者なし

(平18年)
　中部国際空港，日建・梓・HOK・アラップ 中部国際空港設計監理共同企業体 "中部国際空港ターミナルビルにおける「サイレントエアポート」を目指した一連の取り組み"
　東海旅客鉄道 建設工事部 "東海道新幹線品川駅における音環境対策"

(平19年)
　京都市，熊谷組，ガイアートT・K，ジオスター "京都市北部クリーンセンタートンネル吸音壁"

(平20年)
　小林 真人(飛鳥建設技術研究所) "工事騒音リアルタイム評価・対応システム"

(平21年)
　藤本 一壽(九州大学大学院教授) "ポリエステル不織布とその端材のリサイクル材を利用した吸音材料の開発"

(平22年)
　鹿島建設株式会社 「鹿島カットアンドダウン工法」

(平23年)
　大成建設株式会社 「超高層建物の閉鎖型解体工法「テコレップシステム」の開発」
　戸田建設株式会社 「アクティブ・ノイズ・コントロール(ANC)を用いた建設機械騒音の低減」

(平24年)
　株式会社大林組 "発破低周波音消音器「ブラストサイレンサー」の開発"
　鹿島建設株式会社 "天井に反射面をもつオープンプランオフィスの音響設計「鹿島技術研究所研究本館」"
　西日本旅客鉄道株式会社 "緩衝工内吸音処理による新幹線鉄道トンネル抗口騒音の低減"

---

017 環境水俣賞

水俣市が経験した海の汚染による世界に類を見ない水俣病の教訓を活かし，環境問題に関する役割を積極的に担い，広く日本や世界に貢献するとともに，「あいとやすらぎの

017 環境水俣賞

環境モデル都市づくり」を目指している水俣の市民意識の高揚を図り、環境の保全・再生・回復又はこれに関する活動の育成や調査研究の振興に資することを目的として、平成4年に創設された。平成19年から募集を休止している。

【主催者】水俣市

【選考委員】（平成19年度まで）委員長：藤木素士（熊本県環境センター館長,筑波大学名誉教授）,副委員長：松本満良（水俣市議会議長）,委員：弘田禮一郎（熊本大学名誉教授）,丸山定巳（熊本大学文学部教授）,内野明徳（熊本大学理学部教授,沿岸域環境科学教育研究センター長）,寺本照子（水俣市地域婦人連絡協議会会長）,下田国義（寄ろ会みなまた世話人代表）,川口和博（水俣青年会議所理事長）,吉海安丈（水俣市福祉環境部長）※肩書き等は当時のもの

【選考方法】自薦,他薦

【選考基準】〔部門〕流域・海洋生態系部門：流域・海洋生態系の保全・再生・回復,循環型社会形成部門：循環型社会形成の保持・回復,先進技術部門：先進技術による環境汚染抑制・回復。〔対象〕(1)流域・海洋生態系の保全・再生・回復及び循環型社会形成の保持・回復及び先進技術（企業を除く）による環境汚染抑制・回復に関する活動や調査研究を中心とし,これに関連する領域を含め学術的若しくは社会的見地から優れた業績を挙げた個人や団体。(2)今後の活動等の継続により,多大な成果を挙げることが見込まれる個人や団体。(3)水俣市民であること（環境水俣市民賞）。〔対象地域〕(1)国内：日本国内における活動や調査研究。(2)国外：東アジア,東南アジアにおける活動や調査研究。(3)環境水俣市民賞：水俣地域

【締切・発表】第9回は平成18年10月31日締切,平成19年5月26日に授賞式

【賞・賞金】表彰状と賞金100万円（環境水俣市民賞は10万円）

【URL】http://www.minamacity.jp/jpn/kankyoetc/kankyo/kankyominamatasho.htm

第1回（平4年）
◇流域生態系部門
　松永 勝彦（北海道大学水産学部教授）"森林の持つ沿岸海域の生態系への影響の解明に独創的に取り組む"
◇海洋生態系部門
　リティボンブン,ニティ（タイ王国プリンス・オブ・ソンクラ大学天然資源学部水産科学科長）"住民参加型マングローブ林再生活動を推進"
◇共生社会部門
　熊本県ホタルを育てる会（熊本県）"ホタルを通して熊本県全域にわたって環境保全の普及啓発活動を行う"

第2回（平5年）
◇流域生態系部門
　脊梁の原生林を守る連絡協議会（熊本県）"九州中央山地一帯の原生的天然林を保護する活動"
◇海洋生態系部門
　アジア湿地帯事務所（マレーシア）"生命維持システムの役割を果たしている湿地帯の保護に貢献"
◇共生社会部門
　アピチャブロップ,ヤワラク（タイ・コンケン大学人文社会科学部森林研究計画長）"森林と村落社会との共生関係を再生することに貢献"

第3回（平6年）
◇流域生態系部門
　天明水の会（熊本県）"熊本市などを流れる緑川の流域で清掃・植林を続ける"
◇海洋生態系部門
　マレーシア自然協会（マレーシア）"マン

グローブ林の保全活動や渡り鳥の保護にあたる"
◇共生社会部門
　各務原地下水研究会（岐阜県）"過剰な施肥による地下水汚染を抑制"
第4回（平7年）
◇流域生態系部門
　竹と環境財団（インドネシア）"竹林の保全"
◇海洋生態系部門
　牛深ダイビングクラブ（代表・桑島栄一郎）（牛深市）"海底サンゴ礁保護に務めた"
◇共生社会部門
　PHD協会（神戸市）"アジア農業研修生への有機農法指導"
第5回（平9年）
◇共生社会部門
　アジア民間交流ぐるーぷ（日本）
　ディアン・タマ財団（インドネシア）
◇海洋生態系部門
　マングローブ植林行動（日本）
◇特別賞（環境水俣市民賞）
　水俣市立水俣第二中学校生徒会（水俣市，日本）
第6回（平12年）
◇共生社会部門
　インドネシア森林環境協会（インドネシア）
　阿蘇グリーンストック（日本）
◇流域生態系部門
　牡蠣の森を慕う会（日本）
◇特別賞（環境水俣市民賞）
　水光社家庭会（水俣市，日本）

第7回（平13年）
◇共生社会部門
　水と文化研究会（日本）
　廃棄物対策豊島住民会議（日本）
◇流域生態系部門
　特定非営利活動法人アサザ基金（日本）
◇特別賞（環境水俣市民賞）
　畳リサイクルの会（水俣市，日本）
第8回（平14年）
◇流域生態系部門
　崎尾 均（埼玉県農林総合研究センター森林研究所主任研究員）
◇流域生態系部門
　ブナの森を育てる会
◇海洋生態系部門
　該当者なし
◇共生社会部門
　伊万里はちがめプラン
◇環境水俣市民賞（特別賞）
　椎葉 昭二（水俣葦北自然観察会会長）
第9回（平18年）
◇流域・海洋生態系部門
　佐久川 弘（広島大学大学院生物圏化学研究科教授）
　ウ・オン（ミャンマー森林資源開発保全協会事務局長）
◇先進技術部門
　該当者なし
◇循環型社会形成部門
　該当者なし
◇環境水俣市民賞（特別賞）
　村丸ごと生活博物館（頭石・大川・久木野地区）

018 グリーン・サステイナブルケミストリー賞

　化学に係わる者が自らの社会的責任を自覚し，化学技術の革新を通して「人と環境の健康・安全」を目指し，持続可能な社会の実現に貢献していくことを目的としたグリーン・サステイナブルケミストリー（略称：GSC）活動の推進に貢献のあった個人，法人，団体への授賞制度として，平成13年に創設。平成24年には高校生あるいは中学生に対して，GSCへの関心をもってもらうために，GSCジュニア賞を創設。

【主催者】グリーン・サステイナブルケミストリーネットワーク（GSCN）

018 グリーン・サステイナブルケミストリー賞　　　　環境

【選考方法】公募(自薦または個人,団体による他薦)

【選考基準】〔対象〕GSC賞：GSCの推進に大きく貢献した業績。カテゴリー(A)：製品の製造過程・使用形態・使用後の処理過程における人の健康・安全に資するまたは環境に対する負荷を低減させようとする化学技術関連分野において独創的な研究開発。カテゴリー(B)：新規概念・手法の開拓,あるいは新規現象の発見または解析・解明であって,カテゴリー(A)の技術開発の飛躍的展開を促す科学的基盤の分野において独創的な研究。カテゴリー(C)：GSCの技術開発・科学研究の成果の普及,関連する社会制度の実現,あるいは教育・啓発等において顕著な活動。GSCジュニア賞：安全性を高めることを目的とする研究。環境改善を目指した研究(例えば,汚染水や汚染空気の浄化など)。〔資格〕GSC賞：GSCのわが国における推進に貢献のあった個人,複数の個人の連名,法人,あるいは任意団体とする。候補者が連名の場合,あるいは法人または任意団体にあって構成員名を挙げる場合の連名数は,1業績に対して最大限5名とする。SCネットワークが開催したGSCシンポジウムでポスター発表した実績がある業績であること。研究や開発活動の終了から概ね5年を経過していない業績であること。JACI/GSCシンポジウムでの受賞者講演,ニュースレターへの寄稿等,受賞に関連するJACI GSCN会議の諸活動に協力する意志を有すること。GSCジュニア賞：日本化学会関東支部内(東京・神奈川・千葉・埼玉・茨城・栃木・群馬・新潟・山梨の各都県)の中学校・高等学校の化学クラブまたは理科クラブの生徒。

【締切・発表】(第12回)平成24年11月12日締切

【賞・賞金】GSC賞：賞記および盾(5件以内)。GSCジュニア賞：表彰状

【URL】http://www.gscn.net/awards/index.html

第1回(平13年度)
◇GSC賞
小西 萌一, 上野山 一夫, 日比 進, 末吉 純一, 西岡 澄穂(日本ペイント) "水性リサイクル塗装システム"
都築 博彦, 中嶌 賢二, 畠山 晶, 前川 敏彦, 戸谷 市三(富士写真フイルム) "水溶媒で塗布する熱現像感光フイルム"
金田 清臣(大阪大学大学院基礎工学研究科教授) "無機結晶の特性を活かした環境調和型金属触媒の開発"

第2回(平14年度)
◇経済産業大臣賞
福岡 伸典, 府川 伊三郎, 河村 守, 小宮 強介, 東條 正弘(旭化成) "副生CO_2を原料とする新規な非ホスゲン法ポリカーボネート製造プロセス"
◇文部科学大臣賞
石原 一彰(名古屋大学大学院工学研究科) "環境調和型触媒を用いる高効率有機合成への応用"
◇環境大臣賞
山田 俊郎, 大槻 記靖, 杉本 達也, 田中 公章(日本ゼオン), 関屋 章(産業技術総合研究所) "地球にやさしい新規五員環フッ素系化合物製造技術の開発"

第3回(平15年度)
◇経済産業大臣賞
住友化学工業 "気相ベックマン転位プロセスの開発と工業化"
◇文部科学大臣賞
石井 康敬(関西大学工学部応用化学科), 八浪 哲二, 中野 達也(ダイセル化学工業) "環境調和型新規酸素酸化法の創成とその工業"
◇環境大臣賞
木内 幸浩, 位地 正年, 鈴木 博之(日本電気), 大須賀 浩規(住友ベークライト) "環境安全性に優れた自己消火性エポキシ樹脂組成物の開発と電子部品への適

用"
第4回（平16年度）
 ◇経済産業大臣賞
  生島 豊，川波 肇（産業技術総合研究所超臨界流体研究センター）"超臨界流体を利用した環境調和型化成品製造技術の創成"
 ◇文部科学大臣賞
  茶谷 直人（大阪大学大学院工学研究科）"アトムエコノミカルな新規触媒反応の開発—不活性結合の新しい活性化法の創製"
 ◇環境大臣賞
  石川 敏弘，山岡 裕幸，原田 義勝，藤井 輝昭，大谷 慎一郎（宇部興産）"表面傾斜構造を有する高強度光触媒繊維の開発と水浄化システムへの展開"
 ◇GSC賞
  住友化学"塩酸酸化プロセスの開発と工業化"
第5回（平17年度）
 ◇GSC賞/経済産業大臣賞
  西村 紳一郎（北海道大学大学院理学研究科・産業技術総合研究所），塩野義製薬，東洋紡績，日立ハイテクノロジーズ"人工ゴルジ装置による複合糖質の自動合成法"
 ◇GSC賞/文部科学大臣賞
  丸岡 啓二（京都大学大学院理学研究科）"キラル有機分子触媒のデザインと有用アミノ酸の実用的不斉合成"
 ◇GSC賞/環境大臣賞
  コスモ石油（新日本石油）"環境低負荷型超低イオウ燃料製造技術の開発"
第6回（平18年度）
 ◇GSC賞/経済産業大臣賞
  奥原 敏夫（北海道大学大学院地球環境化学研究院），御園生 誠（製品評価技術基盤機構），辻 勝行，中條 哲夫，内田 博（昭和電工）"固体ヘテロポリ酸触媒によるグリーンプロセスの開発"
 ◇GSC賞/文部科学大臣賞
  魚住 泰広（分子科学研究所）"水中での精密化学合成を実現する高分子触媒の研究"
 ◇GSC賞/環境大臣賞
  セイコーエプソン"インクジェット法による液晶ディスプレイ用機能薄膜形成技術の実用化"
 ◇GSC賞
  後藤 一起，末沢 満，宮口 生吾，馬場 譲，小川 勇造（東レ）"環境低負荷な水なしCTP版および印刷システムの開発"
第7回（平19年度）
 ◇経済産業大臣賞
  瀬戸山 亨，小林 光治（株式会社三菱化学科学技術研究センター），田中 稔，竹尾 弘（三菱化学株式会社），吉田 照男（三菱化学エンジニアリング株式会社）「固体酸触媒を用いた低環境負荷THF開環重合プロセスの開発」
 ◇文部科学大臣賞
  荻野 和子（東北大学医療技術短期大学部 名誉教授）「グリーン・サステイナブルケミストリーの教育および普及への貢献」
 ◇環境大臣賞
  赤尾 祐司（シチズン時計株式会社）「環境負荷削減を実現する高性能潤滑油AO-オイルの開発」
 ◇GSC賞
  水野 哲孝（東京大学大学院工学系研究科 教授）「精密制御された金属酸化物クラスター触媒による選択的酸化反応系の開発」
  近藤 輝幸（京都大学大学院工学研究科 科学技術振興教授）「低原子価ルテニウム錯体触媒によるアルケンの高度分子変換手法の開発」
第8回（平20年度）
 ◇経済産業大臣賞
  住友化学株式会社 「クメンを循環利用するプロピレンオキサイド新製法の開発と工業化」
 ◇文部科学大臣賞

宮坂 力，池上 和志（桐蔭横浜大学大学院工学系研究科），手島 健次郎（ペクセル・テクノロジーズ株式会社）「印刷技術によるプラスチック色素増感型太陽電池の開発と教育・啓発活動」
◇環境大臣賞
佐伯 隆（山口大学大学院理工学研究科），徳原 慶二（財団法人周南地域地場産業振興センター），松村 敏男（エルエスピー協同組合）「配管抵抗低減剤を用いた省エネルギー技術の開発と普及」
◇GSC賞
伊藤 敏幸（鳥取大学大学院工学研究科）「化学的に制御された生体触媒反応による環境調和型有機合成反応の開発」
福田 政仁，沖田 智昭（豊田合成株式会社），田中 靖昭（株式会社FTS），松下 光正（株式会社豊田中央研究所），鈴木 康之（トヨタ自動車株式会社）「架橋ゴムの高品位マテリアルリサイクル技術の開発」

第9回（平21年度）
◇経済産業大臣賞
田端 修，棚橋 真一郎，白沢 武，宇野 満，齋藤 明良（花王株式会社）「亜臨界水を応用した低環境負荷な界面活性剤合成プロセスの実用化」
◇文部科学大臣賞
真島 和志，大嶋 孝志（大阪大学基礎工学研究科）「多核金属クラスター触媒による環境調和型直接変換反応の開発」
◇環境大臣賞
高田 十志和（東京工業大学理工学研究科），山田 津男（ダイソー株式会社）「省エネタイヤ用シランカップリング剤の新製法開発」
◇GSC賞
吉田 潤一（京都大学大学院工学研究科）「マイクロリアクターの特性を生かした環境調和型精密有機合成」

第10回（平22年度）
◇経済産業大臣賞
斎藤 昌男，細谷 憲明，間瀬 淳，草場 敏彰，小島 明雄（出光興産株式会社）「固体酸触媒を用いた低環境負荷型アダマンタン製造プロセスの開発」
◇文部科学大臣賞
中原 謙太郎，岩佐 繁之，須黒 雅博，西 教徳，安井 基陽（日本電気株式会社）「環境調和性に優れた有機ラジカル電池の研究開発」
◇環境大臣賞
工藤 昭彦（東京理科大学）「太陽光と水から水素を製造する粉末光触媒の開発」
◇GSC賞
杉瀬 良二（宇部興産株式会社），土井 隆志，白井 昌志，吉田 佳弘，佐直 英治「環境にやさしい香料の新製法の開発」

第11回（平23年度）
◇経済産業大臣賞
三菱化学株式会社「エチレングリコール製造のための革新的触媒プロセスの開発と工業化」
◇文部科学大臣賞
阿尻 雅文（東北大学）「超臨界水中での低環境負荷有機修飾金属酸化物ナノ粒子の大量合成」
◇環境大臣賞
田畑 健，越後 満秋，神家 規寿，安田 征雄，高見 晋（大阪ガス株式会社）「家庭用燃料電池（エネファーム）用小型燃料改質触媒装置の開発」
◇GSC賞
武村 治，田中 次郎，中野 学，小松原 安久（株式会社クラレ）「有機溶剤フリー人工皮革製造法の開発」
◇第1回GSC奨励賞
三宅 信寿，西山 ブディアント，篠畑 雅亮（旭化成ケミカルズ株式会社），渡辺 智也（旭化成イーマテリアルズ株式会社），永原 肇（旭化成ケミカルズ株式会社）「二酸化炭素を直接活性化利用する炭酸エステル製造プロセス」
西林 仁昭（東京大学）「錯体化学的アプ

環境　　　　　　　　　　　　　　　　　　　　　　　　　　　　　019 花の万博記念「コスモス国際賞」

ローチによる次世代型窒素固定法の開発」

第12回（平24年度）

◇経済産業大臣賞

山口 紀子，三宅 登志夫，西田 浩平，石塚 仁，喜多 亜矢子（花王株式会社）「サステイナブル社会を先駆けた新しいお洗濯提案」

◇文部科学大臣賞

小林 修（東京大学）「グリーン・サステイナブルケミストリーを指向した革新的かつ実用的な触媒の開発」

◇環境大臣賞

岡部 徹（東京大学），岡本 正英（株式会社日立製作所），白山 栄（京都大学），竹田 修，梅津 良昭（東北大学）「レアアースのグリーン・リサイクル技術の開発」

◇第2回GSC奨励賞

八木 冬樹，若松 周平，三栗谷 智之，広畑 修，神田 剛紀（千代田化工建設株式会社）「二酸化炭素を原料として高効率で合成ガスを製造するプロセス」

◇第1回GSCジュニア賞

神奈川県立川崎工科高等学校　「納豆菌を用いた生活排水の浄化Ⅱ」

学校法人市川学園市川高等学校　「アンモニアを使わない安全な銀鏡反応」

国立大学法人東京工業大学附属科学技術高等学校　「水酸アパタイト・酸化チタン複合材料の環境浄化作用」

千葉県立柏高等学校　「二酸化チタンによる有機物の分解」

学校法人明照学園樹徳高等学校　「こんにゃく飛粉からバイオエタノール」

学校法人市川学園市川高等学校　「酸化チタン担持発泡リサイクルガラスによる水処理と防藻効果」

019 花の万博記念「コスモス国際賞」

1990年に大阪で開催された国際花と緑の博覧会の「自然と人間との共生」という理念を後世に永く継承，発展させることによって，潤いのある豊かな社会の創造をめざすものである。

【主催者】（公財）国際花と緑の博覧会記念協会

【選考委員】〔コスモス国際賞委員会〕委員長：岸本忠三（大阪大学免疫学フロンティア研究センター特任教授），副委員長：古在由秀（日本学士院第2部部長），委員：岩槻邦男（兵庫県立人と自然の博物館館長），尾池和夫（財団法人国際高等研究所所長），グンナー・オークスト（前スウェーデン王立科学アカデミー事務局長），黒川清（元日本学術会議会長），小山修三（国立民族学博物館名誉教授），A.H.ザクリ（元国連大学高等研究所長），鈴木昭憲（東京大学名誉教授），中村桂子（JT生命誌研究館館長），オーレ・フィリップソン（博覧会国際事務局（BIE）名誉議長），ギリアン・プランス卿（エデン・プロジェクト科学部長），松下和夫（京都大学大学院地球環境学堂教授），村上陽一郎（東洋英和女学院大学学長），〔コスモス国際賞選考専門委員会〕委員長：松下和夫（京都大学大学院地球環境学堂教授），副委員長：秋道智彌（総合地球環境学研究所名誉教授），委員：今福道夫（京都大学名誉教授），餌取章男（東京工科大学客員教授），加藤雅啓（東京大学名誉教授），武内和彦（東京大学サステイナビリティ学連携研究機構教授），野家啓一（東北大学大学院文学研究科教授），鷲谷いづみ（東京大学大学院農学生命科学研究科教授），エンダン・スカラ（インドネシア科学院副院長），ジュームズ・エドワーズ（アメリカ国立自然史博物館「生命の百科事典」顧問）

【選考方法】国内外からの推薦による候補者の業績を，コスモス国際賞選考専門委員会で審査。コスモス国際賞委員会がこれに基づいて受賞者を決定

【選考基準】花と緑に象徴される地球上のすべての生命体の相互関係およびこれらの生命体と地球との相互依存,相互作用に関し,地球的視点からその変化と多様性の中にある関係性,統合性の本質を解明しようとするものであって,「自然と人間との共生」という理念の形成発展にとくに寄与し,分析的,還元的な方法ではなく,包括的,統合的な方法による研究活動や業績

【締切・発表】7月発表,10月授賞式と記念講演,シンポジウムを開催

【賞・賞金】賞状,賞牌および賞金4,000万円

【URL】http://www.expo-cosmos.or.jp/

第1回(平5年)
ギリアン・トルミー・プランス(レディング大学教授,王立キュー植物園園長)"南米アマゾン地域を中心に熱帯植物の研究を続け,地球の各地域の植生を統一のデータベースにまとめる地球植物誌計画を提唱"

第2回(平6年)
ジャック・バロー(パリ国立自然史博物館教授)"ニューカレドニアを拠点に太平洋の島々の植物と島民の生活を中心にした民族生物学の調査研究に取り組んだ"

第3回(平7年)
吉良 竜夫(大阪市立大名誉教授)"長年,原生林保護運動を推進。琵琶湖の浄化と環境保全に尽力"

第4回(平8年)
ジョージ・B.・シャラー(動物学者)"野生動物の研究と保護"

第5回(平9年)
リチャード・ドーキンス(オックスフォード大学教授)"1976年の著書「利己的な遺伝子」で,生物学の常識を覆す大胆な仮説を発表。その後も,生物の進化について新しい見解を提示している。"

第6回(平10年)
ジャレド・M.・ダイアモンド(カリフォルニア大学ロサンゼルス校医学部教授)"医学部教授として生理学を研究する一方,30年にわたりニューギニアの熱帯調査を行い,これらを基に,人類の歴史的な発見を再構成した。"

第7回(平11年)
呉 征鎰(中国科学院昆明植物研究所教授・名誉所長)"地球上で植物の種の最も豊かな地域の一つである中国全土の植物約三万種を網羅した「中国植物誌」の編集を主宰し,開発途上国における生物多様性に貢献した。"

第8回(平12年)
デービッド・フレデリック・アッテンボロー(映像プロデューサー,自然誌学者,動物学者)"野生生物のドキュメンタリー映像のパイオニア。地球上の様々な動植物についての卓越した映像を通して,全世界の人々に生命の本質について訴えた。"

第9回(平13年)
アン・ウィストン・スパーン(マサチューセッツ工科大学教授)"都市と自然は対立するものでなく,周辺の地域環境と調和し,その一部として存在する都市の構築が可能であるとし,都市が自然との共生をはかりながら発展する方策を示した。"

第10回(平14年)
チャールズ・ダーウィン研究所(エクアドル・ガラパゴス諸島)"1964年設立の国際的NGO・NPO組織。南米エクアドル領のガラパゴス諸島で,ゾウガメ,イグアナなど,特異な固有生物の調査研究と保護に当たっている。"

第11回(平15年)
ピーター・ハミルトン・レーブン(ミズー

リ植物園長）"花と昆虫の共進化に関する研究を発表,花生物学分野の研究の端緒をつくった。人類生存には,地球の生物多様性保全が不可欠であると世界で最初に提唱した"

第12回（平16年）
フーリャ・カラビアス・リジョ（メキシコ国立自治大学理学部教授）"常に途上国の立場から全地球的な環境問題を考え,徹底したフィールドワークとさまざまな学問分野の研究を統合する手法でプログラムを実施し,異なる条件下での困難な課題にすぐれた成果をあげた"

第13回（平17年）
ダニエル・ポーリー（ブリティッシュ・コロンビア大学海洋資源研究所所長兼教授）"幅広い視野と長期的視点で漁業と海洋生態系の関連を包括的に研究し,海洋生態系保全と水産資源の持続的利用を可能にする科学的モデルの開発など,海洋生態系と資源研究の分野ですぐれた業績を収めた"

第14回（平18年）
ラマン・スクマール（インド科学研究所生態学センター教授）"ゾウと人間との生態関係や軋轢への対処をテーマとした研究から,生物多様性保護と自然環境の保全全般にわたる多くの提言を行い,かつ実行し,野生生物と人間との共存という分野での先駆的な取り組みを行った"

第15回（平19年）
ジョージナ・M.メイス（ロンドン大学NERC（自然環境調査会議）個体群生物学研究センター所長・教授）"絶滅危惧種を特定・分類し,科学的な基準を作成することにおいて指導的役割を果たし,現在のIUCN（国際自然保護連合）のレッドリストの根拠となる理論及びリストのワシントン条約による効果的運用など,種の保全,生物多様性保全に大きく貢献した"

第16回（平20年）
ファン・グェン・ホン（ハノイ教育大学名誉教授）"戦争や乱開発がマングローブの生態系に壊滅的な打撃を与えたベトナムで,マングローブの科学的,包括的な調査・研究を行い,マングローブ林の再生に大きな成果をあげた"

第17回（平21年）
グレッチェン・カーラ・デイリー（スタンフォード大学生物学部教授）"人類社会が依存する生物多様性のもつ「生態系サービス」の価値を包括的に捉えて,「国連ミレニアム生態系評価」など国際的取り組みに貢献するとともに,生態系・経済学を統合し,自然資本の持続的な利用のために「自然資本プロジェクト」を実施した"

第18回（平22年）
エステラ・ベルゲレ・レオポルド（ワシントン大学生物学部名誉教授）"父アルド・レオポルド（1887-1948）が提唱した「土地倫理」を継承・追及すると共に,実際に自然保護活動に従事しながら,アメリカ各地においてこの考えを広げるなどの功績を残した"

第19回（平23年）
海洋生物センサス科学推進委員会（事務局：アメリカ ワシントンDC）「海洋生物の多様性,分布,生息数についての過去から現在にわたる変化を調査・解析し,そのデータを海洋生物地理学情報システム（Ocean Biogeographic Information System：OBIS）という統合的データベースに集積することにより,海洋生物の将来を予測することを目指す壮大な国際プロジェクト「海洋生物センサス（Census of Marine Life：CoML）」を主導した」

第20回（平24年）
エドワード・オズボーン・ウィルソン（ハーバード大学名誉教授）「アリの自然史および行動生物学の研究分野で卓越した研究業績をあげ,その科学的知見を活かして人間の起源,人間の本性,人間の相互作用の研究に努めたほか,生物多様性保全や環境教育を推進する実践家として活動している」

020 JIA環境建築賞

地球環境時代の建築文化の向上を目的とし、環境を保全しながら高い質をもった建築を顕彰し、環境に配慮した建築の啓蒙と普及のために設立。平成12年より開始された。

【主催者】日本建築家協会

【選考委員】（第14回）委員長：小玉祐一郎，野原文男，宿谷昌則，安田幸一，中村勉

【選考方法】公募

【選考基準】〔資格〕日本建築家協会正会員または日本の建築士資格あるいは，海外の相当する資格を有する者。〔対象〕趣旨に沿った特質をそなえた建築で，応募作品が日本国内に実在し，平成24年3月末までに竣工したもの

【締切・発表】第14回の場合，登録用紙受付は平成25年6月30日まで。第1次審査は提出図書に基づく書類審査，第2次審査は応募者立ち会いのもとに現地調査。その後11月頃公開審査会を実施し発表

【賞・賞金】最優秀賞：一般建築部門・住宅建築部門各1点。優秀賞：一般建築部門・住宅建築部門若干数。入賞：一般建築部門・住宅建築部門若干数。表彰は平成26年4月頃「日本建築大賞」「日本建築家協会賞」「JIA新人賞」「JIA25年賞」と合同で行う

【URL】http://www.jia.or.jp/

第1回
◇住宅
- 最優秀賞
  大角 雄三（一級建築士事務所大角雄三設計室）「黒谷の家」
- 優秀賞
  小林 明（市浦都市開発建築コンサルタンツ），岩村 和夫（岩村アトリエ）「世田谷区深沢環境共生住宅」
  加藤 義夫（加藤義夫環境建築設計事務所）「明野の家」
- 入選
  井口 直巳（一級建築士事務所井口直巳建築設計事務所）「山梨のCD小屋」
  永岡 久（竹中工務店）「竹中工務店八事家族寮・竹友寮」
  藤島 喬（TAU設計工房）「S邸」
◇一般建築
- 最優秀賞
  該当者なし
- 優秀賞
  桜井 潔，野原 文男（日建設計）「コナミ那須研修所」
  中村 勉（中村勉総合計画事務所）「浪合フォーラム」
  遠松 展弘（日建設計）「大阪市中央体育館」
  村尾 成文，斉藤 繁喜，浅石 優，肥田 景明（日本設計），村松 映一，平田 哲（竹中工務店），エミリオ アンバーツ（エミリオ アンバーツ アンド アソシエーツ）「アクロス福岡」
  青木 茂（青木茂建築工房）「緒方町役場庁舎」

第2回
◇住宅
- 最優秀賞
  該当者なし
◇一般建築
- 最優秀賞
  川島 克也（日建設計），国土交通省近畿地方整備局営繕課」「神戸税関 本関」
- 優秀賞

桜井 潔，野原 文男，中村 晃子（日建設計）「東京ガスアースポート」

第3回
◇住宅部門
●最優秀賞
倉敷建築工房，栖村 徹（栖村徹設計室）「恒見邸 再生工事」
◇一般建築部門
●最優秀賞
野沢 正光（野沢正光建築工房）「いわむら かずお絵本の丘美術館」
桜井 潔，飯塚 宏，関原 聡（日建設計）「東葛テクノプラザ」
●優秀賞
横河 健（横河設計工房），葉山 成三（テーテンス事務所）「埼玉県環境科学国際センター」

第4回
◇住宅部門
●優秀賞
花田 勝敬（有限会社 HAN環境・建築設計事務所）「江戸川台の家」
●入賞
鯨井 勇（藍設計室）「大子の民家」
◇一般建築部門
●優秀賞
室井 一雄，成田 治，岩村 雅人（松田平田設計）「日新火災本社ビル」
藤井 進，木村 博則（石本建築事務所）「キッコーマン野田本社屋」
●入賞
圓山 彬雄（アーブ建築研究所）「地熱利用のSOHO」
白江 龍三（白江建築研究所），彦坂 満洲男（郷設計研究所）「カカシ米穀深谷工場オフィス棟」

第5回
◇住宅部門
●優秀作品
清水 敬示（（財）住宅都市工学研究所），高澤 静明，栗原 潤一（ミサワホーム），北村 健児（エム住宅販売），梅干野 晁（東京工業大学）「宮崎台「桜坂」」
●入賞作品
難波 和彦（難波和彦＋界工作舎）「箱の家-48」
中村 享一（中村享一設計室）「E7-project」
◇一般建築部門
●優秀作品
陶器 二三雄（陶器二三雄建築研究所）「国立国会図書館関西館」
浜田 明彦（日建設計）「NEC玉川ルネッサンスシティ（I）」
石井 和紘（石井和紘建築研究所）「CO2：常陸太田市総合福祉会館」
●入賞作品
二瓶 博厚（関・空間設計），東北工業大学「東北工業大学 環境情報工学科研究棟・教育棟」
川島 克也（日建設計）「河合町総合福祉会館"豆山の郷"」

第6回
◇一般建築部門
●優秀賞
渡辺 真理，木下 庸子（設計組織ADH），石岡 崇（兵庫県企業庁科学公園都市整備課）「兵庫県西播磨総合庁舎」
中村 勉（中村勉総合計画事務所），山本 圭介，堀 啓二（山本・堀アーキテクツ）「大東文化大学板橋キャンパス」
川島 克也，堀川 晋（日建設計）「慈愛会奄美病院」
若林 亮（日建設計）「瀬戸市立品野台小学校」
大野 二郎，松本 成樹，佐藤 昌之，吉原 和正，岡地 宏明（日本設計），高宮 眞介，石丸 辰治，早川 真，坪山 幸王（日本大学）「日本大学理工学部船橋校舎14号館」
●入賞
宮崎 浩（プランツアソシエイツ），大八木建設，穂高電気工事，中部水工，丹青社「安曇野髙橋節郎記念美術館」
森 浩，前田 哲，蜷川 利彦，桂木 宏昌（日本設計）「早稲田大学大学院情報生産シ

ステム研究科」
富樫 亮(日建設計)「地球環境戦略研究機関(IGES)」
◇住宅部門
●優秀賞
小玉 祐一郎(エステック計画研究所)「高知・本山町の家」
田中 直樹(田中直樹設計室)「静戸の家」
●入賞
久保 清一(アルキービ総合計画事務所),香川 眞二(グッドデザインスタジオ),森田 真由美(MAYUMIYA)「MAYUMIYAの工房」

第7回
◇一般建築部門
●最優秀賞
第一工房 「瀬戸愛知県館/あいち海上の森センター」
●優秀賞
近宮 建一,千野 保幸,佐藤 昌之,吉原 和正(日本設計),長岐 侃(長岐建築設計事務所),金沢 純治((有)ミツイ設計)「秋田県立横手清陵学院中学校・高等学校」
前田 啓介,岩佐 義久(日本アイ・ビー・エム),大坪 泰,栗原 卓也,柳井 崇(日本設計)「マブチモーター株式会社本社棟」
與謝野 久,八幡 健志,堀川 晋(日建設計),猪子 順(日建ハウジングシステム),吉村 晃治(ニュージェック)「関電ビルディング」
平倉 章二,児玉 耕二,山本 茂義,井上 宏,小塩 智也,三浦 洋介,田村 富士雄,横山 大毅,織間 正行,小玉 敦,梶川 直樹(久米設計)「Honda和光ビル」
●入賞
千鳥 義典,児玉 耕二(日本設計建築設計群),岡村 和典(日本設計九州支社),小野塚 能文,井田 寛(日本設計環境設備設計群),斎藤 公男(日本大学理工学部建築学科)「山口県立きららスポーツ交流

公園多目的ドーム「きらら元気ドーム」」
豊嶋 守,目黒 泰道(画工房)「KB」
◇住宅部門
●最優秀賞
小室 雅伸((有)北海道建築工房)「アグ・デ・パンケ農園の住宅」
●優秀賞
矢作 昌生(矢作昌生建築設計事務所)「唐津山・積み木の家」
●入賞
善養寺 幸子(オーガニックテーブル)「K邸」
二井 清治(二井清治建築研究所)「津山の家」

第8回
◇一般建築部門
●優秀賞
亀井 忠夫,村尾 忠彦,野原 文男,本間 睦朗,横田 雄史(日建設計),川瀬 貴晴(千葉大学),井上 隆(東京理科大学),百田 真史(東京電機大学)「日建設計東京ビル」
東 利恵(東 環境・建築研究所),長谷川 浩己(オンサイト計画設計事務所),松沢 隆志(星野リゾート)「星のや 軽井沢」
鬼頭 梓(鬼頭梓建築設計事務所),佐田 祐一((有)佐田祐一建築設計研究所)「洲本市立図書館」
安田 幸一,竹内 徹(東京工業大学大学院)「東京工業大学緑が丘1号館 レトロフィット」
葉 祥栄(葉デザイン事務所)「大野市シビックセンター(学びの里「めいりん」)」
近宮 健一,平山 浩樹(日本設計),大野 秀敏(東京大学)「東京大学柏キャンパス環境棟」
●入賞
五十君 興(日建設計),廣重 拓司,米田 潤,飯塚 宏,滝澤 総,野々瀬 恵司「エプソンイノベーションセンター」
福田 卓司,小泉 治(日本設計),長澤 悟(東洋大学)「武蔵野市立大野田小学校」

岡村 和典, 稲垣 恵一 (日本設計九州支社), 栫 弘之, 鬼木 貴章 (日本設計)「下関市立 豊北中学校」

富永 譲 (富永譲＋フォルムシステム研究所)「成増高等看護学校」

大野 秀敏 (東京大学大学院), 吉田 明弘 (アプルデザインワークショップ)「鯖江市環境教育支援センター」

隈 研吾 (隈研吾建築都市設計事務所)「銀山温泉 藤屋」

圓山 彬雄 (アーブ建築研究所)「東京未来大学」

◇住宅部門
- 最優秀賞
  栗林 賢次 (栗林賢次建築研究所)「亀山双屋」
- 優秀賞
  五十嵐 淳 (五十嵐淳建築設計)「ANNEX」
- 入賞
  奈良 謙伸, 奈良 顕子 ((有) 奈良建築環境設計室)「南を向く家」

第9回
◇一般建築部門
- 最優秀賞
  彦根 アンドレア (彦根建築設計事務所)「IDIC (PS岩手インフォメーションセンター)」
- 優秀賞
  加藤 誠 (アトリエブンク), 金箱 温春 (金箱構造設計事務所), 鈴木 大隆 (北海道立北方建築総合研究所)「黒松内中学校 エコ改修 (校舎棟)」
  大坪 泰, 上口 泰位 (日本設計)「日産先進技術開発センター」
  西方 里見 (設計チーム木協同組合)「国際教養大学学生宿舎」
  富樫 亮, 佐竹 一朗 (日建設計)「焼津信用金庫 本部社屋」
- 入賞
  仙田 満 (環境デザイン研究所)「四街道さつき幼稚園」
  平倉 章二, 山本 茂義, 小堀 哲夫 (久米設

計)「東洋ロキグローバル本社ビル」
  近宮 健一 (日本設計)「川越町庁舎」
◇住宅部門
- 優秀賞
  小泉 雅生 ((有) 小泉アトリエ)「アシタノイエ」
  岩村 和夫 (岩村アトリエ)「望楼の家」
  近角 よう子 (近角建築設計事務所), 近角 真一 (集工舎建築都市デザイン研究所)「求道学舎 リノベーション」
  峯田 建 (スタジオ・アーキファーム)「川越の家 TERRA」

第10回
◇一般建築部門
- 最優秀賞
  江本 正和, 宮田 多津夫 (松田平田設計)「松田平田設計本社ビル リノベーション」
- 優秀賞
  古賀 大, 田代 彩子 (日本設計)「碧南市藤井達吉現代美術館」
  松永 安光 (近代建築研究所)「環境共生住宅ハーモニー団地」
  安田 幸一 (安田幸一研究室, 安田アトリエ), 福島 祐二 (大建設計)「東急大岡山駅上東急病院」
- 入賞
  遠藤 秀平 (神戸大学大学院)「ひょうご環境体験館」
  吉生 寛 (日建設計)「かごしま環境未来館」
  原田 由紀, 山崎 隆盛 (日建設計)「立教学院 太刀川記念交流会館」
◇住宅部門
- 優秀賞
  鈴木 幸治 (ナウハウス)「隙屋 (すきや)」
  井口 浩 (井口浩フィフス・ワールド・アーキテクツ)「カムフラージュハウス3」
- 入賞
  奥村 俊慈, 奥村 靖子 (ケミカルデザイン一級建築士事務所)「湧き水の家」
  末光 陽子 (一級建築士事務所 SUEP.)「我孫子の住宅 Kokage」

第11回
◇一般建築部門
- 優秀賞
  中村 勉（中村勉総合計画事務所）「七沢希望の丘初等学校」
  高木 耕一，瓦田 伸幸（東畑建築事務所名古屋事務所）「北名古屋市立西春中学校」
  石原 直次（日建設計）「川本製作所東京ビル」
- 入賞
  菅野 彰一（北海道日建設計）「北海道大学工学部建築・都市スタジオ棟」
- 特別賞
  北園 徹（北園空間設計），知久 昭夫（知久設備計画研究所）「株式会社共栄鍛工所新鍛造工場」
◇住宅部門
- 最優秀賞
  佐々木 敏彦（大久手計画工房）「五反田の家」
- 優秀賞
  神家 昭雄（神家昭雄建築研究室）「谷万成の家」
  彦根 アンドレア（彦根建築設計事務所）「風 Fuu」
- 入賞
  山下 保博（アトリエ・天工人）「A-ring」

第12回
◇一般作品部門
- 最優秀賞
  福田 卓司，小泉 治（日本設計）"いすみ市立岬中学校"
- 優秀賞
  永廣 正邦（梓設計）"山梨市庁舎"
  児玉 謙（日建設計）"ろうきん肥後橋ビル"
- 入賞
  朝田 志郎（日建設計）"國學院大學渋谷キャンパス再開発計画"
  石川 恒夫（ビオ・ハウス・ジャパン一級建築士事務所＋前橋工科大学）"八幡幼稚園"
◇住宅部門
- 最優秀賞
  岩崎 駿介 "落日荘"
- 優秀賞
  堀尾 浩（堀尾浩建築設計事務所）"美幌の家（美幌町・びほろエコハウス）"
  櫻井 百子（アトリエmomo）"下川町環境共生型モデル住宅 美桑"
  新井 優（新井建築工房＋設計同人NEXT）"りんご並木のエコハウス"

第13回
◇一般作品部門
- 最優秀賞
  中村 拓志（NAP建築設計事務所）"錄 museum"
- 優秀賞
  菅野 彰一，小谷 陽次郎，廣重 拓司（北海道日建設計）"陸別小学校"
  中村 勉（中村勉総合計画事務所）"和光小学校・幼稚園改築工事"
- 入賞
  齋藤 志津夫（日本設計）"NEXUS HAYAMA"
  岩崎 克也，伊藤 佐恵（日建設計）"東京都港区立芝浦小学校・芝浦幼稚園"
◇住宅部門
- 優秀賞
  新居 照和（新居建築研究所）"丈六の家"
  関谷 昌人（PLANET Creations 関谷昌人建築設計アトリエ）"西洞院の町家"
  吉元 学，平野 恵津泰（ワーク○キューブ）"母の家"
- 入賞
  芦澤 竜一（芦澤竜一建築設計事務所）"Secret garden"

021 しれとこ賞

経済的に比較的恵まれない自然環境保全で，意欲的に取り組む若手を応援するのが狙い。

知床が世界自然遺産に推薦されたことを記念して，平成16年に創設された．野生動物や海獣，魚類，生物多様性など，取り組みの分野，地域を問わず，全国から公募して表彰する．

【主催者】世界自然遺産知床・しれとこ賞実行委員会（環境省，林野庁，北海道，斜里町，羅臼町，読売新聞北海道支社）

【選考委員】（第2回）鷲谷いづみ（東京大教授）ら識者

【選考方法】公募

【選考基準】〔応募資格〕50歳未満の個人で自薦，他薦とも可．日本各地の自然環境保全に優れた業績を上げている若手・中堅の研究者，活動家，ジャーナリストなど．〔選考基準〕独自性，将来性がある取り組みで，分野，地域は問わない．

【締切・発表】（第2回）締め切り：平成17年7月31日．発表：8月下旬に読売新聞紙上にて

【賞・賞金】大賞（1名）：正賞（記念品），副賞（賞金100万円）．準大賞（2名）：正賞，副賞（賞金10万円）

第1回（平16年）
　白木 彩„（日本学術振興会科学技術特別研究員）"世界的に絶滅が危惧されている大型猛禽類のオジロワシ，オオワシの研究者で，知床半島や北方四島で10年以上にわたって研究調査に取り組み，未解明だった国内での生息数や生息実態を明らかにした．さらに，研究の成果を保護対策につなげる活動も続け，社会的な貢献と行動力が高く評価された"

第2回（平17年）
　江戸 謙顕（文化庁天然記念物指定動物保護管理担当文部科学技官）"絶滅寸前に追い込まれている国内最大の淡水魚イトウの保護研究活動にあたってきた．危機的な生息状況を科学的に明らかにし，市民とともに保護活動に取り組む行動力も高く評価された"

◇特別賞
　黒沢 信道（獣医師，野生動物救護研究会副会長）"平成2年に野生動物救護研究会を創設．救護事例集を作り，鉛弾によるオオワシなど猛禽類の鉛中毒を明らかにするなどの活動は，社会的に大きな反響を呼んでいる"

022 生態学琵琶湖賞

地球規模での環境問題に対する取り組みが進展しつつあるなかで，環境保全に関する役割をより積極的に担い，広く日本やアジアに貢献するとともに，滋賀県民意識の高揚をはかるため，平成3年度に創設された．水環境またはこれに関連する分野の生態学研究において，学術的，社会的見地から重要な研究成果をあげ，今後の研究の深化が期待される研究者に贈られる．

【主催者】日本生態学会

【選考委員】第16回選考委員：占部城太郎（委員長）吉岡崇人，田辺信介，國井秀伸，中村太士，杉本敦子

【選考方法】推薦（自薦を含む）

【選考基準】〔研究分野〕生態学を中心にその周辺領域を含めた分野において，水環境またはこれに関連する研究．〔資格，適格要件〕東アジア地域（ロシア連邦の東部地域を含む），東南アジア地域および西太平洋地域（ただし，オーストラリアおよびニュー

ジーランドを除く)に居住し,同地域における研究活動実績が高く評価される人で原則として50歳未満の研究者.

【締切・発表】(第17回)平成24年7月15日～10月15日に募集,平成25年7月1日びわ湖の日に授賞式検討中.

【賞・賞金】 滋賀県知事と学会より賞状

【URL】 http://www.esj.ne.jp/esj/award/biwako/list.html

第1回 (平3年)
　高橋 正征(東京大学理学部教授) "湖沼・海洋における植物プランクトンの個体群の生産活動について植物プランクトンと独立栄養バクテリアに焦点をおいた解析を進めるとともに,環境因子との関連において一次生産の変動機構を解明した"
　福嶌 義宏(京都大学農学部助教授) "山地小集水域における時間単位の降水量,流出量などのデータをもとに,植生被覆および地質と水環境との関連を捉え,水環境の構成成分の動態を定量的に表現できるモデルを構築した"

第2回 (平4年)
　岩熊 敏夫(国立環境研究所生物圏環境部生態機構研究室長) "霞ヶ浦を中心に湖沼のユスリカの生態,特に個体群変動機構および二次生産を明らかにするとともに,湖沼の物質循環におけるユスリカの役割を定量的に評価し,そのモデル化を行った"
　堀 道雄(和歌山県立医科大学教授) "タンガニィカ湖のカワスズメ類を材料に,食物を獲得する方法が異なる魚種間において,他種の存在が各々の種にとっての植物獲得をかえって有利にすることを世界で最初に発見した"

第3回 (平5年)
　サニット・アクソンコー(タイ王国,カセサート大学育林学部教授) "タイおよびその周辺地域でのマングローブ林について,その生産や物質循環を中心に,生態系の構造と機能を研究するとともにその保全再生の手法を提示し,啓発教育と保全再生の実践活動を精力的に進めた"
　高村 典子(国立環境研究所生物圏環境部生態機構研究室長) "霞ヶ浦で大発生するミクロキスティスの分布,光合成,栄養塩吸収沈降と分解,越冬条件を調べ,「水の華」を形成するシアノバクテリアの生理・生態学的特性を解明した"

第4回 (平6年)
　尹 澄清(中国科学院生態環境研究センター・環境水科学国家重点実験室副主任) "中国における浅い湖沼の富栄養化—あおこ発生—の特色を明らかにするとともに,湖沼の富栄養化管理において多数の池を散在配置したシステムや,水陸境界エコトーンの環境浄化機能にかかる実証研究など生態工学的な富栄養化防止対策を提示した"
　池田 勉(水産庁西海区水産研究所海洋環境部長) "動物プランクトン群集全体の代謝活性の変動が群集を構成する個々の動物プランクトンの体重と生息水温によることを示し,貧栄養海域として知られる黒潮海域での動物プランクトン群集の摂餌の補食・生産速度,窒素排泄速度などを試算した"

第5回 (平7年)
　フォルテス,ミゲル・D.(フィリピン大学海洋科学研究所教授) "東南アジア沿岸域は,海草帯がよく発達し,インド-太平洋地域の27ヶ国が7つの海草区に区分されることおよび海草帯が高い生産性を持ち,珊瑚礁やマングローブ湿地に匹敵する重要な生態系であることを明らかにした"
　花里 孝幸(信州大学理学部付属諏訪臨湖実験所教授) "湖における動物プランクト

ンの生態に関する研究を進め,富栄養湖においては腐食植物連鎖が中心となっていることを示し,富栄養湖の循環過程を理解するうえで大きく学術的に貢献した"

第6回(平8年)

　ティモーシュキン,オレック A.(ロシア科学アカデミーシベリア局陸水研究所水生生物室長)　"バイカル湖において,浮遊性の渦虫類の分類・生態・進化,または大型プランクトン動物の生態の研究に優れた業績を挙げ,さらに,アジアの古い湖沼における生物多様性の成立過程の比較研究に成果をおさめた。"

　中島 経夫(滋賀県立琵琶湖博物館総括学芸員)　"コイ科魚類の咽頭歯の研究を行い,古琵琶湖から現在の琵琶湖に至る環境と魚類相の変遷を明らかにした。その中で古琵琶湖は沼沢や湿地的な環境であったこと,現在の環境は琵琶湖の歴史のなかでは特異であることを示した。"

第7回(平9年)

　陳 鎮東(台湾中山大学海洋地質学・化学研究所教授)　"海洋や湖沼の水の安定度を密度,温度,圧力の関係式で統合して解析することを可能にした。さらに,大気中の炭酸ガスが海洋に溶け込んでいることを定量的に証明するとともに,台湾湖沼の堆積物研究から,人間活動が気候変動に与える影響を解析した。"

　濱 健夫(名古屋大学大気水圏科学研究所助手)　"水域における基礎生産測定法および有機物分析法を新しく開発し,基礎生産分野の研究を活性化させ,有機物生産研究を分子レベルにまで進展させた。また,有機物生産の初期過程と有機物分子の動態を明らかにし,水域生態系での物質循環の理解に貢献した。"

第8回(平10年)

　ポンプフサート,チョンラック(アジア工科大学環境・資源・開発学部長)　"熱帯地方の川や湖に増えて水上交通の障害となり,処置に困っている水草ホテイアオイを逆転利用し,資源としての利用を含めた地域に密着した低コストの汚水処置システムを開発するとともに,このような有機的リサイクリング手法の理論化を研究。"

　西田 睦(福井県立大学生物資源学部教授)　"DNAを用いた分子生物学的な研究手法を生態学の分野に率先して導入し,琵琶湖のアユは10万年も前から日本の他の河川のアユとは違っていたことなど,集団生態学の上できわめて重要な事実を明らかにした。"

第9回(平11年)

　謝 平(中国科学院水生生物研究所教授)　"実験生態系を用いて,湖内の食物連鎖系の仕組みを明らかにすることによって湖毎あるいは季節毎に特徴的な生物組成がどのようにして成立するかを明らかにし,湖の富栄養化防止に草食魚の導入が有効であることを検証した。"

　吉岡 崇仁(名古屋大学大気水圏科学研究所助手)　"湖沼生態系解析に炭素・窒素安定同位体比測定手法を導入し,この種の研究に新たな質的展開をもたらした。また,同手法を用いて食物連鎖系について克明な解析を行うと共に過去の湖沼環境変遷の解析にも応用できることを示した。"

第10回(平12年)

　ダジョン,デビッド(香港大学生態学・生物多様性学科主任教授)　"香港大学を研究拠点として,一貫してアジア地域の水生昆虫を中心とする熱帯河川生態系の研究を行ってきた。その成果をもとに,学生への生態学教育を行い,現在は熱帯アジアの生物多様性保全に関しての情報発信を通して社会的にも貢献している。"

　山室 真澄(通商産業省工業技術院地質調査所海洋地質部主任研究官)　"汽水域での物質循環機構を窒素循環の面から解析し,宍道湖でのヤマトシジミ,宍道湖・中海での潜水性カモ類が水質浄化に果たす役割を定量的に明らかにした。また,地

球温暖化の機構研究に関連して，サンゴ礁が炭素の吸収源として機能していることを指摘した。"

第11回（平13年）
　占部 城太郎（京都大学生態学研究センター助教授）"生態学的化学量論というまったく新しい視点から，湖沼におけるプランクトンの成長・増殖とそれによる物質循環の実態を詳しく解析した。"
　アヤウディン・ビン・アリ（マレーシア科学大学生物科学部教授）"マレーシアにおける水田養魚に関する生態学的・実用的研究を展開してきた。精力的な研究によって，稲作と養魚を統合するシステムが構築されつつある。"

第12回（平15年）
　森 誠一（岐阜経済大学コミュニティ福祉政策学科教授）"野外におけるトゲウオの行動生態学的研究"
　ワン，ウェン・シオン（香港科学技術大学生物学部助教授）"水生生物における金属代謝に関する生理生態学的研究"

第13回（平17年）
　今井 章雄（国立環境研究所水土壌圏環境研究領域・湖沼環境研究室長）"溶存有機物質が湖沼生態系や飲料水に与える影響"
　朱 杞載（釜山大学生物学科教授）"韓国洛東江における水域生態学の研究"

第14回（平19年）
　津田 敦（東京大学海洋研究所海洋生態系動態部門浮遊生物分野准教授）"鉄散布の浮遊生物群集への影響と二酸化炭素削減技術としての効率性の検討"
　鄭 明修（中央研究院生物多様性研究センター研究員）"沿岸域の甲殻類動物の生態と多様性に関する研究"

第15回（平21年）
　中村 太士（北海道大学大学院農学研究院教授）

第16回（平23年）
　岩田 久人（愛媛大学沿岸環境科学研究センター 教授）
　沖 大幹（東京大学 生産技術研究所 教授）

023 大気環境学会賞

　公衆衛生学者で社団法人大気汚染研究協会初代会長・斎藤潔氏の昭和48年度保健文化賞受賞を期し，その賞金に基づいて創設された。当初は「大気汚染研究協会賞」の名称であったが，平成7年度の学会名改称に伴い，現在の賞名になった。「斎藤潔賞」とも称される。功労賞（鈴木武夫賞）は，会長として長年にわたり，同学会の発展，大気汚染の研究および対策の進歩に顕著な貢献をされた鈴木武夫氏を記念して創設された。

【主催者】（公社）大気環境学会
【選考委員】（1）学会賞選考委員会委員長：田中茂（慶応義塾大学理工学部）委員：内山巌雄（京都大学名誉教授），土器屋由紀子（江戸川大学名誉教授），野内勇（（社）国際環境研究協会），畠山史郎（東京農工大学），藤巻秀和（国立環境研究所），吉門洋（埼玉大学）（2）論文賞選考小委員会委員長：大河内博（早稲田大学）委員：飯島明宏（高崎経済大学），石井康一郎（東京都環境科学研究所），後藤純雄（麻布大学），清水英幸（国立環境研究所），中井里史（横浜国立大学），平木隆年（兵庫県健康環境科学研究センター），松本淳（早稲田大学）
【選考方法】会員の推薦による
【選考基準】〔対象〕(1)学術賞（斎藤潔賞）：国内外において学術上，ならびに社会的に顕著な業績をあげた者 (2)功労賞（鈴木武夫賞）：同学会または地域・社会に対して多大な功績をあげた者（年齢55歳以上）(3)進歩賞：学術上優れた業績をあげた若手研究者（年齢40歳以下）(4)技術賞：技術的に優れた業績をあげるか，或いは技術の普及

に著しい功績をあげた者 (5) 論文賞：前年1年間の同学会誌に掲載された独創性の高い原著論文,及び優秀な技術調査報告.

【締切・発表】毎年5月末日締切,9月～11月頃開催の定期総会で発表

【賞・賞金】賞状と記念品 (メダル)

【URL】http://www.jsae-net.org/

第1回 (昭49年度)
中島 泰知 (大阪府公衆衛生研究所) "窒素酸化物の生体に及ぼす研究"
山添 文雄 (農業技術研究所) "大気汚染の植物被害に関する鑑定法の研究"

第2回 (昭50年度)
庄司 光 (関西大学) "大気汚染の研究への功労"
青山 光子 (名古屋市立大学) "大気汚染の人体影響に関する研究"
石西 伸 (九州大学) "大気汚染の発癌に関する人体影響の研究"
冨田 涓子 (大阪市環境科学研究所) "大気汚染の測定に関する研究"
松島 二良 (三重大学) "大気汚染の植物影響に関する研究"
森口 実 (気象研究所) "大気汚染の拡散及び総量観測に関する研究"

第3回 (昭51年度)
安倍 三史 (北海道衛生研究所) "ばい煙汚染に関する研究"
野瀬 善勝 (山口大学) "大気汚染対策における功績"
木村 菊二 (労働科学研究所) "空気中粉塵の測定法および粒状物の吸入についての実験的研究"
角田 文男 (岩手医科大学) "弗素及びその化合物による大気汚染の状況とその影響に関する研究"
中野 道雄 (大阪市環境保健局) "大阪地方の大気汚染と気象との関係の研究"
前野 道雄 (神奈川県農業総合試験所) "大気汚染による植物影響問題に関する研究"

第4回 (昭52年度)
梶原 三郎 (元尼崎市長) "大気汚染研究調査における功績"
猿田 南海雄 (福岡県衛生公害センター) "大気汚染研究調査における功績"
加地 信 (元千葉県公害研究所) "大気汚染防止における功績"
矢田部 照夫 (電力中央研究所) "排ガス中の二酸化いおう,窒素酸化物の測定法の改善に対する業績"
横山 長之 (公害資源研究所) "大気汚染の観測網についての研究と環境影響アセスメント実施への貢献"
渡部 真也 (滋賀医科大学) "北海道における大気汚染の改善に対する業績"

第5回 (昭53年度)
伊東 彊自 (東海大学) "大気汚染研究における功績"
北 博正 (日本体育大学) "大気汚染防止における功労"

第6回 (昭54年度)
門田 正也 "大気汚染による植物影響の実験及び野外研究における功績"
清水 忠彦 (近畿大学) "大気汚染による地域住民の健康への影響についての調査,研究"
本間 克典 (産業医学総合研究所) "大気汚染物質・エアロゾルの発生,挙動,測定等の一貫した研究"
柳沢 三郎 (慶応大学) "大気汚染の測定分析における功労"
柳原 茂 (機械技術研究所), 嶋田 勇, 篠山 鋭一, 千阪 文武, 斎藤 敬三 "光化学大気汚染の機構の解明のためのスモッグチャンバーでの研究"

第7回（昭55年度）
　三浦 豊彦（労働科学研究所）"大気汚染研究における功労"
　本多 侔（千葉大学）"大気汚染の植物への影響についての研究"
　松下 秀鶴（国立公衆衛生院）"ベンゾピレンの存在分布についての研究"
第8回（昭56年度）
　六鹿 鶴雄（愛知工業大学）"大気汚染研究における功績"
　大喜多 敏一（北海道大学）"大気汚染研究における功績"
　金子 ふさ（大阪生活衛生協会）"大気汚染研究における功績"
　角脇 怜（愛知県公害調査センター）"大気エアロゾルの生成機構を含めた挙動の解明に関する研究"
第9回（昭57年度）
　寺部 本次（川崎市公害研究所）"地方自治体における大気汚染問題の研究と行政への功労"
　外山 敏夫（慶応大学）"大気汚染の人体への影響の研究における功績"
　渡辺 弘（兵庫県公害研究所）"大気汚染研究における功績"
第10回（昭58年度）
　坂上 治郎（お茶の水女子大学）"大気汚染物の大気拡散の基礎理論の研究"
　鈴木 伸（千葉大学）"大気汚染とくに光学反応についての研究"
　松岡 義治（千葉県農業試験場）"農作物・果樹に対する二酸化硫黄・光化学オキシダントの障外作用についての研究"
第11回（昭59年度）
　長谷川 利雄（(財)関西産業公害防止センター）"大気汚染研究についての学術，行政，社会的活動への功績"
　高橋 幹二（京都大学原子エネルギー研究所）"大気汚染因子としての浮遊粒子状物質の測定技術の開発とその評価についての研究"
　竹本 和夫（埼玉医科大学）"大気中発癌物質, 重金属と肺の腫瘍についての病理組織学的研究"
　安田 憲二（神奈川県公害センター）"地域における大気汚染源の実態と防止対策についての研究"
第12回（昭60年度）
　八巻 直臣（埼玉大学）"自動車排気ガスに関する一貫した研究"
　吉田 克己（三重大学）"大気汚染と慢性呼吸器疾患との因果関係の研究における功績"
　藤井 徹（大阪府公害監視センター）"近畿地方の大気汚染の解析における功績"
　戸塚 績（国立公害研究所）"低濃度のSO_2・NO_2・O_2等に対する植物の大気浄化機能に関する研究"
　岩崎 好陽（東京都環境科学研究所）"悪臭公害の評価方法の研究と悪臭官能試験・三点比較式臭袋法の完成"
　芳住 邦雄（東京都環境科学研究所）"大気エアロゾル中の無機二次生成物質についての直接定量評価への研究"
第13回（昭61年度）
　宗森 信（大阪府立大学工学部）
　猿田 勝美（横浜市公害対策局）
　横山 栄二（国立公衆衛生院）
　玉置 元則（兵庫県公害研究所）
　栗田 秀実（長野県衛生公害研究所）
第14回（昭62年度）
　菱田 一雄
　池田 有光
　北林 興二
　畠山 史郎
　光木 偉勝
第15回（昭63年度）
　荒木 峻
　遠藤 良作
　山本 剛夫
　常俊 義三
　関口 恭一
　田中 茂

第16回（平1年度）
　氷見 康二（日本環境衛生センター）
　笠原 三紀夫（京都大学原子エネルギー研究所）
　野内 勇（農業環境技術研究所）
　木村 富士男（気象研究所）
第17回（平2年度）
　◇学術賞
　　児玉 泰（産業医科大学）"北九州工業地帯を対象として先駆的な大気汚染の調査研究"
　　溝畑 朗（大阪府立大学附属研究所）"大気エアロゾルの物理化学的性状，発生源粒子の元素組成等に関する研究"
　　指宿 堯嗣（公害資源研究所）"大気中のガス状物質と粒子状物質との化学的相互作用についての研究"
第18回（平3年度）
　◇功労賞
　　塩沢 清茂（早稲田大学）"大気汚染の発生源対策，対策技術，大気拡散，データ解析，省エネルギー等分野の業績"
　◇学術賞
　　滝沢 行雄（秋田大学）"ガス状物質の光分解性スクリーニングテスト研究，開発等"
　　常盤 寛（福岡県衛生公害センター）"大気中における種々な変異原性化学物質に関する研究"
　　水野 建樹（公害資源研究所）"大気汚染物質の拡散に関する研究，大型空気浄化温室での研究"
　◇進歩賞
　　久野 春子（東京都農業試験所）"光化学オキシダントの植物影響"
第19回（平4年度）
　◇功労賞
　　橋本 芳一（慶応義塾大学）"大気浮遊粒子成分の環境化学的研究等の先駆的で価値の高い業績"
　◇学術賞
　　才木 義夫（神奈川県湘南地区行政センター）"大気環境質の化学的評価に関する研究"
　　井出 靖雄（三菱重工業）"大気汚染物質の移流と拡散に関する研究"
　◇進歩賞
　　岡本 真一（東京情報大学）"大気拡散シミュレーションの研究，自動車排ガス，高密度ガスの拡散等研究"
第20回（平5年度）
　◇功労賞
　　井上 力太（北海道大学）"大気拡散，大気汚染予測，寒冷地における予防対策の分野での業績"
　◇学術賞
　　秋元 肇（東京大学先端科学技術研究センター）"地域規模ならびに地球規模での大気化学に関する諸研究"
　　堀 雅宏（横浜国立大学）"大気中有害物質の測定分析研究"
　◇進歩賞
　　後藤 純雄（国立公衆衛生院）"大気中の癌・変異原物質に関する研究"
第21回（平6年度）
　◇学術賞
　　植田 洋匡（九州大学）"大気汚染物質の長距離輸送と大気質変化に関する研究"
　　嵯峨井 勝（国立環境研究所）"大気汚染の生体影響の実験的研究"
　◇進歩賞
　　板井 一好（岩手医科大学）"フッ化物の分析法の研究，フッ化物による大気汚染の生体影響の研究"
第22回（平7年度）
　◇技術賞
　　紀本 俊夫（紀本電子工業）"大気汚染測定法の検討，大気汚染質の測定機器の開発"
　　篠崎 光夫（神奈川県環境技術センター）"大気汚染の植物影響評価のための技術開発と試験研究"
　◇進歩賞
　　藤巻 秀和（国立環境研究所）"大気汚染と免疫反応の関連に関する研究"

第23回（平8年度）
　朝来野 国彦（環境管理センター）"大気中浮遊粒子状物質に係わる調査研究"
　香川 順（東京女子医科大学）"大気汚染物質のヒトに及ぼす影響に関する研究"
第24回（平9年度）
　竹内 浩士（資源環境技術総合研究所）"大気中酸性雨関連物質計測手法並びに直接浄化に関する研究"
　下原 孝章（福岡県保健環境研究所）"酸性ガス、粒子による乾性沈着の研究"
第25回（平10年度）
　安達 隆史（日本気象学会）"大気汚染物質の拡散に関する実験的研究"
　小林 和彦（農業環境技術研究所）"農作物の生長・収量に及ぼすオゾンの影響に関する研究"
　須藤 幸蔵（宮城県環境生活部）"長年にわたる地方自治体における大気環境行政の推進"
第26回（平11年度）
　近藤 矩朗（東京大学大学院）"大気に関わる環境変化が植物に与える影響のメカニズムに関する研究"
　若松 伸司（国立環境研究所）"光化学スモッグ発生メカニズムと汚染物質を解明晰"
第27回（平12年度）
　前田 泰昭（大阪府立大学大学院）"大気汚染物質測定機器の開発と汚染物質の分布、挙動解明"
　近藤 裕昭（資源環境技術総合研究所）"大気汚染の数値シミュレーションに関する研究"
　河野 吉久（電力中央研究所）"大気汚染の植物影響をガス、粉塵など多面的に研究"
第28回（平13年度）
◇学術賞
　坂本 和彦（埼玉大学工学部）"大気汚染物質の測定と動態解明、室内空気の浄化法の研究"
　鵜野 伊津志（九州大学応用力学研究所）"メソスケールの気象、化学反応モデルの開発と応用"
◇技術賞
　伊豆田 猛（東京農工大学農学部）"農作物に対する大気汚染の影響"
　兼保 直樹（資源環境技術総合研究所）"環境大気中の二次生成粒子の生成過程と挙動に関する研究"
第29回（平14年度）
◇学術賞
　内山 巖雄（京都大学工学部）"無麻酔、非拘束下の状態の汚染物質暴露中のラットの血圧連続測定法の開発"
　市川 陽一（電力中央研究所）"大気汚染物質の拡散シミュレーション手法に関する研究"
　山本 晋（産業技術総合研究所）"排ガスの窒素酸化物変換モデルの開発、CO_2の森林による吸収"
◇技術賞
　福崎 紀夫（酸性雨研究センター）"大気環境評価に関する調査、研究、酸性雨モニタリング手法の指導普及"
　斉藤 勝美（秋田県環境センター）"有害物質影響、森林生態系での大気環境モニタラングなどに関する研究"
第30回（平15年度）
◇功労賞
　中野 道雄（日本気象協会）"大気環境問題への半世紀の貢献"
◇学術賞
　藤田 慎一（電力中央研究所）"ガス状・粒子状物質の沈着に関する研究"
◇技術賞
　松丸 恒夫（千葉県農業総合研究センター）"大気汚染物質の農作物に関する影響とその被害対策に関する研究"
第31回（平16年度）
◇功労賞
　角田 文男（岩手医科大学）"大気環境問題、特にふっ素化合物に関する研究"
◇学術賞

太田 幸雄(北海道大学大学院)"エアゾルおよび霧を含む大気中の太陽放射・赤外線放射の伝達過程を考慮した数値計算的研究"

第32回(平17年度)
◇学術賞
野内 勇(農業環境技術研究所)"大気環境変化と植物の反応に関する研究"

第33回(平18年度)
◇学術賞
横田 久司(東京都環境科学研究所)"使用過程車からの排出ガス対策に関する研究"
吉門 洋(産業技術総合研究所)"大気汚染に影響する地域気象に関する研究"
嵐谷 奎一(産業医科大学)"環境汚染に関する調査研究"

第34回(平19年度)
◇学術賞
柳沢 幸雄(東京大学大学院)"個人被曝量の計測に関する研究"
小林 隆弘(東京工業大学)"大気汚染物質の健康影響に関する研究"
◇進歩賞
藍川 昌秀(兵庫県立健康環境科学研究センター)"兵庫県における酸性沈着調査・研究"

第35回(平20年度)
◇学術賞
村野 健太郎(法政大学)
◇進歩賞
東野 晴行(産業技術総合研究所)
◇進歩賞
松田 和秀(明星大学)

第36回(平21年度)
◇学術賞
北田 敏廣(豊橋技術科学大学)
◇学術賞
藤巻 秀和(国立環境研究所)

第37回(平22年度)
◇学術賞
大原 利眞(国立環境研究所)
◇学術賞
坂東 博(大阪府立大学大学院)

第38回(平23年度)
◇学術賞
畠山 史郎(東京農工大学大学院)
◇学術賞
早川 和一(金沢大学)
◇進歩賞
関口 和彦(埼玉大学)

第39回(平24年度)
◇学術賞
下原 孝章(福岡県保健環境研究所)

024 田尻賞

公害Gメンとして知られる故田尻宗昭氏の功績と遺志を後世に伝えるため平成2年に創設された。第16回(平成19年)をもって終了。

【主催者】田尻宗昭記念基金
【選考方法】一般公募および推薦(自薦・他薦)
【選考基準】〔対象〕公害および労働安全衛生関係の問題解決のために努力している個人,団体

第1回(平4年)
西岡 昭夫(元沼津工業高校教師)"三島・沼津・清水コンビナート計画に対して風向調査などを行った功績に対して"
高戸 勇(故人)(全国じん肺患者同盟熊本県連合会長)"天草の零細炭鉱で労働環境改善などに取り組んだ功績に対して"
岩崎 義男(古和浦漁協監事)"三重県の古

和浦地区を中心に, 海浜清掃活動や海洋汚染防止に取り組んだ功績に対して"

第2回(平5年)
　斎藤　恒(木戸病院検診センター所長) "新潟水俣病の実態に取り組んだ功績に対して"
　寺下　力三(元青森県六ケ所村村長) "昭和46年から「むつ小川原巨大開発構想」の反対運動の先頭に立った功績に対して"
　外国人労働者みなとまち互助会(代表・平間正子)(横浜市) "急増する外国人労働者の労災や医療問題などに取り組んだ功績に対して"

第3回(平6年)
　土呂久鉱山公害被害者の会(代表・佐藤トネ)〔ほか5団体〕 "土呂久鉱山からの鉱毒と闘った功績に対して"
　牛木　真太郎 "茨城県鹿島町の臨海コンビナート開発に対する住民運動を展開してきた功績に対して"
　土居　康人 "瀬戸内海の汚染防止に尽くした功績に対して"

第4回(平7年)
　日吉　フミコ(水俣病市民会議会長) "国による水俣病の公害病認定を引き出し, 第1次水俣訴訟への道を開いた功績に対して"
　汐見　文隆(医師) "低周波公害の調査と公害被害者の医療活動に対して"
　ARIAV(Association for the Rights of Industrial Accident Victims)(代表・陳錦泰) "香港で労災職業病被災者の発掘と救済に取り組んできた功績に対して"

第5回(平8年)
　沢井　余志郎(龍谷大学非常勤講師) "四日市公害に取り組み綿密な記録, 資料収集は市民運動のよりどころとなった"
　ブジョストフスキ, エドワード(浅田教会主任神父) "川崎公害訴訟などで市民運動と連帯, 活動"
　佐藤　孫七 "小型漁船の水夫から独学で甲種船長資格を獲得, 海上保安庁で豊富な知識と技術で海洋観測などに尽くした"

第6回(平9年)
　泉　博(弁護士) "日本で初めて, 薬害を認知した判決に重要な役割を果たすとともに, 被害者である原告救済のために薬害解決のルールづくりに尽力"
　東京都杉並区立富士見丘小PTA公害特別委員会 "四半世紀にわたって自動車公害問題に取り組み, 自主的に健康診断や周辺道路での年2回の車両測定調査を実施"

第7回(平10年)
　松尾　恵虹(福岡県大牟田市) "三池CO中毒患者家族の救済に尽力"
　廃棄物対策豊島住民会議(香川県土庄町) "産業廃棄物撤去に取り組む"
　内山　卓郎(長野市, ジャーナリスト) "公害や環境問題で行政の責任を追及"
　吉嶺　全二(水中カメラマン) "沖縄のさんご礁保護を訴える"

第8回(平11年)
　川本　輝夫 "チッソ水俣病の未認定患者救済に尽力した"
　サムバヴナ・トラスト "インド中部のボパール市で多国籍企業が起こしたガス災害の被災者を救済する"
　藤前干潟を守る会 "名古屋市が干潟をごみ処分場として埋め立てる計画を転換させるのに貢献した"

第9回(平12年)
　高木　仁三郎(前原子力資料情報室代表) "脱原発活動"
　海をつくる会(横浜市) "横浜・金沢八景を拠点にした東京湾清掃などの環境保全活動"
　じん肺・アスベスト被災者救済活動 "神奈川県横須賀市でアスベスト被害にあった造船労働者の救済に尽力"

第10回(平13年)
　矢野　トヨコ, 矢野　忠義 "カネミライスオイルによる食品公害の被害者として, PCB, ダイオキシン類の被害救済と企業・国の責任を問い続ける"

川口 祐二 "北海道から沖縄まで全国各地の海辺を歩き,その荒廃ぶりを記録し続けている海の語り部"

葉山の自然を守る会 "山形・朝日連峰のブナ原生林の伐採に反対し,林道計画中止を勝ち取った"

元大分新産都市八号地埋立絶対反対神崎期成会 "大分県が推し進めた新産都市建設の海岸埋立攻勢に抗して佐賀関の神崎海岸に自然海岸を残した"

第11回(平14年)

藤田 恵(元徳島県木頭村村長) "細川内ダム反対運動"

唐木 清志(故人)(元中日新聞記者) "カナダ水銀汚染などの公害問題報道"

源進職業病管理財団(朴賢緒理事長)(韓国) "大規模労災の被害者救済"

大鵬薬品工業労組(四宮充普委員長) "薬害防止"

第12回(平15年)

藤原 寿和(東京都職員) "30年以上にわたって環境行政にかかわる"

環瀬戸内海会議(代表・阿部悦子) "「瀬戸内法」改正運動など,瀬戸内地方の環境問題に取り組む"

第13回(平16年)

馬塚 丈司 "遠州灘海岸の自然保護に取り組む"

高尾山自然保護実行委員会(代表・吉山寛) "高尾山の自然の豊かさと圏央道計画の問題点を知らせる活動及び山麓での自然体験学習と賃借権と立木のトラストを行う"

フェルナンダ・ギアナージ "ブラジルでアスベスト問題に取り組む"

第14回(平17年)

嶋津 暉之 "ダム反対運動をデータ分析で支援"

知る権利ネットワーク関西(代表・熊野実夫)

第15回(平18年)

古川 和子(中皮腫・アスベスト疾患・患者と家族の会副会長) "アスベスト被害者を支援"

水俣を子どもたちに伝えるネットワーク(代表・田嶋いづみ) "延べ130カ所の小中高校などで出前授業"

第16回(平19年)

菊川 慶子(青森県六ケ所村) "長年にわたる反核燃運動"

川上 敏行(チッソ水俣病関西訴訟原告団長)

025 土木学会景観・デザイン委員会デザイン賞

土木の分野にデザインで競い合う土壌を醸成し,日本の国土に美しい環境を作り出すことを目的に,平成13年に創設された。

【主催者】土木学会景観・デザイン委員会

【選考委員】(平成25年)選考委員長:齋藤潮(東京工業大学教授),椛木洋子(株式会社エイト日本技術開発 交通インフラ事業本部構造事業部 構造狭量分野統括),須田武憲(株式会社GK設計代表取締役),髙見公雄(法政大学デザイン工学部教授/(株)日本都市総合研究所代表),戸田知佐(オンサイト計画設計事務所 パートナー/取締役),西村浩(ワークヴィジョンズ 代表),山道省三(NPO法人全国水環境交流会代表理事)

【選考方法】公募

【選考基準】〔対象〕道路,街路,街並み,広場,公園,駅舎,河川,海岸,港湾,空港などの公共空間・公共施設や,橋梁,堰堤,水門,閘門,堤防などの構造物で,竣工後2年以上経過しているもの。あるいは公共空間で標準的に使用される製品や材料。〔資格〕優れ

025 土木学会景観・デザイン委員会デザイン賞　環境

た風景を作り出した作品、およびその作品の実現に関わった人々の中で、大きく貢献した人物(主な関係者)ならびにそれをサポートした組織(主な関係組織)。〔選考料〕「主な関係者」に土木学会個人会員が含まれる場合、応募作品1件につき30000円。「主な関係者」に土木学会個人会員が含まれない場合、応募作品1件につき50000円

【締切・発表】(平成25年)応募期間は平成21年6月1日〜30日、発表は11月中旬、授賞式は平成26年1月下旬

【賞・賞金】最優秀賞、優秀賞、奨励賞

【URL】http://www.jsce.or.jp/committee/lsd/prize/index.html

(平13年)

◇最優秀賞

八巻 一幸(東日本旅客鉄道)、篠原 修(東京大学教授)、守屋 弓男(MIA建築デザイン研究所代表取締役所長)、山本 卓朗、石橋 忠良(東日本旅客鉄道) "中央線東京駅付近高架橋"

天野 重一、橘 正博(大日本コンサルタント)、祐乗坊 進(ゆう環境デザイン計画代表取締役)、渡辺 利彦(大日本コンサルタント) "汽車道"

高松 治、長田 一己、高楊 裕幸(大日本コンサルタント)、山本 教雄(元志賀高原野外博物館代表)、依田 勝雄(長野県中野建設事務所長) "志賀ルート―自然と共生する道づくり―"

中野 恒明、萩原 貢、小野寺 康、重山 陽一郎(アプル総合計画事務所)、南雲 勝志(ナグモデザイン事務所) "門司港レトロ地区環境整備"

岡部 憲明(レンゾ・ピアノ・ビルディング・ワークショップ・ジャパン代表)、レンゾ ピアノ(レンゾ・ピアノ・ビルディング・ワークショップ主宰)、ピーター ライス(ARUP)、伊藤 整一(元マエダ) "牛深ハイヤ大橋"

◇優秀賞

田村 幸久(大日本コンサルタント)、至田 利夫(シダ橋梁設計センター)、梅津 靖男(豊平製鋼) "滝下橋"

石橋 忠良、高木 芳光(東日本旅客鉄道)、鈴木 慎一(ジェイアール東日本コンサルタンツ)、大野 浩、高橋 光雄(清水建設) "鳴瀬川橋梁"

西沢 健、宮沢 功、丹羽 譲治(GK設計)、渋谷 陽治(住宅都市整備公団筑波開発局局長)、田中 一雄(GK設計) "筑波研究学園都市ゲート"

松崎 喬(松崎喬造園設計事務所代表)、伊佐 憲明(松崎喬造園設計事務所)、藤下 久、吉村 雅宏、宮下 修一(日本道路公団) "千葉東金道路・山武区間"

小野寺 康(小野寺康都市設計事務所)、中野 恒明(アプル総合計画事務所)、窪田 陽一(埼玉大学教授) "与野本町駅西口都市広場"

長瀬 徳幸(松本市都市開発部)、吉田 俊弥(信州大学)、西沢 健(ジイケイ設計)、藤田 雅俊(元ジイケイ設計) "都市計画道路宮淵新橋上金井線改良事業"

伊藤 清忠(東京学芸大学)、筒井 信之(創建会長)、清本 三郎、岸本 悦典(創建)、高橋 利幸(愛知県半田土木事務所) "フォレストブリッジ"

I.M. Pei (I.M.Pei Architect)、Leslie E. Robertson (Leslie E.Robertson Associates)、佐藤 修(紀萌館設計室)、吉田 功、坪内 秀泰(清水建設) "MIHO MUSEUM APPROACH"

小谷 謙二(八千代エンジニアリング)、大野 美代子(エムアンドエムデザイン事務所)、吉満 伸一、石黒 富雄(八千代エンジニアリング)、前原 恒泰(広島市土木部街路建設課長) "鶴見橋"

高橋 和夫(建設省四国地方整備局)、糸林

芳彦（水資源開発公団理事），荒井 治（建設省四国地方整備局），竹林 征三（建設省河川局），岩永 建夫（ダム水源地環境整備センター），岡田 一天（プランニングネットワーク），宝示戸 恒夫（清水建設）"中筋川ダム"

兼子 和彦，町山 芳信，前田 格（地域開発研究所），上園 謙一，森永 明，杉山 充男（鹿児島県土木部鹿児島港湾事務所）"鹿児島港本港の歴史的防波堤"

小宮 正久（日本構造橋梁研究所），友利 龍夫（芝岩エンジニアリング），篠原 修（東京大学教授），上間 清（琉球大学名誉教授），大城 健三（沖縄県中城湾港建設事務所主幹），高野 諭（ピー・エス）"阿嘉大橋"

(平14年)
◇最優秀賞
松崎 喬（松崎喬造園設計事務所代表），平賀 潤（平賀設計代表），日本道路公団東京支社日光宇都宮道路工事事務所（特別業務発注），高速道路調査会道路景観研究部会，道路緑化保全協会 "日光宇都宮道路"

坂田 光一，中尾 昌樹，後田 浩二，山崎 安彦（国土交通省），中山 穣（熊本大学学生）"小浜地区低水水制群"

大野 美代子（エムアンドエムデザイン事務所），永木 卓美（熊本県上益城事務所），林田 秀一（中央技術コンサルタンツ），荒巻 武文（住友建設），八束 はじめ（ユーピーエム）"鮎の瀬大橋"

◇優秀賞
大塚 英典，鎌田 久美男，角田 洋，八馬 智（ドーコン），木村 利博（小樽市土木部）"堺町本通"

高橋 恵悟，椛木 洋子，松の木7号橋技術検討委員会，加藤 修平（秋田県土木部），須合 孝雄（ドーピー建設工業）"銀山御幸橋"

松井 幹雄（大日本コンサルタント），小山市都市整備委員会，板橋 啓治，三浦 聡，高柳 乃彦（大日本コンサルタント）"ふれあい橋"

小野寺 康（小野寺康都市設計事務所取締役），南雲 勝志（ナグモデザイン事務所），太田 雄三（開発エンジニアリング），千葉県葛南土木事務所河川改良課，浦安市建設部土木課，篠原 修（東京大学教授）"浦安・境川"

西沢 健（GKデザイン機構），印南 比呂志，小林 信夫（GK設計）"おゆみ野駅駅舎・駅前広場景観設計"

滝 光夫（滝光夫建築・都市設計事務所主宰），渡辺 茂樹（オリエンタルコンサルタンツ），丹羽 康文（岡崎市土木部）"東岡崎駅前南口広場-ガレリアプラザ"

団 紀彦，針谷 賢，上垣内 伸一，広田 裕一（団紀彦建築設計事務所），志村 勉（川田工業）"スプリングスひよし展望連絡橋"

岡田 一天（プランニングネットワーク代表取締役），村木 繁（大建コンサルタント専務取締役），竹長 常雄（栗栖組取締役管理部長），島根県津和野土木事務所，篠原 修（東京大学教授）"津和野川河川景観整備"

望月 秀次，安藤 博文（日本道路公団），牧田 淳二（綜合技術コンサルタント），石原 重孝（鹿島・白石・ピーシー橋梁共同企業体所長），木暮 雄一（鹿島建設）"池田へそっ湖大橋"

橋本 晃（千代田コンサルタント），沖縄総合事務局南部国道事務所，上間 清（琉球大学名誉教授），龍谷 幸二，森尾 有（千代田コンサルタント）"南風原高架橋"

(平15年)
◇最優秀賞
向山 辰夫（パシフィックコンサルタンツ交通技術本部構造部），篠原 修（東京大学工学部土木工学科），杉山 和雄（千葉大学工学部工業意匠学科），大野 美代子（エムアンドエムデザイン事務所），伊東 靖（パシフィックコンサルタンツ交通

技術本部構造部),環状2号線川島地区景観検討委員会,横浜市道路建設事業団工務課 「陣ヶ下高架橋」

成原 茂(白川村役場農務課係長),酒井 茂(大日コンサルタント構造部部長),後藤 隆(大日コンサルタント構造部構造一課長),中山 繁実(大日コンサルタント構造部構造二課長),大澤 昭彦(大日コンサルタント構造部構造二課長代理),神鋼建材工業 「であい橋」

遠藤 敏行(日本建設コンサルタントGM),小熊 善明(日本建設コンサルタント技師),中野 恒明(アプル総合計画事務所代表取締役),中井 祐(アプル総合計画事務所),石原 淳男(出雲工事事務所工務課河川工務第二係長),国土交通省中国地方整備局出雲河川事務所,島根県教育庁文化課,松江市都市整備部街路公園課 「岸公園」

後藤 嘉夫(大林組土木技術本部設計第四部),島 秀樹(大林組蒲郡土木工事事務所所長),伊奈 義直(大林組土木技術本部設計第一部長),河合 高志(蒲郡海洋開発建設計画部課長),伊藤 哲(松田平田建築設計部)「ラグーナゲートブリッジ」

◇優秀賞

大泉 楯(日建設計土木事務所技師長),増淵 俊夫(大宮市建設局都市計画部街路課副主幹兼工事係長),土屋 愛自(大宮市建設局都市計画部街路課主任),河村 修一(日建設計土木事務所設計部設計主管),瀬尾 芳雄(日建設計土木事務所設計部主任部員),さいたま新都心中枢・中核施設建設調整委員会 「さいたま新都心東西連絡路『大宮ほこすぎ橋』」

二宮 純(山口県道路建設課主任技師(計画時),山口県豊田土木事務所工務課橋梁整備班主任(施工時)),寺下 諭吉(八千代エンジニヤリング広島支店技術第2部第1課課長),河辺 真一(八千代エンジニヤリング広島支店技術第2部第1課主幹),山田 謙一(八千代エンジニヤリング環境デザイン部職員),杉山 和雄(千葉大学工学部助教授),山口県自然環境保全審議会,山口県道路建設課,山口県豊田土木事務所 「角島大橋」

天野 重一(大日本コンサルタント横浜事務所技術部),高楊 裕幸(大日本コンサルタント構造事業部景観デザイン室),友岡 秀秋(ゾーン・プロダクト・アート(大日本コンサルタント技術顧問)),河野 孝明(大日本コンサルタント構造事業部特殊構造課),三浦 聡(大日本コンサルタント構造事業部地下構造課),横浜市港湾局港湾整備部南本牧事業推進担当,横浜市港湾局港湾整備部南本牧ふ頭建設事務所 「南本牧大橋」

安藤 徹哉(琉球大学工学部環境建設工学科助教授),小野 啓子(真地計画室代表),吉川 正英(ダイワエンジニアリング専務取締役),壺屋の通りを考える会,那覇市土木部 「壺屋やちむん通り」

坂手 道明(コンサルタンツ大地代表取締役社長),有水 恭一(日本道路公団高松工事事務所所長),望月 秀次(日本道路公団四国支社建設部構造技術課長),宮崎 秀幸(日本道路公団高松工事事務所舗装工事長),小林 正美(京都大学教授),尾崎 真理(オズカラースタジオ代表取締役),高速道路高架橋と都市景観に関する検討会〈高速道路技術センター〉 「高松市内の高速道路」(四国横断自動車道高松西IC～高松東IC)"

富樫 茂樹(トーニチコンサルタント技術本部長代理),藤沼 俊勝(トーニチコンサルタント第三技術部第八設計室長),今川 憲英(TIS&パートナーズ代表),伊藤 憲昭(清水建設工事長),西山 泰成(トーニチコンサルタント技術本部第十設計室),トーニチコンサルタント,日建設計 「多摩都市モノレール立川北駅」

◇特別賞

中村 良夫(東京工業大学助教授),山本 高義(太田川工事事務所所長),北村 眞一(東京工業大学大学院理工学研究科博士

課程), 東京工業大学工学部社会工学科中村研究室, 建設省太田川工事事務所, 広島建設コンサルタント, 鴻池組広島支店 「太田川基町護岸」

(平16年)

◇最優秀賞

早川 匡(豊田市都市整備部公園課), 中根 一(児ノ口公園愛護会会長), 杉山 亘, 成瀬 順次(児ノ口公園愛護会), 鈴木 元弘(鈴鍵取締役), 児ノ口公園管理協会, バイオフィット研究会, 豊田市矢作川研究所 「豊田市児ノ口公園」

渡辺 豊博(静岡県東部農林事務所主任), 加藤 正之(地域環境プランナーズ代表取締役), 岡村 晶義(アトリエ鯨代表取締役), 松井 正澄(アトリエトド代表取締役), 杉山 恵一(静岡大学教授), 進士 五十八(東京農業大学教授), 三島ゆうすい会, NPO法人グラウンドワーク三島, NPO法人自然環境復元協会〈当時:自然環境復元研究会〉, 全国土地改良事業団体連合会 「源兵衛川・暮らしの水辺」

◇優秀賞

武末 博伸(建設技術センター技術第1部長), 篠原 修(東京大学工学系研究科社会基盤学専攻教授), 牛嶋 剛(上陽町長), 大津 茂(建設技術センター代表取締役社長), 浦 憲治(建設技術センター技術第2部長), 朧大橋景観検討会, 上陽町役場建設課, 福岡県八女土木事務所 「朧大橋」

長友 正勝(綾町役場建設課建設係長), 阿久根 清見(綾町役場建設課建設技師), 郷田 實(綾町長), 坂本 次男(坂本商事代表取締役), 尾鼻 俊視(フェニックス測量設計コンサルタント代表取締役), 坂本商事 「綾の照葉大吊橋」

関 文夫(大成建設土木設計部設計計画室課長), 枡野 俊明(日本造園設計代表・多摩美術大学教授), 浅野 利一(日本道路公団四国支社徳島工事事務所所長), 中西 正男(日本道路公団四国支社徳島工事事務所鳴門西工事区工事長), 山本 徹(大成建設・ベクテル共同企業体所長), 大成建設, 和泉層群のり面対策検討委員会, 四国道路エンジニア 「四国横断自動車道 鳴門西パーキングエリア周辺」

都築 敏樹, 佐野 信夫(日本道路公団名古屋建設局清見工事事務所白川工事長), 小林 正美(京都大学大学院工学研究科教授), 佐々木 葉(日本福祉大学情報社会科学部助教授), 三浦 健也(長大構造計画第二部副長), 西野木 洋(長大シビックデザイン室メンバーチーフ), 日本道路公団, 長大, 東海北陸自動車道白川村景観基礎検討委員会 「世界文化遺産との調和～東海北陸自動車道白川橋と大牧トンネル～」

内藤 隆悟(ドーコン環境計画部主幹), 小林 英嗣(北海道大学大学院教授), 本間 克弘(ドーコン建築都市部技師長), 西山 禎彦(ドーコン建築都市部主任技師), 福原 賢二, 宮谷内 旨郎(ドーコン環境計画部技師), 札幌駅南口街づくり協議会 「札幌駅南口広場」

小野寺 康(小野寺康都市設計事務所), 南雲 勝志(ナグモデザイン事務所), 佐々木 政雄(アトリエ74建築都市計画研究所), 篠原 修(東京大学大学院教授), 歴みち事業デザイン検討委員会, 桑名市 「桑名 住吉入江」

伊藤 登(プランニングネットワーク), 阿部 幸雄(建設省東北地方建設局福島工事事務所伏黒出張所長), 御代田 和弘(プランニングネットワーク), 渋谷 浩一(渋谷建設常務取締役), 中川 博樹(建設省東北地方建設局福島工事事務所伏黒出張所技術係長), 国土交通省東北地方整備局福島河川国道事務所, 福島市河川課, 水辺の会わたり "阿武隈川渡利地区水辺空間"(水辺の楽校)」

(平17年)

◇最優秀賞

吉村 伸一(横浜市下水道局), 橋本 忠美(農村・都市計画研究所), 漆間 勝徳(横浜市下水道局), 竹内 敏也(アジア

航測道路橋梁部)，松井 正澄(アトリエトド)，横浜市下水道局河川計画課・河川設計課 「和泉川/東山の水辺・関ヶ原の水辺」

◇優秀賞
中野 恒明，重山 陽一郎(アプル総合計画事務所)，南雲 勝志(ナグモデザイン事務所)，中村 良夫(東京工業大学教授)，篠原 修(東京大学教授)，建設省関東地方建設局東京国道工事事務所，道路環境研究所 "皇居周辺道路及び緑地景観整備"

長太 茂樹，上島 顕司(運輸省第一港湾建設局)，斎藤 潮(東京工業大学大学院社会理工学研究科助教授)，緒方 稔泰(東京工業大学大学院)，運輸省第一港湾建設局新潟調査設計事務所技術開発課，運輸省第一港湾建設局新潟港湾空港工事事務所，八千代エンジニヤリング "「新潟みなとトンネル」(西側の堀割区間の道路)"

川口 衛(川口衛構造設計事務所)，永瀬 克己(法政大学工学部建築学科講師)，伊原 雅之(川口衛構造設計事務所)，伊藤 孝行，松村 英樹(新構造技術)，別府市建設部 「イナコスの橋」

叶内 栄治(日本建設コンサルタント)，柴田 興益，米沢谷 誠悦，瀧沢 靖明(建設省東北地方建設局秋田工事事務所)，板垣 則昭(村岡建設工業)，建設省東北地方建設局秋田工事事務所 「子吉川二十六木地区多自然型川づくり」

◇特別賞
国吉 直行，岩崎 駿介，内藤 淳之，西脇 敏夫，北沢 猛(横浜市都市計画局)，横浜市都市計画局都市デザイン室 "横浜市における一連の都市デザイン"

(平18年)
◇最優秀賞
角本 孝夫(特定非営利活動法人サステイナブルコミュニティ総合研究所理事長)，清野 聡子(東京大学大学院総合文化研究科広域システム科学助手)，七島 純一(大畑振興建設)，特定非営利活動法人サステイナブルコミュニティ総合研究所，青森県下北地域県民局地域整備部 「木野部海岸 心と体を癒す海辺の空間整備事業」

内藤 廣(内藤廣建築設計事務所所長)，橋本 大二郎(高知県知事)，稲田 純一(ウイン代表)，黒岩 宣仁(高知県立牧野植物園技師)，里見 和彦(サザンクロス・スタジオ)，竹中工務店，日比谷アメニス，石勝エクステリア 「牧野富太郎記念館」

宮本 忠長(宮本忠長建築設計事務所)，市村 次夫(小布施堂)，唐沢 彦三(小布施町長)，市村 良三(修景区域内住民)，久保 隆夫，西沢 広智(宮本忠長建築設計事務所)，小布施町デザイン委員会，ア・ラ・小布施 「小布施まちづくり整備計画」

◇優秀賞
村西 隆之(東京コンサルタンツ)，篠原 修(東京大学大学院工学系研究科社会基盤工学専攻教授)，南雲 勝志(ナグモデザイン事務所代表)，石井 信行(東京大学大学院工学系研究科社会基盤工学専攻助手)，植村 一盛(東京コンサルタンツ東京支店)，福井県土木部道路建設課，福井県勝山土木事務所 「勝山橋」

小松原 哲郎(日本道路公団静岡建設局富士工事事務所所長)，猪熊 康夫(日本道路公団静岡建設局建設部構造技術課長)，高橋 昭一(日本道路公団静岡建設局富士工事事務所構造工長)，加藤 敏明(大林組東京本社土木技術本部構造技術部グループ長)，中島 豊茂(オリエンタル建設東京支店技術部設計チーム課長)，日本道路公団静岡建設局富士工事事務所〈現・中日本高速道路 横浜支社富士工事事務所〉，ストラット・リブに支持された床版を有するPC橋の設計施工に関する技術検討委員会〈高速道路技術センター〉「第二東名高速道路 芝川高架橋」

福嶋 健次(応用地質本社河川部主任)，熊

谷 茂一（応用地質札幌支社設計課長），富田 和久，増岡 洋一（リバーフロント整備センター研究第1部主任研究員），東 三郎（北海道大学名誉教授），小林 英嗣（北海道大学工学部助教授），荒関 岩雄（恵庭市建設部河川担当主幹），沖野 勝（北海道札幌土木現業所千歳出張所河川係長），野口 恭延（北海道札幌土木現業所千歳出張所河川係主任），茂漁川水辺空間整備検討委員会，茂漁川親しむ会，北海道札幌土木現業所千歳出張所「茂漁川ふるさとの川モデル事業」

伊藤 滋（早稲田大学特命教授），篠原 修（東京大学教授），石井 幹子（石井幹子デザイン事務所代表取締役，光文化フォーラム代表），上山 良子（長岡造形大学教授，上山良子ランドスケープデザイン研究所代表取締役社長），林 一馬（長崎総合科学大学教授），長崎県臨海開発局港湾課（現・長崎港湾漁港事務所港湾課），長崎県土木部港湾課，長崎県政策調整局都心整備室（現・土木部まちづくり推進局景観まちづくり室）「長崎水辺の森公園」

太田 浩雄（横浜高速鉄道計画課長），伊東 豊雄（伊東豊雄建築設計事務所代表取締役），内藤 廣（東京大学助教授，内藤廣建築設計事務所），早川 邦彦（早川邦彦建築研究室），山下 昌彦（UG都市建築代表取締役），横浜高速鉄道，独立行政法人鉄道建設・運輸施設整備支援機構「みなとみらい線」

（平19年）

◇最優秀賞

名合 宏之（岡山大学環境理工学部教授），千葉 喬三（岡山大学大学院自然科学研究科教授），清水 國夫（岡山県立大学デザイン学部学部長），篠原 修，内藤 廣（東京大学工学部教授），岡田 一天（プランニングネットワーク），高揚 裕幸（大日本コンサルタント），苫田ダム環境デザイン検討委員会，国土交通省中国地方整備局苫田ダム工事事務所，ダム水源地環境整備センター「苫田ダム空間のトータルデザイン」

川村 純一，堀越 英嗣，松岡 拓公雄（アーキテクトファイブ），斉藤 浩二（キタバ・ランドスケープ・プランニング），佐々木 喬（佐々木喬環境建築研究所），札幌市，イサムノグチ財団，アーキテクトファイブ，キタバ・ランドスケープ・プランニング「モエレ沼公園」

林 寛治（林寛治設計事務所代表），片山 和俊（東京藝術大学美術学部教授），住吉 洋二（都市企画工房代表），松田 貢（金山町長），岸 宏一（前金山町長），金山町景観審議会「山形県金山町まちなみ整備」

◇優秀賞

藤原 浩幸（国土交通省中国地方整備局斐伊川・神戸川総合開発工事事務所調査設計第一課設計係長（設計当時）志津見ダム出張所長（施工当時））

篠原 修（東京大学大学院工学系研究科社会基盤工学専攻教授），寺田 和己，城石 尚宏（アジア航測道路・橋梁部），正司 明夫（オリエンタル建設技術部），志津見ダム付替道路景観検討委員会，国土交通省中国地方整備局斐伊川・神戸川総合開発工事事務所，アジア航測道路・橋梁部，オリエンタル建設・富士ピー・エス特定建設工事共同企業体「志津見大橋」

橋本 真一（北海道技術コンサルタント取締役技術部長），劔持 浩高（北海道札幌土木現業所事業課河川係技師），富永 哲三（北海道技術コンサルタント取締役環境計画室長），北海道札幌土木現業所，精進川ふるさとの川づくり事業整備計画検討委員会，札幌市環境局緑化推進部公園計画課，中の島連合町内会「精進川〜ふるさとの川づくり〜（河畔公園区間）」

河合 良三（愛知県豊田土木事務所工務第2課河川担当主査），近藤 朗（愛知県豊田土木事務所建設第1課企画指導（河川砂防）担当主査，愛知県建設部河川課主査（河川環境担当）），鷲見 純良（愛知県豊

025 土木学会景観・デザイン委員会デザイン賞

田土木事務所工事課工事担当)，宮田　昌和(豊田市矢作川研究所事務局)，田中　蕃(豊田市矢作川研究所総括研究員)，愛知県豊田土木事務所(現・愛知県豊田加茂建設事務所)，豊田市矢作川研究所，古鼡水辺公園愛護会，矢作川「川会議」「矢作川　古鼡水辺公園/お釣土場」

西村　浩(ワークヴィジョンズ取締役)，清水　清嗣(鳥羽商工会議所専理事)，渡辺　公徳(三重県県土整備部住民参画室長)，木下　憲一(鳥羽市企画課長)，とばベクトル会議，三重県県土整備部住民参画室(現・三重県県土整備部景観まちづくり室)，伊勢志摩再生プロジェクト「鳥羽・海辺のプロムナード『カモメの散歩道』」

田中　一雄，加藤　完治(GK設計)，富樫　茂樹，田中　幹治(トーニチコンサルタント)，山田　泰範(山田構造設計事務所)，浜松市都市計画部都市開発課　「JR浜松駅北口駅前広場改修計画」

長谷川　弘直(都市環境計画研究所所長)，藤本　昌也(現代計画研究所主宰)，江川　直樹(現代計画研究所大阪事務所長)，川村　眞次(都市基盤整備公団関西支社都市再開発部市街地設計課長，関西都市整備センター設計部長)，神戸市住宅局・建設局，神戸市住宅供給公社，都市基盤整備公団関西支社(現・UR都市再生機構)「キャナルタウン兵庫」

仁平　憲雄(兵庫県住宅供給公社総務部企画室副課長)，江川　直樹(現代計画研究所大阪事務所長)，武波　幸雄(兵庫県住宅供給公社事業第1部参事)，寺尾　稔宏(兵庫県住宅供給公社事業第1部用地開発課長補佐)，横道　匠(兵庫県住宅供給公社事業第1部土木課係長)，堀川　吉彦(兵庫県住宅供給公社)，兵庫県住宅供給公社，現代計画研究所大阪事務所，住宅生産振興財団，アルカディア21管理組合　「アルカディア21住宅街区」

(平20年)
◇最優秀賞

石川　幹子(慶應義塾大学環境情報学部教授)，森　真(各務原市長)，小林　正美(明治大学理工学部教授)，山下　英也(慶應義塾大学政策・メディア研究科)，岡部　好伸(朝日コンサルタント)，慶應義塾大学石川幹子研究室，各務原市都市建設部水と緑推進課　「学びの森」

宮沢　功(GK設計)，森　雅志(富山市市長)，富山ライトレール代表取締役社長)，望月　明彦(富山市助役，富山ライトレール代表取締役副社長，「富山港線デザイン検討委員会」座長)，山内　勝弘(日本交通計画協会)，トータルデザインチーム(GK設計・GKインダストリアルデザイン・GKデザイン総研広島・島津環境グラフィックス)，富山港線デザイン検討委員会　「富山LRT」

◇優秀賞

餘目　祥一(東日本旅客鉄道東北工事事務所東北北課課長)，瀧内　義男(東日本旅客鉄道東北工事事務所東北北課副課長)，竹中　敏雄(鉄建建設エンジニア本部土木技術部グループリーダー)，東海林　直人(鉄建建設・三井住友建設共同企業体天間川作業所所長)，齊藤　啓一(ジェイアール東日本コンサルタンツ東北支店技術部部長)，東日本旅客鉄道東北工事事務所，鉄建建設・三井住友建設共同企業体，ジェイアール東日本コンサルタンツ　「天間川橋梁」

島谷　幸宏(国土交通省九州地方整備局武雄河川事務所所長)，吉村　伸一(吉村伸一流域計画室代表取締役)，橋本　忠美(農村・都市計画研究所代表取締役)，逢澤　正行(日本工営技術企画室長)，高瀬　哲郎(佐賀県立名護屋城博物館学芸課長)，前田　格(地域開発研究所副主任研究員)，谷澤　仁(大和町教育委員会文化財課)，石井樋地区施設計画検討委員会，国土交通省九州地方整備局武雄河川事務所，大和町教育委員会文化財課(現佐賀市教育委員会)，建設技術研究所　「嘉瀬川・石井樋地区歴史的水辺整備事業」

環　境

025 土木学会景観・デザイン委員会デザイン賞

栗生 明（千葉大学），岩佐 達雄（栗生総合計画事務所所長），大野 文也（栗生総合計画事務所副所長），鈴木 弘樹（栗生総合計画事務所），宮城 俊作，吉村 純一，吉田 新（設計組織プレイスメディア），片山 正文（栗生総合計画事務所），日高町役場，大林組神戸支店　「植村直己冒険館及び植村直己記念スポーツ公園メモリアルゾーン」

宮沢 功（GK設計），秋山 哲男（首都大学東京都市環境科学研究科），須田 武憲，後藤 浩介（GK設計），加藤 雅彰，佐藤 雅史（地域振興整備公団静岡東部特定再開発事務所計画課），都築 正，三浦 清洋，松原 悟朗，尾座元 俊二（日本交通計画協会），地域振興整備公団静岡東部特定再開発事務所計画課（現独立行政法人都市再生機構東日本支社静岡東部特定再開発事務所再開発課）「沼津駅北口広場」

徳永 哲（エスティ環境設計研究所），和田 拓也（五木村役場），内山 督（熊本大学教授），植田 宏（熊本大学助教授），木藤 亮太（エスティ環境設計研究所），五木村村づくりアドバイザー会議　「子守唄の里 五木の村づくり」

◇奨励賞

中井 祐（東京大学大学院助教授），西山 健一（イー・エー・ユー代表），木村 剛（日本海コンサルタント計画本部公園緑地部専門員），玉田 源（プロトフォルム一級建築士事務所代表），篠原 修（東京大学大学院教授），加賀市都市整備部施設整備課（現加賀市建設部整備課），ナグモデザイン事務所，ロウファットストラクチュア，岸グリーンサービス　「片山津温泉砂走公園あいあい広場」

富樫 茂樹（トーニチコンサルタント施設デザイン室担当部長），黒田 聡，佐藤 義春（小田急電鉄工務部施設課），和田 俊彦（小田急設計コンサルタント建築設計部設計課），中山 卓郎（中山卓郎アトリエ一級建築士事務所），今川 憲英（TIS&PARTNERS），田中 幹治（トーニチコンサルタント施設デザイン室室長），小田急電鉄　「小田急小田原線小田原駅」

◇選考委員特別賞

長谷川 浩己（オンサイト計画設計事務所代表取締役），鈴木 裕治（オンサイト計画設計事務所取締役），東 利恵（東環境・建築研究所代表取締役），斯波 薫（東環境・建築研究所取締役），桐野 康則（桐野建築構造設計），星野 佳路（星野リゾート代表取締役社長），松沢 隆志（星野リゾート一級建築士事務所）「星のや軽井沢」

(平21年)

◇最優秀賞

田村 幸久（大日本コンサルタント専務取締役），高楊 裕幸（大日本コンサルタント技術統括部），池田 大樹（大日本コンサルタント景観デザイン室），遠藤 昭信（独立行政法人都市再生機構東京都心支社），松本 淳一（都市整備プランニング），篠原 修（東京大学大学院工学系研究科教授），独立行政法人都市再生機構東京都心支社，都市整備プランニング，隅田川渡河橋景観委員会，隅田川渡河橋住民懇談会，足立区土木部，北区まちづくり部　「新豊橋」

樋口 明彦（九州大学大学院工学研究院准教授），松木 洋忠（国土交通省九州地方整備局遠賀川河川事務所所長），田上 敏博（国土交通省九州地方整備局遠賀川河川事務所技術副所長），竹下 真治（国土交通省九州地方整備局遠賀川河川事務所調査課長），古賀 満（国土交通省九州地方整備局遠賀川河川事務所調査計画係長），和田 淳（東京建設コンサルタント地域環境本部部長代理），宮崎 正和（東京建設コンサルタント九州支店技術第一部次長），野見山 ミチ子（遠賀川水辺館ゼネラルマネージャー，NPO法人直方川づくりの会理事長，市民部会メンバー），国土交通省九州地方整備局遠賀川河川事務所，九州大学建設設計工学研究室景観

グループ，東京建設コンサルタント，遠賀川を利活用してまちを元気にする協議会および同市民部会，直方川づくり交流会，直方市 「遠賀川 直方の水辺」

小野寺 康（小野寺康都市設計事務所），南雲 勝志（ナグモデザイン事務所），篠原 修（東京大学大学院教授），永井 繁光（島根県益田土木建築事務所津和野土木事業所），島根県益田県土整備事務所津和野土木事業所 「津和野 本町・祇園丁通り」

◇優秀賞

尾下 里治（横河ブリッジ橋梁本部技術部長），熱田 憲司（横河ブリッジ橋梁生産本部設計第二部第一課長補佐），中須 誠（中日本高速道路名古屋支社建設事業部計画設計チームリーダー），忽那 幸浩（日本道路公団中部支社建設第二部構造技術課課長代理），依田 照彦（早稲田大学教授），横河ブリッジ，中日本高速道路，オリエンタルコンサルタンツ 「紀勢宮川橋」

南雲 勝志（ナグモデザイン事務所代表），坪内 昭雄（国土交通省北陸地方整備局新潟国道事務所副所長），渡辺 利夫（開発技建構造部長），萬代橋協議会，萬代橋を愛する会，新潟水辺の会（ほか） 「萬代橋改修工事と照明灯復元」

平倉 直子（平倉直子建築設計事務所），今川 憲英（TIS&PARTNERS），新井 久敏，白鳥 雅和（群馬県環境森林部自然環境課），環境省中部地区自然保護事務所 「森の小径と鹿沢インフォメーションセンター」

内山 督（熊本大学教授），植田 宏（熊本大学助教授），後藤 健吾（黒川温泉観光旅館協同組合代表理事），遠藤 敬悟（黒川温泉観光旅館協同組合環境部長），徳永 哲（エスティ環境設計研究所所長），黒川温泉自治会，南小国町役場 「黒川温泉の風景づくり」

◇奨励賞

柳内 克行（国土防災技術環境部長），水山 高久（京都大学大学院農学研究科教授），篠原 修（東京大学大学院工学系研究科教授），渡部 文人（神通川水系砂防工事事務所所長），松下 卓（国土防災技術計画設計課長），井浦 勝美（国土防災技術設計係長），神坂上流砂防堰堤景観デザイン検討委員会，建設省北陸地方整備局神通川水系砂防工事事務所，建設技術研究所筑波試験所，国土防災技術環境防災本部，共和コンクリート工業富山工場，美笠建設第二土木部 「地獄平砂防えん堤」（平22年）

◇最優秀賞

野村 孝芳，小島 幸康（水資源開発公団 滝沢ダム建設所 現：独立行政法人 水資源機構），関 文夫（大成建設 土木本部土木設計部），窪田 雅雄（大成建設 関東支店土木部），窪田 陽一（埼玉大学工学部建設工学科），水資源開発公団（現：独立行政法人 水資源機構），大成建設 "雷電廿六木橋"

小野寺 康，緒方 稔泰（小野寺康都市設計事務所），南雲 勝志（ナグモデザイン事務所），矢野 和之（文化財保存計画協会），佐々木 政雄（アトリエ74建築都市計画研究所），腰原 幹雄（東京大学生産技術研究所），岡村 仁，萩生田 秀之（空間工学研究所），熊田原 正一（熊田原工務店），萩原 岳（日本交通計画協会），篠原 修（東京大学大学院教授），宮崎県油津港湾事務所，日南市，宮崎県木材利用技術センター，南那珂森林組合，堀川に屋根付き橋をかくっかい実行委員会，日南市まちづくり市民協議会 "油津 堀川運河"

久保田 勝（建設省関東地方建設局京浜工事事務所 所長），成田 一郎（建設省関東地方建設局京浜工事事務所 調査課長），早迫 義治（建設省関東地方建設局京浜工事事務所 調査課調査係長），佐藤 尚司（建設省関東地方建設局京浜工事事務所 調査課調査係官），中田 睦（東京建設コンサルタント 技術第二部 部長），金原 義夫（東京建設コンサルタント 技術第二部 主任技師），笹 文夫（東京建設コンサ

ルタント 技術第二部），木下 栄三（（有）エクー 代表），国土交通省関東地方整備局京浜河川事務所，川崎市建設緑政局道路河川整備部河川課 "二ヶ領 宿河原堰"

◇優秀賞

松井 幹雄（大日本コンサルタント 景観デザイン室室長），大野 美代子（エムアンドエムデザイン事務所 代表），池上 和子（エムアンドエムデザイン事務所），松村 浩司（大日本コンサルタント 景観デザイン室），原 隆士（大日本コンサルタント 東京支社横浜事務所），松本 淳一（都市整備プランニング），鵜飼 幸雄（都市基盤整備公団神奈川地域支社 居住環境整備・再開発部土木課長），中島龍興照明デザイン研究所，都市基盤整備公団神奈川地域支社（現：都市再生機構 神奈川地域支社），川崎市 まちづくり局 市街地開発部 市街地整備推進課 "川崎ミューザデッキ"

佐藤 優（福岡市地下鉄 デザイン委員会委員長），赤瀬 達三（黎デザイン総合計画研究所），定村 俊満（ジーエータップ），横田 保生（ジイケイグラフィックス），廣谷 勝人（ジーエータップ），宮沢 功（ジイケイ設計），福岡市交通局 "福岡市営地下鉄七隈線トータルデザイン"

岩本 直也（梼原町役場 環境整備課長），西川 豊正（たくみの会 会長），高知県 須崎土木事務所 道路建設課，梼原町 "木の香りが息づく梼原の街なみ景観"

石川 幹子（慶應義塾大学 環境情報学部 教授），森 真（各務原市長），山下 英也（慶應義塾大学 政策・メディア研究科），慶應義塾大学 石川幹子研究室，各務原市 都市建設部水と緑推進課 "各務原市 各務野自然遺産の森"

◇奨励賞

髙尾 忠志（九州大学大学院 工学研究院建設デザイン部門 特任助教），太田 洋一郎（とこやおおた），桑野 和泉（玉の湯 代表取締役社長），池辺 秀樹（玉の湯），小林 華弥子（由布市議会議員），湯の坪街道周辺地区景観協定委員会，由布市 都市・景観推進課，由布市 湯布院振興局 "由布院・湯の坪街道 潤いのある町並みの再生"

大原 邦夫（北九州市 建設局 下水道河川部 水環境課長），内井 昭蔵（滋賀県立大学 教授），島谷 幸宏（九州大学大学院 工学研究院 環境都市部門 教授），中山 歳喜（エコプラン研究所 所長），穴井 浩二（松尾設計），北九州市，板櫃川（高見地区）水辺の楽校推進協議会，九州大学大学院 工学研究院 環境都市部門，松尾設計 "板櫃川 水辺の楽校"

伊藤 登（プランニングネットワーク 代表取締役），天野 光一（日本大学 理工学部 社会交通工学科 教授），三上 聡（（社）日本アルミニウム協会 土木製品開発委員会），安藤 和彦（（財）土木研究センター 技術研究所 研究開発2部 次長），横山 公一（プランニングネットワーク 取締役），藤原 慈（プランニングネットワーク 研究員），高堂 治（（社）日本アルミニウム協会 土木製品開発委員会 技術小委員会委員長），冨岡 仁計（住軽日軽エンジニアリング 営業本部デザインチーム長），加藤 仁丸（（社）日本アルミニウム協会 土木製品開発委員会），景観に配慮したアルミニウム合金製防護柵開発研究会，日本アルミニウム協会，土木製品開発委員会，プランニングネットワーク "景観に配慮したアルミニウム合金製橋梁用ビーム型防護柵アスレール"

◇特別賞

川端 五兵衛（社団法人近江八幡青年会議所（JC）），西川 幸治（京都大学 教授），山崎 正史（京都大学 助手），白井 貞夫，西村 恵美子，木ノ切 英雄，苗村 喜正（八幡堀を守る会），社団法人近江八幡青年会議所（JC），八幡堀を守る会，滋賀県 東近江土木事務所 "八幡堀の修景と保全"

（平23年）

◇優秀賞

松井 幹雄, 三浦 聡, 池田 大樹, 田村 幸久, 黒島 直一(大日本コンサルタント株式会社), 大野 美代子, 池上 和子(株式会社エムアンドエムデザイン事務所), 金箱 温春(金箱構造設計事務所), 中島 龍興(中島龍興照明デザイン研究所), 横浜市都市整備局みなとみらい21推進課, 横浜市都市整備局都市デザイン室, 横浜市道路局橋梁課, みなとみらい21公共施設デザイン調整会議 "はまみらいウォーク"

吉村 伸一, 西澤 政雄, 花田 芳実(横浜市下水道局河川部), 川崎 健, 前田 文章((株)ラック計画研究所), 神谷 博((株)設計計画水系デザイン研究室), 松井 正澄(株式会社アトリエトド), 池田 正一(株式会社龍設計), 岡村 晶義((有)アトリエ鯨), 伊東 孝(日本大学理工学部社会交通工学科), 長島 孝一((株)AUR建築・都市・研究コンサルタント), 山路 清貴, 横浜市下水道局河川部河川計画課・河川設計課, 横浜市栄土木事務所 "いたち川の自然復元と景観デザイン-1982年からのプロジェクト-"

穴吹 一彦(セントラルコンサルタント(株)), 島谷 幸宏(国土交通省土木研究所), 篠塚 正行(埼玉県新河岸川総合治水事務所), 矢野 義雄, 小野寺 敬(セントラルコンサルタント(株)), 黒目川流域川づくり懇談会, 黒目川に親しむ会, 埼玉県新河岸川総合治水事務所(現・埼玉県朝霞県土整備事務所), 朝霞市 "黒目川の川づくり"

大井 昇二, 牧野 雅一(株式会社大林組大阪本店建築事業部建築設計部), 渡辺 豪秀, 田上 慎也(株式会社日建設計設計室), ジョン・ジャーディ(ジャーディ・パートナーシップ) "なんばパークス"

◇奨励賞

生西 克徳, 多田 潔史(シンワ技研コンサルタント株式会社), 国土交通省中国地方整備局日野川河川事務所, シンワ技研コンサルタント株式会社, 有限会社今田組 "白水川床固群"

三谷 徹(オンサイト計画設計事務所意匠アドバイザー 千葉大学園芸学研究科教授), 戸田 知佐(オンサイト計画設計事務所取締役), 大野 秀敏(アプルデザインワークショップ デザインアドバイザー 東京大学大学院教授), 吉田 明弘(アプルデザインワークショップ代表取締役), 吉田 忠裕(YKK株式会社代表取締役会長), NIPPOコーポレーション, 黒部クリーンアンドグリーンサービス, YKK株式会社黒部事業所 "YKKセンターパーク及び周辺整備"

(平24年)

◇最優秀賞

川西 康之, 栗田 祥弘, 柳 辰太郎(nextstations), 田中 全(四万十市長), 池田 義彦(土佐くろしお鉄道(株)代表取締役社長), 佐竹 隆(佐竹建設) "土佐くろしお鉄道中村駅リノベーション"

西辻 俊明, 小田 雅俊, 幡 知也, 登坂 功(株式会社現代ランドスケープ), 増田 昇(大阪府立大学大学院教授), 株式会社東光コンサルタンツ大阪支店, 京阪園芸株式会社, 大阪市ゆとりとみどり振興局 "大阪市中之島公園[水の都大阪の歴史と自然を継承する公園の再整備計画]"

◇優秀賞

松井 幹雄, 鹿島 昭治, 黒島 直一, 堀田 毅, 高田 壮進, 戸田 俊彦, 野口 邦生(大日本コンサルタント株式会社), 国土交通省 四国地方整備局 中村河川国道事務所, 新四万十橋(仮称)景観検討委員会, 大日本コンサルタント株式会社, 株式会社ウエスコ "新四万十川橋"

石川 幹子(慶應義塾大学環境情報学部), 伊東 豊雄(伊東豊雄建築設計事務所), 森 真(各務原市長), 各務原市都市建設部水と緑推進課, 慶應義塾大学石川幹子研究室, 伊東豊雄建築設計事務所 "各務原市 瞑想の森"

◇奨励賞

奈良 照一,澤 充隆,米田 直也,三田村 大松,須田 健,松田 真宣,宮坂 純平((株)ドーコン),篠原 修(東京大学名誉教授),羽藤 英二(東京大学大学院都市工学専攻准教授),萩原 亨(北海道大学大学院工学研究科教授),高橋 清(北見工業大学社会環境工学科教授),福井 恒明(東京大学大学院工学系研究科特任准教授),南雲 勝志(ナグモデザイン事務所代表),八馬 智(千葉大学大学院工学研究科助教),有村 幹治(室蘭工業大学大学院工学研究科助教),北海道モビリティデザイン研究会,株式会社エヌ・ティ・ティ・ドコモ,環境NGO ezorock,札幌大通まちづくり株式会社 "札幌みんなのサイクル ポロクル"

026 日韓国際環境賞

　毎日新聞社と朝鮮日報社が環境保全の決意を広く世界にアピールするため,両社の提携と日韓国交正常化30周年にあたる平成7年,共同で創設。東アジア地域を中心とした環境保護,公害防止に優れた貢献をした個人や団体を顕彰する。

【主催者】 毎日新聞社,朝鮮日報社

【選考委員】 日本側審査委員長:毎日新聞社専務取締役主筆,審査委員:今井通子(医学博士,登山家。元中央環境審議会委員。83～85年チョモランマ峰北壁冬季登山隊長),加藤三郎(NPO法人「環境文明21」共同代表。環境文明研究所所長。川崎市国際環境施策参与ほか),C.W.ニコル(作家,ナチュラリスト。カナダ環境保護局環境問題緊急対策官などを歴任),大久保尚武(積水化学工業取締役相談役。日本経団連自然保護協議会特別顧問),原剛(早大名誉教授,早稲田環境塾塾長。毎日新聞客員編集委員),倉林眞砂斗(城西国際大学副学長,環境社会学部長)

【選考方法】 推薦・公募

【選考基準】 〔対象〕日本・韓国を含む東アジア地域の環境保護と公害防止に優れた貢献をした個人,団体〔基準〕(1)影響・被害が一国内にとどまらず,国境を越え,地球規模にまで広がる環境問題の解決を目指そうとする実践や教育・研究活動(2)国際的な取り組みが必要とされる地域の環境・公害問題の解決に顕著な功績をあげた援助・協力活動(3)市民生活や地域社会が直面する環境問題の改善,または循環型社会の構築を目指す取り組みや考え方が特に優れた活動

【締切・発表】 例年8月中旬締切,10月下旬両紙上で発表

【賞・賞金】 賞状と賞金1万ドル

【URL】 http://mainichi.jp/life/ecology/etc/nikkan/

第1回(平7年)
◇日本側
　遠山 正瑛(日本沙漠緑化実践協会会長),
　遠山 柾雄(同会副会長)
　北九州国際技術協力協会
◇韓国側
　光緑会
　中国自然の友

第2回(平8年)
◇日本側
　菱田 一雄(海外経済協力基金技術顧問)
◇韓国側
　梁 運真(馬山昌原環境運動連合常任議長)
第3回(平9年)
◇日本側
　村本 義雄(日本鳥類保護連盟石川県支部

長）
◇韓国側
　鄭 用昇（韓国教員大学環境教育科教授）
第4回（平10年）
◇日本側
　中坊 公平，廃棄物対策豊島住民会議
◇韓国側
　文 国現（生命の森を育てる国民運動共同運営委員長，柳韓キムバリー社長）
第5回（平11年）
◇日本側
　滋賀県環境生活協同組合，藤井 絢子（同理事長）
◇韓国側
　教育放送EBS一つだけの地球制作チーム（代表・楊沺旭）
第6回（平12年）
◇日本側
　日本野鳥の会国際センター
◇韓国側
　権 肅杓（延世大学名誉教授）
第7回（平13年）
◇日本側
　ニッセイ緑の財団
◇韓国側
　元 炳旿（慶熙大学名誉教授）
第8回（平14年）
◇日本側
　北の海の動物センター
◇韓国側
　崔 在天（ソウル大学校副教授）
第9回（平15年）
◇日本側
　アジア砒素ネットワーク（NPO法人）（宮崎市）
◇韓国側
　韓国消費者保護市民連合（会長・金在玉）（ソウル市）
第10回（平16年）
◇日本側
　ワシ類鉛中毒ネットワーク（北海道釧路市）
◇韓国側
　趙 漢珪（韓国自然農業協会名誉会長）
第11回（平17年）
◇日本側
　日韓共同干潟調査団
◇韓国側
　ソウル市（市長・李明博）
第12回（平18年）
◇日本側
　クリーンアップ全国事務局
◇韓国側
　金 潤信（漢陽大学校教授）
第13回（平19年）
◇日本側
　石綿対策全国連絡会議
◇韓国側
　韓国自然環境保全協会（会長・柳在根）
第14回（平20年）
◇日本側
　日本ツキノワグマ研究所（NPO法人）
◇韓国側
　盧 在植（韓国気象学会名誉会長）
第15回（平21年）
◇日本側
　虹別コロカムイの会
◇韓国側
　仁済学園（理事長・白樂晥）
第16回（平22年）
◇日本側
　グラウンドワーク三島（NPO法人）
◇韓国側
　韓国ナショナルトラスト（理事長・揚乗彝）
第17回（平23年）
◇日本側
　岩手県田野畑村民と思惟の森
◇韓国側
　鳥と生命の場
第18回（平23年）
◇日本側
　コウノトリ湿地ネット
◇韓国側
　韓 武栄（ソウル大学雨水研究センター所長）

027 日経地球環境技術賞

経済成長と地球環境保護の調和に資することを目的として,平成3年に創設された。人類が21世紀にも繁栄を続けていくために欠かせない地球環境科学や保全技術の進歩に貢献した個人や研究グループに贈られる。

【主催者】 (株)日本経済新聞社

【選考委員】 (第23回) 委員長:茅陽一 (地球環境産業技術研究機構 副理事長),新井民夫 (芝浦工業大学 工学部教授),佐和隆光 (滋賀大学 学長),鈴木基之 (東京大学 名誉教授),土肥義治 (理化学研究所 社会知創成事業本部長),永田勝也 (早稲田大学 環境・エネルギー研究科教授),中西準子 (産業技術総合研究所 フェロー),山根一眞 (ノンフィクション作家),鷲谷いづみ (東京大学大学院 教授)

【選考方法】 公募 (自薦,他薦不問)

【選考基準】 〔対象〕地球環境の保全のための実態把握,影響評価,対策技術などで優れた成果をあげた個人や研究グループ。〔基準〕研究の独創性,実現性,影響度など

【締切・発表】 第23回の場合「日本経済新聞」「日経産業新聞」紙上に募集告知,6月7日締切,10月中旬両紙上に発表,11月に表彰式

【賞・賞金】 「最優秀賞」表彰状と賞金100万円,「優秀賞」表彰状と賞金50万円。

【URL】 http://www.nikkei-events.jp/chikyu-kankyo/

第1回 (平3年)
◇大賞
忠鉢 繁 (気象研究所主任研究官) "南極上空のオゾン減少を発見,世界で最初に報告"
◇環境技術賞
安成 哲三 (筑波大学地球科学系助手) "地球気候システムにおけるモンスーン・エルニーニョ結合系を解明"
森田 知二 (三菱電機材料デバイス研究所主幹) "磁気ディスクを中心とした高温超純水洗浄・乾燥方式の実用化"

第2回 (平4年)
松下電池工業・無水銀アルカリ乾電池研究開発グループ "無水銀アルカリ乾電池の開発"
国立環境研究所オゾン層研究グループ "オゾン観測用レーザーレーダーの開発とオゾン層破壊メカニズムの実証研究"
門村 浩 (東京都立大学理学部教授) "西アフリカ・サハラ南縁地帯における環境変動と砂漠化に関する研究"

第3回 (平5年)
◇大賞
田中 正之 (東北大学理学部教授) "日本におけるCO_2濃度の長期及び広域観測ともそれにもとずくCO_2循環の研究"
◇環境技術賞
尾上 守夫 (リコー副社長),コピー用紙リサイクル技術開発グループ "コピー用リサイクル技術"
桜井 武一 (技術開発本部技術研究所長),東京電力EV研究会 "高性能電気自動車「IZA」の開発"

第4回 (平6年)
◇大賞
森田 恒幸 (国立環境研究所総合研究官),松岡 譲 (京都大学助教授),AIM開発グループ "アジア太平洋地域における地球温暖化対策分析のための総合モデル

（AIM）の開発"
◇環境技術賞
深尾 昌一郎（京都大学超高層電波研究センター教授），MUレーダーグループ "MUレーダーの開発及びそれを用いた大気環境リモートセンシング法の確立と国際化の推進"
向後 元彦（「砂漠に緑を」代表）"地球レベルで応用可能なマングローブ植林技術の開発"

第5回（平7年）
◇大賞
陽 捷行（国際農業水産業研究センター環境資源部部長），農林水産省農業生態系メタン研究グループ "農業生態系から放出されるメタンの発生機構解明と発生量の評価および制御技術"
◇環境技術大賞
滝田 あゆち（日航財団常務理事），定期航空便による大気観測プロジェクトチーム "定期航空機を利用した温室効果期待の定期観測"
吉岡 完治（慶応義塾大学産業研究所教授），慶応義塾大学産業研究所環境問題分析グループ "産業連関分析による環境問題と経済活動の相互依存関係の数量的把握"

第6回（平8年）
◇大賞
宮脇 昭（国際生態学センター研究所長） "土地固有の森林生態系回復，環境保全・災害防止林形成の方法と応用化"
◇環境技術大賞
藤田 慎一（電力中央研究所大気物理部研究主幹），電力中央研究所酸性雨研究グループ "酸性雨の環境影響評価"
倉重 有幸（新エネルギー・産業技術総合開発機構環境技術開発室長），特定フロン破壊処理技術開発グループ "高周波プラズマを利用した特定フロン破壊処理技術"

第7回（平9年）
◇大賞

気候変動・海面上昇問題研究タスクチーム〈代表・三村信男 茨城大学広域水圏環境科学教育センター教授〉「気候変動・海面上昇の影響評価と対応策に関する総合研究」
◇環境技術賞
桐谷 圭治（農林水産省農業環境技術研究所名誉研究員）「地球温暖化がもたらす農業生態系における昆虫群集の動態予測」
西岡 秀三（国立環境研究所地球環境研究グループ統括研究官）「地球環境管理に向けた科学的知見の反映過程に関する研究と，研究の組織化および政策決定過程への寄与」

第8回（平10年）
ミサワホーム総合研究所太陽光発電研究開発グループ〈代表・石川修 ミサワホーム総合研究所取締役〉「住宅用屋根ふき材としての太陽電池システムの開発」
野口 勉〈代表〉（ソニー中央研究所環境研究センター主任研究員），松島 稔（ソニー社会環境部リモネンリサイクル推進室統括課長）「リモネンを用いた新規発泡スチロールリサイクルシステムの開発」
熱帯林再生研究グループ〈代表・小川真 関西総合研究環境センター生物環境研究所長〉「菌根菌利用による熱帯林再生技術の開発計画」

第9回（平11年）
◇大賞
高性能工業炉開発プロジェクトチーム〈代表・谷川正 日本興業炉協会会長〉「高性能工業炉の開発と実用化」
◇環境技術賞
天然ガス自動車開発チーム〈代表・須賀稔之 本田技術研究所栃木研究所アシスタントチーフエンジニア〉「有害排出ガスをほとんどゼロレベルに削減した天然ガス自動車」
電子ビーム排煙処理研究開発グループ〈代表・橋本昭司 特殊法人日本原子力研究

所高崎研究所環境保全技術研究室長〉「電子ビームによる燃料排煙の脱硫・脱硝技術の開発」

第10回（平12年）
　ダイオキシン計測技術開発グループ〈代表・坂入実　日立製作所中央研究所ライフサイエンス研究センタメディカルシステム研究部部長〉「燃焼炉排ガス中のダイオキシン前駆体のオンライン・連続計測モニタの開発と実用化」
　極超低排出ガス技術開発チーム〈代表・木下昌治　日産自動車パワートレイン事業本部主管〉「極超低排出ガス技術の開発」
　未利用バイオマス資源化チーム〈代表・小原仁実　島津製作所基盤技術研究所主任研究員〉「生ゴミから生分解性プラスチックであるポリ-L-酸を製造する方法の開発」

第11回（平13年）
　加圧二段ガス化システム研究・開発グループ〈代表・大下孝裕　荏原製作所エンジニアリング事業本部取締役環境・エネルギー開発センター長〉「加圧二段ガス化システムによるケミカルリサイクル技術」
　家庭用自然冷媒ヒートポンプ給湯機開発グループ（CO_2）〈代表・伊藤正彦　デンソー冷暖房事業部特定開発室主幹〉「家庭用自然冷媒（CO_2）ヒートポンプ給湯機の製品化」
　吉田　尚弘（東京工業大学大学院総合理工学研究科教授）「地球温暖化ガスのアイソトポマー計測法の開発」

第12回（平14年）
　ゴムリサイクル研究・開発グループ〈代表・福森健三　豊田中央研究所有機材料研究室主任研究員〉「廃ゴムの高品位マテリアルリサイクル技術の開発」
　渡辺　晴男（アフィニティー代表取締役）「自律応答型調光ガラスの開発」
　水エマルジョン燃料エンジン開発グループ〈代表・星野光多　小松製作所エンジン・

油脂事業本部執行役員事業本部長〉「水エマルジョン燃料を用いた定置式常用発電機用ディーゼルエンジンシステムの開発」

第13回（平15年）
◇大賞
　インテリジェント触媒開発グループ〈代表・ダイハツ工業　田中裕久〉「インテリジェント触媒の開発」
◇優秀賞
　鵜野　伊津志（九州大学教授）「大気化学物質の飛来予測システムの開発」
　廃プラスチック再資源化プロジェクトチーム〈代表・新日本製鐵　近藤博俊〉「廃プラスチック循環資源化技術の開発と普及」

第14回（平16年）
◇大賞
　該当者無し
◇優秀賞
　旭化成ケミカルズ技術ライセンス室〈代表・松崎一彦〉「環境にやさしいポリカーボネート製造プロセス」
　舩岡　正光（三重大学教授）「植物系分子素材の持続的循環活用システムの開発」
　橋本　和仁（東京大学教授））「太陽エネルギーを利用する環境保全・改善技術の開発」

第15回（平17年）
◇大賞
　該当者無し
◇優秀賞
　栗原　英資（帝人）"PETボトルの完全循環を実現したポリエステル原料リサイクル技術の開発・実用化"
　東芝　消去可能インク及びトナー開発チーム〈代表・研究開発センター環境技術ラボラトリー　高山暁〉"消去可能インク及びトナーの研究開発"
　人・自然・地球共生プロジェクト　温暖化予測第一課題研究グループ〈代表・東京大学気候システム研究センター教授　住

明正〉"高分解能大気海洋モデルを用いた地球温暖化予測に関する研究"

第16回（平18年）
◇大賞
該当者無し
◇優秀賞
刈茅 孝一（積水化学工業）"住宅解体廃木材を原料とする住宅用構造材の製造技術"
下田 達也（セイコーエプソン）"電子デバイスを省エネ・省資源で製造するマイクロ液体プロセス"
三洋電機 "eneloop（エネループ）"開発プロジェクト，前田 泰史（三洋エナジートワイセル）"自己放電を大幅に抑制した新型ニッケル水素電池の開発"

第17回（平19年）
◇大賞
該当者無し
◇優秀賞
兵庫県立大学 自然・環境科学研究所 田園生態，兵庫県立コウノトリの郷公園 田園生態研究部〈代表・池田啓〉"コウノトリの野生復帰を基軸とした地域の環境保全"
JFEエンジニアリング新省エネ空調エンジニアリング部 技術グループ〈代表・髙雄信吾〉"水和物スラリを用いた空調システムの開発"
静岡大学大学院 創造科学技術研究部エネルギーシステム部門 環境保全工学研究室〈代表・佐古猛〉"亜臨界水を用いたバイオマス廃棄物のエネルギー資源化技術の開発"

第18回（平20年）
◇大賞
地球環境産業技術研究機構・RITE-HONDAバイオグループ〈代表・湯川英明〉"セルロースからの混合糖同時変換によるエタノール製造技術"
◇技術賞
東京大学生産技術研究所 沖・鼎研究室〈代表・沖大幹〉"バーチャルウオーターを考慮した世界の水需給推計"
東レ 地球環境研究所〈代表・辺見昌弘〉"ホウ素の除去能力を高めた淡水化用逆浸透膜の開発"

第19回（平21年）
◇地球環境技術賞
三洋電機ソーラーエナジー研究部HIT太陽電池開発グループ〈代表・丸山英治〉"世界最高効率HIT太陽電池技術の開発"
東レ複合材料研究所，アドバンストコンポジットセンター，オートモーティブセンター〈代表・北野彰彦〉"炭素繊維複合材料ハイサイクル一体成形技術の開発"
宇宙航空研究開発機構GOSATプロジェクトチーム〈代表・浜崎敬〉"温室効果ガス観測技術衛星「いぶき」（GOSAT）の開発と打上げ"
◇ものづくり環境特別賞
ヤマザキマザックオプトニクス フェニックス研究所 "地温を利用した省エネ地下工場"
新日本製鉄 大分製鉄所製銑工場 "二酸化炭素排出を削減できる新たなコークス炉の実機"
富士ゼロックス，富士ゼロックス・エコマニュファクチャリング "中国での資源循環システムの拠点"

第20回（平22年）
◇大賞
JFEスチール〈東日本製鉄所〉「水素系気体燃料を活用した鉄鉱石焼結プロセスの開発」
◇最優秀賞
富士ゼロックス〈マーキングプラットフォーム開発部定着技術開発グループ〉「RealGreenを実現したIH定着技術」
シャープ〈グリーンフロント 堺〉「環境先進ファクトリー『グリーンフロント 堺』」の構築」
◇優秀賞
高速道路総合技術研究所 「生物多様性を

守る高速道路の地域性苗木による緑化」
トヨタ自動車〈エコプラスチック製自動車内装部品開発プロジェクト〉「植物由来材料製の自動車内装部品の開発」
日産車体〈日産車体九州〉「CO_2・VOCの大幅低減と高い塗装外観品質を両立させた新塗装工法の開発」

第21回(平23年)
◇最優秀賞
神戸製鋼所〈資源・エンジニアリング事業部門 新鉄源本部〉「CO_2削減や資源の有効利用に貢献する新製鉄法の開発」
◇優秀賞
宇部興産〈ヘリオフレッシュ開発推進グループ〉「植物由来原料を使わない環境に優しい香料の新製法の開発」
サントリーホールディングス 「使用済みペットボトルをボトルに再生するメカニカルリサイクル法の実現」
パナソニック〈三洋電機加西グリーンエナジーパーク〉「三洋電機加西グリーンエナジーパークでのエネルギー利用効率化の大規模実験」
マツダ〈エンジン設計部〉「燃費30%改善を実現した新型ガソリンエンジンの開発」

第22回(平24年)
◇優秀賞
帝人 複合材料開発センター 「熱可塑性炭素繊維複合材及びその高速成形技術・接合技術の確立」
岡部 徹(東京大学 生産技術研究所 教授)「レアアースの環境調和型再利用技術の開発」
堀場製作所 開発本部 アプリケーション開発センター 「排ガスを現場で測定できる小型分析計」
JFEスチール 「使用済みプラスチックの製鉄向け微粉化技術」
JX日鉱日石エネルギー 新エネルギーシステム事業本部 「発電効率が高い新型家庭用燃料電池」

028 日本環境動物昆虫学会奨励賞

昆虫および動物の学術的・総合研究の発展ならびに被害防止技術の向上を促進することを目的として,平成7年に創設された。

【主催者】日本環境動物昆虫学会

【選考委員】(平成23年度)賞選考委員長:平林公男,賞選考委員:宇賀昭二,川田均,板倉修司,庄野美徳,田中寛,中島智子,中村寛志,広渡俊哉,松永忠功

【選考方法】評議員の推薦による

【選考基準】〔資格〕同会正会員または学生会員。会員歴3年以上で受賞年の10月1日現在で50歳未満の者。〔対象〕学会誌に発表された原著論文またはこれに準ずるもの。但し最低1論文は学会誌に発表されたものであること。原則として基礎研究1件,実用的研究1件

【締切・発表】第24回は平成24年7月31日推薦締切,通常総会において授賞

【賞・賞金】表彰状と賞金10万円

【URL】http://kandoukon.org/

第1回(平6年度)
川田 均(住友化学工業農業化学品研究所)「マイクロカプセル化殺虫剤の作用機構に関する研究」
神崎 務(大日本除虫菊中央研究所)「新規殺虫成分『シラフルオフェン』の実用化

に関する研究」

第2回（平7年度）
　夏原 由博（大阪市立環境科学研究所）"室内塵性ダニ類の生態ならびにアレルギー対策に関する研究"
　吉村 剛（京都大学木質科学研究所）"イエシロアリの寄生生物に関する研究"

第3回（平8年度）
　今井 長兵衛（大阪市立環境科学研究所）「都市に身近な生物を再生させるための基礎的研究」
　宇賀 昭二（神戸大学医学部保健学科助教授）「公園砂場におけるトキソカラ属線虫卵汚染状況の調査研究」

第4回（平9年度）
　なし

第5回（平10年度）
　平林 公男（山梨県立女子短期大学）"〈湖沼におけるユスリカ類の生態と防除に関する研究〉"
　高田 容司（住友化学工業）"〈日本産イエバエのピレスロイド抵抗性機構に関する研究〉"

第6回（平11年度）
　藤井 義久（信州大学農学部）"〈アコースティックエミッション（AE）を用いたシロアリの食害活動の探知に関する研究〉"
　中村 寛志（京都大学大学院農学生命研究科）"〈チョウ類群集の構造解析による環境評価に関する研究〉"

第7回（平12年度）
　石井 実（大阪府立大学大学院農学生命研究科）"〈里山（広義）の昆虫とその生息場所に関する一連の研究〉"

第8回（平13年度）
　大村 和香子（農林水産省森林総合研究所）"〈蒸煮カラマツ心材抽出物を利用したイエシロアリ防除への応用基礎研究〉"
　松永 忠功（住友化学工業）"〈家庭用殺虫剤の水性化に関する研究〉"

第9回（平14年度）
　北原 正彦 "富士山山麓のチョウ類群集の多様性に関する一連の研究"

第10回（平15年度）
　板倉 修司 "シロアリのピルビン酸デヒドロゲナーゼ複合体に関する研究"
　吉田 宗弘 "チョウ類群集を指標にした都市環境評価の試み"

第11回（平16年度）
　内海 与三郎 "毒餌剤を用いた害虫防除剤の実用化に関する研究"

第12回（平17年度）
　該当者なし

第13回（平18年度）
　中嶋 智子 "衛生動物の重要度の時間的・空間的変動"

第14回（平19年度）
　広渡 俊哉（大阪府立大学大学院）"鱗翅目昆虫を利用した森林環境の評価に関する研究"

第15回（平20年度）
　久保田 俊一（住友化学（株））"シロアリ防除用殺虫剤の作用特性に関する研究"

第16回（平21年度）
　該当者なし

第17回（平22年度）
　大庭 伸也（京都大学生態学研究センター）"希少種を含む水生昆虫類に関する生態学的研究"

第18回（平23年度）
　江田 慧子（信州大学大学院総合工学系研究科）"オオルリシジミなど里山環境に生息する絶滅危惧シジミチョウ類の保全・保護に関する生態学的研究"

029 日本環境変異原学会顕彰事業

環境変異原の分野ですぐれた研究を行った会員等および将来の成果が期待される会員（原則として個人）を表彰するために創設された。

029 日本環境変異原学会顕彰事業

【主催者】日本環境変異原学会

【選考委員】(1)学会賞,功労賞,研究奨励賞,望月喜多司記念賞:表彰人事委員会,(2) Genes and Environment Best Paper Award:第一編集委員会

【選考方法】(1)学会賞,功労賞,研究奨励賞:学会員の推薦による。(2) Genes and Environment Best Paper Award:第一編集委員会の推薦による。(3)望月喜多司記念賞:当該年度の大会会長の推薦による

【選考基準】(1)学会賞:〔資格〕5年以上の会員歴〔対象〕環境変異原研究分野における業績がきわめて顕著であり,かつ同学会の進歩発展に多大な寄与をした者。(2)功労賞:〔資格〕10年以上の会員歴〔対象〕環境変異原研究分野における応用研究,変異原研究を通じた社会貢献および学会の運営への寄与などを通じ学会の進歩発展に対する総合的な貢献が顕著な者。(3)研究奨励賞:〔資格〕3年以上の会員歴を持ち,かつ募集締切日において満45歳以下〔対象〕環境変異原分野において顕著な寄与をする発表を行い,かつ将来の研究の発展を期待し得る者 (4) Genes and Environment Best Paper Award:〔資格〕前年の同学会誌に掲載された論文の著者(共著者全員を含む)〔対象〕前年の同学会誌に掲載された論文 (5)望月喜多司記念賞:〔資格〕当該年度の大会会長から推薦を受けた者〔対象〕食品,農薬,医薬品等の安全性の研究分野で顕著な功績のあった者

【締切・発表】(1)学会賞,功労賞,研究奨励賞:4月締切,総会で発表。(2) Genes and Environment Best Paper Award:4月締切,総会で発表。(3)望月喜多司記念賞:総会で発表

【賞・賞金】賞状と副賞

【URL】http://www.j-ems.org/

(平6年)
　杉村 隆(国立がんセンター名誉総長)「ヘテロサイクリックアミンの変異・がん原性に関する研究」

(平7年)
　松島 泰次郎(日本バイオアッセイ研究センター)「変異原検出系とがん原性評価についての研究」

(平8年)
　早津 彦哉(岡山大学)「環境中の変異原の検出とその抑制因子に関する研究」

(平9年)
◇学会賞
　石館 基(オリンパス光学工業)「染色体異常を指標としたがん原性物質検出法の開発と評価」
◇研究奨励賞
　世良 暢之(福岡県保健環境研究所)「ニトロアレンの構造と・変異活性相関及びヒト暴露の実態」

(平10年)
◇学会賞
　黒田 行昭(国立遺伝学研究所)「哺乳類培養細胞を用いた遺伝子突然変異の検出と抑制に関する研究」
◇研究奨励賞
　佐々木 有(八戸工業高等専門学校)「コメットアッセイを用いたマウス多臓器DNA損傷の検出」
　山田 雅巳(国立医薬品食品衛生研究所)「遺伝子工学的手法を用いたアルキル化剤高感受性サルモネラ試験菌株の作製とその応用」

(平11年)
◇学会賞
　長尾 美奈子(東京農業大学)「食品中変異・癌原物質の発見と発癌機構の分子生

物学的研究」
◇研究奨励賞
宇野 芳文（三菱東京製薬医薬総合研究所）「複製DNA合成（RDS）試験法を応用した非変異・肝癌性物質の検出系の確立」
渡辺 徹志（京都薬科大学）「大気・土壌中の変異原物質の定量的評価に関する研究」

（平12年）
◇学会賞
祖父尼 俊雄（ノバスジーン）「変異原研究領域におけるレギュラトリ・サイエンスの確立」
◇研究奨励賞
布柴 達男（東北大学）「大腸菌の活性酸素防御応答と突然変異誘発機構に関する研究」
本間 正充（国立医薬品食品衛生研究所）「P53の組み替え修復を介した遺伝的安定化機構に関する研究」

（平13年）
◇学会賞
大西 克成（徳島大学）「変異・癌原性物質の産生・代謝とその活性抑制に関する研究」
◇研究奨励賞
平本 一幸（東京薬科大学）「フリーラジカルを経由する環境変異・発がん物質の生成と発現に関する研究」
若田 明裕（山之内製薬）「げっ歯類の培養細胞と個体を用いる小核試験法の検討」

（平14年）
◇学会賞
木苗 直秀（静岡県立大学）「生活環境中の変異原物質の分離同定とそれらの腫瘍発生との関連性に関する研究」
◇功労賞
菊池 康基（大阪医薬品臨床開発研究所）「In vivo遺伝毒性試験の基礎的研究とガイドラインへの適応」
◇研究奨励賞
鈴木 孝昌（国立医薬品食品衛生研究所）「トランスジェニックマウス変異原性試験の有用性に関する研究」
赤沼 三恵（残留農薬研究所）「大腸菌における突然変異スペクトルの簡易解析法の開発に関する研究」

（平15年）
◇学会賞
菊川 清見（東京薬科大学）"食品中の変異・発がん物質の生成とDNA損傷性およびその低減に関する有機化学的研究"
◇功労賞
該当者無し
◇研究奨励賞
羽倉 昌志（エーザイ安全性研究所）"化学物質によるin vitroおよびin vivoにおける突然変異の定量的解析に関する研究"
戸塚 ゆ加里（国立がんセンター研究所）"Norharmanのco-mutagenic作用機構に関する研究"

（平16年）
◇学会賞
林 真（国立医薬品食品衛生研究所）"げっ歯類を用いる小核試験の基礎研究ならびにその行政面への応用"
◇功労賞
田中 憲穂（食品薬品安全センター）"生殖細胞および培養細胞を用いた遺伝毒性試験法の開発と国際標準化への貢献"
西岡 一（京都バイオサイエンス研究所）"変異原および抗変異原の作用機構に関する研究とその振興"
◇研究奨励賞
高村（塩谷）岳樹（国立がんセンター研究所）"環境から分離した新規変異原物質のDNA修飾に関する研究"

（平17年）
◇学会賞
鎌滝 哲也（北海道大学大学院薬学研究科）"環境変異原物質の代謝活性化に関わる酵素の分子生物学および分子疫学的研究"
◇功労賞

該当者なし
◇研究奨励賞
　石川 さと子（共立薬科大学基礎薬学講座）"N-ニトロソ化合物の活性体化の性質に基づいた制がん性リード化合物の創製"
　福原 潔（国立医薬品食品衛生研究所）"抗変異原物質をめざしたカテキン類の平面固定化反応に関する研究"

（平18年）
◇学会賞
　能美 健彦（国立医薬品食品衛生研究所）「環境変異原の新規検出系の作出およびYファミリーDNAポリメラーゼの分子遺伝学的解析」
◇功労賞
　島田 弘康（第一製薬安全性管理部）「医薬品の安全性評価における各種遺伝毒性試験の適用と国際調和への貢献」
◇奨励賞
　紙谷 浩之（北海道大学大学院薬学研究科）「DNA前駆体の酸化損傷による変異の分子機構とその防御システムの解明」
　及川 伸二（三重大学大学院医学系研究科）「癌原物質および抗酸化物質によるDNA酸化損傷機構の解析」

（平19年）
◇学会賞
　葛西 宏（産業医科大学）"DNA酸化損傷としての8-ヒドロキシデオキシグアノシンの発見とその生物学的意義"
◇功労賞
　該当者なし
◇研究奨励賞
　倉岡 功（九州がんセンター）"ヒト細胞におけるDNA損傷のヌクレオチド除去修復機構に関する研究"
　中村 孝志（京都府立大学人間環境学部）"京野菜に含まれる抗変異原の同定とその作用機構"

（平20年）
◇学会賞
　若林 敬二（国立がんセンター研究所）「環境中に存在するがんの原因物質に関する有機化学的, 分子生物学的研究」
◇功労賞
　望月 正隆（東京理科大学薬学部）「有機化学的アプローチによる環境変異原の作用機構解析と制がん研究への応用」
◇研究奨励賞
　増村 健一（国立医薬品食品衛生研究所）「gpt deltaトランスジェニックマウス試験系を用いた点突然変異と欠失変異の選択的検出」

（平21年）
◇学会賞
　川西 正祐（鈴鹿医療科学大学薬学部）「環境変異・発がん因子による活性酸素と活性窒素の生成を介したDNA損傷機構」
◇功労賞
　浅野 哲秀（大阪女学院短期大学）「In vivo遺伝毒性試験の発展と学術交流への貢献」
◇研究奨励賞
　松田 知成（京都大学大学院工学研究科）「LC/MS/MSを用いたDNA付加体の網羅的解析に関する研究」
　三浦 大志郎（帝人ファーマ株式会社）「内在性Pig-A遺伝子をレポーターとするin vivo遺伝子突然変異評価系の開発」

（平22年）
◇学会賞
　降旗 千恵（国立医薬品食品衛生研究所）「環境変異原・がん原物質の臓器特異的短期評価法に関する研究」
◇功労賞
　該当者なし
◇研究奨励賞
　竹入 章（中外製薬株式会社）「gpt deltaマウスおよびその由来細胞を用いたDNAクロスリンク剤の変異誘発機構」

（平23年）
◇学会賞
　八木 孝司（大阪府立大学）「シャトルベクタープラスミドを用いた哺乳類細胞突然

変異解析系の構築と応用」
◇功労賞
　該当者なし
◇研究奨励賞
　伊吹　裕子（静岡県立大学環境科学研究所）「ヒストン修飾を指標とした環境化学物質と光の複合影響に関する研究」
（平24年）
◇学会賞
　山添　康（東北大学大学院薬学研究科）「薬物代謝評価系の開発および基質特異性予測の研究」
◇功労賞
　長尾　美奈子（慶應義塾大学薬学部）「Genes and Environment のレベル向上および国際化への貢献」
　澁谷　徹（Tox21研究所）「生殖細胞の突然変異研究および環境エピゲノミクス研究の推進」
◇研究奨励賞
　稲見　圭子（東京理科大学薬学部）「化学モデル系を用いた代謝活性化機構の解明とその応用」
◇Genes and Environment Best Paper Award
　豊田　尚美〔他8名〕（国立医薬品食品衛生研究所）「Modulatory Effects of Capsaicin on N-diethylnitrosamine (DEN)-induced Mutagenesis in Salmonella typhimurium YG7108 and DEN-induced Hepatocarcinogenesis in gpt Delta Transgenic Rats」
◇望月喜多司記念賞
　熊谷　信二（産業医科大学 安全衛生マネジメント学）「オフセット校正印刷労働者に発生する肝内・肝外胆管癌に関する研究」

030 日本森林学会学生奨励賞/JFR論文賞

　日本森林学会学生奨励賞は，森林科学に関し発展性の高い論文を発表し，今後の研究の展開が期待される者に，JFR論文賞は，森林科学の学術的な発展に貢献する独創的で国際的に優れた論文の著書に授与するため2009年度に設立された。

【主催者】（一社）日本森林学会

【選考委員】日本森林学会学生奨励賞は表彰委員会が行う。（委員長：吉田茂二郎，委員：全代議員）JFR論文賞はJFR編集委員会が組織するJFR論文賞選考委員会で行い，表彰委員長に報告する。

【選考方法】会員による推薦

【選考基準】日本森林学会学生奨励賞：同会会員であって，森林科学に関し発展性の高い論文を発表し，今後の研究の展開が期待される者。投稿時に学生である者。JFR論文賞：森林科学の学術的な発展に貢献する独創的で国際的に優れた論文を，JFRに発表した著者。

【締切・発表】（平成24年）9月28日締切

【賞・賞金】賞状

【URL】http://www.forestry.jp/

（平22年）
◇日本森林学会学生奨励賞
　松崎　潤（北海道大学）「Phototropic bending of non-elongating and radially growing woody stems results from asymmetrical xylem formation」

松本 一穂（九州大学）「Responses of surface conductance to forest environments in the Far East」
◇JFR論文賞
Tomohiro Nishizono〔他〕（森林総合研究所）"「Effects of Thinning and site productivity on culmination of stand growth：results from long-term monitoring experiments in Japanese cedar（Cryptomeria japonica D. Don）forests in northeastern Japan.」〔Journal of Forest Research 13（5）：264-274.〕"

（平23年）
◇日本森林学会学生奨励賞
松木 悠（東京大学）「Pollination efficiencies of flower-visiting insects as determined by direct genetic analysis of pollen origin」
◇JFR論文賞
Masatake G.Araki〔他〕（森林総合研究所）"「Estimation of whole-stem respiration,incorporating vertical and seasonal variations in stem CO_2 efflux rate,of Chamaecyparis obtusa trees.」〔Journal of Forest Research 15（2）：115-122.〕"

（平24年）
◇日本森林学会学生奨励賞
黒河内 寛之（東京大学）「Regeneration of Robinia pseudoacacia riparian forests after clear-cutting along the Chikumagawa River in Japan」
小林 真（ウメオ大学）「Buried charcoal layer and ectomycorrhizae cooperatively promote the growth of Larix gmelinii seedlings」
◇JFR論文賞
Hiroshima,Takuya（東京大学）「Calculation of yields on a national level by combining yields of each prefecture using the Gentan probability」

（平25年）
◇日本森林学会学生奨励賞
阪口 翔太（京都大学）「Lineage admixture during postglacial range expansion is responsible for the increased gene diversity of Kalopanax septemlobus in a recently colonised territory」
寺本 宗正（国立環境研究所）「Transfer of ^{14}C-photosynthate to the sporocarp of an ectomycorrhizal fungus Laccaria amethystina」
能勢 美峰（森林総合研究所 林木育種センター）「Comparison of the gene expression profiles of resistant and non-resistant Japanese black pine inoculated with pine wood nematode using a modified LongSAGE technique」
◇JFR論文賞
Enari,Hiroto, Koike,Shinsuke, Sakamaki,Haruka（宇都宮大学）"「Assessing the diversity of dung beetle assemblages utilizing Japanese monkey feces in cool-temperate forests.」〔Journal of Forest Research 16（6）：456-464. 2011〕"

031 日本森林学会賞

昭和10年に「白沢賞」として設立された。「林学賞」と改称された後も、1編は白沢保美博士の業績をたたえ「白沢賞」としていたが、昭和51年度から「林学賞」に呼称が統一された。平成6年度に「林学賞」から「日本林学会賞」に呼称が変更された。また平成7年度から「日本林学会奨励賞」「日本林学会功績賞」を新たに追加された。その後, 平成17

031 日本森林学会賞

年(2005年)に会名を「日本林学会」から「日本森林学会」に改称。

【主催者】(一社)日本森林学会
【選考委員】表彰委員会(委員長:吉田茂二郎)
【選考方法】公募,会員による推薦
【選考基準】(1)学術賞〔資格〕同会会員。〔対象〕選考の当年を含まない過去5年以内に公刊された論文または著書で,貴重な学術的貢献をなした者。(2)奨励賞〔資格〕発表時に40歳以下の同会会員。〔対象〕選考の当年を含まない過去3年以内に同会が発行する刊行物に発表された論文または総説等で,独創性と将来性をもって学術的貢献をなした者。(3)功績賞〔資格〕同会会員。〔対象〕森林科学にかかわる研究,調査,教育,啓発普及,出版文化活動等に顕著な功績があった者
【締切・発表】(平成24年)9月28日締切
【賞・賞金】学術賞,奨励賞(各3編以内),功績賞(1編)。賞状その他
【URL】http://www.forestry.jp/

(平19年)
◇学会賞
　井上 真(東京大学)「コモンズの思想を求めて:カリマンタンの森で考える」
　大住 克博(森林総合研究所)「北上山地の広葉樹林の成立における人為攪乱の役割」
◇奨励賞
　石井 弘明(神戸大学)「Exploring the relationships among canopy structure, stand productivity and biodiversity of temperate forest ecosystems」
　今 博計(北海道立林業試験場)「Evolutionary advantages of mast seeding in Fagus crenata」
　吉岡 拓如(日本大学)「Energy and carbon dioxide(CO_2) balance of logging residues as alternative energy resources:system analysis based on the method of a life cycle inventory (LCI) analysis」

(平20年)
◇学会賞
　丸山 毅(森林総合研究所)「Somatic embryogenesis in Sawara cypress (Chamaecyparis pisifera Sieb. et Zucc.) for stable and efficient plant regeneration, propagation and protoplast culture」
◇奨励賞
　安部 哲人(森林総合研究所)「小笠原諸島の在来種フロラにおける送粉系の危機」
　久保田 多余子(森林総合研究所)「出水中の地中水における酸素同位体比変化と混合過程」
　吉田 俊也(北海道大学)「Factors influencing early vegetation establishment following soil scarification in a mixed forest in northern Japan」

(平21年)
◇学会賞
　津村 義彦(森林総合研究所)「Genome-scan to detect genetic structure and adaptive genes of natural populations of Cryptomeria japonica」
◇奨励賞
　小松 光(九州大学)「Do coniferous forests evaporate more water than broad-leaved forests in Japan?」
　平野 恭弘(森林総合研究所関西支所)「Root parameters of forest trees as

sensitive indicators of acidifying pollutants：a review of research of Japanese forest trees」

二村 典宏（森林総合研究所）「Analysis of expressed sequence tags from Cryptomeria japonica pollen reveals novel pollen-specific transcripts」

（平22年）

◇学会賞

加藤 正人（信州大学）「森林リモートセンシング―基礎から応用まで―」

◇奨励賞

上村 佳奈（森林総合研究所）「Developing a decision support approach to reduce wind damage risk―a case study on sugi（Cryptomeria japonica（L.f.）D. Don）forests in Japan」

真坂 一彦（北海道立林業試験場）「Floral sex ratio strategy in wind-pollinated monoecious species subject to wind-pollination efficiency and competitive sharing among male flowers as a game」

山浦 悠一（森林総合研究所）「広葉樹林の分断化が鳥類に及ぼす影響の緩和―人工林マトリックス管理の提案―」

◇功績賞

平 英彰（新潟大学）「雄性不稔スギの発見とその普及に向けた研究」

（平23年）

◇学会賞

井鷺 裕司（京都大学）「Effective pollen dispersal is enhanced by the genetic structure of an Aesculus turbinata population」

千葉 幸弘（森林総合研究所）「Effects of a thinning regime on stand growth in plantation forests using an architectural stand growth model」

◇奨励賞

石田 孝英（the Swedish University of Agricultural Sciences）「Host effects on ectomycorrhizal fungal communities：insight from eight host species in mixed conifer-broadleaf forests」

伊藤 雅之（京都大学）「Hydrologic effects on methane dynamics in riparian wetlands in a temperate forest catchment」

山川 博美（森林総合研究所）「Early establishment of broadleaved trees after logging of Cryptomeria japonica and Chamaecyparis obtusa plantations with different understory treatments」

（平24年）

◇学会賞

梶本 卓也（森林総合研究所）「Root system development of larch trees growing on Siberian permafrost」

杉田 久志（森林総合研究所）「ブナ皆伐母樹保残法施業試験地における33年後,54年後の更新状況―東北地方の落葉低木型林床ブナ林における事例―」

奈良 一秀（東京大学）「Ectomycorrhizal networks and seedling establishment during early primary succession」

◇奨励賞

大澤 裕樹（東京大学）「Transient proliferation of proanthocyanidin-accumulating cells on the epidermal apex contributes to highly aluminum-resistant root elongation in camphor tree」

小池 伸介（東京農工大学）「Frugivory of carnivores and seed dispersal of fleshy fruits in cool-temperate deciduous forests」

舘野 隆之輔（京都大学）「Nitrogen uptake and nitrogen use efficiency above and below ground along a topographic gradient of soil nitrogen availability」

032 日本生態学会Ecological Research論文賞

　Ecological Research誌の各巻に掲載された論文の中から特に優れた論文を選考し，その著者に対して贈られる。

【主催者】 日本生態学会
【選考方法】 編集委員による推薦
【選考基準】 〔資格〕会員に限らない〔対象〕Ecological Research誌の各巻に掲載された論文
【締切・発表】 2月中旬決定
【URL】 http://www.esj.ne.jp/esj/

第8回（平20年）
　Yamanaka,Takehiko, Tanaka,Koichi, Otuka,Akira, Bjørnstad,Ottar N. "「Detecting spatial interactions in the ragweed (Ambrosia artemisiifolia L.) and the ragweed beetle (Ophraella communa LeSage) populations.」〔22(2)：185-196〕"

　Onoda,Yusuke, Hirose,Tadaki, Hikosaka,Kouki "「Effect of elevated CO_2 levels on leaf starch,nitrogen and photosynthesis of plants growing at three natural CO_2 springs in Japan.」〔22(3)：475-484〕"

　Kubota,Yasuhiro, Narikawa,Akiyoshi, Shimatani,Kenichiro "「Litter dynamics and its effects on the survival of Castanopsis sieboldii seedlings in a subtropical forest in southern Japan.」〔22(5)：792-801〕"

　Kim,Kil Won, Noh,Suegene, Choe,Jae Chun "「Lack of field-based recruitment to carbohydrate food in the Korean yellowjacket,Vespula koreensis.」〔22(5)：825-830〕"

　Yonekura,Ryuji, Kawamura,Kouichi, Uchii,Kimiko "「A peculiar relationship between genetic diversity and adaptability in invasive exotic species：bluegill sunfish as a model species.」〔22(6)：911-919〕"

第9回（平21年）
　Tamura,Noriko, Hayashi,Fumio "「Geographic variation in walnut seed size correlates with hoarding behaviour of two rodent species.」〔23(3)：607-614〕"

　Murakami,Masashi, Hirao,Toshihide, Kasei,Akiko "「Effects of habitat configuration on host-parasitoid food web structure.」〔23(6)：1039-1049〕"

　Satake,Akiko, Bjørnstad,Ottar N. "「A resource budget model to explain intraspecific variation in mast reproductive dynamics.」〔23(1)：3-10〕"

　Suzuki,Maki, Miyashita,Tadashi, Kabaya,Hajime, Ochiai,Keiji, Asada,Masahiko, Tange,Takeshi "「Deer density affects ground-layer vegetation differently in conifer plantations and hardwood forests on the Boso Peninsula,Japan.」〔23(1)：151-158〕"

第10回（平22年）

Akashi,Nobuhiro "「Simulation of the effects of deer browsing on forest dynamics.」〔24（2）：247-255〕"

Kohzu,Ayato, Tayasu,Ichiro, Yoshimizu, Chikage, Maruyama,Atsushi, Kohmatsu,Yukihiro, Hyodo,Fujio, Onoda,Yukio, Igeta,Akitake, Matsui, Kiyoshi, Nakano,Takanori, Wada, Eitaro, Nagata,Toshi, Takemon, Yasuhiro "「Nitrogen-stable isotopic signatures of basal food items,primary consumers and omnivores in rivers with different levels of human impact.」〔24（1）：127-136〕"

Ichihashi,Ryuji, Nagashima,Hisae, Tateno,Masaki "「Morphological differentiation of current-year shoots of deciduous and evergreen lianas in temperate forests in Japan.」〔24（2）：393-403〕"

Manabe,Tohru, Shimatani,Kenichiro, Kawarasaki,Satoko, Aikawa,Shin-Ichi, Yamamoto,Shin-Ichi "「The patch mosaic of an old-growth warm-temperate forest：patch-level descriptions of 40-year gap-forming processes and community structures.」〔24（3）：575-586〕"

第11回（平23年）

Nishimura,Eriko, Suzuki,Emi, Irie, Mami, Nagashima,Hisae, Hirose, Tadaki "「Architecture and growth of an annual plant Chenopodium album in different light climates.」〔25（2）：383-393〕"

Niinemets,Ulo "「A review of light interception in plant stands from leaf to canopy in different plant functional types and in species with varying shade tolerance.」〔25（4）：693-714〕"

Livingston,George F., Philpott,Stacy M. "「A metacommmunity approach to co-occurrence patterns and the core-satellite hypothesis in a community of tropical arboreal ants.」〔25（6）：1129-1140〕"

Sakaguchi,Shota, Sakurai,Shogo, Yamasaki,Michimasa, Isagi,Yuji "「How did the exposed seafloor function in postglacial northward range expansion of Kalopanax septemlobus？Evidence from ecological niche modelling.」〔25（6）：1183-1195〕"

第12回（平24年）

Bekku,Yukiko Sakata, Sakata,Tsuyoshi, Tanaka,Tadashi, Nakano,Takashi "「Midday depression of tree root respiration in relation to leaf transpiration.」〔26（4）：791-799〕"

Chikaraishi,Yoshito, Ogawa,Nanako O., Doi,Hideyuki, Ohkouchi,Naohiko "「15N/14N ratios of amino acids as a tool for studying terrestrial food webs：a case study of terrestrial insects（bees,wasps,and hornets）.」〔26（4）：835-844〕"

Tanaka,Hirotaka, Ohnishi,Hitoshi, Tatsuta,Haruki, Tsuji,Kazuki "「An analysis of mutualistic interactions between exotic ants and honeydew producers in the Yanbaru district of Okinawa Island,Japan.」〔26（5）：931-941〕"

第13回（平25年）

Eriksson,Britas Klemens, Rubach,Anja, Batsleer,Jurgen, Hillebrand,Helmut "「Cascading predator control interacts with productivity to determine the trophic level of biomass accumulation in a benthic food web.」〔27（1）：203-210〕"

Okajima,Yuki, Taneda,Haruhiko, Noguchi,Ko, Terashima,Ichiro

"「Optimum leaf size predicted by a novel leaf energy balance model incorporating dependencies of photosynthesis on light and temperature.」〔27(2):333-346〕"

Tsugeki,Narumi K., Agusa,Tetsuro, Ueda,Shingo, Kuwae,Michinobu, Oda, Hirotaka, Tanabe,Shinsuke, Tani, Yukinori, Toyoda,Kazuhiro, Wang, Wan-lin, Urabe,Jotaro
"「Eutrophication of mountain lakes in Japan due to increasing deposition of anthropogenically produced dust.」〔27(6):1041-1052〕"

Hirayama,Daisuke, Fujii,Toshio, Nanami,Satoshi, Itoh,Akira, Yamakura,Takuo "「Two-year cycles of synchronous acorn and leaf production in biennial-fruiting evergreen oaks of subgenus Cyclobalanopsis(Quercus, Fagaceae).」〔27(6):1059-1068〕"

033 日本生態学会大島賞

生態学の発展に寄与している同学会の中堅会員を主な対象とする賞。

【主催者】日本生態学会

【選考委員】委員長：粕谷英一,委員：宮竹貴久,谷内茂雄,吉田丈人,酒井章子,綿貫豊,大手信人,佐竹暁子,正木隆

【選考方法】自薦・推薦

【選考基準】例えば野外における生態学的データの収集を長期間継続しておこなうことなどにより生態学の発展に寄与している同学会の中堅会員。

【締切・発表】8月15日締切,11月中旬発表,大会において表彰

【賞・賞金】原則として2名,賞金10万円

【URL】http://www.esj.ne.jp/esj/

第1回(平20年)
　古賀 庸憲(和歌山大学教育学部)
　正木 隆(森林総合研究所森林植生研究領域)
第2回(平21年)
　綿貫 豊(北海道大学水産科学研究院准教授)
第3回(平22年)
　該当者なし
第4回(平23年)
　大塚 俊之(岐阜大学流域圏科学研究センター)
　大手 信人(東京大学大学院農学生命科学研究科)
　西廣 淳(東京大学大学院農学生命科学研究科)
　野田 隆史(北海道大学大学院環境科学研究院)
第5回(平24年)
　石井 弘明(神戸大学農学部)
　半谷 吾郎(京都大学霊長類研究所)
第6回(平25年)
　高橋 耕一(信州大学理学部生物科学科)
　八尾 泉(北海道大学大学院農学研究院昆虫体系学教室)

034 日本生態学会功労賞

同学会の運営・活動または生態学の普及・発展に目覚ましい貢献をした者を主な対象者とする賞。
【主催者】日本生態学会
【選考方法】常任委員会において選考
【締切・発表】2月中旬決定
【賞・賞金】賞状・記念品
【URL】http://www.esj.ne.jp/esj/

第6回(平20年)
　藤井 宏一(元筑波大学)
　西平 守孝(名桜大学総合研究所)
第7回(平21年)
　中根 周歩(広島大学生物圏科学研究科)
第8回(平22年)
　松本 忠夫(放送大学教養部)
第9回(平23年)
　嶋田 正和(東京大学大学院総合文化研究科)
　難波 利幸(大阪府立大学大学院理学系研究科)
　鷲谷 いづみ(東京大学大学院農学生命科学研究科)
第10回(平24年)
　小泉 博(早稲田大学)

035 日本生態学会賞

顕著な研究業績により生態学の深化や新たな研究展開に指導的役割を果たした者を主な対象者とする賞。
【主催者】日本生態学会
【選考委員】委員長:粕谷英一,委員:宮竹貴久,谷内茂雄,吉田丈人,酒井章子,綿貫豊,大手信人,佐竹暁子,正木隆
【選考方法】会員の推薦による
【選考基準】〔資格〕同会会員
【締切・発表】8月15日締切,11月中旬決定,大会時に表彰
【URL】http://www.esj.ne.jp/esj/

第6回(平20年)
　該当者なし
第7回(平21年)
　和田 英太郎(独立行政法人海洋研究開発機構フロンティア地球環境研究センター生態系変動予測プログラムディレクター・京都大学名誉教授)
　加藤 真(京都大学大学院人間・環境学研究科・教授)
第8回(平22年)
　重定 南奈子(同志社大学文化情報学部・教授)

寺島 一郎（東京大学理学系研究科・教授）
第9回（平23年）
中静 透（東北大学大学院生命科学研究科・教授）

第10回（平24年）
松田 裕之（横浜国立大学大学院環境情報研究院・教授）

036 日本生態学会奨励賞（鈴木賞）

今後の優れた研究展開が期待できる研究者に贈られる。2012年に制定

【主催者】日本生態学会

【選考委員】委員長：粕谷英一，委員：宮竹貴久，谷内茂雄，吉田丈人，酒井章子，綿貫豊，大手信人，佐竹暁子，正木隆

【選考方法】自薦・推薦

【選考基準】学位取得後4年くらいまで（大学院生を含む）の会員

【締切・発表】11月中旬発表，大会において表彰

【賞・賞金】賞状・賞金5万円

【URL】http://www.esj.ne.jp/esj/

第1回（平25年）
岩崎 雄一（東京工業大学大学院理工学研究科）

高橋 佑磨（東北大学大学院生命科学研究科）
藤井 一至（森林総合研究所）

037 日本生態学会宮地賞

生態学に大きな貢献をしている同学会の若手会員に対して，その研究業績を表彰することにより，わが国の生態学の一層の活性化を図ることを目的とする。

【主催者】日本生態学会

【選考委員】委員長：粕谷英一，委員：宮竹貴久，谷内茂雄，吉田丈人，酒井章子，綿貫豊，大手信人，佐竹暁子，正木隆

【選考方法】自薦・推薦

【選考基準】すぐれた研究業績を持ち，生態学の発展に大きな貢献をしている若手会員。

【締切・発表】8月15日締切，11月中旬発表，大会において表彰

【賞・賞金】原則として3名。賞金10万円

【URL】http://www.esj.ne.jp/esj/

第12回（平20年）
石井 博（東京大学大学院農学生命科学研究科）
鏡味 麻衣子（東邦大学理学部生命圏環境科学科）
杤掛 展之（総合研究大学院大学先導科学研究科）

森田 健太郎（水産総合研究センター北海道地区水産研究所）

第13回（平21年）
　岸田 治（京都大学生態学研究センター, 学術振興会特別研究員）
　西川 潮（国立環境研究所環境リスク研究センター, 研究員）
　森 章（横浜国立大学大学院環境情報研究院, 特任教員（助教））
第14回（平22年）
　土居 秀幸（Carl-von-Ossietzky University Oldenburg）
　東樹 宏和（産業技術総合研究所ゲノムファクトリー研究部門）
　細川 貴弘（産業技術総合研究所ゲノムファクトリー研究部門）

第15回（平23年）
　天野 達也（農業環境技術研究所）
　瀧本 岳（東邦大学理学部）
　三木 健（國立台灣大學海洋研究所）
第16回（平24年）
　内海 俊介（東京大学大学院総合文化研究科）
　原野 智広（九州大学大学院理学研究院）
　三浦 収（高知大学総合研究センター）
第17回（平25年）
　塩尻 かおり（京都大学白眉センター）
　中村 誠宏（北海道大学北方生物圏フィールド科学センター）
　舞木 昭彦（龍谷大学理工学部環境ソリューション工学科）

038 日本水大賞

　安全な水, きれいな水, おいしい水にあふれる21世紀の日本を目指して, 水循環系の健全化に向けた諸活動を広く顕彰し, 活動を支援することにより, 水問題の解決に貢献していくため平成10年に創設。

【主催者】日本水大賞委員会

【選考委員】名誉総裁：秋篠宮文仁親王殿下, 委員長：毛利衞（日本科学未来館館長）, 副委員長：虫明功臣（法政大学大学院工学研究科客員教授）, 委員：赤星たみこ（漫画家）, 石井弓夫（(株)建設技術研究所相談役）, 大垣眞一郎（(独)国立環境研究所理事長）, 大田弘（(社)日本建設業団体連合会環境委員長）, 大橋善光（読売新聞東京本社専務取締役編集局長）, 小川賢治（一般社団法人日本経済団体連合会廃棄物・リサイクル部会長代行）, 進士五十八（早稲田大学大学院客員教授）, 須藤隆一（生態工学研究所代表）, 千賀裕太郎（東京農工大学大学院連合農学研究科長）, 徳川恒孝（WWFジャパン会長）, 藤吉洋一郎（大妻女子大学教授）, 松田芳夫（(社)日本河川協会副会長）

【選考方法】公募

【選考基準】〔対象〕水循環系の健全化に寄与すると考えられる活動で, 水環境, 水資源, 水文化, 水防災などに貢献する諸活動（研究, 技術開発を含む）

【締切・発表】例年7月7日〜11月末日募集, 4月上旬頃発表

【賞・賞金】大賞（グランプリ）：賞状・副賞200万円, 大臣賞：賞状・副賞50万円, 市民活動賞（読売新聞社賞）：賞状・副賞30万円, 国際貢献賞：賞状・副賞30万円, 未来開拓賞：賞状・副賞10万円, 審査部会特別賞：賞状・副賞10万円

【URL】http://www.japanriver.or.jp/taisyo/

第1回（平11年）
◇大賞（グランプリ）

矢作川沿岸水質保全対策協議会（愛知）
　"矢作川方式"

◇建設大臣賞
　鶴見川流域ネットワーキング（神奈川）"鶴見川流域におけるネットワーキング活動"
◇国務大臣環境庁長官賞
　清光学園高岡龍谷高等学校理科部（富山）"淡水に生息する生物の生態や増殖研究"
◇市民活動賞
　広松 伝（福岡）"水環境の保全と再生・水文化の再構築継承発展"
◇奨励賞
　神奈川県南足柄市（神奈川）"総合的な水資源政策の推進"
　羽生三洋電子株式会社（埼玉）"バイオ技術導入による冷却塔水処理剤全廃と水使用量削減及び「いっさいの排水をしない」工場排水ゼロシステムの構築"
　米沢中央高等学校科学部（山形）"米沢中央高等学校科学部の陸水調査と環境学習"
　白山川を守る会（大分）"白山川を守る会"
　みやぎ生活協同組合（宮城）"水辺の観察と水質測定"
◇審査部会特別賞
　豊田市立西広瀬小学校（愛知）"西広瀬小学校水質汚濁調査"

第2回（平12年）
◇大賞（グランプリ）
　社団法人 トンボと自然を考える会（高知）"世界最初のトンボ保護区づくり"
◇建設大臣賞
　あいだ保育園（熊本）"水が育む子どもたち-川遊びでの歓声と感謝-"
◇国務大臣環境庁長官賞
　三島ゆうすい会（静岡）"パートナーシップによる「水の都・三島」の水辺・自然環境再生活動"
◇市民活動賞（読売賞）
　霞ヶ浦・北浦をよくする市民連絡会議（茨城）"湖と森と人を結ぶ霞ヶ浦再生事業「アサザプロジェクト」"
◇奨励賞
　長野県富士見高等学校農業クラブ環境保護会（長野）"長野県富士見高等学校農業クラブ環境保護会の取り組み"
　熊本県矢部町入佐駐在区（熊本）"水環境保全活動"
　八ヶ岳観光協会（長野）"自然エネルギーを活用した山小屋し尿処理システム・避難所機能確保のための活動"
　市民ネットワーキング・相模川（CNS）（神奈川）"流域市民活動の行動と提案による相模川の不法投棄の防止"
　岡山淡水魚研究会（岡山）"国の天然記念物アユモドキの水田による自然産卵養殖"
　丹南地域環境研究会（略称：SAET）（Studies Group of Amenity Environment in TANNAN Area）（福井）"SAET活動：地域の快適な環境づくり（河川及び水環境、他）に関する学習・調査・研究・提言活動"
　智頭町（ちづちょう）親水公園連絡協議会（鳥取）"全住民参加のサロン方式による川を軸とした村おこし運動"
◇審査部会特別賞
　ときめきダンスカンパニー四国（四国大学）（徳島）"吉野川をテーマにしたダンス公演と絵本制作。またそれらを素材にしたVTRの制作と公演のために募集した吉野川の短歌を引用した「短歌で綴る吉野川の旅」の本制作"

第3回（平13年）
◇大賞（グランプリ）
　東京都小金井市（市民・父ちゃん母ちゃんの水道屋さんたち）（東京）"「雨水浸透事業」を通じて推進する市民・企業・行政のパートナーシップ"
◇国土交通大臣賞
　特定非営利活動法人新町川を守る会（徳島）"水を活かしたまちづくり活動"
◇環境大臣賞
　特定非営利活動法人 よこはま水辺環境研究会（神奈川）"都市河川河口部における

汽水域生態系復元に関する活動・研究"
◇厚生労働大臣賞
　太白山ふれあいの森協力会（宮城）"名取川河畔に野鳥の森作り"
◇市民活動賞
　海をつくる会（神奈川）"山下公園海底清掃大作戦"
◇奨励賞
　高松市立栗林小学校（香川）"総合的な学習「大切にしたい！ 栗林の水を」-節水活動と環境保全活動から-"
　シャープ株式会社 三重工場（三重）"生産工程排水の回収・再利用システム構築・運用による水資源の有効利用と地域環境への影響低減"
　五十嵐 新三（新潟）"地域の山に住む在来天然イワナの保全増殖活動"
　酒匂川水系保全協議会（神奈川）"酒匂川・鮎沢川水系流域保全活動"
　リュウキュウアユを蘇生させる会（沖縄）"沖縄島におけるリュウキュウアユの復元"
◇審査部会特別賞
　高梁川流域連盟（岡山）"流域連盟"

第4回（平14年）
◇大賞（グランプリ）
　雨水利用を進める全国市民の会（東京）"革新的雨水プロジェクト"
◇国土交通大臣賞
　ねっとわーく福島潟（新潟）"生き物豊かな福島潟自然学習園の創造と潟の環境保全・普及活動"
◇環境大臣賞
　私立広島学院高等学校 化学部（広島）"化学クラブの活動を通じた水質浄化への取り組み"
◇厚生労働大臣賞
　比謝川をそ生させる会（沖縄）"比謝川を、かつてのような清流の川に蘇生させる活動"
◇市民活動賞
　メダカ里親の会（栃木）"栃木県におけるメダカを指標生物とした水辺生態系の保全活動と環境学習"
◇国際貢献賞
　イフガオ・アシン川流域に小規模水力発電を設置する会（神奈川）"フィリピン・イフガオ州アシン川流域無灯火村に小規模水力発電を設置する活動"
◇奨励賞
　茨城県立土浦第二高等学校化学部（茨城）"霞ヶ浦水質汚濁の調査・研究活動"
　コニカ株式会社小田原事業場（神奈川）"水資源の有効活用による地球環境共生工場の構築"
　油藤商事株式会社（滋賀）"水環境保全に取り組むガソリンスタンド"
　日本黒部学会（富山）"日本黒部学会の活動を通した黒部学の構築と普及"
　HAB21イルカ研究会（神奈川）"人と動物の絆の会。イルカを通して川・海の環境保全を目的に人・文化の交流実施"
◇審査部会特別賞
　多摩川癒しの会（東京）"多摩川における癒し体験活動"

第5回（平15年）
◇大賞
　熊谷市ムサシトミヨをまもる会（連携団体：埼玉県熊谷市立久下小学校エコクラブ）（埼玉）"稀少淡水魚「ムサシトミヨ」の保護と生息河川の環境保全活動"
◇国土交通大臣賞
　御祓川（石川）"民間まちづくり会社とNPOによる御祓川再生事業"
◇環境大臣賞
　飯水教育会自然調査研究委員会（長野）"科学読み物集「千曲川」の編集・発行"
◇厚生労働大臣賞
　水みち研究会（東京）"水みちの調査研究活動"
◇市民活動賞
　ニッポンバラタナゴ高安研究会（大阪）"ニッポンバラタナゴの保護と環境保全"
◇奨励賞

千葉県立茂原農業高等学校農業土木部（千葉）"谷津田と水辺生物の保全に取り組む"
小出川に親しむ会（神奈川）"小出川の環境保全と子供達への自然環境教育活動"
鴨と蛍の里づくりグループ（滋賀）"池沼，河川，湿地等の環境及び生物を保全する活動"
◇審査部会特別賞
プロジェクト ウォーターネットワーク（千葉）「音」や「五感」を通じて水の大切さを訴える「水の音原風景」

第6回（平16年）
◇大賞
沖縄県立宮古農林高等学校環境工学科環境班（沖縄）"宮古島の命の源である地下水を硝酸態窒素の汚染から守る保全活動"
◇国土交通大臣賞
山梨市立日川小学校「日川地区少年水防隊」（山梨）"「大川倉横結操法」伝承活動"
◇環境大臣賞
三島自然を守る会西岡昭夫（静岡）"富士山南東麓の地下水―柿田川地下川到達日数算定と応用"
◇厚生労働大臣賞
淀川水系の水質を調べる会（大阪）"琵琶湖淀川水系の水質保全と次世代の育成を目的とした水質調査活動"
◇農林水産大臣賞
白川中流域水土里ネット協議会（熊本）"水循環型営農運動"
◇文部科学大臣奨励賞
山形県遊佐町立西遊佐小学校第6学年（山形）"総合学習「命あふれる西通川にしたい」"
◇市民活動賞
特定非営利活動法人北上川流域河川生態系保全協会（岩手）"モクズガニの養殖と河川生態系の保全"
◇国際貢献賞
Youth Water Japan（京都）"ユース世界水フォーラム"
◇奨励賞
東京大学生産技術研究所沖・鼎研究室（東京）"ヴァーチャルウォーターを考慮した世界水資源アセスメント"
新潟県粗朶業協同組合（新潟）"伝統工法の継承・技術開発指導"
滋賀県琵琶湖研究所（滋賀）"琵琶湖環境監視技術の高度化"
魚野川を育む会（新潟）"第25回魚野川川下り大会並びにクリーン事業"
伊那テクノバレー リサイクルシステム研究会（長野）"天竜川水系全域における水質調査と河川美化への取り組み"
栂尾ルネッサンス103（宮崎）"生き残りをかけた源流の村の復興運動「小丸川源流ルネッサンス」"
◇審査部会特別賞
PHスタジオ（東京）"船をつくる話"

第7回（平17年）
◇大賞
水と文化研究会（滋賀）"見えなくなった身近な水環境を見えるようにする社会的仕組みの試み"
◇国土交通大臣賞
北上川流域市町村連携協議会（岩手）"県境を越えた「北上川自然環境圏」づくりへの挑戦"
◇環境大臣賞
東京都葛飾区立水元中学校 環境科学部（東京）"都立水元公園にパトローネを利用した実験場を創り水質浄化する活動"
◇厚生労働大臣賞
とうきゅう環境浄化財団（東京）"多摩川およびその流域の環境浄化の促進"
◇農林水産大臣賞
那須野ヶ原土地改良区連合（栃木）"21世紀土地改良区創造運動"
◇文部科学大臣奨励賞
宮城県気仙沼市立面瀬小学校（宮城）「豊かな水辺環境を守る心を，世界と分かち合う国際環境教育」

◇市民活動賞
　天明水の会（熊本）"広げよう緑の仲間たち～子供たちと私達の明日のために～"
◇国際貢献賞
　長岡技術科学大学 環境・建設系 水環境研究室（原田研究室）（新潟）"途上国に適用可能な下水処理技術の現地一体型国際共同開発"
◇奨励賞
　みやぎ生活協同組合（宮城）"五感を使った「水辺の観察と水質測定」活動の広がり"
　パートナーシップオフィス（山形）"水辺の散乱ゴミ指標化をはじめとする川, 海, 島におけるクリーンアップ活動等"
　田倉川と暮らしの会（福井）"アカタン砂防フィールド・ミュージアムづくり"
　斐伊川流域環境ネットワーク（愛称：斐伊川くらぶ）（島根）"宍道湖ヨシ（葦）再生プロジェクト"
◇審査部会特別賞
　就実高等学校放送文化部（岡山）"昭和9年の室戸台風による洪水時の最高水位標識の保存運動"
　全国管工事業協同組合連合会青年部協議会（東京）「水源地をきれいにするキャンペーン」&「エコクラブ探検隊」

第8回（平18年）
◇大賞
　福井県立福井農林高等学校 環境土木部 "農業水路への設置を目的とした小規模水田魚道の開発による環境保全活動"
　足羽川堰堤土地改良区連合 "農業水路に生きものの賑わいを取り戻す地域づくり"
◇国土交通大臣賞
　あらかわ学会 "様々な立場の人が集う大都市河川・荒川における合意形成手法"
◇環境大臣賞
　愛媛県立伊予農業高等学校 伊予農絶滅危惧海浜植物群保全プロジェクトチーム "愛媛県伊予郡松前町塩屋海岸における絶滅危惧海浜植物群落の保全活動"

◇厚生労働大臣賞
　「筑後川まるごと博物館」運営委員会 "筑後川まるごと博物館"
◇農林水産大臣賞
　胆沢平野土地改良区 "農業用水の機能維持増進活動"
◇文部科学大臣賞
　宮城県仙台市立北六番丁小学校 "北六 梅田川プロジェクト～ITを活用し, 豊かな体験活動を取り入れた環境交流学習～"
◇経済産業大臣賞
　シャープ AVC液晶事業本部（亀山工場）"シャープ亀山工場における製造工程排水の100%リサイクル"
◇市民活動賞
　相模川倶楽部 "相模川流域における不法投棄ごみ対策活動とこどもたちへの環境学習"
◇国際貢献賞
　該当者なし
◇奨励賞
　兵庫県立農業高等学校 県農ため池調査班 "守れ!!先人の財産～いなみ野ため池群世界遺産化計画～"
　市川市 "市民あま水条例の制定"
　安倍川フォーラム "みんなで守ろう安倍の清流～夏の一日, 子供達と楽しみながら～"
◇審査部会特別賞
　近畿大学附属豊岡高等学校豊岡水害風化防止ネット "高校生を対象とした台風23号に関する防災意識調査及び水害の教訓保存"
◇審査部会特別賞
　足尾に緑を育てる会 "渡良瀬川源流の森再生プロジェクト"

第9回（平19年）
◇大賞
　向上高等学校 生物部（神奈川県）「静かなる侵入者 外来種タイワンシジミから考え, 行動する水辺の環境保全活動」
◇国土交通大臣賞

米沢中央高等学校 科学部（山形県）「河川環境資源の活用と地域活性化に向けた活動（最上川流域において）」
◇環境大臣賞
NPO法人 田んぼ（宮城県）「ふゆみずたんぼを利用した環境と暮らしの再生プロジェクト」
◇厚生労働大臣賞
加古川グリーンシティ防災会（兵庫県）「水の環から人の輪へ∞ 命をつなぐ防災井戸 ∞」
◇農林水産大臣賞
兵庫県立播磨農業高等学校稲作研究班（兵庫県）「田園空間ネットワーク！ ～「日本酒づくりで播磨の自然を育む農法」の取り組みについて」
◇文部科学大臣賞
京都府立桂高等学校草花クラブ，東亜システムプロダクツ，笹井製作所 「水（共）に生きる！ ～暑くなる日本の環境を守る高校生と企業の挑戦」
◇経済産業大臣賞
該当なし
◇市民活動賞
特定非営利活動法人 堀川まちネット（愛知県）「名古屋市堀川の埋もれた水文化の復興と継承活動による地域づくり」
◇国際貢献賞
上総掘りをつたえる会（千葉県）「先人の知恵「上総掘り」を海外へ（生活用水確保のための井戸掘り）」
◇奨励賞
宮城県石巻工業高等学校天文物理部 「桃生地方の海の環境を工業技術で守る」
佐々木 久雄（宮城県）「大型海藻アカモクを利用した水環境の修復活動」
隅田川市民交流実行委員会（東京都）「白魚が棲み，子ども達が遊び泳げる清流『隅田川』の再生」
自然史教育談話会（三重県）「汽水域のヨシ群落に生息する絶滅危惧種ヒヌマイトトンボの保活動」

◇審査部会特別賞
小島 貞男（東京都）「安全でおいしい水を市民に」
鴨川を美しくする会（京都府）「鴨川納涼・鴨川茶店・鴨川クリーンハイク・鴨川の水質，水生昆虫実態調査・河川環境学習他」
肥後の水資源愛護基金（熊本県）"「肥後の水資源愛護賞」顕彰活動"

第10回（平20年）
◇大賞（グランプリ）
熊本市（熊本）"ふるさとの水循環系と水文化の一体的な保全活動"
◇国土交通大臣賞
ねや川水辺クラブ（大阪）"市民と行政の協働による寝屋川市内水辺の再生"
◇環境大臣賞
NPO法人 カラカネイトトンボを守る会～あいあい自然ネットワーク～（北海道）"石狩川が育んだ泥炭の湿原を守るナショナル・トラスト運動！（篠路福移湿原の再生）"
◇厚生労働大臣賞
京都府立木津高等学校 化学クラブ（京都）"木津川とその支流の水質調査活動，及びその普及による水環境保全活動"
◇農林水産大臣賞
長野県立臼田高等学校 環境緑地科 農業クラブ（長野）"佐久市十二新田地蔵池に生息する絶滅危惧種オオアカウキクサの保護と農業利用に関する研究と普及啓蒙活動"
◇文部科学大臣賞
福岡県立北九州高等学校 魚部（福岡） "知ること，伝えること，守ること～身近な水辺の現状調査の結果を，市民啓発に活かし，保全活動につなげていく活動～"
◇経済産業大臣賞
フジクリーン工業（愛知）"水環境と生態系の回復を目指した水域の富栄養化をくい止めるための意識啓発活動等"
◇市民活動賞

金沢八景—東京湾アマモ場再生会議（神奈川）"アマモ場再生による海辺のまちづくり"
◇国際貢献賞
　該当なし
◇奨励賞
　茨城県稲敷郡美浦村立美浦中学校 科学部（茨城）"生徒の科学的資質の向上と環境問題への関心を高める霞ヶ浦水質調査"
　日野市（東京）"日野市用水守制度"
　静岡県立静岡農業高等学校（静岡）"安倍川水系のワサビ保護活動"
　大和信用金庫（奈良）"大和川水質改善応援定期預金「大和川定期預金」の取扱い及び大和川の水質改善への取組み"
◇審査部会特別賞
　潟船保存会（秋田）"八郎太郎プロジェクト"
　北九州市建設局水環境課ほたる係（福岡）"世界一のほたるのまちづくり"

第11回（平21年）
◇大賞（グランプリ）
　山口県立厚狭高等学校 生物部（山口）"メダカの生態学的研究と啓発活動の継続—環境問題の今日的課題へのアプローチ"
◇国土交通大臣賞
　河川愛護団体 リバーネット21ながぬま（北海道）"子ども水防団の訓練 安全に避難する為の避難体験学習会の開催"
◇環境大臣賞
　矢田・庄内川をきれいにする会（愛知）"庄内川・矢田川流域の河川浄化・環境整備活動"
◇厚生労働大臣賞
　ミツカン 水の文化センター（東京）"「水の文化」の普及啓発活動"
◇農林水産大臣賞
　宮城県石巻工業高等学校（宮城）"よみがえれ！水よ!!—産官学連携によるカキ殻とモミ殻を活用した水浄化技術開発"
◇文部科学大臣賞
　ノートルダム女学院高等学校 科学クラブ（京都）"水辺の命を守ろう（水辺の命をつなぐ出前授業）"
◇経済産業大臣賞
　東京発電（東京）"マイクロ水力発電事業「Aqua μ」"
◇市民活動賞
　不老川をきれいにする会（埼玉）"不老川の河川浄化活動"
◇国際貢献賞
　国建協ラオス粗朶工法調査団（東京）"ラオスへの日本の河川伝統工法（粗朶工法）の導入と展開"
◇奨励賞
　琵琶湖お魚ネットワーク（滋賀）"びわとと調査隊"
　氷見市教育委員会生涯学習課（富山）"地域の「宝」イタセンパラ保護への取り組み"
　名古屋堀川ライオンズクラブ（愛知）"合言葉は「堀川を清流に」〜産官学民の連携・協働とネットワーク作りの推進〜"
　香川県立多度津高等学校 マイコン・機械工作部（香川）"陸ガニが棲める里海を水産海洋技術で守る〜多度津町沿岸の環境調査および保全装置の製作活動をとおして〜"
◇審査部会特別賞
　首里まちづくり研究会（NPO法人），沖縄南部風景街道パートナーシップ（沖縄）"沖縄の想い文化・甦る首里城お水取り"
　広島銘水研究会（広島）"広島の原爆献水の水質保全と水環境保全"
　橋本 夏次（大阪）"日本一汚い川の汚名返上 近木川と人とのいい関係の再構築"

第12回（平22年）
◇大賞（グランプリ）
　特定非営利活動法人宍塚の自然と歴史の会（茨城）"里山のため池及び湿地環境における，植生と侵略的外来種管理による生物多様性の修復・保全活動"
◇国土交通大臣賞

香川県多度津町（香川）"水めぐるまち！次世代の未来を築く水循環プロジェクト"
◇環境大臣賞
岐阜・美濃生態系研究会（岐阜）"岐阜県関市および美濃市におけるウシモツゴ（絶滅危惧種IA類）の保護と野生復帰"
◇厚生労働大臣賞
琵琶湖市民大学（兵庫）"琵琶湖の20年後の水質保全を目指して─調査研究活動と環境学習講座開催"
◇農林水産大臣賞
明石工業高等専門学校建築学科 工藤研究室（兵庫）"兵庫県東播磨地域におけるため池の水環境保全活動"
◇文部科学大臣賞
鈴鹿高等学校 自然科学部（三重）"ネコギギの好適生息区間─鈴鹿川水系の環境調査VII"
◇経済産業大臣賞
該当なし
◇市民活動賞
特定非営利活動法人鶴見川流域ネットワーキング（神奈川）"多元的協働による流域学習の総合的な推進"
◇国際貢献賞
地球エネルギー・水循環統合観測国際調整部会（CEOP ICB）（東京）"地球水循環統合観測と利用実証の推進"
◇奨励賞
岐阜県立恵那農業高等学校（岐阜）"阿木川ダム湖の空芯菜栽培による水質浄化・地域貢献活動"
美しい山形・最上川フォーラム（山形）"美しい最上川 ステップアップ・クリーン作戦"
自然と暮らしを考える研究会（佐賀）"民族の遺産（自然と水車）の復活再生＆生きる力を育む「総合学習」教育支援プロジェクトX"
◇審査部会特別賞
小宮 康孝（東京）"父子三代百年の自主防災"
合唱組曲「利根川源流讃歌」発表・実行委員会（群馬）"合唱組曲「利根川源流讃歌」発表会"
水島地域環境再生財団（岡山）"備讃瀬戸海域における海底ゴミの実態把握調査"

第13回（平23年）
◇大賞（グランプリ）
特定非営利活動法人新町川を守る会（徳島）"水辺に人が集まるまちづくり〜吉野川をはさんだ水際交流拡大プロジェクト〜"
◇国土交通大臣賞
特定非営利活動法人荒川クリーンエイド・フォーラム（東京）"荒川発！ 主体間連携によるパートナーシップを実現した環境保全活動〜過去16年の軌跡と飛躍する17年目のクリーンエイド〜"
◇環境大臣賞
海をつくる会（神奈川）"日本まるごと海底、湖底、海浜清掃"
◇厚生労働大臣賞
日野川の源流と流域を守る会（鳥取）"鳥取県西部域の水源保全・河川文化伝承活動と日野川流域憲章制定の取り組み"
◇農林水産大臣賞
ナマズのがっこう（宮城）"伊豆沼・内沼・および伊豆沼・内沼上流域、周辺水田の自然生態系保全活動"
◇文部科学大臣賞
福井県立小浜水産高等学校ダイビングクラブ（福井）"アマモマーメイドプロジェクト"
◇経済産業大臣賞
磯村産業株式会社（群馬），磯村豊水機工株式会社 "利根川源流域における100年にわたる水源涵養の森づくり"
◇市民活動賞
松代町河川愛護会（長野）"長野市松代町内の河川愛護活動"
◇国際貢献賞
紫川を愛する会 We Love Murasaki River

（WLMR）（福岡）"甦れ!! 魚たち―紫川再生の経験をフィリピンに移転した―"
◇未来開拓賞
　つくば市教育委員会（茨城）"つくば市環境IEC運動ヤゴ救出大作戦"
　Blue Earth Project（兵庫）"女子高生による水環境改善キャラバン"
　沖縄県立宮古総合実業高等学校環境班（沖縄）"小さな宮古島の100年後の「命の水」と「食」を守るプロジェクト"
◇審査部会特別賞
　岩手県立宮古工業高等学校機械科 課題研究 津波模型班（岩手）"津波防災への啓発活動"
　おさかなポストの会（神奈川）"捨てられる外来種・外来カメに里親を捜し、いのちの川 多摩川を守る活動"
　高橋 和彦・恵子（静岡）"佐鳴湖の自然に親しむ会～夫婦による24年間の環境教育活動～"

第14回（平24年）
◇大賞（グランプリ）
　トイレの未来を考える会（滋賀）"東日本大震災への緊急対応 ～良好な水環境と災害に強い柔軟な簡易トイレシステムの構築のために～"
◇国土交通大臣賞
　全国水環境マップ実行委員会（東京）"身近な水環境の全国一斉調査 ～笑顔でつなぐゆたかな水辺～"
◇環境大臣賞
　久保川イーハトーブ自然再生協議会（岩手）"久保川イーハトーブ自然再生事業"
◇厚生労働大臣賞
　多摩川源流研究所（山梨）"多摩川源流体験教室 ～未来を拓くたくましい子どもたちのために～"
◇農林水産大臣賞
　メダカ里親の会（栃木）""春の小川"の生きものを大切にする住民参加型活動の全県的な取り組み"
◇文部科学大臣賞
　気仙沼市立大谷小学校（宮城），気仙沼市立大谷中学校 "大谷ハチドリ計画 ～津波からよみがえった「ふゆみずたんぼ」と豊作になった米づくり～"
◇経済産業大臣賞
　サントリーホールディングス株式会社（東京）"サントリー天然水の森 ～水源涵養活動・水科学研究・愛鳥活動・次世代環境教育「水育」～"
◇市民活動賞
　山本 鉱太郎（千葉）"著作・演劇などによる水環境の浄化運動"
◇国際貢献賞
　東北大学災害制御研究センター津波工学研究分野（宮城）"津波減災のための数値解析技術の世界展開"
◇未来開拓賞
　群馬工業高等専門学校環境都市工学科 青井研究室（群馬）"ため池の埋没を防ぐ浚渫工法の開発・実施"
　特定非営利活動法人河北潟湖沼研究所（石川）"潟と砂丘の地域循環をつくりだす水辺再生の取り組み"
　日本建設技術株式会社（佐賀）"廃ガラスを再利用した多目的環境材料による河川・池の水質浄化"
◇審査部会特別賞
　北上川リバーカルチャーアソシエーション（岩手）"市民による北上川・ナイル川国際文化交流活動"
　特定非営利活動法人びわこ豊穣の郷（滋賀）"目田川を活かした自然体験学習の推進と地域川づくりの展開"

039 ブループラネット賞

地球環境問題の解決に関して社会科学,自然科学/技術,応用の面で著しい貢献をされ

039 ブループラネット賞

た個人または組織に対して,その業績を称えて贈られる地球環境国際賞。この賞は,受賞される方々に対して心から感謝の意を表わし,さらなるご活躍を期待するとともに,世界中の一人でも多くの人々に地球環境問題を認識していただき,それぞれの立場でこの問題に対応していただくことを願って,平成4年に創設された。

【主催者】(公財)旭硝子財団
【選考委員】同賞選考委員会
【選考方法】日本および世界各国の推薦人による推薦
【選考基準】〔候補者の資格〕国籍,性別,信条を問わないが,生存者に限る。〔顕彰の対象〕地球環境問題全般の解決に大きく貢献した業績ならびに,地球環境の保全・再生,持続可能な社会の実現のため,自然科学,人文社会科学,および学際的分野で観測,解明,予測,評価,対策を通じて大きく貢献した業績を顕彰
【締切・発表】10月15日推薦締切,翌年6月発表,10~11月授賞式
【賞・賞金】毎年原則として2件。各々に賞状,トロフィーと副賞賞金5000万円
【URL】http://www.af-info.or.jp

第1回(平4年)
　真鍋 淑郎(米国・海洋大気庁上級管理職)"数値気候モデルによる気候変動予測の先駆的研究で,温室効果ガスの役割を定量的に解明"
　国際環境開発研究所(IIED)(英国)"農業,エネルギー,都市計画等広い領域における持続可能な開発の実現に向けた科学的調査研究と実証でのパイオニアワーク"

第2回(平5年)
　キーリング,チャールズ・D.(米国・カリフォルニア大学スクリップ海洋研究所教授)"長年にわたる大気中の二酸化炭素の濃度の精密測定により,地球温暖化の根拠となるデータを集積・解析"
　国際自然保護連合(IUCN・本部スイス)"自然資産や生物の多様性の保全の研究とその応用を通じて果たしてきた国際的貢献"

第3回(平6年)
　サイボルト,オイゲン(ドイツ・キール大学名誉教授)"海洋地質学を核としたヘドロの沈積予測,大気・海洋間の二酸化炭素の交換,地域の乾燥化予測等地球環境問題への先駆的取組み"

　ブラウン,レスター(米国・ワールドウォッチ研究所所長)"地球環境問題を科学的に解析し,環境革命の必要性,自然エネルギーへの転換,食糧危機等を国際的に提言"

第4回(平7年)
　ボリン,バート(スウェーデン・ストックホルム大学名誉教授)"海洋,大気,生物圏にまたがる炭素循環に関する先駆的研究および地球温暖化の解決に向けた政策形成に対する貢献"
　ストロング,モーリス(カナダ・アースカウンシル議長)"地球環境問題解決に向け実地調査と研究に基づいた持続可能な開発の指針の確立,地球規模での環境政策に対する先駆的貢献"

第5回(平8年)
　ブロッカー,ウォーレス・S(米国:コロンビア大学ラモント・ドハティ地球研究所教授)"地球規模の海洋大循環流の発見や海洋中の二酸化炭素の挙動解析等を通して,地球気候変動の原因解明に貢献"
　M.S.スワミナサン研究財団(インド)"持続可能な方法による土壌の回復や品種の改良を研究してその成果を農村で実証し,持続可能な農業と農村開発への道を

開いた業績"

第6回(平9年)

ラブロック, ジェームズ・E (英国：オックスフォード大学グリーン・カレッジ名誉客員教授) "超高感度分析器を開発して, 環境に影響する微量ガスを世界に先駆けて観測し, さらに「ガイア仮説」の提唱により人々の地球環境への関心を高めた功績"

コンサベーション・インターナショナル (米国) "地球の生物多様性を維持するため, 環境を保護しながら地域住民の生活向上を図る研究とその実証を効果的に推進した業績"

第7回(平10年)

ブディコ, ミファイル・I (ロシア：国立水文学研究所気候変化研究部長) "地球気候を定量的に解析する物理気候学を確立して, 二酸化炭素濃度の上昇による地球温暖化を世界に先駆けて警告"

ブラウワー, デイビッド・R (米国：地球島研究所理事長) "環境保全の問題点を科学的に解析して, 市民と連携して多数の北米国立公園の設立に尽力, 国際環境NPO活動の基盤を構築"

第8回(平11年)

エーリック, ポール・R (米国：スタンフォード大学保全生物学研究センター所長) "「保全生物学」や「共進化」を発展させると共に, 人口爆発に警鐘を鳴らして地球環境保全を広く提言"

曲 格平 (中国：全人代・環境資源保護委員会委員長) "科学的な調査に基づいて環境保全の法大系を中国に確立して, 広大な国土の保全に貢献"

第9回(平12年)

コルボーン, ティオ (米国：世界自然保護基金科学顧問) "「環境ホルモン」が人類や生物に及ぼす脅威を系統的な調査により明らかにし, その危険性を警告"

ロベール, カールヘンリク (スウェーデン：ナチュラル・ステップ理事長) "持続可能な社会が備えるべき条件とそれを実現するための考え方の枠組みを科学的に導き, 企業等の環境意識を改革"

第10回(平13年)

メイ, ロバート (オーストラリア：英国王立協会会長) "生物個体数の推移を予測する数理生物学を発展させて, 生態系保全対策のための基盤を提供"

マイアーズ, ノーマン (英国：オックスフォード大学グリーン・カレッジ名誉客員教授) "生物種の大量絶滅を先駆的に警告するなど, 新たな環境課題を常に提起して環境保全を重視する社会の規範を提示"

第11回(平14年)

ムーニー, ハロルド・A (米国：スタンフォード大学生物学部教授) "植物生理生態学を開拓して, 植物生態系が環境から受ける影響を定量的に解析し, その保全に貢献"

スペス, ジェームズ・ガスターヴ (米国：エール大学森林・環境学部長) "地球環境問題に先駆的に警鐘を鳴らし, その解決を世界の重要な政治議題に高めると共に, 環境シンクタンクを創設・育成して環境政策を提案"

第12回(平15年)

ライケンス, ジーン (米国：生態系研究所理事長兼所長), ボーマン, ハーバート (米国：エール大学名誉教授) "小流域全体の水や化学成分を長期間測定して, 生態系を総合的に解析する世界のモデルとなる新手法を確立した功績"

ボー・クイー (ベトナム国家大学教授) "戦争により破壊された森林を調査して, その修復および保全に尽力し, 環境保護法の制定や生物種の保護にも貢献した功績"

第13回(平16年)

ソロモン, スーザン (米国海洋大気庁高層大気研究所上級研究員) "南極のオゾンホールの生成機構を世界で初めて明らか

にし，オゾン層の保護に大きく貢献した功績"

ブルントラント，グロ・ハルレム（「環境と開発に関する世界委員会」委員長，WHO名誉事務局長）"環境保全と経済成長の両立を目指す画期的な概念「持続可能な開発」を提唱し世界へ広めた功績"

第14回（平17年）

シャックルトン，ニコラス（英国：ケンブリッジ大名誉教授）"氷河期から間氷期にかけての気候変動周期の解明などから将来の気候変動予測に大きく寄与した功績"

サトウ，ゴードン・ヒサシ（米国：マンザナール・プロジェクト代表）"エリトリアでマングローブ植林技術を開発し，最貧地域における持続可能な地域社会の構築の可能性を示し，先駆的な貢献をした功績"

第15回（平18年）

宮脇 昭（国際生態学センター研究所長，横浜国立大学名誉教授，日本）"「潜在自然植生」の概念に基づく森林回復・再生の理論を提唱・実践し，防災・環境保全林，熱帯雨林の再生に成功して，地球の緑を回復する手法の確立に貢献した功績"

サリム，エミル（インドネシア大学経済学部・大学院教授）"持続可能な開発の概念の創設に関わり，長年国連関連会議で全地球的環境政策の推進に主導的な役割を果たし，ヨハネスブルグサミットの成功に向け大きく貢献した功績"

第16回（平19年）

サックス，ジョゼフ・L.（米国：カリフォルニア大学（バークレー校）教授）"環境保護に「公共信託財産」の考え方を取り入れた世界最初の環境法の起草に携わり，環境保全に関わる法律を理論的に構築し，国際的にも環境法の体系確立に先駆的に貢献した功績"

ロビンス，エイモリ・B.（米国：ロッキー・マウンテン研究所理事長兼Chief Scientist）"「ソフト・エネルギー・パス」の概念の提唱や「ハイパーカー」の発明により，エネルギー利用の効率化を追及し，地球環境保護に向けた世界のエネルギー戦略牽引に大きく貢献した功績"

第17回（平20年）

ロリウス，クロード（フランス：フランス国立科学研究センター名誉主任研究員，フランス科学アカデミー会員）"極地氷床コア分析に基づく気候変動の解明，特に，氷期，間氷期間の気候変動と大気中の二酸化炭素との相関関係を見出し，現在の二酸化炭素の濃度が過去にない高いレベルにあることを指摘し，地球温暖化に警鐘を鳴らした功績"

ゴールデンベルク，ジョゼ（ブラジル：サンパウロ大学電気工学・エネルギー研究所教授，サンパウロ大学元学長）"エネルギーの保全・利用の効率化に関わる政策の立案施行に大きく貢献し，途上国の持続可能な発展のための先駆的概念を提唱するとともに，リオ地球サミットに向け強いリーダーシップを発揮した功績"

第18回（平21年）

宇沢 弘文（日本学士院会員，東京大学名誉教授）"地球温暖化などの環境問題に対処する理論的な枠組みとして社会的共通資本の概念を早くから提唱し，先駆的でオリジナルな業績を上げた功績"

スターン，ニコラス（英国：ロンドン・スクール・オブ・エコノミクス 教授）"最新の科学や経済学を駆使した気候変動の経済的・社会的な影響・対策を「気候変動の経済学」として報告し，明確な温暖化対策ポリシーの提供により世界的に大きな影響を与えた功績"

第19回（平22年）

ハンセン，ジェームス（米国：NASAゴダード宇宙科学研究所ディレクター，コロンビア大学地球環境科学科客員教授）""放射強制力"の概念を基に"将来の地球温暖化"を予見し，その対策を求めて米

環境　　　　　　　　　　　　　　　　　　　　　　　　　　　　　　　　　040 本田賞

国議会等で証言した。気候変動による破壊的な損害を警告し,政府や人々に早急な対応が必要であることを説いた功績"

ワトソン,ロバート(英国：英国 環境・食糧・農村地域省(DEFRA)チーフアドバイザー,イーストアングリア大学 ティンダールセンター 環境科学議長)
"NASA,IPCCなど世界的機関において科学と政策を結びつける重要な役割を果たし,成層圏オゾン減少や地球温暖化等の環境問題に対し世界各国政府の具体的対策推進を導く大きな貢献をした功績"

第20回(平23年)

ルブチェンコ,ジェーン(米国：米国商務省次官,米国海洋大気局(NOAA)局長)"生物多様性を起点とした海洋生態学の開拓に大きく寄与し,また科学者の社会的責任の重要性を明瞭に世に示した功績"

ベアフット・カレッジ(インド)"伝統的知識を重視した教育活動により途上国の農村地域住民を支援し,自立的な地域社会構築の模範を造り上げた功績"

第21回(平24年)

リース,ウィリアム・E.(カナダ：ブリティッシュ・コロンビア大学教授,FRSC(カナダ王立協会フェロー)),ワケナゲル,マティス(スイス：グローバル・フットプリント・ネットワーク代表)"人間がどれだけ自然環境に依存しているかを表した指標"エコロジカルフットプリント"を提唱し,過剰消費のリスクの見直しに大きく貢献した功績"

ラブジョイ,トーマス・E.(米国：ジョージ・メイソン大学環境科学・政策専攻教授)"人間の活動が生物多様性を損ね,地球環境の危機に至ることを学問的に初めて明らかにするとともに,世界の環境保全に大きな影響を与えた功績"

040 本田賞

従来の効率と利益のみを追求する技術でなく,人間活動をとりまく環境全体との調和をはかった真の技術─新しい技術概念「エコ・テクノロジー」の観点から顕著な業績を上げたものに贈られる賞。国際著名褒章会議(ICDA)により,世界で最も重要な賞の一つに選定されている。昭和55年から授賞開始。

【主催者】(公財)本田財団

【選考委員】本田賞選考委員会(委員長：中島邦雄,副委員長：内田裕久,委員：軽部征夫,榊佳之,西垣通,松本和子,薬師寺泰蔵,原田洋一,参与：石田寛人)

【選考方法】研究機関,過去の受賞者,同財団の理事・評議員の推薦による

【選考基準】〔資格〕国籍不問。〔対象〕エコ・テクノロジーの観点から顕著な業績をあげた個人またはグループ。〔基準〕個別の技術領域で優れ,広く学際的な活動をし,過去の業績だけではなく,将来に渡っての活躍が期待できること

【締切・発表】例年3月末日推薦締切,9月発表。平成24年度の授与式は平成24年11月19日に開催

【賞・賞金】毎年1件。賞状,メダル,副賞(賞金1000万円)

【URL】http://www.hondafoundation.jp/

(昭55年度)

ハンベリュース,グナー(スウェーデン,スウェーデン王立理工学アカデミー会長)
"国内での指導的な役割と各国工学アカデ

ミーとの交流に貢献"
(昭56年度)
　チェスナット, ハロルド (アメリカ, SWIIS 財団) "電気・電子・計測・自動制御に関するシステム工学の第一人者として技術の人道的利用法を推進"
(昭57年度)
　コールズ, ジョン・F (イギリス, ケンブリッジ大学名誉教授) "自動制御技術の理論と応用で開発途上国への技術移転と国際組織活動を通じ多くの技術領域の結合に貢献"
(昭58年度)
　プリコジン, イリヤ (ベルギー, ブリュッセル自由大学教授) "化学及び物理学の分野において独創的な理論「散逸構造論」を構築し環境問題への国際活動に寄与"
(昭59年度)
　コロンボ, ウンベルト (イタリア, イタリア国立エネルギー研究機関総裁) "ローマクラブとの共著『浪費の時代を超えて』でエネルギー・資源・食料を確保する技術開発と浪費抑制策を提言"
(昭60年度)
　セーガン, カール・E (アメリカ, コーネル大学教授) "地球を宇宙的な視座で捉えることにより人類文明を新時代へと導くとともに「核の冬」について警告"
(昭61年度)
　西澤 潤一 (東北大学教授) "pinダイオード、静電誘導トランジスタなどを発明したほか光通信技術の応用発展に寄与"
(昭62年度)
　ドーセ, ジャン (フランス, コレージュ・ド・フランス教授) "ヒトの組織抗原を発見し臓器移植の道を開くほか「科学の責任に関する世界会議」の啓蒙活動を展開"
(昭63年度)
　ファゼラ, パオロ・マリア (イタリア, 欧州共同体 (EC) 委員会) "生命科学を基盤として先端技術共同開発構想などを主導し人間と科学技術の調和ある発展に寄与"
(平1年度)
　ザデー, ロトフィ・アスカー (アメリカ, カリフォルニア大学バークレー校教授) "「ファジー理論」を提唱。その多分野への応用を通じ今後の情報化社会をより人間性あふれるものへと先導"
(平2年度)
　オットー, フライ (ドイツ, シュツッツガルト大学教授) "美しく豊かな人間環境と自然との調和を備えた「膜構造建築」と呼ばれる軽量建築の概念を確立"
(平3年度)
　スワミナタン, モンコンブ・S. (国際マングローブ生態系協会長) "インド亜大陸を食糧危機から救った「緑の革命」の実際上のリーダーとしての自然環境保護の分野でも国際的に精力的な活動を展開"
(平4年度)
　ハーケン, ヘルマン (シュツッツガルト大学教授) "シナジェティックスの創始者として、複雑なシステムの秩序形成の仕組みを理論的に解明し、これを幅広い分野に適用することにより、多くの学問領域に多大な影響を与えた"
(平5年度)
　堀越 弘毅 (東洋大学教授) "好アルカリ性微生物の発見を始め、特殊環境微生物の分離、生育、工業的利用等一連の技術を発展し、新しい学問分野、極限微生物学を開いた。現在地球上の生物種の多様性とその保存のために世界的に活動している"
(平6年度)
　マンデルブロー, ブノワ (エール大学教授) "フラクタル理論の創始者として、形を科学の対象とし、伝統的な数理的方法である微分をこえた新しい見方を提供。その概念は、自然科学のみならず、社会科学、芸術にも大きな役割を果たしつつある"
(平7年度)
　アンダーソン, オーケ (スウェーデン未来学研究所所長) "森林資源などの自然環

境の保全と地域経済の発展の両立をはかる理論展開および実践に多大の成果を上げる。また創造性豊かな次世代の産業社会,C-社会を提案"

(平8年度)
エイムス,ブルース・N.(カリフォルニア大学生化学・分子生物学部教授) "細菌を用いた食品などの発がん性の安全性検査法を開発し,実験動物試験に要する時間とコストを低減した"

(平9年度)
ペツォー,ギュンター・E.(ドイツマックス・プランク金属研究所名誉所長,シュットガルト大学名誉教授) "ファインセラミックスの基礎理論づくり,実用化に多大な功績を残した"

(平10年度)
キュリアン,ユベール(元・フランス科学技術相) "フランスの国立宇宙研究センター所長として地球観測衛星システム(SPOT)を始め,1980年代から90年代にかけてフランス政府の科学技術相も歴任,地球環境保護にも貢献した"

(平11年度)
コルンハウザー,アレクサンドラ(リュブリャナ大学国際化学研究センター教授) "生産工程や製品の清浄化技術の開発に貢献"

(平12年度)
中村 修二(カリフォルニア大学サンタバーバラ校教授) "日本における研究開発において,窒化ガリウム(GaN)系の半導体材料を用いて,実用レベルの青色および緑色を発する発光ダイオード(LED)とレーザーダイオード(LD)の開発に成功を収めた"

(平13年度)
マッケイ,ドナルド(トレント大学教授) "流出石油など化学物質が空気や水,土壌といった自然環境でどのように流動するかを研究し,マッケイモデルとして体系化した"

(平14年度)
クーパー,バリー・J.(ジョンソン・マッセイ社カタリティク・システム部門副社長) "ガソリン車の廃棄場化用触媒の研究にいちはやく取り組み,白金族を使った3元触媒の開発に成功した"

(平15年度)
森 健一(東芝テック相談役) "日本語のタイプライターの開発を目指し,日本語文法の徹底的な研究を通して『かな漢字変換』の工学的アプローチを行い,最初の日本語ワードプロセッサの開発に成功した"

(平16年度)
ウィレット,ウォルター・C.(ハーバード大学パブリックヘルス校栄養部門主任教授) "食物摂取頻度調査票(FFQ)の開発を主導し,1980年より約20年間,延べ約30万人の男女を対象にした大規模食事調査(コホート研究)を他に先駆けて行った"

(平17年度)
レディ,ラジ(カーネギーメロン大学コンピュータサイエンスアンドロボティクス教授) "長年にわたりコンピュータサイエンス及びロボット工学の分野で先駆的な研究を進め,ヒューマン・インターフェース及び人工知能,発話・視覚及びロボット工学の分野を中心に大きな成果をあげた"

(平18年度)
ネルソン,リチャード(米国コロンビア大学名誉教授) "イノベーションが産業や経済の成長・衰退に与える影響を研究し「経済変動の進化理論」を確立"

(平19年度)
ムレ,フィリップ(フランス,リヨンの開業医) "世界初の実用的な腹腔鏡下胆嚢摘出手術を行った"

(平20年度)
ハイダー,マキシミリアン(オーストリア),ローズ,ハラルド,クヌート・ウルバン(ドイツ) "世界初の収差補正技術

を用いて原子レベルを可視化する透過型電子顕微鏡を開発し，バイオや素材の研究などに貢献"
(平21年度)
　フレイザー, イアン（オーストラリア・クイーンズランド大学 プリンセス・アレクサンドラ病院 ディアマンティナ・がん・免疫学・代謝協会局長）"世界初の子宮頸がん予防ワクチンを開発。多くの女性の生命を救済するとともに，人類という種の保存にも貢献"
(平22年度)
　ダマジオ, アントニオ（南カリフォルニア大学 神経科学デビッド・ドーンサイフ教授 脳・創造研究所長）"情動と感情が意思決定の中核とする「ソマティック・マーカー仮説」など，神経科学から心，

脳，身体の関係性研究で先駆的役割を果たした"
(平23年度)
　ソモルジャイ, ガボール（カリフォルニア大学バークレー校教授）"固体表面とその重要な機能の一つである触媒化学における分子論的描像を明確化するための方法論を確立し，「近代的表面科学の父（開拓者）」と呼ばれる"
(平24年度)
　ルビアン, デニ（ニューロスピン超高磁場MRI研究所長）"拡散MRI（核磁気共鳴画像法）技術の基礎から臨床応用までを確立した先駆者で，急性脳梗塞治療等への活用によりMRIの世界的普及に貢献した"

041 松下幸之助花の万博記念賞

　故松下幸之助氏が国際花と緑の博覧会の理念に賛同して設立した松下幸之助花の万博記念財団が，同博覧会の意義を後世に伝えるため顕彰事業として創設。

【主催者】（公財）松下幸之助記念財団
【選考委員】同賞選考委員会
【選考方法】学識経験者からの推薦にもとづき，松下幸之助花の万博記念賞選考委員会が選考し財団理事会が受賞者を決定する
【選考基準】〔資格〕日本在住者（年齢，職業，国籍は問わない）または日本国内所在の団体。〔対象〕「国際花と緑の博覧会」の基本理念の実現に貢献した人，即ちその目的にかなう学術的研究およびその実践において優れた成果をあげた個人，またはグループ
【賞・賞金】記念賞（1件）：表彰楯と副賞300万円，記念奨励賞（2件）：表彰楯と副賞150万円
【URL】http://matsushita-konosuke-zaidan.or.jp/works/flowerprize/

第1回（平5年）
◇記念賞
　北村 四郎（京都大学名誉教授）"植物分類学での業績"
　塚本 洋太郎（京都大学名誉教授）"花卉園芸学を確立した業績"
◇記念奨励賞
　立花 吉茂（花園大学教授）"園芸学，植物学での業績"
　堀田 満（鹿児島大学教授）"「世界有用植物辞典」編纂の業績"
第2回（平6年）
　伊佐 義朗（京都園芸倶楽部）"植物を通じ社会教育に携わった功績"
◇記念奨励賞
　荻巣 樹徳（ナチュラリスト）"野生コウシ

ンバラを百年ぶりに再発見"

愛知県農業総合試験場切り花菊周年供給技術研究グループ "切り花菊の周年供給のための技術開発に貢献"

第3回(平7年)

◇記念賞

四手井 綱英(京都大学名誉教授)

小井戸 直四郎(元小井戸微笑園園長)

◇記念奨励賞

湯浅 浩史(進化生物学研究所研究員)

鴻上 泰(高知県立牧野植物園技監)

第4回(平8年)

◇記念賞

初島 住彦(鹿児島大学名誉教授) "林学分野での業績"

萩屋 薫(新潟大学名誉教授) "植物園芸学での業績"

◇記念奨励賞

下園 文雄(東京大学附属植物園主任技官) "野生植物の栽培管理"

角野 康郎(神戸大学助教授) "機能生物学での業績"

第5回(平9年)

◇記念賞

鈴木 省三(京成バラ園芸非常勤顧問)

渡部 忠世(京都大学名誉教授)

◇記念奨励賞

村田 源(元京都大学講師)

鷲谷 いづみ(筑波大学助教授)

第6回(平10年)

◇記念賞

阪本 寧男(龍谷大学国際文化学部教授)

富山のチューリップ育種グループ(富山県農業技術センター野菜花き試験場)

◇記念奨励賞

矢原 徹一(九州大学理学部教授)

吉池 貞蔵(安代町花卉開発センター所長)

第7回(平11年)

◇記念賞

佐々木 崑(写真家,自然科学写真協会会長) "自然写真の発展をリードしてきた業績"

松川 時晴(福岡県農業協同組合連合会花き担当技術顧問) "花卉園芸業への貢献"

◇記念奨励賞

浅井 康宏(東京歯科大学副学長) "帰化植物の研究と教育への長年の貢献"

清水 善和(駒沢大学文学部教授) "小笠原諸島の植生の詳細な調査研究"

第8回(平12年)

◇記念賞

鮫島 惇一郎(自然環境研究室主宰),鮫島 和子(札幌学院大学名誉教授) "原色図譜エンレイソウ属植物」(1987)の刊行"

中村 桂子(JT生命誌研究館副館長) "「生命誌」という視点から,人と自然の共生を訴える理論的基礎を提供"

◇記念奨励賞

安藤 敏夫(千葉大学園芸学部教授) "現在15種3亜種からなるとされるペチュニア属のうち,7新種1新亜種を発見"

小泉 武栄(東京学芸大学教授) "日本列島の高山・極地植生を,生態学ならびに自然地理学の多面的視点から綿密に研究"

第9回(平13年)

◇記念賞

田村 道夫(元神戸大学理学部教授) "原始的被子植物キンポウゲ科の系統分類学的研究"

藤岡 作太郎(兵庫県森と緑の公社花と緑のまちづくり研究所所長) "「景観園芸」というユニークな園芸の分野と概念の創出"

◇記念奨励賞

和賀山塊自然学術調査会(高橋祥祐会長) "奥羽山脈の中心を占める和賀山塊の全容を,調査報告「和賀山塊の自然」によって明らかにした功績"

佐藤 洋一郎(静岡大学農学部助教授) "野生・栽培イネのDNA組成の研究を通じて,「DNA考古学」を開拓"

第10回(平14年)

◇記念賞

佐野 藤右衛門(16世)(植藤造園代表) "16代にわたり植木職・造園業を継承し,

国内外の桜の保存と普及に大きく貢献"

田川 日出夫(鹿児島県立短期大学学長) "火山植生の遷移・回復の研究,および屋久島の自然保護への尽力"

◇記念奨励賞

山手 義彦(精興園代表取締役) "菊育種の分野で世界をリードする成果"

佐藤 謙(北海学園大学工学部教授) "北海道の高山における,植物相と植生に関する研究"

第11回(平15年)

◇記念賞

中村 武久(東京農業大学名誉教授) "植物科学の基礎研究とその研究の組織化・運営と自然保護保全に多大の貢献をした功績"

今西 英雄(東京農業大学農学部教授,大阪府立大学名誉教授) "球根花卉の開花調節技術の開発により,わが国の花卉産業の発展と植物人間関係学の研究に多大の貢献をした功績"

◇記念奨励賞

増沢 武弘(静岡大学理学部教授) "極限環境に生きる植物の生態に関する調査研究において,大きな成果をあげた功績"

植物同好じねんじょ会(代表・石沢進) "35年にわたり新潟県の植物分布資料を現地調査に基づき作成し,地域研究の先導役として大きな成果をあげた功績"

第12回(平16年)

◇記念賞

東マレーシアにおける熱帯雨林生態研究チーム(代表・荻野和彦(滋賀県立大学環境科学部教授),山倉拓夫(大阪市立大学理学部教授),中静透(総合地球環境学研究所教授)) "熱帯雨林の生物多様性,動態,地球環境変動に果たす役割の解明への貢献"

◇記念奨励賞

大川 清(静岡大学農学部教授) "日本の代表的花卉であるバラ,ユリ,トルコキキョウの生産技術の確立に貢献"

南谷 忠志(野生植物研究家) "南九州地域で特異的な分化を遂げたミツバツツジ類の分類について貢献"

第13回(平17年)

◇記念賞

大場 達之((財)自然保護助成基金理事,元・千葉県立中央博物館副館長) "日本列島の高山植生に関する綿密な群落構造と種多様性の解析,併せて構成種の植物地理学的位置の評価を含む一連の研究"

◇記念奨励賞

吾妻 浅男(高知県農業技術センター所長) "数多くの種類の宿根草花について,新しい栽培技術を研究開発し,地域の花卉産地の育成に成功"

山本 紀夫(国立民族学博物館民族文化研究部教授) "中央アンデスに開花した諸文明が,従来の通説であったトウモロコシではなくジャガイモを基盤としたものであることを証明"

第14回(平18年)

◇記念賞

清水 建美(金沢大学名誉教授,信州大学名誉教授) "高山植物に関する一連の分類学的研究,地域の高山植物の保全活動など,地方の植物相と高山植物の理解に貢献"

◇記念奨励賞

梅沢 俊(植物写真家) "植物写真の撮影を通してユニークな花の世界を紹介した功績"

横田 昌嗣(琉球大学理学部教授) "永年にわたる琉球列島の植物相と併せて取り組む日本産ラン科植物の研究,および地域の絶滅危惧種の研究を含めた功績"

第15回(平19年)

◇記念賞

大場 秀章(東京大学名誉教授,東京大学総合研究博物館特任研究員) "日本の植物相やヒマラヤの高山植物に関する広範な分類学的研究,植物学を通した国際交流などに貢献"

◇記念奨励賞
　今井 敬潤（岐阜女子大学非常勤講師）"カキ渋の製法及びその利用法を実地調査から掘り起し，現代に通じるカキ渋の歴史的意義を再評価した"
　芹沢 俊介（愛知教育大学教授）"主にシダ植物とテンナンショウ属植物に関する分類学的研究において多大な成果を挙げたほか，野生植物の現状を広く社会に訴えた"

第16回（平20年）
◇記念賞
　伊藤 秀三（長崎大学名誉教授）"植物群集の構造解析と種多様度研究を展開し，日本の植生研究に重要な貢献をした。特に島嶼の植物群集の研究と保護に功績"
◇記念奨励賞
　荒川 克郎（財団法人札幌市公園緑化協会）"世界のユリ属植物を種子により収集し，77種268系統に及ぶ系統保存を植物体により行い，耐病性の選抜や低農薬栽培法を確立"
　星野 卓二（岡山理科大学教授）"スゲ属植物を研究し，分類・系統・種分化の理解のため研究成果を挙げると同時に「日本すげの会」を発足・発展させた"

第17回（平21年）
◇記念賞
　松尾 英輔（東京農業大学教授）"園芸の新たな機能としての園芸福祉を提唱し，社会園芸学の領域を確立"
◇記念奨励賞
　門田 裕一（国立科学博物館研究主幹）"キンポウゲ科トリカブト属とキク科アザミ属の分類に取り組み，日本の植物相の豊かさの再認識と今後の植物利用の可能性に貢献"
　神奈川県植物誌調査会　"独創性に富む植物誌出版を実現し，また絶滅危惧種のモニタリング調査を実施するなど，地域の生物多様性保全にも貢献"

第18回（平22年）
◇記念賞
　岩月 善之助（（財）服部植物研究所所長）"日本のコケ植物相の解明に尽力し，分類学上の新見解を多数発表"
◇記念奨励賞
　土橋 豊（甲子園短期大学教授）"観葉植物，熱帯果樹，洋ラン等の多様な熱帯・亜熱帯産植物を紹介し，命名の混乱を整理して園芸的な利用促進に繋げた"
　梅林 正芳（植物画家）"植物の複雑な構造を精密かつ巧妙に描いた植物画を多数制作，図解を通じ植物の構造についての知識普及に貢献"
　中島 睦子（植物画家）"植物の複雑な構造を精密かつ巧妙に描いた植物画を多数制作，図解を通じ植物の構造についての知識普及に貢献"

第19回（平23年）
◇記念賞
　唐澤 耕司（（財）海洋博覧会記念公園管理財団 研究顧問）"ラン科植物の基礎研究，育種を長年続けてきた実績をもとに多くの著書を発表し，一方，多くの学術研究・保護活動を行う各種団体の委員などを歴任して，ラン科植物の普及と社会的啓蒙を果たしてきた。"
◇記念奨励賞
　酒井 章子（総合地球環境学研究所 准教授）"林冠木の開花フェノロジー，および送粉，種子散布などの繁殖生物学に関する新たな発見を通じて，熱帯雨林の開花現象の要因を解明するとともに，ショウガ科の新属・新種の記載など植物分類学の分野でも大きな功績。"
　森 弦一（NPO法人 栽培植物分類名称研究所 副理事長）"90点以上の書籍編集に携ってきた。大半が植物に関係するもので，書籍を通じての花と緑への理解と普及を支えてきた。"

第20回（平24年）
◇20年特別記念賞

堀田 満(南日本植物情報研究所 所長, 鹿児島大学 鹿児島県立短期大学名誉教授) "奨励賞の受賞以後, 引き続き植物多様性や人と植物の関係の研究を進め, また豊富な植物情報の蓄積をもとに「鹿児島県レッドデータブック—植物編」の執筆, 「緑の島奄美」などの貴重な植物の生きた映像資料の作成などを通して植物の面白さ, 大切さを広く社会に発信し続けてきた功績"

◇記念賞
菊澤 喜八郎(石川県立大学 環境科学科 教授) "樹木の展葉と落葉のフェノロジーに関する詳細な記載とその理論化を通じて, 植物の生活を理解する新たな方法論を提示することで, 植物生態学の分野で大きな功績。"

◇記念奨励賞
宇田 明((株)なにわ花いちば テクニカルアドバイザー) "カーネーションの低環境負荷・低コスト生産技術, STSによる品質保持技術を開発するとともに, レファレンステストの普及など近代的花卉生産・流通技術の発展・普及に大きな功績。"

能城 修一(森林総合研究所 木材特性研究領域チーム長) "専門の木材解剖学及び植物分類学での国際的な業績に止まらず, その技術・知見を駆使して, 遺跡等出土の木材を同定し, その知見から日本の後氷期での植生変遷の解明に尽力。"

第21回(平25年)
◇記念賞
小山 鐵夫((公財)高知県牧野記念財団 理事長, 高知県立牧野植物園 園長) "長年にわたる単子葉植物カヤツリグサ科を中心とした分類学研究は, 地球規模での植物の多様性の解明に多大な貢献を果たした。"

◇記念奨励賞
黒沢 高秀(福島大学 共生システム理工学類 准教授) "トウダイグサ科の分類学研究で国際的な推進役を果たしている。"
落合 雪野(鹿児島大学 総合研究博物館 准教授) "雑穀類やジュズダマ属植物, アオバナなどと人間との関わりを学際的なアプローチによって調査し, 民族植物学の分野で大きな功績をあげた。"

042 山階芳麿賞

財団法人山階鳥類研究所創立50周年, および同財団創立者・故山階芳麿博士の功績を記念して, 平成4年に創設された。国内で鳥学の発展と鳥類保護に業績のあった個人または団体に贈られる。開催当初は毎年授賞だったが, 16年以降, 隔年授賞となる。

【主催者】(公財)山階鳥類研究所
【選考委員】山階鳥類研究所所長が委員長を務め, 山階鳥類研究所の副所長と理事および評議員(5名以内), 学識経験者(5名以内), その他理事長が必要と認め, かつ委員として適格であると判断する者(若干名)で構成
【選考方法】選考委員会で選定
【賞・賞金】表彰状と記念メダルおよび副賞として「朝日新聞社賞」(賞金50万円と盾)
【URL】http://www.yamashina.or.jp/

第1回(平4年)
羽田 健三(信州大学名誉教授) "独創的な雁鴨科鳥類の群集生態学研究, 鳥類生態学を志す後進の育成"

第2回(平5年)
松山 資郎(山階鳥類研究所顧問) "応用鳥

学・野生鳥類の保護管理に関する基礎的研究,野生鳥類保護管理に関する後進の指導"

第3回（平6年）
中村 司（山梨大学名誉教授）"鳥類の渡りに関する生理学的研究,地元における鳥類保護・自然保護の推進"

第4回（平7年）
黒田 長久（山階鳥研所長）"鳥類の形態・生態に関する幅広い分野の研究,現代鳥学界における礎石的存在"

第5回（平8年）
中村 登流（上越教育大学名誉教授）"鳥類社会学に関する長年の研究,鳥類社会学を志す後進の指導"

第7回（平10年）
樋口 広芳（東京大学大学院教授）"鳥類生態学に生物進化の多次元性を取り入れた研究で成果をあげ,渡り鳥の人工衛星追跡調査手法を確立して保全生物学の推進に尽力した。"

第8回（平11年）
山岸 哲（京都大学大学院教授）"日本産鳥類の社会生態学的研究の推進と後進の指導に尽力し,マダガスカル島のオオハシモズ科の適応放散の研究と保護に貢献した。"

第9回（平12年）
藤巻 裕蔵（帯広畜産大学教授）"北海道に生息するエゾライチョウの野外研究を基にその飼育や保護管理に貢献し,日本とロシアの鳥類研究者との交流を推進に尽力した。"

第10回（平13年）
小城 春雄（北海道大学大学院教授）"北太平洋における海鳥の生態解明とその研究成果を基にした海鳥保護の礎を築き,後進の指導に尽力した。"

第11回（平14年）
中村 浩志（信州大学教授）"カッコウと宿主の共進化,特に宿主転換と宿主に対応する托卵系統の存在を明らかにし,後進の指導に尽力した。"

第12回（平15年）
石居 進（早稲田大学名誉教授）"鳥類の生殖腺刺激ホルモン解明に取り組み,絶滅危惧種の繁殖促進に貢献し,後進の指導に尽力"

第13回（平16年）
由井 正敏（岩手県立大学教授）"森林性鳥類の個体数推定の推定法を確立,森林と鳥類群集の関係を基礎応用の両面から追究し,後進の指導に尽力"

第14回（平18年）
長谷川 博（東邦大学教授）"生態学,行動学の知見をもとにアホウドリの個体数回復を成功に導き,鳥類保護について普及啓蒙を実践"

第15回（平20年）
立川 涼（愛媛大学名誉教授）"人間活動由来の汚染物質が鳥類をはじめとする生態系に与える影響を明らかにし,社会への啓蒙,後進の指導にも尽力"

第16回（平22年）
森岡 弘之（国立科学博物館名誉研究員）"鳥類学のすべての分野の基礎となる鳥類分類学において,大きな研究成果をあげ,また社会への貢献や後進の指導にも貢献"

第17回（平24年）
日本イヌワシ研究会"発足以来,日本の野生動物保全のシンボルというべきイヌワシについてきわめて重要な科学的データを提供するとともに,生態的な知見にもとづく保護上の実践を行い,普及啓発にも努力"

エネルギー

043 岩谷直治記念賞

わが国高圧ガス関係諸事業の発展に尽力した岩谷直治氏の業績を記念し、エネルギー、環境の分野で優れた技術を開発し、かつ産業上の貢献が認められた業績を顕彰して、斯界の発展と国民生活の向上に寄与することを目的として設立された。

【主催者】(公財)岩谷直治記念財団

【選考委員】委員長：古崎新太郎(東京大学名誉教授)、副委員長：秋元肇((一財)日本環境衛生センター、アジア大気汚染研究センター所長)、選考委員：石田清仁(東北大学名誉教授)、石田愈((一社)国際環境研究協会 地球温暖化対策 技術開発・実証研究事業 プログラムオフィサー、東京工業大学名誉教授)、岡田益男((独)八戸工業高等専門学校校長、東北大学名誉教授)、奥山雅則(大阪大学ナノサイエンス、デザイン教育研究センター特任教授、大阪大学名誉教授)、北原武(北里大学客員教授、東京大学名誉教授)、塩路昌宏(京都大学大学院教授)、冷水佐壽((独)国立高等専門学校機構顧問、大阪大学名誉教授)、安井至((独)製品評価技術基盤機構理事長、東京大学名誉教授)、渡辺公綱(東京薬科大学客員教授、東京大学名誉教授)

【選考方法】関連する学・協会または研究機関の代表者等の推薦による

【選考基準】〔対象〕(1)諸学・協会および研究機関において下記項目に関し優れた技術開発と産業上の貢献が認められたもの。(a)生産プロセスの合理化により、エネルギーの有効利用、効果的な環境保全、あるいは効果的な災害防止の達成。(b)エネルギー、環境に関する独創的な技術の開発。(c)エネルギー、環境に関連した新素材、バイオ新技術、エレクトロ新技術の開発。(2)候補者は個人または研究グループとし、グループの場合はその代表者を候補者とする。(3)候補者は必ずしも学協会会員または研究機関所属員であることを要しない

【締切・発表】例年8月末日推薦締切、11月下旬頃直接通知、翌年3月贈呈式

【賞・賞金】毎年2件以内。賞状、賞牌及び副賞300万円

【URL】http://www.iwatani-foundation.or.jp/

第1回(昭49年度)
　田辺 治光〔他〕(東京液化酸素) "液化天然ガス(LNG)の寒冷利用の工業化諸技術(LNGの冷熱を利用する空気液化分離装置による液体酸素液体窒素の製造技術)"

第2回(昭50年度)
　等々力 達〔他〕(工業技術院電子技術総合研究所) "電磁流体(MHD)発電に関する諸技術の開発(大型超電導電磁石とタービン式ヘリウム冷凍液化装置の開

発,並びにこれらを組合せたMHD発電機の試運転の成功)"

山元 深〔他〕(川崎製鉄)"高炉ガスエネルギー回収発電設備の開発(非燃焼式輻流式タービンの大型高炉への先駆的適用と運転の成功)"

第3回(昭51年度)
　該当者なし

第4回(昭52年度)
　田中 駿一〔他〕(日本鋼管福山製鉄所)"分塊均熱炉の逆L字型燃焼パターンの開発"

第5回(昭53年度)
　橋口 幸雄〔他〕(工業技術院東京工業試験所)"高圧ガスの爆発防止に関する研究"

第6回(昭54年度)
　瀬賀 浩二〔他〕(石川島播磨重工業)"中低温廃熱回収におけるフロンタービン発電システムの開発と実用化"

第7回(昭55年度)
　阿部 亨〔他〕(神戸製鉄所)"微圧振動による燃焼制御法の開発"
　大岡 五三実〔他〕(大阪瓦斯)"LNG冷熱利用発電システムの実用化"

第8回(昭56年度)
　山根 孝(川鉄化学),西野 一弘(川崎製鉄),井上 和美(石川島播磨重工業)"大型CDQと発電利用技術の開発"

第9回(昭57年度)
　渡部 康一〔他〕(慶応大学;日本冷凍協会)"「冷媒熱物性値表—R22R12蒸気表」の企画,編集および刊行"

第10回(昭58年度)
　該当者なし

第11回(昭59年度)
　倉橋 基文(新日本製鉄),安藤 正夫(日本鉱業),内川 武,松尾 浩平"省エネルギー型ギヤ油の開発"

第12回(昭60年度)
　該当者なし

第13回(昭61年度)
　松浦 宗孝(東邦ガス),橋本 謙治郎(三菱重工業),下里 省夫,荒井 敬三"サーキュラーグレート式コークス乾式消化装置の開発(大型省エネルギー技術の開発)"

第14回(昭62年度)
　該当者なし

第15回(昭63年度)
　町 末男(日本原子力研究所),徳永 興公(荏原製作所),平山 詳郎,川邑 啓太"電子ビーム照射による排煙処理技術の開発"
　川名 昌志(川崎製鉄),早瀬 鉱一(三菱重工業),永井 康男,佐藤 友彦"低カロリー副生ガス焚き高効率コンバインド発電技術の開発"

第16回(平1年度)
　該当者なし

第17回(平2年度)
　吉田 弘(日本鋼管エネルギー技術室長)"薄鋼板連続焼鈍プロセスにおける直火還元加熱技術の開発"
　相山 義道(電子技術総合研究所総括主任研究官)"超伝導機器および極低温冷却に関する先導的技術開発"

第18回(平3年度)
　岩崎 徹治(花王化学品研究所第1研究室室長)"古紙再生用高機能脱墨システムの開発"

第19回(平4年度)
　中込 秀樹(東芝研究開発センター機械・エネルギー研究所主任研究員)"磁性蓄冷材料を用いた高性能極低温ヘリウム冷凍機の開発と実用化"

第20回(平5年度)
　木吉 司(科学技術庁金属材料技術研究所強磁場ステーション主任研究官)"21.1T大口径超電導マグネットの開発"

第21回(平6年度)
　該当者なし

第22回(平7年度)
　該当者なし

第23回(平8年度)
　堀内 健文(神戸製鋼所電子・情報事業本部

理事役）"高分解能NMR用高磁場超電導マグネットに関する諸技術の開発"

脇元 一政（NKK京浜製鉄所鉄鋼部経営スタッフ）"熱風制御弁使用による高炉高効率操業技術の開発"

第25回（平10年度）

小川 一文（松下電器産業技術部門主席技師）"化学吸着法を用いた防汚性単分子膜の開発と実用化"

河野 隆之（三菱重工業材料・溶接研究室主査）"高周波ボルトヒータ装置によるタービン車室ボルトの高速・高能率緩め・締め付け技術"

第27回（平12年度）

原田 広史（文部科学省金属材料技術研究所）「高効率発電ガスタービン翼用第三世代単結晶超合金の開発」

第28回（平13年度）

小野 通隆（東芝電力システム社）「シリコン単結晶引上げ装置用高温超伝導マグネットの開発」

第29回（平14年度）

小俣 一夫（NKK鉄鋼事業部）「限界冷却速度によるオンライン加速冷却技術の開発と厚板・形鋼・熱延鋼管への適用」

第30回（平15年度）

清水 正文（神戸製鋼所加古川製鉄所技術研究センター表面処理研究開発室）「放熱性薄鋼板「コーベホーネツ」の開発と商品化」

第31回（平16年度）

本田 国昭（大阪ガス家庭用コージェネレーションプロジェクト部技術部門理事）「出力1kW家庭用ガスエンジンコージェネレーション・商品名「ECOWILL（エコウィル）」の開発」

第32回（平17年度）

塩田 俊明（住友金属建材常務取締役）"遮熱塗装鋼板の開発と実用化"

第33回（平18年度）

佐賀 達男（シャープソーラシステム事業本部副本部長）"高性能太陽電池の大量生産システムの開発と実用化"

渡部 繁則（東京電力本店建設部水力電気グループ副長）"世界初の高効率新型ポンプ水車ランナの開発・実用化"

第34回（平19年度）

影近 博（JFEスチール・スチール研・所長）"局部座屈性能に優れた高強度鋼管の開発と実用化"

第35回（平20年度）

佐藤 純一（東芝・電力・社会システム技術開発セ・主務）"地球環境に配慮した24/36kV固体絶縁スイッチギヤの開発・実用化"

第36回（平21年度）

該当案件無し

第37回（平22年度）

加幡 安雄（東芝・電力・社会システム技術開発セ・グループ長）"大容量高効率水素間接冷却タービン発電機の開発"

第38回（平23年度）

西村 博文（JFEスチール（株）・製鉄事業部・常務執行役員 製鉄技術部長）"炭化水素ガスを活用した鉄鉱石焼結プロセスの開発"

第39回（平24年度）

該当者なし

---

044 エネルギー・資源学会学会賞

エネルギー・資源・環境に関する学術の発展に貢献する技術やシステムの開発・解析・調査などで，特に顕著な業績をあげた者に授与される（平成23年創設）。

【主催者】（一社）エネルギー・資源学会

【選考委員】 同賞選考委員会

> 【選考方法】自薦,他薦
> 【選考基準】〔資格〕同会会員(正会員または特別会員に所属する者)に限る。
> 【締切・発表】例年10月末日〆応募締切,定時社員総会後の表彰式において授与。
> 【賞・賞金】毎年1件程度(5名以内)とし,賞状および副賞として記念品を受賞者に贈呈する。
> 【URL】http://www.jser.gr.jp/

第1回(平24年)
　吉川 正晃(大阪ガス(株)エネルギー技術研究所設備・機能材料技術チーム課),加藤 久喜(大阪ガスエンジニアリング(株)エネルギー環境本部環境営業技術部課長)「活性炭素繊維(ACF)による大気浄化技術」
　辻 毅一郎(大阪大学工学研究科招聘教授),佐伯 修,佐野 史典,上野 剛(大阪大学)「家庭におけるエネルギー消費実態の計量と分析」

045 エネルギー・資源学会 茅奨励賞

> 　エネルギー・資源・環境に関し,特に優秀な研究業績をあげた新進気鋭の者(過去に同賞の受賞実績のある場合は研究内容が大きく異なる場合に限る)に授与される。平成9年創設。
> 【主催者】(一社)エネルギー・資源学会
> 【選考委員】茅賞・学生発表賞選考委員会
> 【選考基準】〔資格〕同会会員。〔対象〕原則として,同会の研究発表会あるいはコンファレンスにて研究発表したものの中から選考。
> 【締切・発表】定時社員総会後の表彰式において授与。
> 【賞・賞金】毎年1~2件程度とし,賞状および副賞として記念品を受賞者に贈呈する。但し,受賞者が学生会員の場合は,副賞は金一封を贈呈するとともに,継続して正会員移行後1年間は会費を免除する。
> 【URL】http://www.jser.gr.jp/

第1回(平9年)
　加賀城 俊正(大阪ガス)"類型化世帯モデルによる家庭用エネルギー消費変化の分析"
　松橋 隆治(東京大学)"地球規模,地域規模の持続可能性を考慮したライフサイクルアセスメント"

第2回(平10年)
　横山 良平(大阪府立大学)"エネルギー供給システム運転支援のための機器起動・停止スケジューリング"
　石坂 匡史(東京ガス)"家庭用ガス使用量の器具種別分析"
　永田 豊(京都大学)"機器効率化によるDSMプログラムの最適導入規模"

第3回(平11年)
　秋澤 淳(東京農工大学)"コージェネレーションを含む電源システムの最適運用に与える熱電化の影響"
　廣部 祐司(東京工業大学)"産業廃棄物リサイクルによる環境負荷の低減効果分

045 エネルギー・資源学会 茅奨励賞

析"
鈴垣 貴幸（横浜国立大学）"アジア・ユーラシア地域におけるエネルギー輸送インフラの最適配置"
近藤 雅芳（地球環境産業技術研究機構）"固体高分子を用いた水電解槽の開発"
小沼 晶（東京大学）"日本のエネルギー資源輸入におけるリスク分析―ポートフォリオ選択理論を用いた資源価格・市場リスク分析―"

第4回（平12年）
花岡 達也（東京大学）"CO_2排出削減対策としての特定フロンの回収・処理の評価"
小宮山 涼一（東京大学）"電力・熱ハイブリッドネットワークのモデル解析"
鈴東 新（大阪大学）"自動計測結果に基づく住宅のエネルギー需要の現状分析（その2）"
藤野 純一（東京大学）"長期世界エネルギーシステムにおける原子力・バイオエネルギーの供給力評価"
古瀬 智裕（東京理科大学）"資源の地域分析を考慮したアジア地域の多地域・長期エネルギー需給モデル"

第5回（平13年）
玄地 裕（産業技術総合研究所）"民生用エネルギーシステムの最適組合せにおけるCO_2削減ポテンシャル評価"
田中 昭雄（住環境計画研究所）"家庭の電力負荷計測値の要素分解手法について（その2）―FUZZY推論アルゴリズムの改良―"
佐野 史典（大阪大学）"自動計測結果を利用した住宅用マイクロコージェネレーションシステム導入効果の分析"
上甲 勝弘（大阪府立大学）"多目的最適化手法に基づくマイクロガスタービン・コージェネレーション・システムの導入可能性分析"
皆川 農弥（東京大学）"製材廃材のバイオマスエネルギー利用によるCO_2廃棄物削

減効果の評価"

第6回（平14年）
前田 章（慶應義塾大学）"グリーン証書取引制度の仕組みと経済分析"
岩船 由美子（住環境計画研究所）"配電電圧昇圧による省エネルギー・CO_2削減効果の評価（家電製品における影響）"
藤井 康正（東京大学）"需要成長の不確実性に対するオプションとしての分散電源の評価"
平出 貴也（東京理科大学）"ダイナミック最適化モデルを用いた首都高速道路におけるETC（自動料金収受システム）の導入効果の解析"
川合 拓郎（東京大学）"世界地域細分化エネルギーモデルによる京都メカニズムの解析"

第7回（平15年）
守井 信吾（東京大学）"電力・ガスネットワークを考慮した首都圏におけるCO_2削減施策評価モデルの構築"
君島 真仁（東京大学）"マイクロガスタービン・燃料電池ハイブリッドシステムの部分負荷特性"
工藤 祐揮（国立環境研究所）"実燃費を考慮した自動車からの都道府県別CO_2排出量の推計"

第8回（平16年）
竹本 哲也（大阪ガス）"小型で高効率なDME燃料電池改質システムの開発"
高橋 雅仁（電力中央研究所）"エンドユースモデルによる関東圏の空調・給湯用途の需要構造分析"
秋元 圭吾（地球環境産業技術研究機構）"技術開発投資効果を含む日本における電源計画の評価"
松本 信行（大阪ガス）"触媒を用いた超臨界水ガス化技術の高含水廃棄物への適用に関する検討"
西尾 健一郎（電力中央研究所）"RPS制度下での新エネルギー供給曲線に関する解析"

第9回（平17年）
　玉理 裕介（荏原製作所）"内部循環流動床ガス化炉によるバイオマスガス化発電"
　末包 哲也（東京工業大学）"長期安定隔離を目指したCO_2の貯留・漏洩メカニズムに関する研究"
　塚原 沙智子（東京大学）"CDMプロジェクトにおける，ホスト国の持続可能性を考慮した日本政府のCDM支援制度最適化の提案"
　上野 剛（大阪大学）"住宅におけるエネルギー消費情報表示システムと省エネ行動の定量的分析"

第10回（平18年）
　南形 厚志（名古屋大学）"実測に基づく電力需要の変動確率を考慮した住宅用コジェネの導入評価モデル—逆潮流可否の影響—"
　三好 利幸（村田製作所）"チタン酸バリウム系廃棄物の光触媒用酸化チタンへのリサイクル"
　柴田 善朗（住環境計画研究所）"実使用条件下におけるCO_2冷媒ヒートポンプ給湯器の性能評価"
　森本 慎一郎（東京理科大学）"カルド型ポリイミド膜を用いた膜分離法CO_2分離回収・液化システムの評価"
　河本 薫（大阪ガス）"金融工学を用いたLNG価値フォーミュラの市場価値評価"

第11回（平19年）
　吉田 好邦（東京大学）"物流の波及を考慮した貨物輸送の地域連関"
　岡島 敬一（筑波大学）"廃棄・リサイクルを含めた太陽電池のライフサイクル評価"
　斉藤 準（東京ガス）"バイオガスを用いたガスエンジン発電技術に関する研究"

第12回（平20年）
　顔 碧（燕長岡技術科学大学）"マレーシアにおける長期エネルギー需給展望と再生可能エネルギー開発戦略の検討"
　大島 伸司（新日本石油）"水素インフラの構築に向けた水素輸送・貯蔵技術の開発"

第13回（平21年）
　伏見 千尋（東京大学）"バイオマスガス化におけるCo/MgO触媒を用いた揮発分の水蒸気改質"
　大島 寛司（筑波大学）"純酸素燃焼ガスタービンを利用した原子力複合発電システム"
　渡部 朝史（(財)エネルギー総合工学研究所）"国内外風力発電における電力供給パスのコスト比較"
　永富 悠（(財)日本エネルギー経済研究所）"アジア地域を中心とした石油製品需給及び貿易に関する分析"

第14回（平22年）
　高村 秀紀（信州大学）"地場産材を使用した住宅における木材のライフサイクルアセスメント調査"
　原 卓也（豊田中央研究所）"作物適性評価モデルに基づくバイオ燃料の生産ポテンシャルの推計"
　竹ド 貴之（立命館大学）"発展途上アジア地域におけるバイオエネルギー最適導入戦略に関する検討"
　松尾 雄介（(財)地球環境戦略研究機関）"うちエコ診断事業を実施して〜「つもりエコ」の存在とその脱却に向けて〜"
　服部 徹（(財)電力中央研究所）"電力入札における環境配慮契約の推進と競争に関する計量分析"

第15回（平23年）
　鈴木 徹也（(財)日本自動車研究所）"ハイブリッドフルトレーラーによる高効率輸送の社会受容性"
　河野 泰大（大阪府立大学）"CO_2ヒートポンプ給湯システムにおける性能日変化の推定(ニューラルネットワークによる貯湯および残湯量日変化の推定)"
　大内 圭（東京工業大学）"太陽集光過程エネルギーロス可視化手法による新規ヘリオスタットフィールド配置計算法"

後藤 久典((財)電力中央研究所)"エネルギー見える化関連サービスの潜在的市場規模と消費者選好"

第16回(平24年)

近田 智洋((株)山武(現アズビル(株)))"Webとデータシミュレーション技術を活用した省エネ制御の開発"

三枝 まどか((財)電力中央研究所)"ドイツの送配電事業におけるインセンティブ規制の課題"

涌井 徹也(大阪府立大学)"家庭用コージェネレーションシステムの最適機器構成計画"

古林 敬顕(東北大学)"廃水処理に対するCDMを考慮したバイオガス利活用システムの導入影響評価"

今村 俊文(名古屋大学)"世帯構成員の交通行動を考慮した住宅用太陽光発電システムの実質的省エネ効果の地域性"

046 エネルギー・資源学会技術賞

エネルギー・資源に関する科学技術の発展のため、基礎または応用に関して、特に顕著な業績をあげた者に贈られる(昭和62年制定、平成23年6月の表彰式をもって終了)。

【主催者】(一社)エネルギー・資源学会

【選考委員】非公開

【選考方法】自薦、他薦

【選考基準】〔資格〕同会会員に限る

【締切・発表】例年10月末日応募締切、定時総会後に表彰、学会誌「エネルギー・資源」9月号誌上で紹介

【賞・賞金】賞状と副賞(記念品と金一封)

【URL】http://www.jser.gr.jp/

第1回(昭63年)

高原 北雄(航空宇宙技術研究所熱流体力学部長)、ほか 「高温タービン技術の開発」

第2回(平1年)

森 友三郎(大阪ガス特需営業部部長補佐)、ほか 「重質油トータルエネルギー利用システムの開発(チェリーPプロセス)」

第3回(平2年)

寺田 房夫(三洋電機空調事業研究センター所長)、ほか 「フロンを使わない次世代冷暖房給湯システムDDHPの開発」

第4回(平3年)

野間口 有(三菱電機開発部次長)、ほか 「高効率・脱フロン極低温フリーザーの開発」

第5回(平4年)

石井 国義(九州電力取締役火力部長)、ほか 「石炭灰による人骨軽量骨材の製造技術(廃棄物の再資源化技術)」

第6回(平5年)

西野 敦(松下電器産業電子化学材料研究所長)、ほか 「電気二重層キャパシタ」

第7回(平6年)

小島 民生(東京電力火力部副部長)、ほか 「コンバインドサイクル用ガスタービン低NOX燃焼器の開発」

第8回(平7年)

鈴木 皓夫(シャープ太陽電池事業部長)、ほか 「住宅用太陽光発電システム」

高橋 史郎(中外炉工業環境事業部課長)、ほか 「燃却灰リサイクルレンガ製造技

術の開発」
第9回（平8年）
　気賀 尚志（石川島播磨重工業），ほか「微粉炭燃焼ボイラ用内部セパレート型ワイドレンジバーナ」
第10回（平9年）
　木下 幸治（TDKフェライト第2事業部素材開発部部長），高橋 弘泰，須田 茂昭（TDK），北川 武生（TDKテクノ），菱丸 敵（野村興産）"使用済み乾電池のソフトフェライト原料への応用"
　山下 義彦（大阪ガス設備管理チーム機械グループチーフ），岩田 幸雄，山崎 恭士（大阪ガス），伊藤 裕，新居 敏則，山根 政美（神戸製鋼所）"蓄冷技術を用いたボイルオフガス再液化システム"
第11回（平10年）
　大西 宏（松下電器産業生活環境システム開発センター主席技師），寺田 貴彦，山下 文敏，山県 芳和，渡辺 彰彦（武生松下電器）"リサイクル性を向上したモールドモータ"
第12回（平11年）
　該当なし
第13回（平12年）
　青木 康芳（東北電力火力原子力本部火力部取締役火力部長），五十嵐 喜良，遠藤 幸雄，阿部 信志，山田 昇（東北電力）"1,450℃級ガスタービンの実用化による高効率コンバインドサイクル発電所の開発"
　葛本 昌樹（三菱電機環境システム技術部放電応用グループマネジャー），田畑 要一郎，八木 重典，塩野 悟，和田 昇，太田 幸治（三菱電機）"高効率・高濃度オゾン発生器の開発"
第14回（平13年）
　長谷川 泰三（関西電力総合技術研究所長兼電力技術研究所長），徳田 信幸，菊岡 泰平（関西電力），重松 敏夫，筒井 康充（住友電気工業）"電力貯蔵用レドックスフロー電池の開発"

第15回（平14年）
　須田 泰一朗（関西電力環境室環境部長），飯島 正樹（三菱重工業），三村 富雄（関西電力）"発電所排ガス中の二酸化炭素回収に関する技術開発"
第16回（平15年）
　町田 明登（前川製作所 技術研究所次長），赤星 信次郎，池田 泰之，M.N. ネルソン（前川製作所），和田 通夫，松永 辰三，佐野 和善（関西電力）"高効率自然冷媒冷却装置（CO_2・NH_3超低温二元冷凍装置）の開発"
第17回（平16年）
　西村 寛之（大阪ガス エネルギー技術研究所エグゼクティブリサーチャー），加藤 真理子，川口 隆文，川崎 真一，阪本 浩規，狩屋 嘉弘（大阪ガス），佐藤 正洋，近藤 義和（KRI）"廃PET/PEの新相溶化剤活用高機能化によるリサイクル技術の開発"
第18回（平17年）
　井川 清光（タクマ 計画本部エネルギー技術部第四課課長），喜多 照之（タクマ）"効率的な木質バイオマス燃焼熱併給発電システムの開発"
第19回（平18年）
　該当者なし
第20回（平19年）
　栗本 駿（新日本石油 社会環境安全部長），藤山 和久，西山 典行，土田 進一，田中 公二（新日本石油）"ランドン油田随伴ガス回収・有効利用プロジェクトのCDM登録"
　増田 孝人（住友電気工業 電力・エネルギー研究所超電導ケーブルプロジェクトリーダー），廣瀬 正幸，八束 健，渡部 充彦，芦辺 祐一，滝川 裕史（住友電気工業）"高温超電導ケーブル"
第21回（平20年）
　岸本 章，西村 浩一，柏木 愛一郎（大阪ガス）"ビル空調用冷温水圧損圧減剤―可逆的自己組織化有機塩による伝熱低下防

止型新材料の開発"
第22回(平21年)
馬渕 雅夫(オムロン(株)コントロール機器統轄事業部環境事業推進部商品開発課), 坪田 康宏, 今村 和由(オムロン)「集中連係向け太陽光発電用単独運転検出技術」
第23回(平22年)
坂 志朗(京都大学大学院エネルギー科学研究科エネルギー社会・環境科学専攻エネルギーエコシステム学分野教授), 服部 亮, 村上 洋司(豊田通商)「超臨界流体技術によるバイオディーゼル燃料の創製」
椋田 宗明(三菱電機(株)先端技術総合研究所 環境・分析評価技術部部長), 谷村 純二, 真下 麻理子, 松村 光家, 平野 則子, 中 慈朗, 衣川 勝, 筒井 一就, 井関 康人, 小木曽 正美, 滝田 英徳, 小笠原 忍 「使用済み家電のプラスチックマテリアルリサイクル技術の開発」
第24回(平23年)
鮫島 良二((株)タクマ エンジニアリング統轄本部企画開発センター長), 中村 一夫((財)京都高度技術研究所), 堀 寛明(京都市), 井藤 宗親(タクマ)「バイオマスのガス化メタノール合成技術」
近藤 比呂志(三菱マテリアル(株)資源・リサイクル事業本部環境リサイクル事業部長), 篠原 勝則(中部エコテクノロジー), 力石 国寿(三菱マテリアル), 斉藤 博(パナソニックETソリューションズ), 宇治 豊(パナソニック)「冷蔵庫断熱材ウレタンの燃料化技術」

047 エネルギー・資源学会論文賞

エネルギー・資源および環境に関する科学技術の発展に多大な貢献をした研究論文の著者に授与される。平成17年創設。

【主催者】 (一社)エネルギー・資源学会
【選考委員】 同賞選考委員会
【選考基準】〔資格〕同会会員。〔対象〕前年1月より12月までの電子ジャーナル「エネルギー・資源学会論文誌」に掲載されたものの中から選考。
【締切・発表】定時社員総会後の表彰式において授与。
【賞・賞金】毎年2件以内とし,賞状および副賞として記念品が贈呈される。
【URL】 http://www.jser.gr.jp/

第1回(平17年)
米谷 龍幸, 手塚 哲央, 佐和 隆光(京都大学) "電力自由市場への短期的移行過程に関する分析"
佐野 史典, 鈴東 新, 上野 剛, 佐伯 修, 辻 毅一郎(大阪大学) "住宅用用途別エネルギー消費日負荷曲線の推定/住宅における用途別エネルギー消費構造と暖房需要の省エネポテンシャル"
第2回(平18年)
林 礼美, 時松 宏治(地球環境産業技術研究所(RITE)), 山本 博巳(電力中央研究所), 森 俊介(東京理科大学) "クロスインパクト分析による地球温暖化対策評価のための叙述的シナリオの構築"
第3回(平19年)
福田 哲久, 黒田 正範, 藤本 真司, 佐々木 義之, 坂西 欣也, 美濃輪 智朗, 矢部 彰(産業技術総合研究所) "木質系バイオマスからエネルギー物質を作り出すシステムの効率と経済性の検討"

第4回(平20年)
　山本 博巳((財)電力中央研究所),福田 桂,井上 貴至(三菱総合研究所),山地 憲治(東京大学)"中四国の木質バイオマス残さの収集・発電利用のシステム分析"

第5回(平21年)
　佐賀 清崇,横山 紳也,芋生 憲司(東京大学)「稲作からのバイオエタノール生産システムのエネルギー収支分析」

第6回(平22年)
　下田 吉之,山口 幸男,岡村 朋,山口 容平(大阪大学),谷口 綾子(パナホーム(株))「家庭用エネルギーエンドユースモデルを用いた我が国民生家庭部門の温室効果ガス削減ポテンシャル予測」

第7回(平23年)
　仲上 聡,山本 博巳,山地 憲治,高木 雅昭,岩船 由美子(東京大学),日渡 良爾((財)電力中央研究所),岡野 邦彦(東京大学),池谷 知彦((財)電力中央研究所)「車種別利用パターンを考慮したプラグインハイブリッド車と電気自動車の導入評価」
　星野 優子,杉山 大志,上野 貴弘((財)電力中央研究所)「貿易に体化したCO_2排出量の国際比較」

第8回(平24年)
　高橋 徹,幸田 栄一(電力中央研究所)「高湿分空気利用再生サイクル型ガスタービンを用いた圧縮空気エネルギー貯蔵発電システムの研究」

048 エネルギーフォーラム賞

　昭和55年5月,電力新報社の創業25周年を記念し,エネルギー論壇の向上に資するために創設された。

【主催者】エネルギーフォーラム(旧・電力新報社)

【選考委員】茅 陽一(東京大学名誉教授),木元教子(評論家),佐和隆光(滋賀大学学長),末次克彦(アジア・太平洋エネルギーフォーラム代表幹事),深海博明(慶應義塾大学名誉教授),山地憲治(地球環境産業技術研究機構理事・研究所長)

【選考方法】関係者にアンケートによる推薦を依頼

【選考基準】〔対象〕当該年1月から12月までに発表されたエネルギー問題に関する著作・論文(書籍,雑誌等の一般刊行物)

【締切・発表】アンケートは1月下旬締切,選定2月,表彰3月

【賞・賞金】賞:正賞と副賞20万円。同優秀作:正賞と副賞10万円。普及啓発賞:正賞と副賞10万円。特別賞:正賞と副賞10万円

【URL】http://www.energy-forum.co.jp

第1回(昭56年)
　茅 陽一(東京大工学部教授),ほか〈編著〉「エネルギー・アナリシス」

第2回(昭57年)
　該当者なし
◇優秀作
　生田 豊朗(日本エネルギー経済研究所理事長)「茶の間のエネルギー学」
　室田 泰弘(埼玉大助教授)「日本ソフト・パス」

第3回(昭58年)
　小峰 隆夫(日本経済研究センター主任研究員)「石油と日本経済」
◇優秀作
　田中 靖政(学習院大法学部教授)「原子力

の社会学」
第4回(昭59年)
　該当者なし
　◇優秀作
　　大内 幸夫(NHK解説委員)「石油解説」
　　田中 紀夫(日本エネルギー経済研究所研究理事)「原油価格」
第5回(昭60年)
　　佐藤 一男(日本原子力研究所理事)「原子力安全の論理」
　◇優秀作
　　瀬木 耿太郎(評論家)「中東情勢を見る眼」
第6回(昭61年)
　　石川 欽也(元毎日新聞編集委員)「証言/原子力政策の光と影」
　◇普及啓発賞
　　生田 豊朗(日本エネルギー経済研究所理事長)「エネルギーの指定席」
第7回(昭62年)
　該当者なし
　◇優秀賞
　　日本エネルギー経済研究所〈編〉「戦後エネルギー産業史」
　　日本原子力産業会議〈編〉「原子力は,いま」
　◇普及啓発賞
　　岸本 康(前日本原子力文化振興財団専務理事)「原子力その不安と希望」
第8回(昭63年)
　　十市 勉〈編著〉(日本エネルギー経済研究所第4研究室長)「石油産業」
　◇普及啓発賞
　　岸田 純之助〈監修〉(日本総合研究所会長)「巨大技術の安全性」
第9回(平1年)
　　大橋 忠彦(東京ガス企画部部長代理)「エネルギーの政治経済学」
　◇優秀作
　　深海 博明(慶応義塾大学経済学部教授)「資源・エネルギーこれからこうなる」
　◇普及啓発賞
　　茅 陽一,鈴木 浩,中上 英俊,西広 泰輝「エネルギー新時代」

第10回(平2年)
　該当者なし
　◇普及啓発賞
　　福間 知之(日本社会党参議院議員)「原子力は悪魔の手先か」
　　加納 時男(東京電力取締役)「なぜ「原発」か」
第11回(平3年)
　該当者なし
　◇優秀作
　　十市 勉(日本エネルギー経済研究所研究主幹)「第三次石油ショックは起きるか」
　　山地 憲治(電力中央研究所エネルギー研究室長)「原子力は地球環境を救えるか」
第12回(平4年)
　　松井 賢一(日本エネルギー経済研究所計量分析センター研究部長)「世界のエネルギー世論を読む」
　◇普及啓発賞
　　近藤 駿介(東京大学工学部教授)「やさしい原子力教室Q&A」
第13回(平5年)
　該当者なし
　◇優秀作
　　森 俊介(東京理科大学理工学部教授)「地球環境と資源問題」
　　近藤 駿介(東京大学工学部教授)「エネゲイア」
　◇普及啓発賞
　　藤家 洋一(東京工業大学原子炉工学研究所長)「21世紀社会と原子力文明」
　　最首 公司(東京新聞編集員,「アラビア情報」編集人),村上 隆(ソ連東欧経済研究所調査部長)「ソ連崩壊・どうなるエネルギー戦略」
第14回(平6年)
　該当者なし
　◇優秀作
　　西堂 紀一郎(アイ・イー・エー・ジャパン社長),J.E. グレイ(世界エネルギー会議米国委員長)「原子力の奇跡」
　　川上 幸一(神奈川大学教授)「原子力の光

と影」
◇普及啓発賞
依田 直〈監修〉(電力中央研究所理事長), 地球問題研究会〈編〉「トリレンマへの挑戦」
第15回(平7年)
植草 益〈編〉(東京大学経済学部教授) "「講座・公的規制と産業1 電力」(NTT出版)"
◇優秀作
末次 克彦(ハーバード大学ケネディスクールフェロー) "「エネルギー改革」(電力新報社)"
矢島 正之(電力中央研究所経済社会研究所上席研究主幹) "「電力市場自由化」(日本工業新聞社)"
◇特別賞
柴崎 芳三 "「基幹エネルギー産業への軌跡 上下」(日本ガス協会)"
第16回(平8年)
山地 憲治, 藤井 康正 「グローバルエネルギー戦略」
◇優秀賞
秋元 勇巳 「しなやかな世紀」
◇普及啓発賞
佐和 隆光〈編〉「地球文明の条件」
第17回(平9年)
該当者なし
◇優秀賞
昇 昭三 「隠れたる成長産業 都市ガス」
◇普及啓発賞
上坂 冬子 「原発を見に行こう」
第18回(平10年)
佐和 隆光 「地球温暖化を防ぐ」
◇特別賞(奨励賞)
円浄 加奈子 「英国にみる電力ビッグバン」
第19回(平11年)
山地 憲治〈編〉「どうする日本の原子力」
◇普及啓発賞
小山 茂樹 「石油はいつなくなるのか」
◇特別賞
依田 直〈監修〉「トリレンマ問題群シリーズ」
第20回(平12年)
該当者なし
◇優秀賞
鳥井 弘之 「原子力の未来」
吉岡 斉 「原子力の社会史」
第21回(平13年)
西村 陽 「電力改革の構図と戦略」
◇普及啓発賞
新井 光雄 「エネルギーが危ない」
第22回(平14年)
該当者なし
◇優秀賞
柏木 孝夫, 橋本 尚人, 金谷 年展 「マイクロパワー革命」
飯島 昭彦 「電力系統崩壊」
◇普及啓発賞
中村 政雄 「エネルギーニュースから経済の流れが一目でわかる」
第23回(平15年)
該当者なし
◇優秀賞
南部 鶴彦, 西村 陽 "「エナジー・エコノミクス—電力・ガス・石油:理論・政策融合の視点」〔日本評論社〕"
新井 光雄 "「電気が消える日」〔中央公論新社〕"
◇普及啓発賞
松田 美夜子 "「欧州レポート 原子力廃棄物を考える旅」〔日本電気協会新聞部〕"
第26回(平18年)
該当者なし
◇優秀賞
穴山 悌三 "「電力産業の経済学」〔NTT出版〕"
橋爪 紳也, 西村 陽 "「にっぽん電化史」〔日本電気協会新聞部〕"
◇特別賞
藤井 秀昭 "「東アジアのエネルギーセキュリティ戦略」〔NTT出版〕"
第27回(平19年)
山家 公雄 "「エネルギー・オセロゲーム」

〔エネルギーフォーラム〕"
◇優秀賞
　該当作なし
◇特別賞
　松井 賢一 "「国際エネルギー・レジーム」〔エネルギーフォーラ〕"
第28回（平20年）
◇優秀賞
◇普及啓発賞
第29回（平21年）
◇大賞
　該当作なし
◇優秀賞
　茅 陽一〈編著〉，秋元 圭吾，永田 豊〈著〉"「低炭素エコノミー」〔日本経済新聞出版社〕"
　脇 祐三 "「中東激変」〔日本経済新聞出版社〕"

◇普及啓発賞
　山名 元 "「間違いだらけの原子力・再処理問題」〔ワック〕"
◇特別賞
　田嶋 裕起 "「誰も知らなかった小さな町の『原子力戦争』」〔ワック〕"
第30回（平22年）
◇大賞
　該当作なし
◇優秀賞
　山地 憲治 "「原子力の過去・現在・未来　原子力の復権はあるか」〔コロナ社〕"
◇普及啓発賞
　志村 嘉一郎 "「闘電─電気に挑んだ男たち」〔日本電気協会新聞部〕"
　山口 正康 "「炎の産業『都市ガス』」〔エネルギーフォーラム〕"

049 省エネ大賞

優れた省エネ活動事例や技術開発等による先進型省エネ製品等を表彰し，省エネルギー意識の浸透，省エネルギー製品の普及促進等に寄与することを目的とする。審査過程においては，発表大会を開催し，広く優秀な事例を紹介する。「省エネバンガード21」（21世紀型省エネルギー機器・システム表彰）が前身であり，第9回より「省エネ大賞」に改称された。

【主催者】省エネルギーセンター

【選考委員】同賞審査委員会

【選考方法】公募。事前選考（書類審査）を通過した応募者は，公開で開催する地区発表大会で発表し，審査を行う。

【選考基準】〔対象〕国内の省エネルギーを推進している事業者及び省エネルギー性に優れた製品又はビジネスモデルを開発した事業者。上記の取組を行う事業者の中から，特にピーク電力の抑制・ピークシフト等の節電に貢献のあった事業者も表彰する。事業者には，産業・業務・運輸部門に属する企業，工場・事業場のほか，自治体，教育機関等も含む。〔部門〕省エネ事例部門：企業全体での取組や工場等の製造プロセスの改善のほか，現場密着型の小集団活動等，省エネルギー活動を推進している事業者。評価項目は，(1) 先進性・独創性，(2) 省エネルギー性，(3) 汎用性・波及性，(4) 改善持続性。製品・ビジネスモデル部門：原則，平成25年11月1日までに国内で購入可能な優れた省エネルギー性を有する製品（家庭用・業務用製品等のほか，住宅・ビル等の建築部材・システムを含む）又は省エネルギー波及効果の高いビジネスモデルを開発した事業者。評価項目は，(1) 開発プロセス，(2) 先進性・独創性，(3) 省エネルギー性，(4) 省資源性・リサイクル性，(5) 市場性・経済性，(6) 環境保全性・安全性。両部門とも，

地区発表大会では，上記評価項目に加え，プレゼンテーション技術も評価項目とする。

【締切・発表】（平成25年度）応募期間は5月13日〜7月10日，地区発表大会は10月上旬，表彰式・受賞者発表大会は平成26年1月下旬

【賞・賞金】経済産業大臣賞，資源エネルギー庁長官賞，中小企業庁長官賞，省エネルギーセンター会長賞，審査委員会特別賞

【URL】 http://www.eccj.or.jp/bigaward/item.html

第1回（平2年度）
- 通商産業大臣賞〔業務部門〕
  (株)INAX "自己給電式自動水栓「オートマージュ」"
- 資源エネルギー庁長官賞〔業務部門〕
  (株)内田製作所 "温水床暖房機能内蔵石油ストーブ等簡易床暖房システム"
  日本インシュレーション(株) "高断熱性保温剤「U-ブリッド」"
  三洋電機(株)東京製作所 "ビル用マルチエアコン（冷暖自由「3WAYマルチ」システム）"
- 省エネルギーセンター会長賞〔家庭部門〕
  東京電力(株)，ダイキン工業(株) "多機能ヒートポンプシステム"
  大阪ガス(株) "省エネルギー型セントラルヒーティングシステム"
  (株)トヨトミ "石油小形給湯機「トヨトミホームボイラー」"
  (株)日立製作所 "ひかりの見張番付偏平断熱面型蛍光ランプ「あかるい輪」"
  象印マホービン(株) "真空二重パイプ（不凍パイプ）"
- 省エネルギーセンター会長賞〔業務部門〕
  鷹羽科学工業(株) "高効率発電機「トクノーダイナモ」"
  ニチアス(株) "民生用薄型遮熱板「バーモサルシート」"
  東京電力(株)技術研究所 "空気通過型二重ガラス（ベンチレーション窓）"
  東京電力(株)，(株)熊谷組 "生活排水熱利用ヒートポンプ給湯システム"
  三洋電機(株) "インテリジェントガス吸収冷温水器"

  三菱電機(株) "全熱交換型換気機器「ロスナイ」"
  東洋エレクトロン(株) "業務用空調施設（ファンコイル制御ユニット）"
  中部電力(株)，(株)荏原製作所 "冷水1℃蓄熱と水の利用温度差を拡大した空調システム"
  (株)巴商会 "潜熱回収型温水ボイラー"
  東芝ライテック(株) "赤外反射膜応用ハロゲン電球「ネオハロクール」"
  北海道化学資材(株) "省エネルギー寒冷地向太陽熱利用建物"

第2回（平3年度）
- 通商産業大臣賞〔家庭部門〕
  ニッテツ室蘭エンジニアリング "泡式石油ストーブ「バブヒーター・ビッグ・1」"
- 資源エネルギー庁長官賞〔家庭部門〕
  ヤマハ(株) "高効率（省エネルギー）・ローノイズ電源「ヤマハPS〈Power Stream〉」"
  (株)熊谷組 技術研究所 "螺旋渦流を利用した省エネルギー換気システム"
- 資源エネルギー庁長官賞〔業務部門〕
  日立照明(株) "店舗向け自動調光制御システム「マイコンHI-SAVER」"
- 省エネルギーセンター会長賞〔家庭部門〕
  関西電力(株)総合技術研究所，シャープ(株) "太陽電池エアコン"
- 省エネルギーセンター会長賞〔業務部門〕
  西部電機(株) "自動降下機能付ゲート駆動制御システム「LEC型ソーラーモンピコン」"
  大阪ガス(株)，六甲アイランド開発(株) "六甲アイランドCITY地域熱供給シス

テム"
日立金属（株）"中低温用補助チラー内蔵型密閉蒸発式冷却塔「HICSチルドタワー」"
田島技術士事務所，生越製作所"廃棄物エネルギー再利用型燃焼機「プレイバックバーン」"
東京電力（株）開発研究所，三菱重工業（株）"新型ヒートポンプシステム"
岩崎電気（株）"高演色コンパクトHIDランプシステム「ハイラックシリーズ」"
東京ガス（株）"住棟セントラル給湯・暖房システム用熱交換器ユニット「HEATSII-Auto-Comfort」"
（株）電気工作"コージェネレーションシステムにおける逆潮流防止装置"

第3回（平4年度）
- 通商産業大臣賞〔業務部門〕
  （株）竹中工務店"冷媒自然循環空調システム「ベーパークリスタルシステム・VCS」"
- 資源エネルギー庁長官賞〔業務部門〕
  サンデン（株），日本コカ・コーラ（株）"飲料自動販売機の蓄熱式省エネルギーシステム"
  東陶機器（株）"節水型衛生器具「ネオレストEX」「US一体形小便器」"
- 省エネルギーセンター会長賞〔家庭部門〕
  三菱電機（株）生活システム研究所"暖房機ネットワークシステム"
  松下住設機器（株）"冷媒加熱式石油エアコン（熱駆動型熱搬送方式）"
  北海道電力（株），北海道電機（株），住友電気工業（株）"電気蓄熱暖房器「暖吉クン」"
  松下電工（株）"蓄熱型床暖房システム"
- 省エネルギーセンター会長賞〔業務部門〕
  西部瓦斯（株），鹿島建設（株）九州支店，東洋熱工業（株）九州支店"低空調負荷型焼肉用無煙ロースター・システム（エアカーテン方式無煙ロースター）"
  東京電力（株）技術開発本部開発研究所，

（株）フジクラ"ループヒートパイプ式蓄熱型電気給湯設備"
鹿島建設（株）設計エンジニアリング総事業本部，松下精工（株）開発事業部"省エネルギー型個別空調システム（「WAT」インバータタイプ）"
九州電力（株）総合研究所"未来型省エネ住宅「エネルギー・マネージメント・ハウス」"
（株）シールテック"モジュラーシール"

第4回（平5年度）
- 通商産業大臣賞〔家庭部門〕
  （株）東芝"家庭用冷房・暖房兼用スプリット形ルームエアコン「TWIN DD」"
- 資源エネルギー庁長官賞〔家庭部門〕
  シャープ（株）"全自動洗濯機「エスアワシュ6.5」"
  キヤノン（株）"ファミリーコピア「CLIP FC310/330」"
- 資源エネルギー庁長官賞〔業務部門〕
  （株）明拓システム"面光源装置"
- 省エネルギーセンター会長賞〔家庭部門〕
  大阪ガス（株），（株）ハーマン"家庭用ガス風呂給湯器24号全自動タイプ「炭酸風呂」"
  テムコ（株）"水道凍結防止ヒータ用節電器「セーブ90」"
- 省エネルギーセンター会長賞〔業務部門〕
  北海道電力（株）総合研究所"北海道電力泊体育館冷暖房システム"
  東京電機工業（株）"翼形遠心送風機「MT式SL形リミットロード・エアホイールファン」"
  長谷川建築事務所"地熱融雪装置「ユーシステム」"
  日本国土開発（株）"天井輻射冷暖房システム"
  東京電力（株），三菱電機（株）"小型氷蓄熱冷暖房装置「氷蓄熱式ビル用マルチエアコン」"
  東京電力（株），（株）日立製作所"小型氷蓄熱冷暖房装置「ビル用マルチエアコン

セットフリー蓄熱シリーズ」"
リンナイ(株),東邦ガス(株)"ブラスト式ガス強熱グリラー"

第5回(平6年度)
- 通商産業大臣賞〔家庭部門〕
(株)東芝 "全自動電気洗濯機「快速銀河AW-60X7」"
- 資源エネルギー庁長官賞〔家庭部門〕
三菱電機(株) "ツインルクロータリーコンプレッサ搭載三菱冷蔵庫"
東芝ライテック(株) "インバータ式電球形蛍光ランプ「ネオボール5」"
- 資源エネルギー庁長官賞〔業務部門〕
アフィニティー(株) "自律応答型省エネ調光ガラス"
三洋電機(株) "ビル用大容量マルチエアコン「Wマルチ」"
- 省エネルギーセンター会長賞〔家庭部門〕
(株)トヨトミ "自然通気形開放式石油ストーブ「トヨストーブ:RCA-1001形」"
(株)東芝 "家庭用冷房・暖房兼用スプリット形ルームエアコン「電気上手なエアコン」"
(株)日立製作所 "風呂水利用全自動洗濯機「静御前 カラッと脱水 お湯取物語」"
(株)日立製作所 "家庭用冷暖房ルームエアコン「カラッと除湿の白くまくん」"
三菱電機(株) "三菱ハンドドライヤー「ジェットタオル」"
三洋電機(株) "全自動洗濯機「ASW-60A2」"
松下電子工業(株) "電球形蛍光灯「パルックボール」"
中部電力(株),(株)ユパック "上部昇温式電気温水器「ユパック熱湯貯湯式電気温水器」"
- 省エネルギーセンター会長賞〔業務部門〕
(株)日立製作所,九州電力(株) "業務用バイオ式生ごみ処理機"
石川島播磨重工業,高嶋技研(株) "ガラスビン自動色選別装置"

第6回(平7年度)
- 通商産業大臣賞〔家庭部門〕
三菱自動車工業(株) "三菱筒内噴射ガソリンエンジン"
- 通商産業大臣賞〔業務部門〕
松下電工(株) "センサ付照明器具「セルフコントロール照明器具」"
- 資源エネルギー庁長官賞〔家庭部門〕
三洋電機(株) "家庭用冷暖房兼用スプリット型ルームエアコン「レアメタル採用・DCツインシリーズ」"
三菱電機(株) "台所用洗浄機「クッキングウォッシャー」"
- 資源エネルギー庁長官賞〔業務部門〕
キヤノン(株) "レーザショットLBP-730"
東京ガス(株),三菱電機(株) "吸収冷温水ヒートポンプ「エコ・ヒーポン」"
- 省エネルギーセンター会長賞〔家庭部門〕
(株)東芝 "家庭用冷房・暖房兼用スプリット形ルームエアコン「電気上手」"
松下電器産業(株) "家庭用冷暖房ルームエアコン「高性能スクロールエアコン」"
(株)日立製作所 "家庭用冷暖房除湿ルームエアコンファミリーシステム「カラッと除湿の白くまくん」"
シャープ(株) "冷凍冷蔵庫「ワークトップSEシリーズ冷蔵庫」"
松下冷機(株) "インバータシステム搭載ナショナル冷蔵庫「Tanto(タント)」"
日本建鉄(株),三菱電機(株) "三菱全自動洗濯機 MAW-60J1形"
日本セラミック(株) "照明ランプ「Q Light」"
松下電器産業(株) "電気カーペット「着せかえカーペット」"
- 省エネルギーセンター会長賞〔業務部門〕
(株)日立製作所 "システム天井方式クリーンルーム用「省エネ型ファンフィルタユニット」"
東京電力(株),(株)日立製作所 "大温度差・変流量ヒートポンプチラー"
(株)紀尾井 "成層空調システム"

049 省エネ大賞

東京電力(株),日本コカ・コーラ(株),富士電機(株)"省エネ型清涼飲料用自動販売機「エコ・ベンダー」"

(株)川本製作所"ステンレス速度制御ユニット「ポンパー(R)KF」"

第7回(平8年度)

- 通商産業大臣賞〔家庭部門〕

  (株)日立製作所,東北電力(株)"ルームエアコン「"だんちがい"の「カラッと除湿」の白くまくん」"

- 通商産業大臣賞〔業務部門〕

  東芝ライテック(株)"高周波点灯専用形蛍光ランプ「ネオスリム」"

- 資源エネルギー庁長官賞〔家庭部門〕

  三菱重工業(株)"ルームエアコン「ビーバーエアコンニューダブルスクロールシリーズ」"

  シャープ(株)"冷凍冷蔵庫「省エネ"左右開き"冷蔵庫シリーズ」"

  松下電器産業(株)"オーブン電子レンジ「おひろめエレックさん」"

- 資源エネルギー庁長官賞〔業務部門〕

  三菱電機照明(株)"省エネルギー照明システム「メルセーブシステム」"

- 省エネルギーセンター会長賞〔家庭部門〕

  三洋電機(株)"ルームエアコン「インバータルームエアコンEVSシリーズ」"

  (株)コモア"浮床反射式床暖房「コモアホット」"

  シャープ(株)"電気カーペット「電気代1/2&丸洗いできるカバー」"

  (有)ケイ・イー・シー"SOD(スイッチ・オン・ディマンド)「節電虫」"

  ソニー(株)"家庭用ビデオカメラ「スタミナハンディカムシリーズ」"

  (株)グルッポピエタ"外釜式浴槽の逆流防止装置「ふろっきー」"

- 省エネルギーセンター会長賞〔業務部門〕

  松下精工(株)"産業用空調「バリアゾーンシステム」"

  (株)東芝 「業務用パッケージエアコン(AIU-J1406HG/ROA-J1404HT)」

山武ハネウエル(株)"統合化BAシステム「savic-net 20EV/50EV/80EV」"

(株)東芝 「ミニノートパソコン(Libretto 20)」

セイコーエプソン(株)"低パワーLCDモジュール「LMF 7017 RTO,LMF 7016 RTO」"

第8回(平9年度)

- 通商産業大臣賞〔家庭部門〕

  三菱電機(株)"家庭用ルームエアコン「三菱ルームエアコン霧ヶ峰MSZ-LX32A」"

  シャープ(株)"全自動電気洗濯機「インバーター愛情速洗力シリーズ」"

- 資源エネルギー庁長官賞〔家庭部門〕

  松下電工(株)"ツインパルックインバータ照明シリーズ「ツインPa」"

  三菱重工業(株)"家庭用ルームエアコン「ビーバーエアコン暖ガンワープSRK320RZX」"

  松下電器産業(株)"ナショナル温水洗浄便座「ビューティ・トワレ」GX3・GX7"

- 資源エネルギー庁長官賞〔業務部門〕

  三菱電機(株),三菱電機エンジニアリング(株),三菱電機ビルテクノサービス(株),日本電気(株)"パッケージエアコン「冷媒自然循環併用形空調機システム」"

- 省エネルギーセンター会長賞〔家庭部門〕

  (株)日立製作所"家庭用冷暖房除湿ルームエアコン「PAMエアコン白くまくんRAS-2510JX,RAS-2810JX」"

  松下電器産業(株)"電気掃除機「ゴミ信号付き電気掃除機シリーズ」"

  日本建鐵(株)"全自動洗濯機「三菱全自動洗濯機MAW-70LP形」"

  (株)日立ホームテック"オーブンレンジ「2段じょうず」"

- 省エネルギーセンター会長賞〔業務部門〕

  東京ガス(株),三洋電機(株),(株)日立製作所,三菱重工業(株),矢崎総業(株)"排熱投入型ガス吸収冷温水機「ジェネリンク」"

142 環境・エネルギーの賞事典

東京電力(株),三菱電機(株)"年間冷房用高効率空冷チラーユニット「三菱電機空冷チラー」"

東京ガス(株),大阪ガス(株),東邦ガス(株),リンナイ(株),谷口工業(株),シンポ(株)"内部炎口バーナー搭載業務用ガス厨房機器 コンロ「RSBN-096」、コンロ「NOX-TGD-3」、焼き物器「SKRX、SPRX」"

セイコーエプソン(株)"高輝度液晶プロジェクタ「ELP-3500」"

三菱電機(株)「業務用有圧換気扇」

第9回(平10年度)

- 通商産業大臣賞〔家庭部門〕

(株)日立製作所"冷凍冷蔵庫「PAM野菜中心蔵 R-S44PAM/R-S38PAM」"

(株)東芝"エアコン「スプリット型ルームエアコン大清快 RAS-285LDRシリーズ」"

- 資源エネルギー庁長官賞〔家庭部門〕

松下電器産業(株)"全自動洗濯機「インバーター制御による遠心力洗濯機」"

大阪ガス(株),パロマ工業(株)"ガスコンロ「水なしグリル搭載ガステーブルこんろPA-DR37F/10-995」"

- 資源エネルギー庁長官賞〔業務部門〕

日産自動車(株)"ガソリンエンジン「NEO Di+HYPER CVT(直噴ガソリンエンジン+無段変速機)」"

日本板硝子(株)"真空断熱ガラス「スペーシア」"

ダイキン工業(株)"エアコン「スカイエア スーパーインバーター60」"

- 省エネルギーセンター会長賞〔家庭部門〕

松下電工(株)"電気カーペット「ホットカーペ キトサンゆかピタ」"

松下電器産業(株)"家庭用ルームエアコン「CS-G22YH」"

(株)東芝"冷凍冷蔵庫「ツイン冷却インバータ"みはりばん庫"GR-470K」"

三菱電機(株),静岡製作所"ルームエアコン「本格リビング用ルームエアコン MSZ-LX28F」"

シャープ(株)"オーブン電子レンジ「液晶ナビゲーション"オーブン電子レンジシリーズ」RE-M100,-M200,-M300"

(株)日立製作所"ルームエアコン「快記録・PAMエアコン白くまくんシリーズ」"

- 省エネルギーセンター会長賞〔業務部門〕

日産自動車(株)"ディーゼルエンジン「NEO Di ディーゼルエンジン(直噴ディーゼルエンジン)」"

松下電器産業(株),AVC社"放送用デジタルVTRシステム「放送用デジタルVTR DVC PROシリーズ」"

シャープ(株)"「スーパーモバイル液晶」HR-TFT液晶ディスプレイ"

富士電機(株),(株)富士電機総合研究所(株),富士電機ヴィ・シー・アルテック(株)"富士トータル制御システム「エコマックスV」"

シャープ(株)「待機時省エネスイッチング電源(0.3W)」

日本アイ・ビー・エム(株)"デスクトップPC「IBM PC710 6870-JNM/JPM」"

(株)日立製作所"液晶デスクトップパソコン「FLORA-Prius30(302T23H型)」"

第10回(平11年度)

- 通商産業大臣賞〔家庭部門〕

東京ガス(株),リンナイ(株)"給湯機器「高効率ガス給湯器」"

- 通商産業大臣賞〔業務部門〕

東芝キヤリア"新インバータ駆動コンプレッサシステム及び搭載機種ルームエアコン「大清快」シリーズ"

- 資源エネルギー庁長官賞〔家庭部門〕

ダイキン工業(株)「ダイキン・省エネインバーターエアコン」

松下冷機(株)"冷凍冷蔵庫 SKIT(W冷却)システム搭載「NR-E46W1,E40W1,D36D1.C37D1」"

- 資源エネルギー庁長官賞〔業務部門〕

富士ゼロックス(株)"フルカラー・プリンタ/コピー/複合機Ducu Print C1250,

Ducu Color 1250・1250CP各シリーズ」

- 省エネルギーセンター会長賞〔家庭部門〕

  シャープ（株）"20型液晶ディスプレイテレビ「ウインドウ」"

  （株）東芝 "冷凍冷蔵庫「ファイン＆ツイン冷却"凍らせないで鮮蔵しましょ"」"

  三菱重工業（株）"ルームエアコン「ビーバーエアコン"三重奏"SRK28BLSV」"

  松下電器産業（株）"ルームエアコン「エオリア CS-E400AHシリーズ」"

  シャープ（株）"冷凍冷蔵庫「インバータ・ハイブリッド 2WAY冷却シリーズ」"

  松下電子工業（株）"電球形蛍光灯「パルックボールYOUシリーズ」"

  東陶機器（株）"食器洗い乾燥機「ウォッシュアップ EUD110R,EUD120,EUD200」"

- 省エネルギーセンター会長賞〔業務部門〕

  三菱電機（株）"空冷、2管式冷暖同時シティマルチR2「ビル用マルチエアコン シティマルチ 新冷媒シリーズ」"

  日立照明（株），（株）日立GEライティング"高周波点灯専用蛍光灯器具「T8・110W薄形シリーズ」"

  中部電力（株）"ヒートポンプ・チラー「ウルトラハイエフ」"

  （株）日立製作所 "変圧器「Superアモルファス変圧器」"

  大阪ガス（株），ヤンマーディーゼル（株）"ガスマイクロコージェネレーションシステム「EコンビYCP9800シリーズ」"

  ダイキン工業（株），中部電力（株）"氷蓄熱式パッケージエアコン「氷蓄熱ビル用マルチ EXG50」"

  東京ガス（株），ヤンマーディーゼル（株）"ミラーサイクルガスエンジンコージェネレーションシステム「ジェネまるミラクルAiO」"

第11回（平12年度）

- 経済産業大臣賞〔家庭部門〕

  （株）日立製作所 "家庭用冷暖房除湿ルームエアコン「全開PAMエアコン白くま

くんシリーズ」"

  大阪ガス（株），高木産業（株）"高効率家庭用ガス給湯暖房熱源機「エックス・プリオール・エコ」「エコテックQ」"

- 経済産業大臣賞〔業務部門〕

  （株）リコー "デジタル複合機「imagio Neo 350シリーズ」"

- 資源エネルギー庁長官賞〔業務部門〕

  東芝キヤリア（株）"業務エアコン用圧縮機「インバータ駆動DCロータリコンプレッサシリーズ」"

  本田技研工業（株）"ハイブリッドカー「インサイト（insight）」"

  松下電工（株）"省エネ無電極ランプ「エバーライト50街路用照明器具」"

- 省エネルギーセンター会長賞〔家庭部門〕

  松下冷機（株）"トリプル冷却システム搭載 省エネ冷蔵庫シリーズ「NR-D47H1,NR-D42H1」"

  松下電器産業（株）"スプリット形ルームエアコン「新型高効率スクロール圧縮機搭載エオリア CS-E401AH2 シリーズ」"

  シャープ（株）"冷凍冷蔵庫ハイブリッドトリプル冷却シリーズ「SJ-LC47E,WH47E,LC40E,WH40E」"

  東京ガス（株），大阪ガス（株），東邦ガス（株），パロマ工業（株）"高効率こんろバーナ搭載ガスこんろシリーズ「PA-DR37SEF-L(-R),PA-DR35SEWF-L(-R),PA-3300SEF,PA-A025P-CR(L)A,P-3WVF3-L(R),110-1110/1111」"

- 省エネルギーセンター会長賞〔業務部門〕

  東芝キヤリア（株）"業務用エアコンディショナ「スーパーパワーエコシリーズ」"

  富士ゼロックス（株）"省エネルギー型フルカラープリンター「DocuPrint C2220」"

  東京ガス（株），（株）荏原製作所，川重冷熱工業（株），（株）タクマ，ダイキン工業（株），（株）日立製作所，三菱重工冷熱システム（株），矢崎総業（株），（株）クボタ，新晃工業（株），（株）東洋製作

所，(株)日立空調システム，松下精工(株)「ガス吸収式大温度差システム」
旭化成建材(株)，旭化成工業(株)"地球環境適合型の次世代高性能断熱材「ネオマフォーム」"
東邦ガス(株)，エイケン工業(株)"高効率マイコンフライヤー「GF-24」"

第12回(平13年度)
- 経済産業大臣賞〔家庭用部門〕
 松下冷機(株)"2(ツイン)バルブシステム搭載トリプル冷却冷蔵庫シリーズNR-D42H2, NR-D44H2, NR-D47H2"
 (株)デンソー，(株)コロナ，三菱電機(株)群馬製作所，積水化学工業(株)，四変テック(株)，(株)キューヘン，日立空調システム，東京電力(株)，(財)電力中央研究所"自然冷媒(CO_2)ヒートポンプ給湯機(エコキュート)"
- 経済産業大臣賞〔業務用部門〕
 日本電池(株)"GSセラミックメタルハライドランプ「エコセラ」"
 松下電器産業(株)半導体社"スイッチング電源用半導体素子「待機時省エネ3端子IPD(インテリジェントパワーデバイス)シリーズ」"
- 経済産業大臣賞〔自動車部門〕
 トヨタ自動車(株)"新ハイブリッドシステム(1モータ・CVT式)を搭載した自動車「エスティマ ハイブリッド」"
- 資源エネルギー庁長官賞〔家庭用部門〕
 セイコーエプソン(株)"インクジェットプリンタ カラリオシリーズPM-950C，PM-3500C"
 (株)川本製作所"家庭用省エネポンプ「Newソフトカワエース」"
- 資源エネルギー庁長官賞〔業務用部門〕
 東芝キヤリア(株)"店舗・オフィス用エアコン「スーパーパワーエコ BIGシリーズ」"
- 資源エネルギー庁長官賞〔自動車部門〕
 本田技研工業(株)"世界最高水準の超低燃費車「Fit」"

 日野自動車(株)"新型ハイブリッド自動車(バス)「新型HIMR路線バス」"
- 省エネルギーセンター会長賞〔家庭用部門〕
 日立照明(株)"蛍光灯シーリングライト「PAMワイド調光ペアルミックICシリーズ」"
 シャープ(株)"「倍速オーブンレンジ」RE-VC1"
 三菱電機オスラム(株)"電球形蛍光ランプ「ルピカボールミニ」"
 東芝キヤリア(株)"レンジフードファンによるLDK換気システム(インバータ搭載自動運転シリーズ)Nタイプ・Yタイプ"
- 省エネルギーセンター会長賞〔業務用部門〕
 (株)リコー"デジタル複合機「imagio Neo 220/270シリーズ」"
 富士ゼロックス(株)"高速デジタル複写機・複合機「DocuCentre 507/607/707シリーズ」"
 キヤノン(株)"デジタル複合機 imageRUNNER iR3300"
 東邦ガス(株)，東京ガス(株)，大阪ガス(株)，高木産業(株)，(株)ノーリツ"業務用高効率ガス給湯器「コンデンシングタフジェット」「エコテックQ」「ユコアPRO」"
 北上電設工業(株)"天井ファンによる冷暖房環境向上と省エネルギーのシステム"
- 省エネルギーセンター会長賞〔自動車部門〕
 いすゞ自動車(株)"アイドリングストップ&スタートシステム"
 住友ゴム工業(株)"乗用車用タイヤ「デジタイヤエコ」"
 三菱自動車工業(株)"GDIエンジンの触媒反応制御システム"

第13回(平14年度)
- 経済産業大臣賞〔家庭用部門〕
 松下冷機(株)"The ノンフロン冷蔵庫"
- 経済産業大臣賞〔自動車部門〕
 本田技研工業(株)"ハイブリッド乗用車

「CIVIC Hybrid」"
　日産ディーゼル工業（株）"キャパシターハイブリッド中型トラック"
- 資源エネルギー庁長官賞〔家庭用部門〕
　三菱電機（株）静岡製作所　「霧ヶ峰床暖房システム」
　松下エコシステムズ（株）"空気清浄機"
- 資源エネルギー庁長官賞〔業務用部門〕
　富士ゼロックス（株）"モノクロプリンタ DocuPrint 211 DocuPrint 181"
　アドバンスト空調開発センター（株），東芝キヤリア（株），三洋電機空調（株）"業務用エアコンディショナ「new スーパーパワーエコ シリーズ」「スーパーエスパシオ Ⅱシリーズ」"
　横河電機（株）"送水ポンプ省エネ制御システム「エコノパイロット」"
　キヤノン（株）"カラーレーザープリンタ「LASER SHOT LBP-2810/LBP-2710/LBP-2510」"
- 資源エネルギー庁長官賞〔自動車部門〕
　ヤマハ発動機（株）"電動コミューター「パッソル」"
- 省エネルギーセンター会長賞〔家庭用部門〕
　パロマ工業（株）"ガスファンストーブ「ひなたぽっこ」"
　松下電器産業（株）エアコン社　"スプリット形ルームエアコン「Kirei（キレイ）」"
　パロマ工業（株）"潜熱回収型高効率ガス給湯器"
　パロマ工業（株）"高効率ガス小型湯沸器"
　（株）オムロンライフサイエンス研究所"医療用吸入器「オムロンメッシュ式ネブライザ」"
　東邦ガス（株），東京ガス（株），大阪ガス（株），（株）ノーリツ"高効率家庭用ガス給湯暖房機"
　東邦金属工業（株）"卓上用簡易コンロ「トーホーハンディガスレンジ」「ダイエーサリブカセットコンロ」"
　高木産業（株）"高効率家庭用ガスふろ給湯器「エコテックQ」"

- 省エネルギーセンター会長賞〔業務用部門〕
　セイコーエプソン（株），エプソン販売（株）"大判出力プリンタ「マックスアート」"
　松下電器産業（株）照明社　"セラミック発光管メタルハライドランプ「パナビームH」"
　東京ガス（株），大阪ガス（株），高木産業（株）"高効率業務用厨房ダクト接続形ガス給湯器「エコホット-D」「タフジェット16」「エコテックQ」"
　東陶機器（株）"自動水栓「アクアオート」"
　NECカスタムテクニカ（株），日本電気（株）NECソリューションズ"液晶一体型パソコン「Mate」"

第14回（平15年度）
- 経済産業大臣賞〔業務用部門〕
　ダイキン工業（株）"冷凍・冷蔵・空調用熱源ユニット「コンビニパック ZEAS-AC」"
　三菱重工業（株）"冷房機器「高効率インバータ駆動ターボ冷凍機 NART-I シリーズ」"
- 経済産業大臣賞〔自動車部門〕
　トヨタ自動車（株）"トヨタ インテリジェント アイドリング ストップ システム（TIIS）「ヴィッツU"インテリジェント パッケージ"」"
- 資源エネルギー庁長官賞〔家庭用部門〕
　東芝コンシューママーケティング（株），東芝家電製造（株）"ノンフロン冷蔵庫 GR-NF415GX"
　東芝キヤリア（株）"冷房・暖房兼用スプリット形ルームエアコン「大清快シリーズ」"
- 資源エネルギー庁長官賞〔業務用部門〕
　東芝キヤリア（株），中部電力（株）"ビル用マルチエアコン「スーパーモジュールマルチ」"
- 資源エネルギー庁長官賞〔自動車部門〕
　トヨタ自動車（株）"トヨタハイブリッドシステムⅡ（THS-Ⅱ）「新型プリウス」"

ミヤマ（株）"エコドライブナビゲーションシステム"
- 省エネルギーセンター会長賞〔家庭用部門〕
  大阪ガス（株），東邦ガス（株），西部ガス（株），本田技研工業（株），（株）ノーリツ，（株）長府製作所"家庭用ガスエンジンコージェネレーションシステム「ECOWILL（エコウィル）」"
  松下電器産業（株）松下ホームアプライアンス社"高効率スクロール圧縮機搭載スプリット形ルームエアコン「Kirei（キレイ）Xシリーズ」"
  積水ハウス（株），東芝キヤリア（株）"ハイブリッド換気システムIII"
  三菱電機（株）中津川製作所"DCブラシレスモーター搭載 ダクト用換気扇"
  キヤノン（株）"インクジェットプリンタ PIXUS 860 i PIXUS 560 i"
  松下電器産業（株）照明社"無電極放電方式 電球形蛍光灯「無電極パルックボール」"
  東京ガス（株），大阪ガス（株），東邦ガス（株），リンナイ（株）"高効率内炎式バーナー搭載 ガスこんろ"
- 省エネルギーセンター会長賞〔業務用部門〕
  富士ゼロックスプリンティングシステムズ（株），富士ゼロックス（株）"カラーレーザープリンタDocuPrint C2425 DocuPrint C2426"
  キヤノン（株）"カラーレーザープリンタ「Satera LASER SHOT LBP-2410」"
  トクデン（株）"流体循環ロール「ハイブリッドロール」"
  （株）リコー"デジタル複合複写機「imagio Neo 752/602シリーズ」"
  シャープ（株）"デジタル複写機・複合機「LIBRE AR-266シリーズ」"
  （株）コロナ，三菱電機（株）群馬製作所，積水化学工業（株），（株）日立空調システム，松下電工（株），（株）デンソー，東京電力（株）"CO_2冷媒ヒートポンプユニット"

（株）ジャパンビバレッジ，サンデン（株）"新カップ式（小型）自動販売機「JBC-2」"
- 省エネルギーセンター会長賞〔自動車部門〕
  ダイハツ工業（株）"世界最高レベルの低燃費軽自動車「ミラV」"

第15回（平16年度）
- 経済産業大臣賞〔家庭用部門〕
  東陶機器（株）"システムバスルーム2重断熱構造を用いた浴槽「魔法びん浴槽」"
- 資源エネルギー庁長官賞〔業務用部門〕
  東芝キヤリア（株）"業務用貯湯式ヒートポンプ給湯機「ほっとパワーエコBIG」"
- 資源エネルギー庁長官賞〔自動車部門〕
  本田技研工業（株）"4ストローク電子制御燃料噴射装置搭載スクーター「スマート・Dio Z4」"
- 省エネルギーセンター会長賞〔家庭用部門〕
  東芝コンシューママーケティング（株），東芝家電製造（株）"電気冷凍冷蔵庫「東芝ノンフロン the 鮮蔵庫」"
  日立ホーム・アンド・ライフ・ソリューション（株）"家庭用 冷・暖・除湿ルームエアコン「PAMエアコン白くまくん」"
  積水ハウス（株）"高効率エネルギー利用住宅システム「省エネ・防災住宅」"
  パイオニア（株）"プラズマテレビ「地上・BS・110度CSデジタルハイビジョン プラズマテレビ」"
  象印マホービン（株）"電気ポット「VE電気まほうびん」"
  松下電工（株）"照明機器「ツインPaフロート55音声ガイドシリーズ」"
- 省エネルギーセンター会長賞〔業務用部門〕
  プリンス電機（株），岩瀬プリンス電機（株）"高周波点灯専用T5蛍光ランプ及び専用電子安定器「省ライン」"
  松下冷機（株）"ノンフロン対応省エネルギー型包装容器入飲料自動販売機"
  （株）東洋製作所，東京電力（株），中部電力（株），関西電力（株）"アンモニア高効率ヒートポンプチラー「珊瑚（サン

ゴ）」"
三菱電機（株）中津川製作所 "ハイパーエレメント搭載 全熱交換器「業務用ロスナイ 天吊カセット形、天吊埋込形」"
富士ゼロックス（株）"カラー複合機およびドキュメントフローシステム「DocuCentre Color a450/f450およびCentreWare Flow Service」"
日立ホーム・アンド・ライフ・ソリューション（株），関西電力（株）"業務用瞬間式ヒートポンプ給湯機「業務用PAM給湯機」"
キヤノン（株）"白黒デジタル複写機・複合機「imageRUNNER iR4570/3570/2870/2270シリーズ」"

第16回（平17年度）
- 経済産業大臣賞〔業務用部門〕
（株）日立空調システム "店舗用パッケージ型エアコンインバータタイプ「Hi（ハイ）インバータIVX（アイビックス）てんかせ4方向ヒータレスシステム」"
- 資源エネルギー庁長官賞〔家庭用部門〕
三菱電機（株）"家庭用ルームエアコン「霧ヶ峰 ZWシリーズ」"
- 資源エネルギー庁長官賞〔業務用部門〕
富士ゼロックス（株）"フルカラーデジタル複合機「ApeosPort/DocuCentre C7550 I シリーズ」"
- 省エネルギーセンター会長賞〔家庭用部門〕
日立ホーム・アンド・ライフ・ソリューション（株），関西電力（株），中部電力（株）"高出力一体形自然冷媒（CO_2）ヒートポンプ給湯機"
日本特殊陶業（株）「医療用酸素濃縮器 3Eシリーズ」
日本ビクター（株）"プロジェクションテレビ「ビッグスクリーンエグゼ」"
- 省エネルギーセンター会長賞〔業務用部門〕
東京ガス（株），（株）日立空調システム "ガス吸収冷温水機コージェネレーションパッケージ「高効率EXガスエコパック」"

キヤノン（株）"白黒デジタル複写機・複合機「imageRUNNER iR6570/5570シリーズ」"
ダイキン工業（株）"インバータVRVエアコン水熱源ビル用マルチVe-up II W ラウンドフローカセット形室内機組み合わせシステム"
（株）一条工務店 "高性能次世代型省エネ木造住宅「夢の家 II」"
ホシザキ電機（株）"業務用冷蔵庫「ホシザキ省エネタイプXシリーズ」"
東芝キヤリア（株）"インバーター搭載オープンショーケース「SH-321DJシリーズ、SF-321DJシリーズ」"
- 省エネルギーセンター会長賞〔自動車部門〕
ダイハツ工業（株）"ハイブリッド軽商用車「ハイゼットカーゴ ハイブリッド（S320V）」"

第17回（平18年度）
- 経済産業大臣賞〔家庭用部門〕
松下冷機（株）"高性能、高機能真空断熱材「Vacua」シリーズ"
- 経済産業大臣賞〔業務用部門〕
東芝キヤリア空調システムズ（株），東京電力（株），東洋キヤリア工業（株）"業務用 冷凍・空調機器「スーパーフレックスモジュールチラー RUA-TBPシリーズ」"
- 資源エネルギー庁長官賞〔家庭用部門〕
住友スリーエム（株）"液晶用輝度上昇フィルム「BEF IIシリーズ、BEF IIIシリーズ、RBEFシリーズ、WAVEシリーズ、DBEFシリーズ、ESRシリーズ」"
松下電器産業（株）"ドラム式洗濯乾燥機「ヒートポンプななめドラム」"
- 資源エネルギー庁長官賞〔業務用部門〕
松下冷機（株）"飲料自動販売機「ノンフロン・ヒートポンプ飲料自動販売機」"
松下電工（株）"蛍光灯照明器具「センサ機能付照明器具セルコンシリーズ おまかせセルコン」"
- 資源エネルギー庁長官賞〔自動車部門〕

本田技研工業(株)"超低燃費＆クリーンなハイブリッド乗用車「CIVIC HYBRID」"
ダイハツ工業(株)"新ターボエンジンと高効率CVTの低燃費軽乗用車「ソニカ」"
- 省エネルギーセンター会長賞〔家庭用部門〕
松下電器産業(株)照明社"電球形蛍光灯「パルックボール プレミア」"
東京ガス(株),(株)ガスター"高効率家庭用ガス風呂給湯器「潜熱回収型壁貫通型風呂給湯器」"
三菱電機(株)群馬製作所"自然冷媒ヒートポンプ式電気給湯機三菱エコキュート「ダイヤホット」"
松下電器産業(株)"スプリット形ルームエアコン「気流ロボット＆フィルターお掃除ロボット搭載ルームエアコン」"
日立アプライアンス(株)"家庭用冷凍冷蔵庫「たっぷりビッグ すみずみクール」"
- 省エネルギーセンター会長賞〔業務用部門〕
(株)リコー"デジタルフルカラー複写機「imagio MP C1500シリーズ」"
富士ゼロックス(株),富士ゼロックスプリンティングシステムズ(株)"カラーレーザープリンター「DocuPrint C3050」"
(株)神戸製鋼所,中部電力(株),東京電力(株),関西電力(株)"超高効率空冷スクリュヒートポンプチラー「ハイエフヒーポン」"
(株)アベイラス「アベイラス高輝度蓄光式避難誘導板」
東芝キヤリア(株)"冷凍機(コンデンシングユニット)「屋外設置インバータ冷凍機」"
川重冷熱工業(株)"三重効用高効率ガス吸収冷温水機"
- 省エネルギーセンター会長賞〔自動車部門〕
ダンロップファルケンタイヤ(株),住友ゴム工業(株)"70%石油外資源タイヤ「ENASAVE ES801」"

第18回(平19年度)
- 経済産業大臣賞〔家庭用部門〕
松下電器産業(株)松下ホームアプライアンス社"温水洗浄便座「ビューティ・トワレ」"
- 経済産業大臣賞〔業務用部門〕
松下電工(株)"蛍光灯照明器具「Wエコ環境配慮型照明器具」"
- 資源エネルギー庁長官賞〔家庭用部門〕
三菱電機(株)中津川製作所"換気扇「小型モーターminimo搭載 換気扇」"
東芝キヤリア(株)"家庭用ルームエアコン「東芝ルームエアコン大清快」"
- 資源エネルギー庁長官賞〔業務用部門〕
ダイキン工業(株),北海道電力(株),東北電力(株),中部電力(株),北陸電力(株),中国電力(株)"高暖房ヒートポンプエアコン(寒冷地対応)「ホッとエコビルマル」"
コニカミノルタビジネステクノロジーズ(株)"デジタルフルカラー複合機「bizhub C650シリーズ」"
- 資源エネルギー庁長官賞〔自動車部門〕
日産自動車(株)「カーウイングスナビゲーションシステム(愛車カルテ/最速ルート探索サービス)」
- 省エネルギーセンター会長賞〔家庭用部門〕
日立アプライアンス(株)"電気冷蔵庫「栄養いきいき真空チルド」「まんなか冷凍」シリーズ"
三洋電機(株),北海道電力(株)総合研究所"多機能型自然冷媒ヒートポンプ給湯機「寒冷地向け多機能型エコキュート」"
日立アプライアンス(株)"家庭用 冷房・暖房・除湿ルームエアコン「日立PAMエアコン ステンレスクリーン 白くまくん Sシリーズ」"
松下電工(株)"温水洗浄機能付タンクレス便器全自動おそうじトイレ「アラウーノ」"
ダイキン工業(株)"自然冷媒(CO_2)・ヒートポンプ給湯機「ダイキンエコ

キュート」"

東芝ライテック(株) "電球形蛍光ランプ 「ネオボールZリアル 電球100ワットタイプA形」"

- 省エネルギーセンター会長賞〔業務用部門〕

東芝キヤリア(株), 東京電力(株) "業務用ヒートポンプ給湯システム「ほっとパワーエコ ウルトラBIG」"

東芝ライテック(株) "高効率LEDダウンライト「E-CORE[イー・コア]」"

富士ゼロックス(株) "カラープリンター「DocuPrint C1100」"

積水化学工業(株)住宅カンパニー, 北海道セキスイハイム(株), (株)北方住文化研究所 "超高断熱省エネルギー住宅セキスイハイム「シェダン」"

- 省エネルギーセンター会長賞〔自動車部門〕

古河ユニック(株) "トラック搭載型クレーン「U-can ECO(ユーキャンエコ)」"

住友建機(株), 住友建機製造(株), 住友建機販売(株) "省エネ型 油圧ショベル「LEGEST」"

第19回(平20年度)

- 経済産業大臣賞〔家庭用部門〕

日立アプライアンス(株) "ドラム式洗濯乾燥機「ヒートリサイクル 風アイロン ビッグドラム」"

- 経済産業大臣賞〔業務用部門〕

東芝キヤリア(株) "店舗・オフィス用エアコン「スーパーパワーエコ キューブシリーズ」"

- 経済産業大臣賞〔自動車部門〕

いすゞ自動車(株) "エコドライブ推進システム「みまもりくんオンラインサービス」"

- 資源エネルギー庁長官賞〔家庭用部門〕

パナソニック(株) "自然冷媒(CO_2)ヒートポンプ給湯機「パナソニック エコキュート」"

パナソニック エコシステムズ(株) "天井埋込形換気扇 DCモータータイプ「DC天埋」"

- 資源エネルギー庁長官賞〔業務用部門〕

ホシザキ電機(株) "ホシザキ業務用冷凍庫「HF-EXシリーズ」"

富士ゼロックス(株) "カラー複合機・カラープリンター「ApeosPort-III/DocuCentre-III C2200/C3300/C2205/C3305シリーズ・DocuPrint C2250/C3360」"

- 資源エネルギー庁長官賞〔自動車部門〕

日産自動車(株) "クリーンディーゼル乗用車「X-TRAIL 20GT」"

- 中小企業庁長官賞〔業務用部門〕

ナカダ産業(株) "ネットを使用した遮光システム「クールーフネット」"

- 省エネルギーセンター会長賞〔家庭用部門〕

三菱電機(株)中津川製作所 "電気ヒートポンプ式温水暖房用熱源機「エコヌクールピコ」"

パナソニック(株) "スプリット形ルームエアコン「快適省エネエアコン ナノイー搭載エアロボ」"

東芝キヤリア(株) "東芝ルームエアコン「大清快」"

(株)長府製作所 "太陽熱利用給湯システム「エネワイター」"

三菱電機(株), 北海道電力(株) "融雪用温水ヒートポンプユニット「MELSNOW」"

- 省エネルギーセンター会長賞〔業務用部門〕

エコライン(株) "節水装置「エコタッチ」"

三菱電機(株), 関西電力(株), 中部電力(株) "空冷式ヒートポンプチラー「コンパクトキューブ」"

東芝ライテック(株) "電球形LEDランプ「E-CORE(高効率LED電球)」"

ダイキン工業(株) "湿度・温度分離形 新ビル空調システム「DESICAシステム」"

(株)INAX "カートリッジ式小便器「無水小便器」"

三菱電機(株) "店舗・事務所用パッケージエアコン「ミスタースリムERクリー

ンプラスシリーズ」"
　　(株)リコー "デジタルフルカラー複合機「imagio MP C7500SP/C6000SP」"
● 省エネルギーセンター会長賞〔自動車部門〕
　　三菱ふそうトラック・バス(株) "ハイブリッドノンステップ大型路線バス「エアロスターエコハイブリッド」"
(平21年度)
◇機器・システム部門
● 経済産業大臣賞〔家庭用分野〕
　　三菱電機(株) "家庭用エアコン「霧ヶ峰ZW/ZXVシリーズ」"
● 経済産業大臣賞〔業務用分野〕
　　富士ゼロックス(株) "カラー複合機「ApeosPort-IV/DocuCentre-IV C2270/C3370/C4470/C5570シリーズ」"
● 資源エネルギー庁長官賞〔家庭用分野〕
　　東芝ライテック(株) "LED電球「E-CORE［イー・コア］LED電球」"
● 資源エネルギー庁長官賞〔業務用分野〕
　　ダイキン工業(株) "冷凍・冷蔵・空調熱回収システム「熱回収システムコンデンシングユニット」"
● 資源エネルギー庁長官賞〔自動車関連分野〕
　　日産自動車(株) "エコドライブサポートシステム「ECOモード機能＋ナビ協調変速機能」"
● 中小企業庁長官賞〔業務用分野〕
　　(株)新陽社 "エコ薄型電気掲示器「SE型掲示器」"
● 省エネルギーセンター会長賞〔家庭用分野〕
　　シャープ(株) "LED電球「600シリーズ/400シリーズ」"
● 省エネルギーセンター会長賞〔業務用分野〕
　　(株)ブリヂストン "電子ペーパー「QR-LPD」"
● 省エネルギーセンター会長賞〔自動車関連分野〕
　　太陽工業(株)、東芝ホームアプライアンス(株)、西川リビング(株) "大型トラックアイドリングストップ支援用コンパクト冷房システム 「エアースタイル」"

◇人材部門
● 経済産業大臣賞〔企業等内分野〕
　　野沢 定雄((株)小松製作所 エンジン油機事業本部総務部環境省エネグループグループ長(担当部長))
● 資源エネルギー庁長官賞〔企業等内分野〕
　　竹田 吉徳(トヨタ自動車(株) プラントエンジニアリング部原動力技術室 兼 総費用改善グループ 主査(次長級))
● 省エネルギーセンター会長賞〔企業等内分野〕
　　大友 学(秋田エプソン(株)事業管理部工場管理グループ工場管理係)
　　成田 友二((株)日立産機システム 中条事業所 生産統括部生産技術グループ省エネ推進係)
　　塚越 隆啓((株)山武 藤沢テクノセンター 環境安全グループ藤沢テクノセンター長付次長)
　　宇佐美 裕行(中部電力(株) 火力センター発電部発電技術課技術グループ副長)
　　奥本 智文(マツダ(株) プラント技術部 第2プラント技術グループマネジャー)
　　山本 敏明(西染工(株) 代表取締役)
● 経済産業大臣賞〔支援サービス分野〕
　　冨田 安夫((株)山武 ビルシステムカンパニー中四国支店 営業部営業グループ)
● 資源エネルギー庁長官賞〔支援サービス分野〕
　　髙草 智(日本ファシリティ・ソリューション(株) 常務取締役技術本部長)
● 省エネルギーセンター会長賞〔支援サービス分野〕
　　髙山 一郎(関西電力(株) お客さま本部附(株)関電エネルギーソリューション ソリューション事業本部チーフマネジャー)
　　中村 聡(東洋ビル管理(株) 福岡市総合図書館 業務遂行統括責任者兼設備管理責任者)
◇組織部門
● 経済産業大臣賞〔CGO・企業等分野〕

土屋 総二郎((株)デンソー 専務取締役)"「生産技術の自社開発」と「全社横串・やり尽くし」でエネルギーハーフ実現"
- 資源エネルギー庁長官賞〔CGO・企業等分野〕
西村 達志(大和ハウス工業(株)代表取締役専務執行役員)"グループ一体となった省エネ活動の展開"
- 省エネルギーセンター会長賞〔CGO・企業等分野〕
花井 嶺郎(アスモ(株)取締役社長)"製品開発・工程開発・製造の三位一体による省エネ活動"
- 経済産業大臣賞〔産業分野〕
出光興産(株)愛知製油所"超低硫黄軽油製造の高効率運転方法の開発"
- 資源エネルギー庁長官賞〔産業分野〕
新日本石油精製(株),(株)テイエルブイ"10万台のスチームトラップからの蒸気漏洩削減"
- 省エネルギーセンター会長賞〔産業分野〕
トヨタ自動車(株)堤工場"コジェネ熱源のネットワーク有効活用"
- 経済産業大臣賞〔業務分野〕
大阪府都市整備部南部流域下水道事務所今池管理センター"汚泥処理の運用改善による燃料削減"
- 資源エネルギー庁長官賞〔業務分野〕
春日井市民病院"地方公立病院の省エネ活動への挑戦"
- 省エネルギーセンター会長賞〔業務分野〕
(株)セブン-イレブン・ジャパン"省エネ機器や省エネ対策のフランチャイズ展"
- 経済産業大臣賞〔支援サービス分野〕
京都市教育委員会,オムロン(株)"市内全校での電力使用量の「見える化」の実現と省エネ教育活動"
- 資源エネルギー庁長官賞〔支援サービス分野〕
信州省エネパトロール隊"地元企業の連携によるボランティアでの中小企業向け省エネ診断"
- 省エネルギーセンター会長賞〔支援サービス分野〕
沖縄県立北部病院,横河電機(株),芙蓉総合リース(株),(株)朝日工業社,(株)省電舎,(株)設備研究所,照屋電気工事(株),久建工業(株)"7社のスクラムと病院の協力で達成した総合ESCO事業"

(平23年度)
◇省エネ事例部門
- 経済産業大臣賞〔CGO・企業等分野〕
パナソニック(株)"環境貢献と事業成長の一体化を目指した全社省エネ(CO_2削減)活動"
- 経済産業大臣賞〔産業分野〕
(株)デンソー"エネルギーJIT(ジャストインタイム)活動"
- 経済産業大臣賞〔共同実施分野〕
三井化学(株),大阪石油化学(株),大阪ガス(株)"エチレンプラントとLNG冷熱の融合による大規模省エネの実現"
- 経済産業大臣賞〔節電賞〕
イオンディライト(株)"ビルメンテ会社の強みを活かしたハードとソフトによる省エネ効果の最大化"
- 資源エネルギー庁長官賞〔CGO・企業等分野〕
東和産業(株)"総合サービス企業の節電活動における水平展開"
- 資源エネルギー庁長官賞〔産業分野〕
アイシン・エィ・ダブリュ(株),ゼネラルヒートポンプ工業(株),中部電力(株)"生産工程における冷暖同時ヒートポンプシステムの開発・導入"
- 資源エネルギー庁長官賞〔業務分野〕
ローム(株)"ローム京都駅前ビル全面リニューアルにおける省エネ事例"
- 資源エネルギー庁長官賞〔共同実施分野〕
宇部興産(株)"発電設備における低温廃熱回収による省エネルギー"
- 資源エネルギー庁長官賞〔節電賞〕
本田技研工業(株)"VOC処理装置導入における省エネ設計とサーマルリサイク

- 中小企業庁長官賞

  (株)ネイビーズ・クリエイション "北国の中小テナントビルを生まれ変わらせた断熱中心の省エネ対策"
- 省エネルギーセンター会長賞

  日産自動車(株)栃木工場 "鋳造部門におけるエネルギー原単位改善活動"

  パナソニック(株),アプライアンス社 "エアコン熱交換器の省エネものづくり実践"

  三菱電機(株)静岡製作所 "JIT (Just in Time)活動を活用した生産時CO_2削減への取組み"

  出光興産(株)千葉製油所 "水素製造装置原料多様化による省エネルギー"

  大分電子工業(株) "IC製造エネルギー原単位半減を実現した省エネ活動"

  DIC(株)北陸工場 "「エネルギーの見える化」で世界最高レベルの工場を目指して"

  八洋エンジニアリング(株),(有)牧原養鰻 "ヒートポンプ方式による養鰻池の省エネ対策"

  (株)東芝四日市工場 "ポテンシャル追求による動力設備の省エネルギー"

  日本食研ホールディングス(株) "見える化から始まった省エネ活動の実績"

  札幌市 "札幌市役所の省エネ対策"

  国立大学法人名古屋大学,三菱UFJリース(株),三機工業(株),(株)トヨタエンタプライズ "名古屋大学医学部附属病院における管理一体型ESCO事業"
- 審査委員会特別賞

  大日本印刷(株) "フォトマスク生産ライン描画工程における省エネ事例"

◇ 製品・ビジネスモデル部門
- 経済産業大臣賞〔製品(業務)分野〕

  東芝キヤリア(株) "熱源機「ユニバーサルスマートX」RUA-SP24他基本型式全3機種の組合せ"
- 経済産業大臣賞〔製品(家庭)分野〕

  シャープ(株) "液晶テレビ「AQUOS L5シリーズ」LC-60L5他全4機種"
- 経済産業大臣賞〔ビジネスモデル分野〕

  (株)日立製作所,情報制御システム社 "日立モータドライブ省エネサービス「HDRIVE(R)」"
- 経済産業大臣賞〔節電賞〕

  パナソニック(株),アプライアンス社 "節電対応ピークカット自動販売機「魔法VIN自販機」N-EV1120S5、N-1G20W"
- 資源エネルギー庁長官賞〔製品(業務)分野〕

  (株)東芝,セミコンダクター&ストレージ社 "記憶媒体「エンタープライズ用SSD(ソリッド・ステート・ドライブ)」MK4001GRZB他全3機種"
- 資源エネルギー庁長官賞〔製品(家庭)分野〕

  パナソニック(株),アプライアンス社 "電気冷蔵庫「エコナビ搭載冷蔵庫」NR-F556XV、NR-F506XV"
- 資源エネルギー庁長官賞〔節電賞〕

  三菱電機(株) "家庭用エアコン「霧ヶ峰」MSZ-ZW362S、MSZ-ZXV362S"
- 省エネルギーセンター会長賞

  三菱重工業(株) "マイナス25℃でも使用可能な高効率CO_2ヒートポンプ式給湯機「キュートン」ESA30-25"

  パナソニック(株),エコソリューションズ社 "照明器具「LED防犯灯アカルミナ」NNY20430LE1他全6機種"

  熊本電気工業(株) "照射範囲調整機能型高反射照明器具「シャインブライト」SBH-401K他全3型式"

  シャープ(株) "高輝度対応マルチディスプレイシステム「インフォメーションディスプレイ」PN-V602"

  (株)リコー "デジタルカラー複合機「Ricoh Pro C901/Pro C901S」"

  東芝ホーム,アプライアンス(株) "電気冷蔵庫「VEGETA」シリーズ GR-E50FX、GR-E55FX"

(株)コロナ，(株)デンソー "自然冷媒CO_2ヒートポンプ式給湯機「コロナ プレミアムエコキュート」CHP-HX37AW1"

東芝ホームテクノ(株) "DCモーター搭載扇風機「SIENT」F-DLN100"

パナソニック(株)，アプライアンス社 "ドラム式洗濯乾燥機「エコヒートポンプエンジン搭載 ななめドラム」NA-VX7100L/R，NA-VX710SL/R"

三菱電機ホーム機器(株) "レンジグリル「ZITANG(時・短・具)」RG-FS1"

- 審査委員会特別賞

大阪ガス(株) "冷温水圧損低減剤「エコミセルSA」"

(有)シミュレーション・テクノロジー，独立行政法人産業技術総合研究所，千代田化工建設(株)，出光興産(株) "コプロダクションピンチ解析コンサルティングサービス「JUPITER」"

無臭元工業(株) "活性微生物製剤を用いた排水処理効率改善システム「M-DOCコントロールシステム」03084-01-01"

(平24年度)

◇省エネ事例部門

- 経済産業大臣賞〔CGO・企業等分野〕

大和ハウス工業(株) "ZEB実現を目指す自社オフィスでのSmart Eco Projectの推進"

- 経済産業大臣賞〔産業分野〕

オムロン(株) ""環境あんどん"による工場の「診える化」と「最適化」ECO活動"

- 経済産業大臣賞〔節電賞〕

パナソニック(株)，AVCネットワークス社山形工場 "工場全員活動で省エネ・ピーク電力抑制の推進"

- 資源エネルギー庁長官賞〔CGO・企業等分野〕

富士フイルム(株) "電力使用制限令下における富士フイルムグループ節電活動の展開"

- 資源エネルギー庁長官賞〔産業分野〕

トヨタ自動車(株) "動力ミニマム化に拘った人と地球に優しい装置の開発・導入"

- 資源エネルギー庁長官賞〔節電賞〕

三菱電機(株)群馬製作所 "ピーク電力30%削減を達成した全員参加の省エネルギー活動"

- 中小企業庁長官賞

(株)オオキコーポレーション，備前グリーンエナジー(株) "赤穂ロイヤルホテル ゼロ・エミッションホテルプロジェクト"

- 省エネルギーセンター会長賞

(株)ユビテック "自社開発のITによる省エネシステムを活用した省エネ活動事例"

三菱電機(株)，三田製作所 "最先端省エネ工場を目指して"

カルビー(株)新宇都宮工場 "廃水処理設備における熱回収型ヒートポンプ導入による省エネルギー"

(株)デンソー "省エネ組織づくりと新技術開発で活性化した省エネルギー活動"

国立大学法人東京大学 "2011年夏 東京大学 電力危機対策"

清水建設(株)技術研究所 "確実な節電を実現するスマートBEMSによる建物電力ピークマネジメント"

キヤノンマーケティングジャパン(株) "戦う総務の省エネ 〜キヤノンSタワーの省エネ〜"

(株)マルハンパチンコチェーン "278店舗の5ヵ年の省エネ活動"

三菱重工業(株)高砂製作所 "工場調査から始まった固定エネルギーの徹底削減"

パナソニックプラズマディスプレイ(株) "独自のエネルギーJIT思想によるエネルギー原単位改善活動"

公立大学法人横浜市立大学，日本ファシリティ・ソリューション(株) "横浜市大附属病院におけるESCO事業を中心とした省エネ活動"

パナソニック(株)，AVCネットワークス

社 津山工場 "固定エネルギーの比例化によるCO$_2$削減の取り組み"

(株)エィ・ダブリュ・メンテナンス，アイシン・エィ・ダブリュ(株) "ミスト排気ゼロを目指した部品洗浄・乾燥装置の開発"

日本コカ・コーラ(株) "コカ・コーラ自動販売機の輪番による節電対策"

- 審査委員会特別賞

  財団法人筑波麓仁会 筑波学園病院 "私立病院の省エネ活動 熱源機更新なしでエネルギー削減"

  (株)中国放送 "機械室排熱利用とエアハン運転時間短縮による省エネ"

  クレディ・スイス証券(株) "オフィスの輪番空調等による節電対策"

  パナホーム(株)筑波工場，トヨタホーム(株)栃木事業所・山梨事業所，ミサワホーム(株)，エス・バイ・エル住工(株) "「協調」・「競争」による住宅メーカー共同節電対策"

◇製品・ビジネスモデル部門

- 経済産業大臣賞〔製品(家庭)分野〕

  ダイキン工業(株) "省エネ性に優れたルームエアコン「うるさら7」AN40PRP 他全16機種"

- 経済産業大臣賞〔製品(運輸)分野〕

  日産自動車(株) "「LEAF to Home」電力供給システム ZAA-ZE0 ZAA-AZE0 ZHTP1580R"

- 経済産業大臣賞〔ビジネスモデル分野〕

  (株)NTTファシリティーズ，(株)エネット "マンション入居者向けデマンドレスポンスサービス「エネビジョン」"

- 経済産業大臣賞〔節電賞〕

  大阪ガス(株)，アイシン精機(株)，(株)長府製作所 "家庭用固体酸化物形燃料電池「エネファームtypeS」192-AS01 136-CF03"

- 資源エネルギー庁長官賞〔製品(業務)分野〕

  (株)日立産機システム "日立超省エネ変圧器「SuperアモルファスXSH」SOU-CA1 他全42機種"

- 資源エネルギー庁長官賞〔製品(家庭)分野〕

  日立アプライアンス(株) "冷凍冷蔵庫「真空チルドSL」シリーズR-C6700 他全11機種"

- 資源エネルギー庁長官賞〔ビジネスモデル分野〕

  高砂熱学工業(株) "成層空調システムを用いた省エネリニューアル事業"

- 資源エネルギー庁長官賞〔節電賞〕

  アイリスオーヤマ(株) "LEDシーリングライト「ECOHiLUX」CL12DL-PHSL 他全6機種"

- 中小企業庁長官賞〔製品〕

  (株)ユニパック "低圧損洗浄再生中性能フィルタ「薫風」CM-56-60F CM-28-60V CM-28-60H"

- 省エネルギーセンター会長賞〔製品〕

  パナソニック(株)，AVCネットワークス社 "ブルーレイディスクレコーダー「ディーガ」DMR-BZT920 他全7機種"

  富士ゼロックス(株) "フルカラーデジタル複合機「ApeosPort-IV/DocuCentre-IV」ApeosPort-IV C5575 PFS-PC 他全35機種"

  三菱電機ホーム機器(株) "衣類乾燥除湿機 MJ-120GX"

  シャープ(株) "ドラム式洗濯乾燥機「プラズマクラスター洗濯乾燥機」ES-Z100"

  東芝ホームアプライアンス(株) "ドラム式洗濯乾燥機「ZABOON」TW-Z9500 TW-Z8500 TW-Q900"

  日立アプライアンス(株) "ビル用マルチエアコン「FLEXMULTI 高効率タイプ」RAS-AP280DG1 他全17機種"

  TOTO(株) "節水と浴び心地を両立した「エアインシャワー」THC7C THYC48 TMNW40EC TMGG40E 他全48機種"

- 省エネルギーセンター会長賞〔ビジネスモデル〕

大阪ガス(株),(株)エネット "コージェネレーションを活用したデマンドレスポンス「Smart Saving Power」"
ダイキン工業(株) "業務用空調機に対する節電ソリューションの取組み"
- 審査委員会特別賞〔製品〕
ホクショー(株) "垂直搬送機用起動電力アシストシステム「VEAS」"
(株)グリーンシステム "省エネ型園芸ハウス「トリプルハウス」"
- 審査委員会特別賞〔ビジネスモデル〕
福岡市 "新省エネビジネス「事業所省エネ技術導入サポート事業(ソフトESCO事業)」の導入支援"

050 新エネ大賞

　新エネルギー等に係る機器の開発,設備等の導入及び普及啓発の取組を広く公募し,厳正,公正な審査の上,表彰をすることを通じて,新エネルギー等の導入の促進を図ることを目的としている。「新エネバンガード21」としてスタートし,先導的な事例として新エネルギー等の普及促進に大きな役割を果たしてきた。

【主催者】新エネルギー財団

【選考委員】同賞審査委員会

【選考方法】公募。書類審査を通過した応募案件に対し,ヒアリング審査を行う。

【選考基準】〔部門〕概ね3年以内に開発・導入・活動開始されたものとする。(1)商品・サービス部門(新エネルギー等の製品,周辺機器及び関連サービス商品に係る部門),(2)導入活動部門(新エネルギー等の導入に係る部門,グリーンエネルギー証書の導入を含む),(3)普及啓発活動部門(新エネルギー等の普及啓発に係る部門)〔対象〕(1)商品・サービス部門:新エネルギー等の製品,周辺機器及び関連サービス商品に係る先進的・独創的な商品(ソフトウェアも含む)を開発した法人で,原則として,市場への導入から6ヶ月程度経過していること(開発段階や実証段階の案件は,募集対象外とする),(2)導入活動部門:新エネルギー等の先進的な導入事例として,6ヶ月程度の利用実績のある法人,地方公共団体,非営利団体であること(新エネルギー等で得られた電気や熱を,グリーンエネルギー証書の仕組みを用いて導入及び普及を行っている法人,地方公共団体,非営利団体を含むものとする。開発段階や実証段階の案件は,募集対象外とする),(3)普及啓発活動部門:新エネルギー等の普及促進を目的として先進的,継続的に取組みを行っている法人,地方公共団体,非営利団体であること

【締切・発表】(平成25年度)応募期間は6月14日〜8月19日,ヒアリング審査は10月1日または8日,表彰式は平成26年1月下旬

【賞・賞金】経済産業大臣賞,資源エネルギー庁長官賞,新エネルギー財団会長賞,審査委員長特別賞

【URL】http://www.nef.or.jp/award/index.html

第1回(平8年度)
◇通商産業大臣賞
- 新エネルギー機器の部
トヨタ自動車株式会社 "電気自動車 RAV4 LEV"
- 導入事例の部
日本電信電話株式会社 "NTT中央研修センタへ導入 マルチメディア用太陽光発電システム"
◇資源エネルギー庁長官賞
- 新エネルギー機器の部

シャープ株式会社 "住宅用太陽光発電システム サンビスタ"
- 導入事例の部
  東北電力株式会社 "集合型風力発電システム 竜飛ウインドパーク"
  株式会社山形風力発電研究所，株式会社広放社 "山形風力発電所"

◇財団法人新エネルギー財団会長賞
- 新エネルギー機器の部
  三洋ソーラーインダストリーズ株式会社 "省資源型セルを用いた屋根一体型太陽電池 サンテセラPVS-Dシリーズ"
  昭和シェル石油株式会社 "住宅用太陽電池モジュール 三角形太陽電池モジュール"
  矢崎総業株式会社 "住宅用ソーラーシステム―太陽電池併設型太陽熱利用システム ゆワイターエクセレントあつ太郎"
  天然ガス自動車開発グループ（東京ガス（株），大阪ガス（株），東邦ガス（株），西部ガス（株），日産ディーゼル工業（株），いすゞ自動車（株），（株）オーテックジャパン，トヨタテクノクラフト（株），三菱自動車テクノサービス（株），マツダ産業（株），（株）ユニテック） "天然ガス自動車"
- 導入事例の部
  京都府船井郡八木町 "八木中学校太陽光発電システム"
  東京都下水道局，東京下水道エネルギー（株），（株）荏原製作所 "後楽一丁目地区未利用エネルギー活用型熱供給システム 未処理下水を熱源とした地域冷暖房システム"
  株式会社吉字屋本店 "太陽光・コージェネ利用エコロジーSS"

第2回（平9年度）
◇通商産業大臣賞
- 新エネルギー機器の部
  株式会社東芝，International Fuel Cells 社，ONSI社 "200kW リン酸型燃料電池発電設備 PC25TMC"
- 導入事例の部
  学校法人 希望が丘学園 "鳳凰高等学校武道館太陽光発電システム"

◇資源エネルギー庁長官賞
- 新エネルギー機器の部
  三洋ソーラーインダストリーズ株式会社 "太陽電池モジュール HIT太陽電池モジュール"
  シャープ株式会社 "住宅用太陽光発電システム 反射集光型太陽電池モジュール・屋内用コンパクトインバータ"
- 導入事例の部
  伏見大手筋商店街振興組合，三洋電機株式会社 "伏見大手筋商店街ソーラーアーケード"
  堺市，株式会社クボタ，大阪ガス株式会社 "堺市方式高効率ごみ発電システム"

◇財団法人新エネルギー財団会長賞
- 新エネルギー機器の部
  大同ほくさん株式会社 "カラー太陽電池"
  三菱電機株式会社 "住宅用小型高効率パワーコンディショナー（太陽光発電用）PV-PN04B"
  北陸電力株式会社，有限会社タケオカ自動車工芸 "超小型一人乗り電気自動車 EV-1 ルーキー"
- 導入事例の部
  津久見市 "ドリームフューエルセンターごみ固形燃料化施設"
  群馬県企業局 "高浜発電所（複合ごみ発電）"
  東京都水道局，東京ガス株式会社 "次亜製造装置用燃料電池発電システム"
  アサヒビール株式会社，ダイキンプラント株式会社 "アサヒビール吹田工場のコージェネレーションを用いた省エネシステム"
  学校法人堀越学園，京セラ株式会社 "高崎福祉専門学校太陽光発電・熱システム"

第3回（平10年度）
◇通商産業大臣賞
- 新エネルギー機器の部
  トヨタ自動車株式会社 "量産型ハイブリッ

ド乗用車 トヨタ「プリウス」"
- ●導入事例の部
  石川県工業試験場，古河電気工業株式会社，シャープアメニティシステム株式会社 "融雪機能付き200kW太陽光発電システム"
- ◇資源エネルギー庁長官賞
- ●新エネルギー機器の部
  株式会社エム・エス・ケイ "リフォーム対応建材型太陽電池システム フォトボルーフ"
  株式会社本田技術研究所，本田技研工業株式会社 "天然ガス自動車 HONDA CIVIC GX"
- ●導入事例の部
  北九州市 "ガスタービンリパワリング複合ごみ発電システム 北九州市皇后崎工場スーパーごみ発電システム"
  京都市 "バイオ・ディーゼル燃料化事業"
- ◇財団法人新エネルギー財団会長賞
- ●新エネルギー機器の部
  シャープ株式会社 "住宅用太陽光発電システム 環境貢献度モニター付パワーコンディショナ、高出力型多結晶太陽電池モジュール"
  協同組合プロード "モニュメント型風力発電装置 サイレント・エナジー・システム (Silent Energy System)"
- ●導入事例の部
  室蘭市 "500kW級風力発電設備 北海道室蘭市祝津風力発電システム"
  サッポロビール株式会社 "バイオガスを燃料とした 燃料電池発電装置"
  京都府船井郡八木町 "エネルギー再生型畜産糞尿処理システム 八木バイオエコロジーセンター"
  日本大豆製油株式会社，大阪ガス株式会社 "食用油コンビナートでの 特定供給・排気再燃リパワリングシステム"
  株式会社マンヨー食品，株式会社ニチレイ，株式会社新潟鐵工所 "植物廃油を利用した ディーゼル機関コージェネレー

ションシステム"
  京セラ株式会社 "京セラ本社ビル新エネルギーシステム"

第4回（平11年度）
◇通商産業大臣賞
- ●導入事例の部
  株式会社中央住宅，シャープ株式会社 "太陽光発電システム付環境提案型分譲住宅〈ティアラコート春日部・ヴィラガルテン新松戸〉"
  埼玉県 "埼玉県高等学校防災拠点施設の太陽光発電および給湯施設"
- ◇資源エネルギー庁長官賞
- ●新エネルギー機器の部
  鹿島建設株式会社 "高温メタン発酵式有機性廃棄物処理システム メタクレス"
  日産自動車株式会社 "小型電気自動車 日産ハイパーミニ"
- ●導入事例の部
  沖縄電力株式会社，沖縄新エネ開発株式会社，株式会社日立製作所，株式会社日立エンジニアリングサービス "離島用風力発電ハイブリットシステム"
  積水化学工業株式会社 "太陽光発電システム搭載住宅 進・パルフェEX"
- ◇財団法人新エネルギー財団会長賞
- ●新エネルギー機器の部
  株式会社眞崎商店（株式会社マサキ・エンヴェック）"水質改善装置 水すまし"
- ●導入事例の部
  富士ゼロックス株式会社，鹿島建設株式会社 "富士ゼロックス海老名事業所 太陽光発電システム"
  東京都水道局，富士電機株式会社 "小河内貯水池太陽光発電システム"
  北九州市水道局 "環境調和型太陽光発電システム 紫川太陽光発電"
  三重県久居市 "久居榊原風力発電施設"
  セイコーエプソン株式会社 "メタノールを燃料とした 燃料電池発電施設"
  長野県茅野市 "山岳部における環境調和型エネルギー施設 山小屋「夏沢鉱泉」"

熊本県鹿本町 "水辺プラザかもと・新エネルギーシステム"

第5回（平12年度）
◇経済産業大臣賞
- 新エネルギー機器の部
  積水化学工業株式会社 "住宅用 光・熱複合ソーラーシステム"
- 導入事例の部
  トヨタ自動車株式会社 "地域社会と連携した高効率廃棄物発電システム"

◇資源エネルギー庁長官賞
- 導入事例の部
  株式会社トーメンパワー苫前 "苫前グリーンヒルウインドパーク"
  川鉄製鉄株式会社 "製鉄所におけるガス化改質方式廃棄物燃料製造事業"
  株式会社ドリームアップ苫前，電源開発株式会社 "苫前ウィンビラ発電所"

◇新エネルギー財団会長賞
- 新エネルギー機器の部
  三晃金属工業株式会社 "ソーラー発電屋根システム〈サンコーソーラーシステム〉"
  シャープ株式会社 "住宅用太陽光発電システム〈高効率太陽電池モジュール・マルチパワーコンディショナ〉"
  株式会社長府製作所 "落水式ソーラーシステム〈SWR-300〉"
  錦正技研株式会社 "小型風力発電に最適な高効率発電機〈ユニ・エースポール500〉"
- 導入事例の部
  学校法人日本工業大学，スペースコンセプト株式会社，シャープアメニティシステム株式会社 "日本工業大学 景観調和型太陽光発電システム"
  名古屋市 "名古屋市エコチャイルドバス導入支援事業"
  株式会社日本触媒，大阪ガス株式会社 "天然ガス利用高効率熱電可変コンバインドシステム"
  ジャスコ株式会社，株式会社日立製作所 "ジャスコ名古屋みなと店天然ガスコージェネレーション〈ガスエコパック〉"
  財団法人 大阪府水道サービス公社 "村野浄水場におけるコージェネレーションシステム"

第6回（平13年度）
◇経済産業大臣賞
- 導入事例の部
  株式会社 原弘産，エスイーエム・ダイキン株式会社，シャープアメニティシステム株式会社 "高密度連系太陽光発電システム標準装備分譲マンション「アドバンス21貴船」"
  株式会社 ミサワテクノ，株式会社 ミサワホーム総合研究所 "ミサワホーム岡山工場 新エネルギーシステム バイオマス廃棄物利用＋PVシステム"

◇資源エネルギー庁長官賞
- 機器の部
  富士重工業株式会社 "スバル小型風力発電システム"

◇新エネルギー財団会長賞
- 機器の部
  シャープ株式会社 "寄棟屋根対応太陽光発電システム 切妻・寄棟兼用太陽電池モジュール、グラフィックリモコン付きパワーコンディショナ及びストリングコンバータ"
  三菱電機株式会社 "寄棟屋根用太陽光発電システム"
  ソーラーコジェネレーション2000（企業グループ），セントラルハウス株式会社 "ソーラーコジェネレーションシステム2000"
  株式会社 石田製作所 "ダブルクロスフロー型風力発電機付照明灯「エコもん」"
- 導入事例の部
  池田 貴昭 "ヴァーサタイルデザインプロトコルによる太陽電池工作物の設計・導入"
  福島県 "ハイテクプラザ会津若松技術支援センター太陽光発電設備"
  大阪府水道部村野浄水場 "村野浄水場 太

陽光発電システム"
南貿易株式会社，ミサワホーム近畿株式会社，株式会社神戸製鋼所 "南貿易・ミサワホーム近畿ビル太陽光発電システム"
豊国工業株式会社 "太陽熱利用シャワー加温設備"
財団法人日本電動車両協会，株式会社最適化研究所 "電気自動車共同利用システム「京都パブリックカーシステム」"

第7回（平14年度）
◇経済産業大臣賞
- 新エネルギー機器の部
  三菱重工業（株），三菱電機（株）"永久磁石式多極同期発電機を用いた低騒音・高性能可変速ギアレス風車"
- 導入事例の部
  兵庫県企業庁 "西播磨総合庁舎 太陽光発電システム"

◇資源エネルギー庁長官賞
- 導入事例の部
  糸満市，（株）日本設計，（株）神戸製鋼所，日新電機（株）"糸満市新庁舎 太陽光発電システム"
  （株）博進，（株）クボタ "太陽光で美しく発電する街「コスモタウンきよみ野 彩's」"
  （有）永桶，（有）ヤスマル設計事務所，（有）新栄合田建設，（株）大有，美唄自然エネルギー研究会 "雪冷房マンション「ウエストパレス」"

◇新エネルギー財団会長賞
- 新エネルギー機器の部
  （株）クボタ "屋根材一体型太陽光発電システム「クボタの発電する屋根エコロニー」"
- 導入事例の部
  香川県，川崎製鉄（株）"香川県豊稔池水質浄化用フロートタイプ太陽光発電システム"
  学校法人関西外国語大学 "関西外国語大学中宮学舎 太陽光発電システム"
  京都府 "京都府企業局太鼓山風力発電所"
  社会福祉法人南静会，（株）大有，利雪技術協会，（有）雪冷房，（株）朝日工業社 "雪冷熱エネルギーを利用した介護老人保健施設「コミュニティホーム美唄」"
  （株）世界貿易センタービルディング "環境調和型ハイブリッド発電システム"
  大牟田リサイクル発電（株）"大牟田RDF発電システム"
  富士電機（株）"燃料電池による下水汚泥消化ガスのコージェネレーションシステム"
  （株）エコトラック "エコトラック出張見学会（小中学校向け環境教育授業）"

第8回（平15年度）
◇経済産業大臣賞
- 新エネルギー機器の部
  株式会社クボタ "バイオマス燃料製造「膜型メタン発酵システム」"

◇資源エネルギー庁長官賞
- 新エネルギー機器の部
  株式会社CRCソリューションズ "風力発電適地選定支援システム "WinPAS""
- 導入事例の部
  札幌市，株式会社北海道熱供給公社 "札幌駅南口地区地域熱供給システム"

◇新エネルギー財団会長賞
- 新エネルギー機器の部
  日新電機株式会社，関西電力株式会社 "単独運転検出装置"
- 導入事例の部
  島根県企業局，富士電機システムズ株式会社 "超高速フライホイール 電力安定化装置を併設した風力発電システム"
  東京都，株式会社ジェイウインド東京 "東京風ぐるま（東京臨海風力発電所）"
  千葉市 "新港クリーン・エネルギーセンター スーパーごみ発電システム"

第9回（平16年度）
◇経済産業大臣賞
- 優秀普及活動部門
  財団法人雪だるま財団 "安塚町における雪冷房の取組み"
◇資源エネルギー庁長官賞

- 優秀導入活動非営利団体部門
  特定非営利活動法人北海道グリーンファンド "市民出資型風力発電事業による新エネルギー導入"
◇新エネルギー財団会長賞
- 優秀商品部門
  株式会社荏原製作所 "内部循環流動床ボイラによるバイオマス発電設備"
- 優秀導入活動法人部門
  ネスレジャパングループ "姫路工場 天然ガスコージェネレーションシステム"
- 優秀導入活動地方公共団体部門
  北海道瀬棚町 "瀬棚町洋上風力発電所"
- 優秀導入活動非営利団体部門
  特定非営利活動法人ソフトエネルギープロジェクト "多様な組織の協働による普及啓発・環境教育を目的とした市民協働発電所設置事業"
- 優秀普及活動部門
  山梨県企業局 "クリーンエネルギー普及活動"
◇審査委員長特別賞
- 優秀普及活動部門
  学校法人足利工業大学 "新エネルギー普及啓発の取組み"

第10回（平17年度）
◇経済産業大臣賞
- 優秀商品部門
  芝浦特機株式会社 "全世帯太陽光発電付き賃貸マンション「ニューガイア」"
◇資源エネルギー庁長官賞
- 優秀導入活動地方公共団体部門
  岩手県葛巻町 "くずまきの環境は未来の子どもたちへの贈りもの"
◇新エネルギー財団会長賞
- 優秀商品部門
  株式会社クボタ "インライン型発電水車ラインパワー"
- 優秀導入活動地方公共団体部門
  愛知県田原市 "新エネルギー導入から環境共生まちづくりへの展開「たはらエコ・ガーデンシティ構想」"

- 優秀導入活動非営利団体部門
  特定非営利活動法人伊万里はちがめプラン "バイオディーゼル燃料による環境と経済の好循環のまちづくり"
  社団法人静岡県トラック協会 "トラックの排気ガス環境対策を探る～菜の花が地球環境を守る～"
- 優秀普及活動部門
  東京瓦斯株式会社，松下電器産業株式会社，株式会社荏原製作所 "家庭用燃料電池コージェネレーションシステムの開発と市場導入を通した普及促進"
◇審査委員長特別賞
- 優秀普及活動の部
  滋賀県立八幡工業高等学校 "廃食油から得たバイオディーゼル燃料をテーマにした環境啓発活動"

第11回（平18年度）
◇経済産業大臣賞
- 優秀周辺機器部門
  櫻井技研工業株式会社 "風力発電タワー用メンテナンス装置"
◇資源エネルギー庁長官賞
- 優秀製品部門
  富士重工業株式会社 "SUBARU80/2.0 ダウンウインド型風力発電システム"
◇新エネルギー財団会長賞
- 優秀サービス部門
  東京発電株式会社 "マイクロ水力発電システム「Aqua μ」"
- 優秀導入活動法人部門
  波崎漁業協同組合 "日本初の漁港内風力発電施設～JFはさき海風丸"
  みやざきバイオマスリサイクル株式会社 "鶏糞から生まれる電気と再生資源"
- 優秀導入活動地方公共団体部門
  山梨県都留市 "小水力市民発電所元気くん1号"
- 優秀普及啓発活動部門
  豊国工業株式会社 "エコオフィスの体験型普及啓発活動"
  フェリス女学院大学 "赤い風車のフェリス

新エネルギー普及啓発プロジェクト"
◇審査委員長特別賞
- 優秀普及啓発活動部門
  クリーンエネルギーライフクラブ "個人住宅での太陽光発電設置の経年変化検証"

第12回（平19年度）
◇経済産業大臣賞
- 優秀製品部門
  昭和シェルソーラー株式会社 "CIS太陽電池「solacis」"
◇資源エネルギー庁長官賞
- 優秀導入活動法人部門
  株式会社星野リゾート "星のや 軽井沢 地熱利用システム"
- 優秀普及啓発活動部門
  特定非営利活動法人気象キャスターネットワーク，シャープ株式会社 "小学校環境教育/地球温暖化と新エネルギー"
◇新エネルギー財団会長賞
- 優秀製品部門
  三菱重工業株式会社 "世界を目指す三菱重工の2.4MW風車"
- 優秀サービス部門
  株式会社滋賀銀行 "「カーボンニュートラルローン未来よし」でCO_2削減量に応じて琵琶湖の固有種ニゴロブナを3万匹放流"
- 優秀導入活動法人部門
  霧島酒造株式会社 "焼酎生産工場から排出される焼酎粕（バイオマス）の有効利用"
  新日本石油株式会社 "灯油仕様1kW級家庭用燃料電池「ENEOS ECOBOY」"
- 優秀導入活動地方公共団体部門
  横浜市 環境創造局 "ハマウィング横浜市風力発電事業"
◇審査委員長特別賞
- 優秀導入活動法人部門
  池内タオル株式会社 "風で織るタオル"

第13回（平20年度）
◇経済産業大臣賞
- 優秀導入活動法人部門
  津別単板協同組合 "木質バイオマスで4工場に熱・電供給"
◇資源エネルギー庁長官賞
- 優秀導入活動地方公共団体部門
  東京都下水道局 "東部スラッジプラント汚泥炭化事業"
- 優秀グリーンエネルギー導入活動部門
  ソニー株式会社 "グリーン電力証書の導入量拡大と証書システムと連動した森林保全活動の取組み"
◇新エネルギー財団会長賞
- 優秀製品部門
  積水ハウス株式会社 "CO_2オフ住宅"
- 優秀導入活動法人部門
  電源開発株式会社 "郡山布引高原風力発電所"
- 優秀導入活動地方公共団体部門
  北海道雨竜郡沼田町 "沼田式雪山センタープロジェクト"
- 優秀普及啓発活動部門
  稚内新エネルギー研究会 "―最北端から最先端へ―新エネルギーの活用モデルとなる地球に優しいまちづくり"
- 優秀グリーンエネルギー導入活動部門
  株式会社JTB関東 "―目指せエコの赤い羽根―旅から始まるカーボンオフセット（GREENSHOESブランド）"
◇審査委員長特別賞
- 優秀普及啓発活動部門
  特定非営利活動法人 おかやまエネルギーの未来を考える会 "子供たちの未来に希望を！ 自治体との協働を中心にした環境教育・普及啓発活動"

第14回（平21年度）
◇経済産業大臣賞
- 優秀製品部門
  三菱自動車工業株式会社 "新世代電気自動車「i-MiEV（アイ・ミーブ）」"
- 優秀普及啓発活動部門
  社団法人 真庭観光連盟 "真庭地域のバイオマス利活用の実態を見て、触れて、学べる「バイオマスツアー真庭」"
◇資源エネルギー庁長官賞

- 優秀導入活動法人部門
  株式会社アレフ "CO$_2$排出量を半減!!バイオマス資源の地産地消および地中熱・冷温排熱の相互利用を実現した食品加工工場のシステム"
- 優秀普及啓発活動部門
  アサヒビール株式会社 "『アサヒスーパードライ』の製造にグリーン電力を活用"

◇新エネルギー財団会長賞
- 優秀製品部門
  東京ガス株式会社，新日本石油株式会社，大阪ガス株式会社，東邦ガス株式会社，株式会社ENEOSセルテック，東芝燃料電池システム株式会社，パナソニック株式会社ホームアプライアンス社，株式会社長府製作所 "家庭用燃料電池「エネファーム」"
  富士エネルギー株式会社 "真空管ソーラーシステム Fuji ヒートP・SOLAR"
- 優秀サービス部門
  三洋ホームズ株式会社 "3つの太陽エネルギーをフル活用～トリプルエナジー±0、エネルギーが"見える"すまい～"
- 優秀導入活動法人部門
  三峰川電力株式会社 "三峰川電力発電事業及び小水力発電事業（第四発電所建設）"
- 優秀導入活動非営利団体部門
  社会福祉法人 清明会 "特別養護老人ホーム『でいご園』エネルギー施設等整備事業"
- 優秀グリーンエネルギー導入活動部門
  特別非営利活動法人グリーンシティ "市民風車の風が育てる地場産品"

◇審査委員長特別賞
- 優秀導入活動法人部門
  TDK株式会社 甲府工場 ""LOVE the FUTURE"TDK甲府工場太陽光発電導入活動"

（平23年度）
◇経済産業大臣賞
- 優秀製品部門
  積水ハウス株式会社 "グリーンファーストハイブリッド"

◇資源エネルギー庁長官賞
- 優秀導入活動法人部門
  株式会社阿寒グランドホテル "ゼロカーボンプロジェクト"
- 優秀製品部門
  学校法人近畿大学，大阪府森林組合，株式会社ナニワ炉機研究所 "バイオコークス"

◇新エネルギー財団会長賞
- 優秀製品部門
  JX日鉱日石エネルギー株式会社 "マンション向け戸別太陽光発電システム"
- 優秀導入活動地方公共団体部門
  青森県七戸町 "七戸町環境エネルギー推進プロジェクト"
- 優秀普及啓発活動部門
  戸田建設株式会社 "建設現場における新エネ導入の取組みおよび全国事業所におけるエコ活動"
- 優秀グリーンエネルギー導入活動部門
  株式会社J-WAVE "J-WAVE GREEN CASTING DAY"

◇審査委員長特別賞
- 優秀導入活動法人部門
  バイオエナジー株式会社 "バイオガスの都市ガス導管注入事業"
  株式会社神鋼環境ソリューション，神戸市，大阪ガス株式会社 "神戸市東灘処理場における下水道バイオガスである「こうべバイオガス」の都市ガス導管注入事業について"

（平24年度）
◇経済産業大臣賞
- 商品・サービス部門
  オムロン株式会社 "太陽光発電システム用パワーコンディショナ 形KP□K シリーズ"

◇資源エネルギー庁長官賞
  該当なし

◇新エネルギー財団会長賞
- 商品・サービス部門

シーベルインターナショナル株式会社 "小水力発電装置 スモールハイドロ「ストリーム」"
- 導入活動部門
  東武鉄道株式会社，株式会社東武エネルギーマネジメント "我が国が誇る最先端技術を取入れた東京スカイツリータウン事業"
  東北電力株式会社，伊藤忠テクノソリューションズ株式会社 "風力発電出力予測システムの電力系統運用業務への導入について"
- 導入サービス部門
  株式会社ウィンド・パワー・いばらき "ウィンド・パワー かみす洋上風力発電所～日本初の本格的洋上風力発電所～"

◇審査委員長特別賞
- 普及啓発活動部門
  特定非営利活動法人 ひむかおひさまネットワーク "太陽光発電王国 宮崎を目指して！"

051 石油学会賞

石油，天然ガスおよび石油化学工業に関する科学ならびに技術の進歩，奨励をはかり，産業の発達と文化の興隆に資することを目的として設立された。

【主催者】（公社）石油学会

【選考委員】学会賞,論文賞,技術進歩賞,奨励賞：選考委員会および表彰委員会。学会功績賞,学会功労賞：表彰委員会

【選考方法】学会賞,論文賞,技術進歩賞,奨励賞は役員（理事および監事）,事業推進会議委員,顧問,名誉会員および維持会員からの推薦による。但し,論文賞は論文誌編集委員長,奨励賞は部会長からも推薦できる。また,上記4賞は推薦委員会からも推薦できる。学会功績賞は名誉会員,顧問および役員（理事および監事）からの推薦による。学会功労賞は役員（理事および監事），委員会委員長,部会長および支部長からの推薦による

【選考基準】〔資格〕(1) 学会賞・技術進歩賞：個人,法人またはこれに準ずる団体。(2) 論文賞：当該論文の著者で原則として個人。(3) 奨励賞：受賞の年の4月1日現在で40歳未満の個人。〔対象〕(1) 学会賞：石油,天然ガスおよび石油化学工業について,ならびにこれらに関連する機械および装置について,貴重な研究を行い,その業績を発表し学術上特に顕著な功績をあげた者。あるいは上記に関して総合的な技術開発を行い,その業績が工業上特に顕著な功績のあった者。年2件以内。(2) 論文賞：過去1年以内に論文誌「Journal of the Japan Petroleum Institute」に発表された論文のうち優れた論文の著者。年2件以内。(3) 技術進歩賞：石油,天然ガスおよび石油化学工業について,ならびにこれらに関連する個々のプロセス,または個々の機械及び装置について,技術開発または改良を行い,優れた業績をあげた者。年4件以内。(4) 奨励賞：奨励賞は,石油,天然ガスおよび石油化学に関連する分野において,独創的な業績を発表した若手の研究者又は技術者。年4件以内。(5) 学会功績賞：石油学会の発展に顕著な功績のあった者。(6) 学会功労賞：石油学会の委員会,部会及び支部活動等に多大な貢献のあった者

【締切・発表】学会賞,論文賞,技術進歩賞,奨励賞の推薦は8月末日締切。但し,論文誌編集委員長による推薦は12月末日締切,推薦委員会による推薦は9月末日締切。学会功績賞,学会功労賞の推薦は翌年1月20日締切。2月末日までに受賞者を決定し,5月の通常総会において授賞

【賞・賞金】賞記および賞牌。ただし奨励賞は賞記のみ

051 石油学会賞

【URL】http://sekiyu-gakkai.or.jp/

第1回（昭35年度）
　◇学会賞
　　太田 暢人 "石油炭化水素油などの液相空気酸化に関する研究"
　　丸善石油（株），資源技術試験所 "パラキシレン製造法の工業化"
第2回（昭36年度）
　◇学会賞
　　桜井 俊男 "潤滑油に関する研究"
　　日本揮発油（株），日本瓦斯化学工業（株），日揮化学（株） "炭化水素ガスの接触改質"
第3回（昭37年度）
　◇学会賞
　　山崎 毅六 "内燃エンジン燃料に関する研究"
　　石油資源開発（株） "新潟県見附地域における原油および天然ガスの開発"
　　田中 芳雄 "石油学会に対する特に顕著な功績"
第4回（昭38年度）
　◇学会賞
　　斯波 忠夫 "触媒に関する基礎的研究"
　　板倉 忠三，菅原 照雄 "アスファルトの性状と実用性の関係に関する研究"
第5回（昭39年度）
　◇学会賞
　　呉羽化学工業（株），千代田化工建設（株），高分子原料技術研究組合 "ナフサより塩化ビニルの製造法"
　◇論文賞
　　木下 真清，小野山 益弘 「粘度測定に関する研究」
　◇技術進歩賞
　　長尾曹達（株） "製油所ガスおよび廃ソーダ液から水硫化ソーダの製造"
　　水沢化学工業（株） "分解ガス脱水剤の技術開発"
第6回（昭40年度）
　◇学会賞
　　アラビア石油（株） "カフジ油田の発見ならびに開発"
　◇論文賞
　　山路 巍 「いおう化合物の酸化防止作用」
　◇技術進歩賞
　　山本 信夫 "石油坑井の掘サク技術開発の推進および率先"
　　永井 雅夫 "メカニカルシールの技術開発および改良"
　　千代田化工建設（株） "液体貯蔵タンクにおける浮屋根シール機構"
第7回（昭41年度）
　◇学会賞
　　日本ゼオン（株） "C_4留分よりのブタジエンの抽出法"
　◇論文賞
　　山口 達也 「石油炭化水素類の液相空気酸化による低級脂肪酸の製造に関する研究」
　◇技術進歩賞
　　沖野 文吉 "掘サク泥水技術の進歩（特にクロム泥水の開発）"
　　（株）東京タツノ "ノンスペース型計量機の開発，実用化"
　　神鋼ファウドラー（株） "工業用大型反応機の開発（特にグラスライニング機器に関して）"
第8回（昭42年度）
　◇学会賞
　　森川 清 "石油および石油化学工業に関連する触媒反応工学の研究"
　　帝国石油（株） "南阿賀油田の発見ならびに開発"
　◇論文賞
　　平田 光穂 「高圧下の気液平衡についての研究」
　◇技術進歩賞
　　長谷部 信康 "石油系ガスにおける酸化還元反応を利用した新しい湿式脱硫法につ

いて"

日本揮発油（株），大阪瓦斯（株），日揮化学（株）"炭化水素の低温スチームリフォーミングによる無毒性燃料ガス製造法"

第9回（昭43年度）
◇学会賞
三菱油化（株），千代田化工建設（株）"MHC技術（芳香族炭化水素の脱アルキ技術）の開発と工業化"
永井 雄三郎 "石油学会に対する特に顕著な功績"
◇論文賞
該当なし
◇技術進歩賞
尾上 典三（日本鉱業（株）），矢田 直樹，藤本 昭三，松田 健三郎，森田 唯助 "尿素アダクト法による石油留分からのノルマルパラフィン抽出技術の開発と工業化"
長谷川 恵之（東亜燃料工業（株）），阿部 勲（（株）北辰電気製作所）"石油いおう分の連続測定装置（サルファーストリームアナライザー）の開発"

第10回（昭44年度）
◇学会賞
日本瓦斯化学工業（株）"キシレン異性体の分離および異性化法"
◇論文賞
石丸 正美 「マルチグレードエンジン油の永久粘度損失—実用試験と実験室試験との関係」
飯島 博 「アスファルトのコロイド性と動的粘弾性について」
◇技術進歩賞
山本 勝郎（ブリヂストン液化ガス（株）），小畑 邦喜（（株）三井三池製作所），中川 慎治，城戸 栄夫，森永 克巳，井口 耕作，檜沢 計一 "メンブレン方式陸上タンクの開発"
安藤 正夫（チッソエンジニアリング（株））"表皮電流加熱によるパイプラインの保温"

◇学会功績賞
景平 一雄
林 茂

第11回（昭45年度）
◇学会賞
徳久 寛 "石油化学における新技術開発に関する研究"
横田 貞郎（東レ（株）），大谷 精弥，佐藤 真佐樹，岩村 孝雄 "トルエン不均化技術の研究と工業化"
◇論文賞
安藤 宏〔他〕「イソプレン製造法に関する研究」
◇技術進歩賞
（株）横河電機製作所 "渦流量計の開発"
◇学会功績賞
該当者なし

第12回（昭46年度）
◇学会賞
雨宮 登三 "炭化水素の反応および分離に関する研究"
呉羽化学工業（株），日本揮発油（株）"石油高温熱分解副生残渣油および類似残渣油の有効利用法の開発"
◇論文賞
渡辺 治道 「こはく酸イミド系清浄分散剤の作用機構に関する研究」
◇技術進歩賞
東京瓦斯（株），石川島播磨重工業（株）"超低温液体貯蔵用地下タンクの開発"
日本触媒化学工業（株）"プロピレン酸化によるアクリル酸およびアクリル酸エステル製造技術"
◇学会功績賞
吉田 半右衛門
牧 親彦

第13回（昭47年度）
◇学会賞
多羅間 公雄 "いわゆる酸化物触媒の基礎的研究ならびにその石油化学工業への寄与"
三菱化成工業（株）"C_4留分を原料とする

無水マレイン酸の製造技術"
◇論文賞
　藤田　稔「潤滑剤の分析法および添加剤に関する研究」
◇技術進歩賞
　日本石油輸送（株）"石油および化成品小型タンクの噴射洗浄処理システムの開発"
　日鉄化工機（株）"液中燃焼を利用する廃液処理プロセス"
◇学会功績賞
　該当者なし
第14回（昭48年度）
◇学会賞
　功刀　泰碩"オレフィンおよびその誘導体に関する研究"
　石油開発公団，三菱重工業（株），日本海洋石油資源開発（株），出光日本海石油開発（株）"半潜水型海洋石油掘さく装置の建造と阿賀沖油田・ガス田の発見，開発"
◇論文賞
　該当なし
◇技術進歩賞
　千代田化工建設（株）"千代田サラブレッド101型排煙脱硫法の開発"
　尾上　康治（徳山曹達（株）），水谷　幸雄，秋山　澄男，泉　有亮，井原　啓文"直接水和法によるイソプロピルアルコール製造技術の開発"
◇学会功績賞
　渡辺　伊三郎
第15回（昭49年度）
◇学会賞
　原　伸宜"固体酸触媒による石油炭化水素の接触反応に関する研究"
　大谷　精弥（東レ（株）），佐藤　真佐樹，金岡　正純，梅本　毅，松村　輝一郎"パラキシレン新製造技術の開発と工業化"
◇論文賞
　真田　雄三〔他〕「重質油の炭化に関する研究」
◇技術進歩賞

三井造船（株）"気液接触装置としての液分散型トレイ（New VST）の開発と実用化"
　大島　昌三（丸善石油（株）），樫木　正行"石油製品中の金属分の原子吸光分析法の改良"
◇学会功績賞
　該当者なし
第16回（昭50年度）
◇学会賞
　森田　義郎"炭化水素の接触反応に関する研究"
　丸善石油（株），松山石油化学（株）"直接重合用高純度テレフタル酸の新製造法（HTA PROCESS）の開発"
◇論文賞
　荻野　義定，五十嵐　哲「アルキルベンゼン―水蒸気反応用触媒の研究」
◇技術進歩賞
　日本触媒化学工業（株）"n―パラフィンの酸化による高級アルコールならびにそのエチレンオキシド付加物の新製造技術の開発"
　トキコ（株）"縦形45°組合せルーツ流量計の開発，実用化"
　帝国石油（株）"枯渇ガス田を利用した天然ガスの地下貯蔵"
◇学会功績賞
　該当者なし
第17回（昭51年度）
◇学会賞
　竹崎　嘉真"高圧有機合成反応に関する研究"
　アブダビ石油（株）"ムバラス油田の発見とその開発"
◇論文賞
　笠原　靖「アスファルトの物性と劣化特性に関する研究」
　尾崎　博巳〔他〕「石油系重質油の低硫黄化に関する研究」
◇技術進歩賞
　該当なし

051 石油学会賞

◇学会功績賞
玉置 明善

第18回（昭52年度）
◇学会賞
越後谷 悦郎 "石油化学に関連する固体触媒ならびにその接触反応に関する研究"
本田 英昌 "重質油の有効利用に関する研究"
呉羽化学工業（株），住友金属工業（株），富士石油（株），アラビア石油（株），ユリカ工業（株），千代田化工建設（株）"新しい減圧残油熱分解プロセスの開発とその工業化"
◇論文賞
菊地 英一 「第Ⅷ族遷移金属触媒による炭化水素のガス化とその関連反応の基礎研究」
梶川 正雄 「石油の分析法に関する研究」
◇技術進歩賞
該当なし
◇学会功績賞
川崎 京市
柴宮 博

第19回（昭53年度）
◇学会賞
平川 誠一 "石油および天然ガスの資源開発に関する油層工学の研究"
泉 潔人（三井石油化学工業（株）），篠原 好幸，南部 博彦，中村 隆行，田中 精一，橋本 克彦 "ハイドロキノン新製造法の開発と工業化"
◇論文賞
該当なし
◇技術進歩賞
（株）日本製鋼所 "モノブロック法による大型圧力容器の製造に関する技術的進歩"
◇学会功績賞
該当者なし

第20回（昭54年度）
◇学会賞
武上 善信 "石油化学における有機金属の触媒反応に関する研究"
◇論文賞
持田 勲 「ピッチの炭化に関する研究」
◇技術進歩賞
石油資源開発（株）"申川油田における水攻法技術の向上"
◇学会功績賞
該当者なし

第21回（昭55年度）
◇学会賞
玉井 康勝 "潤滑油の機能に関する研究"
宇部興産（株）"一酸化炭素カップリング反応によるシュウ酸ジエステル製造法の確立と工業化"
◇論文賞
該当なし
◇技術進歩賞
東京瓦斯（株），大阪瓦斯（株）"液化天然ガス受入れ基地における総合技術開発"
◇学会功績賞
権藤 登喜雄
川瀬 義和

第22回（昭56年度）
◇学会賞
平田 光穂 "蒸留および相平衡に関する研究"
◇論文賞
中村 宗和，戸河里 脩 「重質油の水素化脱窒素に関する研究」
◇技術進歩賞
日本石油精製（株），新潟工事（株）"タンクのアニュラープレート取替方法（ピース工法）の開発と実用化"
昭和石油（株）"炭化水素ペーパー回収プロセス（ソーバー・プロセス）の開発と実用化"
◇学会功績賞
該当者なし

第23回（昭57年度）
◇学会賞
国井 大蔵 "流動層による重質油・石炭等の熱分解およびガス化に関する研究"

◇論文賞
藤元 薫 「スピルオーバー現象を利用した新しい炭素触媒系に関する研究」
◇技術進歩賞
触媒化成工業（株）"FCC新触媒の開発と工業化"
石油公団，太陽石油（株），清水建設（株），鹿島建設（株），大成建設（株），日揮（株）"菊間実証プラントの建設による地下備蓄技術の研究開発"
（株）石井鉄工所 "プレストレストコンクリートを用いた低温貯槽（P.S.式低温貯槽）"
◇学会功績賞
嶋村 晴夫

第24回（昭58年度）
◇学会賞
天野 晃 "炭化水素の熱分解における水素の作用に関する研究"
大竹 伝雄 "石油に関連する反応工学に関する研究"
三井石油化学工業（株）"低圧法低密度ポリエチレンの開発と実用化"
◇論文賞
鈴鹿 輝男 「水素発生を伴う重質油分解に関する研究」
◇技術進歩賞
石油資源開発（株）"日本の白亜系および新生界の徴化石層序の研究とその石油・天然ガス探鉱への応用"
◇学会功績賞
上原 益夫

第25回（昭59年度）
◇学会賞
該当なし
◇論文賞
加部 利明 「ラジオアイソトープ・トレーサー法による水素化分解反応の作用機構の解明」
林 誠之 「舗装用高粘度セミブローンアスファルトの特性」
◇技術進歩賞
興亜石油（株）"含油排水処理装置の開発と実用化"
日本鋼管（株），五洋建設（株），清水建設（株）"北極海用の鋼とコンクリート複合型移動式石油掘削用人工島の建造"
◇学会功績賞
高橋 武弘

第26回（昭60年度）
◇学会賞
青村 和夫（北海道大学）「石油化学に関連する触媒化学および錯形成反応の研究」
磐城沖石油開発，エッソ石油開発，東日本石油開発，新日本製鐵，日本鋼管，三菱重工業，三井造船，石川島播磨重工業「磐城沖ガス田の開発と大水深生産システムの建設」
日本鉱業，鹿島建設，甲陽建設工業 「超大型浮屋根式原油地中タンクの建設」
◇論文賞
八嶋 建明（東京工業大学）「ゼオライト触媒による芳香族炭化水素の形状選択的転化反応の研究」
二木 鋭雄（東京大学）「化学発光を用いた自動酸化反応の研究」
請川 孝治（公害資源研究所），近藤 輝男，松村 明光，ほか 「石炭液化油中質油留分の水素化処理および生成油の評価」
◇技術進歩賞
アジア石油 「原油常圧蒸留装置運転の自動化」
◇学会功績賞
山本 大輔

第27回（昭61年度）
◇学会賞
冨永 博夫（東京大学）「炭化水素類の熱分解反応に関する研究」
伊香輪 恒男（東京工業大学）「石油化学プロセス開発に関する基礎的研究」
三菱化成工業 「1,4ブタンジオール/テトラヒドロフラン製造技術の開発と工業化」
日本触媒化学工業，住友化学工業 "イソブチレンの気相酸化（C4直接法）による

051 石油学会賞

メチルメタクリレートの製造プロセスの工業化"
◇論文賞
山本 洋次郎（丸善石油化学・研究所）「機器分析を用いた重質油の迅速分析および構造解析に関する研究」
◇技術進歩賞
日本鉱業 「発酵法による長鎖二塩基酸製造プロセスの工業化」
◇功績賞
野口 照雄

第28回（昭62年度）
◇学会賞
神谷 佳男（東京大学）「炭化水素類の液相酸素酸化に関する研究」
斎藤 正三郎（東北大学）「鎖状飽和炭化水素の熱分解の反応工学的研究」
三菱瓦斯化学 「無水トリメリット酸および無水ピロメリット酸製造プロセスの開発と工業化」
堂園 徹郎（旭化成工業），佐藤 文彦，大橋 宏行，甲賀 国男，勝又 勉 「流動床方式によるオルソクレゾールと2,6―キシレノールの併産プロセスの開発」
合同石油開発 「エル・ブンドク油田における洋上水攻法技術の成果」
◇論文賞
大勝 靖一（工学院大学）「自動酸化反応における遷移金属錯体が果たす選択的触媒機能に関する研究」
石井 康敬（関西大学）「シクロペンタジエンの利用技術に関する研究」
◇技術進歩賞
秋山 澄男（徳山曹達），平島 偉行，久本 勉，望月 精二 「液相塩素化法クロロメタン類製造技術の開発」
三井石油化学工業 「オレフィン系熱可塑性エラストマーの開発と工業化」
日本鋼管 「浮体式石油生産設備の建造」
コスモ石油，横河電機 「オフサイト設備の運用管理エキスパート・システム」
◇学会功績賞

石黒 正，片山 寛

第29回（昭63年度）
◇学会賞
田部 浩三（北海道大学）「固体酸塩基触媒を利用した石油化学反応に関する基礎研究」
長 哲郎（東北大学）「石油化学に利用される電気化学的手法に関する研究」
出光興産，重質油対策技術研究組合 「固定床による残油水素化分解触媒の開発およびプロセスの実用化」
石油公団，上五島石油備蓄，三菱重工業，鹿島建設 「上五島石油備蓄基地における洋上石油基地備蓄システムの開発と建設」
◇論文賞
丹治 日出夫（新日鉄化学），堀田 善治 「コールタールピッチの水素化脱窒素」
横野 哲朗（北海道大学）「重質油のキャラクタリゼーションと炭化反応過程の解明」
久保 純一（日本石油・中央技術研究所），ほか 「水素供与性溶媒と触媒の組合せによる重質油分解」
◇技術進歩賞
日本インシュレーション 「省エネルギー，高断熱性保温剤の製造技術の開発」
日本石油，日本石油精製，重質油対策技術研究組合 「FCC触媒の磁気分離技術」
コスモ総合研究所 「二波長吸光光度法による重質油中の溶剤不溶分迅速定量法と実用化技術の開発」
◇学会功績賞
笠原 幸雄

第30回（平1年度）
◇学会賞
真田 雄三（北海道大学）「重質油化学に関する研究」
山崎 豊彦（早稲田大学）「石油・天然ガスの回収に関する基礎的研究」
コスモ総合研究所 「潤滑油用高性能清浄添加剤の開発と工業化」

出光石油化学 「超臨界ガス抽出を応用したブテン水和プロセスの開発と工業化」
◇論文賞
山田 宗慶(東北大学)「石油の水素化精製用硫化物系触媒における硫黄の作用に関する研究」
前田 滋(鹿児島大学),竹下 寿雄(川内職業訓練短期大学校)「COMに関する研究」
増田 立男(触媒化成工業),緒方 政光「ゼオライト系FCC触媒の重金属の影響に関する研究」
◇技術進歩賞
宇部興産 「ガス分離用ポリイミド膜の開発と実用化」
日本鉱業 「水浸法超音波熱交換器チューブ検査システムの開発」
◇学会功績賞
渡辺 徳二

第31回(平2年度)
◇学会賞
中村 悦郎(元公害資源研究所所長)「石油留分および石油代替油の分離および転換反応に関する研究」
早川 豊彦(東京工業大学名誉教授)「石油精製,石油化学におけるプロセス工学に関する研究」
◇論文賞
荻野 圭三,阿部 正彦(東京理科大学)「石油高次回収に係わるマイクロエマルション形成に関する研究」
佐野 庸治(化学技術研究所)「ZSM-5ゼオライト触媒の水素化能に関する研究」
◇技術進歩賞
竹本 元,田中 通雄,林 洋夫(三井石油化学工業),木村 毅(本州化学工業)「新しい高選択性触媒を用いるメタアミノフェノール製造技術」
日本鉱業 「光学活性エポキシドの発酵生産プロセスの開発」
◇学会功績賞
池邊 穣

第32回(平3年度)
◇学会賞
尾崎 博己(オリエントキャタリスト)「重質油のアップグレーディングに関する研究」
日本海洋石油資源開発,石油資源開発,新潟石油開発,三菱瓦斯化学 「岩船沖油田の探鉱・開発」
◇論文賞
小木 知子,横山 伸也(資源環境技術総合研究所)「木質系バイオマスの直接液化反応に関する研究」
藤堂 義夫,大山 隆(興亜石油・麻里布製油所)「石油系ニードルコークスの生成機構と品質向上に関する研究」
◇技術進歩賞
旭エンジニアリング 「移動槽式多目的バッチ生産システムの開発と工業化」
アブダビ石油,ムバラス石油 「ウムアルアンバー油田における炭化水素ガス・ミシブル攻法」
◇奨励賞
●日揮賞
稲葉 敦(資源環境技術総合研究所)「化石燃料の利用に関する研究」
●興亜石油賞
小俣 光司(東京大学)「固体触媒を用いた気相メタノール法酢酸合成」
●出光興産賞
竹内 和彦(化学技術研究所)「高分散コバルト触媒を用いる合成ガスからの含酸素化合物の合成に関する研究」
●鹿島建設賞
二夕村 森(東京大学)「芳香族化合物の分解反応における水素移動過程の解明」
●玉置明善賞
横山 千昭(東北大学)「高圧流体の平衡物性の測定と推算に関する研究」
◇学会功績賞
該当者なし

第33回(平4年度)
◇学会賞

渡部 良久（京都大学）「VIII族遷移金属錯体触媒を用いる石油化学反応に関する研究」

西山 誼行（東北大学）「固体表面の制御を利用する炭素資源変換の研究」

出光石油化学 「α-オレフィン製造触媒およびプロセスの開発と工業化」

日本石油，日本石油精製，石油産業活性化センター 「減圧残油分解プロセスと触媒の開発」

◇論文賞
該当者なし

◇技術進歩賞
東京ガス 「メタンの低温精密蒸留による炭素安定同位体の分離」

◇奨励賞
● 日鉱共石賞
京谷 隆（東北大学）「潤滑油の分子設計のための基礎的研究」
● 三菱油化賞
神戸 宣明（大阪大学）「一酸化炭素，オレフィンの利用に関する新反応系の開発」
● 三菱石油賞
坂西 欣也（九州大学）「二段水素化処理の効用と反応機構の解明」
● 日本石油賞
島田 広道（物質工学工業技術研究所）「クリーン燃料製造のための水素化精製触媒の設計に関する研究」

◇功績賞
上床 珍彦
石和田 靖章

◇学会功労賞
南谷 弘（コスモ石油），月岡 淑郎（ユカインダストリーズ），川口 一夫（エヌケー金属加工），増永 緑（穴水），井沢 務（東燃テクノロジー）

第34回（平5年度）
◇学会賞
藤田 稔（富士シリシア化学）「石油類の分析および脱金属触媒に関する研究」

村上 雄一（名古屋大学名誉教授）「石油化学関連触媒の作用機構解析と設計に関する研究」

◇論文賞
広中 清一郎（東京工業大学）「結晶性高分子の摩耗に関するモルホロジー的研究」

◇技術進歩賞
Chevron Research and Technology Company，出光興産，千代田化工建設「OCR（Onstream Catalyst Replacement）プロセスの商業化」

新日鉄化学 「無水フタル酸製造用高機能触媒の開発」

石油公団石油開発技術センター，三菱電機 「電磁式MWD（Measurement While Drilling）技術の開発」

日本製鋼所室蘭製作所 「石油精製用大型圧力容器の高信頼化技術開発」

◇奨励賞
● 玉置明善賞
小松 隆之（東京工業大学）「担持遷移金属カチオンの触媒作用」
● 東洋エンジニアリング賞
近藤 輝幸（京都大学）「ルテニウム錯体触媒を用いる高選択的炭素骨格形成新反応の開発」
● コスモ石油賞
中田 真一（千代田化工建設）「MAS-NMRによる固体触媒の構造と物性に関する研究」
● 鹿島建設賞
村松 淳司（東北大学）「合成ガスからのアルコール合成触媒の調製に関する研究」

◇功績賞
武井 友也

第35回（平6年度）
◇学会賞
園田 昇（大阪大学工学部教授）「一酸化炭素の合成化学的利用法の開発」

半田 卓郎，西原 昭雄，鎌倉 民次，田中 典義，加藤 英勝（旭電化工業）「ジアルキルジチオカルバミン酸モリブデン系潤

滑油添加剤の開発と工業化」
石油公団，日本地下石油備蓄，電源開発，日鉱探開，東燃テクノロジー，出光エンジニアリング，太陽エンジニアリング，鹿島建設，大成建設，清水建設，千代田化工建設，日揮 「水封方式による大規模地下石油備蓄システムの開発と建設—久慈・菊間・串木野基地」

◇論文賞
杉 義弘，花岡 隆昌（物質工学工業技術研究所）「ビフェニル誘導体の官能基化に関する研究」
久光 俊昭（ジャパンエナジー）「シェールオイルの水素化精製に関する研究」

◇技術進歩賞
大阪ガス 「汎用炭素繊維用等方性ピッチ製造方法の確立」
コスモ石油，コスモ総合研究所，コスモペトロテック，栃木富士産業，ビスコドライブジャパン 「ビスカスカップリングオイルの開発」
住友金属工業 「エチレンプラント分解炉用高強度高耐食押出鋼管の開発」
日本石油，日本石油精製，財団法人石油産業活性化センター 「高効率排水処理生物リアクターの技術開発」

◇奨励賞
● 三菱石油賞
伊原 賢（石油公団）「水平坑井内の流体挙動解析に関する研究」
● 出光興産賞
岩井 芳夫（九州大学）「高分子溶液系の相平衡ならびに拡散係数の測定と推算」
● 日揮賞
小渕 存（資源環境技術総合研究所）「ディーゼルエンジン排出物質の評価と低減に関する研究」
● 昭和シェル石油賞
金 鍾鎬（鳥取大学）「ゼオライト触媒による芳香族炭化水素の形状選択的アルキル化」

◇功績賞
大沼 浩
三浦 邦夫

第36回（平7年度）
◇学会賞
泉 有亮（名古屋大学工学部教授）「ヘテロポリ酸・粘土触媒を活用する石油化学関連反応の開発」
乾 智行（京都大学工学部教授）「石油化学基幹原料の新しい接触合成法の研究」
岡部 平八郎（茨城職業能力開発短期大学校校長・東京工業大学名誉教授）「潤滑油の機能と性能に関する研究」
コスモ総合研究所，コスモ石油，石油産業活性化センター 「残油処理型流動接触分解触媒の開発と実用化」

◇論文賞
岩崎 正夫（昭和シェル石油），古谷 裕（昭和シェル石油川崎製油所），森永 実（昭和シェル石油中央研究所）「イソペンタンの酸化脱水素反応の解析と触媒開発に関する研究」
佐藤 芳樹（資源環境技術総合研究所）「芳香族系重質油の水素移動による接触分解，熱分解反応の制御と反応解析」
山村 正美（石油資源開発技術研究所）「メタンからエチレンを経由する液体燃料製造のための触媒開発に関する研究」

◇技術進歩賞
出光興産 「α-オレフィンを用いたアルミ加工油の開発と実用化」
大阪ガス 「水蒸気改質プロセスのための高次脱硫技術の開発」
山陽石油化学 「高濃度オレフィン含有原料からの芳香族炭化水素製造技術の開発と工業化」

◇奨励賞
● コスモ石油賞
石原 篤（東京農工大学）「新規な脱硫触媒の開発と難脱硫性硫黄化合物の脱硫反応機構の解明」
● 東洋エンジニアリング賞
江口 浩一（九州大学）「複合酸化物系酸化

051 石油学会賞

触媒および燃料電池材料の研究」
- 玉置明善賞
  松方 正彦(大阪大学)「高機能性表面をもつ無機材料の合成とその作用に関する研究」
◇功績賞
  石垣 信一

第37回(平8年度)
◇学会賞
  平田 彰(早稲田大学)「石油関連産業における分離精製プロセス工学の基礎と応用に関する研究」
  御園生 誠(東京大学)「炭化水素類有効利用のための触媒設計および環境触媒の研究」
  石油資源開発 「勇払ガス田の開発」
◇論文賞
  該当なし
◇技術進歩賞
  東洋エンジニアリング 「新型反応器MRF(多段間接冷却型)によるメタノール製造の工業化」
◇奨励賞
- 鹿島建設賞
  石原 達己(大分大学)「ペロブスカイト型酸化物を用いた新規燃料電池材料の開発」
◇奨励賞
- 日本石油精製賞
  中村 育世(東京大学)「水素のスピルオーバーと逆スピルオーバーを利用した石油炭化水素の接触改質反応」
- 興亜石油賞
  松林 信行(物質工学工業技術研究所)「放射光を用いた水素化精製触媒の解析評価技術に関する研究」
- 玉置明善賞
  水嶋 生智(豊橋技術科学大学)「実験室系EXAFS測定システムの確立とC1触媒の動的構造解析」
◇学会功績賞
  松枝 正門

第38回(平9年度)
◇学会賞
  加部 利明(東京農工大学)「水素化反応の選択性と反応機構解析に関する研究」
  藤元 薫(東京大学)「炭素資源からの高品位液体燃料開発のための化学反応および触媒に関する研究」
  八嶋 建明(東京工業大学)「ゼオライト触媒を利用した炭化水素の選択的転化に関する研究」
  鹿島石油, ペトカ 「石油ピッチ系黒鉛繊維の製造技術の開発とその工業化」
  石油公団, 白島石油備蓄, 日立造船, 間組, 新日本製鐵, 千代田化工建設, 日揮, コスモエンジニアリング 「厳しい気象海象条件における沖合大規模石油備蓄システムの開発と建設—白島石油備蓄基地—」
◇論文賞
  該当なし
◇技術進歩賞
  大久保 秀一, 納屋 一成, 戸田 聡, 高橋 優一(ジャパンエナジー)「石油精製装置への触媒充てんにおける充てん面の連続測定・制御技術の開発」
◇奨励賞
- 山武賞
  山下 弘巳(大阪府立大学)「エネルギー変換を目的としたナノ構造触媒の調製と精密解析」
◇学会功績賞
  河村 祐治
  清水 固
◇功労賞
  岩井 龍太郎(日揮)
  大塚 一夫(新潟鉄工所)
  大塚 喬(国際石油交流センター)
  岡田 旻(日揮)
  前田 耕(オートマックス)
  増田 雄彦(富士電機総合研究所)
  松崎 昭(全国石油協会)

第39回（平10年度）
◇学会賞
　服部 英（北海道大学）「固体酸・塩基触媒による炭化水素の転換に関する基礎研究」
　持田 勲（九州大学）「石油精製反応における構造，物性・反応性相関の解明とプロセスの提案」
　コスモ総合研究所，コスモ石油，三菱重工業，UOPLLC 「ライトナフサ新規異性化触媒の開発と実用化」
　三菱石油，日本ベトナム石油 「ベトナム沖合ランドン油田の開発」
◇論文賞
　藤本 尚則，佐藤 一仁，吉成 知博（コスモ総合研究所），金田一 嘉昭，稲葉 仁，羽田 政明，浜田 秀昭（物質工学工業技術研究所）「プロトン型サポナイトのNO_x選択還元活性に対する水蒸気の活性向上効果」
　矢野 法生（コスモ石油ルブリカンツ）「ビスカスカップリング用流体としてのジメチルシリコーンオイルの安定性に関する研究」
◇技術進歩賞
　市橋 俊彦（出光興産）「パラフィン系超低流動点基油の自動車駆動系潤滑油への応用研究と実用化」
　昭和シェル石油中央研究所 「高トルク伝達型ベルトドライブCVT用潤滑油の開発」
　三菱石油 「サイクロン式液体中気泡除去装置の開発」
◇奨励賞
● 日石三菱賞・日揮賞
　朝見 賢二（大阪市立大学）「メタンカップリングによるC_2炭化水素合成に関する研究」
　薩摩 篤（名古屋大学）「バナジウム系触媒を用いた酸化反応の活性サイトに関する研究」
　谷口 泉（東京工業大学）「噴霧液滴群の移動現象とそれが関わる工業装置の設計への応用に関する研究」
◇学会功績賞
　鈴木 仁蔵

第40回（平11年度）
◇学会賞
　菊地 英一（早稲田大学）「水素・合成ガス製造用触媒および反応器に関する研究」
　服部 忠（名古屋大学）「触媒開発を目指した新規な解析手法に関する研究」
　千代田化工建設 「高品位ビスフェノールA製造プロセスの開発」
　東洋エンジニアリング 「水素・合成ガス製造のための水蒸気改質触媒の開発」
◇論文賞
　礒田 隆聡，高瀬 代代人，伊住 直記，草壁 克己，諸岡 成治（九州大学）「ゼオライト触媒上での骨格異性化反応を用いた軽油中の離脱硫性硫黄化合物の高深度脱硫（第1報）アルキルジベンゾチオフェン類の脱硫反応性の量子化学的解析」
　林 嘉久（帝国石油）"多孔質媒体内におけるメタンハイドレートの生成―不均一モデル実験システムによる観察―"
◇技術進歩賞
　大久保 秀一，田澤 勇夫，納屋 一成，長澤 靖（ジャパンエナジー）「軽油およびA重油の曇り点測定における新技術の開発」
　タツノ・メカトロニクス 「石油製品の小売流通過程における取り扱い誤操作防止システムの開発」
　池松 正樹，池田 裕幸（日石三菱）「カーエアコン冷媒回収再生機の開発」
◇奨励賞
● コスモ石油賞
　冨重 圭一（東京大学）「メタンの炭酸ガスリフォーミング反応による合成ガス製造用触媒の開発と炭素析出抑制機能に関する研究」
● 東燃賞
　村田 聡（大阪大学）「石油系重質油の水素化分解および軽油の脱硫に関する遷移金属担持ゼオライト触媒の開発研究」

- 出光興産賞
  山中 一郎(東京工業大学)「ユウロピウム触媒による炭化水素の選択部分酸化反応に関する研究」
◇学会功績賞
  該当者なし

第41回(平12年度)
◇学会賞
  鈴木 俊光(関西大学)「炭化水素類の高度利用を目的とする触媒の開発と作用機構の解明」
  野村 正勝(大阪大学)「重質炭化水素類の高品質化ならびにケミカルズの製造に関する基盤的研究」
  出光興産 「自動車用トロイダルCVT用トラクション油の開発と実用化」
◇論文賞
  山田 洋大, 阿久津 好明, 新井 充, 田村 昌三(東京大学)「高圧DSCによる炭化水素の自然発火に関する研究」
  涌井 顕一, 佐藤 浩一, 澤田 悟郎, 塩沢 光治, 又野 孝一(日本化学工業協会), 鈴木 邦夫, 早川 孝, 村田 和久, 莇村 雄二, 水上 富士夫(物質工学工業技術研究所)「希土類修飾HZSM-5触媒によるn-ブタンの接触分解反応」
◇技術進歩賞
  岡西 茂美, 江藤 祐一(出光エンジニアリング)「重質成分対応ベンゼン蒸気回収装置の開発と実用化」
  昭和シェル石油中央研究所 「基礎くいの沈下を低減する瀝青塗布材の開発および商品化」
  日揮 「高純度硫化水素製造プロセスの開発」
◇奨励賞
- ジャパンエナジー賞
  上宮 成之(成蹊大学)「水素分離用担持金属膜の開発と非Pd系への展開」
◇学会功績賞
  該当者なし

第42回(平13年度)
◇学会賞
  大勝 靖一(工学院大学)「金属錯体触媒による自動酸化および酸化防止の反応機構の解明」
  瀬川 幸一(上智大学)「深度脱硫のためのチタニア担持モリブデン触媒の研究」
  出光興産 「ハイドロフルオロカーボン冷媒対応冷凍機油の開発と実用化」
  三菱化学 「メソ多孔体担持複合酸化物触媒によるテトラヒドロフラン開環重合プロセスの開発」
◇論文賞
  丹羽 勇介, 秦野 正治, 徳島 君博, 木下 裕雄(次世代排ガス触媒研究所)「NO_x選択還元用Rh触媒のSO_x被毒」
◇技術進歩賞
  清水 啓通, 上村 秀人(出光興産)「情報通信機器用焼結含油軸受含浸油の開発と実用化」
  帝国石油, 石油公団 「高温高圧下における低浸透性火山岩貯留層に対する多段階水圧破砕法の適用」
◇奨励賞
- 昭和シェル石油賞
  岡本 昌樹(東京工業大学)「不飽和炭化水素を用いた有機ケイ素化合物の新規直接合成法」
- 新日本石油精製賞
  窪田 好浩(岐阜大学)「新規ゼオライト系触媒材料の創製に関する研究直接合成法」
- 三菱重工業賞
  野村 淳子(東京工業大学)「プロトン型ゼオライト上での炭化水素の吸着とカルボカチオン生成に関する赤外分光法による研究」
◇学会功績賞
  該当者なし

第43回(平14年度)
◇学会賞
  石井 康敬(関西大学工学部教授) "飽和お

よび不飽和炭化水素の官能基化技術の開発と利用"

三菱化学 "新規ジフェニルカーボネート製造プロセスの開発と工業化"

◇論文賞

石原 達己，鶴田 祐子，戸高 利恒，西口 宏泰，滝田 祐作（大分大学）"Fe, Sr添加LaGaO$_3$系酸化物を酸素分離膜に用いた膜型反応器によるCH$_4$部分酸化反応"

岡田 佳巳，今川 健一（千代田化工建設），浅岡 佐知夫（北九州市立大学）"細孔分布が均一な多孔質触媒によるイソブタンの脱水素反応（第2報）Sn-Pt/ZnO/Al$_2$O$_3$系触媒の成分の役割"

◇技術進歩賞

金子 タカシ（新日本石油中央技術研究所燃料油Gr.参事），秋本 淳（新日本石油FC事業部FC研究Gr.主事），渡辺 裕朗（新日本石油中央技術研究所 燃料油Gr.主事）"既存ディーゼル自動車の粒子状物質排出を低減する軽質化軽油の開発"

四辻 美年（出光エンジニアリング技術部主任部員），広田 信明（非破壊検査東京安全工学研究所 主任研究員）"配管架台接触部の超音波表面波による腐食検査方法の開発と実用化"

◇奨励賞

● エクソンモービル賞

岸田 昌浩（九州大学大学院工学研究院助教授）"金属化合物コロイドを用いた担持金属触媒の微細構造制御とその応用に関する研究"

● コスモ石油賞

呉 鵬（横浜国立大学大学院工学研究院助手）"新規チタノシリケートの調製およびその触媒反応への応用に関する研究"

◇功績賞

該当者なし

◇功労賞（創立45周年記念）

井原 博之（元三菱石油，現 アド），上原 勝也（東洋エンジニアリング）

第44回（平15年度）

◇学会賞

岡本 康昭（島根大学総合理工学部教授）"水素化脱硫触媒の機能発現に関するキャラクタリゼーションの研究"

光藤 武明（京都大学大学院工学研究科教授）"ルテニウム錯体触媒によるケミカルズの合成と変換に関する基盤研究"

岡崎 肇（新日本石油中央技術研究所副所長），足立 倫明（新日本石油新エネルギー本部FC事業2部グループマネージャー），壱岐 英（新日本石油中央技術研究所）"ゼオライト型水素化分解触媒プロセスの開発"

◇論文賞

岩松 栄治，林 英治，真田 雄三，M.Ashraf Ali, Shakeel Ahmed, Halim Hamid（KFUPM），Sakurovs, Richard（CSIRO），米田 俊一（石油産業活性化センター）"コバルト担持スメクタイトならびにコバルトモリブデン担持アルミナ系触媒共存下での石油由来アスファルテンの^{1}H-NMR熱分析"

冨重 圭一，宮澤 朋久，M.Asadullah，伊藤 伸一，国森 公夫（筑波大学）"ロジウム/セリア/シリカ系触媒を用いたセルロースの接触ガス化：コークスの燃焼およびタールの改質"

◇技術進歩賞

新日本石油 "省エネルギー油圧作動油の開発と各種油圧システムでの実用化"

日揮 "液体炭化水素中の水銀除去技術"

◇奨励賞

● 三菱化学賞

片田 直伸（鳥取大学工学部助教授）"アンモニア昇温脱離法によるゼオライト触媒の酸性質の解析"

● 旭化成ケミカルズ賞

久保 百司（東北大学大学院工学研究科助教授）"コンビナトリアル計算化学システムの開発とその触媒設計への応用"

● 新日本石油賞

濱川 聡(産業技術総合研究所メンブレン化学研究ラボ 主任研究員) "格子酸素の移動を制御したペロブスカイト型金属酸化物を用いたメタンからの酸化的合成ガス製造"

◇功績賞
　藤田 泰宏(元三井石油化学工業(現 三井化学) 専務取締役)
　藤原 康雄(元日本石油(現 新日本石油) 常務取締役)

第45回(平16年度)
◇学会賞
　難波 征太郎(帝京科学大学理工学部教授) "ゼオライトおよびメソポーラスモレキュラーシーブの触媒反応と吸着分離における機能制御に関する研究"
　山田 宗慶(東北大学大学院工学研究科教授) "水素化精製触媒の高圧条件下におけるキャラクタリゼーションと活性化機構に関する研究"

◇学会賞
　コスモ石油,石油産業活性化センター "新規CoMo系脱硫触媒の開発と超低硫黄軽油生産の実用化"

◇論文賞
　米田 則行,皆見 武志,白戸 義美,安井 誠,松本 忠士,細野 恭生(千代田化工建設) "ピリジン樹脂固定化ロジウム錯体触媒による酢酸製造プロセスの開発"
　宮谷 理恵,天尾 豊殿(大分大学) "ギ酸脱水素酵素と亜鉛ポルフィリンを用いた可視光による炭酸水素イオンからのギ酸合成反応"

◇技術進歩賞
　村川 喬(石油産業活性化センター石油基盤技術研究所主任研究員) "石油だき業務用小型ボイラーの低NOxバーナー技術開発"
　三菱化学 "ブタジエン法1,4-ブタンジオール/テトラヒドロフラン製造プロセスの革新"

◇奨励賞
　該当者なし

◇功績賞
　小野 勝弘(出光興産顧問)
　中村 宗和(鳥取大学教授・副学長)

第46回(平17年度)
◇学会賞
　五十嵐 哲(工学院大学工学部教授) "担持金属触媒の調製およびプレート型触媒反応器に関する研究"
　辰巳 敬(東京工業大学資源化学研究所教授) "ゼオライト触媒およびメソポーラス物質の新規合成法に関する研究"
　畑中 重人(新日本石油研究開発本部中央技術研究所燃料研究所所長),守田 英太郎(新日本石油研究開発本部中央技術研究所グループマネージャー),石油産業活性化センター "FCCガソリン選択的脱硫プロセスの開発"

◇論文賞
　石原 篤,Dumeignil, Franck,王 丹紅,李 相国,荒川 久,銭 衛華(東京農工大学),井上 慎一,武藤 昭博(千代田化工建設),加部 利明(東京農工大学) "35^Sトレーサー法を用いた高表面積チタニア担持モリブデン系水素化脱硫触媒上における硫黄挙動の解析"

◇技術進歩賞
　三浦 正博(出光エンジニアリング技術部主任部員),菊池 務(出光興産工務部グループ長兼主任部員) "石油タンク浮屋根のスロッシングシミュレーションによる構造設計技術の開発"
　日陽エンジニアリング,ジャパンエナジー "PCB混入絶縁油を使用する変圧器等の洗浄技術の開発"

◇奨励賞
●山武賞
　関根 泰(早稲田大学ナノ理工学研究機構講師) "新規非平衡放電を用いる炭化水素からの水素製造に関する研究"
●出光興産賞
　寺尾 潤(大阪大学大学院工学研究科 助手)

"不飽和炭化水素の活性化を鍵とする遷移金属錯体を用いる新規触媒反応の開発"

◇功績賞
該当者なし

第47回（平18年度）
◇学会賞
大倉 一郎（東京工業大学大学院生命理工学研究科 教授）"生物工学的手法によるメタノール生産ならびに光水素生産プロセスの開発研究"

水上 富士夫（産業技術総合研究所 コンパクト化学プロセス研究センター長）"有機配位子を利用するゾルゲル法触媒調製技術に関する研究"

株式会社ジャパンエナジー，ズードケミー触媒 "接触改質プロセスにおける酸化亜鉛系吸収剤を用いた気相塩素除去技術の開発"

◇論文賞
矢ケ崎 えり子（関西電力），井上 正志（京都大学），永易 圭行，中山 哲成，倉澤 俊祐，岩本 伸司（京都大学）"ニッケル触媒上でのメタン分解反応における触媒担体と反応ガスの影響"

佐藤 光三，藤田 圭吾（東京大学）"地球潮汐を利用した貯留層モニタリング手法"

◇技術進歩賞
コスモ石油，石油産業活性化センター "製油所余剰汚泥削減プロセスの開発"

新日本石油株式会社，石油産業活性化センター "改質した硫黄を用いた新規コンクリートの開発"

千代田化工建設，新日本石油精製 "はっ水処理活性炭を用いた硫酸副生型排煙脱硫装置の開発"

東洋エンジニアリング株式会社 "間接法ジメチルエーテル製造プロセスの商業化"

◇奨励賞
● 新日鐵化学賞
小倉 賢（東京大学生産技術研究所 助教授）"環境触媒の高性能化を目指したゼオライトの合成・修飾に関する研究"

● ジャパンエナジー賞
清水 研一（名古屋大学大学院工学研究科 助手）"新規金属酸化物系NOx除去触媒の開発と作用機構の解明"

● 千代田化工建設賞
山本 勝俊（東北大学多元物質科学研究所 助手）"複合化による新しいゼオライト系物質の合成に関する研究"

◇功績賞
該当者なし

第48回（平19年度）
◇学会賞
● 第3条1項「学術的なもの」
竹平 勝臣（広島大学大学院工学研究科特任教授）「無機酸化物の特性を利用した触媒機能の高度化に関する研究」

丹羽 幹（鳥取大学工学部教授）「ゼオライト触媒の酸性質と形状選択性発現に関する研究」

● 第3条2項「工業的なもの」
出光興産株式会社，Chevron Phillips Chemical Company LP 「ライトナフサからの芳香族製造用ハロゲン修飾Pt/L型ゼオライト触媒の開発と実用化」

五十嵐 仁一，小宮 健一，八木下 和宏（新日本石油（株）研究開発本部中央技術研究所潤滑油研究所），内田 悟（新日本石油（株）潤滑油事業本部潤滑油販売部）「ZDTP代替技術による長寿命および触媒低被毒性エンジン油の開発」

◇論文賞
小林 学，十河 清二，石田 勝昭（（株）ジャパンエナジー）「原料油中の微量窒素化合物が水素化分解触媒性能に及ぼす影響」

◇技術進歩賞
太陽テクノサービス株式会社，幾島 賢治，長井 明久，松木 伸一（太陽石油（株）生産技術部）「石油製品中の水銀除去装置の開発」

◇奨励賞

051 石油学会賞

- 千代田化工建設賞

  神谷 裕一（北海道大学大学院地球環境科学研究院准教授）「層状化合物を前駆体とする結晶性バナジウム-リン複合酸化物触媒の合成とその選択酸化触媒作用に関する研究」

- コスモ石油賞

  菊地 隆司（京都大学大学院工学研究科准教授）「炭化水素の接触部分酸化ならびに固体酸化物形燃料電池アノード用複合酸化物触媒の開発」

- ジャパンエナジー賞

  崔 準哲（（独）産業技術総合研究所環境化学技術研究部門）「二酸化炭素を原料および媒体とする有用化成品合成のための分子触媒に関する研究」

- 瀬川・難波賞

  宮林 恵子（北陸先端科学技術大学院大学）「フーリエ変換イオンサイクロトロン共鳴質量分析法を用いた重質油成分の分析に関する研究」

◇功績賞

該当なし

◇功労賞（創立50周年記念）

相原 正公（新興プランテック（株））
石井 敏次（ユカインダストリーズ（株））
宇根 廣司（元・（社）石油学会）
太田 一平（元・（株）講談社サイエンティフィク）
功刀 謙二（出光エンジニアリング（株））
児島 淳（コスモエンジニアリング（株））
鈴鹿 輝男（元・（株）ジャパンエナジー）
高野 雄二（日揮プロジェクトサービス（株））
伊達 和人（新日鉱テクノリサーチ（株））
反田 久義（（財）国際石油交流センター）
松原 三千郎（（株）新日石総研）

第49回（平20年度）

◇学会賞

- 第3条1項「学術的なもの」

  杉 義弘（岐阜大学工学部教授）「多環芳香族のアルキル化におけるゼオライト触媒の形状選択性に関する研究」

  藤田 照典（三井化学（株）研究本部触媒科学研究所所長）「オレフィン重合用イミン系4族錯体触媒に関する研究」

- 第3条2項「工業的なもの」

  住友化学株式会社 「クメンを循環使用する新規酸化プロピレン製造プロセスの開発」

◇論文賞

木田 真人，坂上 寛敏，高橋 信夫，八久保 晶弘，庄子 仁（北見工業大学），鎌田 慈，海老沼 孝郎，成田 英夫，竹谷 敏（（独）産業技術総合研究所）「CP-MAS ^{13}C NMR法によるメタン-エタン混合ガスハイドレートのガス組成およびケージ占有率評価」

松田 圭悟，岩壁 幸市（（独）産業技術総合研究所），久保 和也，堀口 晶夫（（株）三菱化学科学技術研究センター），余 衛芳（（独）産業技術総合研究所），小菅 人慈（東京工業大学），片岡 祥，山本 拓司，大森 隆夫，中岩 勝（（独）産業技術総合研究所）「速度論モデルを用いた内部熱交換型蒸留塔（HIDiC）の2成分系分離シミュレーション」

◇技術進歩賞

出光興産株式会社 「CO_2冷媒を用いたヒートポンプ用冷凍機油の開発と実用化」

コスモ石油株式会社，財団法人石油産業活性化センター 「高オクタン価型FCC触媒の開発と実用化」

◇奨励賞

- 出光興産賞

  久保田 岳志（島根大学総合理工学部）「XAFSによる水素化脱硫触媒のキャラクタリゼーション」

- ジャパンエナジー賞

  小泉 直人（東北大学大学院工学研究科）「拡散反射FT-IRおよびXAFS用高圧セルの開発とそれを用いた触媒表面のin-situ観察」

- 千代田化工建設賞

宍戸 哲也（京都大学大学院工学研究科）「ナノ構造を制御したCr-V系酸化物触媒の創製とその触媒機能の解明」
◇功績賞
今成 真（三菱化学（株）顧問）

第50回（平21年度）
◇学会賞
- 第3条1項「学術的なもの」
岩本 正和（東京工業大学フロンティア研究センター教授）「規則性ナノ多孔体を用いる新しい固体触媒反応系の開拓」
◇論文賞
Narangerel, Janchig, 杉本 義一（(独)産業技術総合研究所）「合成原油の深度水素化処理のための窒素化合物の分離」
◇技術進歩賞
昭和シェル石油株式会社 「高引火点・省エネルギー型油圧作動油の開発」
◇奨励賞
- 新日本石油・新日本石油精製賞
永岡 勝俊（大分大学工学部）「酸素欠陥利用による炭化水素改質反応用触媒の機能向上に関する研究」
- エクソンモービル賞
難波 哲哉（(独)産業技術総合研究所新燃料自動車技術研究センター）「含窒素有害化合物除去のための触媒の作用機構に関する研究」
- 東洋エンジニアリング賞
野崎 智洋（東京工業大学大学院理工学研究科）「大気圧非平衡プラズマを用いた新規な化学反応場の研究」
- 旭化成ケミカルズ賞
森 浩亮（大阪大学大学院工学研究科）「光還元性および磁性を利用した新規な金属ナノ粒子触媒の調製」
◇功績賞
関根 和喜（横浜国立大学特任教授）

第51回（平22年度）
◇学会賞
- 第3条1項「学術的なもの」
濱田 秀昭（(独)産業技術総合研究所新燃料自動車技術研究センター副研究センター長）「窒素酸化物除去用新規触媒の開発と高度化」
森 誠之（岩手大学工学部教授）「潤滑油の作用機構に関する界面化学的研究」
- 第3条2項「工業的なもの」
三菱化学株式会社 「エチレングリコール製造のための新規触媒プロセスの開発と工業化」
◇論文賞
銭 衛華，平林 一男，平沢 佐都子（東京農工大学），山田 滋，坂田 浩（大日本インキ化学工業（株）），石原 篤（三重大学）「新規固体リン酸触媒を用いたイソブテン，硫化水素および硫黄からのジ-t-ブチルポリスルフィドの合成（第2報）MFI型ゼオライト触媒の性能」
◇技術進歩賞
出光興産株式会社 「重油脱硫装置使用済触媒の再生技術の革新」
JX日鉱日石エネルギー株式会社 「新規固体リン酸触媒を用いたイソブテンの二量化によるイソオクテン製造技術の開発と実用化」
◇奨励賞
横井 俊之（東京工業大学資源化学研究所）「アニオン性界面活性剤および塩基性アミノ酸を用いた規則性シリカ多孔体の創製とその応用」
◇功績賞
西川 輝彦（元・石油連盟）
毛利 三知宏（元・新日本石油（株））

第52回（平23年度）
◇学会賞
- 第3条1項「学術的なもの」
上田 渉（北海道大学触媒化学研究センター教授）「構造ユニットの高次制御による酸化反応用複合酸化物触媒の開発」
三浦 弘（埼玉大学大学院理工学研究科教授）「水素化用担持金属触媒の調製法の開発」
- 第3条2項「工業的なもの」

旭化成ケミカルズ株式会社 「オレフィンインターコンバージョンによる新規プロピレン製造プロセスの開発と工業化」
◇論文賞
味村 健一, 吉田 直樹, 佐藤 剛史, 伊藤 直次(宇都宮大学)「シクロヘキサン脱水素用多管式メンブレンリアクターのCFD解析と設計」
戸井田 康宏((株)ジャパンエナジー), 中村 一穂, 松本 幹治(横浜国立大学)「重質有機硫黄化合物を生成する硫酸化アルミナによる市販灯油の吸着脱硫」
◇技術進歩賞
コスモ石油株式会社 「石油発酵技術を基盤とする5-アミノレブリン酸の工業製造法と新規用途開発」
関 浩幸(JX日鉱日石エネルギー(株)中央技術研究所チーフリサーチャー), 吉田 正典(JX日鉱日石エネルギー(株)中央技術研究所シニアスタッフ)「減圧軽油脱硫用の新規多成分系触媒の開発」
◇奨励賞
- コスモ石油賞
 稲垣 怜史(横浜国立大学学際プロジェクト研究センター特任教員(助教))「MCM-22およびベータゼオライト触媒の合成・高性能化に関する研究」
- 新日鐵化学賞
 寺村 謙太郎(京都大学大学院工学研究科講師)「光エネルギーを利用した低温アンモニア脱硝反応に関する研究」
- 千代田化工建設賞
 長谷川 泰久((独)産業技術総合研究所コンパクト化学システム研究センター研究員)「透過分離性と耐酸性に優れたチャバサイト型ゼオライト膜の開発とエステル化反応への展開」
◇功績賞
 該当なし

052 石油技術協会賞

石油技術協会の論文表彰・業績表彰制度として, 昭和32年に創設された。

【主催者】石油技術協会
【選考委員】同賞選考委員会
【選考方法】会員の推薦による
【選考基準】〔資格〕協会会員であること。〔対象〕前々年および前年中の協会誌に掲載された論文・報告のうち優れたもの, または優れた業績をあげたもの。〔部門〕探鉱, 作井, 生産の3部門
【締切・発表】例年1月末日締切, 6月発表
【賞・賞金】表彰状と表彰楯
【URL】http://www.japt.org/

第1回(昭32年)
 ◇論文賞
  石和田 靖章(地質調査所) "東京ガス田"
  沖野 文吉(帝国石油(株)) "掘削泥水の研究"
  加藤 元彦(帝国石油(株)) "坑底圧の過渡現象について"

第2回(昭33年)
 ◇論文賞
  上原 一郎(帝国石油(株)), 中山 兼光, 手塚 真知子, 小川 清 "油層内燃焼による原油回収に関する研究"

第3回（昭34年）
◇論文賞
　河井 興三（東京大学），戸谷 嗣津夫 "静岡県小笠町付近の天然ガス"
　沖野 文吉（帝国石油（株）），関島 淳，藤巻 健三 "掘さく泥水に関する研究"
　荻野 典夫（帝国石油（株）），手塚 真知子，村上 政美 "フラクチャリング圧入流体のレオロージー的な考察"

第4回（昭35年）
◇論文賞
　関谷 英一（石油資源開発（株）） "台湾における主要油田およびガス田の地質構造について"
　藤井 清光（東京大学） "わが国の油田の石油産出の減退曲線"

第5回（昭36年）
◇論文賞
　沖 亨（石油資源開発（株）） "鳥海山南西麓の地質と集油可能性について"
　武井 友也（帝国石油（株）） "水攻法"
　松本 仙一（帝国石油（株）），五十嵐 正己 "八橋油田の逸泥とその防止に関する研究"

第6回（昭37年）
◇論文賞
　田中 正三（秋田大学） "産油量の少ない坑井内の二相流の研究"
　樹下 惺（石油資源開発（株）） "裏日本第三系の堆積岩についての粘土鉱物分析法基準の検討経過と分析成果の一部"
　木下 武夫（石油資源開発（株）） "見附高圧層の採掘への貢献"

第7回（昭38年）
◇論文賞
　望月 央（石油資源開発（株）） "新潟県下の第三系の石油地質学的考察―特に中越地区の構造発達と石油の集積について"
　正谷 清（石油資源開発（株）） "北海道中軸部白亜系の石油地質学的評価"
　柳下 秀晴（帝国石油（株）） "新潟含油新第三系堆積岩中の炭化水素"
　佐藤 久敬（石油資源開発（株）），加藤 宗彦（帝国石油（株）） "本邦油田地質事情に適合せる電気検層解読技術の推進"
◇業績賞
　小見 義雄（石油資源開発（株）） "北海道における深掘の実績"

第8回（昭39年）
◇論文賞
　相場 惇一（帝国石油（株）） "頸城ガス田の地質と鉱床"
　相川 浩之 "水押型油田における圧力挙動に関する研究"
　石塚 英四郎（帝国石油（株）） "サイクロンによる掘さく泥水中の砂分の除去"

第9回（昭40年）
◇論文賞
　鬼塚 貞（石油資源開発（株）） "庄内地域油・ガス田と鉱床生成の時期"
◇業績賞
　上野 道隆（関東天然瓦斯開発（株）），椎名 清，本間 敏雄，品田 芳二郎，樋口 雄 "茂原ガス田の最近の開発事情と2,3の問題点"
　江惜 剛（帝国石油（株）），高桑 忠実（石油資源開発（株）），大石 寅雄，小山 保 "高傾斜掘さく技術に対する貢献"

第10回（昭41年）
◇業績賞
　松本 貞二（帝国石油（株）） "南阿賀油田発見に関する貢献"
　木下 浩二（石油資源開発（株）） "福米沢油田の発見に対する貢献"
　小田 禎三（石油資源開発（株）） "藤川ガス田における高圧ガス層開発に関する貢献"
　稲垣 隆（北スマトラ石油開発協力（株）） "ラントウ油田開発促進への貢献"

第11回（昭42年）
◇業績賞
　狩野 豊太郎（秋田県庁） "秋田県下における石油探鉱に関する貢献"
　松沢 明（石油資源開発（株）） "ビルマに対

する石油技術援助の業績"

第12回（昭43年）
　◇論文賞
　　真柄 欽次（石油開発公団）"長岡平野における泥質岩の圧榨と圧榨水流"
　◇業績賞
　　松尾 圭二（帝石鑿井工業（株））"高温地帯における掘削技術の貢献"
　　和宇慶 晃（帝国石油（株））"頸城油・ガス田における開発に関する貢献"

第13回（昭44年）
　◇論文賞
　　加藤 正和（石油資源開発（株））"新胎内―胎内地域における端水面と毛管力との関係"
　　田中 彰一（東京大学）"ロータリー掘さくの掘進率におよぼす泥水循環の作用に関する研究"
　◇業績賞
　　藤田 逸人（日本鉱業（株））"中条ガス田の探鉱・開発に関する貢献"
　　米沢 敏（石油資源開発（株））"高圧天然ガスの生産技術向上に関する貢献"

第14回（昭45年）
　◇論文賞
　　西島 進（石油資源開発（株））"平木田，紫雲寺および東新潟ガス田の天然ガスの性状とその地質学的考察"
　　平川 誠一（東京大学）"端水押しを伴なう天然ガス地下貯蔵層の挙動"
　　片平 忠実（石油資源開発（株））"新潟県北蒲原平野の基盤構造と地質発達史"
　◇業績賞
　　香浦 晴男（帝国石油（株））"頸城沖第4人工島建設に対する貢献"
　　小倉 勇（石油資源開発（株））"深層DSTの成功に関する貢献"
　　白石 辰己（石油資源開発（株））"吉井ガス田の探鉱と開発に関する貢献"

第15回（昭46年）
　◇論文賞
　　岩本 寿一（石油資源開発（株）），吉田 義考（三井鉱山（株）），小村 精一，坂本 紘 "北海道石狩炭田地域の石油地質学的考察"
　◇業績賞
　　島田 衛（アブダビ石油（株）），荒川 洋一（帝国石油（株））"アブダビ油田発見に関する貢献"
　　陶山 淳治（地質調査所）"空中磁気探査技術に関する貢献"
　　佐藤 元久（帝国石油（株））"東柏崎ガス田開発に関する貢献"

第16回（昭47年）
　◇論文賞
　　細井 弘（合同石油（株）），村上 竜一（アラビア石油（株））"アラビア型油田における放射状亀裂断層"
　◇業績賞
　　和田 三郎（アラビア石油（株））"カフジ油田の油層技術向上に関する貢献"
　　岸 浩一（日本海洋石油資源開発（株））"わが国海洋掘さく技術の進歩に関する貢献"
　　一関 久夫（石油資源開発（株））"申川油田の水攻法に関する貢献"
　　藤岡 一男（秋田大学）"秋田地域における石油地質学の研究に関する貢献"

第17回（昭48年）
　◇論文賞
　　久米 羊一（石油資源開発（株））"藤川SK-16Dの産出テスト結果に基づく鉱量評価"
　◇業績賞
　　中世古 幸次郎（大阪大学）"日本の油田地域における化石放散虫層序に関する研究業績"
　　久代 利男（石油資源開発（株））"阿賀沖油・ガス田の発見に関する貢献"

第18回（昭49年）
　◇論文賞
　　田口 一雄（東北大学），佐々木 清隆 "新潟県中越油田地域の新第三系に含まれるポルフィリン類―油田第三系に含まれるポ

ルフィリン類の堆積学的研究"

中山 好弘（塚本精機（株））"インサートジャーナルベアリングビットの開発および88/5in.3WS‐Kによる硬質泥岩掘さく試験"

◇業績賞

田中 達生（日本鉱業（株）），小渕 進男 "中条ガス田のコンピュータコントロールに関する貢献"

第19回（昭50年）

◇論文賞

青柳 宏一（石油資源開発（株））"石油貯留岩の堆積岩石学的な評価とその実例"

星野 一男（地質調査所），井波 和夫 "堆積盆地の強度特性とその地質学的意義"

◇業績賞

相場 和夫（石油資源開発（株））"秋田県申川油田のガスリフト採油に関する貢献"

藤沢 忠雄（帝国石油（株））"新潟県頸城油田のガスリフト採油に関する貢献"

第20回（昭51年）

◇論文賞

浅川 忠（石油資源開発（株））"日本の油田地帯におけるノルマルアルカンと石油熟成の関係"

◇業績賞

藤田 一（ジャパン石油開発（株）），井沢 宣光（石油開発公団技術センター）"ダンプフラッドならびに海水強制圧入による水攻採油とその油層シミュレーションに関する業績"

山崎 豊彦（早稲田大学）"石油生産技術に関する教育研究への貢献"

吉崎 徹（日本海洋掘削（株）），小泉 哲郎 "海外における海洋掘削作業の推進に関する貢献"

第21回（昭52年）

◇論文賞

平塚 隆治（石油資源開発（株））"石油の生成および進化の地化学的考察"

◇業績賞

真貝 耀一（日本海洋石油資源開発（株）） "阿賀沖油・ガス田の開発に関する貢献"

田口 達男（アジア掘削（株）），三輪 典和 "インドネシアにおける陸上請負掘削作業推進に関する貢献"

玉野 俊郎（石油資源開発（株））"海洋物理探鉱調査技術向上への貢献"

第22回（昭53年）

◇論文賞

大嶋 一精（アブダビ石油（株））"ムバラス油田の炭酸塩岩の地質学的特徴"

小松 直幹（帝国石油（株））"松崎，南阿賀系列における炭化水素の移動と集積"

藤田 嘉彦（帝国石油（株））"炭化水素の移動集積におけるPorosity Anomalyの重要性"

◇業績賞

工藤 修治（石油資源開発（株））"石油探鉱の地化学部門の体制整備につくした貢献"

第23回（昭54年）

◇論文賞

岡部 史生（石油資源開発（株））"阿賀沖油・ガス田の検層解析"

重川 守（石油資源開発（株）），浅川 忠（石油公団）"八橋油田原油の地球化学的特性とその地質学的意義"

阿部 正名（帝国石油（株））"南阿賀油層砂岩の堆積構造について"

◇業績賞

平岡 豊助（帝国石油（株）），安田 栄一郎（（株）新潟鉄工所）"油井用鋼管の規格整備と使用技術の向上に関する貢献"

笠原 大四郎（日本オイルエンジニアリング（株））"海外における石油開発コンサルタント業務に関する貢献"

第24回（昭55年）

◇論文賞

鈴木 宇耕（出光石油開発（株））"東北裏日本海域の石油地質"

◇業績賞

谷口 啓之助（秋田大学）"石油さく井技術に関する教育研究への貢献"

本庄 達郎（日本鉱業（株）），宮島 建久（ピーエヌジー石油（株））"中条ガス田紫雲寺地区における石油の開発生産に関する貢献"

荻本 忠男（アラビア石油（株））"カフジ油田ラタウィ層に対するダンプフラッド"

第25回（昭56年）
◇論文賞
関口 嘉一（帝国石油（株）），平井 明夫"有機物熟成度の予測"
◇業績賞
菊池 良樹（エジプト石油開発（株）），河内 三郎，高須 洋一，小川 敏夫"エジプトアラブ共和国ウエストバクル油田の探鉱・開発・生産に関する貢献"

河村 隆（石油資源開発（株）），山崎 喬（石油公団石油開発技術センター）"地震探鉱におけるウェーブレット抽出及び処理技術の開発研究に関する貢献"

第26回（昭57年）
◇論文賞
藤岡 展价（ジャペックス・ユーエス社），大口 健志（秋田大学），米谷 盛寿郎（石油資源開発（株）），臼田 雅郎（秋田県産業労働部），馬場 敬（東北大学）"東北裏日本地域における台島～西黒沢期の堆積物について"
◇業績賞
佐野 正義（日本海洋掘削（株）），新田 純郎"パワースイベルの活用による傾斜掘技術の確立に関する貢献"

第27回（昭58年）
◇業績賞
赤堀 芳雄（石油資源開発（株）），佐藤 勇太"片貝ガス田の深部ガス層発見に関する貢献"

小草 欽治（オマーン石油開発（株）），高桑 忠実（帝国石油（株））"南長岡ガス田の発見に関する貢献"

中川 三男（（株）テルナイト），星野 政夫"深掘用水系泥水の開発に関する貢献"

第28回（昭59年）
◇論文賞
小椋 伸幸（石油資源開発（株））"石油根源岩有機物熟成度の予測"

手塚 真知子（帝国石油（株））"南阿賀油田におけるパラフィン障害問題"
◇業績賞
磐城沖石油開発（株），エッソ石油開発（株），東日本石油開発（株）"磐城沖ガス田の開発に関する貢献"

秋田県産業労働部，石油資源開発（株）"由利原油・ガス田探鉱に関する貢献"

第29回（昭60年）
◇論文賞
佐藤 修（帝国石油（株））"火山岩貯留岩の岩相と孔隙―特に南長岡ガス田における流紋岩について"

加藤 進（石油開発公団），渡辺 其久男（石油資源開発（株））"北蒲原平野下に発達する"Breccia"について"
◇業績賞
徳永 重光（パリノ・サーヴェ（株））"花粉分析を中心とする微古生物の調査研究およびケロジエン分析等のサービスによる石油開発に関する貢献"

合同石油開発（株）"エル・ブンドク油田の水攻法による開発に関する貢献"

南 和雄（帝国石油（株））"磐城沖ガス田の開発井掘削に関する貢献"

第30回（昭61年）
◇論文賞
佐々木 詔雄（三井石油開発タイ開発技術本部探鉱部探鉱課長）"地層温度の推定―検層時坑底温度の補正法とその問題点"
◇業績賞
日本海洋石油資源開発，石油資源開発，新潟石油開発，三菱瓦斯化学"岩船沖油・ガス田の発見に関する貢献"

ラントウ石油開発"ラントウ油田に対する水攻法サービスに関する貢献"

第31回（昭62年）
◇論文賞

朝倉 夏雄（カナダオイルサンド），和知 登（石油公団石油開発技術センター物理探査研究室長代理），岩城 弓雄（新南海石油開発），井川 猛（地球科学総合研究所開発部次長），太田 陽一 "VSP等坑井資料を活用した反射地震記録解釈"

藤原 昌史（東南アジア石油開発），前田 純二（三井石油開発），安原 清 "三次元反射地震探査法によるタイ沖ガス田の含ガス砂岩層の解析"

◇業績賞

石油公団石油開発技術センター "炭酸ガスミシブル攻法の基礎的研究に対する貢献"

第32回（昭63年）

◇論文賞

根尾 定文（ジャパン石油開発） "アブダビにおけるMishrif層礁性石灰岩の堆積相解析の実例について"

鈴木 正義（アブダビ石油），大沢 正博（アブダビ石油アブダビ鉱業所） "アブダビ海域におけるArab層の堆積相について"

榎本 兵治（東北大学工学部助教授），洪 承燮（東北大学工学部研究生），千田 佶（東北大学工学部教授） "火攻法に関する基礎的研究第1報〜第4報"

宮崎 浩（石油資源開発探鉱部次長），公手 忠（石油資源開発物理探鉱部次長），秋葉 文雄（石油資源開発技術研究所主任研究員），浅野 清継（石油資源開発），深沢 光（日本インドネシア石油協力） "岩船沖油田の地質—貯留岩分布の予察"

◇業績賞

ジャパン石油開発 "ウムアダルク油田及びサター油田の開発に関する貢献"

第33回（平1年）

◇論文賞

中山 一夫（石油資源開発探鉱部主査） "堆積盆評価のための二次元総合モデル"

水口 保彦（リンデンインターナショナル） "セミサブリグによる掘削作業等の稼働率算定の一手法"

上田 善紹（アラビア石油），小山 和也（アラビア石油技術部次長），藤田 和男 "底水押し型油層におけるウォーターコーニング挙動に関する考察"

◇業績賞

高山 俊昭（金沢大学教養部教授），佐藤 時幸（帝国石油） "石灰質ナンノ化石生層序確立による石油探鉱への貢献"

第34回（平2年）

◇論文賞

鈴木 郁雄（日中石油開発），田村 芳彦，加藤 邦弘 "中国渤海湾の石油地質—沙河街層三段砂岩油層"

加藤 正平（日本海洋掘削） "ガスキック二相流シミュレーション"

登坂 博行（東京大学工学部） "油層シミュレーションにおいて空間離散化に調和する疑似関数を自動生成する手法に関して"

◇業績賞

石油公団石油開発技術センター，原油二・三次回収技術研究組合 "申川油田のケミカル攻法フィールドテストに関する研究"

日中石油開発 "BZ28‐1油田の探港・開発に関する貢献"

第35回（平3年）

◇論文賞

上西 敏郎，稲場 土誌典，田中 隆（帝国石油），谷口 正靖（ザイール石油）「西アフリカソルト盆地における油の根源岩」

秋林 智（秋田大学鉱山学部教授），福田 道博（九州大学）「浸透率が連続的に変化する場合の地熱貯留層内の熱水流動解析」

◇業績賞

帝国石油，石油資源開発「6000m級深掘技術の確立に関する貢献」

オマーン，ジャペックス「ダリール油田の探鉱・開発に関する貢献」

第36回（平4年）

◇論文賞

佐藤 光三(帝国石油)「ラインソースを含む流体流動問題に対する境界要素法の応用」

中村 常太(石油資源開発)「傾斜井におけるストリングの軸力」

指宿 敦志, 国安 稔, 小玉 喜三郎(石油資源開発)(工業技術院地質調査所)「フラクチャー型貯留層を有する堆積盆解析の試み」

増田 昌敬(東京大学)「溶液の粘弾性を考慮したポリマー攻法の解析」

◇業績賞

ムバラス石油 「ウム アル アンバー油田の開発」

秋田県商工労働部, 石油資源開発 「鮎川油・ガス田の発見に関する貢献」

第37回(平5年)

◇論文賞

田中舘 忠夫(住友石油開発)「ポリアクリルアミド水溶液の多孔質媒体内流動抵抗の定量的評価」「ポリマー水溶液の多孔質媒体内における振動効果の解析」

星 一良, 佐賀 肇, 箕輪 英雄(石油資源開発), 稲葉 充(石油資源開発技術研究所)「秋田・新潟のグリーンタフの変質と貯留岩性状」

土井 学(アラビア石油)「カフジ油田における水平坑井の生産挙動」

◇業績賞

テルナイト 「高温度用泥水システムの開発」

第38回(平6年)

◇論文賞

竹崎 斉, 三輪 正弘(アブダビ石油)「ウム アル・アンバー油田の形成について」

◇業績賞

石油公団石油開発技術センター, 原油二・三次回収技術研究組合 「炭酸ガス攻法—頸城プロジェクト」

第39回(平7年)

◇論文賞

金田 英彦, 巴 保義, 清水 誠(帝国石油)「仕上げ流体としての高温・高比重ブラインの腐食性」

辻 隆司, 横井 悟(石油資源開発)「北海道天北地域における新第三系珪質岩中の炭化水素トラップ」

◇業績賞

石油資源開発 「勇払ガス田の発見に関する貢献」

石油資源開発 「由利原SK-15における生産性向上をめざした水平井掘削・仕上げの成功」

帝国石油 「常磐沖-2における大偏距掘削の成功」

第40回(平8年)

◇論文賞

多田 隆治(東京大学理学部)「我が国における石油根源岩堆積環境の再検討」

佐藤 時幸(秋田大学鉱山学部), 工藤 哲朗, 亀尾 浩司(帝国石油)「微化石層序からみた新潟地域における石油根源岩の時空分布」

島本 辰夫(帝国石油)「水平坑井の圧力解析と生産予測」

山口 伸次(秋田大学鉱山学部), 林 叔民(物理計測コンサルタント)「コールベッドメタンガス貯留層のヒストリーマッチングスタディー」

◇業績賞

石油公団石油開発技術センター 「トルコ国イキステペ油田EORフィールドテストの成功」

石油資源開発 「新潟・仙台天然ガスパイプラインの建設」

第41回(平9年)

◇論文賞

林 義幸, 稲毛 幹, 鈴木 郁雄, 名倉 弘(インドネシア石油)"インドネシア共和国東カリマンタンのペチコガス田の探鉱"〔第61巻第1号〕"

小鷹 長(ジャパンエナジー石油開発), 金子 光好(サザンハイランド石油開発)"地震探鉱のない石油探鉱—PNG,SE

Gobe油田と構造解釈—」〔第61巻第1号〕"

津留 英司（新日本製鐵），矢崎 陽一（日鐵技術情報センター），丸山 和士（新日本製鐵），井之脇 隆一，栃川 哲朗（石油公団石油開発技術センター）"苛刻な坑井条件下における油井管ねじ継手の使用性能とその最適メークアップ方法」〔第61巻第6号〕"

◇業績賞

石油資源開発 「先進技術と新しい発想による北海道・勇払の天然ガスおよびコンデンセートの開発」

第42回（平10年）

◇論文賞

栗田 裕司，小布施 明子（石油資源開発）"「北海道北部，基礎試錐「天北」における第三系〜上部白亜系有機質微化石層序（渦鞭毛藻化石・花粉胞子化石）」〔第62巻第1号〕"

◇業績賞

ベネズエラ石油 「ベネズエラにおける老朽油田再生化事業の推進」

第43回（平11年）

◇論文賞

吉岡 克平，島田 伸介（石油公団石油開発技術センター），松岡 俊文（石油資源開発）"地震探査記録を利用した地球統計学解析における不確定性」〔第63巻第2号〕"

◇業績賞

テルナイト 「ポリプロピレングリコールを用いた高潤滑泥水システムの開発」

三菱石油，日本ベトナム石油，石油公団石油開発技術センター 「ベトナムにおける石油の探鉱・開発事業」，「腐食環境下での坑井チュービング材料選定プログラムの開発」

第44回（平12年）

◇論文賞

北 逸郎（秋田大学工学資源部）"天然ガスの期限と生成環境—N2/Ar比とHe/Ar比からのアプローチ—"

第45回（平13年）

◇論文賞

井上 正澄，坂牧 和博，佐伯 龍男，岡崎 隆臣（三井石油開発），町田 幸弘（石油公団石油開発技術センター）"ガボン沖合既存油田間鞍部における新油田の発見—voxel技法による貯留層分布予測」〔第65巻第6号〕"

◇業績賞

三井石油開発 「ガボン沖合既存油田間鞍部における新油田 BDCM油田の発見」

齋藤 清次（東北大学大学院），小山 嘉吉（エスケイエンジニアリング）「掘削編成冷却法の考案と実証」

第46回（平14年）

◇論文賞

稲葉 充（石油資源開発）"由利原油ガス田の玄武岩貯留岩」〔第66巻第1号〕"

◇業績賞

石油公団石油開発技術センター，帝国石油 「大深度火山岩貯留層生産性向上技術開発」

第47回（平15年）

◇論文賞

大沢 正博，中西 敏（ジャパンエナジー石油開発），棚橋 学，小田 浩（産業技術総合研究所）"三陸〜日高沖前弧堆積盆の地質構造・構造発達史とガス鉱床ポテンシャル」〔第67巻第1号〕"

早稲田 周，岩野 裕継，武田 信従（石油資源開発）"地球化学からみた天然ガスの成因と熟成度 第67巻1号"

◇業績賞

アブダビ石油 "アブダビにおけるサワーガス圧入技術の確立とその実績"

第48回（平16年）

◇論文賞

伴 英明，島本 辰夫，多田 良平（帝国石油），小野寺 正志（エジプト石油開発），田内 信也（ベネズエラ石油）"「コンゴ Tshiala油田における擬似地震探査記録

を用いた貯留層構造解釈」〔第68巻1号〕"
◇業績賞
　新日本石油開発 "マレーシア国サラワク沖合SK-10鉱区におけるガス田開発"

第49回（平17年）
◇論文賞
　三田 勲, 和気 史典（日本天然ガス）, 国末 彰司（関東天然瓦斯開発）"「九十九里地域におけるガス水比およびヨウ素濃度を規制する要因—特に, 海底扇状地堆積物および断層が果たす役割について—」〔第68巻第1号〕"
　高畑 伸一（石油資源開発）"「地下の圧力構造の把握と石油地質学的解釈」〔第69巻第2号〕"
　手塚 和彦, 玉川 哲也（石油資源開発）"「油ガス田におけるAE法によるフラクチャー計測の可能性」〔第69巻第6号〕"
◇業績賞
　カナダオイルサンド "SAGD法によるオイルサンドの開発"

第50回（平18年）
◇論文賞
　島田 昌英（日本ベトナム石油）, 青山 威夫（新日本石油開発）"「ベトナム・クーロン堆積盆地の15-2鉱区における湖成根源岩・産出油」〔第70巻第1号〕"
　奥井 明彦（出光オイルアンドガス開発）"「東南アジア非海域 "Dual Petroleum Systems"の特徴」〔第70巻第1号〕"
◇業績賞
　新日本石油開発 "ランドン油田随伴ガス回収・有効利用プロジェクトのCDM登録"

第51回（平19年）
◇論文賞
　白倉 康隆, 小原 英範（ジャパン石油開発）, 姫野 修（石油天然ガス・金属鉱物資源機構）"「炭酸塩岩シーケンス層序に基づく油層地質モデリング—中東下部白亜系炭酸塩岩油田の例—」〔第71巻第1号〕"
　島本 辰夫（帝国石油）"「二次元境界を有する坑井圧力挙動の放射状坑井モデルによる近似解法とその応用」〔第71巻第3号, 第4号, 第5号, 第72巻第1号〕"
◇業績賞
　帝国石油株式会社 "静岡ラインおよび南富士幹線の建設・竣工による日本海側天然ガス田と太平洋側LNG基地とのパイプライン接続"

第52回（平20年）
◇論文賞
　守屋 俊治, 山根 照真, 齋藤 雄一, 加藤 進（石油資源開発（株））, 中山 一夫（（株）地球科学総合研究所）"「岩船沖油・ガス田のタービダイト砂岩への炭化水素移動・集積モデル」〔第72巻第1号〕"
◇業績賞
　石油資源開発（株）「本邦初のシンセティックベースマッド（SBM）導入」

第53回（平21年）
◇論文賞
　徳橋 秀一（（独）産業技術総合研究所）"「"turbidity current"と"turbidite"の用語をめぐる混乱をいかに克服するか—これらの用語の定義に関する歴史的一考察—」〔第72巻第1号〕"
　山本 浩士（石油資源開発（株））"「岩船沖油田における海底扇状地堆積物の貯留層キャラクタリゼーション」〔第73巻第6号〕"
◇業績賞
　新南海石油開発（株）, 新華南石油開発（株）, 日鉱珠江口石油開発（株）「陸豊（Lufeng）13-1油田の探鉱・開発・生産操業」

第54回（平22年）
◇業績賞
　田中 彰一（メタンハイドレート資源開発研究コンソーシアム）「メタンハイドレート資源探査・開発技術にかかわる研究」

第55回（平23年）
◇論文賞
　高野 修（石油資源開発（株））, 藤井 哲哉,

佐伯 龍男，下田 直之，野口 聡（(独)石油天然ガス・金属鉱物資源機構），西村 瑞恵，高山 徳次郎，辻 隆司（石油資源開発(株)）"東部南海トラフ海域のメタンハイドレート探査における堆積学的手法の適用"〔第75巻第1号〕"
◇業績賞
　磐城沖石油開発(株)，新日鉄エンジニアリング(株)「磐城沖ガス田のプラットフォーム撤去工事」

053 日本エネルギー学会賞

　燃料協会元役員数氏の寄付金に基づき，燃料協会の目的の推進をはかるため制定された。その後，学会名を1991年（平成3年）に燃料協会からエネルギー学会へ改称。

【主催者】（社）日本エネルギー学会

【選考基準】〔資格〕同会正会員。〔対象〕同会の目的にそった業績をあげ，学術上・技術上・産業上・および同会に対し顕著または多大な功績のあった個人またはグループ

【締切・発表】（平成25年度）7月12日締切，平成26年2月に開催予定の定時総会で表彰

【賞・賞金】賞記とメダル

【URL】http://www.jie.or.jp/index.htm

(昭30年度)
◇協会賞
● 第1部
　馬場 有政（資源技術試験所所長），本田 英昌，井上 勝也，樋口 耕三（資源技術試験所第1部）"本邦炭構造の研究"
● 第2部
　榎本 隆一郎（日本瓦斯化学工業(株)社長），江口 孝（日本瓦斯化学工業(株)常務取締役工場長）"天然ガスを利用する合成メタノールの工業化"
● 第3部
　新村 唯治（富士製鉄(株)技術部調査役）"コークスの研究並に本邦コークス工業への貢献"

(昭31年度)
◇協会賞
● 第1部
　大山 剛吉（宇部興産(株)取締役）"宇部炭の活用"
● 第3部
　照井 総治（日本水素工業(株)専務取締役），一柳 丈二，寺田 稠，井上 智（日本水素工業(株)）"低品位微粉炭を原料とするアンモニア合成用ガスの製造"

(昭32年度)
◇協会賞
● 第1部
　岩崎 高雄（三井鉱山(株)）"石炭の基礎的性質の研究並びにその有効利用"
● 第2部
　永井 雄三郎（東京大学名誉教授・東京都立大学教授）"内燃機燃料および潤滑油に関する研究"
● 第3部
　林 盛四郎（東京瓦斯(株)常務取締役）"都市ガス工業に関する新技術の確立"

(昭33年度)
◇協会賞
● 第1部
　犬飼 豊春（帝石テルナイト工業(株)取締役酒田工場長）"フミン酸とその塩類の製造の企画化"
● 第2部
　片山 寛（日本石油(株)中央技術研究所研究課長）"内燃機燃料および潤滑油の実用性能に関する研究"
● 第3部

安東 新午（東京大学工学部教授）"低温タールの有効利用に関する研究"

(昭34年度)
◇協会賞
- 第1部
  松野 栄治（明治鉱業（株））"重液サイクロン法による原料粉炭の回収"
- 第2部
  小幡 武三，森下 幸雄，山脇 正男（三菱石油（株））"内燃機燃料の実用性に関する研究"
- 第3部
  照井 秋生（資源技術試験所），吉田 恕（釧路石炭乾溜（株））"石炭の流動ガス化並びに流動乾留による都市ガス製造法の研究と工業化"

(昭35年度)
◇協会賞
- 第1部
  高桑 健（北海道大学教授），吉田 竜夫（住友石炭鉱業（株））"高能率選炭機の考案と同機による選炭工場増強合理化"
- 第2部
  雨宮 登三，常富 栄一，八田 力二郎，岩崎 隆久，中村 悦郎（資源技術試験所），川井 正一（丸善石油（株））"国産技術によるパラキシレン製造法確立のための基礎研究"
- 第3部
  尾崎 利雄（富士製鉄（株））"鉄鋼業におけるコークス炉に関する技術上の貢献"

(昭36年度)
◇協会賞
- 第1部
  武谷 愿（北海道大学），広田 和一（北海道炭鉱汽船）"北海道における石炭の有効利用に関する調査と研究"
- 第2部
  栗田 寅雄（東京瓦斯（株）），山本 研一（早稲田大学），山口 悟郎（東京大学），森田 義郎（早稲田大学），長崎 勧（九州耐火煉瓦（株））"TG式接触分解油ガス装置の開発"
- 第3部
  城 博，井田 四郎（八幡製鉄（株））"国内炭使用による製鉄用コークスの製造"
- 産業
  矢毛石 栄造（（社）日本タール協会）"タール工業"

(昭37年度)
◇協会賞
- 第1部
  舟阪 渡，武上 善信，横川 親雄（京都大学），梶山 茂（松下電工（株））"石炭化学に関する研究"
  藤江 信（北海道炭砿汽船（株））"石炭鉱業に対する研究"
- 第2部
  高分子原料技術研究組合 "ナフサの分解によるアセチレンおよびエチレン製造技術"
  山下 太郎（アラビア石油（株））"アラビア海における石油資源の開発"
- 第3部
  稲原 敏雄（日本鋼管（株））"コークス炉操業並びにコークス品位向上に対する貢献"

(昭38年度)
◇協会賞
- 第1部
  新家 忠男（松島炭鉱（株）大島鉱業所）"坑内ガス抜きと利用"
- 第2部
  木下 真清（昭和石油（株）品川研究所）"石油類の粘度測定"
- 第3部
  長谷場 七郎（日鉄化学工業（株）戸畑工場）"コークス製造技術"
- 産業
  渡辺 扶（資源調査会・本会参与員）"石炭利用工業に対する貢献"
  中村 益雄（八幡化学工業（株））"石炭乾留工業に対する貢献"
  西島 直己（三菱鉱業（株））"石炭鉱業に対

する貢献"

(昭39年度)

◇協会賞
- 技術関係第1部

  田中 楠弥太（資源技術試験所），猪飼 茂（慶応義塾大学），石井 一雄（栗田工業（株）），市川 道雄（資源技術試験所），小泉 睦男（早稲田大学）"石炭の燃焼性に関する研究"

- 技術関係第3部

  宮原 正元（富士製鉄（株））"コークス製造技術の向上に対する貢献"

- 学術関係第2部

  徳久 寛（東北大学）"芳香族炭化水素の製造に関する研究"

- 産業関係

  栗木 幹（三井鉱山（株））"石炭鉱業に対する貢献"

  中原 延平（東亜燃料工業（株））"石油工業に対する貢献"

  岡村 琢三（川鉄化学（株））"製鉄用コークス製造に対する貢献"

(昭40年度)

◇協会賞
- 第1部

  黒川 真武，浅岡 信寿（高圧ガス保安協会），品川 涼治（日本コットレル工業（株）），坂部 孜，藤原 光三，左雨 六郎（資源技術試験所）"本邦炭の高圧水添分解に関する研究"

- 第2部

  山本 為親（日本瓦斯化学工業（株））"天然ガス利用に関する研究"

- 第3部

  吉田 尚（八幡化学工業（株））"コールタール利用に関する研究"

- 産業関係

  石松 正鉄（住友石炭鉱業（株））"石炭鉱業に対する貢献"

  岡米 太郎（日本石油精製（株））"石油工業に対する貢献"

  伊能 泰治（日鉄化学工業（株））"コークス工業に対する貢献"

(昭41年度)

◇協会賞
- 学術関係

  浅井 一彦（石炭綜合研究所），木村 英雄（資源技術試験所），佐々木 実（地質調査所），紫岡 道夫（元北海道工業試験場（豪州 CSIRO）），高橋 良平（九州大学理学部），中柳 靖夫（石炭綜合研究所）"本邦炭組織に関する研究"

- 技術関係

  古賀 雄造（東亜燃料工業（株））"高級潤滑油製造に関する研究"

  中原 実（八幡製鉄（株））"コークス製造技術に関する貢献"

- 産業関係

  福岡 元次（大阪瓦斯（株）・燃料協会関西支部長）"都市ガス工業に対する貢献"

  綾部 先（製鉄化学工業（株））"コークス工業に対する貢献"

  中沢 克己（東京瓦斯（株））"都市ガス工業に対する貢献"

(昭42年度)

◇協会賞
- 技術関係

  林 喜芳，大木 武次，横沢 甚八（三菱鉱業（株））"坑内ガス有効利用によるメタノール製造の工業化"

  石黒 正（日本揮発油（株）），堤 鐶（大阪瓦斯（株）），大木 武人（日揮化学（株））"石油ナフサより低温水蒸気改質法による都市ガス製造技術の開発"

  西尾 醇（日本検査（株））"コークス炉の改善に対する功績"

- 産業関係

  川上 亀郎（松島炭鉱（株））"石炭鉱業に対する貢献"

  加藤 亮（関東高圧化学（株））"標準燃料国産化への貢献"

  石井 寛（（株）石井鉄工所）"ガス製造業界に対する貢献"

(昭43年度)
◇協会賞
- 技術関係

　松沢 真太郎(川鉄化学(株)) "大型コークス炉の開発"

　宮津 隆(日本鋼管(株)) "石炭・コークス類の分析試験方法に対する貢献"

　尾上 典三，矢田 直樹，藤本 昭三，松田 健三郎，森田 唯助(日本鉱業(株)) "尿素アダクト法による石油留分からの高純度ノルマルパラフィンの製造"

- 産業関係

　菊池 秀夫，堤 正俊，岡野 寛，坂本 紀，相原 安津夫(三井鉱山(株)) "海外における石炭資源の開発"

　景平 一雄 "石油工業に対する貢献"

　賀田 立二 "燃料工業に対する貢献"

(昭44年度)
◇協会賞
- 技術・学術関係

　矢野 貞三(住友石炭鉱業(株)) "坑内ガス抜きに関する研究とその利用"

　伏崎 弥三郎(大阪府立大学) "炭化水素の酸化機構に関する研究"

　黒田 正之，矢吹 晃二(常磐炭砿(株)) "沈澱微粉炭専焼による自家発電設備の建設"

- 産業関係

　萩原 康雄(東京瓦斯(株)) "液化天然ガスの大量利用に関する貢献"

　林 茂(日本石油化学(株)) "石油精製および石油化学工業に対する貢献"

　山本 晴次(三菱石油(株)) "石油工業に対する貢献"

(昭45年度)
◇協会賞
- 技術・学術関係

　佐々 保雄(北海道大学) "燃料資源開発の基礎研究"

　五十嵐 之雄，上野 保，中野 隆史(日本瓦斯化学工業(株)キシレン分離グループ) "ハロゲン化合物錯体を利用する m-キシレン分離方法の開発"

　山崎 毅六(東京大学) "石油系並びにロケット燃料に関する研究"

- 産業関係

　大槻 文平(三菱鉱業(株)) "石炭鉱業に対する貢献"

　勝屋 彊(新日本製鉄(株)) "コークス工業に対する貢献"

(昭46年度)
◇協会賞
- 技術・学術関係

　桐谷 義男(住金加工(株)常務取締役) "コークス製造技術の進歩に関する貢献"

　真田 貢(新日本製鉄(株)八幡製鉄所製銑部副部長) "コークス製造技術の開発に関する貢献"

　原 伸宣(東京工業大学工学部教授) "石油工業における固体酸の応用"

- 産業関係

　倉田 興人(三井鉱山(株)社長) "石炭鉱業に対する功績"

　藤沢 健三(日本石油輸送(株)嘱託・日輪商事(株)顧問) "石油工業に対する貢献"

　山口 六平((社)燃料協会参与) "石炭鉱業発展に対する貢献"

(昭47年度)
◇協会賞
- 技術・学術関係

　渡 真治郎(公害資源研究所主任研究員)，門倉 参次(同所前主任研究員)，加藤 勉(同所主任研究員)，加藤 仁久，小林 光雄(同所研究員) "石炭を原料とする球形活性炭製造法の確立と工業化"

　森口 三昔(日本鋼管(株)環境化学研究室次長) "コークス製造技術の発展に対する貢献"

　吉田 尚(日鉄化学工業(株)取締役社長)，長谷場 七郎(同社常務取締役)，末次 良雄(同社取締役)，宮崎 晴典(同社開発部長)，田代 有美(同社第2製造部長) "ディレードコーカー・カルサイナ方式によるコールタールよりピッチコークス

の製造"
- 産業関係

  今井 美材(日本原子力産業会議常任相談役)"核燃料工業の発展に対する功績"

  平田 倶篤(尼崎コークス工業(株)常務取締役)"コークス工業の発展に対する功績"

  土井 贇摩吉(三井アルミニウム工業(株)代表取締役)"高硫黄低中位炭活用による貢献"

(昭48年度)

◇協会賞
- 技術・学術関係

  井上 誠(新日本製鉄(株)取締役),吉永 博一(新日本製鉄(株)八幡製鉄所製鉄部長),日野 契芳(京阪煉炭工業(株)専務取締役)"加熱成型炭配合コークス製造法の工業化"

  森田 義郎(早稲田大学理工学部教授)"触媒を用いる炭化水素類の反応に関する研究"

- 産業

  風当 正夫(日本超低温(株)取締役社長)"都市ガス工業発展に対する貢献"

  堤 正文(川鉄化学(株)常務取締役)"コークス製造技術の向上ならびにコークス工業に対する貢献"

  井上 史郎(昭和四日市石油(株)代表取締役副社長)"石油精製業の発展に対する貢献"

(昭49年度)

◇協会賞
- 技術・学術関係

  藤井 修治(早稲田大学理工学部),杉村 秀彦(三井コークス工業(株)),大沢 祥拡((財)石炭技術研究所),豊田 貞治,戸田 雄三(公害資源研究所)"石炭の炭化初期段階における諸性状の解明と日本炭の特徴についての研究"

  功刀 泰磧(東京大学工学部)"炭化水素の高温反応に関する研究"

  前沢 正礼,倉賀野 武利,柳生 栄次郎,二

宮 弘之,芳野 博文(大阪瓦斯(株))"フマックス法ロダックス法及びコムパックス法の組み合わせによる燃料ガス中の有害成分の除去に関する研究と開発"

- 産業関係

  伊木 正二((財)石炭技術研究所・東京大学名誉教授)"石炭採掘事業の向上並びに石炭産業の発展に対する貢献"

  藤岡 信吾(三菱石油(株))"石油産業の発展に寄与した功績"

  権藤 登喜雄(日本揮発油(株))"燃料とくに石油精製工業におけるプラントエンジニアリングの確立に対する貢献"

(昭50年度)

◇協会賞
- 1部

  石川 馨,藤森 利美(東京大学工学部),木村 英雄,似鳥 次郎(公害資源研究所),金松 正世(日本大学生産工学部)"石炭・コークスのサンプリング,分析,試験方法の工業標準化に関する貢献ならびに関連企業の生産性向上に対する寄与"

- 2部

  石田 和義,三宅 坦,大島 昌三,三戸岡 憑之,樫木 正行(丸善石油(株))"石油精製および石油化学工業のための機器分析技術の開発"

- 3部

  功刀 雅長,神野 博(京都大学工学部)"工業用炉の燃焼に関する基礎研究"

- 産業部門

  宮森 和夫(丸善石油(株))"石油産業発展への貢献"

  松山 彬(東亜燃料工業(株))"石油精製および石油化学工業発展に対する貢献"

  多田 孝俊(日本化成(株))"コークス製造および化成品処理とその二次製品製造技術開発に貢献"

(昭51年度)

◇協会賞
- 技術・学術関係1部

大内 公耳（北海道大学工学部）"石炭および関連物質の化学構造に関する研究"
- 技術・学術関係2部
  本田 英昌（九州工業試験所），真田 雄三（北海道大学工学部），山田 泰弘（九州工業試験所），古田 毅（公害資源研究所）"重質油の炭化過程に関する基礎的研究"
- 技術・学術関係3部
  星沢 欣二，瀬間 徹，小谷田 一男，園田 健（（財）電力中央研究所）"発電用ボイラーの燃焼および燃焼技術による公害低減化に関する研究"
- 産業関係
  玉置 明善（千代田化工建設（株））"石油精製，石油化学工業界の発展およびプラントエンジニアリング産業の育成に貢献"
  八谷 芳裕（（財）石炭技術研究所）"石炭鉱業の発展に対する貢献"
  中込 闘（三井鉱山コークス工業（株））"石炭化学およびコークス工業に対する貢献"

（昭52年度）
◇協会賞
- 技術・学術関係1部
  竹下 健次郎（九州大学工学部）"石炭およびその関連物質の有効利用に関する研究"
- 技術・学術関係2部
  高橋 良一，大和田 孝，相羽 孝昭（ユリカ工業（株）），細井 卓二（呉羽化学工業（株）），仁礼 尚道（住友金属工業（株）），露口 亨夫（住金加工（株）），広谷 精啓（富士石油（株））"新しい減圧残油熱分解プロセスおよびその生成物利用についての研究開発と工業化"
- 技術・学術関係3部
  疋田 強（福井工業大学）"燃焼，爆発およびその反応論に関する研究，ならびに安全工学面における調査研究"
- 産業関係
  有吉 新吾（三井鉱山（株））"石炭鉱業に対する功績"

鈴木 永二（三菱化成工業（株））"石炭・石油化学工業発展に対する貢献"
佐田 敏彦（新日本製鉄化学工業（株））"コークス工業発展に対する貢献"
久保 邦夫（関西熱化学（株））"コークス工業発展に対する貢献"

（昭53年度）
◇協会賞
- 技術・学術関係1部
  吉田 雄次（北海道工業開発試験所）"コークスに関する基礎的研究"
- 技術・学術関係2部
  神谷 佳男（東京大学工学部）"炭化水素およびその誘導体の酸化に関する研究"
- 技術・学術関係3部
  野尻 正信（東京ガス不動産（株）），池田 英一，山本 洋平（東京冷熱産業（株）），片岡 宏文（東京瓦斯（株）），前田 豊（東京ガス・エンジニアリング（株））"LNG冷熱利用の実用化に関する技術開発"
- 産業関係
  望月 健二郎（三菱石炭鉱業（株））"石炭鉱業に対する貢献"
  大和 勝（出光興産（株））"石油精製および石油化学工業発展に対する貢献"

（昭54年度）
◇協会賞
- 技術・学術関係1部
  小島 鴻次郎（新日本製鉄化学工業（株））"石炭組織分析法による原料炭のコークス化性評価法ならびにその自動測定装置の開発"
- 技術・学術関係2部
  吉川 彰一（大阪大学工学部）"溶融塩媒体を用いる炭化水素およびその誘導体の反応に関する研究"
- 技術・学術関係3部
  内海 博，岡田 博（東京商船大学）"舶用ディーゼル機関の燃焼改善に関する研究"
- 産業関係
  中村 直人（太平工業（株））"コークス工業

発展への貢献"
　武富 敏治（松島炭鉱（株））"石炭鉱業に対する貢献"
（昭55年度）
◇協会賞
● 学術部門
　飯沼 一男（東京大学）"火炎の伝ぱ並びに噴霧の燃焼に関する研究"
◇進歩賞
● 学術部門
　持田 勲（九州大学生産科学研究所）"石炭及びピッチ類の炭化に関する基礎研究"
　奥山 泰男（日本鋼管技術研究所）"高炉用コークス品質評価に関する研究"
● 技術部門
　大岡 五三実（大阪瓦斯），赤阪 泰雄，足立 輝雄，久角 喜徳"LNG冷熱利用発電システムの開発及び実用化"
　野崎 幸雄（日本鋼管），中山 順夫，岡田 豊，小泉 国平"近代的コークス工場の建設及び操業技術への貢献"
◇功績賞
● 本会部門
　馬場 有政（元燃料協会会長）"本会に対する功績"
● 産業部門
　高尾 昇（住友石炭鉱業）"石炭鉱業に対する功績"
（昭56年度）
◇協会賞
● 学術部門
　高橋 良平（九州大学）"石炭組織学ならびにコークス化過程に関する基礎的研究"
　辻 広（東京大学）"火炎構造に関する研究"
◇進歩賞
● 学術部門
　菊地 英一（早稲田大学）"触媒を用いる炭化水素の反応と合成"
　野村 正勝（大阪大学）"有機反応論にもとづく石炭の液化研究"
● 技術部門
　岩子 素也（粉研）"微粉炭用連続定重量供給装置の開発"
◇功績賞
● 産業部門
　中安 閑一（宇部興産）"石炭利用の拡大に対する貢献"
（昭57年度）
◇協会賞
● 学術部門
　玉井 康勝（東北大学非水溶液化学研究所）"石炭の液安処理および接触ガス化に関する研究"
◇進歩賞
● 学術部門
　藤元 薫（東京大学）"間接液化を中心とする燃料化学における触媒反応の研究"
　前河 涌典（北海道工業開発試験所）"石炭の高圧水添液化のメカニズムの研究"
● 技術部門
　田口 和正（神戸製鋼所），林 経矩，上仲 俊行，井硲 弘，明田 莞，徳嵩 国彦"ペレット工場における微粉炭燃焼技術の開発"
◇功績賞
● 本会部門
　伏崎 弥三郎（大阪府立大学）"本会の運営および発展に対する功績"
● 産業部門
　神原 定良（住金化工）"コークス製造技術の発展に対する功績"
（昭58年度）
◇協会賞
● 学術部門
　秋田 一雄（東京大学）"燃焼特性ならびに発火に関する研究"
　佐藤 豪（慶応義塾大学）"内燃機関の燃焼に関する研究"
● 技術部門
　美浦 義明（新日本製鉄第3技術研究所）"高炉用コークス製造技術に関する研究開発"
◇進歩賞
● 学術部門

乾 智行（京都大学）"新規な複合触媒によるガス燃料合成と排気浄化に関する研究"
- 技術部門
  佐藤 邦昭（川崎製鉄）"低NO_X省エネルギーバーナーによる燃焼システムの開発"
  西田 清二（関西熱化学），谷端 律男，高原 理，山本 元祥 "コークス炉ガスからの水素製造技術の開発および実用化"

（昭59年度）
◇協会賞
- 学術部門
  倉林 俊雄（群馬大学）"液体燃料の微粒化に関する研究"
- 技術部門
  吉見 克英（新日鉄化学）"高炉用コークス製造技術の向上ならびに開発"

◇進歩賞
- 学術部門
  富田 彰（東北大学非水溶液化学研究所）"炭素質物質の接触低温ガス化に関する研究"
  横野 哲朗（北海道大学）"磁気共鳴吸収法による石炭，ピッチ類の構造解析およびキャラクタリゼーションと炭化・液化反応への応用"
- 技術部門
  黒田 武文（東京ガス），足立 陽二，冨森 邦明，安井 弘之 "コークス炉ガスを原料とするSNGプロセスの開発および工業化"
  長谷部 新次（日本鋼管），稲葉 護（京浜製鉄所），藤村 武生 "コークス炉の自動燃焼管理システムの開発"

◇功績賞
- 産業部門
  嶋村 晴夫（日本石油精製）"石油精製業界の発展に対する功績"

（昭60年度）
◇協会賞
- 学術部門
  塚島 寛（富山大学）"人工石炭化および石炭のアルキル化に関する研究"
- 技術部門
  松原 健次（日本鋼管中央研究所）"高炉用コークスの製造技術に関する研究"

◇進歩賞
- 学術部門
  鈴木 俊光（京都大学）"重質炭素資源の変換利用に関する研究"
- 技術部門
  田中 弘一（大阪ガス）"貴金属触媒を用いた水蒸気改質およびメタン化プロセスの開発"

◇功績賞
- 本会部門
  松本 敬信（日本コールオイル）"本会の運営及び発展に対する功績"
- 産業部門
  佐野 陽（関西熱化学）"コークス製造技術の発展に対する功績"

（昭61年度）
◇協会賞
- 学術部門
  笠岡 成光（岡山大学工学部）"石炭のガス化と排煙脱硫，脱硝に関する基礎研究"
  佐賀井 武（群馬大学工学部）"高炭素質燃料の微粒化と燃焼に関する研究"
- 技術部門
  野口 信雄（三井鉱山北九州事業所）"コークス製造設備技術の開発と工業化"
  森 達司（電源開発石川石炭火力建設所），岸本 進（三井三池製作所）"長期貯蔵に対応できる大規模石炭貯蔵サイロの研究開発"

◇進歩賞
- 学術部門
  佐藤 芳樹（公害資源研究所）"各種石炭の液化特性ならびに液化油の改質反応挙動に関する研究"
  吉田 諒一（新エネルギー総合開発機構）"石炭液化反応過程におけるアスファルテンの化学"
- 技術部門

尾前 佳宏（三菱化成工業黒崎工場），辻川 賢三，吉野 良雄 "コークス炉のプログラム乾留システムの開発と工業化"
◇功績賞
● 本会部門
本田 英昌（東京理科大学理学部教授，燃料協会元副会長，前石炭科学部会長）"本会の運営および発展に対する功績"
● 産業部門
伊東 昭次郎（東北スチール取締役社長）"コークス製造技術の発展に対する功績"
（昭62年度）
◇協会賞
● 学術部門
横川 親雄（関西大学工学部）"石炭ならびにその炭化物のガス化反応に関する基礎研究"
● 技術部門
奥原 捷晃（新日本製鉄第三技術研究所）"高炉用コークス製造技術に関する研究開発"
◇進歩賞
● 学術部門
三浦 孝一（京都大学工学部）"石炭のガス化反応に関する基礎的研究"
● 技術部門
鈴木 猛（東邦ガス港明工場），橋本 謙治郎（三菱重工業広島製作所），荒井 敬三，三原 一正 "サーキュラグレート式コークス乾式消化装置（CG‐CDQ）の開発"
◇功績賞
● 産業部門
柴田 松次郎（三菱化成工業取締役副社長）"コークス製造技術の発展に対する功績"
小松原 俊一（三井鉱山代表取締役会長）"石炭産業並びに石炭利用技術の発展に対する功績"
（昭63年度）
◇協会賞
● 学術部門
冨永 博夫（東京大学工学部）"炭化水素の分解に関する基礎研究"

平戸 瑞穂（東京農工大学工学部）"石炭の高温ガス化に関する基礎研究"
● 技術部門
薄井 宙夫（三井鉱山副社長），井田 四郎（元三井鉱山北九州事業所），持田 勲（九州大学機能物質科学研究所），藤津 博（電源開発技術開発部），中林 恭之 "活性コークスならびに乾式脱硫脱硝装置の開発と工業化"
◇進歩賞
● 学術部門
大塚 康夫（東北大学非水溶液化学研究所）"褐炭の低温触媒ガス化反応に関する研究"
海保 守（工業技術院公害資源研究所）"石炭の水添ガス化過程と粘結性変化に関する研究"
◇功績賞
● 本会部門
吉川 彰一（大阪大学名誉教授，大阪工業大学教授，燃料協会参与前関西支部長）"本会の発展に対する功績"
● 産業部門
野口 照雄（興亜石油取締役社長）"石油産業の発展に対する功績"
（平1年度）
◇協会賞
● 学術部門
渡部 良久（京都大学工学部）"石炭の接触変換反応の研究"
● 技術部門
末山 哲英（宇部アンモニア工業）"高圧石炭ガス化の工業化研究並びにその設備の建設と運転"
福永 伶二（北海道電力火力保守センター），上野 務（総合研究所），成田 雅則（日立製作所日立研究所），小室 武勇（バブコック日立呉研究所），溝口 忠昭 "石炭灰利用乾式脱硫装置の開発"
◇進歩賞
● 学術部門
坂輪 光弘（新日本製鉄第三技術研究所），

白石 勝彦 "X線断層撮影(CT)装置による石炭乾留過程の直接観察およびその利用による乾留モデルの研究"
三宅 幹夫(大阪大学工学部) "電子移動反応に基づく石炭の溶媒可溶化に関する研究"
吉田 忠(工業技術院北海道工業開発試験所) "石炭およびその液化生成物の化学構造解析法に関する研究"
- 技術部門
 小山 俊太郎(日立製作所日立研究所) "噴流床石炭ガス化炉に関する設計手法の確立"
 西岡 邦彦(住友金属工業研究開発本部) "石炭乾留反応のモデル化とコークス製造技術の研究開発"
◇論文賞
 貞森 博己(大阪ガス),近沢 明夫,伊藤 誠一,岡田 治 "拡散式触媒燃焼バーナー"
 瀬間 徹(電力中央研究所),佐藤 幹夫 "NH3ガス注入による燃焼排ガス中のNOx低減"
◇功績賞
- 本会部門
 森田 義郎(早稲田大学名誉教授,燃料協会参与) "本会の運営および発展に対する功績"
- 産業部門
 吉田 譲次(大阪ガス技術顧問) "都市ガス関連技術の発展に対する功績"

(平2年度)
◇学会賞
- 学術部門
 橋本 健治(京都大学工学部教授) "石炭ガス化の反応工学に関する研究"
 前河 涌典(工業技術院北海道工業開発試験所資源エネルギー工学部長) "石炭の直接液化に関する基礎研究"
- 技術部門
 井出村 英夫,金井 俊夫,柳岡 洋,浦田 敏昭,小川 芳雄,杉谷 照雄,腰塚 博美(千代田化工) "サラブレッド121排煙脱硫プロセス技術の開発"
 武田 邦彦,西垣 好和,浅野 元久,小花和 平一郎,尾花 英朗,大石 健(旭化成) "化学法ウラン濃縮の技術開発と工業化研究"
◇進歩賞
- 学術部門
 光来 要三(九州大学機能物質科学研究所助手) "液晶状態に着目した炭素材形成反応の制御に関する研究"
 二夕村 森(東京大学先端化学技術センター講師) "石炭液化における水素移動過程の解明に関する研究"
- 技術部門
 犬丸 淳,原 三郎(電中研横須賀),竹川 敏之(三菱重工長崎) "加圧二段噴流床石炭ガス化基礎技術の開発"
 渡部 教雄(東京電力技術開発本部),宮前 茂弘(石川島播磨ボイラ事業部) "火力発電所ボイラの個別バーナ燃焼状態診断装置の開発"
◇論文賞
 西岡 邦彦,吉田 周平(住友金属工業(株)) "軟化状態にある石炭の膨張圧評価"
 二見 英雄,橋本 涼一,内田 洋,片山 隆夫(東京ガス(株)) "スチームリフォーミングにおける触媒開発と改質炉伝熱設計"
 平戸 瑞穂,二宮 善彦(東京農工大学工学部) "フラックスを添加した石炭灰分の溶融特性に関する基礎研究"
◇功績賞
- 産業部門
 山村 禮次郎((財)石炭技術研究所参与) "石炭産業の発展に対する功績"

(平3年度)
◇学会賞
- 学術部門
 横山 晋(北海道大学工学部) "石炭および石炭液化油の機器スペクトルによる化学構造解析"
- 技術部門

足立 剛（新日化環境エンジニアリング）"コークス製造技術に関する開発"

鷲見 弘一，緒方 義孝，菊地 克俊（東洋エンジ），大坪 利勝，本田 守（三井鉱山化成），中川 久敏（三菱重工）"高分解ビスブレーカー（HSC）の開発実用化"

穂積 重友，山村 禮次郎，佐藤 春三，中山 久博，新井 重郎，一色 昭，石栄 燁（石炭技研），秋山 寛（三菱重工），杉谷 恒雄（石播），川真田 直之（川重），和田 克夫（日立），高本 成仁（バブ日立），長谷川 宏（東芝）"石炭低カロリーガス化発電技術の研究開発"

◇進歩賞
● 学術部門
宝田 恭之（群馬大学工学部）"触媒を用いた石炭のガス化、熱分解に関する研究"

葭村 雄二（工業技術院化学技術研究所）"石炭液化油のアップグレーディング用触媒に関する研究"

◇功績賞
● 本会部門
石政 祐三（東京冷熱産業（株）取締役会長、元東京ガス（株）専務取締役）"都市ガス製造技術の発展及び本会に対する功績"

● 産業部門
石政 祐三（東京冷熱産業（株）取締役会長、元東京ガス（株）専務取締役）"都市ガス製造技術の発展及び本会に対する功績"

（平4年度）
◇学会賞
● 学術部門
永井 伸樹（東北大学工学部教授）"液体微粒化および噴霧燃焼に関する基礎研究"

● 技術部門
日本褐炭液化，神戸製鋼所，三菱化成，日商岩井，出光興産，コスモ石油 "褐炭液化に関する研究ならびに技術開発"

電源開発，川崎重工業，日立製作所，バブコック日立 "石炭の常圧流動床燃焼技術の工業化"

◇進歩賞
● 学術部門
小原 寿幸（函館工業高等専門学校助教授）"石炭液化およびピッチ類の炭素過程における水素移動反応に関する研究"

● 技術部門
桜谷 敏和（川崎製鉄鉄鋼技術本部），小泉 進（水島製鉄所），林 茂樹（大阪酸素工業）"転炉ガスからの高純度COガス精製・分離システムの開発"

◇功績賞
● 本会部門
蘆田 誠二（本会参与、（財）省エネルギーセンター監事）"本会の運営および発展に対する功績"

● 産業部門
宮原 茂悦（東京電力（株）代表取締役副社長）"電力産業の発展に対する功績"

（平5年度）
◇学会賞
● 学術部門
中山 哲男（（社）産業環境管理協会常務理事）"芳香族炭化水素類の選択的変換反応に対する研究"

堀尾 正靭（東京農工大学工学部教授）"流動層燃焼プロセスのクリーン化と高効率化に関する研究"

● 技術部門
重質油対策技術研究組合，コスモ総合研究所，コスモ石油 "残油水素化分解触媒およびプロセスの開発と実用化"

◇進歩賞
● 学術部門
井上 正志（京都大学大学院工学研究科助教授）"ミクロ多孔性結晶触媒による石炭液化油の芳香族化反応に関する研究"

稲葉 敦（資源環境技術総合研究所主任研究官）"石炭利用技術と地球環境に関する研究"

杉本 義一（物質工学工業技術研究所主任研究官）"石炭液化油の科学構造と反応性に関する研究"

◇論文賞

加藤 隆（釧路工業高等専門学校教授），大内 公耳（北大）"太平洋炭のモデル化学構造"

三浦 孝一，前 一広，中川 浩行，内山 元志，橋本 健治（京都大学工学部）"石炭ならびに溶剤膨潤炭の高圧迅速水素化熱分解時の水素移行量の測定と水素移行機構の検討"

◇功績賞
● 本会部門
米澤 貞次郎（前本会関西支部長，京都大学名誉教授，近畿大学教授）"本会の発展に対する功績"

● 産業部門
河原崎 篤（三井鉱山（株）代表取締役会長）"石炭産業ならびに石炭利用の発展に対する功績"

（平6年度）
◇学会賞
● 学術部門
乾 智行（京都大学大学院工学研究科教授）"多孔性結晶触媒による燃料合成の研究"

真田 雄三（北海道大学エネルギー先端工学研究センター長・教授）"石炭・重質炭化水素類の構造と反応に関する研究"

● 技術部門
石炭利用水素製造技術研究組合，出光，大ガス，電発，東ガス，東邦ガス，ジャパンエナジー，日本製鋼，日立，三井石炭液化 "石炭利用水素製造に関する研究及び技術開発"

◇進歩賞
● 学術部門
京谷 隆（東北大学反応化学研究所助教授）"石炭ガス化反応における表面含酸素化合物の役割に関する研究"

● 技術部門
片岡 静夫，野尻 治，野上 晴男（タクマ技術開発本部）"一般産業CWM（高濃度石炭スラリー）専焼ボイラーの開発"

上村 信夫，渡辺 達也，武川 安彦，大西 武，朝田 真吾，西村 勝（関西熱化学）"新しい原料炭評価法による高炉用コークス製造技術の実用化"

◇論文賞
横山 晋，武富 公裕，佐藤 正昭，真田 雄三（北海道大学エネルギー先端工学研究センター）"石炭の高圧水素化分解アスファルテンの化学構造"

河野 静夫，持田 勲（九州大学），木佐森 聖樹（出光興産），藤津 博（九州産大），藤山 進，小松 眞，青山 哲男（三菱ガス化学）"活性汚泥を原料とする活性炭の室温NO還元触媒能"

◇功績賞
● 産業部門
片岡 宏文（東京ガス（株）取締役副社長）"都市ガス工業の発展に対する功績"

中林 恭之（前電源開発（株）常務取締役）"電力産業に於ける高度石炭利用技術に対する功績"

（平7年度）
◇学会賞
● 学術部門
坂輪 光弘（新日本製鐵プロセス技術研究所主任研究員）"コークス製造おうおび石炭転換技術に関わる石炭基礎物性研究"

石田 愈（東京工業大学資源化学研究所教授）"エクセルギーに基づくシステム評価に関する研究"

● 技術部門
荏原製作所 "多品種燃料用内部循環流動床ボイラの開発"

◇進歩賞
● 学術部門
前 一廣（京都大学工学部助教授）"溶剤膨潤を利用した石炭の新しい熱分解に関する研究"

守富 寛（資源環境技術総合研究所主任研究官（現・岐阜大学助教授））"石炭燃焼時のNOx，N2Oの生成および低減に関する研究"

菅原 勝康（秋田大学鉱山学部助教授）"石炭の熱分解における形態別硫黄の動的挙

動に関する研究"
- ●技術部門
  - 仲町 一郎，安岡 省，小泉 健司，斎木 直人（東京ガス産業エネルギー事業部）"F.D.I（燃料炉内直接噴射）燃焼技術の開発とその応用"
- ◇論文賞
  - 朝田 真吾，西村 勝，上村 信夫（関西熱化学（株）研究開発センター）"熱分解生成物による石炭のコークス化性評価"
  - 細田 英雄，平間 利昌（北海道工業技術研究所）"気泡流動層石炭燃焼装置からのN2とNOxの発生特性および循環流動層燃焼との比較"
- ◇功績賞
- ●本会部門
  - 薄井 宙夫（元本会会長、前三井石炭液化株式会社代表取締役社長）"本会の運営および発展に対する功績"

（平8年度）
- ◇学会賞
- ●学術部門
  - 持田 勲（九州大学機能物質科学研究所所長・教授）"石炭・コールタールの構造、反応、利用に関する研究"
  - 富田 彰（東北大学反応化学研究所教授）"石炭ガス化および熱分解反応に関する基礎研究"
- ●技術部門
  - 松村 雄次（大阪ガス理事・炭素材プロジェクト部長）"石炭を原料とする高機能炭素材の開発と工業化"
  - 石炭ガス化複合発電技術研究組合，北電ほか "噴流床石炭ガス化複合発電技術に関する研究開発"
- ◇進歩賞
- ●学術部門
  - 小島 紀徳（成蹊大学工学部教授）"エネルギー転換利用の工学的研究"
  - 二宮 善彦（中部大学工学部助教授）"石炭の高温ガス化過程における灰分の溶融挙動解明およびガス化反応速度との相関に関する研究"
  - 永石 博志（北海道工業技術研究所主任研究官）"石炭液化の反応工学的キャラクタリゼーションと反応機構に関する研究"
- ◇論文賞
  - 辻 俊郎，柴田 俊春，伊藤 博徳，上牧 修（北海道大学大学院工学研究科）"二段噴流層式石炭ガス化装置の開発"
  - 小山 俊太郎，田中 真二（日立），植田 昭雄（バブ日立），吉田 信夫（石炭利用水素製造）"気流層石炭ガス化炉飛散灰の付着挙動に与える壁面温度の影響"
- ◇功績賞
- ●産業部門
  - 田中 良一（日本ファーネス工業（株）取締役社長）"高温空気燃焼技術に対する功績"

（平9年度）
- ◇学会賞
- ●学術部門
  - 野村 正勝（大阪大学大学院工学系研究科教授）"石炭構造と石炭転換反応に関する研究"
  - 藤元 薫（東京大学大学院工学系研究科教授）"高品位液体燃料の開発に関する研究"
- ●技術部門
  - 新日本製鐵，三井石炭液化，日本コールオイル "1t/dプロセス・サポート・ユニット（PSU）によるNEDOL法石炭液化技術開発"
- ◇進歩賞
- ●学術部門
  - 坂西 欣也（九州大学機能物質科学研究所助手）"石炭液化プロセス基盤に関する研究"
  - 鷹觜 利公（東北大学反応化学研究所講師）"溶媒抽出による石炭の科学構造に関する研究"
- ●技術部門
  - 富永 浩章，藤原 尚樹，神原 信志，佐藤 昌弘，山下 亨（出光興産石炭研究所）

"石炭の品質評価の開発ならびにその実用化に関する研究"
◇論文賞
　神戸 正純, 石原 篤, 加部 利明（東京農工大学工学部）"トリチュウムおよび35Sトレーサー法による石炭液化反応機構の解明-鉄・硫黄系触媒および硫黄の添加効果-"
◇功績賞
●本会部門
　玉井 康勝（元本会副会長、東北大学名誉教授）"本会の運営および発展に対する功績"
　松田 治和（前関西支部長、大阪大学名誉教授、大阪工業大学教授）"関西支部における活動を通じた本会発展に対する功績"

（平10年度）
◇学会賞
●学術部門
　鈴木 俊光（関西大学工学部教授）"石炭および重質炭素資源の高効率変換反応に関する研究"
　平野 敏右（東京大学大学院工学系研究科教授）"燃料現象に関する研究"
●技術部門
　日本コールオイル "150t/d規模石炭液化パイロットプラント（PP）によるNEDOL法の開発研究"
　新日本製鐵 "廃棄物の直接溶融・省資源化システムの開発と実用化"
◇進歩賞
●学術部門
　阿尻 雅文（東北大学大学院工学研究科助教授）"超臨界流体を反応場とした高分子分解・科学原料回収に関する研究"
●技術部門
　東京ガスフロンティアテクノロジー研究所 奥井敏治 "ハイドレードのガス貯蔵体としての利用技術に関する研究"
　宮寺 達雄（資源環境技術総合研究所燃料工学研究室長）, 吉田 清英, 角屋 聡（リケン）"銀/アルミナ系触媒を用いたエタノールによる高性能NOx除去の研究"
◇論文賞
　後藤 和也, 猪俣 昭彦, 青木 秀之, 三浦 隆利（東北大学大学院工学研究科）"石炭の高分子構造を考慮した熱分解反応のモデル化"
　堀田 善次, 米田 吉輝（関西電力）, 萬代 重実, 青山 邦明（三菱重工）"ガスタービン用触媒パイロット方式超低NOx燃料器の開発"
◇奨励賞
●大会部門
　秋澤 淳（東京農工大学工学部）"RFD化施設の最適配置およびエネルギー回収率"
　坂井 るり子（株式会社環境管理センター）"酸素免疫測定方法によるダイオキシン類のスクリーニングに関する研究"
●石炭部門
　野村 誠治（新日本製鐵（株））"軟化溶液石炭の動的粘弾性挙動"
　山下 亨（出光興産（株））"石炭中無機元素の定量分析とスラッキング性評価への応用"
◇功績賞
●産業部門
　上田 耕造（大阪ガス（株）技術顧問）"都市ガス事業の発展に対する功績"
　弓削田 英一（（財）石炭利用総合センター理事長）"我が国の石炭産業および石炭利用技術の発展に対する功績"

（平11年度）
◇学会賞
●学術部門
　河野 通方（東京大学大学院領域創成科学研究科教授）"内燃機関のエネルギー有効利用に関する燃焼学的研究"
　飯野 雅（東北大学反応化学研究所教授）"石炭の化学構造と可溶化に関する研究"
●技術部門
　東京ガス生産技術部扇島工場 "LNG冷熱利用によるLNGおよびLNGのBOG処理

技術の開発と実用化"
◇進歩賞
● 学術部門
　小木 知子（資源環境技術総合研究所）"熱化学的変換法によるバイオマスからのエネルギー製造の研究"
　冨重 圭一（東京大学大学院工学系研究科講師）"天然ガスの化学的転換を目指した固体触媒の開発に関する研究"
　内田 務（北海道工業技術研究所資源エネルギー基礎工学部）"ガスハイドレートのラマン分光測定に関する研究"
　林 潤一郎（北海道大学エネルギー先端工学研究センター）"石炭解重合初期反応に関する解析的実験と格子モデル化"
● 技術部門
　電源開発技術開発部，三菱重工業原動機事業本部 "固体電解質型燃料電池（SOFC）加圧10KW級モジュールの開発"
◇論文賞
　木本 政義，牧野 尚夫（電中研），大場 克巳（九電），気駕 尚志（石播）"微粉炭用低NOxバーナの低負荷燃焼安定性の向上"
　三木 康朗（元物質工学工業技術研究所），杉本 義一（物質工学工業技術研究所）"石炭液化循環溶剤の分析（I）〜（IV）"
　兼子 隆雄，小山 徹，田澤 和治，進藤 照浩，嶋崎 勝乗，藍山 陽一（日本褐炭液化（株））"石炭液化反応における鉄触媒の低温活性発現機構"
◇奨励賞
● 大会部門
　野中 寛（東京大学）"バイオマス水熱ガス化反応場における燃料電池燃料極反応の検討"
　田中 敏英（大阪ガス（株））"都市ガスシステムのLCA評価研究"
● 石炭部門
　森下 佳代子（北海道大学エネルギー先端工学研究センター）"TEMによる石炭チャー接触ガス化過程の定点観察"
　徐 春保（東北大学）"石炭の脱揮発分過程における窒素分布に対するアルカリ土類金属の効果"
● 微粒部門
　李 大燁（機械技術研究所，科学技術庁フェロー）"定容燃焼器内のLPG噴霧特性-画像処理による粒径解析"
◇功績賞
● 本会部門
　横川 親雄（本会参与，元理事，元石炭科学部会長）"本会の発展に対する功績"
● 産業部門
　永田 健一（三井造船（株）技術本部技師長）"日中石炭液化技術開発への貢献"

（平12年度）
◇学会賞
● 学術部門
　定方 正毅（東京大学教授）"低環境負荷燃焼に関する研究"
　千葉 忠俊（北海道大学教授）"石炭転換反応に関する反応工学的研究"
● 技術部門
　溶融炭酸塩型燃料電池システム技術研究組合技術部，石播電力事業部エネルギーシステム部，日立電力電機開発研究所火力機械第1部 "1000kW級溶融炭酸塩型燃料電池発電プラントの開発"
　東京ガス生産技術センター "メタンの精密蒸留による医薬品原料としての13CH4濃縮技術の開発と実用化"
◇進歩賞
● 学術部門
　佐々木 正秀（工業技術院北海道工業技術研究所）"磁気共鳴法を用いた石炭の物理構造に関する研究"
　松方 正彦（早稲田大学助教授）"石灰石と硫黄および塩素化合物との高温反応に関する基礎研究"
　椿 範立（東京大学大学院工学研究科応用化学科）"合成液体燃料に関する研究"
● 技術部門
　地球環境産業技術研究機構，資源環境技術総合研究所 "炭酸ガスの接触水素化によ

りメタノールを合成する触媒の開発"
◇論文賞
貴傳名 甲，村田 聡，Levent ARTOK，野村 正勝（大阪大学）"石炭の固体NMR測定による芳香族クラスター平均サイズの推定"
長島 和茂，山本 佳孝，駒井 武（資源環境技術総合研究所），星野 宏明，大賀 光太郎（北海道大学）"Interferometric Observation of Salt Concentration Distribution In Liquid Phase Around THF Clathrate Hydrate During Directional Grow"
野村 誠治，加藤 健次，古牧 育男，藤岡 裕二，齋藤 公児，山岡 育郎（新日本製鐵（株））"軟化溶融石炭の動的粘弾性挙動"
◇奨励賞
• 大会部門
磯田 隆聡（九州大学）"石炭/触媒燃焼改質による低分子ガス転換反応"
• 石炭部門
高橋 一弘（東北大学）"石炭の溶媒抽出率に及ぼす種々の塩の添加効果"
山西 一誠（近畿大学）"石炭の加熱処理によって誘起される溶媒膨潤性並びに酸素含有官能基量の変化"
門岡 隼人（東北大学）"ガス化反応に伴う石炭チャー構造変化のHRTEM観察"
• 微粒部門
根来 正明（三菱重工業（株））"PIVを用いた予混合噴霧中火炎伝ぱ挙動の定量的観察"
◇功績賞
• 本会部門
平戸 瑞穂（八戸工業大学教授）"本会の発展に対する功績"
• 産業部門
佐藤 眞住（（株）神戸製鋼所顧問）"石炭有効利用技術に対する貢献"
（平13年度）
◇学会賞
• 学術部門
横山 伸也（（独）産業技術総合研究所）"バイオマスエネルギー変換による地球環境保全の研究"
菅原 拓男（秋田大学教授）"石炭熱処理時における硫黄挙動の研究"
森 滋勝（名古屋大学教授）"石炭および固体燃料の燃焼およびガス化プロセスに関する研究と技術支援"
• 技術部門
石炭利用総合センター，電源開発，石川島播磨，アルストム"灰循環型PFBC技術の開発"
◇進歩賞
• 学術部門
池永 直樹（関西大学工学部）"石炭液化反応における水素移動機構に関する研究"
清水 忠明（新潟大学工学部）"流動層燃焼における汚染物質排出低減に関する研究"
• 技術部門
東京ガス，前川製作所，河合 素直（早稲田大学教授）"環境対応型ガスエンジン駆動冷房システムの開発"
◇論文賞
浅沼 稔，有山 達郎，家本 勅（日本鋼管（株））"高濃度塩化ビニル脱塩素技術の開発"
◇奨励賞
• 大会部門
柳下 立夫（新エネルギー・産業技術総合開発機構）"微細藻類を用いた生物電池のアノード特性"
熊谷 聡（佐賀大学）"加圧熱水により成分分離された植物系バイオマスの低温水熱ガス化"
• 石炭部門
折笠 広典（東北大学）"NO/C反応におけるHCNとN2の生成メカニズム"
呉 聖姫（岡山大学）"高温脱H2Sにより生じた硫化カルシウムの酸化分解"
• 微粒部門

一色 誠治（四国電力（株））"LIF-PIVによる直噴ガソリン噴霧の周囲気体流動の計測"
◇功績賞
- 本会部門
  神谷 佳男（元本会会長、東京大学名誉教授）"本会の発展に対する功績"
- 産業部門
  安藤 勝良（（財）石炭エネルギーセンター理事長）"石炭産業及び石炭高効率利用技術開発に対する貢献"

（平14年度）
◇学会賞
- 学術部門
  柏木 孝夫（東京農工大学教授）"エネルギーシステムの研究及びそれに基づくわが国のエネルギー政策立案への学術的貢献"
  山田 宗慶（東北大学教授）"低環境負荷型高品位燃料の研究"
- 技術部門
  日本鋼管 "スラリー床ジメチルエーテル合成技術ならびに利用技術の開発"
  石川島播磨重工業，九州電力 "世界最大360MW六角炉加圧流動層ボイラーの開発と建設"
◇進歩賞
- 学術部門
  富永 浩章（出光興産）"固体燃料利用プロセスに関する数値解析手法の確立とその応用"
  村田 聡（大阪大学）"13C-NMRと選択的分解を併用した重質炭化水素類の研究"
  小俣 光司（東北大学）"温度勾配型反応器による低圧ジメチルエーテル合成"
- 技術部門
  東京電力，日本鋼管 "LNG直接噴霧・混合でのLNG冷熱利用によるガス冷却装置の開発、実用化"
  日立製作所，東京ガス，大阪ガス，東邦ガス "高効率ガス二重効用吸収用冷温水機（冷房COP1.35）の開発"

◇論文賞
三浦 孝一，牧 泰輔，前 一広，奥津 肇（京都大学）"メタノール系混合溶剤で溶解した酸化改質炭の迅速熱分解"
清水 忠明，Hans-Hurgen FRANKE，堀 彩統子，高野 康夫，頓所 勝，稲垣 眞，田中 真人（新潟大学）"多孔質粒子流動媒体による気泡流動層焼却炉からの未燃分とNOxの同時排出低減"
◇奨励賞
- 大会部門
  井上 誠一（（独）産業技術総合研究所）"加圧熱水条件による木材の炭化"
  島崎 洋一（山梨大学）"内陸型工業団地におけるエネルギー需給システムのモデル分析"
  長田 光正（東北大学）"超臨界水中でのバイオマスの接触水性ガス化反応"
- 石炭部門
  中川 浩行（京都大学）"石炭チャーのガス化速度に及ぼす雰囲気ガスおよび灰分の影響"
  村上 賢治（秋田大学）"Loy Yang褐炭の酸強度分布：その解析と事前処理の影響"
- 微粒部門
  中村 摩理子（大阪大学）"対向流平面ガス火炎に添加された液体燃料噴霧の非定常燃焼挙動"
◇功績賞
- 本会部門
  中村 悦郎（元本会会長）"本会の発展に対する功績"

（平15年度）
◇学会賞
- 学術部門
  荒川 裕則（（独）産業技術総合研究所）"酸化物半導体を用いた新しい太陽光エネルギー利用技術に関する研究"
  三浦 孝一（京都大学大学院工学研究科教授）"石炭の効率的転換法の開発に関する工学的研究"
- 技術部門

新日本製鐵 "製鉄用コークス炉を活用した廃プラスチック化学原料化技術の開発"
電源開発，石川島播磨重工業 "都市型高度環境特性600MW微粉炭焚きタワー型ボイラの建設"

◇進歩賞
● 学術部門
上宮 成之（岐阜大学）"石炭の高効率ガス化と水素製造・分離に関する基礎研究"
松村 幸彦（広島大学）"超臨界水を利用したバイオマスガス化技術の開発"
成瀬 一郎（豊橋技術科学大学）"燃焼プロセスにおける微量金属成分の生成挙動解明とその制御に関する研究"

● 技術部門
東京電力，西淀空調機 "業務用自然冷媒（CO_2）給湯機の開発"

◇論文賞
本藤 祐樹（電中研），森泉 由恵（慶大），外岡 豊（埼玉大），神成 陽容（計量計画研）"1995年産業連関表を用いた温室効果ガス排出原単位の推計"
町田 宗太，手塚 哲央，佐和 隆光（京都大学）"排出分布を考慮したプラスチックリサイクルの経済性評価"

◇奨励賞
● 大会部門
阿部 竜（（独）産業技術総合研究所）"色素増感作用を利用したエネルギー蓄積型水素生成"
金内 健（東京工業大学）"バイオマスの熱分解挙動解明とそのモデル化"
神田 英輝（（財）電力中央研究所）"DME置換による褐炭脱水法の実験的検討"
Dadan Kusdiana（京都大学）"Effect of Water in Biodiesel Production by Supercritical Methanol Method"

● 石炭部門
麻生 宏実（東北大学）"昇温酸化、TEM、XRD解析による無煙炭構造の評価"
坪内 直人（東北大学）"石炭の昇温熱分解時における塩素の行方"

● 微粒部門
横田 昌之（（株）豊田自動織機）"スリットノズル噴霧の壁面付着挙動解析"

◇功績賞
● 本会部門
片岡 宏文（元本会会長）"本会の発展に対する功績"

● 産業部門
末次 克彦（アジア・太平洋エネルギーフォーラム（APEF）代表）"日本のエネルギー政策の形成ならびにアジア諸国のエネルギー問題の解決に対する功績"

（平16年度）
◇学会賞
● 学術部門
稲葉 敦（（独）産業技術総合研究所）"ライフサイクルアセスメント（LCA）に関する研究"
藤田 和男（芝浦工業大学教授）"世界の石油・天然ガス資源量評価と供給予測に関する研究"

● 技術部門
石炭利用総合センター，神戸製鋼所，JFEスチール，新日本製鐵，住友金属工業 "次世代コークス製造技術（SCOPE21）の開発"
石川島播磨重工業 "廃棄物系燃料を主燃料とした高温蒸気ボイラの開発"

◇進歩賞
● 学術部門
齊藤 公児（新日本製鐵）"核磁気共鳴法を利用した石炭の精密構造解析技術の開発、及び石炭資源の有効利用技術に関する研究"
石原 篤（東京農工大学）"トリチウムトレーサー法を用いた石炭の官能基の定量と反応性の解析"
朝見 賢二（北九州市立大学）"天然ガスからのウルトラクリーン燃料合成用触媒の開発"

● 技術部門
三菱重工業 "水流酸化攪拌装置の開発"

東京電力，大川原製作所 "大幅な省エネ性を実現したヒートポンプ式濃縮装置の開発"
◇論文賞
河田 裕子，藤田 和男，増田 昌敬，松橋 隆治（東京大学）"海域メタンハイドレートガス開発の経済性及びCO_2排出量評価"
◇奨励賞
● 大会部門
大田 昌樹（東北大学）"CO_2を利用した環境調和型メタンハイドレート回収に関する速度論的研究"
角 茂（東京工業大学）"メタン-水からのメタノール直接合成"
金子 晴美（日本大学）"木質バイオマスの直接液化反応機構"
波岡 知昭（東京工業大学）"流動媒体に活性アルミナを用いたバイオマス循環流動層ガス化"
● 石炭部門
倉本 浩司（（独）産業技術総合研究所）"Ca系CO_2吸収剤存在下での石炭水蒸気ガス化における吸収剤と石炭鉱物の化学"
中島 常憲（鹿児島大学）"石炭から水相中へ溶出する物質の環境毒性"
● 微粒部門
神崎 淳（広島大学）"ホールノズルからの噴霧と混合気の特性"
◇功績賞
● 本会部門
真田 雄三（元本会会長、北海道大学名誉教授）"本会の発展に対する功績"
● 産業部門
岡本 洋三（東京ガス（株）元エグゼクティブスペシャリスト）"都市ガス利用技術の開発・標準化・普及啓蒙及び社会貢献"
（平17年度）
◇学会賞
● 学術部門
小島 紀徳（成蹊大学教授）"エネルギー利用およびこれに伴う環境負荷低減に関わる先駆的・俯瞰的研究"
岡崎 健（東京工業大学教授）"地球環境保全型石炭利用技術と水素・燃料電池・CO_2隔離とのシステム統合に関する研究"
● 技術部門
JFEエンジニアリング，千代田化工建設，日本ファーネス，石川島播磨重工業，秋田県立大新岡嵩 "高温空気燃焼制御技術の研究開発"
◇進歩賞
● 学術部門
山下 亨（出光興産）"石炭燃焼・ガス化プロセスにおける灰の生成・付着挙動に関する研究"
野村 誠治（新日本製鐵）"劣質資源・環境対応型コークス製造技術の研究"
米山 嘉治（富山大学）"石炭の直接・間接液化に関する研究"
● 技術部門
東京電力 "家庭用自然冷媒（CO_2）ヒートポンプ給湯機の開発と普及促進"
日本ガス協会，川重冷熱工業，ダイキン工業，日立空調システム，矢崎総業 "三重効用高性能吸収式冷温水機の開発"
◇論文賞
宮澤 邦夫，野田 健史，板垣 省三，下山 泉（日本鋼管（株）），千葉 忠俊，CSIRO Richard Sakurovs（北海道大学）"高温NMRによる軟化溶融石炭の擬似成分ランピング解析"
劉 丹（東京大学），定方 正毅 "Ca(OH)2を含む石炭ブリケットの燃焼における脱フッ素特性"
久保 一雄，中田 俊彦（東北大学）"地域特性を考慮したバイオマス利用システムの構築"
◇奨励賞
● 大会部門
榎原 友樹（みずほ情報総研（株））"2050年脱温暖化に資するエネルギー供給シス

テムの一考察"
小原 聡（アサヒビール（株））"エネルギー用サトウキビを用いたバイオマスエタノール生産プロセスの開発"
細貝 聡（北海道大学）"多孔質アルミナ上のバイオマスタールin-situ改質機構"
細谷 隆史（京都大学）"木質バイオマスのガス化における一次熱分解挙動"
- 石炭部門
 秋山 和子（日本女子大学）"石炭中の微量元素の含有量"
 宍戸 貴洋（（独）産業技術総合研究所）"配合炭の熱軟化性に及ぼすハイパーコールの配合効果"
- 微粒部門
 若林 千裕（群馬大学）"ディーゼル噴霧における壁面衝突後の噴霧-噴霧干渉"
◇功績賞
- 本会部門
 奥野 嘉雄（元本会会長）"本会の発展に対する功績"

(平18年度)
◇学会賞
- 学術部門
 宝田 恭之（群馬大学）"石炭の低温接触ガス化および分解の機構とプロセス開発"
 山地 憲治（東京大学）"数理モデルによるエネルギー環境政策に関する研究"
 大塚 康夫（東北大学）"触媒を用いる炭素資源の化学的変換利用に関する研究"
- 技術部門
 新日本石油"サルファーフリー自動車燃料製造技術の開発"
◇進歩賞
- 学術部門
 吉澤 徳子（（独）産業技術総合研究所）"X線回折法による石炭・チャーの構造評価に関する研究"
 貴傳 名甲（大阪大学）"石炭の分子構造解析とコークス化および他の利用プロセスに関する研究"
- 技術部門

大阪ガス，川崎重工業，住友金属工業，住友金属パイプエンジ"インバー合金製LNG配管の開発と世界初の海底トンネル内配管への適用"
九州電力，神戸工業試験場，住友金属テクノロジー"放電サンプリング装置の開発と研究"
◇論文賞
長谷川 功，藤沢 秀忠，砂川 賢司，前 一廣（京都大学）"木質バイオマスの迅速熱分解における収率、チャー組成の予測"
鈴木 善三，幡野 博之（（独）産業技術総合研究所），守富 寛（岐阜大学）"実験室規模の加圧流動層燃焼における窒素酸化物の生成特性 —チャーによるNOX分解—"
◇奨励賞
- 大会部門
 岡島 いづみ（静岡大学）"水熱処理によるプラスチック含有食品廃棄物の粉末燃料化"
 栗田 桂佑（東京農工大学）"民生および運輸部門におけるDME技術のエネルギーシステムへの導入可能性評価"
 多久和 毅志（（株）神戸製鋼所）"廃棄物焼却過程における鉛の挙動"
 平木 岳人（北海道大学）"水素および水酸化アルミニウム製造を伴うコプロダクション廃棄アルミニウム処理法の開発"
- 石炭部門
 上岡 健太（東北大学）"微視組織のポアソン比がコークス強度に与える影響"
 長沼 宏（東北発電工業（株））"金属と石炭灰との界面反応が付着力変化に与える影響"
- 微粒部門
 堀 司（同志社大学）"LESによるディーゼル噴霧の数値解析"
- バイオ部門
 花岡 寿明（（独）産業技術総合研究所）"空気/水蒸気を用いた褐炭・木材共ガス化の基礎的検討"

◇功績賞
- 本会部門
  藤元 薫（元本会会長、東京大学名誉教授）"本会の発展に対する功績"

（平19年度）
◇学会賞
- 学術部門
  牧野 尚夫（（財）電力中央研究所）"微粉炭の高度燃焼技術の開発"
  斎藤 郁夫（（独）産業技術総合研究所）"石炭利用技術の新展開に関わる基礎的・基盤的研究"
- 技術部門
  東京電力 "スプリッタ型ポンプ水車ランナの開発・実用化"
  新エネルギー・産業技術総合開発機構，電源開発 "多目的石炭ガス製造技術開発（EAGLE）"

◇進歩賞
- 学術部門
  中川 浩行（京都大学）"水熱処理を利用した褐炭の高効率変換プロセスの開発"
- 技術部門
  JFEエンジニアリング，岩谷産業 "DME（ジメチルエーテル）大型ディーゼルエンジン発電システムの開発"
  神戸製鋼所，中部電力，東京電力，関西電力 "業界最高効率を達成した空冷スクリュヒートポンプの開発"

◇論文賞
  山下 亨（出光興産（株）），吉澤 徳子（（独）産業技術総合研究所），三輪 優子（（株）東レリサーチセンター），貴傳名 甲（大阪大学），秋本 明光（（財）石炭エネルギーセンター）"石炭ガス化初期段階におけるチャー粒子の膨張・収縮挙動"
  山本 光夫,濱砂 信之（東京大学），福嶋 正巳（北海道大学），沖田 伸介（日鉄環境エンジニアリング（株）），堀家 茂一（（株）エコグリーン），木曽 英滋（新日本製鐵（株）），渋谷 正信（（株）渋谷潜水工業），定方 正毅（工学院大学）"スラグと腐植物質による磯焼け回復技術に関する研究"

◇奨励賞
- 大会部門
  諫山 洋平（京都大学大学院）"メタノールに替わる超臨界流体による新規な無触媒バイオディーゼル燃料製造法"
  小林 将樹（北九州市立大学大学院）"MFI系ゼオライト上でのDME転化反応"
  中澤 克仁（富士通（株））"情報サービスを利用した環境情報の提供による交通利用調査"
  坂東 茂（東京大学大学院）"マイクログリッドの機器容量設計における都市ガス価格の影響"
  藤本 真司（（独）産業技術総合研究所）"木質系バイオマスからのエタノール生産のプロセス設計と評価"
- 石炭部門
  麓 恵里（（独）産業技術総合研究所）"酸化鉄触媒による水蒸気雰囲気下での重質油の軽質化"
- 微粒部門
  菅沼 祐介（（株）IHIエアロスペース）"揮発性燃料を用いた燃料蒸気-空気予混合気中の液滴列燃焼実験"
- バイオ部門
  岡田 卓哉（東京工業大学大学院）"バイオマスの熱分解のモデリングと揮発分収率・組成の予測"

◇功績賞
- 本会部門
  持田 勲（当会元会長、九州大学名誉教授）"本会の発展に対する功績"
- 産業部門
  平尾 隆（新日本製鐵（株））"鉄鋼業界における省エネルギー技術の普及および国の省エネルギー政策への貢献"

（平20年度）
◇学会賞
- 学術部門
  坂 志朗（京都大学大学院）"超臨界流体に

よるバイオ燃料の先駆的研究"
  市川 勝(東京農業大学) "メタン直接改質技術と有機ハイドライド水素貯蔵・輸送技術に関する研究"
- 技術部門
  エネルギーアドバンス "大型CHP導入によるDHCのエネルギー利用技術向上と実用化"

◇進歩賞
- 学術部門
  松岡 浩一((独)産業技術総合研究所) "低質炭化水素資源の高効率ガス化プロセス開発に関する研究"
  美濃輪 智朗((独)産業技術総合研究所) "バイオマス・エネルギー変換技術の開発ならびに評価システムの構築"
  坪内 直人(東北大学) "石炭利用時の窒素と塩素のケミストリーに関する研究"
  青木 秀之(東北大学大学院) "コークス炉内乾留現象とコークス強度発現機構の解明"
- 技術部門
  日本ガス協会 "天然ガス高圧貯蔵技術の開発と鋼製ライニング式岩盤貯槽の建設"

◇論文賞
  中村 祐二(北海道大学), 高橋 真一(名古屋大学), 鎌田 祐一(ノリタケカンパニーリミテット), 平沢 太郎(中部大学) "対向流拡散火炎を用いた輝炎の局所放射特性に関する分光学的検討"
  松橋 隆治, 吉田 好邦(東京大学), 篠崎 英孝(東京ガス(株)) "CDMのリスク評価に関する研究"

◇奨励賞
- 大会部門
  蘆田 隆一(京都大学) "超臨界水中におけるビチューメンの熱分解挙動の検討"
  犬田 進一(新潟大学) "溶融塩蓄熱型ソーラー改質管に関する研究"
  Zul Ilham(京都大学大学院) "炭酸ジメチルを用いた無触媒超臨界法によるバイオディーゼル燃料の製造"

  根岸 貴紀(早稲田大学大学院) "本庄市におけるエコドライブの実証試験と検証"
  村上 高広((独)産業技術総合研究所) "過給式流動炉実証運転における下水汚泥の排ガス特性"
- 石炭部門
  小谷野 耕二((独)産業技術総合研究所) "溶剤極性による水素結合緩和とハイパーコール抽出率の関係"
- 微粒部門
  山下 勇人((株)日本自動車部品総合研究所) "旋回流中に噴射される微少噴射量噴霧の挙動解析"
- バイオ部門
  Phacharakamol PETCHPRADAB(広島大学) "ゴムの木の連続式水熱処理における最適条件"

◇功績賞
- 本会部門
  富田 彰(当会元副会長、東北大学名誉教授) "本会の発展に対する功績"
  野村 正勝(当会元副会長、大阪大学名誉教授) "本会の発展に対する功績"
- 産業部門
  都留 義之((株)ジャパンエナジー) "石油精製業における省エネルギー技術の普及および国の新エネルギー開発・省エネルギー戦略への貢献"

(平21年度)
◇学会賞
- 学術部門
  山崎 陽太郎(東京工業大学大学院) "燃料電池システムの高性能化に関する基礎的研究"
- 技術部門
  タクマ, 東京ガス "下水汚泥ガス化発電システムの開発"
  ENEOSセルテック, 東芝燃料電池システム, パナソニック, 新日本石油, 大阪ガス, 東京ガス, 東邦ガス "家庭用燃料電池「エネファーム」の開発"

◇進歩賞

- 学術部門
  山本 博巳((財)電力中央研究所)"バイオマスを主対象とするエネルギーシステム分析に関する研究"
  柳下 立夫((独)産業技術総合研究所)"電気化学的手法による微生物のエネルギー代謝制御技術の開発"
  本藤 祐樹(横浜国立大学)"ライフサイクル思考に基づくエネルギー環境システム分析"
- 技術部門
  東京ガスケミカル, 東京ガス "高効率燃焼式PFC排ガス処理装置の開発とその市場化"
  (独)産業技術総合研究所, 神戸製鋼所, (財)石炭エネルギーセンター "無灰炭(ハイパーコール)製造及び利用技術の開発"

◇論文賞
  工藤 祐揮((独)産業技術総合研究所), 松橋 啓介, 近藤 美則, 小林 伸治, 森口 祐一((独)国立環境研究所), 八木田 浩史(日本工業大学)"乗用車の10・15モード燃費の向上による実燃費の推移に関する統計解析"
  岡田 卓哉, 岡崎 健(東京工業大学), 奥村 幸彦(舞鶴工業高等専門学校)"CPDモデルによる木質系, 草本系バイオマス熱分解のモデリング"

◇奨励賞
- 大会部門
  森本 正人((独)産業技術総合研究所)"超臨界水に対するオイルサンドビチュメンの相溶性の検討"
  加 余超(京都大学辛)"臨界メタノール法によるバイオディーゼル製造でのリグニン添加の効果"
  藤澤 彰利((株)神戸製鋼所)"CO選択吸着剤と水素吸蔵合金を用いたPEFC用純水素製造・供給システムの開発"
  苫蔗 寂樹(東京大学生産技術研究所)"冷熱循環による省エネルギーな深冷空気分離プロセスの設計"
  大坂 典子(東京ガス(株))"食品残渣を利用したアルコール・メタン2段発酵技術開発"
- 石炭部門
  伏見 千尋(東京大学生産技術研究所)"ライザー・ダウナー・気泡流動層コールドモデルによる大量粒子循環システムの開発"
- 微粒部門
  山口 洋介(九州大学)"正デカン/エタノール混合燃料液滴の自然点火の実験的観測および蒸発挙動の数値計算"
- バイオ部門
  櫻井 靖紘(北海道大学)"貴金属担持アルミナフォームによる木質系バイオマス熱分解生成物のin-situ部分酸化"

◇功績賞
- 本会部門
  中山 哲男(当会元理事・監事, (社)産業環境管理協会・名誉参与)"本会の発展に対する功績"
- 産業部門
  増田 幸央(三菱商事(株))"長期に亘るわが国へのエネルギー供給への貢献及び国のエネルギー政策立案への寄与"

(平22年度)
◇学会賞
- 学術部門
  成田 英夫((独)産業技術総合研究所)"メタンハイドレート資源からの天然ガス生産手法の開発に関する研究"
  守富 寛(岐阜大学)"石炭利用技術における環境影響物質の排出挙動解明と対策技術に関する研"
- 技術部門
  東芝 電力システム社 "樹脂軸受の実用化による水力発電機器の効率向上"
  (財)石炭エネルギーセンター, 新日鉄エンジニアリング, バブコック日立, 三菱化学, (独)産業技術総合研究所 "石炭部分水素化熱分解技術の開発"

◇進歩賞
- 学術部門

  児玉 竜也（新潟大学）"高温太陽集熱による水熱分解ソーラー水素製造技術の開発"

  関根 泰（早稲田大学）"化石資源からの水素・合成ガス製造のためのプロセスおよび触媒の開発"

- 技術部門

  東京ガス，日立アプライアンス "蒸気焚き高効率二重効用吸収ヒートポンプの開発"

  タクマ "水素メタン2段発酵による焼酎粕処理・エネルギー回収システムの開発"

◇論文賞

　長沼 宏，池田 信矢（東北発電工業（株）），伊藤 正（日本ウェルディング・ロッド（株）），佐藤 文夫（東北電力（株）），浦島 一晃，多久和 毅志，義家 亮，成瀬 一郎（名古屋大学）"界面反応を伴う石炭灰付着機構の解明"

◇奨励賞
- 大会部門

  岸本 啓（東京大学）"吸収分離プロセスにおける自己熱再生技術の適用化検討"

  清水 太一（東北大学）"超臨界CO_2を用いたCo担持シリカ作製とFT合成への応用"

  Pramila TAMUNAIDU（京都大学）"ニッパ樹液からのバイオエタノール生産の可能性"

  山根 三知代（旭化成イーマテリアルズ（株））"PFSA電解質膜・溶液の高温低加湿条件における高信頼性化"

  分山 達也（九州大学）"再生可能エネルギーの定量的なポテンシャル評価による九州地域の分析"

- 石炭部門

  松下 洋介（九州大学）"微粉炭燃焼において生成ガスが酸化剤の物質移動に及ぼす影響の数値解析"

- 微粒部門

  町田 和也（同志社大学）"4次精度のルンゲタック法を用いた非蒸発場におけるディーゼル噴霧のLES解析"

- バイオ部門

  古澤 毅（宇都宮大学）"CaO触媒内包型マイクロカプセルを用いたバイオディーゼル燃料の合成"

◇功績賞
- 本会部門

  真下 清（当会元副会長・監事，日本大学名誉教授）"本会の発展に対する功績"

- 産業部門

  松村 幾敏（JX日鉱日石エネルギー（株））"長期に亘るわが国の石油を初めとする省エネルギー・新エネルギー技術開発と事業化，及びエネルギー戦略立案への貢献"

(平23年度)

◇学会賞
- 学術部門

  内山 洋司（筑波大学）"エネルギーシステム・技術評価に関する研究"

  三宅 幹夫（北陸先端科学技術大学院大学）"重質化石資源の穏和な溶媒可溶化反応の開発と化学構造解析に関する研究"

◇進歩賞
- 学術部門

  則永 行庸（九州大学，（独）産業技術総合研究所）"炭化水素熱分解の詳細化学と分子反応速度モデリングに関する研究"

  Atul Sharma "低温触媒ガス化による石炭からのクリーン燃料製造技術開発の研究"

- 技術部門

  東京ガス（株），荏原冷熱システム（株），三浦工業（株）"未利用温水のプロセス蒸気化システムの開発"

  大阪ガス（株），日揮（株）"天然ガスを原料とする接触部分酸化法による合成ガス製造プロセス（AATGプロセス）の開発"

  中外炉工業（株）"木質及び草本系バイオマスを対象とした熱分解ガス化発電シ

ステムの開発"
◇論文賞
　隈部 和弘，神原 信志，山口 智行，守富 寛（岐阜大学），義家 亮（名古屋大学）"低低温電気集塵機における粒子水銀の挙動"
◇奨励賞
● 大会部門
　佐藤 和好（群馬大学）"石炭チャーのCO_2ガス化速度に対する共存O_2影響"
　平林 紳一郎（(独)産業技術総合研究所）"MH資源開発における砂層中粒砂の移動蓄積シュミレーション"
　小山 峻史（東京理科大学）"YVO4光触媒のYサイトのBi骨格置換による水分解性能の向上"
　稗貫 峻一（横浜国立大学）"再生可能エネルギー技術評価のための拡張産業連関表の作成"
　小谷 唯（東京大学）"自己熱再生に基づく磁気熱循環システム"
● 石炭部門
　朴 海洋（(株)神戸製鋼所）"低融点灰を有する低品位炭の微粉炭ボイラ利用技術の開発"
● 微粒部門
　松本 隆宏（日本大学）"高温雰囲気におけるバイオディーゼル燃料液滴の蒸発"
● バイオ部門
　Bespyatko Lyudmyla（(独)産業技術総合研究所）"バイオマス会計を利用した真庭市バイオマスタウンの評価"
◇功績賞
● 本会部門
　石田 愈（当会元副会長，東京工業大学名誉教授）"本会の発展に対する功績"
（平24年度）
◇学会賞
● 学術部門
　菅原 勝康（秋田大学大学院）"事前処理による石炭クリーン化技術の開発"
　加藤 健次（新日本製鐵(株)）"石炭の粘結成分評価技術およびコークス炉での廃プラスチック使用に伴う含有塩素分の無害化技術に関する研究"
● 技術部門
　(独)石油天然ガス・金属鉱物資源機構，国際石油開発帝石(株)，JX日鉱日石エネルギー(株)，石油資源開発(株)，コスモ石油(株)，新日鉄エンジニアリング(株)，千代田化工建設(株)"天然ガスの液体燃料化技術（JAPAN-GTLプロセス）の開発"
◇進歩賞
● 学術部門
　田原 聖隆（(独)産業技術総合研究所）"ライフサイクルインベントリデータベースの構築"
　梶谷 史朗（(一財)電力中央研究所）"噴流床ガス化炉の実用化に向けたガス化反応モデルの開発"
● 技術部門
　大阪ガス(株)，三浦 孝一（京都大学大学院）"水熱ガス化技術を用いたエネルギー創出型廃水処理プロセスの開発"
　JFEスチール(株)"使用済みプラスチック微粉化による高炉吹込み技術の開発"
　東京ガス(株)，大阪ガス(株)，東邦ガス(株)，パナソニック(株)，アイシン精機(株)，ヤンマーエネルギーシステム(株)"超高効率GHP「GHPエグゼア」の開発"
◇論文賞
　松本 直也，本藤 祐樹（横浜国立大学）"拡張産業連関表を利用した再生可能エネルギー導入の雇用効果分析"
　深田 喜代志，山本 哲也，下山 泉，土肥 勇介（JFEスチール(株)）"コークスケーキ炉壁間クリアランスに及ぼす亀裂生成の影響"
　上坊 和弥，宮下 重人，石川 智史，植松 千尋（住友金属工業(株)）"石炭装入時のコークス炉炭化室内の圧力発生挙動"
◇奨励賞

- 大会部門
  佐賀 清崇（東京大学）"加熱前処理による濃縮藻体スラリーからの炭化水素回収"
  飯島 晃良（日本大学）"FT-IRガス分析及び反応数値計算を用いたDMEのHCCI燃焼メカニズム解析"
  佐々木 裕文（東京ガス（株））"東京ガス千住テクノステーションにおけるスマートエネルギーネットワーク実証試験"
  松村 英功（山梨罐詰（株））"廃シロップ液を用いた中温メタン発酵におけるC/N比の影響"
  岡田 龍幸（日本工業大学）"団地における高齢者世帯の節電行動の評価"
- 石炭部門
  LI Xian（京都大学）"穏和な溶剤処理により改質した低品位炭、バイオマスからの炭素繊維製造の試み"
- 微粒部門
  瀬尾 健彦（山口大学）"水噴霧中におけるレーザー励起プラズマの生成特性に関する実験的検討"
- バイオ部門
  谷口 文太（広島大学）"バイオオイルの部分酸化反応を用いた超臨界水ガス化の反応特性"
◇功績賞
  吉田 裕（当会元会長）"本会の発展に対する功績"
  荒牧 寿弘（九州大学）"石炭に関する本会からの情報発信・人材育成に対する功績"

054 日本ガス協会賞

昭和34年に太田賞,47年に井口賞が創設された。その後,わが国ガス事業の発展に資するため,昭和60年11月に太田賞,井口賞を発展解消し,各賞が設立された。

【主催者】（一社）日本ガス協会

【選考方法】技術大賞,技術賞,技術奨励賞：同協会の会員が同協会本部に推薦。特別貢献賞：各地方部会長が同協会本部に推薦。業務功労賞：同協会の会員が各地方部会長に申請。地方部会長はそのうちより受賞候補者を選定し,同協会本部に推薦。

【選考基準】〔資格〕技術大賞,技術賞：同協会の会員,同協会またはそれぞれに所属する役・職員。〔対象〕技術大賞：過去に技術賞を受賞した個人または団体で,ガスに関する独創性,発展性に富む画期的な技術を開発し,我が国のガス事業の発展に特に顕著な功績のあったもの。技術賞：(1) ガスに関する技術を開発し,我が国ガス事業の発展に顕著な功績のあったもの。(2) ガスに関する技術を開発し,特に地方ガス事業の発展に顕著な功績のあったもの。受賞候補者は個人または団体とする。応募対象は,既に製品化されており,応募締切り時点において,採用実績があるもの。内定（契約完了）のみでは応募対象とはならないが,選考に当たり,製造・供給・情報分野,業務用・産業用にあっては,内定（契約完了）分も評価に加える。

【締切・発表】〔推薦締切〕技術大賞,技術賞：当該年の11月30日〔表彰〕技術大賞,技術賞：6月開催の通常総会当日に表彰。

【賞・賞金】賞状および賞金。技術大賞：原則として毎年2件以内,賞金1件5万円。技術賞：原則として毎年15件以内,賞金1件3万円。

【URL】http://www.gas.or.jp/

（昭61年度）　　　　　　　　　　　該当者なし
◇技術大賞

◇技術賞
● 第1部
　西部ガス事業本部供給企画部，新日本製鉄 "弧状錐進工法の長距離適用化技術の開発"
　西部ガス総合研究所 "花ガスストーチの開発"
　東京ガス導管部，大阪ガス供給管理部，東邦ガス供給部，住友金属工業パイプライン技術部，日本鋼管エネルギーエンジニアリング本部，新日本製鉄鉄構海洋事業部，伊藤建設第1事業部 "中圧鋼管ノーブロー工法の開発"
　東京ガス特需営業部，大阪ガス特需営業部，東邦ガス総合技術研究所，東京三洋電機 "ガスマルチの商品化"
　東邦ガス総合技術研究所，ノリタケカンパニーリミテド "セラミック熱交換器の開発"
　東京ガス商品開発部，大阪ガス商品開発部 "新内管工法の開発"
　東京ガス商品開発部，ガスター，日立化成工業 "ウオールイン型給湯付風呂釜の開発"
　大阪ガス供給管理部，久保田鉄工枚方製造所 "全溶接型直埋メタルシートボール弁の開発"
● 第2部
　中部瓦斯浜松製造所 "氷の潜熱を利用した都市ガス脱湿方法の開発"
　静岡瓦斯 "AFVガバナーの流量比例型自動昇圧機能等の付加機能の開発"
◇論文賞
　笠原 晃明（東京ガス技術研究所分析材料研究室長）"PHACOMP法によるHK-40ステンレス鋳鋼のσ相制御"
◇特別貢献賞
　該当者なし
◇業務功労賞
　小中 勝恵（北見市企業局管理課維持係長）
　佐藤 栄作（秋田市ガス局次長）
　抜井 宏寿（大東瓦斯取締役営業部長）
　青島 志郎（静岡ガス研修センター次長）
　河辺 正雄（島田瓦斯常務取締役）
　岩間 亨（桑名市ガス・水道部ガス工場長）
　小川 文夫（福井市企業局ガス部長）
　野崎 典道（津山瓦斯常務取締役）
　高田 三男（日本ガス協会九州地方部会技術総括）

(昭62年度)
◇技術大賞
　該当者なし
◇技術賞
● 第1部
　東京ガス商品開発部，大阪ガス商品開発部，大阪ガス総合研究所，東邦ガス総合技術研究所，新コスモス電機，矢崎総業，松下電子部品，フィガロ技研 "都市ガス警報器の使用期間延長のための技術開発"
　東京ガス特需営業部，パロマ工業 "パルス燃焼式フライヤーの開発"
　東京ガス商品開発部，東京給排気設備 "FF給排気トップ「ウォールトップ」の開発"
　東京ガス導管技術センター，ハッコー，東洋マシン工業 "小掘削低圧鋳鉄管継手外面修理工法の開発"
　大阪ガス供給管理部，田岡化学工業，大阪エヤゾール工業 "内管スプレーシール工法の開発"
　大阪ガス "新型CO変成触媒の開発"
　大阪ガス，オージー情報システム "お客さまセンター・システムの開発"
　東邦ガス，三菱重工業広島製作所 "サーキュラーグレート式コークス乾式消火装置（CG-CDQ）"
● 第2部
　中部瓦斯浜松製造所 "低温変成触媒による一酸化炭素低減方法の開発"
◇論文賞
　町井 令尚（大阪ガス総合研究所）"Numerical Analysis of a Pulse Combustion Burner（パルス燃焼機器の数値解析）"〔第21回国際燃焼シンポジウ

ム発表論文 1986年8月〕"
松島 彰（東京ガス企画部）"ライフスタイルの変化と家庭用エネルギー〔エネルギー経済 1986年10月号〕"
◇特別貢献賞
該当者なし
◇業務功労賞
出倉 稔（北海道ガス函館支社営業部販売課長）
三沢 博（山形ガス取締役総務部長）
中里 祐造（佐野瓦斯専務取締役）
高橋 祐三（武州瓦斯常務取締役）
水野 晴彦（中部ガス豊橋製造所長）
中井 隆男（大和ガス常務取締役）
山田 米正（因の島ガス専務取締役）
尾崎 繁（出水ガス常務取締役）

(昭63年度)
◇技術大賞
東京ガス技術研究所，東京ガス商品開発部，大阪商品開発部，リンナイ，松下住設機器，ハーマン "「超コンパクト給湯器」の開発"
◇技術賞
● 第1部
東京ガス工務部，東京ガス工務技術センター，大阪ガス生産本部，オージー情報システム，横河電機 "「汎用型プラント運転訓練用シミュレーター」の開発"
東京ガス，ティージー情報ネットワーク "「東京ガス営業情報ネットワーク」の開発"
東京ガス，関配，日立建機，日本舗道 "「オートボーリング工法」の開発"
東京ガス導管技術センター，新日本製鉄 "「高精度塗膜欠陥探知システム」の開発"
大阪ガス供給管理部，日立金属 "「鋳鉄管・支管活管分岐工法」の開発"
大阪ガス特需営業部 "「マッフル式銅合金るつぼ炉」の開発"
東邦ガス供給部，住友電気工業電力事業部特定品開発担当，大阪防水建設社技術開発室 "「MELTY工法」の開発"
東邦ガス総合技術研究所，日本高熱工業社 "「浸漬型アルミ溶解炉」の開発"
北海道ガス小樽工場，神戸製鋼所機械事業部 "「都市ガス用着霜式脱湿装置」の開発"
● 第2部
ニチガス都市ガスグループ脱水設備検討委員会，日本ガス開発 "「ブタンエアーガス低露点混合ガス発生装置」の開発"
◇論文賞
西尾 宣明（東京ガス），羽村 淳，塚本 克良 "部分的に液状化した地盤中の埋設管の挙動に関する実験的研究〔土木学会論文集 第380号 1987年4月〕"
笠原 晃明（東京ガス），足立 晴彦 "土壌の腐食性を考慮した埋設覆装鋼管の陰極防食クライテリオン〔防食技術 第35巻第9号 1986年9月〕"
◇特別貢献賞
穴水 三郎（東部ガス代表取締役会長）
吉田 和生（東京液化ガス代表取締役会長）
伊吹 省二（ティー・ジー不動産代表取締役会長）
◇業務功労賞
一色 孝吉（釧路瓦斯取締役経理部長）
斎藤 良三（鶴岡ガス取締役営業部長）
徳浦 敏雄（取手ガス常任顧問）
馬場 仂（桐生瓦斯取締役総務部長兼営業部長）
松村 道雄（静岡ガス営業第一課長）
館林 豊七（高岡ガス常務取締役）
後藤 知一（河内長野ガス工務部長代理）
馬場 和夫（岡山瓦斯取締役営業開発部長）
久保田 瑤二（加治木瓦斯常務取締役）

(平1年度)
◇技術大賞
東京ガス，大阪ガス，東邦ガス，ヤマハ発動機，ヤンマーディーゼル，アイシン精機 "「小型ガスヒートポンプエアコン」の開発"
◇技術賞

東京ガス導管技術センター，大阪ガス供給管理部，ハッコー "空気流による樹脂ライニング工法及び支供内管ライニングシステム"の開発"

東京ガス技術研究所 "黒鉛化腐食深さ測定装置"の開発"

東京ガス，愛知時計電機 "HEATS料金管理システム（商品名：PREPAY）"の開発"

東京ガス商品開発部，三洋電機ガス機器特販 "温水式ガスルームエアコン（屋外燃焼タイプ），及びそれを応用したデュエットシステム"の開発"

大阪ガス商品開発部 "フェイルセーフ型乾電池式電磁弁"の開発"

大阪ガス商品開発部，鳥取三洋電機ガス機器事業部 "トースターつきコンビネーションレンジ（商品名：ミルル）"の開発"

大阪ガス特需営業部，前田鉄工所技術部 "直接接触熱交換式潜熱回収給湯水ヒータ（商品名：CONDEC）"の開発"

大阪ガス，オージー情報システム "携帯コンピュータを使用した新検針システム"の開発"

東邦ガス，パロマ工業技術部 "ガステーブル組込みクリーングリル"の開発"

西部ガス総合研究所，陶通研究所 "コンロ用セラミックスバーナ"の開発"

◇論文賞

大橋 忠彦（東京ガス企画部）"エネルギーの政治経済学—米国・マネー・宗教〔ダイヤモンド社 1988年7月〕"

一本松 正道（大阪ガス総合研究所），松本 毅，佐々木 博一，岡田 治 "酸化錫薄膜のガス感度特性〔電気化学および工業物理化学 1988年11月〕"

◇特別貢献賞

西山 磐（大阪ガス相談役）
塩屋 義之（西部ガス取締役相談役）

◇業務功労賞

加納 輝明（北海道ガス供給管理部供給保安課副課長）
尾形 源吉（福島ガス取締役製造部長）
平沢 貞男（関東ガス常勤監査役）
黒井 秀雄（北陸瓦斯新潟営業所開発担当次長）
篠島 功（日本海ガス取締役営業部長）
中家 博司（新宮ガス取締役営業部長）
井手 和利（山口合同ガス下関支店次長）
中間 兼市（日本瓦斯専務取締役）

（平2年度）

◇技術大賞

東京ガス産業営業部，大阪ガス産業エネルギー営業部，東邦ガス営業開発部，東邦ガス総合技術研究所，三井造船 "小型高効率ガスタービンコージェネレーションシステム（商品名：ガスパワー1000年）"の開発"

東京ガス "インテリジェントサービスシステム"の開発"

◇技術賞

東京ガス商品開発部，大阪ガス商品技術開発部，東邦ガス営業サービス部，東邦ガス総合技術研究所，三洋電機空調事業部 "高性能タイプガス温水エアコン"の開発"

東京ガス導管技術センター，東京ガス商品開発部，大阪ガス供給技術センター，日本鋼管継手，新和産業，ニシヤマ "ノーブロー絶縁継手および遮断弁切込工法"の開発"

東京ガス生産技術部生産技術センター "高性能脱硫剤"の開発"

東京ガス，東芝セラミックス化学事業部 "セラミックラジアントチューブバーナ"の開発"

大阪ガス，シンコー，西芝電機，東京貿易 "対向流型LNGポンプ"の開発"

大阪ガス供給技術センター，新和産業，十川ゴム，日本鋳造京浜機械製作所 "特殊パラソル型ガスパックを用いた支管ノーブローバイパス工法"の開発"

大阪ガス都市エネルギー営業部，コメット

カトウ "「赤外線〈IR〉式フライヤー」の開発"

東邦ガス "「ガス個別空調用「冷温水マルチコントロールシステム」」の開発"

西部ガス，三菱油化エンジニアリング "「連続流PSA方式炭酸ガス分離プロセス」の開発"

中部ガス "「吸着剤による球形ホルダーガスの脱湿方法」の開発"

◇論文賞

笠原 晃明（東京ガス技術研究所），小向 茂，藤原 宗 "「紫外線照射残留塩素分解による集中給湯システム銅配管の孔食防止」〔防食技術 37巻7号 1988.7〕"

岡田 治（大阪ガス），一本松 正道，高見 晋，増田 正孝，貞森 博己 "「Ru（ルテニウム）系触媒の硫黄被毒の研究」〔燃料協会誌 68巻1・2号 1989.1・2〕"

◇特別貢献賞

生島 実（北海道ガス取締役相談役）

清水 孝覩（松本ガス代表取締役会長）

薦田 国雄（東京ガス代表取締役会長）

◇業務功労賞

藤森 友一（北海道部会，帯広ガス常務取締役）

工藤 十二（東北部会，常磐共同ガス取締役事務部長）

水村 静三郎（関東中央部会，青梅ガス常務取締役）

松下 嘉男（関東中央部会，静岡ガス静岡支店支店長代理）

玉池 克弥（東海北陸地方部会上野都市ガス取締役営業工務部長）

田中 幸雄（近畿部会，篠山町ガス水道課ガス主幹）

西部 信行（四国部会，四国瓦斯本店電子計算機室長）

岡本 正二（九州地方部会，山鹿ガス取締役社長）

（平3年度）

◇技術賞

東京ガス産業営業部，東京ガス技術研究所，大阪ガス産業エネルギー営業部 "ガラス溶解炉用 ガスアトマイズ燃焼技術の開発"

東京ガス商品開発部 "木質フローリング床暖房の開発"

東京ガス商品開発部，東京ガス導管技術センター，高木産業，三保電機製作所，竹中製作所，日清紡績 "非掘削供内管反転ライニング工法の開発"

東京ガス生産技術部，日立製作所土浦工場 "静圧軸受型LNGポンプの開発"

東京ガス技術研究所，東邦ガス商品技術開発部，東邦ガス総合技術研究所，大阪ガス商品技術開発部，三菱電機中津川製作所送風機製造部，松下精工住宅空調事業部 "高性能レンジフード"

大阪ガス生産技術部 "AI技術を応用した教育訓練システムの開発"

大阪ガス供給技術センター，NKKエネルギーエンジニアリング本部，住友金属工業プラントエンジニアリング事業本部，新日本製鉄鋼海洋事業部 "600mm鋼管用内面自動溶接ロボットの開発"

大阪ガス開発研究所，大阪ガス産業エネルギー営業部，大阪ガス商品技術開発部，川崎製鉄鉄鋼研究所，川崎製鉄鉄鋼技術本部，川崎製鉄阪神製造所，川崎製鉄知多製造所 "金属・セラミックス複合型新遠赤外線放射材料"

大阪ガス都市エネルギー営業部，サンレー冷熱事業部 "ボイラー用低NOxバーナ「LGX」の開発"

東邦ガス総合技術研究所，ノリタケカンパニーリミテド "セラミック炭応用ガス機器"

西部ガス総合研究所，柳井電機工業 "不定点圧力監視用無線テレメーターシステム"

東部ガス福島支社，コスモエンジニアリング大阪支社 "酸素富化部分燃焼式プラントの開発"

伊勢崎ガス，桐生ガス，足利ガス，佐野ガ

ス，館林ガス（両毛ガス事業協同組合）
"液/ガス熱量調整設備の実用化"

福山ガス研究室，NKK福山製鉄所エネルギ技術室 "酸化鉄系触媒とガス精製装置の開発（有機イオウ,NOx, ジエン等の除去）"

◇論文賞

大森 敏明（東京ガス技術研究所）"室内ふく射環境の解析法の開発と床暖房への適用"〔空気調和・衛生工学会論文集 42 1990.2〕

野中 英正（大阪ガス基盤研究所），坂口 義美，岡田 茂充（大阪ガス開発研究所）"埋設鋼管の最適カソード防食電位と土壌中の鉄鋼表面での電位・電流累積分布"〔電気化学および工業物理化学58（5）1990.5〕

水谷 安伸（東邦ガス総合技術研究所）"Thermal shock evaluation of high temprature structual ceramics（高温構造用セラミックス材料の熱衝撃破壊評価方法の検討）"〔Ceramics in Energy Applications,（The Institute of Energy）,1990〕

◇特別貢献賞

熊谷 松男（盛岡ガス取締役会長）

◇業務功労賞

石川 良男（北海道部会，北海道ガス小樽支社工事課長）

川越 健也（東北部会，常磐共同ガス取締役事務部長）

新井 利昌（関東中央部会，北陸ガス本社電算室次長）

新 千明（東海北陸地方部会，名張近鉄ガス公務部部長）

房 清司（近畿部会，河内長野ガス営業部長）

石原 正義（中国地方部会，広島ガス製造本部海田工場業務チーム課長）

山崎 厚（九州地方部会，宮崎ガス取締役経理部長）

（平4年度）

◇技術大賞

大阪ガス情報通信部，大阪ガスお客様サービス部，オージス総研 "「携帯コンピュータを使用した新検針システム」の開発"

東京ガス情報システム部，東京ガス設備技術部 "「営業マッピングシステム」の開発"

◇技術賞

東京ガス商品技術開発部，大阪ガス供給部，大阪ガス開発研究所，東邦ガス供給管理部 "支管検査装置の開発"

東京ガス商品技術開発部，東京ガスインフォメーションテクノロジー研究所，大阪ガス供給部，大阪ガス開発研究所，NKK技術開発本部，日立製作所日立工場，光電製作所，日本無線 "「地中探査レーダー（レーダーロケーター）の開発」"

東京ガス生産技術部，大阪ガス技術部生産部，新潟鉄工所，東京貿易，笹倉機械製作所 "LNGアーム用軽量・超軽量緊急切り離し装置の開発"

東京ガストータルエネルギーシステム部，西芝電機 "「デジタル型発電装置制御ユニット」の開発"

東京ガス商品技術開発部 "低NOxガスバーナ「SIIバーナ」の開発"

大阪ガス商品技術開発部，新和産業，北沢バルブ，日邦工業 "「都市ガス用マジックジョイント」"

大阪ガス供給部，十川ゴム "スプリングワイヤを用いた非掘削供内管樹脂ライニング工法の開発"

大阪ガス都市エネルギー営業部，三浦工業小型貫流ボイラ事業部 "「ノンファーネススチームボイラー（Zジョインター）」の開発"

東邦ガス総合技術研究所，中井機械工業 "学習機能付"マルチクッカー"の開発"

南日本ガス "プロパンエアー方式による13A化の実用化開発"

◇論文賞

高木 宣雄（東京ガス総合研究所）"輪荷

重による埋設管の軸方向曲げひずみの解析法」〔土木学会論文集 430（III-15）1991.6.20〕"

一本松 正道，大西 久男，佐々木 博一，松本 毅（大阪ガス基盤研究所）"Study on the sensing mechanism of tin oxide flammable gas sensors using the Hall effect」〔Journal of Applied Physics 1991.6 アメリカ物理学会〕"

◇特別貢献賞

柴崎 芳三（日本ガス協会常勤顧問）

◇業績功労賞

亀田 新太郎（北海道部会，苫小牧ガス常務）

鹿野 隆（東北部会，古川ガス専務）

福島 和雄（関東中央部会，関東ガス専務）

萩原 由男（関東中央部会，大富士ガス取締役）

山口 松郎（関東中央部会，武州ガス総務部長）

鬼頭 甫（東海北陸地方部会，岡崎ガス営業部長）

北出 照賓（近畿部会福井市企業局ガス部工務課長）

岡本 一夫（近畿部会，ノーリツ中央研究所主任研究員）

大塚 喜久（中国地方部会，米子ガス工務部次長兼製造課長）

増留 純人（九州地方部会，西部ガス北九州事業本部付審議役）

(平5年度)

◇技術大賞

東京ガス商品技術開発部，大阪ガス商品技術開発部 "床暖房システムの開発"

東京ガス商品技術開発部・設備技術部，大阪ガス商品技術開発部，大阪ガス都市リビング営業部，東邦ガス商品技術開発部，光陽産業，藤井合金製作所，ハーマン，サンコーガス精機，ミツワガス機器 "ガスコンセント（つまみのないコンパクトなガス栓）の開発"

◇技術賞

東京ガス設備技術部，大阪ガスお客様サービス部商品技術開発部，東邦ガス設備営業部，西部ガス事業部室 "電装ガス機器の故障診断方法の開発"

東京ガスエネルギー技術研究所トータルエネルギーシステム部，大阪ガス産業エネルギー営業部開発研究所，東邦ガス総合技術研究所都市エネルギー技術開発部都市・産業営業部，日本電装 "ダブル酸素センサー三元触媒システムの開発"

東京ガス商品技術開発部，大阪ガス商品技術開発部，東邦ガス商品技術開発部，リンナイ，高木産業，ハーマン，松下住設機器，鳥取三洋電機ライフテック事業本部，パロマ "調理油過熱防止装置付きガスこんろ「セイフル」の開発"

大阪ガス供給部供給技術センター，東邦ガス供給管理部導管技術センター，大阪防水建設社 "低圧鋳鉄管継手活管修繕工法（ライブジョイントシール工法）の開発"

東京ガス商品技術開発部，NKK，金門製作所 "地下埋設型ガバナ（B-AFV）の開発"

東京ガス設備技術部，東京大学生産技術研究所第5部片山研究室 "制御用地震センサ（SIセンサ）の開発"

大阪ガス商品技術開発部，大阪ガス技術部，リンナイ商品開発部 "新型炊飯器 "αかまど炊き"の開発"

東邦ガス都市・産業営業部，東邦ガス基盤技術研究所，東邦ガス都市エネルギー技術開発部，日本テクノ "真空洗浄装置「Sakigake」の開発"

北海道ガス技術開発研究所，パロマ工業技術部 "ガスロードヒーティングシステム（G-ROAD）の開発"

武陽ガス技術研究室，デンジニア "NTT公衆回線による「ガス保安伝送管理装置」"

◇論文賞

市川 徹（東京ガス商品技術開発部）"民生用コージェネレーションの省エネルギー性に関する理論的研究」〔日本建築学会計画系論文報告集 433 1992.3〕"

西垣 雅司, 一本松 正道, 平野 光（大阪ガス基盤研究所）"「Measurements of Flow Mechanism in Fluidic Gas Meters by LDV」〔Proceedings of Sixth International Symposium on Applications of Laser Techniques to Fluid Mechanics 1992.7〕"

髙見 均（東邦ガス総合技術研究所）"「偏心コアシングルモードファイバメタンセンサ」〔第9回光波センシング技術研究会論文集 1991.5〕"

◇業務功労賞

湊 賢一（北海道部会, 北海道ガス函館支社販売開発グループ総括）

山内 隆一（東北部会, 釜石ガス総務部長）

五十嵐 五郎（関東中央部会, 村上ガス常務）

樫木 民好（関東中央部会, 鹿沼ガス業務部長）

宮根 実（関東中央部会, 東武ガス副社長）

村戸 靖彦（東海北陸地方部会, 金沢市企業局副理事）

川瀬 富生（東海北陸地方部会, リンナイ品質保証部次長）

横田 好雄（近畿部会, 大津市企業局ガス事業課長）

秦 幸雄（中国地方部会, 出雲ガス工務部長）

室井 隆男（九州地方部会, 唐津ガス常務）

（平6年度）

◇技術大賞

大阪ガス都市エネルギー営業部, 三浦工業 "ノンファーネススチームボイラー「Zジョインター」の開発"

東京ガスガス冷房技術開発プロジェクト部, 東京ガス都市エネルギー事業部, 大阪ガス都市エネルギー営業部, 東邦ガス総合技術研究所都市エネルギー技術開発部, 東邦ガス都市・産業営業部, アイシン精機, 三洋電機, ヤマハ発動機, ヤンマーディゼル "中小規模ビル個別空調制御方式（ビル用マルチタイプ）GHPの開発"

◇技術賞

東京ガス, 東京ガストータルエネルギーシステム部, 東京ガス都市エネルギー事業部, 東京ガスインフォメーションテクノロジー研究所, 大阪ガス都市エネルギー営業部, 東邦ガス都市・産業営業部, 西部ガス事業部室, 北海道ガス営業開発部, 広島ガス営業本部特需営業部, 千葉ガス営業本部営業開発部 "コージェネレーション総合評価システムの開発"

東京ガス設備技術部, 東京ガスインフォメーションテクノロジー研究所, 大阪ガスマーケティング企画部, 大阪ガス商品技術開発部, 東邦ガス営業計画部, 東邦ガス基盤技術研究部, 西部ガス事業部室 "双方向通信機能を利用した自動検針・自動通報システムの開発"

東京ガス商品技術開発部, 大阪ガス商品技術開発部, 東邦ガス商品技術開発部, 松下電器産業, リンナイ "高速ガス衣類乾燥機及びそのシステムの開発"

東京ガス商品技術開発部, 大阪ガス商品技術開発部, 東邦ガス商品技術開発部 "浴室暖房乾燥機"

東京ガス商品技術開発部, 大阪ガス供給部供給技術センター, 東京電子工業, 古河電気工業ファイテル製品部 "管内テレビカメラの開発"

大阪ガス供給部供給技術センター, 東邦ガス供給管理部導管技術センター, 大阪防水建設社 "PVCフィットパイピング工法の開発"

大阪ガス供給部供給技術センター, 西部ガス総合研究所, 新コスモス電機 "カート式高性能ガス検知器の開発"

東京ガス産業営業部 "FDIリジェネレイティブシステムの開発"

東邦ガス商品技術開発部, 東邦ガス基盤技術研究部, リンナイ "ブラスト式ガス強熱グリラーの開発"

岐阜ガス営業部, 東邦ガス都市・産業営業部, 東邦ガス総合技術研究所都市エネルギー技術開発部, 岡本, 太陽鋳機 "鋳鉄溶解用ガスシャフト炉の開発"

◇論文賞
　笠原 晃明，梶山 文夫（東京ガス基礎技術研究所），岡村 潔（東京ガス設備技術部）"球状黒鉛鋳鉄埋設管の黒鉛化腐食におけるバクテリアの役割"〔材料と環境 40(12) 1991.12〕"
　平野 光，辻下 正秀（大阪ガス基盤研究所）"「Two-Dimensional Direct Quenching Measurement of OH in a Cross Section of a Bunsen Flam」〔Japanese Journal of Applied Physics 32 1993〕"

◇特別貢献賞
　小久保 良夫（東京ガス最高顧問，東京ガス都市開発会長）

◇業務功労賞
　藤井 利之（北海道部会，釧路ガス専務）
　磯貝 和昭（東北部会，福島ガス専務）
　荒木 民衛（関東中央部会，北陸ガス長岡営業所営業課特需係）
　佐渡 嗣朗（関東中央部会，武州ガス営業部長）
　川崎 英司（関東中央部会，静岡ガス静岡工場幹線管理グループリーダー）
　後藤 光由（関東中央部会，ガスター研究開発部開発3グループ課長）
　新井 健（東海北陸地方部会，合同ガス取締役天然ガス転換部長）
　北川 東一郎（近畿部会，大和ガス転換部長）
　加登 達男（中国地方部会，広島ガス総務人事部付）
　首藤 健治（九州地方部会，大分ガス顧問）
（平7年度）

◇技術大賞
　東京ガス商品技術開発部，芦森工業，関配，高木産業，三保電機製作所，竹中製作所，日清紡績徳島工場"反転シール工法の開発"
　東京ガス生産技術部，大阪ガス技術部・生産部，新潟鉄工所，東京貿易，ササクラ"LNGアーム用軽量・超軽量緊急切離し装置の開発"

◇技術賞
　東京ガスガス冷房技術開発プロジェクト部，東京ガス基礎技術研究所，大阪ガス都市エネルギー営業部，東邦ガス総合技術研究所都市エネルギー技術開発部都市・産業営業部，アイシン精機，三洋電機，ヤマハ発動機，ヤンマーディーゼル，出光興産，日本石油"長寿命エンジンオイルを用いた4000時間メンテGHPの開発"
　東京ガス生産技術部，大阪ガス生産部"最適製造・供給インフラ形成のための信頼性解析手法の開発"
　東京ガス商品技術開発部導管技術開発センター，東邦ガス供給管理部導管技術センター"整圧器遠隔監視システム"
　大阪ガス商品技術開発部，東邦ガス設備営業部，アサヒ精機，藤井合金製作所"新型メーターガス栓"
　東京ガス商品技術開発部，東京ガスインフォメーションテクノロジー研究所"NEXTライニング工法（非掘削供内管樹脂ライニング工法）の開発"
　東京ガス防災・供給センター"地震時導管網警報システム（SIGNAL）の開発"
　東京ガス情報システム部"携帯型マッピングシステムの開発"
　大阪ガス供給部供給技術センター，日本鋼管エンジニアリング研究所"パイプライン超高速自動応力測定システムの開発"
　大阪ガス商品技術開発部，鳥取三洋電機ライフテック事業本部"自動グリルの開発"

◇論文賞
　西山 教之，藤倉 菊太郎（東京ガスエネルギー技術研究所）"「新作動媒体を用いた下水処理水利用吸収ヒートポンプの研究開発（第1報：熱源機の性能試験）」〔日本冷凍協会論文集 11(2) 1994.7〕"
　山口 祐一郎，野中 英正（大阪ガス基盤研究所）"「(1)カソード防食下における埋設鋼管の水素割れ感受性評価」〔鉄と鋼 78(12) p1818 1992.12〕「

(2) Determination of the Fracture Mechanism of Mild Steel in an Overprotective Environment by Slow Strain Rate Testing」〔Corrosion 50 (3) p197 1994.3〕"

◇特別貢献賞
　菊池 仁（京葉ガス社長）
◇業務功労賞
　種田 克彦（北海道部会,旭川ガス常務）
　山下 靖（東北部会,塩釜瓦斯常務）
　福士 勉（東北部会,盛岡ガス常務）
　望木 光広（関東中央部会,厚木瓦斯常務総務部長）
　山本 経三（関東中央部会,松本ガス専務）
　堀 吉則（東海北陸地方部会,大垣瓦斯常務）
　三輪 薫（近畿部会,福井市企業局ガス部庶務課長）
　土師 髙文（中国地方部会,鳥取ガス常務）
　井上 正之（九州地方部会,西部ガス人事部付部長）

（平8年度）
◇技術大賞
　東京電子工業,古河電機工業ファイテル製品部,東京ガス商品技術開発部,大阪ガス供給部供給技術センター "管内テレビカメラの開発"
　リンナイ,高木産業,松下電器産業,ハーマン,パロマ,ガスター,ノーリツ,東京ガス商品技術開発部,大阪ガス商品技術開発部,東邦ガス商品技術開発部 "次世代給湯器の開発"
◇技術賞
　荏原製作所,三洋電機,日立製作所,矢崎総業,金門製作所,新晃工業,山武ハネウェル,昭和鉄工,横河ジョンソンコントロールズ,東京ガスガス冷房技術開発プロジェクト部,東京ガス都市エネルギー事業部,大阪ガス都市エネルギー営業部,大阪ガス商品技術開発部,東邦ガス都市エネルギー技術開発部,東邦ガス都市・産業営業部 "ガス空調マルチシステムCoCoの開発"
　山武ハネウェル工業システム事業部,トキコ計装システム設計部,東京ガス設備技術部,東京ガス防災・供給センター,大阪ガス幹線部,大阪ガス供給部供給技術センター,東邦ガス供給管理部導管技術センター "高圧大容量ガバナの開発"
　三井造船,東京ガストータルエネルギーシステム部,大阪ガス産業エネルギー営業部,大阪ガス技術部,東邦ガス都市エネルギー技術開発部 "ガス専焼ガスインジェクションディーゼルエンジンの開発"
　ガスター,東京ガスエネルギー技術研究所,東京ガス商品技術開発部 "低騒音・低NOx燃焼技術の開発"
　東京ガス産業エネルギー事業部,東京ガスエネルギー技術研究所 "メタルファイバーバーナ（MFB）加熱システムの開発"
　神戸製鋼所機械研究所,大阪ガス開発研究所,大阪ガス供給部供給技術センター "エレクトロフュージョン継手の融着シミュレーションプログラム「EPOK」の開発"
　大阪ガス供給部供給技術センター,大阪ガス北部供給部 "支供一括抽水装置の開発"
　東邦ガス都市エネルギー技術開発部,東邦ガス技術部 "ガスエンジン故障予知・診断機能付きコージェネレーション監視装置（ILCAシリーズ）の開発"
　西部ガス総合研究所,西部ガス福岡設備導管事業所 "ガス供給系統確認方法の開発"
　川崎製鉄,日本鋼管,岡山瓦斯,福山瓦斯 "COGを原料とする高熱量ガスの製造方法の開発"
　東京ガス・エンジニアリング,住友精密工業,静岡瓦斯 "燃焼器付減圧蒸気式LNG気化器の開発と運用"
◇論文賞
　浦野 浩（東京ガス日本ガス協会出向）「費用分析—規模の経済性を中心に」

田畑 健, 縣縉 三佳子, 大塚 浩文, 岡田 治（大阪ガス）, フローラ, サパティノ・ルイジアーナ・マリア, ジュセッペ, ベッルッシィ（ユニリチェルケ社）「Study on Catalysts of Selective Catalytic Reduction of NOx using Hydrocarbons for Natural Gas Engines（天然ガスエンジン用の炭化水素によるNOx選択還元触媒の研究）」

◇特別貢献賞
　小出 漸（越後天然ガス社長）
　敦井 代五郎（北陸ガス会長, 蒲原ガス社長）
　秋山 庸一（東京ガス最高顧問）
　片岡 宏文（東京ガス最高顧問, 東京ガスケミカル会長副社長）
　徳永 幸雄（広島ガス会長）

◇業務功労賞
　村田 岩雄（北海道部会, 北海道ガス天然ガス転換部長）
　内海 英男（東北部会, 石巻瓦斯取締役）
　梅村 久子（関東中央部会, 東武ガス経理部課次長）
　塚田 芳之（関東中央部会, 大多喜ガス供給部保安課長）
　渡辺 久由（関東中央部会, 大富士瓦斯供給グループリーダー）
　竹田 信良（東海北陸地方部会, 岐阜瓦斯供給部長）
　平山 邦男（近畿部会, 五条ガス常務）
　舩越 英彦（中国地方部会, 米子ガス専務）
　運天 政昇（九州地方部会, 沖縄瓦斯常務）

（平9年度）

◇技術大賞
　東京ガス商品技術開発部, 東京ガスインフォメーションテクノロジー研究所"NETライニング工法（非掘削供内管樹脂ライニング工法）の開発"
　リンナイ, 東邦ガス商品技術開発部, 東邦ガス基盤技術研究部"ブラスト式ガス強熱グリラーの開発"

◇技術賞
　大阪ガスエンジニアリング, 大阪ガスエンジニアリング部, 大阪ガス研究開発部, 大阪ガス生産部, 旭川ガス工務部"OGAS-SNGプロセスの開発"
　デックス第二業務部, 東芝公共システム第三部, 東部瓦斯生産供給グループ, 東部瓦斯情報システムグループ"簡易なマッピングシステムの導入"
　山武ハネウェル, 東京ガス生産技術部, 伊勢崎ガス"熱伝導率式熱量制御用発信器の開発"
　ミツワガス機器, 京葉瓦斯技術部"メータガス栓とメータユニオンの一体化（メータユニオン付ネジガス栓）による新しいガスメータまわりの配管方法の開発"
　三洋電機, 東京ガス天然ガス自動車プロジェクト部, 大阪ガス天然ガス自動車プロジェクト部, 大阪ガス商品開発部, 東邦ガス技術企画部天然ガス自動車プロジェクト, 西部ガス総合研究所"圧縮天然ガス自動車用小型充？機の開発"
　川崎重工業汎用ガスタービン事業部, 東京ガストータルエネルギーシステム部, 大阪ガスエネルギー技術部, 東邦ガス都市エネルギー技術開発部"低NO_Xドライ燃焼器仕様1500kWガスタービンパッケージの開発"
　東京ガス商品技術開発部, 大阪ガス商品開発部, 東邦ガス供給管理部"パイプスプリッター工法の改良"
　東京ガス商品技術開発部"カンタンモール工法（支管・供内管推進工法）の開発"
　武陽ガス技術研究室"プロパン・エアー13A焚, ガスタービン, コージェネレーションの開発"
　中部ガス浜松製造所"浮上分離によるコンプレッサドレン油分の低減"
　日東精工, 東邦ガス供給管理部"ピーク圧力測定用小型デジタル圧力記録計の開発"
　大阪ガスエネルギー技術部"インパルス燃焼システムの開発"
　大阪ガスエンジニアリング部, 大阪ガス都

市圏営業部 "電力・冷熱回収機能を付加した導管整圧システムの開発"

広島ガス廿日市工場 "環境と調和した中規模LNG受入基地・廿日市工場の建設"

◇論文賞

安田 勇, 菱沼 祐一（東京ガス株式会社基礎技術研究所）"Elcctrochemical Properties of Doped Lanthanum Chromites as Interconnectors for Solid Oxide Fuel Cells（固体酸化物燃料電池用インタコネクタとしてのドープしたランタンクロマイトの電気化学的特性）"

竹森 利和（大阪ガス株式会社研究開発部基盤研究所），中島 健（神戸大学工学部機械工学科教授），庄司 祐子（神戸大学大学院自然科学研究科博士後期課程）

（平10年度）

◇技術大賞

リンナイ，谷口工業，シンポ，東京ガス商品技術開発部，大阪ガス商品開発部，東邦ガス商品技術開発部，東邦ガス基盤技術研究部 "内部炎口バーナー搭載機器の開発"

◇技術賞

北海道ガス札幌支社設備営業グループ，北海道ガス技術開発研究所 "TES床下換気暖房システムの開発"

北海道ガス技術開発研究所 "寒冷地用RF（屋外設置）温水機器の開発"

習志野市企業局工務部 "簡易型管内カメラの開発"

イセキ開発工機，川崎製鉄，日本鋼管，東京ガス商品技術開発部 "ガス導管と鞘管から成る二重鋼管の一工程推進工法（カンセンモール工法）の開発"

アンリツ研究所，東京ガス基礎技術研究所，東京ガス情報通信部 "半導体レーザ分光による高速高感度メタン検知器の開発"

東京ガスエネルギー技術研究所，東京ガス都市エネルギー事業部，東京ガストータルエネルギーシステム部 "排熱投入型ガス吸収冷温水機（ジェネリンク）の開発"

伊藤工機，武陽ガス技術研究室 "6A移動式ガス発生設備の開発"

清水エル・エヌ・ジー，静岡ガス "中規模LNG基地の低負荷操業技術の確立"

パロマ工業，東邦ガス商品技術開発部 "側面加熱式両面焼きグリルの開発"

日立造船，住友精密工業，大阪ガスエンジニアリング部，大阪ガス営業計画部 "コンパクト産業用アンモニア吸収式冷凍機パッケージの開発"

堺市環境保健局環境事業部，クボタ環境エンジニアリング事業部，石川島播磨重工業陸舶ガスタービン事業部，大阪ガスエネルギー技術部，大阪ガス南部事業本部，大阪ガスエンジニアリング部，大阪ガス都市圏営業部 "新設ごみ焼却炉におけるガスタービン複合高効率発電システムの開発"

大氣社環境システム事業室，大阪ガス営業計画部，大阪ガス研究開発部 "吸着濃縮式触媒脱臭装置の開発"

神戸製鋼所エンジニアリング事業部，大阪ガス生産部生産技術センター "蓄冷技術を用いたボイルオフガス再液化システムの開発"

日立ソフトウェアエンジニアリングGIS推進本部，ゼンリン電子地図営業部，水島瓦斯供給部 "電子住宅地図利用地域情報管理システム「MapFolder」の導管情報管理への適用"

今治地方情報センター，四国ガス供給部，四国ガス情報システム部 "消費機器調査・内管検査業務におけるハンディーターミナル導入による効率化の促進"

三菱化学エンジニアリング，西部ガスエンジニアリング，西部ガス総合研究所，西部ガス北九州工場 "中小規模ガス事業者向けの等温反応型SNGプロセスの開発"

◇論文賞

町野 彰（東京ガス株式会社基礎技術研究所），内田 郁野（東京ガス株式会社都市生活研究所）"都市ガス中のテトラヒド

ロチオフェンの検知剤に対する反応"

青木 修一，中村 泰久（東邦ガス株式会社 基盤技術研究部）"伝達マトリスク法による管内燃焼器から発生する燃焼音の予測"

後藤 悟（新潟鉄工所技術部），橋本 徹（新潟鉄工所設計室），藤若 貴生，合田 泰規（大阪ガス株式会社エンジニアリング部），平野 光（大阪ガス株式会社研究開発部），一本松 正道（大阪ガス株式会社エネルギー技術部）

(平11年度)

◇技術大賞

東京ガス産業エネルギー事業部"FDIリジェネレイティブバーナーシステムの開発"

◇技術賞

北海道ガス技術開発研究所"燃焼排ガスの挙動解析及び改善手法の開発"

ハーテック・ミワ，日本コムテック，東京ガスエネルギー技術部，大阪ガスエネルギー技術部，東邦ガス都市エネルギー技術開発部"ガスタービン用省エネルギー低コスト型燃料ガス圧縮機の開発"

日本高圧コンクリート，東京ガス商品技術開発部，東京ガス設備技術部，東京ガス神奈川事業本部"遠心成型方法を導入したほぞセグメントの開発"

クボタ，新晃工業，東洋製作所，日立冷熱，松下精工，東京ガス商品技術開発部，東京ガス都市エネルギー事業部，東京ガスエネルギー技術研究所"ガス吸収式大温度差システムの開発"

金門製作所，竹中製作所，愛知時計電機，松下電器産業，東芝，東京ガス商品技術開発部，東京ガス設備技術部"NIメータ-および一体取付可能な小型高耐雷T-NCUの開発"

両毛システムズガス・水道システム部，武陽ガス熱量変更部"モバイルコンピューターを使用した熱量変更調査管理システムの開発"

関配，大肯精密，武陽ガス 技術研究室"重比重ガス用導管遮断・ガス処理装置の開発"

三菱化工機，東京ガス・エンジニアリング，静岡ガス"膜分離法小型13A都市ガス製造装置(SNG)の開発"

日本ファーネス工業 第一事業本部，東邦ガス 都市エネルギー技術開発部，東邦ガス 都市・産業営業部"中・小口径蓄熱式ラジアントチューブバーナの開発"

東邦ガスエンジニアリング，三菱化工機，上野都市ガス"LNGタンク減圧システム及び気液分離器付液・ガス熱調システムの考案採用"

リンナイ，大阪ガス 商品開発部，大阪ガス 研究開発部"ガス冷温水エアコン「エコライフマルチ」システムの開発"

中外炉工業 サーモシステム事業部，ボルカノ 燃焼機事業部，大阪ガス エネルギー技術部"ガスタービンコージェネレーション用排気燃焼技術の開発"

大阪ガス エンジニアリング部，大阪ガス 営業計画部，大阪ガス 南部事業本部"廃塩酸再生システムの開発"

日立バルブ 開発部，四国ガス 供給部"新型ボール弁型セクターバルブの開発"

西部ガス 総合研究所"脳型信号情報処理によるガス管・水道管判別方法の開発"

◇論文賞

小林 実央（東京ガス株式会社 基礎技術研究所）"埋設管に作用する軸方向地震時地盤拘束力に及ぼす地盤の速度と繰り返し変位の影響"

水谷 安伸，河合 雅之，野村 和弘，中村 泰久（東邦ガス株式会社 基盤技術研究部）"Performance of Sc-O-ZrO Electrolytes for the Planar Solid Oxide Fuel Cell（平板型固体電解質型燃料電池におけるSc_2O_3-ZrO_2電解質の性能）"

宮本 彰（大阪ガス株式会社 エネルギー・文化研究所兼企画部）"Natural Gas In Central Asia（中央アジアの天然ガス）"

エネルギー　　　　　　　　　　　　　　　　　　　　　　　　　　　　　　　　　054 日本ガス協会賞

(平12年度)
◇技術大賞
　山武制御機器事業部コンポーネント事業統括部，東京ガス防災・供給センター "新SIセンサーの開発"
　京都電機器，ヤンマーディーゼル，大阪ガス営業技術部 "9.8kwガスコージェネレーションシステム「Eコンビ」の開発"
◇技術賞
　北海道ガス技術開発研究所 "共用ダクトスペースを利用した排気システムの開発"
　伊藤工機，北陸ガス技術センター，武陽ガス技術研究室，松本ガス熱変製造部 "PA-13・12A高カロリー移動式ガス発生設備の開発"
　マツダ電子工業，習志野市企業局工務部 "小口径管内内視鏡"
　ケイハイ，京葉瓦斯技術部 "新設フレキ配管簡易圧力検査装置の開発"
　東京ガス研究開発部，東京ガス産業エネルギー事業部，大阪ガス開発研究部，東邦ガス基盤技術研究部 "工業炉インテリジェント設計支援システムif-Diss(イフ・ディス)の開発"
　東京ガス商品技術開発部，東京ガス機器設備部，大阪ガス営業技術部，東邦ガス基盤技術研究部 "移動式小型改良土プラントによる発生土のリサイクル"
　小松製作所，住友建機，日鉄鉱業，東京ガス商品技術開発部，東京ガス導管部，大阪ガス技術部，大阪ガス設備技術部 "自動検針・自動通報サービス用無線機の開発"
　関配，スリーボンド，ニシヤマ，日清紡績，ハッコー，東京ガス商品技術開発部 "低コスト支管更生修理工法の開発"
　ホーチキ，矢崎総業，東京ガス商品技術開発部，東京ガス機器設備部 "住宅用火災・ガス漏れ複合型警報器の開発"
　愛知時計電機計測器統括本部，東邦ガス供給管理部 "ガバナ用デジタル式自記圧力計の開発"

　新和産業第三営業部，日本鋼管継手技術開発部，東邦ガス供給管理部 "PE-GMII接合材料の開発"
　石油資源開発，金沢市企業局，小松ガス，福井市企業局 "タンクコンテナを利用したLNGサテライト供給"
　パロマ工業，大阪ガス営業技術部 "水なしグリル搭載ガステーブルこんろ"
　大阪ガス営業技術部，大阪ガス営業計画部，大阪ガス開発研究部 "ガラスタンク窯用ガス専焼バーナの開発"
　センサー技術研究所，大阪ガス技術部，大阪ガス設備技術部 "超小型・高性能ESV用感震遮断装置の開発"
　石川島プラント建設，大阪ガスエンジニアリング技術本部プラントエンジニアリング部，広島ガス技術本部工務部 "大規模LNGサテライト基地「備後工場」の設計と建設"
◇論文賞
　Champavére, Rémy, Méziére, Yves, Zaréa, Mures (Gazde France CERSTA研究所)，小口 憲武 (東京ガス株式会社導管・保安本部)，萩原 直人 (東京ガス株式会社研究開発部) "Fatigue behavior of Steel Pipes Containing Idealized Flaws under Fluctuating Pressure (理想欠陥を有する鋼管の変動圧力下における疲労挙動)"
　天野 寿二 (東京ガス株式会社研究開発部) "Effect of Dimethyl Ether, NO_X, and Ethane on CH4 Oxidation: High Pressure, Intermediate- Temepature Experiments and Modeling (ジメチルエーテル, NO_X, エタンのCH4酸化への影響：高圧, 中間温度域における実験とモデリング)"
　櫻谷 隆，竹下 保弘 (宇宙環境利用推進センター)，横尾 雅一 (関西新技術研究所)，辻下 正秀，平野 光 (大阪ガス株式会社開発研究部) "Accurate thermometry using NO and OH Laser-induced fluorescence in an atmospheric

環境・エネルギーの賞事典　　229

pressure flame（常圧火炎中のNO,OHをつかったレーザー誘起蛍光法による高精度温度計測）"

（平13年度）

◇技術大賞

リンナイ，髙木産業，東京ガス商品技術開発部，東京ガス都市エネルギー事業部，東京ガス研究開発部，大阪ガス営業技術部 "コンデンシング給湯器および給湯暖房機の開発"

大阪防水建設社技術開発部，大阪ガス技術部，東邦ガス供給管理部 "ライブジョイントシール工法の開発"

◇技術賞

旭川ガス営業部 "無停電燃料切替発電システムの開発"

北海道ガスエネルギー営業部，北海道ガス函館支社 "温水循環型融雪槽の開発"

北海道ガスエネルギー営業部 "ガス燈用新型カラーマントルの開発"

京葉ガス技術部，東邦ガス都市エネルギー営業部 "モバイルを活用したGHP遠隔監視システムの開発"

パロマ工業，東京ガス商品技術開発部，大阪ガス営業技術部，東邦ガスリビング流通部 "高効率コンロバーナの開発"

朝日ウッドテック，東京ガス商品技術開発部，大阪ガス営業技術部 "既築住宅向け簡易施工後付け床暖房の開発"

東京ガス生産技術部 "小型軽量LNGタンク液中観察装置の開発"

ヤンマーディーゼル，東京ガス研究開発部，東京ガスエネルギーエンジニアリング部，東京ガス産業エネルギー事業部 "ミラーサイクルコージェネレーションシステムの開発"

大阪防水建設社，日立金属，東京ガス商品技術開発部 "FLEXライナー工法の開発"

日立金属桑名工場開発センター，斎長物産，武陽技術研究室 "PE・従来管（鋼管・鋳鉄管）変換コンパクト継手（P-friends）の開発"

静岡ガス産業エネルギーグループ "ガスタービン排気の熱風炉への直接利用による省エネルギー,CO_2削減システム"

イセキ開発工機，東邦ガス供給管理部 "ECOCAT工法（非開削経年鋳鉄管入替工法）の開発"

光陽産業，日立金属中部東海支店，東邦ガス設備技術部 "メーター配管ユニットの開発"

大阪ガス営業技術部 "500kW級高効率ガスエンジンパッケージの開発"

大阪ガス技術部，大阪ガス設備技術部，大阪ガス北東部事業本部 "抽水機能付き管内カメラの開発"

日東電工ゴム事業部，日本鋼管ガス技術部，日本鋼管工事エンジニアリング部，広島ガス供給設備部 "橋梁添架高圧管の漏洩検出方法の考案"

三菱化工機，西部ガス生産幹線部 "空気強制循環式LNG気化器システムの開発"

◇論文賞

神谷 篤志，渡辺 修（東京ガス株式会社生産技術部），岡本 隆（日本鋼管株式会社基盤技術研究所），永田 茂（鹿島建設株式会社技術研究所） "東京湾岸地域におけるLNG地下式貯槽のスロッシング検討用地震動の評価"

萩原 直人（東京ガス株式会社研究開発部），小口 憲武（東京ガス株式会社導管部） "Fracture Toughness of Line Pipe Steels Under Cathodic Protection Using Crack Tip Opening Displacement Tests（き裂先端開口変位試験による陰極防食されたラインパイプ用鋼の破壊靱性）,Solar-Blind UV Photodetectors Based on GaN/AlGaN p-i-n Photodiodes（GaN/AlGaN p-i-n フォトダイオードによる太陽光線に応答しない紫外検出器）"

平野 光（大阪ガス株式会社開発研究部）

（平14年度）
◇技術大賞
　三菱重工業汎用機・特車事業本部，三菱重工業技術本部，大阪ガスエネルギー開発部，大阪ガス開発研究部 "リーンバーンミラーサイクルガスエンジンコジェネレーションシステムの開発"
◇技術賞
　ダイキン工業，ヤンマーディーゼル "ジオマルチの開発入替工法）の開発"
　北海道ガス技術開発研究所 "スポーツターフヒーティングシステムの開発"
　協成技術開発部，北陸ガス技術センター，武陽ガス技術研究室，広島ガス技術研究所，広島ガス供給部，日本瓦斯供給グループ "付帯装置一体型ガバナーの開発"
　川鉄シビル，日本ヴィクトリック，大肯精密，武陽ガス技術研究室 "バルブ内蔵クランプ型多機能継手（RABVICII）及び工具の開発"
　コスモ工機，京葉瓦斯技術部，西部瓦斯総合研究所 "低コスト鋳鉄管活管分岐工法（CLIPジョイント工法）の開発"
　東京ガス技術開発部，大阪ガスリビング開発部，東邦ガスリビング営業部 "新しい床暖房制御（快適性の向上）の開発"
　東京ガス防災・供給センター "超高密度リアルタイム地震防災システム（SUPREME）の開発"
　東京フードシステム，細山熱器，東京ガス産業エネルギー事業部 "次世代型炊飯器の開発"
　日本舗道復旧営業所，東京ガス技術開発部，東京ガス産業エネルギー事業部 "アスファルト廃材の現場リサイクル工法の開発"
　エイケン工業，東邦ガス都市エネルギー営業部 "高効率マイコンフライヤーの開発"
　ハーマン，大阪ガスリビング開発部，東邦ガスリビング営業部 "24時間換気機能付き浴室暖房乾燥機の開発"
　新和産業，大阪ガス設備技術部 "ワンタッチ式フレキ管継手の開発の開発"
　神戸製鋼所都市環境・エンジニアリングカンパニー エネルギー・原子力センター高砂機器工場，大阪ガス技術部，大阪ガス生産部 "伝熱管構造設計による着氷抑制型高性能オープンラック式LNG気化器（SUPERORV）の開発システムの開発"
　大阪ガス技術部 "曲管PEインサーション工法の開発"
◇論文賞
　本間 理陽司（東京ガス株式会社技術開発部） "Combustion Process Optimization by Genetic Algorithms: Reduction of NO_2 Emission via Optimal Post-flame Process（遺伝アルゴリズムによる燃焼最適化：火炎後流プロセスの最適化によるNO_2排出低減）"
　三輪 昌隆（東邦ガス株式会社基盤技術研究部），中村 泰久（東邦ガス株式会社経営調査部） "微小ランダム応力振幅変動下におけるガス機器の疲労信頼性評価"
　岡井 大八，西崎 丈能，矢納 康成（大阪ガス株式会社技術部），後藤 洋三（西日本工業大学教授），松田 隆（大林組） "地上式LNG貯槽の多点強震観測記録の分析とその考察"

（平15年度）
◇技術大賞
　アイシン精機エネルギー技術部，三洋電機空調ガス空調エネルギーシステムビジネスユニット，三菱重工業冷熱事業本部空調輸冷製造部，ヤンマーエネルギーシステム開発部，東京ガス技術開発部，都市エネルギー事業部，大阪ガスエネルギー事業部，エネルギー開発部，東邦ガス都市エネルギー技術開発部，都市エネルギー営業部 "COP1.3対応高効率GHPの開発"
　新和産業，大阪ガスリビング事業部リビング開発部 "ワンタッチ式フレキ管継手の

054 日本ガス協会賞

開発"
◇技術賞
　三菱重工業 "MACH-30G（KU30GA）ガスエンジンの開発"
　リンナイ "ガラストップガスコンロの開発"
　愛知時計電機，大阪ガス導管事業部導管部 "デジタルマノメータの開発"
　伊藤工機，東京ガス技術開発部，リビング技術部 "新型専用ガバナREGIT50の開発"
　大肯精密，京葉瓦斯技術部 "溶接時対応ガスバッグ（SPフラグロン）の開発"
　キッツ技術開発センター，斎長物産営業開発部，武陽ガス技術研究室 "PE管300A用トランジションバルブの開発"
　サムソン，大阪ガスエネルギー事業部，エネルギー開発部 "超低NOx貫流ボイラの開発"
　世田谷製作所，東京ガス技術開発部，都市エネルギー事業部 "ベーカリーオーブン用安全性向上バーナーの開発"
　タニコー，東京ガス技術開発部，都市エネルギー事業部 "高速調理器BITURBO（ビトルボ）の開発"
　トーセツ，北海道ガス技術開発研究所 "FF式給湯暖房機の取替え用共通給排気トップの開発"
　ノーリツ温水・空調商品事業本部，東京ガス技術開発部，大阪ガスリビング事業部，リビング開発部，東邦ガスリビング営業部 "潜熱回収型高効率給湯暖房機の開発"
　東京ガス導管部，技術開発部 "塗覆装鋼管の交流腐食防止を考慮した電気防食状況評価計測器の開発"
　静岡ガス "サイクリック式プラントにおけるCO低減対策"
◇論文賞
　吉崎 浩司（東京ガス技術開発部），濱田 政則（早稲田大学理工学部土木工学科教授），O'Rourke, Thomas D.（コーネル大学土木環境工学科教授） "Large Deformation Behavior of Buried Pipelines with Low-Angle Elbows Subjected to Permanent Ground Deformation（中心角の浅い曲管を有する埋設配管系の大変形特性）"
　青木 修一，粢 康孝（東邦ガス基盤技術研究部東京事務所（日本ガス協会出向）） "工業用管内燃焼器から発生する燃焼音の予測"
　野中 英正（大阪ガスエネルギー技術研究所），上殿 紀夫（大阪ガス家庭用コージェネレーションプロジェクト部），坂口 義美（関西新技術研究所分析評価センター） "高温濃厚臭化リチウム水溶液中におけるステンレス鋼用の腐食抑制剤"

(平16年度)
◇技術大賞
　愛知時計電機 "ガバナ遠隔監視システム「ガバナみはる」の開発"
　長府製作所，ノーリツ，本田研工業 "家庭用ガスエンジンコージェネレーションシステム「ECOWILL（エコウィル）」の開発"
◇技術賞
　アイシン精機エネルギー技術部，三洋電機コマーシャル企業グループコマーシャル技術本部 GHP室外機開発ビジネスユニット，三菱重工業冷熱事業本部空調輸冷製造部，ヤンマーエネルギーシステム遠隔監視センター "GHP用遠隔監視アダプターの開発"
　稲本製作所 "ガス直接接熱風式タンブラーの開発"
　大肯精密 "大口径ノーブロー工法の開発"
　大林組・三井住友建設・竹中工務店共同企業体，大成建設 "次世代型LNG地下式貯槽の開発"
　三洋電機 コマーシャル企業グループコマーシャル技術本部 GHP室外機開発ビジネスユニット "GHPハイパワーマルチの開発"
　三洋電機 コマーシャル企業グループコマーシャル技術本部 セントラルシステム開

発ビジネスユニット，日立空調システム大型冷熱事業部 "高効率ガス吸収冷温水機Fシリーズ WE型,EX シリーズの開発"

JFE エンジニアリング "ガス導管網供給設備計画・運転支援システム WinGAIA の開発（非定常流送解析技術）"

ニチアス "ノンフロンウレタンフォーム保冷材の開発"

藤井合金製作所 "取替用ガスコンセントの開発"

ガスター，リンナイ，北海道ガス技術開発研究所 "潜熱回収型高効率ガスロードヒーティング用熱源機の開発"

JFE 継手，北陸ガス供給部技術センター，大多喜ガス供給部，京葉ガス技術研修センター "鋼管用トランジション活管分岐継手の開発（シャッター装置不要型活管分岐継手の開発）"

石油資源開発，釧路ガス，旭川ガス，帯広ガス "国産天然ガスによる北海道でのLNGサテライト供給システムの開発"

北海道熱供給公社，北海道ガスエネルギー営業部 "札幌駅南口地区における天然ガスコージェネレーション活用型地域熱供給システムの開発"

◇論文賞

島村 一訓（東京ガス導管部），藤田 裕介（大阪ガス兵庫導管部），小島 清嗣（東邦ガス供給管理部），田地 陽一（清水建設技術研究所），濱田 政則（早稲田大学理工学部社会環境工学科教授）"TRANSVERSE HORIZONTAL LOAD ON BURIED PIPES DUE TO LIQUEFACTION-INDUCED PERMANENT GROUND DISPLACEMENT（液状化による永久地盤変化により埋設管に作用する管軸直角水平方向の荷重）"

谷田部 洋（東京ガス技術開発部），増田 智紀（日本ガス協会技術部），豊田 政男（大阪大学大学院工学研究科教授）"Effects of the design factor on the deformation behavior of X80 straight pipes subjected to the bending moment（曲げモーメントを受けるX80直管の大変形曲げ挙動に及ぼす設計係数の影響）"

山本 修二，本郷 進（大阪ガスエンジニアリング部）"(1) インバー合金を用いたLNG配管の開発（第1報～第3報），(2) インバー合金の応力腐食割れとその防止対策"

（平17年度）

◇技術大賞

伊藤工機 "新型専用ガバナ（REGIT50）の開発"

高木産業，ノーリツ，リンナイ "潜熱回収型高効率給湯暖房機の開発"

◇技術賞

大阪ガスケミカル "耐酸性蒸気ヒーターの開発"

大肯精密，京葉瓦斯技術研修センター "インナーストッパーの開発"

ガスアンドパワーインベストメント "都市ガスを利用した地域冷暖房システムにおける高温高圧水配管の内面ジャンピング電流腐食への対策"

ガスター "CFふろがま買換用浴室内設置型FF16号風呂給湯器の開発"

川崎造船，新日本製鐵，四国ガス "小型内航船によるLNG輸送と二次基地システムの開発"

関配，ニフコ "仮埋め戻し材ecoボールの開発"

共栄，成田製作所 "省エネルギー型非鉄金属熔解炉（エコメルター）の開発"

協成技術開発部，武陽ガス技術研究室，習志野市企業局工務部，西部ガス総合研究所 "ロケーティングテープ保護機能付PE管の開発"

金門製作所 "IP方式による各種通信網に対応したロードサーベイ・自動検針システムの開発"

シャープ電化システム事業本部，西日本電信電話ブロードバンド推進本部BBアク

セスサービス部 "インターネットを利用した自動検針・ホームサービスシステムの開発"

新コスモス電機リビング事業部，富士電機機器制御器具事業部 "高性能・高信頼性ガス警報機の開発"

チヨダセキュリティーサービス，小松ガス，敦賀ガス "L-CNG方式による天然ガス自動車用燃料急速充填設備の開発"

東邦ガスエンジニアリング "マッハブロック（カッター損傷時緊急遮断工法）の開発"

ヤンマー，ヤンマーエネルギーシステム "リーンバーンミラーサイクルガスエンジンを用いたコージェネレーションパッケージの開発"

静岡ガス "分散型幹線制御システムの開発"

◇論文賞

清水 善久（東京ガス導管部），石田 栄介（日本技術開発パブリックマネジメント事業部ライフライン耐震・保全部），磯山 龍二（日本技術開発企画開発本部パブリックマネジメント事業部長），山崎 文雄（千葉大学工学部都市環境システム学科教授），小金丸 健一（東京ガス首都圏東導管部），中山 渉（東京ガス防災・供給部）"都市ガス供給網のリアルタイム地震防災システム構築及び広域地盤情報の整備と分析・活用"

鷲見 裕史（東邦ガス技術企画部），鵜飼 健司，水谷 安伸（東邦ガス基盤技術研究部）"Performance of nickel-scandia-stabilized zirconia cerment anodes for SOFCs in 3% H20-CH4 (3%H20-CH4 雰囲気におけるSOFC用ニッケル-スカンジア安定化ジルコニアサーメットアノードの特性)"

川口 隆文（大阪ガスエネルギー技術研究所）"エポキシ複合材料の破壊挙動に関する研究"

（平18年度）

◇技術大賞

アイシン精機，荏原製作所，三洋電機，東芝燃料電池システム，トヨタ自動車，松下電器産業 "家庭用固体高分子形燃料電池コージェネの開発"

長府製作所，ノーリツ，ハーマンプロ，松下エコシステムズ，リンナイ "ミストサウナ機能付浴室煖房乾燥機の開発"

◇技術賞

愛知時計電機，金門製作所，東洋ガスメーター "新型膜式メーターの開発"

石川島汎用ボイラ，サムソン，日本サーモエアー，ヒラカワガイダム，三浦工業 "2.5t/h 小型貫流ボイラの開発"

大阪ガスエンジニアリング，リキッドガス "超コンパクト水素製造装置（HYSERVE）の開発"

ガスター，ノーリツ，松下電器産業，リンナイ「リモートプラス ネットアダプタ」の開発"

協成，大多喜ガス供給部，習志野市企業局工務部，武陽ガス技術研究室，静岡ガス設備技術グループ，広島ガス技術研究所 "鋼管同口径活管分岐バルブ工法の開発"

光陽産業，大多喜ガス供給部，京葉瓦斯技術研修センター，広島ガス技術研究所 "動静脈チェッカーの開発"

斎長物産営業開発室，レッキス融着機器事業部，大多喜ガス供給部，武陽ガス技術研究室，秦野ガス供給部，沖縄ガス工務部 "大口径PE管用軽量スクイズオフ工具の開発"

新コスモス電機 "識別型ガス検知器（XP-304id）の開発"

住友精密工業 "最適設計技術の構築による高性能ORV (HiPerV) の開発"

同和鉱業 "省エネルギー型「ガス加熱式吸熱型ガス変成炉」の開発"

三菱重工業，ヤンマーエネルギーシステム "超高効率GHPの開発"

北海道ガス技術開発研究所 "エコウィル寒

冷地仕様の開発"
◇論文賞
川口 忍，萩原 直人（東京ガス基盤技術部パイプライン技術センター），増田 智紀（東京ガス総合企画部技術企画グループ），大畑 充（大阪大学大学院助教授），豊田 政男（大阪大学大学院教授）"「高圧幹線のラプチャー限界評価手法の研究」に関する以下3報 ①Evalution of Leak-before-break (LBB) Behavior for Axially Notched X65 and X80 Line Pipes ②ラインパイプ用鋼材の延性き裂発生限界と実管切欠き部からの内圧破壊限界評価への適用性 ③Transferability of the Critical Condition for Ductile Cracking in a Bent Small-Scale Specimen to Evaluation of the Critical Internal Pressure for Ductile Cracking in an Axially Notched Linepipe"

佐古 孝弘（大阪ガスエネルギー技術研究所）"天然ガス予混合圧縮自己着火機関に関する以下4報 ①天然ガス予混合圧縮自己着火機関の性能及び排気特性 ②天然ガス予混合圧縮自己着火機関の過給による性能改善 ③天然ガス予混合圧縮自己着火機関の性能及び排気特性に及ぼす内部EGRの影響 ④A Study on Supercharged HCCI Natural Gas Engine"

若林 努（大阪ガスエネルギー技術研究所）"ドライ低NOxガスタービン燃焼器に関する以下3報 ①Performance of a Dry Low NOx Gas Turbine Combustor with an Improved Innovative Fuel Supply Concept ②ガス燃料の自動分配機構を備えた産業用ドライ低NOxガスタービン燃焼器の改良 ③新しい燃料供給機構を備えたドライ低NOxガスタービン燃焼器の燃料分配機構に関する研究 (The Effects of Specification of a Fuel Supply Unit with a New Concept for a Dry Low NOx Gas Turbine Combustor)"

（平19年度）
◇技術大賞
AIHO，タニコー，中西製作所，日本洗浄機，日本調理機，服部工業，フジマック，ホシザキ電機，マルゼン，リンナイ "涼しいガス厨房機器（涼厨）の開発"

新コスモス電機，富士電機機器制御，ホーチキ，矢崎総業 "火災・ガス漏れ警報機の開発"

◇技術賞
石川島播磨重工業回転機械事業部 "BOG圧縮機 樹脂製弁プレートを使用した吸入・吐出弁の開発"

川崎重工業，住友金属工業，住友金属パイプエンジ "インバー合金製海底LNG配管の設置"

九州計測器 "音響式パイプロケータの開発"

協成，武陽ガス技術研究室，秦野ガス供給部 "ピットイン小型ガバナの開発"

金門製作所，静岡ガス "カメラ型カラー画像記録装置の開発"

サンコーガス精機，日立金属 "PE菅同径活管分岐工法の開発"

三洋電機 "発電機能付きGHP「ハイパワーエクセル」の開発"

芝浦エレテック，東京ガス・エンジニアリング，ニシヤマ "ガス吸着回収システムの開発"

高木産業，ノーリツ "新築集合住宅へのエコジョーズ普及拡大を目指した新ドレン処理工法の開発"

竹中製作所，山武 "新型大容量取り引きメーターの開発"

ハーマンプロ "ピピッとコンロ+do〈プラス・ドゥ〉の開発"

日立金属 "フランジバルブ耐震補強工法「地震満々」の開発"

藤井合金製作所，京葉瓦斯技術研修センター "感熱ガスヒューズの開発"

◇論文賞
本橋 裕之（東京ガス基盤技術部パイプライ

ン技術センター），萩原 直人（東京ガス技術戦略部技術戦略グループ），増田 智紀（東京ガス営業第2事業部住設第1グループ）"①Tensile properties and microstructure of weld metal in MAG welded X80 pipeline steel（MAG溶接によるパイプライン用鋼X80溶接金属の強度特性および金属組織）②X80ラインパイプ用鋼管のGMAWおよびSMAW周溶接部の機械的性質および金属組織に及ぼす入熱量の影響"

河本 薫，津崎 賢治（大阪ガス情報通信部）"金融工学を用いたLNG価格フォーミュラの市場価値評価"

鷲見 裕史（東邦ガス技術企画部），鵜飼 健司，横山 美鈴，水谷 安伸（東邦ガス基盤技術研究部），田中 啓介（名古屋大学大学院工学研究科機械理工学専攻）"放射光による固体酸化物形燃料電池の熱および酸化―還元サイクル中における内部応力のその場測定 ①放射光による固体酸化物形燃料電池の熱サイクル中における内部応力のその場測定 ②放射光を用いたその場測定によって評価した固体酸化物形燃料電池の酸化―還元サイクル中における内部応力の変化 ③固体酸化物形燃料電池（SOFC）用セラミックスのX線応力測定のための弾性定数"

(平20年度)

◇技術大賞

伊藤工機（株），北陸ガス（株），武陽ガス（株），松本ガス（株）「PA-13・12A高カロリー移動式ガス発生設備の開発」

（株）藤井合金製作所 「取替用ガスコンセントの開発」

◇技術賞

• 一号

愛知時計電機（株）「データ収集用遠隔監視装置の開発」

アサヒ精機（株）「簡易メーター取替工法の開発」

（株）ガスター，（株）日立ハウステック「潜熱回収型壁貫通型風呂給湯器の開発」

川重冷熱工業（株）「三重効用吸収冷温水機の開発」

（株）キャプティ，（株）ダイア 「環境負荷低減型導管簡易工事工法の開発」

JFEエンジニアリング（株），JFE工建（株）「超音波自動探傷装置（NAIScan）の開発」

（株）ハネロン 「新型感震遮断盤（G-LOG）の開発」

（株）ヒラカワガイダム 「無圧開放式潜熱回収温水器・ウルトラガスの開発」

フィガロ技研（株），矢崎総業（株）「業務用換気警報器の開発」

ヤマハリビングテック（株）「マイクロスチームミストサウナ機能付浴室暖房乾燥機の開発」

• 二号

京葉プラントエンジニアリング（株），日立金属（株），北陸瓦斯（株），京葉瓦斯（株），大多喜ガス（株）「2重管Uターンピースと簡易掘削機械の開発」

斎長物産（株），日立金属（株），武陽ガス（株）「トランジションクランプの開発」

サンポット（株），北海道ガス（株）「ガスFF輻射暖房機の開発」

（株）正英製作所，広島ガス（株）「工業用省エネ型バーナの開発」

（株）チヨダセキュリティーサービス，日本瓦斯（株），阿久根ガス（株）「L-CNG設備を利用したLNG受入システムの開発」

◇論文賞

飯村 正一（東京ガス（株）導管部），境 禎明（JFEエンジニアリング（株）エンジニアリング研究所）「磁歪応力測定法の曲管偏平応力評価への適用検討（第3報）」

白崎 義則，安田 勇，常木 達也（東京ガス（株）基盤技術部技術研究所）「膜分離による高効率水素製造技術の開発に関する3報」

野中 篤，野中 英正（大阪ガス（株）エネルギー技術研究所）"濃厚臭化リチウム

水溶液中での炭素鋼の耐すきま腐食性に対する黒皮およびマグネタイトの影響」に関する2報"

(平21年度)

◇技術大賞

アンリツ(株),東京ガス・エンジニアリング(株)「半導体形レーダー分光を用いた遠隔ガス漏洩検知器の開発」

◇技術賞

● 一号

伊藤工機(株)「新型中圧専用ガバナREGIT-ABの開発」

(株)エネルギーアドバンス,東京ガス・エンジニアリング(株)「吸着式熱量変動制御技術の開発」

(株)ガスター,リンナイ(株)「マイクロ気泡浴「美・白湯」の開発」

川重冷熱工業(株)「大型貫流ボイラIFシリーズの開発」

光陽産業(株)「感熱式ガス流路閉塞装置の開発」

JFEエンジニアリング(株)「ガス導管3次元線形計測用ジャイロピグの開発」

(株)長府製作所「デシカント方式による24時間セントラル換気ユニット「エアキュア」の開発」

東京ガス・エンジニアリング(株)「省エネルギーと高性能を実現した空温式LNG気化器HAVの開発」

日立金属(株)「鋳鉄管用トラジションクランプの開発」

ヤンマーエネルギーシステム(株)「25kWマイクロコージェネレーションシステムの停電対応仕様の開発」

リンナイ(株)「コンセプトコンロ「デリシア グリレ」「デリシア ユーディア」の開発」

● 二号

大肯精密(株),(株)協成,武陽ガス(株),習志野市企業局,大多喜ガス(株)「中圧鋼管活管遮断工法の開発」

斎長物産(株),三井化学産資(株),北陸ガス(株),武州ガス(株),京葉瓦斯(株),静岡ガス(株),日本瓦斯(株)「角度可変型大口径(150・200A)エレクトロフュージョンエルボの開発」

東京産業(株),不二公業(株),Flexi DRILL Ltd.,京葉瓦斯(株)「掘削機アタッチメント式非開削工法(フレックスドリル)の開発」

(株)ノーリツ,リンナイ(株),北海道ガス(株)「寒冷地向け省エネ型ガスセントラルヒーティングシステムの開発」

◇論文賞

川口 忍(東京ガス(株)基盤技術部),橋本 義和,矢島 英邦(神奈川導管事業部),萩原 直人(技術戦略部),豊田 政男(大阪大学名誉教授)「リッチ天然ガスを輸送する超高圧ガスパイプラインの高速延性破壊の防止方法に関する研究」

中井 俊作(大阪ガス(株)エネルギー技術研究所),深谷 信彦(エネルギー技術部),森本 智史(東京ガス(株)ソリューション技術部),冨永 隆一(技術研究所),田村 守淑,山脇 宏(東邦ガス(株)エネルギー技術開発部),四辻 修道,村上 晋亮(三菱重工業(株)長崎研究所内燃機研究室)「大型ガスエンジン・コンバインドシステムの性能向上に関する研究」

田中 洋一(東邦ガス(株)基盤技術研究部),福島 雅夫(京都大学大学院工学研究科教授)「数理計画法によるコージェネレーションシステムの最適設計」

(平22年度)

◇技術大賞

新コスモス電機(株),フィガロ技研(株),矢崎総業(株)「業務用換気警報器の開発」

(株)ハーマンプロ,リンナイ(株)「コンセプトガスコンロの開発~料理を楽しむコンロ「+do(プラス・ドゥ)」「GRiLLER(グリレ)」ユニバーサルデザインコンロ「Udea(ユーディア)」(顧

客分析に基づく革新的なガスコンロの開発)」
◇技術賞
● 一号
　アイシン精機(株)「超コンパクトGHPの開発」
　大肯精密(株)「新型小口径管用ガス遮断工法の開発」
　(株)ガスター, (株)長府製作所, リンナイ(株), (株)ノーリツ 「HEMSアダプタの開発」
　(株)カンドー 「GBA工法の開発」
　JFE継手(株)「新型フレキシブル管継手(ネオジョイント)」
　大東電材(株), 三井化学産資(株)「PE管防護財の開発」
　(株)成田製陶所 「焼成・乾燥用高効率・省エネ赤外線バーナー「マジカルバーナー」の開発」
　(株)ハーマンプロ「Siセンサーコンロ「S-Blink ADVANCE」の開発」
　ヤンマーエネルギーシステム(株)「35kWマイクロコージェネレーションの開発」
　ヤンマーエネルギーシステム(株)「三相インバータを搭載した系統連系形GHP「ハイパワーエクセル」25馬力の開発」
● 二号
　愛知時計電機(株), 習志野市企業局, 小田原ガス(株), 河内長野ガス(株), 秦野ガス(株), 武陽ガス(株)「整圧器停止機能付き開度監視ユニットの開発」
　伊藤工機(株), 武州ガス(株)「軽量分割型空気吸入式移動式ガス発生設備($30m^3/h$)の開発」
　(株)協成, 武陽ガス(株), 習志野市企業局, 大多喜ガス(株)「バルブ遠隔操作ユニット・通信機能付き電動アクチュエータの開発」
　京葉プラントエンジニアリング(株), (株)藤井合金製作所, 京葉瓦斯(株)「PS内自立式ユニット配管工法(PS自立ユニット)の開発」

(株)正英製作所, 広島ガス(株), 京葉瓦斯(株), 静岡ガス(株), 岡山ガス(株), 福山瓦斯(株), 四国ガス(株)「高効率高耐久浸漬管ガスバーナの開発」
◇論文賞
　竹内 智朗(東京ガス(株)技術開発本部パイプライン技術センター), 村井 祐一(北海道大学大学院工学研究科准教授)「都市ガスパイプラインにおけるトレーサーガスを用いた流量計測」
　山口 秀樹, 久角 喜徳, 森田 輝, 木内 義通(大阪ガス(株)エネルギー技術研究所), 浅野 等(神戸大学大学院工学研究科准教授), 堀 紀弘, 松本 稔樹((株)ノーリツ研究開発本部), 安孫子 哲男(住友精密工業(株)熱交換器部門)「隣組コージェネレーションに関する以下3報」

(平23年度)
◇技術大賞
　JFE継手(株), (株)サンコー, 日立金属(株)「新型フレキ管継手の開発(ネオジョイント, プッシュインパクト)」
　(株)ガスター, 三協立山アルミ(株), 高木産業(株), (株)長府製作所, (株)ノーリツ, 矢崎総業(株), リンナイ(株)「太陽熱利用ガス温水システム『SOLAMO』の開発」
◇技術賞
● 一号
　川重冷熱工業(株), 三洋電機(株), 日立アプライアンス(株)「ソーラーナチュラルチラーの開発」
　(株)カンドー, (株)コスモマテリアル「バルブフランジ等漏洩修理工法の開発」
　(株)サムソン "「省エネ大容量小型貫流ボイラの開発」〔換算蒸発量3,000kg/h〕"
　東芝三菱電機産業システム(株)「PHS利用型自動検針端末(P-NCU)の開発」
　パナソニック(株), パナソニックエコシステムズ(株)「カビ抑制機能を搭載したミストサウナ機能付浴室暖房乾燥機の開発」

日立アプライアンス(株)「高効率二重効用吸収ヒートポンプの開発」
三浦工業(株)「高速多位置制御型 ガス焚き低NOX貫流ボイラ」
三菱重工業(株)「ロングストロークミラーサイクルガスエンジンCGSの開発」
- 二号
  (株)協振技建, 秦野瓦斯(株), 青梅ガス(株), 入間ガス(株), 小田原ガス(株), 湯河原ガス(株)「保安・防災デジタル導管図の開発」
  (株)協成, 武陽ガス(株), 習志野市企業局, 秦野瓦斯(株), 日本海ガス(株), 九州ガス(株)「PE管巻癖矯正装置の開発」
  (株)金門製作所, 京葉瓦斯(株), 広島ガス(株)「タグを用いたデマンド検針システムの開発」
  サンポット(株), 北海道ガス(株)「床暖房機能付ガスFF輻射暖房機の開発」
  トーセツ(株), 北海道ガス(株)「ドーバー工法の開発」
◇論文賞
  濱中 亮, 南形 英孝, 川口 忍(東京ガス(株)基盤技術部パイプライン技術センター), 赤木 寛一(早稲田大学教授)「車両輪荷重が舗装路下の埋設管に及ぼす土圧の評価手法に関する実験的検討」
  岡本 英樹(大阪ガス(株)導管事業部導管部), 五味 保城(東京ガス(株)商品開発部), 赤木 寛一(早稲田大学教授)「水素ガスの地中での移動特性とその検知」
(平24年度)
◇技術大賞
  アイシン精機(株), パナソニック(株), ヤンマーエネルギーシステム(株)「超高効率GHP「GHPエグゼア」の開発」
  アズビル金門(株)「IP方式による各種通信網に対応したロードサーベイ・自動検針システム」
  (株)ノーリツ, 本田技研工業(株)「新型エコウィルの開発」

◇技術賞
- 一号
  アセック株式会社「音波式漏洩位置特定装置の開発」
  (株)アルティア, 堀技研工業(株)「中圧減圧用コンプレッサー車「エコパージ」の開発」
  (株)エイムテック, 東京ガス・エンジニアリング(株), 東洋計器(株)「温度補正機能付, 気密試験装置セーバープロの開発」
  荏原冷熱システム(株), 三浦工業(株)「未利用温水のプロセス蒸気化システム「スチームリンク」の開発」
  (株)ガスター, パーパス(株), リンナイ(株)「既築集合住宅向け高効率ガス給湯器『三方弁ドレン処理方式エコジョーズ』の開発」
  昭和鉄工(株), (株)巴商会「廃熱投入型温水ヒータ「ジェネポ」の開発」
  (株)藤井合金製作所「壁用埋込型ガスコンセント—コストダウンと適用範囲拡大の両立—」
  矢崎総業(株)「新型自動ガス遮断装置の開発」
  ヤンマーエネルギーシステム(株)「希薄燃焼ミラーサイクルガスエンジンCGS(EPGシリーズ)の開発」
- 二号
  愛知時計電機(株), 広島ガス(株), 静岡瓦斯(株), 岡山ガス(株), 四国瓦斯(株)「デマンド計無線検針システムの開発」
  東京産業(株), 北陸ガス(株), 大多喜ガス(株), 京葉瓦斯(株)「丸穴掘削にも対応する掘削機アタッチメント式小口径推進機(フレックスドリル・ミニ工法)の開発」
◇論文賞
  本橋 裕之(東京ガス(株)基盤技術部), 谷田部 洋(東京ガス(株)導管企画部)「強度不均質を有するパイプライン周溶接部

の切欠き底表面からの延성き裂発生限界に関する検討」

山中 秀文, 野中 英正(大阪ガス(株)エネルギー技術研究所)「濃厚臭化リチウム水溶液中の炭素鋼の耐食性に及ぼす表面性状の影響」

田村 守淑(東邦ガス(株)技術研究所)「天然ガスHCCIエンジン制御の研究」

055 日本ガスタービン学会賞

日本ガスタービン学会創立10周年を記念して昭和57年に制定された。ガスタービンおよびエネルギー関連技術に関する工学および技術の発展を奨励することを目的として、優れた論文ならびに技術に対して隔年で贈られる。

【主催者】(公社)日本ガスタービン学会
【選考委員】日本ガスタービン学会学会賞審査委員会
【選考方法】公募にたいして推薦または本人から申請された論文,技術を,学会賞審査委員会にて選考する
【選考基準】〔対象〕論文賞:日本ガスタービン学会誌またはInternational Journal of Gas Turbine,Propulsion and Power Systemsに公表した論文。技術賞:ガスタービンおよびエネルギー関連の技術で画期的な新製品の開発、製品の品質または性能の向上、材料開発、制御計測および保守技術の向上等に寄与したもの。奨励賞:日本ガスタービン学会誌またはInternational Journal of Gas Turbine,Propulsion and Power Systemsに公表した論文の36歳未満の個人
【締切・発表】公募締切は表彰前年10月末日,表彰は4月の通常総会時
【賞・賞金】表彰状およびメダル
【URL】http://www.gtsj.org/

第1回(昭57年度)
◇論文賞
花村 庸治〔他〕(東京大学)「A Modification by Changing Elastic Nature of Neighbouring Blades in Cascabe(隣接翼の弾性的性質変更による翼列フラッタ特性の改善)」
プラッタ・アンド・ホワイトニー社, 吉中 司「Surge Responsibility and Range Charactherliatics of Centrifugal Compressors(遠心圧縮機のサージと作動範囲に関する研究)」
高原 北雄〔他〕(航空宇宙技術研究所)「円柱・平板及び二次元翼列によるフィルム冷却の実験的研究」
薄田 寛〔他〕(三菱重工業高砂研究所)「Evaluation of the Properties of GT Blade Materials in Long - Time Operation(ガスタービン動翼の使用過程における材質評価)」

◇技術賞
航空機用ジェットエンジン研究組合, 航空宇宙技術研究所 "航空機用ファンジェットエンジンの研究開発"
川崎重工業 "発電用三百馬力級小型ガスタービンの開発"
石川島播磨重工業 "ガスタービン利用によるアンモニアプラントの省エネルギー"
石川島播磨重工業 "五万馬力級ガスタービン"
日本国有鉄道, (株)日立製作所 "141MWコンバイトサイクル発電設備"
(株)日立製作所 "小型自動車用ターボ過給機の開発"

日野自動車工業，石川島播磨重工業 "新型ターボチャージャ開発による大型トラック用ディーゼルエンジンの燃費率低減"

三菱重工業 "自動車用超小型ターボチャージャの開発"

三井造船 "14MW二軸ガスタービンの開発"

佐藤 豪〔他〕(慶応大学)「連続流燃焼器に関する研究」

第2回(昭59年度)
◇論文賞

中山 恒((株)日立製作所)，鳥居 卓爾，池川 昌弘 "「エントロピー生成」によるガスタービン翼の冷却方式の評価"〔日本ガスタービン学会誌 8巻29号 昭55―6〕"

菅 進(船舶技術研究所)，森下 輝夫，平岡 克英 "「Reheat Gas Turbine with Hydrogen Combustion between Blade Rows.」〔'83 Tokyo International Gas Turbine Congress, Paper No.IGTC―27〕"

小林 正((株)東芝)，鈴木 篤英，荒木 達雄，岡本 安夫 "「Fully‐Three Dimensional Flow Field Analysis through Turbine Stages―Comparison Between Computation and Experiments」〔'83 Tokyo International Gas Turbine Congress, Paper No.IGTC―45〕"

白鳥 敏正(東京都立工科短期大学)，谷田 好通(東京大学) "「Aerodynamic Characteristics of an Airfoil Oscillating in Transonic Flow between Parallel Walls」〔'83 Tokyo International Gas Turbine Congress, Paper No.IGTC―85〕"

服部 敏雄((株)日立製作所)，坂田 荘司，大西 紘夫 "「Slipping Behavior and Fretting Fatigue in the Disk/Blade Dovetail Region」〔'83 Tokyo International Gas Turbine Congress, Paper No.IGTC―122〕"

◇技術賞

永田 有世((株)神戸製鋼所)，坂本 雄二郎，須鎗 護，石上 久之，木下 史郎 "発電用1000kVAガスタービンの開発"

住 泰夫((株)日産自動車)，川崎 肇，河辺 訓受，西口 文雄，野口 雅人 "低慣性モーメント小型ターボ過給機の開発"

第3回(昭61年度)
◇技術賞

山崎 慎一，川崎 肇，渡辺 亜夫，片山 薫，川瀬 道彦 "技術自動車用ターボチャージャーのタービンロータへのセラミックス適用技術の開発"

◇論文賞

小林 紘 「遷音速流れの中で振動する圧縮機環状翼列の非定常空力特性」

第4回(昭63年度)
◇技術賞

神津 正男，濱谷 博，山田 秀次郎，石川 達，石沢 和彦 "F3-30ターボファンエンジンの開発"

岡田 健治，及川 忠雄，横田 克彦，原田 喜代治，清水 正三 "新型VGS(可変容量形)ターボによる高過給低燃費電子制御ディーゼルエンジンの開発"

◇論文賞

井上 雅弘，九郎丸 元雄，福原 稔 「Development of Casing Wall Boundary Layer through an Axial Compressor Rotor」

中部 主敬<ナカベ カズヨシ>，水谷 幸夫，谷村 聡 「Burning Velocities of Premixed Sprays and their Coburning Characteristics」

荒木 達雄，中田 裕二，伊藤 勝康，福山 佳孝，大友 文雄 「High Temperature Wind Tunnel Testing of Film Cooled Blades」

笠木 伸英，細谷 浩司，平田 賢，鈴木 雄二 「The Effects of Free Stream Turburence on Full-Coverage Film Cooling」

第5回（平2年度）
◇論文賞
　大越 明男（東京電力），山中 矢，古屋 富明，芳根 俊行，早多 輝信，肥塚 淳次（東芝）"「ハイブリッド触媒燃焼器の研究」〔日本ガスタービン学会誌15（60）〕"
◇技術賞
　大島 亮一郎，漆谷 春雄，久保田 道雄，川池 和彦，福井 寛（日立製作所）"1300℃級高温高効率ガスタービンH-25の開発"
　杉村 章二郎（三井造船），三浦 千太郎（東京ガス），藤野 耕一（大阪ガス），梅村 幸治（東邦ガス）"1000KW級コージェネレーションシステム用高効率ガスタービンの開発"
◇特別技術賞
　元高効率ガスタービン技術研究組合 "高効率ガスタービンの研究開発"
第6回（平4年度）
◇論文賞
　山本 孝正，三村 富嗣雄，臼井 弘（航空宇宙技術研究所），大田 英輔（早稲田大学），松木 正勝（日本工業大学）"「タービンの動静翼の干渉によって生ずる非定常二次流れ」〔日本ガスタービン学会誌19（74）〕"
　安斉 俊一，川池 和彦（日立製作所），松崎 裕之（東北電力），竹原 勲（日立製作所）"「乱流促進リブの形状が伝熱・流動特性に及ぼす効果」〔日本ガスタービン学会誌19（75）〕"
　西沢 敏雄（航空宇宙技術研究所），高田 浩之（東海大学）"「Numerical Analysis of Separated Flows through Stalled Cascade」〔Proceedings of the 1991 Yokohama International Gas Turbine Congress, Vol.I〕"
　野村 佳洋，大久保 陽一郎，井戸田 芳典，大沢 克幸（豊田中央研究所）"「Characteristics of NOx Formation in a Pre-chamber Type Vortex Combustor」〔Proceedings of the 1991 Yokohama International Gas Turbine Congress, Vol.III〕"
　渡辺 紀徳（東京農工大学），梶 昭次郎（東京大学）"「The Effect of Tip Clearance on Vibration Characteristics of Cascaded Blades」〔Proceedings of the 1991 Yokohama International Gas Turbine Congress, Vol.III〕"
◇技術賞
　小林 芳人（三菱自動車工業），松尾 栄人，稲垣 登治（三菱重工業），小沢 理夫（日本ガイシ）"セラミックラジアルタービンロータの試作研究"
　会田 昌弘，川西 康治，後藤 勉（日産自動車）「自動車用ボールベアリング式ターボ過給機の実用化」
◇奨励賞
　熊倉 弘隆（日産自動車）"「発電機用可変案内翼付2軸再生式ガスタービン制御系の開発」〔日本ガスタービン学会誌 17（67）〕"
　米沢 克夫（石川島播磨重工業）"「噴流旋回型環状高負荷燃焼器の研究」〔日本ガスタービン学会誌 19（74）〕"
　滝 将展（航空宇宙技術研究所）"「A Fundamental Study on the Application of FGM to Gas Turbine Members」〔Proceedings of the 1991 Yokohama International Gas Turbine Congress, Vol.II〕"
第7回（平6年度）
◇論文賞
　藤山 一成，岡部 永年，村上 格，吉岡 洋明（東芝）"「ガスタービン静翼材の熱疲労き裂シミュレーションによる寿命評価」〔日本ガスタービン学会誌 19（76）〕"
　山口 信行，冨永 哲雄，服部 司郎，三橋 庸良（三菱重工業）"「Secondary-Loss Reduction by Forward-Skewing of Axial Compressor Rotor Blading」〔Proceedings of the 1991 Yokohama International Gas Turbine Congress,

エネルギー　　　　　　　　　　　　　　　　　　　　　　　　　　055 日本ガスタービン学会賞

　　Vol.II-61（IGTC-8）〕"
　◇奨励賞
　　林 正純（石川島播磨重工業）"「Cooling Performance of an Advanced Liner Element for Gas Turbine Combustors」〔Proceedings of the 1991 Yokohama International Gas Turbine Congress, Vol.II-223（IGTC-32）〕"
　　ビスワス, デバシス（東芝）"「改良型k-ε モデルを使用した遷移境界層の数値解析（1）改良型k-ε 乱流モデルの提案 （2）実用問題への適用の検討」〔日本ガスタービン学会誌 20-77（1），78（2）〕"

第8回（平8年度）
　◇論文賞
　　加藤 大，広瀬 栄一，市田 一将，大田 英輔（早稲田大学），千葉 薫（石川島播磨重工業）"「Numerical and Experimental Study on Deep Stall Cell Behavior in Axial Compressor」〔Proceedings of the 1995 Yokohama International Gas Turbine Congress, Vol.II-173（IGTC-25）〕"
　　松田 憲昭（日立ニュークリアエンジニアリング），市川 国弘，福田 嘉男，吉成 明，鳥谷 初（日立製作所）"「ガスタービン翼用耐熱超合金の疲労・クリープ寿命評価法とそれに基づく冷却翼の寿命評価の概念について」〔日本ガスタービン学会誌 23（89）〕"
　　安田 俊彦（日立造船），香月 正司，赤松 史光，水谷 幸夫（大阪大学）"「Statistical Modelling of Droplet Behaviour for Spray Combustion」〔Proceedings of the 1995 Yokohama International Gas Turbine Congress, Vol.II-303（IGTC-44）〕"
　　鈴木 和雄，下平 一雄，黒沢 要治（航空宇宙技術研究所）"「High Combustion Efficiency and NOx Reduction by 2-Stage Combustion in Methane-Fueled Ram Combustor」〔Proceedings of the

1995 Yokohama International Gas Turbine Congress, Vol.II-359（IGTC-52）〕"
　　梶 正己，小野 孝，東 昌彦，小梶 彰（京セラ）"「Stress Rupture Behavior of a Silicon Nitride under Combustion Gas Environment」〔Proceedings of the 1995 Yokohama International Gas Turbine Congress, Vol.III-21（IGTC-59）〕"
　◇技術賞
　　田辺 清（日本航空機エンジン協会），伊藤 源嗣，竹生 健二（元日本航空機エンジン協会，現石川島播磨重工業），山本 伸一（元日本航空機エンジン協会，現川崎重工業），殿村 兆史（元日本航空機エンジン協会，現三菱重工業）"ターボファンエンジンV2500のファン・低圧圧縮機の技術開発及び実用化"
　　梶田 真市，木村 武清（川崎重工業），矢作 正博（東京ガス），田振 晶（大阪ガス），浅野 好昭（東邦ガス）"1500kW級ガスタービン用ドライ低NOx燃焼器の開発"
　　半田 浩一，加藤 尚純，佐野 寿彦（日産自動車），佐川 孝俊（アルファ），飯尾 光（愛知機械工業）"CFRP製ターボチャージャーインペラーの開発"
　◇奨励賞
　　須田 広志（元東京大学大学院，現三菱重工業）"「2次元超音速ジェットスクリーチ」〔日本ガスタービン学会誌 21（84）〕"
　　畔上 修（元慶応義塾大学大学院，現トヨタ中央研究所）"「希薄予混合型ガスタービン燃焼器に関する研究」〔日本ガスタービン学会誌〕"
　　山本 悟（東北大学）"「非定常遷音速翼列流れの高解像差分スキーム」〔日本ガスタービン学会誌 22（86）〕"

第9回（平9年度）
　◇技術賞
　　筒井 弘，丹下 昭二，佐々木 直人，藤川 泰雄 "携帯用ガスタービン発電機の開発"
　　石油産業活性化センター，丹下 鼎 "自動車

環境・エネルギーの賞事典　243

用セラミックガスタービンの研究開発"
◇論文賞
吉岡 洋, 斉藤 大蔵, 藤山 一成, 岡部 永年 "水素-酸素-水蒸気量論混合気の燃焼速度 ガスタービントランジションピースの劣化・損傷予測法の検討"

第10回(平11年度)
◇技術賞
石澤 和彦, 柳 良二, 近田 哲夫, 吉田 公則, 長谷川 清 "次世代超音速輸送機用可変サイクルターボファンエンジンの研究開発"
巽 哲男, 竹原 勇志, 木村 武清, 吉田 真, 江田 隆志 "300kW級セラミックガスタービンの研究開発"
内田 誠之, 森下 進, 河合 道雄, 三宅 慶明, 島内 克幸 "国内初の民間航空用エンジン三菱式MG5-100/-110ターボシャフトエンジンの開発と実用化"
◇論文賞
吉識 晴夫, 顧 茸蕾
伊藤 高根, 呉 英毅 "ターボ加給ディーゼルエンジンのマッチング計算に関する研究"
谷野 忠和, 木上 洋一, 九郎丸 元雄, 井上 雅弘, 古川 雅人, 奥野 研一, 新関 良樹 "小型セラミックガスタービンを用いた自動車用ハイブリットシステムの研究(第2報)"
◇奨励賞
柴田 貴範 "遷音速ファンの高負荷曲げ翼列フラッタに関する実験的研究, 遷音速振動翼列の非定常空力解析"

第11回(平13年度)
◇論文賞
Terazono,Hirofumi, Tanaka,Koichi, Kubo,Toshifumi, Tsuruzono,Sazo, Yoshida,Makoto (Kyocera Corp.) "Debelopment of Fabrication Process for Ceramic Gas Turbine Components"
Mitsuoka,Takeo, Nakata,Yasushi, Miyagi,Hiroyuki (IHI), Kimura,Hideo (Kawasaki HI), Kishi,Kimihiro (Mitsubishi HI), Wells,Gary (P&W), Cabe,Jerry L. (GE), Yanagi,Ryoji (NAL) "R&D and Simulated Altitude Testing of HYPER Combined Cycle Engine"
Kobayashi,Kenji (IHI) "Investigation on Aerodynamic Damping Force Including Panel Vibration Mode"
Yamada,Hideshi, Hayashi,Shigeru, Makida,Mitsumasa (NAL) "Application of short-Flame/Quick Quench Combustion Concept to Ultra-Low NO_X Gas Turbine Combustors"
西野 和彰, 川浦 宏之, 田中 浩司, 堀江 俊男, 斉藤 卓, 内田 博 (豊田中研)
◇奨励賞
日野 武久 (東芝) "高強度Ni基単結晶超合金TMS-82+の開発"

第12回(平15年度)
◇技術賞
弘松 幹雄 (先進材料利用ガスジェネレータ技術開発プロジェクト代表) "先進材料利用ガスジェネレータ技術開発"
◇論文賞
松田 幸雄, 田頭 剛 "非金属動翼の光学式翼端すきまセンサ"
TAMAKI,Hideki, OKAYAMA,Akira "Development of a Grain Defects Resistant Ni-Based"
YOSHINARI,Akira, KAGEYAMA,Kagehiro "Single Crystal Superalloy YH61"
◇奨励賞
松沼 孝幸 "動静翼干渉によるタービン動翼ミッドスパンの非定常流れ"

第13回(平17年度)
◇技術賞
藤綱 義行, 林 茂, 木下 康裕, 小林 健児, 中江 友美 "次世代超音速輸送機用推進システムの低NO_x燃焼技術"
畦上 修, 岡林 慶一, (株)トヨタ自動車,

石川島播磨重工業(株)"加圧型MCFC/MGTハイブリッドシステム"

◇論文賞

船崎 健一, 山田 和豊, 加藤 能規 "Studies on Effects of Periodic Wake Passing upon a Blade Leading Edge Separation Bubble: Transitional Behaviors of Separated Boundary Layer"

賀澤 順一, 渡辺 紀徳 "スマート構造を用いた翼列フラッターの能動制御―第二報:ピエゾ素子を用いた制御法の検討―"

◇奨励賞

岩瀬 識 "高圧チップタービン駆動ファン"

若林 努 "ガス燃料の自動分配機構を備えた産業用ドライ低NO_Xガスタービン燃焼器の改良"

第14回(平19年度)

◇技術賞

(株)東芝, 関西電力(株) "DME化学再生発電システムの技術開発"

圓島 信也, 幡宮 重雄, 佐藤 和彦, 高橋 徹, 江田 隆志 "高湿分空気を利用した再生型ガスタービンシステム"

◇論文賞

松沼 孝幸, 筒井 康賢 "タービン翼列の損失と三次元流れへ及ぼすチップクリアランスの影響 第2報:主流乱れ度の増加"

皆川 和大, 湯浅 三郎 "二段燃焼型インジェクタを用いた超小型水素ガスタービン用試験燃焼器の燃焼特性に及ぼす二次空気噴流の影響"

ビンサーレ, ハミドン, 船﨑 健一 "複合型インピンジ冷却構造に関する研究(実験による内部及び外部伝熱特性同時計測)"

◇奨励賞

押味 加奈 "Ultra Micro Gas Turbine用Flat-Flame型超小型燃焼器の熱輸送評価"

第15回(平21年度)

◇技術賞

木下 康裕, 緒方 正裕, 松本 匡史, 青木 茂樹 "低エミッション技術高度化の研究とM7A-03搭載型15ppm DLE燃焼器の開発"

056 日本風工学会賞

風工学に関する学術・技術の進歩発展をはかり、関連産業の振興に寄与することを目的として,昭和51年に創設された。

【主催者】(一社)日本風工学会

【選考委員】日本風工学会表彰委員会

【選考方法】会員の自薦または推薦による

【選考基準】(1)学会賞(功績賞)〔資格〕同会正会員。但し過去の功績賞受賞者は除く。〔対象〕学会および風工学の発展に関する顕著な功績のあった者。(2)学会賞(論文賞)〔資格〕同会正会員。但し過去の論文賞受賞者は除く。〔対象〕原則として過去3年以内に発表された風工学に関する独創的で優れた単編または同一の問題に関する一連の論文で,風工学における学術・技術の進歩発展に顕著な貢献をしたもの。(3)ベストペーパー賞(平成19年度新設)〔資格〕正会員もしくは学生会員。〔対象〕風工学に関する独創的で優れた論文および研究報告。(4)研究奨励賞〔資格〕当該年度翌年の3月31日時点で40歳未満の同会正会員。但し過去の受賞者,学会賞(論文賞)受賞者を除く。〔対象〕原則として過去3年以内に発表された風工学に関する独創性・萌芽性・将来性に富む単編の論文で,風工学における学術・技術の進歩発展に寄与したもの。(5)技術開発賞〔資格〕同会正会員および賛助会員。〔対象〕風工学に関する実験,施工,その

他において，創意工夫に富む優れた技術を開発し，風工学の発展に顕著な貢献をなしたもの。(6)出版賞〔対象〕過去3年以内に出版された風工学の新興と発展に顕著な貢献をした出版物

【締切・発表】毎年10月頃発表，「日本風工学会誌」10月号誌上に掲載，あるいは日本風工学会ホームページ

【賞・賞金】研究奨励賞には副賞として，立川奨励金3万円が贈られる

【URL】http://www.jawe.jp/ja/

(平3年度)
◇学会賞
● 功績賞
　石崎 溌雄 "風工学の発展に関する貢献"
● 論文賞
　樋上 琇一 「ケーブルのレインバイブレーションの発見と，その特性，メカニズムの解明」
◇研究奨励賞
　崔 恒 "風荷重評価のための平均風速と，乱れの強さの鉛直分布特性"

(平4年度)
◇学会賞
● 功績賞
　塩谷 正雄
　岡内 功
● 論文賞
　久保 喜延
◇研究奨励賞
　持田 灯

(平6年度)
◇学会賞
● 功績賞
　坂田 弘
　立川 正夫
● 論文賞
　武田 勝昭
　丸山 比佐夫
◇研究奨励賞
　丸山 敬
◇技術開発賞
　カイジョー

(平7年度)
◇学会賞
● 功績賞
　伊藤 学（埼玉大学）"風工学と日本風工学会の発展に対する貢献"
　竹内 清秀（日本気象協会）"大気乱流の研究と日本風工学会の発展に対する貢献"
● 論文賞
　田村 幸雄（東京工芸大学），B.Bienkiewicz（コロラド州立大学）"固有直交関数展開(POD展開)を用いた変動圧力場と接近流の相関に関する研究"〔第13回風工学シンポジウム論文集 1993 p167～172〕"
　茅野 紀子（竹中工務店）"外装二重壁の外壁面に作用する風圧力—二重壁間の内圧性状に関する研究"〔日本建築学会構造系論文報告集 1993 448 p29～36〕"
◇研究奨励賞
　木村 吉郎（東京大学）"「片持ちばりモデルを用いた斜風による橋梁のバフェティング応答の実験と解析」〔土木学会論文集 1993 57 p1～14〕"
◇技術開発賞
　該当者なし

(平8年度)
◇学会賞
● 功績賞
　坂本 雄吉 "電力設備の耐風設計の調査・研究と日本風工学会に対する貢献"
　相馬 清二 "地形性乱気流の調査・研究に対する貢献"
● 論文賞

藤野 陽三 "「Active Control of Flutter Instability of Bridge Deck with Rational Function Approximation of Aerodynamic Forces」〔第13回風工学シンポジウム論文集 1994 p425～430〕"
前田 潤滋 "「広域高密度風観測システムによる台風9313号の強風分布特性のモニタリング」〔第13回風工学シンポジウム論文集 1994 p49～54〕"
溝田 武人 "「ナックルボールの不思議？」〔日本風工学会誌 62 p3～21〕"
◇研究奨励賞
嶋田 健司 "「Wind response of a tower (Typhoon observation at the Nagasake Huis Ten Bosh Domtoren)」〔Journal of Wind Engineering and Industrial Aerodynamics 50 p309～318〕"
富永 禎秀 "「Dynamic Subgrid-scale Modelに基づくLESによる2次元角柱周辺流れの解析」〔第13回風工学シンポジウム論文集 1994 p527～530〕"
◇技術開発賞
該当者なし
(平9年度)
◇学会賞
● 功績賞
川村 純夫
日野 幹雄
● 論文賞
加藤 真志
山田 均
◇研究奨励賞
比江島 慎二
◇技術開発賞
本州四国連絡橋公団，建設省土木研究所
(平10年度)
◇学会賞
● 功績賞
白石 成人
● 論文賞
石原 孟
大屋 裕二

◇研究奨励賞
大岡 龍三
◇技術開発賞
西 亮
(平11年度)
◇学会賞
● 功績賞
成田 信之
● 論文賞
佐藤 弘史
◇研究奨励賞
新原 雄二
◇技術開発賞
鉄道総合技術研究所
(平12年度)
◇学会賞
● 論文賞
岡島 厚
田村 哲郎
◇研究奨励賞
白石 靖幸
畑中 章秀
村上 琢哉
◇技術開発賞
関西電力，電力中央研究所，古河電気工業
◇会長特別賞
溝田 武人
(平13年度)
◇学会賞
● 功績賞
宮田 利雄
● 論文賞
嶋田 健司
近藤 宏二
◇研究奨励賞
北川 徹哉
内田 孝紀
◇技術開発賞
全日本瓦工事業連盟，全国陶器瓦工業組合連合会
(平14年度)
◇学会賞

- 論文賞
  菊池 浩利, 白土 博通, 野澤 剛二郎
◇研究奨励賞
  中藤 誠二
  吉田 昭仁
◇技術開発賞
  清水 幹夫
(平15年度)
◇学会賞
- 功績賞
  村上 周三
  田中 宏
- 論文賞
  加藤 信介
◇研究奨励賞
  山口 敦
(平16年度)
◇学会賞
- 功績賞
  大熊 武司
- 論文賞
  澤田 秀夫
  松田 一俊
◇研究奨励賞
  石川 智巳
  西嶋 一欽
◇技術開発賞
  河村 良行
(平17年度)
◇学会賞
- 功績賞
  岡島 厚
- 論文賞
  植松 康
  平野 廣和
  小野 佳之
◇研究奨励賞
  大東 義志
  黄 弘
  糸井 達哉
◇出版賞
  Scott,Richard, 勝地 弘, 大橋 治一, 鳥海

隆一, 花井 拓
  Zdravkovich,M.M.
◇特別賞
  立川 正夫
(平18年度)
◇学会賞
- 論文賞
  西原 崇
  野村 卓史
◇研究奨励賞
  喜々津 仁密
◇技術開発賞
  大屋 裕二, 烏谷 隆
◇出版賞
  Simiu,Emil, 宮田 利雄
(平19年度)
◇功績賞
  該当者なし
◇論文賞
  勝地 弘
◇ベストペーパー賞
  山口 敦, 石原 孟
◇研究奨励賞
  佐々木 澄, 林田 宏二, 山本 学
◇技術開発賞
  該当者なし
◇出版賞
  該当者なし
(平20年度)
◇功績賞
  松本 勝
◇論文賞
  奥田 泰雄, 木村 吉郎
◇ベストペーパー賞
  該当者なし
◇研究奨励賞
  竹内 崇, 樋山 恭助
◇技術開発賞
  該当者なし
◇出版賞
  牛山 泉

(平21年度)
◇功績賞
　久保 喜延
◇論文賞
　丸山 敬, 八木 知己
◇ベストペーパー賞
　該当者なし
◇研究奨励賞
　長谷部 寛
◇技術開発賞
　JFEスチール(株), JFE西日本ジーエス(株), 三田村 浩, 国土交通省北海道開発局室蘭開発建設部, (株)ドーコン
◇出版賞
　該当者なし
(平22年度)
◇功績賞
　藤井 邦雄, 吉田 正昭
◇論文賞
　神田 亮, 曹 曙陽
◇ベストペーパー賞
　該当者なし
◇研究奨励賞
　友清 衣利子, 松宮 央登
◇技術開発賞
　該当者なし
◇出版賞
　該当者なし
(平23年度)
◇功績賞
　小林 紘士
◇論文賞
　長尾 文明, 松井 正宏
◇ベストペーパー賞
　富永 禎秀, 持田 灯, 大風 翼, 堤 拓哉, 吉野 博
◇研究奨励賞
　菊本 英紀, 金 容徹
◇技術開発賞
　該当者なし
◇出版賞
　真木 太一, 新野 宏, 野村 卓史

057 日本原子力学会賞

昭和44年, 日本原子力学会創立10周年記念事業の一端として制定された。論文賞・技術賞・奨励賞・学術業績賞・技術開発賞・貢献賞・原子力歴史構築賞の7賞があり, 原子力平和利用に関する学術・技術上の成果・貢献を表彰しその奨励をはかることを目的としている。第2回から故嵯峨根遼吉博士夫人の寄付により「特賞」が, 論文賞・技術賞のうち特に優れた成果を対象として新設され, 第11回からは創立20周年記念として「技術開発賞」が, 特に国家的プロジェクトを対象として制定された。また, 平成20年度には, 創立50周年を記念して原子力関連施設や事績, 資料を対象とする原子力歴史構築賞が創設された。

【主催者】(一社)日本原子力学会
【選考委員】非公開
【選考方法】正会員または賛助会員代表者の推薦による(自薦・他薦を問わない)
【選考基準】〔資格〕同学会会員。但し, 論文賞, 貢献賞, 原子力歴史構築賞は会員外でも可。〔対象〕(1)論文賞：成果の主要部が, 募集期限を起点とする過去3年間に公表された同学会発行の英文論文誌, 和文論文誌, 同学会主催の国際会議論文集, 同学会発行の図書に掲載された独創性・新規性のある優れた単一の研究論文および技術報告を対象とする。受賞者は原則として1件あたり3名以内とする。(2)技術賞：成果のうち設計, 加工技術, 製品, プラント建設, プロジェクト, ソフトウェア, 試験・実験データの取得など, 実用的価値のある新技術であって, その主内容が募集期限を起点とする過去3年間に公表された同学会発行の英文論文誌, 和文論文誌, 同学会主催の国際会議

057 日本原子力学会賞

論文集,同学会発行の図書に研究論文および技術報告として掲載されたものを対象とする。受賞者は原則として1件あたり3名以内とする。(3) 奨励賞：募集期限を起点とする過去3年間に公表された同学会発行の英文論文誌，和文論文誌，同学会主催の国際会議論文集，同学会発行の図書に掲載された研究論文および技術報告，あるいは同学会の春の年会・秋の大会で口頭発表された成果を対象とする。なお，将来性に富む成果であれば，未完成のものでもよい。ただし，受賞者は当該年度末時点で35歳未満の者とする。(4) 学術業績賞：原子力の平和利用に関する学術および技術上の各分野において，長年のあるいはまとまった優れた業績をあげた個人を対象とする。成果の主要部が同学会発行の英文論文誌，和文論文誌，同学会主催の国際会議論文集，同学会発行の図書に複数編掲載されていれば，成果の一部が他学術誌などに公表されていてもよい。(5) 技術開発賞：長期的もしくは複数の研究機関にまたがる共同的プロジェクトによる原子力平和利用に関する技術上の優秀な成果を対象とし，これをなした同会会員を含むグループに授与する。同賞は，原子力平和利用に関する大型技術開発として，いかに優れた成果を上げたかについて評価する。(6) 貢献賞：原子力平和利用の進展に寄与するところが大きい原子力の研究・開発利用，安全確保，教育，パブリックコミュニケーション等に係わる日常業務または活動を対象とし，受賞者は同学会会員であると否とを問わず，これをなした個人または団体に授与する。但し，同学会会員においては，学会活動を通した貢献が明らかであること。(7) 原子力歴史構築賞：原子力平和利用の進展と定着に，歴史的に重要な意味を持ち，あるいは多大な貢献をしてきた原子力関連施設や事績，資料を対象とする。具体的には，以下の(a)〜(c)のいずれかに合致する国内外の施設等を対象とし，同学会会員，賛助会員関係以外の施設，事績，資料を含む。(a) 原子力エネルギーまたは放射線利用に係る研究・開発・利用あるいは教育において，歴史的に重要な意味を持つ施設。(b) 原子力エネルギーまたは放射線利用に係る研究・開発・利用において，基礎，基盤・応用あるいは教育の面で多大な貢献を果たした施設。(c) 原子力エネルギーまたは放射線利用に関連して歴史的に重要な意義のある業績，貢献，足跡，発明・発見等の事績，資料類。(a)および(b)は研究所，研究室，実験室，試験所，試験設備，発電所等の公共，商業施設などで，過去に存在したものも含む。(8) 特賞の付加：特に優れた成果に対する論文賞，技術賞と学術業績賞には特賞を付加する

【締切・発表】例年8〜10月に受賞候補者を募集し，翌年3月の春の年会で授賞式を行う

【賞・賞金】表彰楯

【URL】http://www.aesj.or.jp/

第1回（昭43年度）
◇論文賞
佐野 忠雄（大阪大学），井本 正介 "U・C・N・O系核燃料化合物の統計熱力学的諸性質に関する研究"
清水 彰直（日本原子力事業）"ガンマ線の反射透過問題に対するInvariant Imbedding法の応用"
大塚 益比古（電源開発），斉藤 慶一（日本原子力研究所）"原子炉雑音の基礎理論"

石森 富太郎（日本原子力研究所）"無機溶媒抽出法による放射化学的研究"
◇技術賞
山田 周治（日立製作所）"研究用原子炉のパルス化および計測技術"
内田 秀雄（日本原子力産業会議安全特別研究会）"軽水型動力炉の後備安全防護装置の研究"
青地 哲男（日本原子力研究所）"原研の再処理試験施設の設計・建設ならびに試

験"
◇奨励賞
鵜飼 正二（京都大学）"均質系に対する単速輸送作用素の実固有値について・減速平板に対する輸送方程式の初期値問題"

第2回（昭44年度）
◇論文賞
門田 一雄（日本原子力事業）"原子炉の最短時間計算機制御"
阪井 英次（日本原子力研究所）"半導体放射線検出器の電荷収集機構の研究"
◇技術賞
金原 節朗（日本原子力研究所），熊原 忠士"波形弁別回路および放射線測定器の開発"
松浦 祥次郎（日本原子力研究所）"原子力第1船炉の臨界実験"
薄田 寛（三菱重工業）"原子力圧力容器の工作基礎技術"
◇奨励賞
元田 浩（日立製作所）"動力炉の制御棒計画と燃焼度最適化"
桂 正弘（大阪大学）"UCN系核燃料物質に関する研究"

第3回（昭45年度）
◇特賞
桂木 学（日本原子力研究所），石黒 幸雄，東稔 達三 "JAERI‐FAST SETの作成"
◇論文賞
古屋仲 芳男（京都大学原子炉実験所）"フローテーション法による放射性廃液処理に関する研究"
◇技術賞
鈴木 頴二（東京芝浦電機（株）），角田 十三男（NAIG）"原子炉反応度計の開発"
三島 良績（東京大学），伊藤 伍郎（金属材料研究所），大久保 忠恒（東京大学）"安全解析の基礎としての燃料被覆管のふるまいに関する研究"
天沼 倞（動力炉・核燃料開発事業団），村瀬 武男，瀬川 猛，高田 真吾 "PNCプロセス（一貫製錬工程）の確立"

第4回（昭46年度）
◇特賞
秋野 金次（日本原子力発電），加藤 宗明，田村 誠也 "原子力施設の耐震設計に関する問題解決と設計手法の確立"
◇論文賞
住田 健二（大阪大学），金子 義彦（日本原子力研究所）"原子炉物理におけるパルス中性子実験の確立と応用"
塚田 甲子男（日本原子力研究所），丸山 倫夫 "ブロッキング効果を利用した核分裂時間の測定"
大井 昇（東京芝浦電気（株））"照射セラミック燃焼中の核分裂生成物の挙動に関する研究"
◇技術賞
天野 保司（松下電器）"高感度熱蛍光線量計の開発"
◇奨励賞
木口 高志（（株）日立製作所）"エネルギー・モード合成法による高速炉物理の研究"

第5回（昭47年度）
◇特賞
弘田 実弥（日本原子力研究所），飯島 勉 "FCAにおける高速炉臨界実験技術の確立と"常陽"の核的モックアップ実験"
◇論文賞
菅野 昌義（東京大学）"ハロゲン化合物からの高融点ウラン化合物の製造に関する基礎的研究"
太田 充（日本原子力研究所），大和 春海（東京芝浦電気（株）），森 茂（日本原子力研究所）"核融合炉の炉心プラズマの温度安定性"
◇技術賞
下里 与（（株）日立製作所），村田 寿典（動力炉・核燃料開発事業団），安藤 康正 "原子力発電用希ガスホールドアップ装置の開発と製品化"
日本原子力研究所材料工学研究グループ

（代表＝藤村理人）"動力試験炉圧力容器の安全性に関する実験評価"
◇奨励賞
　足立 裕彦（大阪大学）"アクチノイドりん化物の生成とその電子構造に関する研究"
　原 文雄（東京理科大学）"原子炉の最適化法に関する研究"

第6回（昭48年度）
◇特賞
　日本原子力研究所JFT2グループ（代表＝伊藤智之）"中間ベータ値トーラス装置の建設と実験"
◇論文賞
　高橋 洋一（東京大学），村林 真行 "原子炉用セラミック材料のレーザーフラッシュ法による熱的性質の研究"
　品川 睦明（大阪大学），木曽 義之（広島大学），大吉 昭（熊本大学），玉井 忠治（京都大学），大吉 優美子（熊本大学）"迅速濾紙電気泳動法による短寿命核分裂生成核種の分離とその半減期及びガンマー線エネルギーの決定"
◇技術賞
　近藤 豊（住友金属工業），児玉 達朗（神戸製鋼所），小西 隆男，永井 信行，岡田 健，田中 義朗 "ジルカロイ燃料被覆間製造技術の研究開発"
　坂田 肇（動力炉・核燃料開発事業団），永山 哲（原電），大竹 巌（富士電機）"熱中性子炉用の核分裂生成分炉定数の作生"
　堀 雅夫（動力炉・核燃料開発事業団），佐藤 稔，根井 弘道 "ナトリウム―水反応研究による高速炉蒸気発生器の安全性・信頼性技術の開発"
◇奨励賞
　石井 保（三菱金属）"ウラン酸化物系の相転位と不定比性に関する基礎研究"
　佐伯 正克（日本原子力研究所）"ハロゲンホットアトムの化学的研究"

第7回（昭49年度）
◇論文賞
　牧 英夫（（株）日立製作所），大山 正敏 "ジルカロイ燃料被覆管のふるまいに関する研究"
　黒井 英雄（日本原子力研究所），三谷 浩 "修正核断面積データと核データの相関"
◇技術賞
　松本 憲一（動力炉・核燃料開発事業団），坂本 和男，笹尾 信之 "高速実験炉「常陽」初期装荷炉心燃料の製造技術開発"
　島宗 弘治（日本原子力研究所），斯波 正誼，安達 公道，生田目 健 "ROSA‐Iによる軽水炉の安全性に関する研究"
　森内 茂（日本原子力研究所）"スペクトル‐線量変換演算子による線量評価法の確立と低レベルγ線線量測定器の開発"
◇奨励賞
　竹田 敏一（（株）日立製作所）"衝突確率法による中性子輸送の研究"
　関水 浩一（NAIG）"動力炉の燃料燃焼最適化に関する研究"
　田坂 完二（日本原子力研究所）"核分裂生成物の崩壊熱に関する研究"

第8回（昭50年）
◇論文賞
　山根 寿巳（大阪大学），高橋 純造 "中性子照射したフェライト系鋼における侵入型溶質原子の挙動"
　青木 克忠（NAIG），築城 諒 "拡散方程式の数値解法に関する研究―新しい階差式と修正一群法の開発およびその応用研究"
◇技術賞
　飯島 俊吾（NAIG），五十嵐 信一（日本原子力研究所），菊池 康之 "核分裂生成物の核データライブラリーの作成と評価"
◇奨励賞
　松井 恒雄（名古屋大学）"ウラン―酸素系の高温相平衡に関する研究"

第9回（昭51年）
◇特賞

天野 恕（日本原子力研究所）"RI安定生産技術の確立"
◇論文賞
元田 浩（（株）日立製作所原子力研究所）"沸騰水型動力炉の燃料アセンブリー配置の最適化"
小林 啓祐（京都大学）"有限フーリエ変換による拡散方程式の解法"
松井 尚之（名古屋大学）"炭化ウランの照射損傷と核分裂ガス放出"
◇技術賞
安成 弘（東京大学），古橋 晃，若林 宏明，弥生プロジェクトグループ "汎用高速中性子源炉の開発研究"
井上 晃次（動力炉・核燃料開発事業団），苫米 地顕（東京芝浦電機（株）），清水 彰直 「常陽」の炉心特性に関する開発研究"
◇奨励賞
小林 康弘（（株）日立製作所原子力研究所）"高速動力炉の炉心設計および燃料運用の最適化"
三塚 哲正（東芝エネルギー機器研究所）"インパイルループによるナトリウム中核分裂生成物の挙動研究"

第10回（昭52年度）
◇特賞
石川 迪夫（日本原子力研究所），富井 格三 "NSRR（原子炉安全性研究炉）による燃料安全性研究"
◇論文賞
木村 逸郎（京都大学原子炉実験所），林 脩平，小林 捷平 "高速中性子スペクトルの測定と群定数の評価"
菱沼 章道（日本原子力研究所），片野 吉男，白石 健介 "ステンレス鋼のスウェリングに関する研究"
垣花 秀武（東京工業大学）"クロマトグラフィーによる同位体分離に関する研究"
◇技術賞
田中 宏志（東京電力（株））"原子炉建屋の弾塑性地震応答解析に関する研究"

城谷 孝（日本原子力研究所）"肺モニタによるプルトニウム肺負荷量測定法の研究"
岩本 多実（日本原子力研究所），井川 勝市 "被覆粒子燃料の検査法の確立"
◇奨励賞
三木 一克（（株）日立製作所）"高速炉炉心の温度分布および燃料変形の理論解析"
有冨 正憲（東京工業大学）"パラレル沸騰チャンネルの不安定性に関する研究"
岸田 邦治（大阪大学）"統計物理に基づいた炉雑音解析"

第11回（昭53年度）
◇論文賞
立川 円造（日本原子力研究所）"原子炉化学領域におけるホットアトムの研究"
塩川 孝信（東北大学）"トリチウムの壊変に伴う化学的挙動に関する研究"
◇技術賞
高松 茂行（東芝ナトリウムループ・自動化プロジェクトチーム），大野 正剛，河原 春郎，堀口 憲明〔他〕"ナトリウムループの全自動化システムの開発"
吉川 允二（日本原子力研究所），太田 充，大久保 実〔他〕"臨界プラズマ試験装置（JT-60）本体主要機器の試作開発"
若山 直昭（日本原子力研究所），友田 利正（三菱電機（株））"高温用高性能核分裂計数管電離箱の開発研究"

第12回（昭54年度）
◇論文賞
鈴木 弘茂（東京工業大学）"原子炉用セラミックス材料に関する研究"
東口 安宏（東北大学），茅野 秀夫 "稠密六方晶金属であるTiとZrの機械的性質に対する中性子照射効果"
小林 岩夫（日本原子力研究所），鶴田 晴通（動力炉・核燃料開発事業団），湯本 鐐三 "プルトニウムの軽水炉利用に関する炉物理実験および解析"
◇技術賞
田畑 米穂（東京大学），田中 治郎（高エネ

ルギー物理学研究所），藤田 彪太（三菱電機（株）），上冨 勇 "ピコ秒パルス電子ライナックの開発"

早瀬 佑一（東京電力（株）），宮本 博（東京理科大学），小林 英男（東京工業大学）"飛しょう体に対する格納容器鋼板の耐衝撃性に関する研究"

木口 高志（（株）日立製作所），清川 和宏（東京電力（株）），榎本 聡明 "BWR炉心性能監視装置の開発"

◇技術開発賞

島 史朗（動力炉・核燃料開発事業団），井上 力（電源開発（株）），吉岡 俊男（日本原子力発電（株）），綿森 力（（株）日立製作所）"「ふげん」の開発ならびに運開達成"

第13回（昭55年度）

◇論文賞

大石 行理（九州大学），安藤 健 "蛍石型立方晶酸化物系の成分イオンの拡散機構と拡散律速現象に関する研究"

佐藤 千之助（茨城大学），淡路 英夫（福島工業高等専門学校），奥 達雄（日本原子力研究所）"原子炉用黒鉛の熱衝撃強度とその靱性に及ぼす中性子照射効果"

金子 義彦（日本原子力研究所），秋濃 藤義，安田 秀志 "高温ガス炉の炉物理に関する実験的研究"

内田 俊介（（株）日立製作所），朝倉 大和，大角 克己 "沸騰水型炉1次冷却水系における腐食生成物の放射化と蓄積に関する研究"

◇技術賞

安藤 泰正（日本原子力事業（株）），田辺 章（東京芝浦電気（株）），池田 紘一（中部電力（株））"雑音解析法による沸騰水型原子力発電所の炉心および制御系診断システムの開発"

菱田 誠（日本原子力研究所），根小屋 真一，滝塚 貴和 "水素ガスループの建設と水素透過実験"

◇奨励賞

宇根 勝己（日本核燃料開発（株））"ヨウ素および水素によるジルカロイ燃料被覆管の高温腐食に関する研究"

第14回（昭56年度）

◇特賞

斎藤 伸三（日本原子力研究所），大友 正一 "原子炉内燃料棒過渡挙動可視装置の開発"

◇論文賞

鈴木 伸武（日本原子力研究所），徳永 興公，鷲野 正光 "排ガスの電子線処理に関する放射線化学的研究"

◇技術賞

竹内 清（船舶技術研究所）"中性子およびガンマ線輸送計算コードPALLASの開発"

大部 誠（日本原子力研究所），一守 俊寛（東京工業大学）"反跳陽子計数管中性子スペクトル測定装置の開発"

迫 淳（日本原子力研究所），東稔 達三，関 泰，飯田 浩正 "トカマク型核融合実験炉（JXFR）の設計研究"

宇尾 光治（京都大学），飯吉 厚夫（日立），加沢 義彰 "核融合実験装置"ヘリオトロンE"の技術開発"

三宅 正宣（大阪大学）"化学蒸着法によるニオブ，モリブデンコーティング材料の開発研究"

◇技術開発賞

瀬川 正男（動力炉・核燃料開発事業団）"ウラン濃縮パイロットプラントの研究"

第15回（昭57年度）

◇特賞

小泉 益通（動力炉・核燃料開発事業団），大塚 勝幸，大島 博文 "マイクロ波加熱方式による混合転換技術の開発"

◇論文賞

秋山 雅胤（東京大学），吉田 正（日本原子力事業（株）），中嶋 龍三（法政大学），井原 均（日本原子力研究所）"核分裂生成物崩壊熱の実験的及び理論的研究"

寺沢 倫孝（東京芝浦電気（株）），島田 将

之，中束 重雄 "重イオン照射によるボイドスエリングの研究"

阿部 史朗（放射線医学総合研究所），藤高 和信，藤元 憲三 "日本における自然の空間放射線線量分布の把握"

◇技術賞

柴田 俊一（京都大学），神田 啓治 "新型臨界実験装置の立案・設計・建設とそれによる炉物理の研究と教育"

市川 逵生（日本原子力研究所），大久保 忠恒（上智大学），岩野 義彦（東京芝浦電気（株）），伊藤 賢一（（株）日立製作所），木下 幹康（電力中央研究所） "燃料ふるまいコードFEMAXI—IIIの開発"

松田 慎三郎（日本原子力研究所），栗山 正明，白形 弘文 "JT—60中性粒子入射加熱装置原型ユニットの開発"

◇奨励賞

中島 秀紀（九州大学） "D—D核融合炉ブランケットの核特性の研究"

井上 正（電力中央研究所） "ヘルツの破壊法によるセラミックス燃料の表面エネルギーに関する研究"

大久保 隆（神戸商船大学） "ラジウム同位体による海洋環境における物質循環に関する研究"

◇特別奨励賞

該当なし

第16回（昭58年度）

◇特賞

池田 亨（東京電力（株）），盛山 武夫（（株）日立製作所），笠井 洋昭（東京芝浦電気（株）），松本 卓士，富田 久雄 "沸騰水型原子炉炉心の耐震設計の技術開発"

◇論文賞

恩地 健雄（電力中央研究所） "軽水炉燃料被覆管のPCI/SCC破損機構の研究"

木口 髙志（（株）日立製作所），吉田 健一，元田 浩 "知識工学を適用したプラント運転ガイダンス方式の開発"

◇技術賞

近藤 達男（日本原子力研究所），新藤 雅美（三菱金属（株）），竹入 俊樹 "高温原子炉用耐熱合金の開発"

中川 正幸（日本原子力研究所），高野 秀機 "高速炉の核特性解析システムの開発"

田坂 完二（日本原子力研究所），早田 邦久，斯波 正誼，小泉 安郎 "ROSA-III計画における沸騰水型軽水炉の冷却材喪失事故の総合実験研究"

◇奨励賞

三村 均（東北大学） "高レベル廃液中のCs-137およびSr-90のゼオライトによる不溶体化に関する研究"

◇特別奨励賞

該当なし

第17回（昭59年度）

◇特賞

菊池 康之（日本原子力研究所），中川 庸雄（日本原子力事業（株）），浅見 哲夫（住友原子力工業（株）），川合 将義（九州大学），松延 広幸，神田 幸則 "評価済み核データライブラリーJENDL-2の完成"

◇論文賞

植田 脩三（日本原子力研究所），柴田 勝之，磯崎 敏邦，栗原 良一 "軽水炉の運転時およびLOCA時における配管の構造安全性の評価法に関する研究"

福田 幸朔（日本原子力研究所） "被覆粒子燃料中の核分裂生成物の拡散挙動に関する研究"

◇技術賞

角山 茂章（日本原子力事業（株）），兼本 茂（（株）東芝），山本 文昭 "自己回帰法による沸騰水型原子炉・炉心安定性の推定技術の開発"

大輝 茂（動力炉・核燃料開発事業団），白山 新平（（株）東芝），新型転換炉用炉内中性子検出器開発チーム "新型転換炉用炉内中性子検出器の開発"

高橋 和司（東京電力（株）），堀内 進（（株）日立製作所），遊佐 英夫，千野 耕一 "原子力発電所廃棄物の造粒固化技術の開発"

◇奨励賞
　森 貴正（日本原子力研究所）"中性子スペクトルの測定と解析による新原子炉材料の中性子断面積評価に関する研究"
　中山 紀夫（日立エンジニアリング（株））"圧力バランス型ポーラログラフ式溶存酸素計による高温水中酸素濃度の定量"
◇技術開発賞
　池亀 亮（東京電力（株）），是井 良朗（（株）日立製作所），葦原 悦朗（（株）東芝）"改良標準型1,100MW沸騰水型原子力発電設備の完成"
◇特別奨励賞
　該当なし

第18回（昭60年度）
◇特賞
　高橋 亮人（大阪大学），山本 淳治，飯田 敏行，住田 健二 "オクタビアンの建設と共同利用による核融合中性子工学研究の推進"
◇論文賞
　山本 宗也（NAIG），水田 宏（東京芝浦電気（株）），牧野 格次 "BWR格子核特性計算手法の研究"
　村尾 良夫（日本原子力研究所），井口 正（科学技術庁），杉本 純 "大型再冠水円筒炉心試験装置によるPWRのLOCA時再冠水過程での炉心冷却効果の実証試験研究"
　村瀬 道雄（（株）日立製作所），内藤 正則，池田 孝志 "沸騰水型原子炉の冷却材喪失事故時における多チャンネル炉心内熱流動挙動の研究"
◇技術賞
　関口 晃（東京大学），中沢 正治（動力炉・核燃料開発事業団），鈴木 惣十 "原子炉中性子線量測定法の高精度化とNEUPACコードの開発"
　山之内 種彦（動力炉・核燃料開発事業団），広瀬 保男（（株）日立製作所），溶解槽補修グループ "使用済燃料再処理施設の溶解槽の遠隔補修技術の確立"
　茅野 政道（日本原子力研究所），石川 裕彦，甲斐 倫明，浅井 清 "緊急時環境線量情報予測システムSPEEDIの開発"
　榎本 聰明（東京電力（株）），横見 廸郎（（株）日立製作所），宮本 俊樹（東京芝浦電気（株））"上下反応度差に基づくBWR炉心軸方向出力分布平坦化技術の開発"
◇奨励賞
　伊部 英史（（株）日立製作所）"原子炉冷却水中の材料腐食因子定量化のための理論モデルの開発"
　奥田 修一（大阪府立放射線研究所）"重水素イオンとの核反応による固体表面のトリチウムの分析に関する研究"
◇技術開発賞
　吉川 允二（日本原子力研究所），加沢 義彰（（株）日立製作所），伊藤 進（東京芝浦電気（株）），林 重雄（三菱電機（株））"臨界プラズマ試験装置JT—60の開発"
◇特別奨励賞
　該当なし

第19回（昭61年度）
◇特賞
　内田 俊介（日立），三木 実（東芝），益田 恭尚（東電），長尾 博之，乙葉 啓一 "低線量率BWRの設計と建設およびその実績"
◇論文賞
　川合 将義（NAIG），山内 通則，林田 芳久 "微分アルベドを用いた放射線輸送計算法の研究"
　権田 浩三（動燃），松田 照夫（住友化学）"PUREXプロセスにおける物質移動および界面現象の研究"
◇技術賞
　土橋 敬一郎（原研），石黒 幸雄 "熱中性子炉体系標準核設計SRACコードシステムの開発"
　角田 直己（動燃），佐々木 憲明 "高レベル廃液のガラス溶融技術の開発"
　二宮 進（東芝），大塚 文夫，根井 弘道

"ナトリウム蒸気除去技術に関する研究"

築城 諒（NAIG），岩本 達也（東芝），豊吉 勇 "BWR3次元モデル炉心運転管理システムの開発"

◇特別奨励賞

森田 泰治（原研）"高レベル廃液からの超ウラン元素の抽出分離に関する研究"

◇奨励賞

関根 勉（東北大）"反跳法による新物質合成・濃縮および反応機構の解明"

橋本 英士（日立）"誘導放射能高速計算手法の開発"

第20回（昭62年度）

◇特賞

市川 逵生（原研），内田 正明，柳沢 和章，中村 仁一，中島 鉄雄 "ハルデン炉による原研燃料の照射研究"

島本 進（原研）"LCT超電導コイルの米国における実験の成功"

◇論文賞

天野 治（東電），奈良林 直（東芝），湊 明彦（日立），富永 研司（NAIG），加藤 正美 "BWR再循環ポンプの二相流特性に関する研究"

三宅 千枝（阪大）"核燃料の磁気化学的研究"

高橋 亮一（東工大），冨山 明男（日立）"二相流の数値計算におけるあいまい推論の計算効率向上への応用"

◇技術賞

半田 宗男（原研），大道 敏彦，鈴木 康文 "高速炉用プルトニウム炭・窒化物燃料の製造研究"

桜井 裕（原研），大西 信秋（清水建設），金成 章，鈴木 誠之，長瀬 哲夫，原研・研究炉開発室撤去技術グループ，清水建設・JRR-3撤去プロジェクト "JRR-3原子炉本体撤去工事の完遂"

鵜飼 重治（動燃），吽野 一郎，榎戸 裕二 "遮蔽型イオンマイクロアナライザ（SIMA）による燃焼度測定技術の開発"

◇奨励賞

肥田 和毅（NAIG）"回収ウランのリサイクルに関する基礎研究"

大石 晃嗣（清水建設）"核融合施設の構造材および遮蔽材の放射化に関する実験的研究"

松井 隆（四国電）"PWR高燃焼度燃料挙動解析コードの開発および負荷追従運転時・出力上昇時の燃料健全性評価"

横沢 誠（東大）"モンテカルロ法放射線輸送の高速計算に関する研究"

◇技術開発賞

東京電力，日立製作所，東芝，General Electric Co. "改良型沸騰水型原子力発電プラント（ABWR）の開発"

第21回（昭63年度）

◇論文賞

秦 和夫（京大）"放射線ダクトストリーミングの評価式に関する研究"

池田 孝志（日立），青山 吾朗（電中研），服部 禎男 "FBR用環状型電磁フローカプラの開発に関する実験的研究"

◇技術賞

小泉 和夫（東電），大井 昇（東芝），牧 英夫（日立），村田 寿典（NFD）"ペレット－被覆管相互作用対策燃料の実用化"

秋山 宏（東大），高橋 忠男（動燃），清水 誠一（三菱重工），湯原 哲夫 "原子炉格納容器の地震荷重に対する座屈強度とその評価に関する研究"

内藤 俶孝（原研），片倉 純一，小室 雄一，野村 靖，奥野 浩 "臨界安全性評価手法の開発・整備"

田村 早苗（原研），飯島 勉（JT-60実験グループ）"臨界プラズマ試験装置JT-60における炉心プラズマの研究開発"

亀有 昭久（MAPI），笠井 雅夫，伊尾木 公裕，新倉 節夫 "核融合装置における非定常電磁気設計・解析技術の開発"

◇特別奨励賞

藤森 治男（日立）"光音響法を用いた非接触膜厚測定法の開発と燃料棒付着クラッド定量への応用"

◇技術開発賞
三木 康臣（九大）"水平環状空間内3次元乱流自然対流（直接数値計算およびその有効性）"
湊 和生（原研）"燃料被覆材としての化学蒸着炭化ケイ素に関する研究"

第22回（平1年度）
◇特賞
世古 真臣（旭化成工業），三宅 哲也，武田 邦彦，鬼塚 初喜 "化学法ウラン濃縮による高効率濃縮技術の研究"
◇論文賞
石山 新太郎（日本原子力研究所），奥 達雄，衛藤 基邦 "高温ガス炉用黒鉛材料の疲労破壊および破壊力学特性に関する研究"
伊藤 只行（名古屋大学）"高速中性子エネルギースペクトルのアンフォールディングに関する理論の確立"
山脇 道夫（東京大学），難波 隆司（東京電力）"核融合炉第1壁材料の水素同位体透過性に関する研究"
伊部 英史（日立製作所），唐沢 英年，内田 俊介 "原子炉1次冷却系における放射性窒素の挙動解明"
◇核燃料論文賞
中司 雅文（日本核燃料開発）"商用軽水炉で照射された燃料被覆管の機械的特性に関する研究"
◇技術賞
尾崎 誠（大同特殊鋼），金川 昭（名古屋大学）"高性能エアフィルタの苛酷時健全性試験"
角田 恒巳（日本原子力研究所），飯島 敏行（大阪大学），松原 健夫（住友電気工業），真田 和夫（藤倉電線），田中 紘幸（三菱電線工業）"耐放射線性光ファイバの開発とその実用化"
播磨 良子（東京工業大学），田中 俊一（日本原子力研究所），坂本 幸夫（高エネルギー物理学研究所），平山 英夫 "新しいγ線ビルドアップ係数の開発と遮蔽計算への応用"
長坂 秀雄（東芝），糸矢 清広，横堀 誠一，安部 信明 "BWRのLOCA時の再冠水過程に関する各種炉心冷却効果の定量的評価に関する研究"
井上 孝太郎（日立製作所），飯島 進（日本原子力研究所），三田 敏男（日立製作所），稲垣 達敏（日本原子力発電）"大型FBR用軸方向非均質炉心の概念と基本核特性の研究"
◇奨励賞
清水 俊一（東芝）"原子力設備の信頼性管理による保守適正化に関する研究"
山中 伸介（大阪大学）"チタンおよびジルコニウムの水素同位体溶解度に及ぼす侵入型不純物元素の影響"

第23回（平2年度）
◇論文賞
前川 洋，大山 幸夫，池田 裕二郎，中村 知夫（日本原子力研究所）"14MeV中性子源FNSを用いた核融合炉の核特性の研究"
山田 澄（摂南大学），岸田 邦治（岐阜大学）"炉雑音解析における自己回帰モデルに関する理論的研究"
佐藤 正知（北海道大学），古屋 広高（九州大学）"ガラス固化体の密度と浸出挙動に関する照射効果の研究"
朝倉 大和，長瀬 誠，大角 克巳（日立製作所）"BWR1次冷却系水質データに基づく機器の異常診断と波及事象予測手法の開発"
◇技術賞
飯島 俊吾（東芝），田坂 完二（名古屋大学），片倉 純一（日本原子力研究所），加藤 敏郎（名古屋大学）"原子炉崩壊熱基準の作成"
佐藤 道雄，石川 正朗，岡野 秀晴（東芝）"電磁超音波探触子を利用した自動超音波探傷装置の開発"
久木田 豊（日本原子力研究所），田坂 完二（名古屋大学），安濃田 良成，熊丸 博滋

（日本原子力研究所）"ROSA-IV計画によるPWRの小破断LOCA時熱水力挙動に関する研究"
◇奨励賞
丸山 能生（間組）"運転支援における"あいまい診断法"に関する研究"
越塚 誠一（東京大学）"リーマン幾何学に基づいた非圧縮性流れ解析のための境界適合座標法"
奥村 啓介（日本原子力研究所）"高転換軽水炉の核特性と炉心概念に関する研究"
◇核燃料奨励賞
栄藤 良則（日本核燃料開発）"燃料被覆管の照射による微細組織変化と腐食特性の相関に関する研究"

第24回（平3年度）
◇特賞
師岡 慎一，石塚 隆雄，吉村 邦広（東芝）"BWR模擬燃料集合体内ボイド測定技術に関する研究"
◇論文賞
山科 俊郎，日野 友明（北海道大学）"黒鉛材料を中心とした核融合炉第1壁材料の総合的特性評価"
竹田 敏一（大阪大学），亀井 孝信（東芝）"感度解析手法によるFBR炉心核特性予測精度の評価研究"
上田 憲照（三菱原子力工業），伊藤 早苗，伊藤 公孝（核融合科学研究所），田中 正明（CRC総合研究所）"磁場閉じ込め核融合炉のダイバータ系の研究"
天野 研，山川 正剛，内藤 正則，高桑 正行（日立製作所）"高速炉におけるスロッシング特性解析のための3次元流体・構造連成解析技術に関する研究"
◇技術賞
武藤 栄，姉川 尚史（東京電力），滝川 幸夫，師岡 慎一（東芝），吉本 佑一郎，横溝 修（日立製作所）"BWR炉心核熱水力安定性の研究"
藤井 義雄，臼井 甫積，篠原 慶邦（日本原子力研究所）"原子炉解体用多機能型遠隔ロボット技術の開発"
中島 敏行（放射線医学総合研究所）"緊急時における一般人の被曝線量計測法の開発研究"
柴原 格，野村 茂雄，鹿倉 栄，吉田 英一（動力炉・核燃料開発事業団）"高速炉炉心用改良316ステンレス鋼の開発"
◇奨励賞
沼田 茂生（清水建設）"コンクリート中のトリチウム水拡散挙動の研究"
荒川 秋雄（東芝）"沸騰水型原子力発電所の出力制御に関する研究"
西野 由高（日立製作所）"BWR燃料表面での酸化鉄微粒子とNi,Coイオンとの相互作用に関する研究"
◇技術開発賞
極限作業ロボット技術研究組合 "極限作業ロボット（原子力ロボット）の研究開発"

第25回（平4年度）
◇技術開発賞
動力炉・核燃料開発事業団東海事業所再処理工場 "軽水炉使用済燃料の再処理技術の実証"
◇論文賞
肥田 和毅，吉岡 律夫（東芝）"BWR燃料軸方向設計の最適化に関する研究"
稲垣 正寿，丸 彰（日立製作所）"ジルカロイ酸化膜の半導体特性に及ぼす合金元素の影響並びにその耐食性との関連"
中川 正幸，森 貴正（日本原子力研究所），佐々木 誠（日本総合研究所）"モンテカルロ法の高速・高精度化に関する研究"
藤井 貞夫（川崎重工業），秋野 詔夫，菱田 誠（日本原子力研究所）"環状流路内加熱ガス流の層流化に関する研究"
◇技術賞
小沢 健二（動力炉・核燃料開発事業団），佐藤 増雄（東芝），土肥 明（三菱電機），石田 隆之（日立製作所）"高速増殖炉「もんじゅ」シミュレータ（MARS）の開発"
小長井 主税，木村 博信，吉田 憲正（東

芝）"原子レーザ法ウラン濃縮用銅蒸気レーザーの開発"

高橋 祐治，渡辺 昭央（東京電力），宮野 広（東芝），林 真琴（日立製作所），加藤 弘之（荏原製作所）"BWR再循環ポンプの信頼性向上に関する研究"

菊池 恂，千野 耕一，土屋 弘行（日立製作所），隈谷 尚一（関西電力），天野 治（東京電力）"放射性廃棄物のセメントガラス固体技術の開発"

渡辺 正，平野 雅司，秋元 正幸（日本原子力研究所）"各種二相流モデル評価コードMINCSの開発"

◇特別奨励賞

Widodo, Susilo（九州大学）"位置検出型気体計数管における電子ドリフト特性に関する研究"

◇奨励賞

中原 克彦（東芝）"原子レーザー濃縮光反応プロセス解析コードの開発"

西 高志（日立製作所）"セメント中での放射性核種移行挙動に関する研究"

第26回（平5年度）

◇技術開発賞

動力炉・核燃料開発事業団新型転換炉ふげん発電所・プルトニウム燃料工場・再処理工場 "新型転換炉ふげん発電所におけるプルトニウム利用技術の実証"

動力炉・核燃料開発事業団環境技術開発推進本部・東海事業所・中部事業所 "高レベル放射性廃棄物地層処分の研究開発"

◇特賞

奥野 健二，成瀬 雄二，吉田 浩（日本原子力研究所）"核融合炉燃料精製システム技術の確立"

北端 琢也，中村 孝久（動力炉・核燃料開発事業団），穴沢 和美（日立製作所）"新型転換炉ふげん発電所における水素注入による水質改善技術の開発"

◇論文賞

井関 孝善，矢野 豊彦（東京工業大学）"核融合炉用セラミックスの中性子照射損傷

とその回復過程"

上村 博，坂上 正治（日立製作所）"ガンマ線照射による半導体集積回路電気特性の劣化予測手法の開発"

植田 精，菊池 茂人，菊池 司（東芝）"中性子測定による軽水炉照射燃料の燃焼特性評価法に関する実験的研究"

中川 雅俊（東芝）"有限要素法による高速炉炉心および燃料体の彎曲挙動解析手法に関する研究"

加藤 隆彦，青野 泰久（日立製作所），高橋 平七郎（北海道大学）"316系ステンレス鋼の照射誘起偏析並びにスエリング抑制に関する添加元素の寸法効果"

◇技術賞

白井 隆盛，大部 悦二（東芝），鈴木 祐（東京電力）"中空糸膜フィルタを用いた"復水浄化システム"の開発"

望月 弘保，菅原 悟，速水 義孝（動力炉・核燃料開発事業団）"圧力管型炉の体系的熱流動解析手法の開発"

久保田 益充，森田 泰治，近藤 康雄（日本原子力研究所）"高レベル放射性廃棄物の群分離プロセスの開発"

二宮 博正（日本原子力研究所），伊藤 裕（日立製作所），内川 高志（三菱重工業），高野 広久（東芝）"JT-60大電流化装置の開発"

守田 あかね（三菱重工業），小橋 秀一（三菱電機），伊藤 広二（三菱原子力工業）"次期PWRプラント向け新型制御盤の開発"

◇核燃料賞

宇根 勝己，樫部 信司（日本核燃料開発）"軽水炉燃料ペレットからの核分裂ガス放出"

◇高速炉賞

久保田 淳（日本原子力発電），森 建二，大嶋 巌（東芝），小俣 一平（石川島播磨重工業），矢野 和隆（川崎重工業）"高信頼性二重管蒸気発生器の開発"

◇システム安全賞

新井 健司，横堀 誠一，長坂 秀雄（東芝），吉岡 譲（日本原子力発電）"静的安全性を有する格納容器の長期冷却手法の開発"
◇RWM賞
　松田 将省，西 高志，泉田 龍男（日立製作所）"高性能セメントによる使用済イオン交換樹脂の安定固化"
◇奨励賞
　該当者なし
◇特別奨励賞
　該当者なし
◇SMiRT-11記念賞
　該当者なし

第27回（平6年度）
◇技術開発賞
　動力炉・核燃料開発事業団 "高速増殖原型炉もんじゅの臨界達成"
◇特賞
　三宅 千枝（大阪大学）"核燃料再処理における溶媒抽出過程の基礎化学的研究"
　馬場 護，松山 成男（東北大学）"原子炉・核融合炉構成材核種の中性子生成二重微分断面積に関する実験的研究"
◇論文賞
　上蓑 義朋（理化学研究所），中村 尚司（東北大学）"p-Be準単色中性子を用いた40MeVまでの放射化断面積の系統的測定"
　中尾 安幸，中島 秀紀（九州大学），本多 琢郎（日立製作所）"慣性核融合プラズマにおける核反応生成粒子輸送計算法の開発と燃料ペレットの点火燃焼特性の研究"
　桑折 範彦（徳島大学），栄 武二，魚住 裕介，納冨 昭弘（九州大学）"ガス計数管の自己消滅ストリーマモードにおける放電局所化に関する研究"
　福井 正美（京都大学）"研究炉施設近傍における放出放射性核種の挙動とモデル化に関する研究"
◇技術賞
　有田 節男（日立製作所），麻野 広光（東芝）"改良型BWR用原子炉安全保護系の高信頼化技術の開発"
　深沢 哲生，船橋 清美，近藤 賀計（日立製作所）"高性能吸着材による放射性ヨウ素除去技術の開発"
　秋場 真人，横山 堅二，大楽 正幸（日本原子力研究所）"電子ビームを用いた高熱負荷試験装置（JEBIS）の開発"
　板垣 正文，三好 慶典（日本原子力研究所），覚張 和彦（三菱重工業）"原子力船「むつ」における原子炉物理特性の測定とその評価"
　内山 軍蔵，前田 充，藤根 幸雄（日本原子力研究所）"再処理廃溶媒液中燃焼技術の開発"
　武内 一夫，田代 英夫（理化学研究所）"分子レーザー法ウラン濃縮に関する基礎的研究"
◇奨励賞
　高木 郁二（京都大学）"核反応法を用いた水素同位体のプラズマ誘起透過と照射損傷への補足に関する研究"
　長崎 晋也（東京大学）"地層中におけるアクチニドコロイドの形成と移行挙動"
　野北 和宏（日本核燃料開発）"高燃焼度UO_2ペレット中の照射欠陥の蓄積と微細組織変化"
　稲垣 八穂広（九州大学）"高レベル放射性廃液ガラス固化体の長期健全性評価に関する研究"
◇特別賞
●核燃料賞
　栄藤 良則，島田 祥雄（日本核燃料開発）"中性子照射によるジルカロイの微細構造変化とノジュラー腐食特性に関する研究"
●高速炉賞
　山口 彰，丹羽 元，島川 佳郎（動力炉・核燃料開発事業団）"高速炉の受動的安全性評価技術の開発"
●システム安全賞

白石 直，杉崎 敬良，鎌田 信也，田渕 浩三（三菱重工業）"PWR向け高性能蓄圧注入系の開発"
- RWM賞
  日置 秀明，藤田 玲子，遠田 正見（東芝）"レドックス除染システムの開発"
- 原子炉設計賞
  斎藤 伸三，田中 利幸，馬場 治（日本原子力研究所）"高温工学試験研究炉の設計"

◇特別奨励賞
該当者なし

第28回（平7年度）
◇技術開発賞
日本製鋼所 "原子力発電プラント向大型鍛鋼品の製造技術の開発"

◇論文賞
布施 元正，磯辺 裕介，定岡 紀行（日立製作所）"ジルコニウム合金の腐食および照射変形挙動の理論的評価"
鷲尾 隆（三菱総合研究所），古川 宏，北村 正晴（東北大学）"原子力プラントの知的監視診断のための多様性規範"
村松 寿晴（動力炉・核燃料開発事業団），二ノ方 寿（東京工業大学）"サーマルストライピングに対する解析的評価手法の開発"

◇技術賞
大塚 勉（東芝），河野 龍太郎（東京電力），久保田 龍治（日立製作所）"運転訓練シミュレータを用いた運転員行動の分析評価研究"
飯島 隆，中嶌 良昭（動力炉・核燃料開発事業団），八木 郭之（日立製作所）"原子炉給水制御システムへのファジイ制御の適用"
山口 恭弘（日本原子力研究所）"外部放射線に対する実効線量等の計算シミュレーションによる評価"

◇奨励賞
尾上 順（理化学研究所）"アクチニド化合物の電子構造および化学結合における相対論効果に関する理論的研究"

日引 俊（京都大学）"プローブとして中性子を用いた熱流動現象の可視化と計測に関する研究"
金沢 徹（日立製作所）"BWR燃料集合体の限界出力に及ぼすスペーサ形状の影響評価手法"

◇特賞
該当者なし
◇SMiRT-11記念賞
該当者なし
◇RWM賞
該当者なし
◇原子炉設計賞
該当者なし
◇実験奨励賞
該当者なし

第29回（平8年度）
◇技術開発賞
日本原子力研究所 "JPDR解体プロジェクトの完遂"
日本ガイシ "原子力用ベリリウム技術開発"

◇論文賞
池田 泰久（産業創造研究所），長谷川 伸一（三菱マテリアル），冨安 博（東京工業大学）"硝酸溶液中におけるUO_2粉体の溶解反応に関する速度論的研究"
岡嶋 成晃，大井川 宏之，向山 武彦（日本原子力研究所）"高速炉のドップラー効果の実験的研究"
笹平 朗，河村 文雄，星川 忠洋（日立製作所）"水和現象を考慮した高濃度電解質溶液中の活量係数評価法の開発"
日塔 光一，渡辺 順子，桑子 彰（東芝）"原子レーザー濃縮光反応に関する測定及び解析技術の開発"

◇技術賞・特賞
岩城 克彦（東京電力），大塚 士郎（東芝），三宅 雅夫（日立製作所）"ABWR型中央制御盤の開発と完成"

◇技術賞
小池 通崇，直井 洋介，川崎 昇（動力炉・

核燃料開発事業団）"新型転換炉ふげん発電所における系統除染技術の開発"

山本 晋児，手塚 健一（東京電力），吉田 富治（日立製作所）"原子力発電所の格納容器内移動式小型監視装置の開発"

三枝 利有（電力中央研究所），黛 正巳，加藤 治 "使用済燃料の乾式キャスク貯蔵技術の安全性試験研究—被覆管の許容温度及びキャスクの長期密封性能評価手法の開発"

◇奨励賞

藤間 正博（日立製作所）"励起イオンを用いた非共鳴反応による電荷交換損失低減法"

天谷 政樹（日本核燃料開発）"軽水炉破損燃料の熱的挙動の評価"

赤井 芳恵（東芝）"高レベル廃液からのTRU回収技術の開発"

山本 泰（東芝）"BWR燃料集合体の沸騰遷移現象に関する実験および解析的研究"

◇貢献賞

高橋 智子（日本原子力研究所）"原子力文献情報の国内流通の促進"

Bornstein, Ira（米国原子力学会シカゴ支部）"日米国際学生交流事業"

◇SMiRT-11記念賞

該当者なし

◇原子炉設計賞

該当者なし

第30回（平9年度）

◇技術開発賞

日本原子力研究所 "先進運転方式による臨界プラズマ条件の達成"

◇論文賞

中尾 徳晶（高エネルギー加速器研究機構），中島 宏，田中 進（日本原子力研究所）"高エネルギー準単色中性子場の開発と中性子遮蔽ベンチマーク実験"

石橋 健二（九州大学），高田 弘（日本原子力研究所）"高エネルギー陽子入射核破砕反応の中性子生成二重微分断面積の研究"

◇論文・核燃料賞

鍋島 正宏（住友金属鉱山）"溶媒抽出過程の物質移動ポテンシャルおよび総括駆動力に関する研究"

◇論文賞・SMiRT-11記念賞

吉村 忍，矢川 元基（東京大学），植田 浩義（東京電力）"知的情報処理と計算力学に基づく原子力構造機器設計の高度化"

◇技術賞

栗山 正明，伊藤 孝雄，奥村 義和（日本原子力研究所）"核融合プラズマ用負イオン・中性粒子入射装置の開発"

森 治嗣（東京電力），兼本 茂，江畑 茂男（東芝）"中性子ゆらぎ信号を用いた炉心流量計測技術の開発"

◇技術賞・核燃料賞

湊 和生，菊地 啓修（日本原子力研究所），吉牟田 秀治（原子燃料工業）"高温ガス炉燃料製造の高度技術の開発"

◇奨励賞

香西 直文（日本原子力研究所）"緩衝材の有する放射性核種の移行に対する遅延機構の解明研究"

平野 靖（東芝）"BWR燃料集合体の燃料棒濃縮度分布最適化"

◇奨励賞・実験奨励賞

松村 邦仁（茨城大学）"自発的蒸気爆発のトリガリングに関する研究"

◇貢献賞

山本 康典，藤井 信幸，熊谷 明（日本原子力文化振興財団）"原子力平和利用に関する中等教育への協力活動"

第31回（平10年度）

◇論文賞

山本 章夫（原子燃料工業）"装荷パターン最適化手法を用いたPWR炉心燃料管理の高度化に関する研究"

大貫 敏彦，磯部 博志，柳瀬 信之（日本原子力研究所）"地層中におけるウランのポスト吸着現象の解明研究"

湊 明彦（日立製作所），小松 一郎（原子力

発電技術機構）"非スタガード有限体積法による多次元熱流動解析コードの開発"

高木 隆三，松浦 治明（東京工業大学），藤田 玲子（東芝）"自己整合性のある原子力システム（SCNES）におけるFP回収プロセスの開発"

◇技術賞

山野 憲洋，丸山 結，杉本 純（日本原子力研究所）"軽水炉シビアアクシデント時の格納容器挙動に関する試験（ALPHA）"

近江 正男，斎藤 順市，大岡 紀一（日本原子力研究所）"微小試験片試験技術の開発（スモールパンチ試験装置の開発）"

木村 元比古，伊藤 智之，石川 正朗（東芝）"水中目視検査装置の開発"

◇奨励賞

羽田野 祐子（理化学研究所）"チェルノブイル大気中放射性核種濃度の長期予測"

鴨志田 守（日立製作所）"再処理溶液からのアメリシウム分離技術の開発"

◇貢献賞

仁科 浩二郎（愛知淑徳大学），工藤 和彦（九州大学），熊谷 明（日本原子力文化振興財団）"副読本「原子力がひらく世紀」の編纂"

広瀬 研吉（科学技術庁）"原子力損害賠償制度の発展"

◇技術開発賞

東芝，日立製作所，東京電力，ゼネラルエレクトリック "大型炉内構造物取替工法の開発と適用"

第32回（平11年度）

◇論文賞

平山 英夫，波戸 芳仁（高エネルギー加速器研究機構），秦 和夫（京都大学）"電磁カスケードモンテカルロ計算コードEGS4の改良と遮蔽研究への応用"

原田 秀郎，重留 義明（核燃料サイクル開発機構），大垣 英明（電子技術総合研究所）"光核反応微細構造の超高分解能測定"

◇技術賞

前川 立行，隅田 晃生，森本 総一郎（東芝）"光ファイバ放射線センシング技術の開発と実用化"

◇奨励賞

木名瀬 栄（日本原子力研究所）"全身カウンタの応答関数解析"

西尾 勝久（日本原子力研究所）"熱中性子核分裂における核分裂片と中性子の同時測定"

波多野 雄治（富山大学）"ジルカロイの水素吸収過程における析出物の役割"

黒沢 忠弘（東北大学）"高エネルギー重イオンによる2次中性子の生成に関する研究"

岡 徹（三菱電機）"シンチレーションファイバを用いた光ファイバ放射線モニタの開発と適用"

田原 美香（東芝）"触媒式水素再結合器の性能評価手法の開発"

◇貢献賞

柴田 俊一（近畿大学）"原子力の社会的理解を深めるための活動"

第33回（平12年度）

◇論文賞

井上 正，坂村 義治，木下 賢介（電力中央研究所）"高温冶金法によるTRU分離プロセス開発に関する基礎的研究"

樫部 信司（日本核燃料開発），野北 和宏（The University of Queensland），宇根 勝己（日本ニュクリア・フユエル）"高燃焼度における軽水炉燃料の微細組織変化と燃料性能"

磯部 毅，村井 琢弥，前 義治（三菱マテリアル）"ジルコニウム合金の均一腐食および水素吸収に及ぼす析出物の電気化学的役割"

◇技術賞

佐野 雄二，浜本 良男（東芝），庄司 卓（中部電力）"レーザによる残留応力改善技術の開発および原子炉内構造物への適

用"
◇奨励賞
　北端 秀行（日本原子力研究所）"原子力事故に備えたリアルタイム放出源情報推定システム"
　松尾 俊明（日立製作所）"雑固体廃棄物セメント固化体における水素ガス発生の低減"
◇貢献賞
　科学実験をたのしむ会・放射線ウオッチング"科学実験を通じて放射線の理解を深める活動"
◇技術開発賞
　核燃料サイクル開発機構人形峠環境技術センター"ウラン転換技術開発"
　核燃料サイクル開発機構"わが国における高レベル放射性廃棄物地層処分の技術的信頼性―地層処分研究開発第2次取りまとめ"
　原子力発電支援システム開発組合"原子力発電プラントセーフティサポートシステムの開発"
◇特賞
　該当者なし

第34回（平13年度）
◇技術賞・特賞
　柳原 敏，助川 武則，白石 邦生（日本原子力研究所）"原子炉施設の廃止措置計画の策定及び管理システムの開発"
◇論文賞
　和田 陽一（日立製作所），内田 俊介（東北大学），石榑 顕吉（埼玉工業大学）「Effects of Hydrogen Peroxide on Intergranular Stress Corrosion Cracking of Stainless Steel in High Temperature Water (III)」
◇技術賞
　石山 新太郎，武藤 康（日本原子力研究所），緒方 寛（三菱重工業）"高温ガス炉ガスタービン発電システム用コンパクト再生熱交換器の研究開発"
　大野 秋男，柳沢 宏司，小川 和彦（日本原子力研究所）"臨界事故条件下の溶液挙動観察システムの開発"
　森 治嗣，大森 修一（東京電力），奈良林 直（東芝）"多段蒸気インジェクタ駆動簡素化給水加熱システムの技術開発"
◇奨励賞
　小坂 進矢（東電ソフトウェア）"中性子パス結合法による多集合体非均質輸送計算手法の開発"
　佐々木 道也（東北大学）"高エネルギー中性子測定用自己TOF型検出器の開発"
◇学術業積賞
　板垣 正文（北海道大学）"境界要素法の中性子拡散問題への適用に関する理論的研究"
　峰原 英介，羽島 良一（日本原子力研究所）"極短パルス高効率高出力自由電子レーザーの開発"
◇貢献賞
　かんさいアトムサイエンス倶楽部"「原子力オープンスクール」による原子力・放射線についての正しい知識の普及活動"
　近藤 駿介，中沢 正治，古田 一雄（東京大学），神田 啓治（京都大学）"日米原子力学生国際交流事業"

第35回（平14年度）
◇論文賞・特賞
　岡 芳明，越塚 誠一（東京大学）"Supercritical-pressure, Once-through Cycle Light Water Reactor Concept（貫流型超臨界圧軽水炉の概念）"
◇論文賞
　坪井 裕（経済産業省），神田 啓治（エネルギー政策研究所）"原子力平和利用における保障措置の観点からみた核軍縮に関連する核物質の検証措置のあり方"
　日高 昭秀，工藤 保，中村 武彦（日本原子力研究所）"Decrease of Cesium Release from Irradiated UO_2 Fuel in Helium Atmosphere under Elevated Pressure of 1.0MPa at Temperature up to 2,773K（1.0MPaの加圧ヘリウム雰囲

057 日本原子力学会賞

気下および2,773Kまでの温度域における照射済UO$_2$燃料からのCS放出の減少)"

芳賀 和子，須藤 俊吉(太平洋コンサルタント)，豊原 尚実(東芝) "セメント硬化体の溶解に伴う変質，(I)―遠心力法によるセメント硬化体の通水試験"

中村 勤也，尾形 孝成，倉田 正輝(電力中央研究所) "Reaction of Uranium-Plutonium Alloys with Iron(ウラン-プルトニウム合金と鉄との反応)"

◇技術賞

蛯沢 勝三，久野 哲也，柴田 勝之(日本原子力研究所) "地震情報緊急伝達システムの研究開発"

大島 真澄，初川 雄一，藤 暢輔(日本原子力研究所) "多重ガンマ線検出法を用いた高感度元素定量法の開発"

石田 紀久，今吉 祥，頼経 勉(日本原子力研究所) "一体型原子炉用の内装型制御棒駆動装置の開発"

遠藤 章，山口 恭弘(日本原子力研究所) "最新の人体被ばく線量計算用放射性核種崩壊データベースの開発"

伊藤 正彦，永峯 剛，勝山 幸三(核燃料サイクル開発機構) "高エネルギーX線CTを利用した非破壊照射後試験技術の開発"

◇学術業績賞

橋本 哲夫(新潟大学) "鉱物を用いた放射線誘起ルミネッセンス現象の新研究法開発と考古遺物研究への応用"

石井 護(米国パデュー大学) "原子炉熱水力研究，計測法開発，二相流モデリング研究に関する先導的貢献"

竹田 敏一(大阪大学) "「ミクロ炉物理学」の開発"

岩崎 智彦(東北大学) "ThからAmまでのアクチニド核種に対する核分裂断面積を主とする核データの実験的研究"

藤井 靖彦(東京工業大学) "ウラン濃縮化学法の原理と電子交換反応同位体効果の総合的研究"

◇技術開発賞

核燃料サイクル開発機構東海事業所環境保全・研究開発センター処分研究部 "高レベル放射性廃棄物地層処分システムの性能評価における核種移行データベースの開発"

日本原子力研究所 "わが国初の高温ガス炉HTTRの完成"

核燃料サイクル開発機構東海事業所再処理センター "使用済燃料再処理技術の国内への定着"

IMPACTプロジェクトチーム "並列演算による軽水炉安全解析ソフトウエアIMPACTの開発"

◇奨励賞

古谷 正裕(電力中央研究所) "ボイド反応度フィードバックを模擬した炉心安定性および領域安定性試験設置SIRIUSの開発と安定性評価"

津島 悟(東京大学) "計算化学的手法を用いたアクチノイドイオンの水和挙動解明"

杉山 智之(日本原子力研究所) "反応度事故条件下での高燃焼度燃料破損に伴う機械的エネルギー発生に関する研究"

岩井 保則(日本原子力研究所) "核融合炉の水素同位体分離システム内に滞留する水素同位体量の数値解析による評価手法の開発"

◇貢献賞

放射線利用経済評価グループ "放射線利用経済規模の究明と成果の普及活動"

第36回(平15年度)

◇学術業績賞・特賞

小林 捷平(京都大学) "マイナーアクチニド及び長寿命核分裂生成物核種の核データに関する実験研究"

◇論文賞

柴田 恵一，中川 庸雄(日本原子力研究所)，河野 俊彦(ロスアラモス国立研究所) "Japanese Evaluated Nuclear Data Library Version3 Revision-3:

冨山 明男，細川 茂雄（神戸大学）"Shapes and Rising Velocities of Single Bubbles rising through an Inner Subchannel"

正木 圭，後藤 純孝（日本原子力研究所），杉山 一慶（名古屋大学）"JT-60U 第一壁におけるトリチウム分布"

山中 伸介，瀬戸山 大吾（大阪大学），黒田 雅利（マンチェスター大学）"ジルコニウム水素化物および水素固溶体の機械的性質"

仁井田 浩二（高度情報科学技術研究機構），岩瀬 広（ドイツ国立重イオン研究所）"Development of General-Purpose Particle and Heavy Ion Transport Monte Carlo Code"

中島 宏，高田 弘，春日井 好己（日本原子力研究所）"Reseach Activities on Neutronies under ASTE Collaboration at AGS/BNL"

◇技術賞

巽 雅洋（原子燃料工業），山本 章夫（名古屋大学）"3次元詳細メッシュ多群輸送ノード法に基づく次世代PWR炉心計算コード"

木村 貴海（日本原子力研究所）"時間分解レーザー誘起蛍光分光法によるアクチニドの高感度状態分析法の開発"

山下 利之，秋江 拓志，蔵本 賢一（日本原子力研究所）"岩石型燃料を用いた軽水炉によるプルトニウムのワンススルー燃焼"

長瀬 誠，中村 文人（日立製作所），吉川 博雄（栗田エンジニアリング）"pH制御を用いた低腐食性化学除染法"

高橋 志郎（日立製作所），山下 理道（東京電力），松田 徹（北陸電力）"改良沸騰水型軽水炉の慣性増加型インターナルポンプ及び厚肉スリーブノズルの開発"

◇学術業績賞

関本 博（東京工業大学）"核平衡状態の研究"

金子 義彦（武蔵工業大学）"大きな反応度

の測定法の確立"

◇技術開発賞

原子力発電技術機構廃止措置プロジェクトグループ "実用発電用原子炉廃止措置技術の開発"

日本原子力研究所保障措置環境試料分析技術開発グループ "保障措置環境試料のための極微量分析技術の開発"

核燃料サイクル開発機構敦賀本部新型転換炉ふげん発電所，核燃料サイクル開発機構大洗工学センター，核燃料サイクル開発機構東海事業所再処理センター，核燃料サイクル開発機構東海事業所プルトニウム燃料センター "新型転換炉「ふげん」プロジェクトの完遂"

◇奨励賞

伊藤 主税（核燃料サイクル開発機構）"ヘリウム蓄積型中性子フルーエンスモニタの開発"

逢坂 正彦（核燃料サイクル開発機構）"高速炉照射済燃料中のマイナーアクチニド分析技術の開発及びマスバランス評価"

佐藤 智徳（東北大学）"放射線照射下での応力腐食割れにおけるき裂先端水化学評価手法の開発"

木村 暢之（核燃料サイクル開発機構）"速度・温度場の詳細計測によるサーマルストライピング現象の解明と評価手法開発"

◇貢献賞

九州電力玄海原子力発電所 "玄海エネルギーパークにおける広報活動"

堀 雅夫（原子力システム研究懇話会）"国際的学会活動への貢献"

第37回（平16年度）

◇論文賞

内藤 俶孝（ナイス）"The Sandwich Method for Determining Source Convergence in Monte Carlo Calculation"

山本 敏久（大阪大学）"A Generalized Approach to Optimize Subgroup

Parameters"
原田 秀郎，中村 詔司（核燃料サイクル開発機構），山名 元（京都大学）"Measurement of Effective Capture Cross Section of Np-238 for Thermal Neutrons"
永瀬 文久，更田 豊志（日本原子力研究所）"Effect of Pre-Hydriding on Thermal Shock Resistance of Zircaloy-4 Claddingunder Simulated Loss-of Coolant Accident Conditions"
二川 正敏，粉川 広行，池田 裕二郎（日本原子力研究所）"Pitting Damage Formation up to over 10 Million Cycles Off-line Test By MIMTM"

◇技術賞

松岡 伸吾（日本原燃），熊谷 幹郎（産業創造研究所），泉 順（三菱重工業）"再処理工場におけるリサイクルプロセスの開発3706.NOx"

北端 琢也（核燃料サイクル開発機構），二宮 龍児（昭和エンジニアリング）"新型転換炉ふげん発電所における重水・トリチウム取扱技術の開発"

長坂 秀雄（原子力安全基盤機構），秋永 誠，横堀 誠一（東芝）"BWRのドライウェルクーラを用いたシビアアクシデント時格納容器 除熱効果の実証とアクシデントマネージメント対策への適用"

春山 満夫，高瀬 操，森 貴正（日本原子力研究所）"14MeV中性子直接問いかけ法による核分裂性物質の高感度検出法の開発"

熊田 博明，山本 和喜（日本原子力研究所），中川 義信（香川小児病院）"線量評価コードJCDSと患者セッティング装置を組み合わせた医療照射支援システムの開発"

◇学術業績賞

島津 洋一郎（北海道大学）"逆動特性法に基づく原子炉反応度測定技術の高度化に関する研究"

◇技術開発賞

核燃料サイクル開発機構大洗工学センター "MK-III計画による高速実験炉「常陽」の照射性能の向上"

◇奨励賞

黒田 雅利（マンチェスター大学）"炉内環境下における高燃焼度燃料被覆管の構造健全性評価手法の構築"

八島 浩（京都大学）"高エネルギー重イオンの核破砕反応による核種生成の断面積とその物質内分布の系統的研究"

米内 俊祐（東北大学）"硼素中性子捕捉療法のための加速器中性子場の設計と実験的検証"

◇貢献賞

岡野 三郎（茨城県開発公社），武田 文宣（茨城県），飯島 義彦（文部科学省）"コンピュータ及び携帯電話を活用した環境放射線監視システムの構築"

宮田 俊範（中国新聞社）"世界の原子力事情に関する調査と広報"

核燃料サイクル開発機構東海事業所チームスイートポテト "地域住民と若年層を対象とした原子力理解活動"

第38回（平17年度）

◇論文賞・特賞

福谷 耕司（原子力安全システム研究所）「Separation of Microstructural and Microchemical Effects in Irradiation Assisted Stress CorrosionCracking using Post-irradiation Annealing（照射後焼鈍による照射誘起応力腐食割れへのミクロ組織とミクロ組成効果の分離）」

◇論文賞

神戸 満（電力中央研究所）「RAPID Operator-Free Fast Reactor Concept without Any Control Rods; Reactor Concept and Plant DynamicsAnalyses（完全自動運転の高速炉RAPID;原子炉概念およびプラント動特性解析）」

竹内 正行，永井 崇之，小泉 務（日本原子力研究開発機構）「オーステナイト系ステンレス鋼の腐食に与える核燃料再処理

溶液中化学種の影響」

吉田 啓之，高瀬 和之，秋本 肇（日本原子力研究開発機構），永吉 拓至（日立製作所）「大規模シミュレーションによる稠密炉心内気液二相流特性の解明」

服部 隆利（電力中央研究所）「測定誤差と核種組成の不確定性に対するクリアランスレベル検認の安全裕度の考え方」

◇技術賞

山本 徹（原子力安全基盤機構），石井 一弥（日立製作所），菅 太郎（三菱重工業），安藤 良平（東芝），巽 雅洋（原子燃料工業）「軽水炉全MOX燃料炉物理試験」

吉田 至孝（原子力安全システム研究所）「原子力防災対応支援技術の開発」

高橋 史明，山口 恭弘，遠藤 章（日本原子力研究開発機構）「人体組織試料を用いた緊急時の被ばく線量評価法の開発」

◇奨励賞

佐藤 勇（日本原子力研究開発機構）「過渡過熱条件下での照射済混合酸化物・窒化物燃料中のFPのふるまい」

石渡 祐樹（東京大学）「スーパー軽水炉（超臨界圧軽水炉）の安全性の解明」

寺地 巧（原子力安全システム研究所）「PWR1次系冷却材環境下でニッケル基合金とステンレス鋼上に生成する酸化物皮膜およびステンレス鋼のSCCき裂先端の分析」

遠藤 知弘（名古屋大学）「対話型炉心核特性シミュレータICEの開発」

鈴木 崇史（日本原子力研究開発機構）「加速器質量分析法によるヨウ素129の高感度測定」

◇学術業績賞

福井 正美（京都大学）「原子力施設周辺における環境放射能安全に関する研究」

◇技術開発賞

日本原子力研究開発機構，電気事業連合会「TRU廃棄物処分技術検討書（第2次TRUレポート）取りまとめ」

◇貢献賞

日本原子力研究開発機構東海研究開発センター核燃料サイクル工学研究所リスクコミュニケーション室 「東海事業所におけるリスクコミュニケーションの研究と実践」

日本原子力研究開発機構放射性核種データ解析研究グループ 「包括的核実験禁止条約（CTBT）国際検証体制への貢献」

田中 治邦，垣田 浩一，班目 春樹，鈴木 正昭（日本原子力学会原子力教育研究特別専門委員会）「原子力・放射線技術士の制定と定着化支援活動」

第39回（平18年度）

◇論文賞

玉井 秀定，呉田 昌俊（日本原子力研究開発機構）"Pressure Drop Experiments using Tight-Lattice 37-Rod Bundles"

山本 俊弘（日本原子力研究開発機構），三好 慶典 "Reliable Method for Fission Source Convergence of Monte Carlo Criticality Calculation with Wielandt's Method"

恩地 健雄（内閣府原子力安全委員会），土肥 謙次（電力中央研究所）"Crack Initiation Mechanism in Non-ductile Cracking of Irradiated 304L Stainless Steels under BWR Water Environment"

◇技術賞・特賞

杉野 英治（原子力安全基盤機構），伊藤 裕人，鬼沢 邦雄（日本原子力研究開発機構）"地震動の不確かさを考慮した経年配管の構造信頼性評価手法"

◇技術賞

佐藤 達彦，佐藤 大樹（日本原子力研究開発機構）"広帯域エネルギー多粒子対応放射線モニタリングシステムの開発"

岡本 孝司（東京大学），賞雅 寛而（東京海洋大学），中村 秀夫，柴本 泰照（日本原子力研究開発機構），三島 嘉一郎（京都大学）"放射線誘起表面活性による原子炉内伝熱特性の向上"

内田 俊介（日本原子力研究開発機構，原子

力発電技術機構），佐藤 智徳，塚田 隆（日本原子力研究開発機構），和田 陽一（日立製作所），石榑 顕吉（日本アイソトープ協会）"高温高圧過酸化水素水ループに関する実験技術の確立―高温水中での過酸化水素濃度制御とその濃度および材料腐食挙動への影響のin-situ計測"

寺田 敦彦，大田 裕之，日野 竜太郎，野口 弘喜（日本原子力研究開発機構），小林 正彦（東芝）"セラミックスを用いた高温耐食性，信頼性に優れる熱交換型硫酸分解器の大型化技術の開発"

◇奨励賞

黒崎 健（大阪大学）"分子動力学法による核燃料物質の物性評価"

垣内 一雄（原子燃料工業）"ジルコニウム合金の水素吸収特性に対する鉄（Fe）の役割に関する研究"

山路 哲史（日本原子力研究開発機構）"スーパー軽水炉（超臨界圧軽水炉）の炉心設計"

◇学術業績賞

島津 洋一郎（北海道大学）"PWRのキセノン振動制御法の高度化に関する研究"

◇技術開発賞

日本原子力発電（株）研究開発室，（独）日本原子力研究開発機構次世代原子力システム研究開発部門 "発電用新型炉の高温構造設計手法と3次元免震技術の開発"

◇貢献賞

（独）日本原子力研究開発機構日本海海洋調査チーム "日本海の人工放射性核種分布マップの作成"

京都大学原子炉実験所臨界実験装置部 "京都大学臨界集合体実験装置（KUCA）を用いた炉物理実験教育"

第40回（平19年度）

◇論文賞

富安 邦彦，杉山 智之，更田 豊志（（独）日本原子力研究開発機構）「Influence of Cladding-Peripheral Hydride on Mechanical Fuel Failure under Reactivity-Initiated Accident Conditions」

山下 淳一，深澤 哲生（日立GEニュークリア・エナジー（株）），笹平 朗（（株）日立製作所）「Transition Period Fuel Cycle from Current to Next Generation Reactors for Japan」

小山 正史，土方 孝敏（（財）電力中央研究所），北脇 慎一（（独）日本原子力研究開発機構）「Integrated Experiments of Electrometallurgical Pyroprocessing Using Plutonium Oxide」

鵜飼 重治，大塚 智史（（独）日本原子力研究開発機構）「Irradiation Creep-Swelling Interaction in Modified 316 Stainless Steels up to 200dpa」

八木 絵香（大阪大学），高橋 信，北村 正晴（東北大学）「「対話フォーラム」実践による原子力リスク認知構造の解明」

◇特賞・技術賞

岩本 修（（独）日本原子力研究開発機構）「統合核データ評価コードCCONEの開発」

◇技術賞

飯島 亨，安部 浩，鈴木 謙一（（独）原子力安全基盤機構）「原子力発電所用単段型及び多段型横形ポンプの地震時耐力評価」

池田 一生（ニュークリア・デベロップメント（株））「ロッド内蔵型レーザードップラー流速計による燃料ロッドバンドル内乱流流速場の計測」

小坂部 和也（みずほ情報総研（株）），鬼沢 邦雄，柴田 勝之（（独）日本原子力研究開発機構）「原子炉圧力容器用確率論的破壊力学解析コードPASCAL ver.2」

小藤 博英，佐藤 史紀（（独）日本原子力研究開発機構），小林 嗣幸（日本原子力発電（株））「酸化物電解法乾式再処理の電解工程技術開発」

◇奨励賞

国枝 賢((独)日本原子力研究開発機構)「核子-原子核に対する広域的な光学模型ポテンシャルのチャンネル結合法による統一的記述」
◇学術業績賞
馬場 護(東北大)「高機能中性子場とその応用手法の開発」
◇技術開発賞
日本原子力発電(株)廃止措置プロジェクト推進室「東海発電所の廃止措置工事へのクリアランス制度の適用」
◇貢献賞
塩川 佳伸(東北大学)「アクチノイド化学研究の新展開を導きアクチノイド研究基盤を発展させた貢献」
日本原子力発電(株)東海事務所,敦賀地区本部,広報室 「小中学生への環境・エネルギー学習支援活動「げんでんeまなびクラブ」」

第41回(平20年度)
◇論文賞
中司 雅文,石本 慎二(GNF-J),石井 良明,宮崎 晃浩((株)東京電力)「Non-destructive Technique for Hydrogen Level Assessment in Zirconium Alloys using EMAR Method」
西脇 由弘(東京大学)「原子力発電施設の規制の課題と考察」
◇技術賞
佐々木 朋三,軍司 康義(原子燃料工業(株)),飯田 孝夫(名古屋大学)「ウラン廃棄物浅地中埋設処分に関わるラドン挙動評価」
西水 亮((株)日立製作所),高木 敏行(東北大学),小島 史男(神戸大学)「原子炉内複雑形状部を対象とした渦電流深傷システムの開発」
茅野 政道,寺田 宏明,永井 晴康,古野 朗子((独)日本原子力研究開発機構)「緊急時環境線量情報予測システム(世界版)WSPEEDI第2版の開発」
久語 輝彦,安藤 真樹,小嶋 健介((独)日本原子力研究開発機構)「核特性予測精度の向上のための臨界実験を有効活用する新しいバイアス因子法」
◇奨励賞
近藤 恵太郎((独)日本原子力研究開発機構)「核融合炉を構成する軽元素材料の荷電粒子放出反応に関する実験的研究」
◇特賞・学術業績賞
乙葉 啓一(日本原子力発電(株))「環境への影響緩和を目指した原子力発電プラント最適水質管理に関する一連の業績」
◇学術業績賞
三島 嘉一郎(京都大学)「原子炉熱水力研究,計測法開発,二相流モデリング研究に関する顕著な貢献」
◇第1回原子力歴史構築賞
(独)日本原子力研究開発機構 「日本の原子力黎明をもたらした研究用原子炉JRR-1」
(独)日本原子力研究開発機構 「本格的な中性子利用の基盤を築いた研究用原子炉JRR-2」
(独)日本原子力研究開発機構 「我が国の原子炉技術の確立に貢献した国産1号炉JRR-3」
(独)日本原子力研究開発機構 「遮蔽技術の開発,人材育成,がん治療に貢献した研究用原子炉JRR-4」
(独)日本原子力研究開発機構 「核不拡散のため世界に先駆けた研究用原子炉の低濃縮ウラン燃料化」
(独)日本原子力研究開発機構 「原子炉の燃料安全に貢献した原子炉安全性研究炉NSRR」
(独)日本原子力研究開発機構 「日本のラジオアイソトープ製造の基礎を築いたラジオアイソトープ製造棟」
(独)日本原子力研究開発機構 「我が国における原子炉燃料・材料の研究開発において先駆的基盤を築いた国内初の照射後試験施設(ホットラボ)」
(独)日本原子力研究開発機構 「原子力の

基礎研究を推進した世界最大級のタンデム加速器」
(独)日本原子力研究開発機構 「日本の高レベル廃棄物安全研究の先駆けとなった廃棄物安全試験施設(WASTEF)」
(独)日本原子力研究開発機構 「我が国はじめての発電用原子炉(JPDR)の運転から廃止までの完遂」
(独)日本原子力研究開発機構 「日本の原子力研究の先駆けとなった材料試験炉JMTR」
(独)日本原子力研究開発機構 「HTTR・950℃達成により高温ガス炉開発の礎を構築」
(独)日本原子力研究開発機構 「原子炉物理・臨界安全研究分野におけるTCA(軽水臨界実験装置)の貢献」
(独)日本原子力研究開発機構 「軽水炉の熱水力安全に貢献するROSA計画と大型再冠水効果実証試験計画」
(独)日本原子力研究開発機構 「高速炉臨界実験装置(FCA)」
(独)日本原子力研究開発機構 「原子力船「むつ」の研究開発」
(独)日本原子力研究開発機構 「核融合研究開発における日本原子力研究所(当時)核融合中性子源FNSの果たしてきた役割(昭和56年以降)」
(独)日本原子力研究開発機構 「臨界プラズマ試験装置JT-60」
(独)日本原子力研究開発機構 「日本初の原子力開発用大型電子線型加速器(原研リニアック)」
(独)日本原子力研究開発機構 「日本の放射線(能)測定の信頼性向上に貢献する放射線標準施設」
(独)日本原子力研究開発機構 「トリチウムプロセス研究棟の大量トリチウム取扱い技術開発の功績」
(独)日本原子力研究開発機構 「日本最初の評価済核データライブラリJENDL-1」
(独)日本原子力研究開発機構 「日本原子力研究開発機構 原子力研修センター」
(独)日本原子力研究開発機構 「日本原子力研究所(当時)図書館活動による原子力研究開発への貢献」
(独)日本原子力研究開発機構 「緊急時環境線量情報予測システムSPEEDI」
(独)日本原子力研究開発機構 「(独)日本原子力研究開発機構人形峠環境技術センター」
(独)日本原子力研究開発機構 「金属ウラン製錬技術の確立」
(独)日本原子力研究開発機構 「遠心分離法ウラン濃縮技術の確立」
(独)日本原子力研究開発機構 「我が国の再処理技術基盤の確立(東海再処理工場)」
(独)日本原子力研究開発機構 「再処理施設に係る放射線管理方法の確立」
(独)日本原子力研究開発機構 「我が国初の工学規模で再処理試験を成功させた再処理特別研究棟」
(独)日本原子力研究開発機構 「日本のプルトニウム利用におけるプルトニウム燃料第一開発室の先駆的役割」
(独)日本原子力研究開発機構 「マイクロ波加熱直接脱硝法による世界初の混合転換プロセスの実用化」
(独)日本原子力研究開発機構 「原子力発電炉燃料の高度化を支えてきた日本で最大のホットラボ:燃料試験施設」
(独)日本原子力研究開発機構 「放射線利用分野を構築した世界最大の多目的コバルト60ガンマ線/電子線照射施設」
(独)原子力安全基盤機構,(財)エネルギー総合工学研究所 「(財)原子力工学試験センター 多度津振動台耐震信頼性実証試験」
東京電力(株)「ABWR(Advanced Boiling Water Reactor:改良型沸騰水型原子炉)の開発と実機の建設,運転」
日本原子力発電(株)「東海発電所 商用原子力発電所初号機の建設・運転」

日本原子力発電(株)「敦賀発電所1号機軽水炉初号機の建設・運転」
日本原子力発電(株)「敦賀発電所2号機の設計・建設」
日本原子力発電(株)「BWRクラッド問題の解決と水化学対策への貢献」
日本原子力発電(株)「東海研修所及び総合研修センター」
日本原子力発電(株)「原子力発電所における放射線被ばく管理の確立」
日本原燃(株)「六ヶ所ウラン濃縮工場：遠心分離法によるわが国初の商業用ウラン濃縮プラント」
原燃輸送(株)「使用済燃料運搬船「日の浦丸」による使用済燃料の安全輸送への貢献」
(株)グローバル・ニュークリア・フュエル・ジャパン 「GNF-JのBWR燃料集合体の設計改良と製造実績による原子力発電への貢献(昭和46年以来)」
(株)東芝 「東芝教育訓練用原子炉 TTR-1」
(株)日立製作所 「王禅寺センタ 日立教育訓練用原子炉(HTR)」
(株)日立製作所 「沸騰水型原子炉濃縮度上下2領域炉心WNSの発明と実用化」
富士電機システムズ(株)「電子式個人線量計(レムマスタ)による被ばく管理システムと表面汚染モニタ(ガスフロー式)」
三菱重工業(株)「MAPI大宮における我が国初のPWR燃料製造及び臨界試験装置による初期PWR炉心技術確立」
三菱重工業(株)「MAPI大宮Naループ施設におけるNa技術開発」
東京大学 「東京大学電子ライナック施設」
東京大学 「東京大学高速中性子源炉「弥生」」
東京都市大学 「武蔵工大炉」
立教大学 「立教大学研究用原子炉」
京都大学 「京都大学臨界実験装置(KUCA)」
京都大学 「京都大学研究用原子炉(KUR)およびその周辺施設による研究・教育」
近畿大学 「近畿大学原子炉の原子力人材育成・社会啓蒙への貢献」
九州大学 「九州大学トリチウム実験室-トリチウム安全取扱技術の確立と核融合炉内外でのトリチウム挙動の理工学的解明」
九州大学 「超伝導強トロイダル磁場実験装置TRIAM-1M」
大阪府立放射線中央研究所，大阪府立大学，公立大学法人大阪府立大学 「大阪府立放射線中央研究所および大阪府立大学の放射線施設」
WIN-Japan「WIN-Japan 継続的な女性および次世代層対象原子力理解・共感促進活動」
沖縄県病害虫防除技術センター 「コバルト60ガンマ線を利用したウリミバエの根絶」

第42回(平21年度)
◇論文賞
高田 孝，山口 彰(大阪大学)，大島 宏之((独)日本原子力研究開発機構)「ナトリウム冷却高速炉蒸気発生器におけるナトリウム-水反応の数値解析手法の開発」
山本 章夫(名古屋大学)「Evaluation of Background Cross Section for Heterogeneous and Complicated Geometry by the Enhanced Neutron Current Method」
儀宝 明徳，坂井 浩二(四国電力(株))，宮脇 康介(四電エンジニアリング(株))「三次元体系における軸方向単純化キャラクタリスティックス法の開発」
加藤 正人，森本 恭一((独)日本原子力研究開発機構)，小無 健司(東北大学)「高速炉用ウラン・プルトニウム混合酸化物燃料の融点に及ぼす酸素・金属比の影響」

◇技術賞・特賞
辻 雅司，島津 洋一郎(北海道大学)，山崎 正俊(原子燃料工業(株))「実機プラン

トにおけるドップラー係数測定手法の開発」

◇技術賞

木名瀬 栄((独)日本原子力研究開発機構)「生体ボクセルモデルを用いた被ばく線量評価法の開発」

山本 徹((独)原子力安全基盤機構), 川島 克之((独)日本原子力研究開発機構), 桜田 光一((株)東芝)「燃焼後MOX燃料の炉物理試験」

岩本 修, 中川 庸雄((独)日本原子力研究開発機構), 大塚 直彦(国際原子力機関)「JENDLアクチノイドファイル2008」

内藤 晋, 平田 洋介((株)東芝), 宮本 泰明((独)日本原子力研究開発機構)「空気電離イオンに着目したα放射能測定に関する物理現象の解明と測定装置・手法の開発」

◇学術業績賞

内田 滋夫((独)放射線医学総合研究所)「我が国における環境移行パラメータのデータベース構築および推定法の開発」

中村 秀仁((独)放射線医学総合研究所)「放射線源からの放射線の新しい較正・測定方法の開発」

◇歴史構築賞

(株)日本製鋼所 「国内原子力発電商業炉1号機「東海1号」原子炉圧力容器鋼材の製造」

静岡大学理学部附属放射科学研究施設「静岡大学理学部附属放射科学研究施設(旧放射化学研究施設)」

大阪大学大学院工学研究科 「大阪大学強力14MeV中性子工学実験装置オクタビアン」

(独)日本原子力研究開発機構高崎量子応用研究所 「材料・バイオ技術分野構築のために建設された世界初のイオン照射研究施設(TIARA)」

(独)日本原子力研究開発機構敦賀本部原子炉廃止措置研究開発センター 「新型転換炉ふげん発電所のプルトニウムの本格的利用と核燃料サイクル技術確立への貢献(1978〜2003年)」

(独)放射線医学総合研究所 「核燃料物質による内部被ばくに関する研究施設」

(財)電力中央研究所 「日本フェルミ炉委員会の高速増殖炉開発への貢献」

三菱重工業(株)「世界初の大型三次元振動台を用いた原子力機器設備の民間耐震試験」

三菱重工業(株)「多目的大型Naループにおけるナトリウム取扱技術,伝熱・熱流動及び材料健全性評価技術の確立・高度化」

三菱重工業(株)「高砂研究所におけるPWR1,2次系を模擬条件下での熱流動及び腐食試験設備」

第43回(平22年度)

◇論文賞

吉村 忍(東京大学), 礒部 仁博(原子燃料工業(株)), 秋葉 博((株)アライドエンジニアリング)「軽水炉保全最適化のための総合型シミュレータDr.Mainteの開発」

日野 哲士, 石井 一弥, 光安 岳((株)日立製作所)「BWR Core Simulator Using Three-Dimensional Direct Response Matrix and Analysis of Cold Critical Experiments」

河野 俊彦, 渡邊 健人(Los Alamos National Laboratory)「Monte Carlo Simulation for Particle and γ-Ray Emissions in Statistical Hauser-Feshbach Model」

羽倉 尚人(日立GEニュークリア・エナジー(株)), 吉田 正(東京都市大学)「軽水炉における使用済みMOX燃料からのアクチニド崩壊熱の核データ由来の誤差評価」

平尾 茂一, 山澤 弘実(名古屋大学)「Release Rate Estimation of Radioactive Noble Gases in the Criticality Accident at Tokai-Mura from Off-Site Monitoring Data」

◇技術賞

越塚 誠一（東京大学），内藤 正則，岡田 英俊，内田 俊介（（財）エネルギー総合工学研究所），大平 拓（日本原子力発電（株））「流動と腐食の結合解析による配管減肉評価手法の開発」

外池 幸太郎，井澤 一彦，三好 慶典（（独）日本原子力研究開発機構）「定常臨界実験装置STACYを用いたウラン酸化物燃料棒及びFP元素を含むウラン溶液燃料の臨界試験」

青山 卓史，伊藤 主税（（独）日本原子力研究開発機構），渡辺 賢一（名古屋大学）「レーザー共鳴イオン化質量分析法を用いた高速炉のナトリウム漏えい検知技術」

細川 秀幸（（株）日立製作所），長瀬 誠（日立GEニュークリア・エナジー（株）），梶谷 博康（中国電力（株））「フェライト皮膜形成による原子炉再循環系配管の放射性コバルト付着抑制技術」

◇学術業績賞

中村 尚司（東北大学）「中性子の計測・防護・安全規制に関する研究」

◇技術開発賞

北海道大学大学院工学研究院量子理工学部門，東京工業大学原子炉工学研究所，（独）日本原子力研究開発機構原子力基礎工学研究部門応用核物理研究グループ「大強度パルス中性子を適用した中性子核反応測定装置の開発」

◇奨励賞

髙田 卓志（（財）若狭湾エネルギー研究センター）「ハイブリッドターゲットシステムによるホウ素中性子捕捉療法（BNCT）用加速器中性子照射場の効率的生成に関する研究」

菅原 隆徳（（独）日本原子力研究開発機構）「加速器駆動核変換システムの炉心設計課題に関する研究」

◇歴史構築賞

三菱重工業（株）「加圧水型原子力発電プラント向け蒸気発生器の設計・製造技術の国産化及び国際展開」

三菱重工業（株）「プレストレストコンクリート製原子炉格納容器の設計・建築技術の確立」

東京大学大学院工学系研究科原子力専攻「東京大学核融合炉ブランケット設計基礎実験装置」

第44回（平23年度）

◇論文賞

高田 真志，保田 浩志，矢島 千秋（放医研）「Measurement of Atmospheric Neutron and Photon Energy Spectra at Aviation Altitudes using a Phoswich-Type Neutron Detector」

名内 泰志（電中研）「Development of Calculation Technique for Iterated Fission Probability and Reactor Kinetic Parameters Using Continuous-Energy Monte Carlo Method」

西 剛史，高野 公秀，荒井 康夫（JAEA）「Thermal Conductivities of Zr-based Transuranium Nitride Solid Solutions」

森田 良（電中研），高橋 志郎，奥山 圭太（日立）「Evaluation of Acoustic- and Flow-Induced Vibration of the BWR Main Steam Lines and Dryer」

佐々木 隆之，中岡 平，森山 裕丈（京大）「Detection of Polynuclear Zirconium Hydroxide Species in Aqueous Solution by Desktop ESI-MS」

茅野 政道，中山 浩成，永井 晴康，寺田 宏明，堅田 元喜（JAEA），山澤 弘実（名大）「Preliminary Estimation of Release Amount of ^{131}I and ^{137}Cs Accidentally Discharged from the Fukushima Daiichi Nuclear Power Plant into the Atmosphere」

◇技術賞・特賞

柴田 恵一，岩本 修（JAEA），千葉 豪（北大）「評価済核データライブラリJENDL-4.0の開発」

◇技術賞
　山本 泰，青木 一義（東芝），稲垣 哲彦（中部電力）「Noncondensable Gas Accumulation Phenomena in Nuclear Power Plant Piping」
◇技術開発賞
　（独）日本原子力研究開発機構高温ガス炉システム開発チーム　「高温ガス炉による世界初の長期連続高温核熱供給の達成」
◇奨励賞
　谷中 裕（近畿大）「未臨界原子炉体系における未臨界度測定の迅速化と信頼性向上に関する研究」
　田中 真悟（JAEA）「水で飽和した圧縮Na型モンモリロナイト中のイオンおよび水の移行に関する電気化学的研究」
　八木 貴宏（京大）「光ファイバーを用いた小型中性子検出器の開発と応用」
◇歴史構築賞
　三菱重工業（株）「原子力プラント向け蒸気タービン低圧最終翼の開発」

第45回（平24年度）
◇論文賞
　前畑 京介（九州大学），高崎 浩司（独立行政法人日本原子力研究開発機構）「Development of a TES microcalorimeter for spectroscopic measurement of LX-rays emitted by transuranium elements」
　小林 卓也，川村 英之（独立行政法人日本原子力研究開発機構），石川 洋一（独立行政法人海洋研究開発機構），印 貞治（財団法人日本海洋科学振興財団）「Preliminary numerical experiments on oceanic dispersion of ^{131}I and ^{137}Cs discharged into the ocean because of the Fukushima Daiichi Nuclear Power Plant disaster」
　橘 正彦（株式会社日立製作所），原 信義（東北大学），太田 信之（日立GEニュークリア・エナジー株式会社）「Determining factors for anodic polarization curves of typical structural materials of boiling water reactors in high temperature-high purity water」
　平野 史生（独立行政法人日本原子力研究開発機構），稲垣 八穂広（九州大学），岩崎 智彦（東北大学）「Burning of MOX fuels in LWRs; fuel history effects on thermal properties of hull and end piece wastes and the repository performance」
　萩原 雅之，佐波 俊哉（高エネルギー加速器研究機構），馬場 護（東北大学名誉教授）「Differential cross sections on fragment $(2 \leq Z \leq 9)$ production for carbon, aluminum and silicon induced by tens-of-MeV protons」
　木村 敦（独立行政法人日本原子力研究開発機構），後神 進史（独立行政法人原子力安全基盤機構），藤井 俊行（京都大学）「Neutron-capture cross-sections of ^{244}Cm and ^{246}Cm measured with an array of large germanium detectors in the ANNRI at J-PARC/MLF」
◇技術賞
　助川 篤彦（独立行政法人日本原子力研究開発機構），穴山 義正（株式会社ネオテック理化学研究所）「耐熱性を有するフレキシブルな中性子遮蔽樹脂材の開発」
　中村 勤也，加藤 徹也（一般財団法人電力中央研究所），菊地 啓修（独立行政法人日本原子力研究開発機構）「高速増殖炉用金属燃料製造技術の開発」
◇学術業績賞
　三村 均（東北大学）「ゼオライトを主体としたセシウム高選択性吸着剤の開発と特性評価」
◇技術開発賞
　大阪大学工学研究科環境・エネルギー工学専攻液体金属研究グループ，独立行政法人日本原子力研究開発機構核融合研究開発部門IFMIF照射・試験施設開発グループ，独立行政法人日本原子力研究開発機

構大洗研究開発センター技術開発部液体金属試験技術課 「液体金属リチウム高速自由表面流の開発研究」
◇奨励賞
小池 啓基(三菱重工業株式会社)「自由幾何形状において灰色の共鳴を正確に取り扱う先進的自己遮蔽計算法の開発」
◇貢献賞
一般社団法人日本原子力学会原子力教育・研究特別専門委員会初等・中等教科書調査ワーキンググループ 「小・中・高等学校教科書におけるエネルギー・原子力・放射線関連記述の調査と提言活動」
近藤 吉明 「本会学会誌の刊行に関する編集長としての長年の功績」
矢野 豊彦(東京工業大学)「本会論文誌の刊行に関する編集長としての長年の功績」
◇歴史構築賞
大阪大学大学院工学研究科 「大阪大学 液体金属ナトリウム沸騰循環実験装置・液体金属NaK MHD発電実験装置」

058 野口記念賞

　重質油対策技術研究組合, 新燃料油開発技術研究組合, 軽質留分新用途開発技術研究組合から寄付された基金を基に, 故野口照雄氏の3研究組合への功績を讃えて, 平成8年に創設された. 石油・石油代替エネルギーの安定供給およびそれに関連した技術の開発を発展させることを目的に, これらの分野において優れた業績をあげた者を表彰する.

【主催者】 (公社)石油学会

【選考方法】 (1) 野口記念賞: 公募(自薦, 他薦)または理事, 監事, 事業推進会議委員, 顧問, 名誉会員, 維持会員, 表彰推薦委員会の推薦による. (2) 野口記念奨励賞: 公募(自薦, 他薦)または理事, 監事, 事業推進会議委員, 顧問, 名誉会員, 維持会員, 部会長, 表彰推薦委員会の推薦による

【選考基準】 〔資格〕同会会員資格の有無を問わない. 野口記念奨励賞は受賞の年の4月1日現在で満40歳未満の者. 但し, グループの場合は原則として40歳未満とする. 〔対象〕新燃料油開発, 重質油対策等の石油精製技術および石油留分新用途開発技術に関する基礎的研究および研究開発に関わるものであり, 広い意味で我が国の石油および石油代替エネルギーの安定供給に貢献する優れた業績を挙げた者. (1) 野口記念賞: 同賞の趣旨にあう個人またはグループで, 多大な功績のあるもの. (2) 野口記念奨励賞: 同賞の趣旨にあう若手の研究者または技術者の個人またはグループで, 独創的な業績をあげたもの

【締切・発表】 応募締切は8月末日, 受賞年度の翌年の同会通常総会において授賞式. 平成24年度は平成25年5月28日開催の第54回通常総会において授賞式

【賞・賞金】 野口記念賞: 年1件以内. 賞記, 賞牌, 賞金100万円. 野口記念奨励賞: 原則として年4件以内. 賞記, 賞金50万円

【URL】 http://www.sekiyu-gakkai.or.jp/jp/index.html

第1回(平8年度)
◇野口記念賞
日本石油, 日本石油精製, 石油産業活性化センター 「燃料油, 潤滑油基油併産型水素化分解プロセスおよび触媒の開発」

◇野口記念奨励賞
竹内 玄樹(新日鐵化学)「多環芳香族化合物の位置選択的トランスアルキル化に関する研究」
三宅 孝典, 濱田 道幸, 小栗 元宏(東

ソー)「担持貴金属触媒上での酸素-水素によるベンゼンの直接水酸化反応」

第2回（平9年度）
◇野口記念賞
　該当なし
◇野口記念奨励賞
　稲村 和浩（出光興産）「水素化処理触媒の含浸過程および硫化過程に関する研究」

第3回（平10年度）
◇野口記念賞
　牛尾 賢（日本石油），畑山 実（日本石油精製），和久 俊雄（日本石油）「軽油の2段式水素化脱硫法の開発」
◇野口記念奨励賞
　横田 耕史郎（旭化成工業），範 立（東京大学），吉井 清隆（宇部興産）「超臨界Fischer-Tropsch合成プロセスおよび同プロセスによるFTワックスの選択的な合成法」

第4回（平11年度）
◇野口記念賞
　賀古 章義，岩本 隆一郎，各務 成存，迫田 幸広（出光興産）「水溶性高分子溶液を用いた新規水素化精製触媒調製法の開発と実用化」
　江口 昇次（名古屋大学名誉教授）「アダマンタンを基盤とする多環系化合物の分子設計」
◇野口記念奨励賞
　該当なし

第5回（平12年度）
◇野口記念賞
　該当なし
◇野口記念奨励賞
　安田 弘之（物質工学工業技術研究所）「軽油の芳香族水素化用硫化物および貴金属触媒の研究」

第6回（平13年度）
◇野口記念賞
　該当なし
◇野口記念奨励賞
　該当なし

第7回（平14年度）
◇野口記念賞
　該当者なし
◇野口記念奨励賞
　佐藤 剛一（産業技術総合研究所）「水素化分解用Y型ゼオライト触媒のメソ孔による機能向上に関する研究」
　銭 衛華（東京農工大学）「放射性同位元素標識法を用いた脱硫触媒の構造および反応機構の解析」
　平井 隆之，白石 康浩（大阪大学）「光化学反応を利用する燃料油の新規な脱硫・脱窒素・脱メタル法の開発」
　松井 徹（ジャパンエナジー）「脱硫菌の基質特異性に関する研究」

第8回（平15年度）
◇野口記念賞
　該当者なし
◇野口記念奨励賞
　松本 隆也（新日本石油）「イリジウム錯体触媒を用いた非分岐アルキルベンゼン新合成法の開発」

第9回（平16年度）
◇野口記念賞
　新日本石油（株），新日本石油精製（株）「高分散Co(Ni)-Mo-S触媒による燃料油の超低硫黄化」
◇野口記念奨励賞
　渡辺 克哉（コスモ石油）「脱硫機能を有するライトナフサ異性化触媒の開発」

第10回（平17年度）
◇野口記念賞
　（独）石油天然ガス・金属鉱物資源機構，石油資源開発，千代田化工建設，コスモ石油，新日本製鉄，国際石油開発 "二酸化炭素を利用する天然ガス改質とFT合成技術の開発"
◇野口記念奨励賞
　田中 隆三（出光興産）"アスファルテンの分子・凝集構造の解析に基づいた重質油の反応性制御に関する研究"

第11回（平18年度）
◇野口記念賞
　新日本石油，国際石油交流センター，King Fahd University of Petroleum and Minerals, Saudi Aramco 「新規ダウンフロー型リアクターを用いた高過酷度流動接触分解プロセスのサウジアラビアでの実証研究」
◇野口記念奨励賞
　萩原 和彦（コスモ石油）「^{129}Xe - NMRを用いた石油精製触媒の構造解析に関する研究」
　羽田 政明（産業技術総合研究所）「ディーゼル乗用車用新規排ガス処理技術に関する研究」

第12回（平19年度）
◇野口記念賞
　該当なし
◇野口記念奨励賞
　古田 智史（(株)ジャパンエナジー）"ジルコニア系固体酸触媒を用いたエステル交換反応によるバイオディーゼル製造法の研究"

第13回（平20年度）
◇野口記念賞
　メタンハイドレート資源開発研究コンソーシアム "メタンハイドレート資源の開発研究"
◇野口記念奨励賞
　各務 成存（出光興産（株））"新規チタニア添加法による軽油超深度水素化脱硫触媒の開発"

第14回（平21年度）
◇野口記念賞
　該当なし
◇野口記念奨励賞
　該当なし

第15回（平22年度）
◇野口記念賞
　該当なし
◇野口記念奨励賞
　恩田 歩武（高知大学）"セルロース糖化およびグルコースからの乳酸・グルコン酸合成のための水熱反応用固体触媒の開発"

第16回（平23年度）
◇野口記念賞
　該当なし
◇野口記念奨励賞
　該当なし

主催者名索引

【あ】

旭硝子財団
　　ブループラネット賞　→039
朝日新聞社
　　明日への環境賞　→001
岩谷直治記念財団
　　岩谷直治記念賞　→043
エコ・プロダクツデザインコンペ実行委員会
　　エコ・プロダクツデザインコンペ　→003
エネルギー・資源学会
　　エネルギー・資源学会学会賞　→044
　　エネルギー・資源学会 茅奨励賞　→045
　　エネルギー・資源学会技術賞　→046
　　エネルギー・資源学会論文賞　→047
エネルギーフォーラム
　　エネルギーフォーラム賞　→048

【か】

環境科学会
　　環境科学会学術賞　→005
　　環境科学会学会賞　→006
　　環境科学会奨励賞　→008
　　環境科学会年会優秀発表賞（富士電機賞）
　　　→009
　　環境科学会優秀研究企画賞　→010
　　環境科学会論文賞　→011
環境資源工学会
　　環境資源工学会論文賞・技術賞　→013
近畿化学協会
　　環境技術賞　→012
グリーン・サステイナブルケミストリーネットワーク（GSCN）
　　グリーン・サステイナブルケミストリー賞　→018
建築設備綜合協会
　　環境・設備デザイン賞　→015
国際花と緑の博覧会記念協会
　　花の万博記念「コスモス国際賞」　→038
コニカミノルタホールディングス株式会社
　　エコ&アート アワード　→002

【さ】

省エネルギーセンター
　　省エネ大賞　→049
新エネルギー財団
　　新エネ大賞　→050
世界自然遺産知床・しれとこ賞実行委員会
　　しれとこ賞　→021
石油学会
　　石油学会賞　→051
　　野口記念賞　→058
石油技術協会
　　石油技術協会賞　→052

【た】

大気環境学会
　　大気環境学会賞　→023
田尻宗昭記念基金
　　田尻賞　→024
朝鮮日報社
　　日韓国際環境賞　→026
土木学会景観・デザイン委員会
　　土木学会景観・デザイン委員会デザイン賞　→025

【な】

日刊工業新聞社
　　環境賞　→014
日本エネルギー学会
　　日本エネルギー学会賞　→053
日本ガス協会
　　日本ガス協会賞　→054
日本ガスタービン学会
　　日本ガスタービン学会賞　→055
日本風工学会
　　日本風工学会賞　→056
日本環境化学会
　　環境化学会賞　→007

環境・エネルギーの賞事典　　283

日本環境動物昆虫学会
　　日本環境動物昆虫学会奨励賞　→028
日本環境変異原学会
　　日本環境変異原学会顕彰事業　→029
日本経済新聞社
　　日経地球環境技術賞　→027
日本原子力学会
　　日本原子力学会賞　→057
日本建築家協会
　　JIA環境建築賞　→020
日本森林学会
　　日本森林学会学生奨励賞/JFR論文賞　→030
　　日本森林学会賞　→031
日本生態学会
　　生態学琵琶湖賞　→022
　　日本生態学会Ecological Research論文賞　→032
　　日本生態学会大島賞　→033
　　日本生態学会功労賞　→034
　　日本生態学会賞　→035
　　日本生態学会奨励賞（鈴木賞）　→036
　　日本生態学会宮地賞　→037
日本騒音制御工学会
　　環境デザイン賞　→016
日本水大賞委員会
　　日本水大賞　→038

【は】

日立環境財団
　　環境賞　→014
本田財団
　　本田賞　→040

【ま】

毎日新聞社
　　日韓国際環境賞　→026
松下幸之助記念財団
　　松下幸之助花の万博記念賞　→041
水俣市
　　環境水俣賞　→017

【や】

山階鳥類研究所
　　山階芳麿賞　→042
豊かな環境づくり大阪府民会議
　　おおさか環境賞　→004

受賞者名索引

【あ】

相川 浩之 ………………… 183
藍川 昌秀 ………………… 71
逢澤 正行 ………………… 80
相沢 和宇 ………………… 40
アイシン・エィ・ダブリュ
　………………………… 152, 155
アイシン精機 ……… 155, 215,
　218, 223, 224, 234, 238, 239
アイシン精機エネルギー技
　術部 …………………… 231, 232
会田 昌弘 ………………… 242
あいだ保育園 …………… 106
愛知県田原市 …………… 161
愛知県豊田土木事務所 … 79
愛知県農業総合試験場切り
　花菊周年供給技術研究グ
　ループ ………………… 121
愛知時計電機 …………… 219,
　228, 232, 234, 236, 238, 239
愛知時計電機計測器統括本
　部 ……………………… 229
愛農学園農業高等学校 … 5
相場 和夫 ………………… 185
相場 惇一 ………………… 183
相羽 孝昭 ………………… 196
相原 安津夫 ……………… 194
相原 正公 ………………… 180
相山 義道 ………………… 127
アイリスオーヤマ ……… 155
青木 一義 ………………… 276
青木 克忠 ………………… 252
青木 謙治 ………………… 32
青木 茂樹 ………………… 245
青木 茂 …………………… 58
青木 修一 …………… 228, 232
青木 久治 ………………… 41
青木 秀之 …………… 204, 212
青木 康芳 ………………… 133
青木 悠二 ………………… 32
青島 志郎 ………………… 217
青地 哲男 ………………… 250
青野 泰久 ………………… 260
青淵 静郎 ………………… 35
青村 和夫 ………………… 169
青森県七戸町 …………… 163

青森県下北地域県民局地域
　整備部 ………………… 78
青柳 宏一 ………………… 185
青山 邦明 ………………… 204
青山 吾朗 ………………… 257
青山 卓史 ………………… 275
青山 威夫 ………………… 190
青山 哲男 ………………… 202
青山 光子 ………………… 67
赤井 芳恵 ………………… 263
赤尾 祐司 ………………… 53
赤木 寛一 ………………… 239
赤阪 泰雄 ………………… 197
明石工業高等専門学校建築
　学科 工藤研究室 ……… 112
赤瀬 達三 ………………… 83
赤沼 三恵 ………………… 94
赤星 信次郎 ……………… 133
赤堀 芳雄 ………………… 186
赤松 史光 ………………… 243
阿寒グランドホテル …… 163
秋澤 淳 ……………… 129, 204
秋田 一雄 ………………… 197
秋田県産業労働部 ……… 186
秋田県商工労働部 ……… 188
秋田県立大新岡嵩 ……… 209
アーキテクトファイブ … 79
秋永 誠 …………………… 268
秋野 金次 ………………… 251
秋野 詔夫 ………………… 259
秋濃 藤義 ………………… 254
秋葉 善弥 ………………… 17
秋葉 博 …………………… 274
秋葉 文雄 ………………… 187
秋場 真人 ………………… 261
秋林 智 …………………… 187
秋本 明光 ………………… 211
穐本 敬子 ………………… 47
秋元 圭吾 …………… 130, 138
秋本 淳 …………………… 177
秋元 肇 …………………… 69
秋本 肇 …………………… 269
秋元 正幸 ………………… 260
秋元 勇巳 ………………… 137
秋山 和子 ………………… 210
秋山 澄男 …………… 167, 170
秋山 哲男 ………………… 81
秋山 宏 …………………… 257
秋山 雅胤 ………………… 254
秋山 寛 …………………… 201

秋山 庸一 ………………… 226
アクアユートピア実行会
　議 ……………………… 11
阿久津 太一 ……………… 48
阿久津 好明 ……………… 176
阿久根 清見 ……………… 77
阿久根ガス ……………… 236
明田 莞 …………………… 197
浅井 一彦 ………………… 193
浅井 清 …………………… 256
浅井 康宏 ………………… 121
浅石 優 ……………… 45, 58
浅岡 佐知夫 ……………… 177
浅岡 信寿 ………………… 193
浅貝 昇夫 ………………… 45
朝霞市 …………………… 84
浅川 忠 …………………… 185
朝来野 国彦 ……………… 70
朝倉 友美 ………………… 38
朝倉 夏雄 ………………… 187
朝倉 大和 …………… 254, 258
アサザ基金 ……………… 51
浅田 正三 ………………… 19
朝田 志郎 ………………… 62
朝田 真吾 …………… 202, 203
浅沼 稔 …………………… 206
浅野 修 …………………… 40
浅野 清継 ………………… 187
浅野 哲秀 ………………… 95
浅野 利一 ………………… 77
浅野 直人 ………………… 14
浅野 等 …………………… 238
麻野 広光 ………………… 261
浅野 元久 ………………… 200
浅野 好昭 ………………… 243
浅野 美信 ………………… 11
朝日ウッドテック ……… 230
旭エンジニアリング …… 171
旭化成ケミカルズ ……… 182
旭化成ケミカルズ技術ライ
　センス室 ……………… 89
旭化成建材 ……………… 145
旭化成工業 ……………… 145
旭川ガス ………………… 233
旭川ガス営業部 ………… 230
旭川ガス工務部 ………… 226
朝日工業社 ………… 152, 160
アサヒ精機 ………… 224, 236
アサヒビール ……… 157, 163
朝見 賢二 ………… 175, 208

受賞者名索引

浅見 哲夫 ………………… 255
浅利 美鈴 ………………… 22
アジア航測道路・橋梁部
　………………………… 79
アジア湿地帯事務所 ……… 50
アジア石油 ……………… 169
アジア砒素ネットワーク
　………………………… 3, 86
アジア民間交流ぐるーぷ
　………………………… 51
足尾に緑を育てる会 …… 109
足利ガス ………………… 220
足利工業大学 …………… 161
芦澤 竜一 ………………… 62
蘆田 誠二 ………………… 201
蘆田 隆一 ………………… 212
葦原 悦朗 ……………… 256
芦辺 祐一 ……………… 133
芦森工業 ………………… 224
阿尻 雅文 …………… 54, 204
梓設計 …………………… 48
小豆畑 茂 ………………… 37
アズビル金門 …………… 239
吾妻 浅男 ……………… 122
東 昌彦 ………………… 243
東 利恵 ……………… 60, 81
足羽川堰堤土地改良区連
　合 ……………………… 109
畔上 修 ………………… 243
アセック ………………… 239
麻生 宏実 ……………… 208
阿蘇グリーンストック … 4, 51
安達 隆史 ………………… 70
足立 剛 ………………… 201
足立 輝雄 ……………… 197
足立 晴彦 ……………… 218
足立 裕彦 ……………… 252
安達 公道 ……………… 252
足立 倫明 ……………… 177
足立 陽二 ……………… 198
足立区土木部 …………… 81
新 千明 ………………… 221
熱田 憲司 ………………… 82
熱田 洋一 ………………… 24
アッテンボロー, デービッ
　ド・フレデリック …… 56
アドバンスト空調開発セン
　ター …………………… 146
アドバンストコンポジット
　センター ……………… 90

穴井 浩二 ………………… 83
穴沢 和美 ……………… 260
穴吹 一彦 ………………… 84
穴水 三郎 ……………… 218
穴山 悌三 ……………… 137
穴山 義正 ……………… 276
阿南 文政 ………………… 38
姉川 尚史 ……………… 259
姉崎 克典 ………………… 23
安濃田 良成 …………… 258
安孫子 哲男 …………… 238
アピチャブロップ, ヤワラ
　ク ……………………… 50
アフィニティー ………… 141
アブダビ石油 … 167, 171, 189
アブライアンス ………… 153
アブライアンス社 … 153, 154
阿部 勲 ………………… 166
阿部 史朗 ……………… 255
安部 哲人 ………………… 98
阿部 亨 ………………… 127
安部 信明 ……………… 258
阿部 信志 ……………… 133
阿部 英彦 ………………… 35
安部 浩 ………………… 270
阿部 正名 ……………… 185
阿部 正彦 ……………… 171
安倍 三史 ………………… 67
阿部 幸雄 ………………… 77
阿部 竜 ………………… 208
アベイラス ……………… 149
天尾 豊殿 ……………… 178
雨谷 敬史 ………………… 18
天沼 倞 ………………… 251
天野 呆 ………………… 169
天野 治 …………… 257, 260
天野 研 ………………… 259
天野 光一 ………………… 83
天野 重一 …………… 74, 76
天野 達也 ……………… 105
天野 寿二 ……………… 229
天野 悤 ………………… 253
天野 保有 ……………… 251
天谷 政樹 ……………… 263
餘目 祥一 ………………… 80
雨宮 登三 ………… 166, 192
アヤウディン・ビン・アリ
　………………………… 66
綾部 先 ………………… 193
荒井 治 ………………… 74

荒井 敬三 …………… 127, 199
新井 健司 ……………… 261
新井 作司 ………………… 39
新井 重郎 ……………… 201
新井 健 ………………… 224
新井 徹 ………………… 39
新居 敏則 ……………… 133
新井 利昌 ……………… 221
荒井 豊明 ………………… 19
新井 久敏 ………………… 82
新井 昌昭 ………………… 35
新井 優 ………………… 62
新井 光雄 ……………… 137
新井 充 ………………… 176
荒井 康夫 ……………… 275
ア・ラ・小布施 ………… 78
荒川 秋雄 ……………… 259
荒川 克郎 ……………… 123
荒川 智 ………………… 17
荒川 久 ………………… 178
荒川 裕則 ……………… 207
荒川 洋一 ……………… 184
あらかわ学会 …………… 109
荒川クリーンエイド・フォー
　ラム …………………… 112
荒木 峻 ………………… 68
荒木 長男 ………………… 38
荒木 達雄 ……………… 241
荒木 民衛 ……………… 224
嵐谷 奎一 ………………… 71
荒関 岩雄 ………………… 78
アラビア石油 …… 165, 168
荒巻 武文 ………………… 75
荒牧 寿弘 ……………… 216
有泉 彰 ………………… 17
有田 節男 ……………… 261
有冨 正憲 ……………… 253
有村 幹治 ………………… 85
有本 由弘 ………………… 39
有山 達郎 ……………… 206
有吉 新吾 ……………… 196
アルカディア21管理組合
　………………………… 80
アルストム ……………… 206
アルティア ……………… 239
アレフ ………………… 163
淡路 英夫 ……………… 254
安成 弘 ………………… 253
安渓 遊地 ………………… 37
安斉 俊一 ……………… 242

アンダーソン, オーケ …… 118	伊尾木 公裕 …………… 257	池田 義彦 ………………… 84
安藤 和彦 ………………… 83	イオンディライト ……… 152	池永 直樹 ……………… 206
安藤 勝良 ……………… 207	猪飼 茂 ………………… 193	池原 義郎 ………………… 46
安藤 健 ………………… 254	五十嵐 淳 ……………… 61	池辺 秀樹 ………………… 83
安東 新午 ……………… 192	五十嵐 五郎 …………… 223	池邊 穣 ………………… 171
安藤 徹哉 ………………… 76	五十嵐 信一 …………… 252	池松 正樹 ……………… 175
安藤 敏夫 ……………… 121	五十嵐 仁一 …………… 179	池谷 知彦 ……………… 135
安藤 はるか ……………… 7	五十嵐 哲 ………… 167, 178	伊佐 義朗 ……………… 120
安藤 秀幸 ………………… 45	五十嵐 喜良 …………… 133	伊佐 憲明 ………………… 74
安藤 宏 ………………… 166	五十嵐 正己 …………… 183	井鷺 裕司 ………………… 99
安藤 博文 ………………… 75	五十嵐 之雄 …………… 194	井硲 弘 ………………… 197
安東 弘光 ………………… 39	五十嵐 新三 …………… 107	イサムノグチ財団 ……… 79
安藤 真樹 ……………… 271	井川 勝市 ……………… 253	諫山 洋平 ……………… 211
安藤 正夫 ………… 127, 166	井川 清光 ……………… 133	井澤 一彦 ……………… 275
安藤 康正 ……………… 251	井川 猛 ………………… 187	井沢 務 ………………… 172
安藤 泰正 ……………… 254	伊香輪 恒男 …………… 169	井沢 宣光 ……………… 185
安藤 良平 ……………… 269	伊木 正二 ……………… 195	胆沢平野土地改良区 …… 109
安倍川フォーラム ……… 109	壱岐 英 ………………… 177	位地 正年 …………… 39, 52
アンリツ ………………… 237	幾島 賢治 ……………… 179	石 峰 …………………… 27
アンリツ研究所 ………… 227	生島 実 ………………… 220	石井 一雄 ……………… 193
	生島 豊 ………………… 53	石井 和紘 ………………… 59
【い】	生田 伸治 ………………… 30	石井 一弥 ………… 269, 274
	生田 豊朗 ………… 135, 136	石井 国義 ……………… 132
	井口 耕作 ……………… 166	石井 淑升 ………………… 40
井伊 博行 ………………… 28	井口 正 ………………… 256	石居 進 ………………… 125
飯尾 光 ………………… 243	井口 直巳 ………………… 58	石井 保 ………………… 252
飯島 昭彦 ……………… 137	池内 タオル …………… 162	石井 徹 ………………… 30
飯島 晃良 ……………… 216	池上 和子 …………… 83, 84	石井 敏次 ……………… 180
飯島 俊吾 ………… 252, 258	池上 和志 ………………… 54	石井 信行 ………………… 78
飯島 進 ………………… 258	池亀 亮 ………………… 256	石井 弘明 ………… 98, 102
飯島 隆 ………………… 262	池川 昌弘 ……………… 241	石井 寛 ………………… 193
飯島 勉 …………… 251, 257	池田 一生 ……………… 270	石井 博 ………………… 104
飯島 亨 ………………… 270	池田 英一 ……………… 196	石井 護 ………………… 266
飯島 博 ………………… 166	池田 久美子 ……………… 19	石井 実 ………………… 92
飯島 正樹 ……………… 133	池田 浩一 ………………… 12	石井 幹子 ………………… 79
飯島 義彦 ……………… 268	池田 紘一 ……………… 254	石井 康敬 ……… 52, 170, 176
飯塚 宏栄 ………………… 15	池田 正一 ………………… 84	石井 良明 ……………… 271
飯塚 宏 …………… 45, 59, 60	池田 大樹 …………… 81, 84	石井 鉄工所 …………… 169
飯田 澄人 ………………… 10	池田 貴昭 ……………… 159	石井樋地区施設計画検討委
飯田 孝夫 ……………… 271	池田 孝志 ………… 256, 257	員会 …………………… 80
飯田 敏行 ………… 256, 258	池田 勉 ………………… 64	石岡 崇 ………………… 59
飯田 浩正 ……………… 254	池田 亨 ………………… 255	石垣 信一 ……………… 174
飯沼 一男 ……………… 197	池田 信矢 ……………… 214	石勝エクステリア ……… 78
飯野 雅 ………………… 204	池田 裕幸 ……………… 175	石上 久之 ……………… 241
飯村 文成 ………………… 19	池田 正之 ………………… 41	石川 馨 ………………… 195
飯村 正一 ……………… 236	池田 靖 ………………… 40	石川 欽也 ……………… 136
飯吉 厚夫 ……………… 254	池田 泰久 ……………… 262	石川 栄 ………………… 40
井浦 勝美 ………………… 82	池田 泰之 ……………… 133	石川 さと子 ……………… 95
家本 勲 ………………… 206	池田 有光 ………………… 68	石川 達 ………………… 241
	池田 裕二郎 ……… 258, 268	石川 恒夫 ………………… 62

石川 敏弘 ・・・・・・・・・・・・・・・ 53	石橋 忠良 ・・・・・・・・・・・・・・・ 74	磯辺 裕介 ・・・・・・・・・・・・・・・ 262
石川 智史 ・・・・・・・・・・・・・・・ 215	石原 篤 ・・・・・・・・・・・・・・・ 173,	磯村産業 ・・・・・・・・・・・・・・・ 112
石川 智巳 ・・・・・・・・・・・・・・・ 248	178, 181, 204, 208	磯村豊水機工 ・・・・・・・・・・・・・・・ 112
石川 裕彦 ・・・・・・・・・・・・・・・ 256	石原 一彰 ・・・・・・・・・・・・・・・ 52	磯山 龍二 ・・・・・・・・・・・・・・・ 234
石川 博之 ・・・・・・・・・・・・・・・ 30	石原 重孝 ・・・・・・・・・・・・・・・ 75	井田 四郎 ・・・・・・・・・・・ 192, 199
石川 正朗 ・・・・・・・・・・・ 258, 264	石原 淳男 ・・・・・・・・・・・・・・・ 76	井田 卓造 ・・・・・・・・・・・・・・・ 45
石川 幹子 ・・・・・・・・・・ 80, 83, 84	石原 孟 ・・・・・・・・・・・・ 247, 248	井田 寛 ・・・・・・・・・・・・・・・ 60
石川 迪夫 ・・・・・・・・・・・・・・・ 253	石原 達己 ・・・・・・・・・・・・ 174, 177	板井 一好 ・・・・・・・・・・・・・・・ 69
石川 洋一 ・・・・・・・・・・・・・・・ 276	石原 直次 ・・・・・・・・・・・・・・・ 62	板垣 省三 ・・・・・・・・・・・・・・・ 209
石川 良男 ・・・・・・・・・・・・・・・ 221	石原 正義 ・・・・・・・・・・・・・・・ 221	板垣 則昭 ・・・・・・・・・・・・・・・ 78
石川県工業試験場 ・・・・・・・・ 158	石播電力事業部エネルギー	板垣 正文 ・・・・・・・・・・・ 261, 265
石川島播磨重工業 ・・・・・ 141,	システム部 ・・・・・・・・・・・・・・・ 205	板倉 修司 ・・・・・・・・・・・・・・・ 92
166, 169, 206, 207, 208,	石政 祐三 ・・・・・・・・・・・・・・・ 201	板倉 忠三 ・・・・・・・・・・・・・・・ 165
209, 240, 241, 244	石松 正鉄 ・・・・・・・・・・・・・・・ 193	板倉 雅彦 ・・・・・・・・・・・・・・・ 30
石川島播磨重工業回転機械	石丸 辰治 ・・・・・・・・・・・・・・・ 59	板橋 啓治 ・・・・・・・・・・・・・・・ 75
事業部 ・・・・・・・・・・・・・・・ 235	石丸 正美 ・・・・・・・・・・・・・・・ 166	板櫃川（高見地区）水辺の楽
石川島播磨重工業陸舶ガス	石本 慎二 ・・・・・・・・・・・・・・・ 271	校推進協議会 ・・・・・・・・・・・・・・・ 83
タービン事業部 ・・・・・・・・ 227	石森 富太郎 ・・・・・・・・・・・・・・・ 250	市岡 耕二 ・・・・・・・・・・・・・・・ 17
石川島汎用ボイラ ・・・・・・・・ 234	石山 新太郎 ・・・・・・・・・ 258, 265	市川 国弘 ・・・・・・・・・・・・・・・ 243
石川島プラント建設 ・・・・・・ 229	石和田 靖章 ・・・・・・・・・・・・ 172, 182	市川 智士 ・・・・・・・・・・・・・・・ 38
石樽 顕吉 ・・・・・・・・・・・ 265, 269	石渡 祐樹 ・・・・・・・・・・・・・・・ 269	市川 徹 ・・・・・・・・・・・・・・・ 222
石黒 和寛 ・・・・・・・・・・・・・・・ 10	いすゞ自動車 ・・・・・ 145, 150, 157	市川 勝 ・・・・・・・・・・・・・・・ 212
石黒 正 ・・・・・・・・・・・・ 170, 193	伊豆田 猛 ・・・・・・・・・・・・・・・ 70	市川 道雄 ・・・・・・・・・・・・・・・ 193
石黒 富雄 ・・・・・・・・・・・・・・・ 74	泉 克幸 ・・・・・・・・・・・・・・・ 22	市川 達生 ・・・・・・・・・・・ 255, 257
石黒 智彦 ・・・・・・・・・・・・・・・ 16	泉 潔人 ・・・・・・・・・・・・・・・ 168	市川 陽一 ・・・・・・・・・・・・・・・ 70
石黒 幸雄 ・・・・・・・・・・・ 251, 256	泉 順 ・・・・・・・・・・・・・・・ 268	市川 芳明 ・・・・・・・・・・・・・・・ 39
石坂 閣啓 ・・・・・・・・・・・・・・・ 23	和泉 清司 ・・・・・・・・・・・・・・・ 38	市川学園市川高等学校 ・・・ 55
石坂 匡史 ・・・・・・・・・・・・・・・ 129	伊住 直記 ・・・・・・・・・・・・・・・ 175	市川市 ・・・・・・・・・・・・・・・ 109
石崎 溌雄 ・・・・・・・・・・・・・・・ 246	泉 博 ・・・・・・・・・・・・・・・ 72	一条工務店 ・・・・・・・・・・・・・・・ 148
石沢 和彦 ・・・・・・・・・・・ 241, 244	泉 博文 ・・・・・・・・・・・・・・・ 18	市田 一将 ・・・・・・・・・・・・・・・ 243
石塚 英四郎 ・・・・・・・・・・・・・・・ 183	泉 有亮 ・・・・・・・・・・・・ 167, 173	一ノ瀬 俊明 ・・・・・・・・・・・・・・・ 28
石塚 仁 ・・・・・・・・・・・・・・・ 55	泉川 碩雄 ・・・・・・・・・・・・・・・ 19	一関 久夫 ・・・・・・・・・・・・・・・ 184
石塚 隆雄 ・・・・・・・・・・・・・・・ 259	和泉層群のり面対策検討委	市橋 俊彦 ・・・・・・・・・・・・・・・ 175
石田 栄介 ・・・・・・・・・・・・・・・ 234	員会 ・・・・・・・・・・・・・・・ 77	市村 次夫 ・・・・・・・・・・・・・・・ 78
石田 和義 ・・・・・・・・・・・・・・・ 195	泉田 龍男 ・・・・・・・・・・・・・・・ 261	市村 良三 ・・・・・・・・・・・・・・・ 78
石田 勝昭 ・・・・・・・・・・・・・・・ 179	井関 孝善 ・・・・・・・・・・・・・・・ 260	一守 俊寛 ・・・・・・・・・・・・・・・ 254
石田 宏司 ・・・・・・・・・・・・・・・ 38	井関 康人 ・・・・・・・・・・・・・・・ 134	五木村村づくりアドバイ
石田 孝英 ・・・・・・・・・・・・・・・ 99	イセキ開発工機 ・・・・・・ 227, 230	ザー会議 ・・・・・・・・・・・・・・・ 81
石田 隆之 ・・・・・・・・・・・・・・・ 259	伊勢崎ガス ・・・・・・・・・・ 220, 226	一色 昭 ・・・・・・・・・・・・・・・ 201
石田 紀久 ・・・・・・・・・・・・・・・ 266	伊勢志摩再生プロジェク	一色 孝吉 ・・・・・・・・・・・・・・・ 218
石田 典子 ・・・・・・・・・・・・・・・ 22	ト ・・・・・・・・・・・・・・・ 80	一色 誠治 ・・・・・・・・・・・・・・・ 207
石田 昌彦 ・・・・・・・・・・・・・・・ 38	磯貝 和昭 ・・・・・・・・・・・・・・・ 224	一本松 正道 ・・・・・・・・・・・ 219,
石田 愈 ・・・・・・・・・・・・ 202, 215	五十君 興 ・・・・・・・・・・・・ 45, 60	220, 222, 223, 228
石田製作所 ・・・・・・・・・・・・・・・ 159	磯崎 敏邦 ・・・・・・・・・・・・・・・ 255	井出 温 ・・・・・・・・・・・・・・・ 39
石館 基 ・・・・・・・・・・・・・・・ 93	礒部 隆聡 ・・・・・・・・・・・ 175, 206	井手 和利 ・・・・・・・・・・・・・・・ 219
石堂 雅一 ・・・・・・・・・・・・・・・ 18	磯部 正 ・・・・・・・・・・・・・・・ 38	井手 寿之 ・・・・・・・・・・・・・・・ 39
石西 伸 ・・・・・・・・・・・・・・・ 67	磯部 毅 ・・・・・・・・・・・・・・・ 264	井出 靖雄 ・・・・・・・・・・・・・・・ 69
石野 政治 ・・・・・・・・・・・・・・・ 30	磯部 博志 ・・・・・・・・・・・・・・・ 263	出光 ・・・・・・・・・・・・・・・ 202
石橋 健二 ・・・・・・・・・・・・・・・ 263	礒部 仁博 ・・・・・・・・・・・・・・・ 274	出光エンジニアリング ・・・・ 173
		出光興産 ・・・・・・・・・・・・・・・ 37,

受賞者名索引　　　　　　　　　　　　　　いまい

　　39, 154, 170, 172, 173, 176,
　　179, 180, 181, 201, 224
出光興産（株）愛知製油所
　　……………………………… 152
出光興産（株）千葉製油所
　　……………………………… 153
出光石油化学 …………… 171, 172
出光日本海石油開発 ………… 167
出光バルクターミナル ………… 37
井出村 英夫 ………………… 200
糸井 達哉 …………………… 248
伊藤 勝康 …………………… 241
伊藤 公孝 …………………… 259
伊東 彊自 …………………… 67
伊藤 清忠 …………………… 74
伊藤 賢一 …………………… 255
伊藤 伍郎 …………………… 251
伊藤 佐恵 …………………… 62
伊藤 智之 …………………… 264
伊藤 哲 ……………………… 76
伊藤 早苗 …………………… 259
伊藤 滋 ……………………… 79
伊藤 只行 …………………… 258
伊藤 秀三 …………………… 123
伊東 昭次郎 ………………… 199
伊藤 伸一 …………………… 177
伊藤 新治 …………………… 38
伊藤 進 ……………………… 256
伊藤 整一 …………………… 74
伊藤 誠一 …………………… 200
伊藤 孝雄 …………………… 263
伊東 孝 ……………………… 84
伊藤 高根 …………………… 244
伊藤 孝信 …………………… 45
伊藤 孝行 …………………… 78
伊藤 孝良 …………………… 40
伊藤 正 ……………………… 214
伊藤 主税 ……………… 267, 275
伊藤 敏幸 …………………… 54
伊東 豊雄 …………… 45, 79, 84
伊藤 直次 …………………… 182
伊藤 登 ………………… 77, 83
伊藤 憲昭 …………………… 76
伊藤 広二 …………………… 260
伊藤 裕 ………………… 133, 260
伊藤 博徳 …………………… 203
伊藤 裕人 …………………… 269
伊藤 裕康 …………………… 16
伊藤 正彦 …………………… 266
伊藤 雅之 …………………… 99

伊藤 学 ……………………… 246
井藤 宗親 …………………… 134
伊藤 源嗣 …………………… 243
伊東 靖 ……………………… 75
伊藤建設第1事業部 ………… 217
伊藤工機 ……………… 227,
　　229, 232, 233, 236, 237, 238
伊藤忠テクノソリューショ
　　ンズ ………………………… 164
伊東豊雄建築設計事務所
　　………………………………… 84
井戸田 芳典 ………………… 242
糸林 芳彦 …………………… 74
糸満市 ……………………… 160
糸矢 清広 …………………… 258
伊奈 智美 …………………… 31
伊奈 義直 …………………… 76
稲垣 恵一 …………………… 61
稲垣 隆 ……………………… 183
稲垣 登治 …………………… 242
稲垣 達敏 …………………… 258
稲垣 哲彦 …………………… 276
稲垣 正寿 …………………… 259
稲垣 眞 ……………………… 207
稲垣 八穂広 …………… 261, 276
稲垣 怜史 …………………… 182
稲毛 幹 ……………………… 188
稲田 純一 …………………… 78
稲田 祐介 ……………………… 9
伊那テクノバレー リサイク
　　ルシステム研究会 ………… 108
稲永 忍 ……………………… 29
稲葉 敦 ……………… 171, 201, 208
稲葉 重郎 …………………… 18
稲場 土誌典 ………………… 187
稲葉 仁 ……………………… 175
稲葉 護 ……………………… 198
稲葉 充 ………………… 188, 189
稲原 敏雄 …………………… 192
井波 和夫 …………………… 185
稲見 圭子 …………………… 96
稲村 和浩 …………………… 278
稲本製作所 ………………… 232
乾 智行 ………………… 173, 198, 202
犬飼 豊春 …………………… 191
犬田 進一 …………………… 212
犬丸 淳 ……………………… 200
伊能 泰治 …………………… 193
井上 和美 …………………… 127
井上 勝也 …………………… 191

井上 孝太郎 …………… 39, 258
井上 毅 ……………………… 16
井上 智 ……………………… 191
井上 史郎 …………………… 195
井上 慎一 …………………… 178
井上 誠一 …………………… 207
井上 貴至 …………………… 135
井上 隆 ……………………… 60
井上 正 ………………… 255, 264
井上 力 ……………………… 254
井上 晃次 …………………… 253
井上 宏 ……………………… 60
井上 真 ……………………… 98
井上 誠 ……………………… 195
井上 正志 ……………… 179, 201
井上 正澄 …………………… 189
井上 雅弘 ……………… 241, 244
井上 正之 …………………… 225
井上 義雄 …………………… 29
井上 力太 …………………… 69
井口 浩 ……………………… 61
猪熊 康夫 …………………… 78
井ノ子 昭夫 ………………… 36
猪子 順 ……………………… 60
猪俣 昭彦 …………………… 204
猪俣 敏 ……………………… 41
井之脇 隆一 ………………… 189
井原 啓文 …………………… 167
井原 均 ……………………… 254
井原 禎之 …………………… 41
井原 博之 …………………… 177
井原 雅之 …………………… 78
井原 賢 ……………………… 173
茨城県稲敷郡美浦村立美浦
　　中学校 科学部 …………… 111
茨城県立土浦第二高等学校
　　化学部 …………………… 107
イフガオ・アシン川流域に
　　小規模水力発電を設置す
　　る会 ……………………… 107
伊吹 省二 …………………… 218
伊吹 裕子 …………………… 96
指宿 敦志 …………………… 188
指宿 堯嗣 …………………… 69
伊部 英史 ……………… 256, 258
今井 章雄 …………………… 66
今井 敬潤 …………………… 123
今井 佑 ……………………… 26
今井 長兵衛 ………………… 92
今井 登 ……………………… 41

今井 美材 ………… 195	岩田 久人 ………… 66	植草 益 ………… 137
今泉 圭隆 ………… 21	岩田 幸雄 ………… 133	植下 脇 ………… 35
今上 一成 ………… 35	岩谷産業 ………… 211	上島 顕司 ………… 78
今川 健一 ………… 177	岩月 善之助 ………… 123	ウエスコ ………… 84
今川 隆 ………… 16	岩手県葛巻町 ………… 161	上園 謙一 ………… 75
今川 憲英 …… 76, 81, 82	岩手県田野畑村民と思惟の	植田 昭雄 ………… 203
今成 真 ………… 181	森 ………… 86	植田 和弘 ………… 13
今西 克也 ………… 20	岩手県立宮古工業高等学校	上田 耕造 ………… 204
今西 英雄 ………… 122	機械科 課題研究 津波模	植田 脩三 ………… 255
今治地方情報センター … 227	型班 ………… 113	植田 精 ………… 260
今村 和由 ………… 134	岩永 建夫 ………… 74	上田 禎俊 ………… 40
今村 清 ………… 16, 21	岩野 裕継 ………… 189	上田 憲照 ………… 259
今村 健 ………… 38	岩野 義彦 ………… 255	植田 宏 …… 81, 82
今村 俊文 ………… 132	岩船 由美子 …… 130, 135	上田 博信 ………… 39
今吉 祥 ………… 266	岩間 亨 ………… 217	植田 洋匡 ………… 69
伊万里はちがめプラン ‥ 51, 161	岩松 栄治 ………… 177	植田 浩義 ………… 263
井村 秀文 ………… 14	岩村 和夫 …… 58, 61	植田 未月 ………… 7
芋生 憲司 ………… 135	岩村 孝雄 ………… 166	上田 祐子 ………… 23
井本 正介 ………… 250	岩村 雅人 ………… 59	上田 善紹 ………… 187
入間ガス ………… 239	岩村 幸美 …… 22, 23	上田 渉 ………… 181
岩井 保則 ………… 266	岩本 修 …… 270, 274, 275	上殿 紀夫 ………… 232
岩井 芳夫 ………… 173	岩本 寿一 ………… 184	上仲 俊行 ………… 197
岩井 龍太郎 ………… 174	岩本 伸司 ………… 179	上野 貴弘 ………… 135
岩壁 幸市 ………… 180	岩本 真二 ………… 38	上野 剛 …… 129, 131, 134
岩城 克彦 ………… 262	岩本 達也 ………… 257	上野 保 ………… 194
岩城 弓雄 ………… 187	岩本 多実 ………… 253	上野 務 ………… 199
磐城沖石油開発 ‥ 169, 186, 191	岩本 直也 ………… 83	上野 道隆 ………… 183
岩熊 敏夫 ………… 64	岩本 弘光 ………… 44	上野都市ガス ………… 228
岩倉 恒美 ………… 11	岩本 正和 ………… 181	上野藤井建築研究所 …… 43
岩子 素也 ………… 197	岩本 隆一郎 ………… 278	上野山 一夫 ………… 52
岩佐 繁之 ………… 54	尹 順子 …… 17, 19	上原 一郎 ………… 182
岩佐 達雄 ………… 81	尹 澄清 ………… 64	上原 勝也 ………… 177
岩佐 義久 ………… 60	印 貞治 ………… 276	上原 益夫 ………… 169
岩崎 克也 ………… 62	隠塚 俊満 ………… 22	上坊 和弥 ………… 215
岩崎 駿介 …… 62, 78	インテリジェント触媒開発	上堀 美知子 ………… 21
岩崎 高雄 ………… 191	グループ ………… 89	上間 清 ………… 75
岩崎 隆久 ………… 192	インドネシア森林環境協	上牧 修 ………… 203
岩崎 徹治 ………… 127	会 ………… 51	植松 千尋 ………… 215
岩崎 智彦 …… 266, 276	印南 比呂志 ………… 75	植松 伸行 ………… 38
岩崎 正夫 ………… 173		植松 康 ………… 248
岩崎 雄一 ………… 104	**【う】**	上宮 成之 …… 176, 208
岩崎 義男 ………… 71		植村 一盛 ………… 78
岩崎 好陽 ………… 68	ウィルソン, エドワード・オ	上村 佳奈 ………… 99
岩崎電気 ………… 140	ズボーン ………… 57	上村 信夫 …… 202, 203
岩島 清 ………… 17	ウィレット, ウォルター・	上村 博 ………… 260
岩瀬 識 ………… 245	C. ………… 119	上山 智嗣 ………… 41
岩瀬 広 ………… 267	ウィンド・パワー・いばら	上山 良子 ………… 79
岩瀬プリンス電機 ………… 147	き ………… 164	宇尾 光治 ………… 254
岩田 賢二 ………… 10		魚住 泰広 ………… 53
岩田 征一郎 …… 7, 9		魚住 裕介 ………… 261

魚野川を育む会 ………… 108	内山 元志 ……………… 202	**【え】**
ウ・オン ………………… 51	内山 洋司 ……………… 214	
宇賀 昭二 ………………… 92	内山田 竹志 …………… 39	
鵜飼 健司 …………… 234, 236	宇宙航空研究開発機構	エイケン工業 ……… 145, 231
鵜飼 重治 …………… 257, 270	GOSATプロジェクトチーム ……………………… 90	エィ・ダブリュ・メンテナンス ……………………… 155
鵜飼 正二 ……………… 251	美しい山形・最上川フォーラム ……………………… 112	栄藤 良則 …………… 259, 261
鵜飼 幸雄 ………………… 83	内海 俊介 ……………… 105	エイムス, ブルース・N. .. 119
請川 孝治 ……………… 169	内海 英男 ……………… 226	エイムテック …………… 239
宇佐美 裕行 …………… 151	内海 英雄 ………………… 14	江川 直樹 ………………… 80
宇沢 弘文 ……………… 116	内海 博 ………………… 196	江口 清久 ………………… 37
宇治 豊 ………………… 134	内海 与三郎 ……………… 92	江口 浩一 ……………… 173
氏家 巧 ………………… 11	内海環境部環境化学研究室 ……………………… 36	江口 昇次 ……………… 278
牛尾 賢 ………………… 278	宇根 勝己 …… 254, 260, 264	江口 孝 ………………… 191
牛木 真太郎 ……………… 72	宇根 廣司 ……………… 180	エコソリューションズ社 …………………………… 153
牛嶋 剛 ………………… 77	鵜野 伊津志 ………… 70, 89	エコトラック …………… 160
牛深ダイビングクラブ … 51	宇野 満 ………………… 54	エコライフ八尾 ………… 11
牛山 泉 ………………… 248	宇野 芳文 ………………… 94	エコライン ……………… 150
後田 浩二 ………………… 75	宇部興産 … 91, 152, 168, 171	江崎 達哉 ………………… 20
有水 恭一 ………………… 76	海をつくる会 … 72, 107, 112	エスイーエム・ダイキン …………………………… 159
薄井 宙夫 …………… 199, 203	梅沢 俊 ………………… 122	エス・バイ・エル住工 … 155
臼井 弘 ………………… 242	梅津 靖男 ………………… 74	江田 隆志 …………… 244, 245
臼井 甫積 ……………… 259	梅津 良昭 ………………… 55	江悜 剛 ………………… 183
雨水利用を進める全国市民の会 ……………………… 107	梅林 正芳 ……………… 123	越後 満秋 ………………… 54
臼田 雅郎 ……………… 186	梅村 幸治 ……………… 242	越後谷 悦郎 …………… 168
宇田 明 ………………… 124	梅村 久子 ……………… 226	エッソ石油開発 …… 169, 186
宇井 和博 ………………… 30	梅本 毅 ………………… 167	江戸 謙顕 ………………… 63
内井 昭蔵 ………………… 83	浦 憲治 ………………… 77	衛藤 基邦 ……………… 258
内川 高志 ……………… 260	浦口 良範 ………………… 35	江藤 祐一 ……………… 176
内川 武 ………………… 127	浦島 一晃 ……………… 214	エヌ・ティ・ティ・ドコモ …………………………… 85
内田 郁野 ……………… 227	浦田 敏昭 ……………… 200	エヌ・ワイ・ケイ ……… 43
内田 悟 ………………… 179	浦野 勝博 ………………… 47	エネット …………… 155, 156
内田 滋夫 ……………… 274	浦野 紘平 ………………… 14	エネルギーアドバンス …………………… 212, 237
内田 俊介 …………… 254, 256, 258, 265, 269, 275	浦野 浩 ………………… 225	エネルギー総合工学研究所 ……………………… 272
内田 孝紀 ……………… 247	占部 城太郎 ……………… 66	榎戸 裕二 ……………… 257
内田 務 ………………… 205	浦安市建設部土木課 …… 75	榎原 友樹 ……………… 209
内田 秀雄 ……………… 250	漆谷 春雄 ……………… 242	榎本 聡明 …………… 254, 256
内田 博 …………… 53, 244	漆間 勝徳 ………………… 77	榎本 兵治 ……………… 187
内田 洋 ………………… 200	嬉野 絢子 ………………… 22	榎本 隆一郎 …………… 191
内田 正明 ……………… 257	上床 珍彦 ……………… 172	江畑 茂男 ……………… 263
内田 雅也 ………………… 31	上養 義朋 ……………… 261	江花 寛厚 ………………… 31
内田 誠之 ……………… 244	運天 政昇 ……………… 226	荏原インフィルコ …… 35, 37
内田製作所 ……………… 139	吽野 一郎 ……………… 257	荏原インフィルコ「し尿新処
内山 巌雄 ………………… 70	運輸省第一港湾建設局新潟港湾空港工事事務所 …… 78	
内山 督 ……………… 81, 82		
内山 軍蔵 ……………… 261	運輸省第一港湾建設局新潟調査設計事務所技術開発課 ……………………… 78	
内山 健 ………………… 10		
内山 卓郎 ………………… 72		
内山 政弘 ………………… 22		

理技術開発チーム」 …… 36	大石 晃嗣 …………… 257	212, 214, 215, 217, 218, 219
荏原製作所 ……… 35, 139,	大石 徹 …………… 32, 33	大阪ガス営業技術部 … 229, 230
144, 157, 161, 202, 225, 234	大石 寅雄 …………… 183	大阪ガス営業計画部
荏原製作所エンジニアリン	大石 不二夫 …………… 36	…………… 227, 228, 229
グ事業本部 ………… 49	大石 行理 …………… 254	大阪ガスエネルギー開発
荏原総合研究所 ………… 37	大泉 楢 ……………… 76	部 …………………… 231
荏原冷熱システム … 214, 239	大分電子工業 ………… 153	大阪ガスエネルギー技術
蛯沢 勝三 …………… 266	大内 圭 ……………… 131	部 ………… 226, 227, 228
海老沼 孝郎 ………… 180	大内 公耳 ……… 196, 202	大阪ガスエネルギー事業部,
愛媛県立伊予農業高等学校	大内 庸博 ……………… 9	エネルギー開発部 ‥ 231, 232
伊予農絶滅危惧海浜植物	大内 日出夫 …………… 38	大阪ガスエンジニアリン
群保全プロジェクトチー	大内 宗城 ……………… 18	グ ………… 37, 226, 234
ム ……………………… 109	大内 幸夫 …………… 136	大阪ガスエンジニアリング
エプソン販売 ………… 146	大岡 五三実 …… 127, 197	技術本部プラントエンジ
エミリオ アンバーツ … 58	大岡 紀一 …………… 264	ニアリング部 ……… 229
エム・エス・ケイ …… 158	大岡 龍三 …………… 247	大阪ガスエンジニアリング
江本 正和 ……………… 61	大賀 光太郎 ………… 206	部 ………… 226, 227, 228
エーリック, ポール・R … 115	大賀 隆史 ……………… 30	大阪ガスお客様サービス
圓島 信也 …………… 245	大垣 英明 …………… 264	部 …………………… 221
円浄 加奈子 ………… 137	大ガス …………… 202	大阪ガスお客様サービス部
遠藤 章 ………… 266, 269	大風 翼 …………… 249	商品技術開発部 ……… 222
遠藤 昭信 ……………… 81	大勝 靖一 ……… 170, 176	大阪ガス開発研究所
遠藤 栄治 ……………… 41	大川 清 …………… 122	…………… 220, 221, 225
遠藤 敬悟 ……………… 82	大川原製作所 ………… 209	大阪ガス開発研究部 … 229, 231
遠藤 秀平 ……………… 61	大木 武次 …………… 193	大阪ガス幹線部 ……… 225
遠藤 敏行 ……………… 76	大木 武人 …………… 193	大阪ガス技術部 ……… 222,
遠藤 知弘 …………… 269	大木 陽平 ……………… 9	225, 229, 230, 231
遠藤 はる奈 …………… 25	オオキコーポレーション	大阪ガス技術部・生産部
遠藤 幸雄 …………… 133	…………………… 154	…………………… 221, 224
遠藤 良作 ……………… 68	大喜多 敏一 …………… 68	大阪ガス供給管理部
塩屋 義之 …………… 219	大口 進也 …………… 10	…………… 217, 218, 219
	大口 健志 …………… 186	大阪ガス供給技術センター
【お】	大久保 彩子 …………… 24	…………………… 219, 220
	大久保 秀一 …… 174, 175	大阪ガス供給部 ……… 221
及川 伸二 ……………… 95	大久保 隆 …………… 255	大阪ガス供給部供給技術セ
及川 忠雄 …………… 241	大久保 忠恒 …… 251, 255	ンター … 222, 223, 224, 225
王 青躍 ……………… 39	大久保 実 …………… 253	大阪ガスケミカル …… 233
王 丹紅 ……………… 178	大久保 陽一郎 ……… 242	大阪ガス研究開発部
王 立邦 ……………… 33	大熊 武司 …………… 248	…………… 226, 227, 228
逢坂 正彦 …………… 267	大倉 一郎 …………… 179	大阪ガス産業エネルギー営
近江 正男 …………… 264	大河内 春乃 …………… 17	業部 ……… 219, 220, 225
近江八幡青年会議所 …… 83	大越 明男 …………… 242	大阪ガス産業エネルギー営
青梅ガス ……………… 239	大越 靖 ……………… 47	業部開発研究所 ……… 222
大井 悦雅 ……………… 21	大坂 典子 …………… 213	大阪ガス商品開発部 …… 217,
大井 昇 ………… 251, 257	大阪エヤゾール工業 … 217	218, 219, 226, 227, 228
大井 昇二 ……………… 84	大阪ガス …………… 11,	大阪ガス商品技術開発部
大井川 宏之 ………… 262	12, 37, 139, 140, 143, 144,	…………………… 219,
大石 健 ……………… 200	145, 146, 147, 152, 154,	220, 221, 222, 223, 224, 225
	155, 156, 157, 158, 159,	大阪ガス情報通信部 …… 221
	163, 166, 168, 173, 207, 210,	

大阪ガス生産部 ……… 220, 224, 226, 231	大阪府新環境計画プロジェクトチーム ……… 36	太田 幸雄 …………… 71
大阪ガス生産部生産技術センター ……………… 227	大阪府森林組合 ……… 163	太田 壮一 …………… 20
大阪ガス生産本部 …… 218	大阪府水道サービス公社 …………………… 159	太田 暢人 ………… 165
大阪ガス設備技術部 ……………… 229, 230, 231	大阪府水道部村野浄水場 …………………… 159	太田 信之 ………… 276
大阪ガス総合研究所 …… 217	大阪府都市整備部南部流域下水道事務所今池管理センター …………… 152	太田 浩雄 …………… 79
大阪ガス天然ガス自動車プロジェクト部 ……… 226	大阪府メタン発酵研究委員会 ……………… 36	大田 裕之 ………… 270
大阪ガス導管事業部導管部 ………………… 232	大阪府立大学 ………… 273	大田 昌樹 ………… 209
大阪ガス特需営業部 …………… 217, 218, 219	大阪府立大学 環境部「エコロ助」 ……………… 12	太田 充 ……… 251, 253
大阪ガス都市エネルギー営業部 ………………… 219, 220, 221, 223, 224, 225	大阪府立放射線中央研究所 ………………… 273	太田 雄三 …………… 75
大阪ガス都市圏営業部 …………………… 226, 227	大阪防水建設社 … 222, 223, 230	太田 陽一 ………… 187
大阪ガス都市リビング営業部 ………………… 222	大阪防水建設社技術開発室 ………………… 218	太田 洋一郎 ………… 83
大阪ガス南部事業本部 …………………… 227, 228	大阪防水建設社技術開発部 ………………… 230	大高 豊史 …………… 31
大阪ガス北東部事業本部 …………………… 230	大崎 靖彦 …………… 15	大多喜ガス … 236, 237, 238, 239
大阪ガス北部供給部 …… 225	大澤 昭彦 …………… 76	大多喜ガス供給部 … 233, 234
大阪ガスマーケティング企画部 ………………… 223	大沢 克幸 ………… 242	大竹 明 …………… 19
大阪ガスリビング開発部 …………………… 231	大沢 尚之 …………… 36	大竹 巌 ………… 252
大阪ガスリビング事業部,リビング開発部 ……… 232	大澤 裕樹 …………… 99	大竹 伝雄 ………… 169
大阪ガスリビング事業部リビング開発部 ……… 231	大沢 正博 …… 187, 189	大谷 慎一郎 ………… 53
大阪市建設局 ………… 37	大沢 祥拡 ………… 195	大谷 精弥 …… 166, 167
大阪自然環境保全協会 …… 11	大嶋 巖 ………… 260	大津 茂 …………… 77
大阪市ゆとりとみどり振興局 ………………… 84	大嶋 一精 ………… 185	大塚 一夫 ………… 174
大阪市立環境科学研究所衛生工学課 ………… 35	大島 寛司 ………… 131	大塚 勝幸 ………… 254
大阪石油化学 ……… 152	大島 昌三 …… 167, 195	大塚 智史 ………… 270
大阪大学工学研究科環境・エネルギー工学専攻液体金属研究グループ … 276	大島 伸司 ………… 131	大塚 士郎 ………… 262
大阪大学大学院工学研究科 ………… 274, 277	大嶋 孝志 …………… 54	大塚 喬 ………… 174
大阪府公害防止計画プロジェクトチーム ……… 34	大島 博文 ………… 254	大塚 直彦 ………… 274
大阪府少年少女文化財教室 ………………… 11	大島 宏之 ………… 273	大塚 勉 ………… 262
	大島 真澄 ………… 266	大塚 哲郎 …………… 17
	大島 亮一郎 ……… 242	大塚 俊之 ………… 102
	大城 健一 …………… 75	大塚 英典 …………… 75
	大須賀 浩規 ………… 52	大塚 英幸 …………… 21
	大住 克博 …………… 98	大塚 浩文 ………… 226
	大角 克己 ………… 254	大塚 文夫 ………… 256
	大角 克巳 ………… 258	大塚 益比古 ……… 250
	大隅 仁 …………… 20	大塚 康夫 …… 199, 210
	大角 雄三 …………… 58	大塚 喜久 ………… 222
	太田 充恒 …………… 41	大塚 柳太郎 ………… 14
	太田 一平 ………… 180	大月 惇 …………… 40
	太田 英輔 …… 242, 243	大槻 記靖 …………… 52
	太田 幸治 ………… 133	大槻 均 …………… 39
		大槻 文平 ………… 194
		大坪 泰 …… 46, 60, 61
		大坪 利勝 ………… 201
		大手 信人 ………… 102
		大輝 茂 ………… 255
		大友 正一 ………… 254
		大友 文雄 ………… 241
		大友 学 ………… 151
		大西 勇 …………… 31
		大西 紘夫 ………… 241

大西 武 …… 202	大山 隆 …… 171	岡林 慶一 …… 244
大西 信秋 …… 257	大山 正敏 …… 252	岡部 好伸 …… 80
大西 久男 …… 222	大山 幸夫 …… 258	岡部 徹 …… 55, 91
大西 宏 …… 133	大吉 昭 …… 252	岡部 永年 …… 242, 244
大西 陽子 …… 9	大吉 優美子 …… 252	岡部 憲明 …… 74
大西 克成 …… 94	大和田 孝 …… 196	岡部 史生 …… 185
大貫 敏彦 …… 263	岡 茂範 …… 31	岡部 平八郎 …… 173
大沼 浩 …… 173	岡 徹 …… 264	岡村 晶義 …… 77, 84
大野 秋男 …… 265	岡 芳明 …… 265	岡村 一弘 …… 30
大野 二郎 …… 59	岡井 大八 …… 231	岡村 和典 …… 60, 61
大野 秀敏 …… 60, 61, 84	岡内 功 …… 246	岡村 潔 …… 224
大野 浩 …… 74	岡米 太郎 …… 193	岡村 琢三 …… 193
大野 文也 …… 81	岡崎 健 …… 209, 213	岡村 朋 …… 135
大野 正剛 …… 253	岡崎 隆臣 …… 189	岡村 仁 …… 82
大野 美代子 …… 74, 75, 83, 84	岡崎 肇 …… 177	岡本 功一 …… 30
大場 克巳 …… 205	岡崎 慶明 …… 45	岡本 一夫 …… 222
大庭 伸也 …… 92	小笠原 啓一 …… 17	岡本 孝司 …… 269
大場 達之 …… 122	小笠原 忍 …… 134	岡本 真一 …… 69
大場 秀章 …… 122	岡島 厚 …… 247, 248	岡本 隆 …… 230
大橋 恭一 …… 37	岡島 いづみ …… 210	岡本 正二 …… 220
大橋 さとみ …… 7	岡島 敬一 …… 131	岡本 英樹 …… 239
大橋 忠彦 …… 136, 219	岡嶋 成晃 …… 262	岡本 昌樹 …… 176
大橋 治一 …… 248	岡田 旲 …… 174	岡本 正英 …… 40, 55
大橋 秀俊 …… 41	岡田 治 …… 200, 219, 220, 226	岡本 康昭 …… 177
大橋 宏行 …… 170	岡田 一天 …… 74, 75, 79	岡本 安夫 …… 241
大橋 真 …… 20	岡田 克人 …… 35	岡本 洋三 …… 209
大橋 眞 …… 20	緒方 寛 …… 265	岡本 …… 223
大畑 充 …… 235	岡田 健 …… 252	岡屋 克則 …… 33
大林 久 …… 41	尾形 源吉 …… 219	おかやまエネルギーの未来
大林組 …… 43, 49	岡田 健治 …… 241	を考える会 …… 162
大林組神戸支店 …… 81	岡田 光正 …… 13	岡山ガス …… 225, 238, 239
大林組・三井住友建設・竹	岡田 茂充 …… 221	岡山淡水魚研究会 …… 106
中工務店共同企業体 …… 232	尾形 孝成 …… 266	小川 和彦 …… 265
大原 邦夫 …… 83	岡田 卓哉 …… 211, 213	小川 一文 …… 128
大原 利眞 …… 71	岡田 龍幸 …… 216	小川 勝也 …… 30
大平 滋彦 …… 44	緒方 稔泰 …… 78, 82	小川 清 …… 182
大平 拓 …… 275	岡田 英俊 …… 275	小川 茂樹 …… 18
大平 博文 …… 41	岡田 博 …… 196	小川 敏夫 …… 186
大部 悦二 …… 260	緒方 正裕 …… 245	小川 英夫 …… 38
大部 誠 …… 254	緒方 政光 …… 171	小川 人士 …… 17
大政 謙次 …… 29	岡田 斉夫 …… 37	小川 広 …… 15
大見謝 辰男 …… 40	岡田 豊 …… 197	小川 文夫 …… 217
大牟田リサイクル発電 …… 160	緒方 義孝 …… 201	小川 勇造 …… 53
大村 和香子 …… 92	岡田 佳巳 …… 177	小川 祐美 …… 28
大森 修一 …… 265	岡地 宏明 …… 59	小川 芳雄 …… 200
大森 隆夫 …… 180	岡西 茂美 …… 176	小川 嘉彦 …… 36
大森 敏明 …… 221	岡野 邦彦 …… 135	小川 朗二 …… 40
大屋 裕二 …… 247, 248	岡野 三郎 …… 268	沖 大幹 …… 66
大山 剛吉 …… 191	岡野 秀晴 …… 258	沖 亭 …… 183
大山 聖一 …… 20	岡野 寛 …… 194	小木 知子 …… 38, 171, 205

小城 春雄 125	奥本 智文 151	小野 啓子 76
荻巣 樹徳 120	奥山 圭太 275	小野 孝 243
小木曽 正美 134	奥山 泰男 197	小野 貴博 41
沖田 智 17	小倉 勇 184	小野 二男 37
沖田 伸介 211	小椋 正巳 40	小野 通隆 128
沖田 智昭 54	小椋 伸幸 186	小野 靖則 35
沖縄ガス工務部 234	小倉 紀雄 14, 37	小野 佳之 248
沖縄県病害虫防除技術セン	小倉 賢 179	尾上 康治 167
ター 273	小倉 靖弘 41	尾上 順 262
沖縄県立北部病院 152	小栗 元宏 277	尾上 典三 166, 194
沖縄県立宮古総合実業高等	生越製作所 140	尾上 守夫 87
学校環境班 113	長 哲郎 170	小野塚 能文 60
沖縄県立宮古農林高等学校	おさかなポストの会 113	小野田セメント 36
環境工学科環境班 108	小坂部 和也 270	小野寺 祐夫 16, 19
沖縄新エネ開発 158	尾崎 繁 218	小野寺 敬 84
沖縄総合事務局南部国道事	尾崎 東志郎 47	小野寺 正志 189
務所 75	尾崎 利雄 192	小野寺 康 74, 75, 77, 82
沖縄電力 158	尾崎 博已 167	尾前 佳宏 199
沖縄南部風景街道パート	尾崎 博己 171	小野山 益弘 165
ナーシップ 111	尾崎 誠 258	小畑 邦喜 166
荻野 和子 53	尾崎 真理 76	小幡 武三 192
沖野 勝 78	長田 一己 74	尾花 英朗 200
荻野 圭三 171	小沢 健二 259	尾鼻 俊視 77
荻野 典夫 183	小沢 理夫 242	小花和 平一郎 200
沖野 文吉 165, 182, 183	小塩 智也 60	小原 聡 210
荻野 義定 167	オージー情報システム	小原 寿幸 201
荻本 忠男 186	.... 217, 218, 219	小原 英範 190
奥 達雄 254, 258	オージス総研 221	帯広ガス 233
奥井 明彦 190	尾下 里治 82	小布施 明子 189
奥岡 桂次郎 26	押味 加奈 245	小布施町デザイン委員会
奥田 修一 256	小瀬 洋喜 37	 78
奥田 泰雄 248	小曽戸 貴典 27	小渕 進男 185
小口 憲武 229, 230	小田 禎三 183	小渕 存 173
奥津 肇 207	小田 哲也 41	小俣 一平 260
奥野 研一 244	小田 浩 189	小俣 一夫 128
奥野 健二 260	小田 雅俊 84	小俣 光司 171, 207
奥野 年秀 15	小田急電鉄 81	オマーン，ジャベックス
奥野 浩 257	小田原ガス 238, 239	 187
奥野 嘉雄 210	落合 雪野 124	小見 義雄 183
奥原 捷晃 199	オットー，フライ 118	オムロン 152, 154, 163
奥原 敏夫 53	オーテックジャパン 157	オムロンライフサイエンス
小熊 善明 76	乙葉 啓一 256, 271	研究所 146
奥村 啓介 259	オートモーティブセンター	重川 守 185
奥村 秀一 20	 90	小山 正史 270
奥村 俊慈 61	鬼木 貴章 61	小山市都市整備委員会 ... 75
奥村 為男 15, 16	鬼沢 邦雄 269, 270	オリエンタル建設・富士
奥村 忠誠 29	鬼塚 貞 183	ピー・エス特定建設工事
奥村 靖子 61	鬼塚 初喜 258	共同企業体 79
奥村 幸彦 213	小野 昭紘 41	オリエンタルコンサルタン
奥村 義和 263	小野 勝弘 178	ツ 49, 82

折笠 広典 ………… 206	垣内 一雄 ………… 270	梶 さち子 ………… 41
織間 正行 ………… 60	垣山 浩一 ………… 269	梶 昭次郎 ………… 242
大和田 秀二 ………… 33	柿沼 博彦 ………… 41	加地 信 ………… 67
小和田 成美 ………… 8	柿木 一男 ………… 10	梶 正己 ………… 243
遠賀川を利活用してまちを元気にする協議会および同市民部会 ………… 81	牡蠣の森を慕う会 ………… 51	梶川 直樹 ………… 60
	垣花 秀武 ………… 253	梶川 正雄 ………… 168
	角田 恒巳 ………… 258	加治木 武 ………… 31
音環境研究所 ………… 48	核燃料サイクル開発機構 ………… 265	樫木 正行 ………… 167, 195
陰地 義樹 ………… 17	核燃料サイクル開発機構大洗工学センター ………… 267, 268	樫木 民好 ………… 223
恩田 歩武 ………… 279		梶田 真市 ………… 243
恩地 健雄 ………… 255, 269	核燃料サイクル開発機構人形峠環境技術センター ………… 265	梶谷 博康 ………… 275
		梶野 勇 ………… 45
【か】	核燃料サイクル開発機構敦賀本部新型転換炉ふげん発電所 ………… 267	樫部 信司 ………… 260, 264
		鹿島 昭治 ………… 84
加 余超 ………… 213	核燃料サイクル開発機構東海事業所環境保全・研究開発センター処分研究部 … 266	鹿島建設 ………… 42, 43, 48, 49, 158, 169, 170, 173
加圧二段ガス化システム研究・開発グループ …… 89		
甲斐 倫明 ………… 256	核燃料サイクル開発機構東海事業所再処理センター ………… 266, 267	鹿島建設(株)九州支店 ………… 140
ガイアートT・K ………… 49		鹿島建設(株)設計エンジニアリング総事業本部 … 140
皆合 哲男 ………… 40	核燃料サイクル開発機構東海事業所チーム スイートポテト ………… 268	
外国人労働者みなとまち互助会 ………… 72		鹿島建設横浜支店 ………… 48
檜沢 計一 ………… 166	核燃料サイクル開発機構東海事業所プルトニウム燃料センター ………… 267	鹿島石油 ………… 174
カイジョー ………… 246		梶本 卓也 ………… 99
貝瀬 利一 ………… 21		梶谷 史朗 ………… 215
甲斐沼 美紀子 ………… 13	覚張 和彦 ………… 261	梶山 茂 ………… 192
海保 守 ………… 199	角本 孝夫 ………… 78	梶山 文夫 ………… 224
海洋生物センサス科学推進委員会 ………… 57	影近 博 ………… 128	柏木 愛一郎 ………… 30, 133
	景平 一雄 ………… 166, 194	柏木 孝夫 ………… 137, 207
顔 碧 ………… 131	影山 友章 ………… 7	梶原 三郎 ………… 67
加賀 昭和 ………… 29	蔭山 陽一 ………… 205	梶原 夏子 ………… 20
加賀 大喜 ………… 9	賀古 章義 ………… 278	梶原 秀夫 ………… 28
科学実験をたのしむ会・放射線ウオッチング ………… 265	梻 弘之 ………… 61	ガスアンドパワーインベストメント ………… 233
加賀市都市整備部施設整備課 ………… 81	加古川グリーンシティ防災会 ………… 110	春日井 好己 ………… 267
	笠井 洋昭 ………… 255	春日井市民病院 ………… 152
加賀城 俊正 ………… 129	葛西 宏 ………… 95	ガスター …… 149, 217, 225, 233, 234, 236, 237, 238, 239
各務 成存 ………… 278, 279	笠井 雅夫 ………… 257	
鏡味 麻衣子 ………… 104	笠岡 成光 ………… 198	霞ヶ浦・北浦をよくする市民連絡会議 ……… 3, 106
各務原市都市建設部水と緑推進課 ………… 80, 83, 84	笠木 伸英 ………… 241	風当 正夫 ………… 195
	笠原 晃明 …… 217, 218, 220, 224	河川愛護団体 リバーネット21ながぬま ………… 111
各務原地下水研究会 ………… 51	笠原 大四郎 ………… 185	
香川 順 ………… 70	笠原 三紀夫 ………… 69	賀田 立二 ………… 194
香川 眞二 ………… 60	笠原 靖 ………… 167	片岡 静夫 ………… 202
香川県 ………… 160	笠原 幸雄 ………… 170	片岡 祥 ………… 180
香川県多度津町 ………… 112	賀澤 順一 ………… 245	片岡 徹郎 ………… 10
香川県立多度津高等学校 マイコン・機械工作部 ………… 111	加沢 義彰 ………… 254, 256	片岡 宏文 … 196, 202, 208, 226
		片岡 洋行 ………… 22
		片倉 純一 ………… 257, 258

潟船保存会 ………… 111	加藤 肇 ………… 18	金内 健 ………… 208
堅田 元喜 ………… 275	加藤 久喜 ………… 129	兼子 和彦 ………… 75
片田 直伸 ………… 177	加藤 英勝 ………… 172	兼子 隆雄 ………… 205
片野 吉男 ………… 253	加藤 仁久 ………… 194	金子 タカシ ………… 177
片平 忠実 ………… 184	加藤 大 ………… 243	金子 敏行 ………… 33
片山 薫 ………… 241	加藤 弘之 ………… 260	金子 晴美 ………… 209
片山 和俊 ………… 79	加藤 誠 ………… 61	金子 広之 ………… 18
片山 隆夫 ………… 200	加藤 正和 ………… 184	金子 ふさ ………… 68
片山 寛 ………… 170, 191	加藤 真志 ………… 247	金子 光好 ………… 188
片山 正文 ………… 81	加藤 雅彰 ………… 81	金子 義彦 … 251, 254, 267
香月 正司 ………… 243	加藤 正人 ………… 99, 273	金田 清臣 ………… 52
合唱組曲「利根川源流讃歌」	加藤 正美 ………… 257	金田 英彦 ………… 188
発表・実行委員会 … 112	加藤 正之 ………… 77	兼俊 明夫 ………… 15
勝地 弘 ………… 248	加藤 真理子 … 31, 133	金箱 温春 ………… 61, 84
勝原 英治 ………… 25	加藤 宗明 ………… 251	金松 正世 ………… 195
勝又 勉 ………… 170	加藤 宗彦 ………… 183	金村 静香 ………… 26
勝又 正治 ………… 40	加藤 元彦 ………… 182	兼本 茂 ………… 255, 263
勝屋 彊 ………… 194	加藤 義夫 ………… 58	兼保 直樹 ………… 70
勝山 幸三 ………… 266	加藤 力弥 ………… 40	加納 輝明 ………… 219
桂 正弘 ………… 251	加藤 亮 ………… 193	加納 時男 ………… 136
桂木 学 ………… 251	門岡 隼人 ………… 206	狩野 豊太郎 ………… 183
桂木 宏昌 ………… 59	門上 希和夫 … 16, 18, 22, 23	叶内 栄治 ………… 78
家庭用自然冷媒ヒートポンプ	門倉 参次 ………… 194	椛木 洋子 ………… 75
給湯機開発グループ … 89	門田 一雄 ………… 251	加幡 安雄 ………… 128
ガデリウス ………… 37	門田 正也 ………… 67	蕪木 伸一 ………… 46
角 茂 ………… 209	門田 裕一 ………… 123	加部 利明 … 169, 174, 178, 204
加登 達男 ………… 224	角野 康郎 ………… 121	壁谷 俊彦 ………… 20
加藤 治 ………… 263	門村 浩 ………… 87	河北潟湖沼研究所 … 113
加藤 修 ………… 22	角脇 怜 ………… 68	鎌倉 民次 ………… 172
加藤 完治 ………… 80	門脇 互 ………… 29	鎌田 慈 ………… 180
加藤 邦弘 ………… 187	金井 俊夫 ………… 200	鎌田 信也 ………… 262
加藤 健次 ………… 206, 215	金岡 正純 ………… 167	鎌田 久美男 ………… 75
加藤 修平 ………… 75	金川 昭 ………… 258	鎌田 祐一 ………… 212
加藤 正平 ………… 187	神奈川県植物誌調査会 … 123	鎌滝 哲也 ………… 94
加藤 真 ………… 103	神奈川県立川崎工科高等学	加美 陽三 ………… 40
加藤 信介 ………… 248	校 ………… 55	上岡 健太 ………… 210
加藤 仁丸 ………… 83	神奈川県南足柄市 … 106	上口 泰位 ………… 61
加藤 進 ………… 186, 190	金沢 純治 ………… 60	神子 尚子 ………… 28
加藤 誠哉 ………… 16	金沢 徹 ………… 262	上垣内 伸一 ………… 75
加藤 尊秋 ………… 27	金澤 伸浩 ………… 27	上五島石油備蓄 ………… 170
加藤 隆 ………… 202	金沢市企業局 ………… 229	上坂 冬子 ………… 137
加藤 隆彦 ………… 260	金沢大学大学院 ………… 38	神島 敬介 ………… 39
加藤 拓紀 ………… 21	金沢八景―東京湾アマモ場	上西 敏郎 ………… 187
加藤 忠 ………… 18	再生会議 ………… 111	上村 桂 ………… 37
加藤 勉 ………… 194	カナダオイルサンド … 190	上村 秀人 ………… 176
加藤 徹也 ………… 276	金丸 新 ………… 19	神家 昭雄 ………… 62
加藤 敏明 ………… 78	金盛 弥 ………… 38	神谷 篤志 ………… 230
加藤 敏郎 ………… 258	金谷 年展 ………… 137	神家 規寿 ………… 54
加藤 尚純 ………… 243	金山町景観審議会 … 79	神谷 博 ………… 84
加藤 能規 ………… 245	金成 章 ………… 257	紙谷 浩之 ………… 95

神谷 裕一 …… 180	川上 学 …… 20	プ …… 34
神谷 佳男 …… 170, 196, 207	川口 忍 …… 235, 237, 239	川鉄シビル …… 231
神山 昌士 …… 17	川口 隆文 …… 31, 133, 234	川鉄製鉄 …… 159
亀有 昭久 …… 257	川口 一夫 …… 172	川名 昌志 …… 127
亀井 孝信 …… 259	川口 衛 …… 78	川波 肇 …… 53
亀井 忠夫 …… 60	川口 祐二 …… 73	川西 康治 …… 242
亀尾 浩司 …… 188	川越 健也 …… 221	川西 正祐 …… 95
亀田 新太郎 …… 222	川崎 京市 …… 168	川西 康之 …… 84
亀田 貴之 …… 23	川崎 健 …… 84	川西 優喜 …… 31
亀田 豊 …… 19	川崎 真一 …… 31, 133	河野 隆之 …… 128
蒲生 孝志 …… 9	川崎 英司 …… 224	河野 公栄 …… 18, 19
蒲生 昌志 …… 24	川崎 昇 …… 262	河ばた 公昭 …… 38
鴨川を美しくする会 …… 110	川崎 肇 …… 241	川端 五兵衛 …… 83
鴨志田 守 …… 264	川崎市建設緑政局道路河川整備部河川課 …… 82	河端 伸裕 …… 9
鴨と蛍の里づくりグループ …… 108	川崎市まちづくり局市街地開発部市街地整備推進課 …… 83	川原 昭宣 …… 36
彼谷 邦光 …… 15, 19		河原 春郎 …… 253
茅 陽一 …… 135, 136, 138	川崎重工業 …… 37, 201, 210, 235, 240	河原 秀夫 …… 40
茅野 秀夫 …… 253		河原 正佳 …… 30
カラカネイトトンボを守る会～あいあい自然ネットワーク～ …… 110	川崎重工業汎用ガスタービン事業部 …… 226	河辺 訓受 …… 241
	川崎製鉄 …… 160, 225, 227	河辺 真一 …… 76
唐木 清志 …… 73	川崎製鉄知多製造所 …… 220	河辺 正雄 …… 217
唐澤 耕司 …… 123	川崎製鉄鉄鋼技術本部 …… 220	川真田 直之 …… 201
唐沢 彦三 …… 78	川崎製鉄鉄鋼研究所 …… 220	河村 修一 …… 76
唐沢 英年 …… 258	川崎製鉄阪神製造所 …… 220	川邑 啓太 …… 127
柄沢 亮 …… 41	川崎製鉄粉塵処理システム開発グループ …… 34	川村 弘一 …… 35
カラビアス・リジョ，フーリャ …… 57		川村 純一 …… 79
	川崎造船 …… 233	川村 眞人 …… 80
狩屋 嘉弘 …… 133	川島 克也 …… 58, 59	川村 純夫 …… 247
刈茅 孝一 …… 90	川島 克之 …… 274	河村 隆 …… 186
カルビー(株)新宇都宮工場 …… 154	川嶋 崇史 …… 10	川村 英之 …… 276
	河嶋 俊之 …… 44	河村 文雄 …… 262
河井 興三 …… 183	川島 優 …… 9	河村 守 …… 52
川井 正一 …… 192	川重冷熱工業 …… 144, 149, 209, 236, 237, 238	河村 祐治 …… 174
河合 素直 …… 206		河村 良行 …… 248
河合 大洋 …… 40	川瀬 貴晴 …… 60	河本 薫 …… 131, 236
川井 隆夫 …… 32	川瀬 富生 …… 223	川本 輝夫 …… 72
河合 高志 …… 76	川瀬 道彦 …… 241	川本 英貴 …… 31
川合 拓郎 …… 130	川瀬 義和 …… 168	川本製作所 …… 142, 145
河井 敏明 …… 45	川添 紀一 …… 36	河原崎 篤 …… 202
河合 雅人 …… 228	川田 邦明 …… 15, 17	瓦田 伸幸 …… 62
川合 将義 …… 255, 256	河田 聡 …… 10	菅 太郎 …… 269
河合 道雄 …… 244	川田 均 …… 91	環境監視研究所 …… 4
河合 良一 …… 79	河田 裕子 …… 209	環境省中部地区自然保護事務所 …… 82
川池 和彦 …… 242	河内 三郎 …… 186	韓国自然環境保全協会 …… 86
川浦 宏之 …… 244	河内長野ガス …… 238	韓国消費者保護市民連合 …… 86
川上 亀郎 …… 193	川鉄鉱業粉塵処理グルー	
川上 幸一 …… 136		韓国ナショナルトラスト …… 86
川上 敏行 …… 73		かんさいアトムサイエンス

倶楽部 265
関西外国語大学 160
関西環境開発 11
関西電力 12, 147, 148,
    149, 150, 160, 211, 245, 247
関西電力(株)総合技術研究
    所 139
神崎 淳 209
神崎 務 91
苅蔗 寂樹 213
環状2号線川島地区景観検
    討委員会 75
環瀬戸内海会議 73
神田 啓治 255, 265
神田 耕治 38
神田 剛紀 55
神田 英輝 208
神田 亮 249
神田 幸則 255
カンドー 238
神成 陽容 208
菅野 周一 39
神野 博 195
菅野 昌義 251
関配 ‥ 218, 224, 228, 229, 233
神原 定良 197
神原 信志 203, 215
蒲原 弘継 25
神戸 宜明 172
神戸 満 268

【き】

ギアナージ,フェルナンダ
    73
木内 幸浩 52
木内 義通 238
紀尾井 141
気賀 尚志 133
気駕 尚志 205
木上 洋一 244
喜々津 仁密 248
菊岡 泰平 133
菊川 清見 94
菊川 慶子 73
菊澤 喜八郎 124
菊地 英一 168, 175, 197
菊地 克俊 201

菊池 茂人 260
菊池 仁 225
木口 高志 251, 254, 255
菊地 隆司 180
菊池 司 260
菊池 務 178
菊地 秀夫 194
菊地 浩利 248
菊地 啓修 263, 276
菊池 恂 260
菊地 幹夫 20
菊池 康基 94
菊池 康之 252, 255
菊池 良樹 186
菊本 英紀 249
気候ネットワーク 4
気候変動・海面上昇問題研
    究タスクチーム 88
木佐森 聖樹 202
岸 宏一 79
岸 浩一 184
岸井 貞浩 39
岸グリーンサービス 81
岸田 治 105
岸田 邦治 253, 258
岸田 純之助 136
岸田 昌浩 177
岸田 美紗子 25
岸本 章 30, 133
岸本 充生 24
岸本 啓 214
岸本 進 198
岸本 洋昭 31
岸本 康 136
岸本 悦典 74
気象キャスターネットワー
    ク 162
木次乳業 3
木曽 英滋 211
木曽 義之 252
貴田 晶子 21
喜多 亜矢子 55
北 逸郎 189
喜多 照之 133
北 博正 67
木田 真人 180
北方住文化研究所 150
北上川リバーカルチャーア
    ソシエーション 113
北上川流域河川生態系保全

    協会 108
北上川流域市町村連携協議
    会 108
北上電設工業 145
北川 武生 133
北川 徹哉 247
北川 東一郎 224
北川原 徹 36
北九州国際技術協力協会
    85
北九州市 83, 158
北九州市建設局水環境課ほ
    たる係 111
北九州市水道局 158
北区まちづくり部 81
北坂 和也 30
北沢 猛 78
北沢バルブ 221
北島 正一 38
北島 光弘 31
北園 徹 62
北田 敏廣 71
北出 照寳 222
北野 大 14
北の海の動物センター .. 40, 86
北端 琢也 260, 268
北端 秀行 265
北浜 弘宰 38
北林 興二 68
北原 正彦 92
キタバ・ランドスケープ・
    プランニング 79
北村 精男 40
北村 四郎 120
北村 眞一 76
北村 健児 59
北村 俊裕 47
北村 必勝 39
北村 正晴 262, 270
北脇 慎一 270
吉字屋本店 157
橘井 敏弘 40
吉川 彰一 196, 199
キッツ技術開発センター
    232
橘和 丘陽 20
貴傳名 甲 206, 210, 211
城戸 栄夫 166
木戸 瑞佳 20
鬼頭 梓 60

鬼頭 甫 …………… 222	キヤノン …………… 140,	玉 坤 …………… 22
木藤 亮太 …………… 81	141, 145, 146, 147, 148	極限作業ロボット技術研究
木苗 直秀 …………… 94	キヤノンマーケティング	組合 …………… 259
木名瀬 栄 ……… 264, 274	ジャパン …………… 154	極超低排出ガス技術開発
衣川 勝 …………… 134	キャプティ …………… 236	チーム …………… 89
木ノ切 英雄 …………… 83	木山 雅雄 …………… 34	木吉 司 …………… 127
木下 栄三 …………… 82	久建工業 …………… 152	清本 三郎 …………… 74
木下 憲一 …………… 80	九州ガス …………… 239	吉良 竜夫 …………… 56
木下 賢介 …………… 264	九州計測器 …………… 235	霧島酒造 …………… 162
樹下 惺 …………… 183	九州大学 …………… 273	桐谷 圭治 …………… 88
木下 幸治 …………… 133	九州大学建設設計工学研究	桐谷 義男 …………… 194
木下 浩二 …………… 183	室景観グループ …… 81	桐野 康則 …………… 81
木下 史郎 …………… 241	九州大学大学院工学研究院	桐生ガス …………… 220
木下 武夫 …………… 183	環境都市部門 …… 83	キーリング, チャールズ・
木下 裕雄 …………… 176	九州電力 …… 141, 207, 210	D. …………… 114
木下 真清 ……… 165, 192	九州電力玄海原子力発電	金 潤信 …………… 86
木下 幹康 …………… 255	所 …………… 267	金 俊佑 …………… 23
木下 康裕 ……… 244, 245	九州電力(株)総合研究所	金 鍾其 …………… 10
木下 庸子 …………… 59	…………… 140	金 鍾鎬 …………… 173
岐阜ガス営業部 …… 223	九州旅客鉄道 …………… 48	金 容徹 …………… 249
岐阜県紙業試験場 …… 37	キューヘン …………… 145	近畿大学 ……… 163, 273
岐阜県立恵那農業高等学	キュリアン, ユベール …… 119	近畿大学附属豊岡高等学
校 …………… 112	教育放送EBS一つだけの地	校豊岡水害風化防止ネッ
岐阜・美濃生態系研究会	球制作チーム …… 86	ト …………… 109
…………… 112	共栄 …………… 233	錦正研 …………… 159
儀宝 明徳 …………… 273	京極 誠 …………… 38	金田一 嘉昭 …………… 175
希望が丘学園 …………… 157	協振技建 …………… 239	金原 節朗 …………… 251
木全 一博 …………… 38	協成 …… 234, 235, 237, 238, 239	金原 義夫 …………… 82
君島 真仁 …………… 130	協成技術開発部 …… 231, 233	金門製作所 …………… 222,
木村 敦 …………… 276	京セラ …………… 157, 158	225, 228, 233, 234, 235, 239
木村 逸郎 …………… 253	京谷 隆 ……… 172, 202	
木村 かおり …………… 9	協同組合ブロード …… 158	【く】
木村 菊二 …………… 67	行徳 昌則 …………… 48	
木村 吉郎 ……… 246, 248	京都市 …………… 49, 158	久木田 豊 …………… 258
木村 貴海 …………… 267	京都市教育委員会 …… 152	久語 輝彦 …………… 271
木村 剛 …………… 81	京都大学 …………… 273	日下 英史 …………… 32, 33
木村 毅 …………… 171	京都大学原子炉実験所臨界	草壁 克己 …………… 175
木村 武清 ……… 243, 244	実験装置部 …… 270	草木 一男 …………… 38
木村 利博 …………… 75	京都電機器 …………… 229	草場 敏彰 …………… 54
木村 信夫 …………… 39	京都府 …………… 160	草間 伸行 …………… 39
木村 暢之 …………… 267	京都府船井郡八木町 …… 157, 158	鯨井 勇 …………… 59
木村 英雄 ……… 293, 195	京都府立木津高等学校化学	久代 利男 …………… 184
木村 博信 …………… 259	クラブ …………… 110	釧路ガス …………… 233
木村 博則 …………… 59	京都府立桂高等学校草花ク	葛本 昌樹 …………… 133
木村 富士男 …………… 69	ラブ …………… 110	杏掛 展之 …………… 104
木村 元比古 …………… 264	共和コンクリート工業富山	忽那 幸浩 …………… 82
木村 良夫 …………… 18	工場 …………… 82	公手 忠 …………… 187
木村 義孝 …………… 20	協和醗酵工業防府工場 …… 35	工藤 昭彦 …………… 54
紀本 俊夫 …………… 69	清川 和宏 …………… 254	
木本 政義 …………… 205	曲 格平 …………… 115	

302　環境・エネルギーの賞事典

工藤 和彦 …………… 264	久保田 領志 …………… 29	蔵本 賢一 …………… 267
工藤 和美 …………… 47	クボタ …………… 144,	栗屋野 香 …………… 40
工藤 聡 …………… 20	157, 160, 161, 228	栗屋野 伸樹 …………… 40
工藤 修治 …………… 185	クボタ環境エンジニアリン	栗木 幹 …………… 193
工藤 十二 …………… 220	グ事業部 …………… 227	栗栖 聖 …………… 29
工藤 保 …………… 265	久保田鉄工 …………… 36	栗田 桂佑 …………… 210
工藤 哲朗 …………… 188	久保田鉄工枚方製造所 …… 217	栗田 寅雄 …………… 192
工藤 鴻基 …………… 39	隈 研吾 …………… 61	栗田 秀実 …………… 68
工藤 祐揮 …………… 130, 213	熊 涼慈 …………… 30	栗田 裕司 …………… 189
国井 大蔵 …………… 168	熊谷 明 …………… 263, 264	栗田 祥弘 …………… 84
国枝 賢 …………… 271	熊谷 聡 …………… 206	栗田工業 …………… 37
国頭村安田区 …………… 5	熊谷 茂一 …………… 78	栗林 賢次 …………… 61
国末 彰司 …………… 190	熊谷 信二 …………… 96	栗原 権右ヱ門 …………… 18
国見 祐治 …………… 21	熊谷 松男 …………… 221	栗原 淳 …………… 36
国森 公夫 …………… 177	熊谷 幹郎 …………… 268	栗原 潤一 …………… 59
国安 稔 …………… 188	熊谷組 …………… 49, 139	栗原 卓也 …………… 60
国吉 直行 …………… 78	熊谷組技術研究所 …………… 139	栗原 英資 …………… 89
功刀 謙二 …………… 180	熊谷市ムサシトミヨをまも	栗原 良一 …………… 255
功刀 泰碩 …………… 167	る会 …………… 107	栗本 駿 …………… 41, 133
功刀 雅長 …………… 195	熊倉 弘隆 …………… 242	栗山 正明 …………… 255, 263
功刀 泰磧 …………… 195	熊田 博明 …………… 268	栗生 明 …………… 81
クヌート・ウルバン …… 119	クマタカ生態研究グループ	栗和田 穆 …………… 32
久野 春子 …………… 69	…………… 4	クリーンアップ全国事務
クーパー, バリー・J. …… 119	隈谷 尚一 …………… 260	局 …………… 86
久保 一雄 …………… 209	熊田原 正一 …………… 82	クリーンエネルギーライフ
久保 和也 …………… 180	熊原 忠士 …………… 251	クラブ …………… 162
久保 清一 …………… 60	隈部 和弘 …………… 215	グリーンシステム …………… 156
久保 邦夫 …………… 196	熊丸 博滋 …………… 258	グリーンシティ …………… 163
久保 純一 …………… 170	熊本県鹿本町 …………… 159	グルッポピエタ …………… 142
久保 隆夫 …………… 78	熊本県ホタルを育てる会	グレイ,J.E. …………… 136
久保 昌則 …………… 40	…………… 50	呉田 昌俊 …………… 269
久保 百司 …………… 177	熊本県矢部町入佐駐在区	クレディ・スイス証券 …… 155
久保 喜延 …………… 246, 249	…………… 106	呉羽化学工業 ‥ 165, 166, 168
久保川イーハトーブ自然再	熊本市 …………… 110	黒井 英雄 …………… 252
生協議会 …………… 113	熊本電気工業 …………… 153	黒井 秀雄 …………… 219
久保田 淳 …………… 260	粂 康孝 …………… 232	黒岩 宣仁 …………… 78
久保田 岳志 …………… 180	久米 羊一 …………… 184	九郎丸 元雄 …………… 241, 244
久保田 多余子 …………… 98	グラウンドワーク三島	黒川 秀昭 …………… 39
窪田 千穂 …………… 26	…………… 5, 77, 86	黒川 真武 …………… 193
久保田 俊一 …………… 92	倉岡 功 …………… 95	黒川 陽一 …………… 15
久保田 英敏 …………… 33	倉賀野 武利 …………… 195	黒川温泉自治会 …………… 82
久保田 宏 …………… 37	倉澤 俊祐 …………… 179	黒河内 寛之 …………… 97
窪田 雅雄 …………… 82	倉敷建築工房 …………… 59	黒崎 健 …………… 270
久保田 勝 …………… 82	倉重 有幸 …………… 88	黒沢 高秀 …………… 124
久保田 益充 …………… 260	倉田 興人 …………… 194	黒沢 忠弘 …………… 264
久保田 道雄 …………… 242	倉田 周一 …………… 38	黒沢 信道 …………… 63
窪田 陽一 …………… 74, 82	倉田 正輝 …………… 266	黒沢 要治 …………… 243
久保田 瑤二 …………… 218	倉橋 基文 …………… 127	黒島 直一 …………… 84
窪田 好浩 …………… 176	倉林 俊雄 …………… 198	黒田 聡 …………… 81
久保田 龍治 …………… 262	倉本 浩司 …………… 209	黒田 武文 …………… 198

黒田 正範	・・・・・・・・・・・・・	134
黒田 長久	・・・・・・・・・・・・・	125
黒田 雅利	・・・・・・・・・	267, 268
黒田 正之	・・・・・・・・・・・・・	194
黒田 行昭	・・・・・・・・・・・・・	93
グローバル・ニュークリア・フュエル・ジャパン	・・・	273
黒部クリーンアンドグリーンサービス	・・・・・・・・・・	84
黒目川に親しむ会	・・・・・・・・・・	84
黒目川流域川づくり懇談会	・・・・・・・・・・・・・	84
桑子 彰	・・・・・・・・・・・・・	262
桑田 秀典	・・・・・・・・・・・・・	30
桑名市	・・・・・・・・・・・・・	77
桑野 和泉	・・・・・・・・・・・・・	83
桑原 哲	・・・・・・・・・・・・・	47
桑原 崇行	・・・・・・・・・・・・・	39
桑原 裕彰	・・・・・・・・・・・・・	46
軍司 康義	・・・・・・・・・・・・・	271
群馬県企業局	・・・・・・・・・・・・・	157
群馬工業高等専門学校環境都市工学科 青井研究室	・・・・・・・・・・・・・	113

【け】

ケイ・イー・シー	・・・・・・・	142
畦上 修	・・・・・・・・・・・・・	244
慶應義塾大学石川幹子研究室	・・・・・・・	80, 83, 84
慶応義塾大学産業研究所環境問題分析グループ	・・・・・・・	88
景観に配慮したアルミニウム合金製防護柵開発研究会	・・・・・・・・・・・・・	83
ケイハイ	・・・・・・・・・・・・・	229
京阪園芸	・・・・・・・・・・・・・	84
京葉瓦斯	・・	236, 237, 238, 239
京葉瓦斯技術研修センター	・・・・・・・	233, 234, 235
京葉瓦斯技術部	・・・・・・・・・ 226, 229, 230, 231, 232
京葉プラントエンジニアリング	・・・・・・・	236, 238
下司 裕子	・・・・・・・・・・・・・	35
毛塚 順次	・・・・・・・・・・・・・	10
気仙沼市立大谷小学校	・・・・・・・	113
気仙沼市立大谷中学校	・・・・	113
元 炳昨	・・・・・・・・・・・・・	86
元大分新産都市八号地立絶対反対神崎期成会	・・・	73
原研・研究炉開発室撤去技術グループ	・・・・・	257
元高効率ガスタービン技術研究組合	・・・・・・・	242
原子力安全基盤機構	・・・・・	272
原子力発電技術機構廃止措置プロジェクトグループ	・・・・・・・・・・・・・	267
原子力発電支援システム開発組合	・・・・・・・	265
源進職業病管理財団	・・・・・・	73
建設技術研究所	・・・・・・・	80
建設技術研究所筑波試験所	・・・・・・・	82
建設省太田川工事事務所	・・・・・・・・・・・・・	76
建設省関東地方建設局東京国道工事事務所	・・・・・	78
建設省東北地方建設局秋田工事事務所	・・・・・	78
建設省土木研究所	・・・	247
建設省北陸地方整備局神通川水系砂防工事事務所	・・・・	82
現代計画研究所大阪事務所	・・・・・・・	80
玄地 裕	・・・・・・・・・・・	130
原燃輸送	・・・・・・・・・・・	273
劔持 浩高	・・・・・・・・・・・・・	79
劔持 堅志	・・・・・・・・・	16, 23
原油二・三次回収技術研究組合	・・・・・・・	187, 188

【こ】

呉 聖姫	・・・・・・・・・・・・・	206
呉 征鎰	・・・・・・・・・・・・・	56
顧 苴蕾	・・・・・・・・・・・・・	244
呉 英毅	・・・・・・・・・・・・・	244
呉 鵬	・・・・・・・・・・・・・	177
小池 伸介	・・・・・・・・・・・・・	99
小池 啓基	・・・・・・・・・・・・・	277
小池 通崇	・・・・・・・・・・・・・	262
肥塚 淳次	・・・・・・・・・・・・・	242
小泉 昭夫	・・・・・・・・・・・・・	41
小泉 治	・・・・・・・・・・	60, 62
小泉 和夫	・・・・・・・・・・・・・	257
小泉 国平	・・・・・・・・・・・・・	197
小泉 健司	・・・・・・・・・・・・・	203
小泉 進	・・・・・・・・・・・・・	201
小泉 武栄	・・・・・・・・・・・・・	121
小泉 直人	・・・・・・・・・・・・・	180
小泉 務	・・・・・・・・・・・・・	268
小泉 哲郎	・・・・・・・・・・・・・	185
小泉 博	・・・・・・・・・・・・・	103
小泉 雅生	・・・・・・・・・・・・・	61
小泉 益通	・・・・・・・・・・・・・	254
小泉 睦男	・・・・・・・・・・・・・	193
小泉 安郎	・・・・・・・・・・・・・	255
小出 漸	・・・・・・・・・・・・・	226
小出川に親しむ会	・・・・・・・	108
小井戸 直四郎	・・・・・・・	121
康 允碩	・・・・・・・・・・・・・	18
洪 承燮	・・・・・・・・・・・・・	187
高 祥佑	・・・・・・・・・・・・・	9
黄 弘	・・・・・・・・・・・・・	248
興亜石油	・・・・・・・・・・・・・	169
甲賀 国男	・・・・・・・・・・・・・	170
公害地域再生センター	・・・・・	5
鴻上 泰	・・・・・・・・・・・・・	121
工業技術院微生物工業技術研究所	・・・・・・・・・・・・・	37
航空宇宙技術研究所	・・・・・	240
航空機用ジェットエンジン研究組合	・・・・・・・	240
纐纈 三佳子	・・・・・・・・	226
向後 元彦	・・・・・・・・・・・・・	88
香西 直文	・・・・・・・・・・・・・	263
向上高等学校 生物部	・・・・・	109
神津 正男	・・・・・・・・・・・・・	241
高性能工業炉開発プロジェクトチーム	・・・・・・・	88
高速道路高架橋と都市景観に関する検討会	・・・・	76
高速道路総合技術研究所	・・・・・・・・・・・・・	90
高速道路調査会道路景観研究部会	・・・・・・・	75
幸田 文男	・・・・・・・・・・・・・	37
幸田 栄一	・・・・・・・・・・・・・	135
江田 慧子	・・・・・・・・・・・・・	92
郷田 實	・・・・・・・・・・・・・	77
合田 泰規	・・・・・・・・・・・・・	228
高知県 須崎土木事務所 道路建設課	・・・・・・・	83

光電製作所 ……………… 221	小金丸 健一 …………… 234	小島 清嗣 ……………… 233
神戸 正純 ……………… 204	国建協ラオス粗朶工法調査団 ……………………… 111	小嶋 健介 ……………… 271
合同石油開発 ……… 170, 186		小島 鴻次郎 …………… 196
河野 静夫 ……………… 202	国際環境開発研究所 …… 114	小島 貞男 ……………… 110
河野 孝明 ………………… 76	国際自然保護連合 ……… 114	児島 淳 ………………… 180
河野 俊彦 …………… 266, 274	国際石油開発 …………… 278	小島 民生 ……………… 132
河野 通方 ……………… 204	国際石油開発帝石 ……… 215	小島 紀徳 …………… 203, 209
河野 泰大 ……………… 131	国際石油交流センター … 279	小島 史男 ……………… 271
河野 有悟 ………………… 45	コークス工場排水処理技術開発グループ …………… 35	小島 康彦 ………………… 35
河野 吉久 ………………… 70		小島 幸康 ………………… 82
河野 龍太郎 …………… 262	国土交通省関東地方整備局京浜河川事務所 ……… 82	小菅 人慈 ……………… 180
鴻池組広島支店 ………… 76		コスモエンジニアリング ……………………………… 174
コウノトリ湿地ネット …… 86	国土交通省北九州国道工事事務所 ………………… 49	
コウノトリ野生復帰推進連絡協議会 ………………… 5		コスモエンジニアリング大阪支社 ………………… 220
	国土交通省九州地方整備局遠賀川河川事務所 …… 81	
工古田 尚子 ……………… 9		コスモ工機 …………… 231
高分子原料技術研究組合 ……………………… 165, 192	国土交通省九州地方整備局武雄河川事務所 ……… 80	コスモ石油 ……………… 53, 170, 173, 175, 178, 179, 180, 182, 201, 215, 278
神戸工業試験場 ………… 210	国土交通省近畿地方整備局営繕課」 ……………… 58	
神戸市 …………………… 163		
神戸市住宅供給公社 …… 80	国土交通省四国地方整備局中村河川国道事務所 … 84	コスモ総合研究所 …… 170, 173, 175, 201
神戸市住宅局・建設局 … 80		
神戸製鋼所 ……………… 91, 149, 160, 201, 208, 211, 213	国土交通省中国地方整備局出雲河川事務所 ……… 76	コスモペトロテック …… 173
		コスモマテリアル ……… 238
神戸製鋼所エンジニアリング事業部 ……………… 227	国土交通省中国地方整備局苫田ダム工事事務所 … 79	小鷹 長 ………………… 188
		小竹 達也 ………………… 45
神戸製鋼所加古川製鉄所 ………………………………… 41	国土交通省中国地方整備局斐伊川・神戸川総合開発工事事務所 ……………… 79	小谷 謙二 ………………… 74
		小谷 健輔 ………………… 26
神戸製鋼所機械研究所 … 225		小谷 憲雄 ………………… 21
神戸製鋼所機械事業部 … 218	国土交通省中国地方整備局日野川河川事務所 …… 84	小谷 唯 ………………… 215
神戸製鋼所都市環境・エンジニアリングカンパニーエネルギー・原子力センター高砂機器工場 …… 231		小谷 陽次郎 ……………… 62
	国土交通省東北地方整備局福島河川国道事務所 … 77	小玉 敦 …………………… 60
		小玉 喜三郎 …………… 188
	国土交通省北海道開発局室蘭開発建設部 ………… 249	児玉 耕二 ………………… 60
香浦 晴男 ……………… 184		児玉 竜也 ……………… 214
広放社 …………………… 157	国土防災技術 ……………… 42	児玉 達朗 ……………… 252
高本 成仁 ……………… 201	国土防災技術環境防災本部 …………………………… 82	児玉 謙 ………………… 62
高楊 裕幸 …… 74, 76, 79, 81		児玉 泰 ………………… 69
甲陽建設工業 …………… 169	小久保 良夫 …………… 224	小王 祐一郎 ……………… 60
光陽産業 …… 222, 230, 234, 237	国立環境研究所オゾン層研究グループ ……………… 87	後藤 一起 ………………… 53
光来 要三 ……………… 200		後藤 和也 ……………… 204
光緑会 …………………… 85	小暮 信之 ………………… 35	後藤 健吾 ………………… 82
桑折 範彦 ……………… 261	木暮 雄一 ………………… 75	後藤 悟 ………………… 228
古賀 庸憲 ……………… 102	小坂 進矢 ……………… 265	後藤 純雄 ……………… 16, 69
古賀 大 …………………… 61	小佐古 修士 ……………… 41	後藤 隆 ………………… 76
古賀 満 …………………… 81	小澤 裕 …………………… 26	後藤 勉 ………………… 242
古賀 雄造 ……………… 193	越塚 誠一 …… 259, 265, 275	後藤 知一 ……………… 218
小梶 彰 ………………… 243	腰塚 博美 ……………… 200	後藤 久典 ……………… 132
粉川 広行 ……………… 268	腰原 幹雄 ………………… 82	後藤 浩介 ………………… 81
後神 進史 ……………… 276	小島 明雄 ………………… 54	小藤 博英 ……………… 270
		後藤 光由 ……………… 224

後藤 洋三 … 231	小林 光治 … 53	小山 峻史 … 215
後藤 嘉夫 … 76	小林 康弘 … 253	小山 俊太郎 … 200, 203
後藤 純孝 … 267	小林 芳人 … 242	小山 忠志 … 41
小中 勝恵 … 217	小林 義幸 … 27	小山 保 … 183
小長井 主税 … 259	小比賀 一史 … 45	小山 鐵夫 … 124
小無 健司 … 273	コピー用紙リサイクル技術	小山 徹 … 205
コニカ株式会社小田原事業	開発グループ … 87	五洋建設 … 169
場 … 107	御祓川 … 107	コールズ, ジョン・F … 118
コニカミノルタビジネステ	小堀 哲夫 … 61	ゴールデンベルク, ジョゼ
クノロジーズ … 149	駒井 武 … 206	… 116
小西 萠一 … 52	古牧 育男 … 206	コルボーン, ティオ … 115
小西 隆男 … 252	小牧 久 … 38	コルンハウザー, アレクサ
小沼 晶 … 130	小松 一郎 … 263	ンドラ … 119
古畔水辺公園愛護会 … 79	小松 一也 … 38	是井 良朗 … 256
児ノ口公園管理協会 … 77	小松 光 … 98	コロナ … 145, 147, 154
小橋 秀一 … 260	小松 隆之 … 172	コロンボ, ウンベルト … 118
小林 明 … 58	小松 直幹 … 185	權 粛杓 … 86
小林 岩夫 … 253	小松 眞 … 202	今 博計 … 98
小林 修 … 55	小松ガス … 229, 234	根小屋 真一 … 254
小林 和彦 … 70	小松製作所 … 229	コンサベーション・インター
小林 捷平 … 253, 266	小松原 俊一 … 199	ナショナル … 115
小林 華弥子 … 83	小松原 哲郎 … 78	權田 浩三 … 256
小林 啓祐 … 253	五味 保城 … 239	今田組 … 84
小林 健児 … 244	小峰 隆夫 … 135	近藤 明 … 29
小林 滋 … 15	小宮 強介 … 52	近藤 朗 … 79
小林 嗣幸 … 270	小宮 健一 … 179	近藤 宏二 … 247
小林 章一 … 18	小宮 正久 … 75	近藤 賀計 … 261
小林 真 … 97	小宮 康孝 … 112	近藤 駿介 … 136, 265
小林 伸治 … 213	小宮山 涼一 … 130	近藤 隆之 … 20
小林 孝寿 … 10	コミュニティ彩都 … 12	近藤 達男 … 255
小林 隆弘 … 71	小向 茂 … 220	近藤 輝男 … 169
小林 卓也 … 276	小村 精一 … 184	近藤 輝幸 … 53, 172
小林 剛 … 24, 28	ゴムリサイクル研究・開発	權藤 登喜雄 … 168, 195
小林 正 … 241	グループ … 89	近藤 矩朗 … 70
小林 信夫 … 75	小室 武勇 … 199	近藤 裕昭 … 70
小林 憲弘 … 29	小室 雅伸 … 60	近藤 比呂志 … 134
小林 光 … 45	小室 雄一 … 257	近藤 雅芳 … 130
小林 英男 … 254	米谷 龍幸 … 134	近藤 恵太郎 … 271
小林 英嗣 … 77, 78	コメットカトウ … 219	近藤 康雄 … 260
小林 紘 … 241	コモア … 142	近藤 豊 … 252
小林 紘士 … 249	薦田 国雄 … 220	近藤 吉明 … 277
小林 実央 … 228	小森 正樹 … 19	近藤 義和 … 133
小林 将樹 … 211	小屋 かをり … 46	近藤 美則 … 213
小林 真人 … 49	小谷崎 眞 … 20	今野 次雄 … 40
小林 正彦 … 270	小谷田 一男 … 196	今野 俊秀 … 18, 23
小林 正美 … 76, 77, 80	古屋仲 芳男 … 251	
小林 雅之 … 10	小谷野 耕二 … 212	
小林 正幸 … 37	小山 嘉吉 … 189	
小林 学 … 179	小山 和也 … 187	
小林 光雄 … 194	小山 茂樹 … 137	

【さ】

崔 在天 ・・・・・・・・・・・・・・・・・・・・ 86
崔 準哲 ・・・・・・・・・・・・・・・・・・・・ 180
崔 恒 ・・・・・・・・・・・・・・・・・・・・・・ 246
齊官 貞雄 ・・・・・・・・・・・・・・・・・・ 41
斎木 直人 ・・・・・・・・・・・・・・・・・・ 203
才木 義夫 ・・・・・・・・・・・・・・・・・・ 69
最首 公司 ・・・・・・・・・・・・・・・・・・ 136
埼玉県 ・・・・・・・・・・・・・・・・・・・・・・ 158
埼玉県新河岸川総合治水事
　務所 ・・・・・・・・・・・・・・・・・・・・・・ 84
埼玉県東部清掃組合 ・・・・・・ 37
さいたま新都心中枢・中核
　施設建設調整委員会 ・・・・ 76
斎長物産 ・・・・・・・ 230, 236, 237
斎長物産営業開発室 ・・・・ 234
斎長物産営業開発部 ・・・・ 232
最適化研究所 ・・・・・・・・・・・・・・ 160
齋藤 明良 ・・・・・・・・・・・・・・・・・・ 54
斎藤 郁夫 ・・・・・・・・・・・・・・・・・・ 211
斎藤 潮 ・・・・・・・・・・・・・・・・・・・・ 78
齊藤 修 ・・・・・・・・・・・・・・・・・・・・ 27
斉藤 勝美 ・・・・・・・・・・・・・・・・・・ 70
西堂 紀一郎 ・・・・・・・・・・・・・・ 136
斎藤 公男 ・・・・・・・・・・・・・・・・・・ 60
斉藤 慶一 ・・・・・・・・・・・・・・・・・・ 250
齊藤 啓一 ・・・・・・・・・・・・・・・・・・ 80
斎藤 敬三 ・・・・・・・・・・・・・・・・・・ 67
齋藤 啓太 ・・・・・・・・・・・・・・・・・・ 22
斉藤 浩二 ・・・・・・・・・・・・・・・・・・ 79
齋藤 公児 ・・・・・・・・・・・ 206, 208
斉藤 繁喜 ・・・・・・・・・・・・・・・・・・ 58
齋藤 志津夫 ・・・・・・・・・・・・・・ 62
齋藤 周 ・・・・・・・・・・・・・・・・・・・・ 31
齋藤 準 ・・・・・・・・・・・・・・・・・・・・ 131
斎藤 順市 ・・・・・・・・・・・・・・・・・・ 264
斎藤 正三郎 ・・・・・・・・・・・・・・ 170
斎藤 伸三 ・・・・・・・・・・・・ 254, 262
齋藤 清次 ・・・・・・・・・・・・・・・・・・ 189
斉藤 大蔵 ・・・・・・・・・・・・・・・・・・ 244
斉藤 卓 ・・・・・・・・・・・・・・・・・・・・ 244
斎藤 恒 ・・・・・・・・・・・・・・・・・・・・ 72
斉藤 博 ・・・・・・・・・・・・・・・・・・・・ 134
斉藤 史彦 ・・・・・・・・・・・・・・・・・・ 38
斎藤 昌男 ・・・・・・・・・・・・・・・・・・ 54
齋藤 美穂 ・・・・・・・・・・・・・・・・・・ 26

齋藤 雄一 ・・・・・・・・・・・・・・・・・・ 190
齊藤 義明 ・・・・・・・・・・・・・・・・・・ 44
斎藤 良三 ・・・・・・・・・・・・・・・・・・ 218
西部ガス ・・ 140, 147, 157, 220
西部ガス北九州工場 ・・・・・・ 227
西部ガス事業部室 ・・・ 222, 223
西部ガス事業本部供給企画
　部 ・・・・・・・・・・・・・・・・・・・・・・・・ 217
西部ガス生産幹線部 ・・・・ 230
西部ガス総合研究所 ・・・・ 217,
　219, 220, 223, 225, 226,
　227, 228, 231, 233
西部ガス福岡設備導管事業
　所 ・・・・・・・・・・・・・・・・・・・・・・・・ 225
サイボルト, オイゲン ・・・・・・ 114
佐伯 修 ・・・・・・・・・・・・・・ 129, 134
佐伯 隆 ・・・・・・・・・・・・・・・・・・・・ 54
佐伯 龍男 ・・・・・・・・・・・・ 189, 190
佐伯 正夫 ・・・・・・・・・・・・・・・・・・ 41
佐伯 正克 ・・・・・・・・・・・・・・・・・・ 252
佐伯 康治 ・・・・・・・・・・・・・・・・・・ 35
三枝 利有 ・・・・・・・・・・・・・・・・・・ 263
三枝 まどか ・・・・・・・・・・・・・・ 132
佐賀 清崇 ・・・・・・・・・・・・ 135, 216
坂 志朗 ・・・・・・・・・・・・・・ 134, 211
佐賀 達男 ・・・・・・・・・・・・・・・・・・ 128
佐賀 肇 ・・・・・・・・・・・・・・・・・・・・ 188
坂井 亜紀 ・・・・・・・・・・・・・・・・・・ 17
阪井 英次 ・・・・・・・・・・・・・・・・・・ 251
坂井 浩二 ・・・・・・・・・・・・・・・・・・ 273
酒井 茂 ・・・・・・・・・・・・・・・・・・・・ 76
酒井 章子 ・・・・・・・・・・・・・・・・・・ 123
坂井 伸一 ・・・・・・・・・・・・・・・・・・ 18
酒井 伸一 ・・・・・・・・・・・・・・・・・・ 22
佐賀井 武 ・・・・・・・・・・・・・・・・・・ 198
坂井 正昭 ・・・・・・・・・・・・・・・・・・ 17
嵯峨井 勝 ・・・・・・・・・・・・・・・・・・ 69
酒井 雄大 ・・・・・・・・・・・・・・・・・・ 9
境 禎明 ・・・・・・・・・・・・・・・・・・・・ 236
坂井 るり子 ・・・・・・・・・・・・・・ 204
堺市 ・・・・・・・・・・・・・・・・・・・・・・・・ 157
堺市環境保健局環境事業
　部 ・・・・・・・・・・・・・・・・・・・・・・・・ 227
堺市立神石小学校 ・・・・・・・・ 12
堺千年の森クラブ ・・・・・・・・ 12
坂入 実 ・・・・・・・・・・・・・・・・・・・・ 41
栄 武二 ・・・・・・・・・・・・・・・・・・・・ 261
さかえだ さかえ ・・・・・・・・・・ 10
坂上 治郎 ・・・・・・・・・・・・・・・・・・ 68

坂上 寛敏 ・・・・・・・・・・・・・・・・・・ 180
坂上 正治 ・・・・・・・・・・・・・・・・・・ 260
阪口 翔太 ・・・・・・・・・・・・・・・・・・ 97
坂口 義美 ・・・・・・・・・・・・ 221, 232
坂田 光一 ・・・・・・・・・・・・・・・・・・ 75
坂田 荘司 ・・・・・・・・・・・・・・・・・・ 241
坂田 肇 ・・・・・・・・・・・・・・・・・・・・ 252
坂田 弘 ・・・・・・・・・・・・・・・・・・・・ 246
坂田 浩 ・・・・・・・・・・・・・・・・・・・・ 181
坂田 昌弘 ・・・・・・・・・・・・・・ 20, 29
坂手 道明 ・・・・・・・・・・・・・・・・・・ 76
坂西 欣也 ・・・・・・・・ 134, 172, 203
坂部 孜 ・・・・・・・・・・・・・・・・・・・・ 193
坂牧 和博 ・・・・・・・・・・・・・・・・・・ 189
相模川倶楽部 ・・・・・・・・・・・・・・ 109
坂村 義治 ・・・・・・・・・・・・・・・・・・ 264
坂本 和男 ・・・・・・・・・・・・・・・・・・ 252
坂本 和彦 ・・・・・・・・・・・・・・ 39, 70
阪本 寧男 ・・・・・・・・・・・・・・・・・・ 121
阪本 将三 ・・・・・・・・・・・・・・・・・・ 41
坂本 紀 ・・・・・・・・・・・・・・ 184, 194
坂本 次男 ・・・・・・・・・・・・・・・・・・ 77
阪本 浩規 ・・・・・・・・・・・・・ 31, 133
坂本 雄吉 ・・・・・・・・・・・・・・・・・・ 246
坂本 雄二郎 ・・・・・・・・・・・・・・ 241
坂本 幸夫 ・・・・・・・・・・・・・・・・・・ 258
坂本商事 ・・・・・・・・・・・・・・・・・・ 77
佐川 孝俊 ・・・・・・・・・・・・・・・・・・ 243
坂輪 光弘 ・・・・・・・・・・・・ 199, 202
佐川急便 ・・・・・・・・・・・・・・・・・・ 12
崎尾 均 ・・・・・・・・・・・・・・・・・・・・ 51
佐久川 弘 ・・・・・・・・・・・・・・・・・・ 51
桜井 潔 ・・・・・・・・・・・・・・・・ 58, 59
桜井 武一 ・・・・・・・・・・・・・・・・・・ 87
桜井 俊男 ・・・・・・・・・・・・・・・・・・ 165
桜井 裕 ・・・・・・・・・・・・・・・・・・・・ 257
櫻井 正昭 ・・・・・・・・・・・・・・・・・・ 45
櫻井 百子 ・・・・・・・・・・・・・・・・・・ 62
櫻井 靖紘 ・・・・・・・・・・・・・・・・・・ 213
櫻井 良寛 ・・・・・・・・・・・・・・・・・・ 31
櫻井技研工業 ・・・・・・・・・・・・・・ 161
桜田 光一 ・・・・・・・・・・・・・・・・・・ 274
櫻谷 隆 ・・・・・・・・・・・・・・・・・・・・ 229
櫻庭 萬里夢 ・・・・・・・・・・・・・・ 6
櫻庭 芽生夢 ・・・・・・・・・・・・・・ 7
桜谷 敏和 ・・・・・・・・・・・・・・・・・・ 201
迫 淳 ・・・・・・・・・・・・・・・・・・・・・・ 254
佐古 孝弘 ・・・・・・・・・・・・・・・・・・ 235
迫田 章義 ・・・・・・・・・・・・・・ 13, 29

さこた

迫田 幸広	278
笹 文夫	82
佐々 保雄	194
笹尾 信之	252
佐々木 詔雄	186
佐々木 澄	248
佐々木 清隆	184
佐々木 崑	121
佐々木 喬	79
佐々木 隆之	275
佐々木 有	93
佐々木 敏彦	62
佐々木 直人	243
佐々木 憲明	256
佐々木 久雄	110
佐々木 博一	219, 222
佐々木 裕文	216
佐々木 朋三	271
佐々木 誠	259
佐々木 政雄	77, 82
佐々木 正秀	205
佐々木 道也	265
佐々木 実	193
佐々木 裕子	19, 20, 21
佐々木 葉	77
佐々木 義之	134
ササクラ	224
笹倉機械製作所	221
笹井製作所	110
笹平 朗	262, 270
佐直 英治	31, 54
サステイナブルコミュニティ総合研究所	78
佐瀬 佐	32
佐田 敏彦	196
佐田 祐一	60
定岡 紀行	262
定方 正毅	205, 209, 211
定木 淳	32, 33
佐竹 一朗	61
佐竹 隆	84
定村 俊満	83
貞森 博己	200, 220
サックス, ジョゼフ・L.	116
左雨 六郎	193
札幌駅南口街づくり協議会	77
札幌市	79, 153, 160
札幌市環境局緑化推進部公	
園計画課	79
札幌大通まちづくり	85
サッポロビール	158
薩摩 篤	175
ザデー, ロトフィ・アスカー	118
佐渡 嗣朗	224
佐藤 勇	269
佐藤 栄作	217
佐藤 修	74, 186
佐藤 一男	136
佐藤 和宏	245
佐藤 一仁	175
佐藤 和好	215
佐藤 仁俊	40
佐藤 邦昭	198
佐藤 謙	122
佐藤 賢司	38
佐藤 豪	197, 241
佐藤 浩一	176
佐藤 剛一	278
佐藤 剛史	182
佐藤 光三	179, 188
サトウ, ゴードン・ヒサシ	116
佐藤 純一	128
佐藤 春三	201
佐藤 千之助	254
佐藤 尚司	82
佐藤 健	35
佐藤 達彦	269
佐藤 時幸	187, 188
佐藤 智徳	267, 269
佐藤 友彦	127
佐藤 久敬	183
佐藤 大樹	269
佐藤 弘史	247
佐藤 洋	13
佐藤 文夫	214
佐藤 史紀	270
佐藤 文彦	170
佐藤 孫七	72
佐藤 正昭	202
佐藤 真佐樹	166, 167
佐藤 雅史	81
佐藤 眞住	206
佐藤 正知	258
佐藤 昌弘	203
佐藤 正洋	133
佐藤 昌之	44, 59, 60
佐藤 優	83
佐藤 増雄	259
佐藤 学	20
佐藤 幹夫	200
佐藤 道雄	258
佐藤 みのり	7
佐藤 稔	252
佐藤 元久	184
佐藤 勇太	186
佐藤 洋一郎	121
佐藤 芳樹	173, 198
佐藤 義春	81
佐藤 吉彦	36
佐渡友 秀夫	21
里見 和彦	78
真田 和夫	258
真田 貢	194
真田 雄三	167, 170, 177, 196, 202, 209
サニット・アクソンコー	64
佐野 和善	133
佐野 健二	41
佐野 忠雄	250
佐野 庸治	171
佐野 藤右衛門(16世)	121
佐野 寿夫	243
佐野 信夫	77
佐野 史典	129, 130, 134
佐野 誠治	10
佐野 正義	186
佐野 雄二	264
佐野 陽	198
佐野ガス	220
佐波 俊哉	276
佐保 典英	41
サムソン	232, 234, 238
サムバウナ・トラスト	72
鮫島 和子	121
鮫島 惇一郎	121
鮫島 良二	134
サリム, エミル	116
猿田 勝美	68
猿田 南海雄	67
佐和 隆光	134, 137, 208
沢 俊雄	40
澤 充隆	85
澤井 淳	20
沢井 余志郎	72
澤田 悟郎	176

澤田 采佳	25	
沢田 達郎	19	
沢田 直行	41	
澤田 秀夫	248	
沢田石 一之	20	
三機工業	43, 153	
産業技術総合研究所	154, 213	
産業公害問題法理研究委員会	34	
三協立山アルミ	238	
サンコー	238	
三晃金属工業	159	
サンコーガス精機	222, 235	
三田 敏男	258	
サンデン	140, 147	
残土・産廃問題ネットワーク・ちば	4	
サントリーホールディングス	91, 113	
サンポット	236, 239	
三保電機製作所	220, 224	
山陽国策パルプ	36	
山陽石油化学	173	
三洋ソーラーインダストリーズ	157	
三洋電機	43, 139, 141, 142, 149, 157, 223, 224, 225, 226, 234, 235, 238	
三洋電機 "eneloop（エネループ）" 開発プロジェクト	90	
三洋電機ガス機器特販	219	
三洋電機株式会社大東事業所	12	
三洋電機空調	146	
三洋電機空調ガス空調エネルギーシステムビジネスユニット	231	
三洋電機空調事業部	219	
三洋電機 コマーシャル企業グループコマーシャル技術本部 GHP室外機開発ビジネスユニット	232	
三洋電機 コマーシャル企業グループコマーシャル技術本部 セントラルシステム開発ビジネスユニット	232	
三洋電機ソーラーエナジー研究部HIT太陽電池開発グループ	90	
三洋電機（株）東京製作所	139	
三洋ホームズ	163	
サンレー冷熱熱事業部	220	

【し】

椎﨑 一宏	31	
椎名 清	183	
椎葉 昭二	51	
ジェイアール東日本コンサルタンツ	80	
ジェイウインド東京	160	
ジェイペック 若松環境研究所	41	
紫岡 道夫	193	
塩川 孝信	253	
塩川 友紀	6	
塩川 佳伸	271	
塩崎 卓哉	20, 21	
塩沢 清茂	69	
塩沢 光治	176	
塩尻 かおり	105	
ジオスター	49	
塩田 俊明	128	
塩田 祐介	30	
塩谷 正雄	246	
塩野 悟	133	
塩野義製薬	53	
汐見 文隆	72	
塩谷 洋一	18	
滋賀銀行	162	
鹿倉 栄	259	
滋賀県環境生活協同組合	4, 86	
滋賀県東近江土木事務所	83	
滋賀県琵琶湖研究所	36, 108	
滋賀県立八幡工業高等学校	161	
鹿野 隆	222	
重定 南奈子	103	
重松 敏夫	133	
重山 陽一郎	74, 78	
資源環境技術総合研究所	205	
資源技術試験所	165	

四国ガス	233, 238, 239	
四国ガス供給部	227, 228	
四国ガス情報システム部	227	
四国道路エンジニア	77	
宍塚の自然と歴史の会	111	
宍戸 貴洋	210	
宍戸 哲也	181	
志津見ダム付替道路景観検討委員会	79	
静岡ガス	217, 225, 227, 228, 232, 234, 235, 237, 238, 239	
静岡ガス産業エネルギーグループ	230	
静岡ガス設備技術グループ	234	
静岡県経済農業協同組合連合会	36	
静岡県トラック協会	161	
静岡県本川根町	49	
静岡県立静岡農業高等学校	111	
静岡新聞	48	
静岡製作所	143	
静岡大学大学院創造科学技術研究部エネルギーシステム部門 環境保全工学研究室	90	
静岡大学理学部附属放射科学研究施設	274	
自然環境復元協会	77	
自然史教育談話会	110	
自然と暮らしを考える研究会	112	
自然と本の会	11	
下ヶ橋 雅樹	27	
七島 純一	78	
四手井 綱英	121	
至只 利夫	74	
シナイモツゴ郷の会	5	
品川 睦明	252	
品川 涼治	193	
品田 芳二郎	183	
篠崎 功	39	
篠崎 英孝	212	
篠崎 光夫	69	
篠島 功	219	
篠塚 正行	84	
篠田 晶子	21	
篠畑 雅亮	54	

篠原 修 ……………… 74, 75, 77, 78, 79, 81, 82, 85	島田 伸介 ……………… 189	清水建設・JRR-3撤去プロジェクト ……………… 257
篠原 勝則 ……………… 134	島田 広道 ……………… 172	清水建設(株)技術研究所 ……………… 154
篠原 慶邦 ……………… 259	島田 弘康 ……………… 95	シミュレーション・テクノロジー ……………… 154
篠原 好幸 ……………… 168	嶋田 正和 ……………… 103	市民ネットワーキング・相模川 ……………… 106
篠原 亮太 ……………… 21	島田 昌英 ……………… 190	志村 嘉一郎 ……………… 138
篠山 鋭一 ……………… 67	島田 将之 ……………… 254	志村 勉 ……………… 75
斯波 薫 ……………… 81	島田 衛 ……………… 184	志村 リョウ ……………… 7
斯波 忠夫 ……………… 165	島田 守 ……………… 31	下里 与 ……………… 251
斯波 正誼 ……………… 252, 255	嶋田 康佑 ……………… 9	下里 省夫 ……………… 127
芝浦エレテック ……………… 235	島谷 幸宏 ……………… 80, 83, 84	下地 勇貴 ……………… 10
芝浦特機 ……………… 161	島根県企業局 ……………… 160	下城 宏文 ……………… 44
柴崎 芳三 ……………… 137, 222	島根県教育庁文化課 ……………… 76	下園 文雄 ……………… 121
柴田 勝之 ……………… 255, 266, 270	島根県津和野土木事務所 ……………… 75	下田 達也 ……………… 90
柴田 恵一 ……………… 266	島根県益田県土整備事務所津和野土木事業所 ……………… 82	下田 直之 ……………… 190
柴田 恵一 ……………… 275	島宗 弘治 ……………… 252	下田 吉之 ……………… 135
柴田 興益 ……………… 78	島村 一訓 ……………… 233	下平 一雄 ……………… 243
柴田 貴範 ……………… 244	島村 匡 ……………… 19	下間 澄也 ……………… 30
柴田 俊一 ……………… 255, 264	嶋村 晴夫 ……………… 169, 198	下原 孝章 ……………… 70, 71
柴田 俊春 ……………… 203	島本 進 ……………… 257	下村 雅俊 ……………… 31
柴田 晴道 ……………… 18	島本 辰夫 ……………… 188, 189, 190	下山 泉 ……………… 209, 215
柴田 正夫 ……………… 41	清水 彰直 ……………… 250, 253	謝 平 ……………… 65
柴田 松次郎 ……………… 199	清水 固 ……………… 174	ジャスコ ……………… 159
柴田 康行 ……………… 17, 20	清水 勝一 ……………… 40	シャックルトン, ニコラス ……………… 116
柴田 善朗 ……………… 131	清水 清嗣 ……………… 80	ジャパンエナジー ……………… 178, 179, 202
柴原 格 ……………… 259	清水 國夫 ……………… 79	ジャパン石油開発 ……………… 187
柴宮 博 ……………… 168	清水 敬示 ……………… 59	ジャパンビバレッジ ……………… 147
柴本 泰照 ……………… 269	清水 研一 ……………… 179	シャープ … 90, 139, 140, 141, 142, 143, 144, 145, 147, 151, 153, 155, 157, 158, 159, 162
渋谷 浩一 ……………… 77	清水 健二 ……………… 38	シャープAVC液晶事業本部 ……………… 109
澁谷 徹 ……………… 96	清水 俊一 ……………… 258	シャープアメニティシステム ……………… 158, 159
渋谷 正信 ……………… 211	清水 正三 ……………… 241	シャープ株式会社三重工場 ……………… 107
澁谷 学 ……………… 47	清水 誠一 ……………… 257	シャープ電化システム事業本部 ……………… 233
渋谷 陽治 ……………… 74	清水 太一 ……………… 214	シャラー, ジョージ・B. … 56
シーベルインターナショナル ……………… 164	清水 多恵子 ……………… 38	朱 杞載 ……………… 66
四変テック ……………… 145	清水 孝視 ……………… 220	十川ゴム ……………… 219, 221
島 秀樹 ……………… 76	清水 忠明 ……………… 206, 207	秋江 拓志 ……………… 267
嶋 淳子 ……………… 9	清水 忠彦 ……………… 67	就実高等学校放送文化部 ……………… 109
島 史朗 ……………… 254	清水 建美 ……………… 122	重質油対策技術研究組合
島内 克幸 ……………… 244	清水 直明 ……………… 44	
島川 佳郎 ……………… 261	清水 英樹 ……………… 40	
嶋崎 勝乗 ……………… 205	清水 啓通 ……………… 176	
島崎 洋一 ……………… 207	清水 誠 ……………… 188	
島尻 はつみ ……………… 30	清水 正文 ……………… 128	
嶋津 暉之 ……………… 73	清水 幹夫 ……………… 248	
島津 洋一郎 ……………… 268, 270, 273	清水 庸 ……………… 29	
嶋田 勇 ……………… 67	清水 善和 ……………… 121	
嶋田 健司 ……………… 247	清水 善久 ……………… 234	
島田 祥雄 ……………… 261	清水エル・エヌ・ジー ……………… 227	
	清水建設 ……………… 36, 169, 173	

受賞者名索引　　しんわ

```
·················· 170, 201
住宅生産振興財団 ········ 80
重津 雅彦 ············· 38
重留 義明 ············ 264
宿島 悟志 ············ 30
手口 直美 ············ 28
ジュセッペ，ベルッッシィ
    ················ 226
首藤 健治 ············ 224
酒匂川水系保全協議会 ··· 107
首里まちづくり研究会 ··· 111
徐 春保 ············· 205
城 博 ··············· 192
正英製作所 ······· 236, 238
正賀 充 ·············· 38
常見 知広 ············ 21
上甲 勝弘 ············ 130
生西 克徳 ············ 84
松山 成男 ············ 261
正司 明夫 ············ 79
庄司 卓 ············· 264
庄司 光 ············· 67
庄子 仁 ············· 180
庄司 祐子 ············ 227
小松 直登 ············ 25
小松原 安久 ·········· 54
精進川ふるさとの川づく
  り事業整備計画検討委員
  会 ················ 79
小草 欽治 ············ 186
上総掘りをつたえる会 ··· 110
省電舎 ·············· 152
正徳 理栄子 ··········· 9
上冨 勇 ············· 253
情報制御システム社 ···· 153
荘村 多加志 ·········· 39
上陽町役場建設課 ······ 77
昭和シェル石油 ··· 157, 181
昭和シェル石油中央研究
  所 ············ 175, 176
昭和シェルソーラー ···· 162
昭和石油 ············ 168
昭和鉄工 ········ 225, 239
触媒化成工業 ········· 169
植物同好じねんじょ会 ·· 122
ジョン・ジャーディ ···· 84
白井 貞夫 ············ 83
白井 隆盛 ············ 260
白井 昌志 ············ 54
白石 勝彦 ············ 199

白石 邦生 ············ 265
白石 健介 ············ 253
白石 直 ············· 262
白石 辰己 ············ 184
白石 成人 ············ 247
白石 寛明 ······ 16, 18, 21
白石 不二雄 ······· 17, 21
白石 康浩 ············ 278
白石 靖幸 ············ 247
白石 諭勲 ············ 31
白江 龍三 ············ 59
白形 弘文 ············ 255
白川中流域水土里ネット協
  議会 ············· 108
白木 彩子 ············ 63
白倉 康隆 ············ 190
白崎 義則 ············ 236
白沢 武 ············· 54
白島石油備蓄 ········· 174
白土 博通 ············ 248
白鳥 敏正 ············ 241
白鳥 裕之 ············· 6
白鳥 雅和 ············ 82
白鳥 泰宏 ············ 44
白根 義治 ············ 20
白山 栄 ············· 55
白山 新平 ············ 255
知る権利ネットワーク関
  西 ················ 73
シールテック ········· 140
知床財団 ·············· 5
城石 尚宏 ············ 79
城谷 孝 ············· 253
白戸 義美 ············ 178
神 和夫 ·········· 19, 22
秦 和夫 ·········· 257, 264
新栄合田建設 ········· 160
新エネルギー・産業技術総
  合開発機構 ········ 211
真貝 耀一 ············ 185
新型転換炉用炉内中性子検
  出器開発チーム ····· 255
新華南石油開発 ······· 190
新家 忠男 ············ 192
シンコー ············ 219
神鋼環境ソリューション
    ················ 163
神鋼建材工業 ·········· 76
新晃工業 ······ 144, 225, 228
神鋼ファウドラー ····· 165

新コスモス電機 ········ 217,
    223, 234, 235, 237
新コスモス電機リビング事
  業部 ············· 234
仁済学園 ·············· 86
神坂上流砂防堰堤景観デザ
  イン検討委員会 ····· 82
眞崎商店 ············ 158
進士 五十八 ·········· 77
宍道湖・中海汽水湖研究所
    ·················· 5
新四万十川橋（仮称）景観検
  討委員会 ·········· 84
信州省エネパトロール隊
    ················ 152
進藤 篤 ·············· 7
新藤 純子 ············ 13
進藤 照浩 ············ 205
新藤 雅美 ············ 255
新藤 泰宏 ············ 38
真藤 豊 ············· 41
新南海石油開発 ······· 190
新日鉄エンジニアリング
    ·········· 191, 213, 215
新日鉄化学 ·········· 172
新日本製鐵 ···· 169, 217, 218,
    278, 174, 208, 233, 203, 204
新日本製鐵大分製鐵所製銑
  工場 ············· 90
新日本製鐵化学工業 ···· 35
新日本製鐵鉄構海洋事業
  部 ············ 217, 220
新日本石油 ····· 41, 162, 163,
    177, 179, 210, 212, 278, 279
新日本石油開発 ······· 190
新日本石油基地 ········ 41
新日本石油精製 ·· 152, 179, 278
じん肺・アスベスト被災者
  救済活動 ·········· 72
新保 雄太 ············ 29
シンポ ··········· 143, 227
新町川を守る会 ··· 106, 112
陣矢 大助 ········ 22, 23
新陽社 ·············· 151
シンワ技研コンサルタン
  ト ················ 84
新和産業 ······ 219, 221, 231
新和産業第三営業部 ···· 229
```

環境・エネルギーの賞事典　311

【す】

水光社家庭会	51
末包 哲也	131
末沢 満	53
末次 克彦	137, 208
末次 良雄	194
末光 弘和	46
末光 陽子	61
末山 哲英	199
末吉 純一	52
菅 進	241
菅沼 祐介	211
菅野 彰一	62
菅野 出	34
菅原 勝康	202, 215
菅原 悟	260
菅原 隆德	275
菅原 拓男	206
菅原 照雄	165
杉 鉄也	44
杉 義弘	173, 180
杉崎 敬良	262
杉瀬 良二	54
杉田 久志	99
杉谷 恒雄	201
杉谷 照雄	200
杉野 英治	269
杉原 加奈	10
杉村 章二郎	242
杉村 隆	93
杉村 秀彦	195
杉本 岩雄	18, 19
杉本 義一	181, 201, 205
杉本 純	256, 264
杉本 達也	52
杉本 直樹	29
杉山 和雄	75, 76
杉山 一慶	267
杉山 恵一	77
杉山 大志	135
杉山 智之	266, 270
杉山 充男	77
杉山 亘	77
スクマール, ラマン	57
須黒 雅博	54
助川 篤彦	276
助川 武則	265
須合 孝雄	75
鈴鹿 輝男	169, 180
鈴垣 貴幸	130
鈴鹿高等学校 自然科学部	112
鈴木 昭男	35
鈴木 皓夫	132
鈴木 明	38
鈴木 篤英	241
鈴木 郁雄	187, 188
鈴木 宇耕	185
鈴木 永二	196
鈴木 顗二	251
鈴木 和雄	243
鈴木 邦夫	176
鈴木 啓太	10
鈴木 謙一	270
鈴木 孝治	41
鈴木 幸治	61
鈴木 康文	257
鈴木 茂	15, 16
鈴木 省三	121
鈴木 伸	68
鈴木 慎一	74
鈴木 晋介	30
鈴木 仁蔵	175
鈴木 善三	210
鈴木 惣十	256
鈴木 崇史	269
鈴木 孝昌	94
鈴木 猛	199
鈴木 剛	23
鈴木 徹也	131
鈴木 敏夫	36
鈴木 俊光	176, 198, 204
鈴木 智雄	35
鈴木 伸武	254
鈴木 規之	21, 22
鈴木 元弘	77
鈴木 弘樹	81
鈴木 浩	136
鈴木 弘茂	253
鈴木 裕治	81
鈴木 大隆	61
鈴木 博	52
鈴木 正昭	269
鈴木 正義	187
鈴木 誠之	257
鈴木 基之	29
鈴木 康之	54
鈴木 祐	260
鈴木 雄二	241
鈴木 喜計	38
鈴木 隣太郎	39
薄田 寛	240, 251
鈴東 新	130, 134
裾野長泉清掃施設組合「いずみ苑」	36
須田 茂昭	133
須田 泰一朗	133
須田 健	85
須田 武憲	81
須田 広志	243
廃プラスチック再資源化プロジェクトチーム	89
スターン, ニコラス	116
須藤 幸蔵	70
須藤 俊吉	266
ズードケミー触媒	179
ストラット・リブに支持された床版を有するPC橋の設計施工に関する技術検討委員会	78
ストロング, モーリス	114
砂川 賢司	210
砂原 広志	34
スパーン, アン・ウィストン	56
スペス, ジェームズ・ガスターヴ	115
スペースコンセプト	159
鷲見 純良	79
住 泰夫	241
鷲見 裕史	234, 236
住田 健二	251, 256
隅田 晃生	264
住田 康隆	31
隅田川市民交流実行委員会	110
隅田川渡河橋景観委員会	81
隅田川渡河橋住民懇談会	81
住友化学	53, 180
住友化学工業	52, 169
住友金属工業	168, 173, 208, 210, 235
住友金属工業株式会社和歌山製鉄所	42

住友金属工業パイプライン技術部 ……… 217	瀬川 猛 …………… 251	石油天然ガス・金属鉱物資源機構 ……… 215, 278
住友金属工業プラントエンジニアリング事業本部 … 220	瀬川 正男 ………… 254	脊梁の原生林を守る連絡協議会 …………… 50
住友金属テクノロジー …… 210	セーガン, カール・E …… 118	世古 真臣 ………… 258
住友金属パイプエンジ …………… 210, 235	瀬木 耿太郎 ……… 136	世田谷製作所 ……… 232
住友建機 ……… 150, 229	関 浩幸 …………… 182	設備研究所 ………… 152
住友建機製造 ……… 150	関 文夫 ………… 77, 82	瀬戸山 大吾 ……… 267
住友建機販売 ……… 150	関 雅範 …………… 24	瀬戸山 亨 ………… 53
住友ゴム工業 …… 145, 149	関 泰 …………… 254	ゼネラルエレクトリック …………… 264
住友重機械エンバイロテック ……………… 36	石栄 燁 …………… 201	ゼネラルヒートポンプ工業 ……………… 152
住友スリーエム …… 148	関・空間設計 ……… 49	セブン-イレブン・ジャパン ……………… 152
住友精密工業 ‥ 225, 227, 234	関口 晃 …………… 256	瀬間 徹 ……… 196, 200
住友電気工業 ……… 140	関口 和彦 ………… 71	セミコンダクター&ストレージ社 ………… 153
住友電気工業電力事業部特定品開発担当 ……… 218	関口 恭一 ………… 68	瀬山 倫子 ……… 18, 19
角屋 聡 …………… 204	関口 嘉一 ………… 186	世良 暢之 ………… 93
住吉 洋二 ………… 79	関島 淳 …………… 183	芹沢 俊介 ………… 123
陶山 淳治 ………… 184	積水化学工業 ……… 11, 145, 147, 158, 159	瀬脇 康弘 ………… 26
須鎗 護 …………… 241	積水化学工業(株)住宅カンパニー ……… 150	銭 衛華 …… 178, 181, 278
スリーボンド ……… 229	積水ハウス ‥ 12, 147, 162, 163	全 浩 ……… 17, 20, 23
スワミナタン,モンコンブ・S. ……………… 118	石炭エネルギーセンター …………… 213	全国合鴨水稲会 …… 4
	石炭ガス化複合発電技術研究組合 …………… 203	全国管工事業協同組合連合会青年部協議会 …… 109
【せ】	石炭利用水素製造技術研究組合 …………… 202	全国水環境マップ実行委員会 ……………… 113
	石炭利用総合センター …………… 206, 208	全国陶器瓦工業組合連合会 ……………… 247
清家 伸康 ………… 18	関根 和喜 ………… 181	全国土地改良事業団体連合会 ……………… 77
清光学園高岡龍谷高等学校理科部 ………… 106	関根 勉 …………… 257	センサー技術研究所 …… 229
セイコーエプソン ……… 4, 53, 142, 143, 145, 146, 158	関根 泰 ……… 178, 214	仙田 満 …………… 61
政策科学研究所環境調査研究委員 ………… 34	関根 嘉香 ………… 19	セントラルハウス …… 159
清野 聡子 ………… 78	関原 聡 …………… 59	全日本瓦工事業連盟 … 247
成原 茂 …………… 76	関水 浩一 ………… 252	善養寺 幸子 ……… 60
西部ガスエンジニアリング ……………… 227	石綿対策全国連絡会議 …… 86	ゼンリン電子地図営業部 …………… 227
西部電機 …………… 139	関本 博 …………… 267	
清明会 ……………… 163	関屋 章 …………… 52	【そ】
西淀空調機 ………… 208	関谷 英一 ………… 183	
瀬尾 健彦 ………… 216	関谷 昌人 ………… 62	曹 曙陽 …………… 249
瀬尾 芳雄 ………… 76	石油開発公団 ……… 167	早多 輝信 ………… 242
瀬賀 浩二 ………… 127	石油公団 …………… 169, 170, 173, 174, 176	早迫 義治 ………… 82
世界貿易センタービルディング ……………… 160	石油公団石油開発技術センター ‥ 172, 187, 188, 189	象印マホービン …… 139, 147
瀬川 幸一 ………… 176	石油産業活性化センター ……………… 172, 173, 178, 179, 180, 243, 277	早田 邦久 ………… 255
	石油資源開発 …… 165, 168, 169, 171, 174, 186, 187, 188, 189, 190, 215, 229, 233, 278	

相馬 清二	……………	246
相馬 光之	……………	18
ソウル市	……………	86
十河 清二	……………	179
曽田 博文	……………	10
ソニー	…………	142, 162
園田 健	……………	196
園田 昇	……………	172
園部 竜太	……………	9
ソフトエネルギープロジェクト	……………	161
祖父尼 俊雄	……………	94
ソモルジャイ, ガボール	……………	120
ソーラーコジェネレーション2000	……………	159
ソロモン, スーザン	……………	115
尊延寺の自然を守る会	……………	11

【た】

田井 慎吾	……………	18
ダイア	……………	236
ダイアモンド, ジャレド・M.	……………	56
第一工房	……………	60
ダイオキシン計測技術開発グループ	……………	89
大学生協大阪・和歌山地域センター学生委員会	……………	12
大氣社環境システム事業室	……………	227
ダイキン工業	………	36, 139, 143, 144, 146, 148, 149, 150, 151, 155, 156, 209, 231
ダイキン工業株式会社堺製作所・淀川製作所	……………	12
ダイキンプラント	……………	157
大肯精密	………	228, 231, 232, 233, 237, 238
大成建設	………	48, 49, 77, 82, 169, 173, 232
大地を守る会	……………	5
大道 敏彦	……………	257
大東 義志	……………	248
大東電材	……………	238
大同ほくさん	……………	157
大日本印刷	……………	153

大日本コンサルタント	……	84
太白山ふれあいの森協力会	……………	107
ダイハツ工業	…………	12, 147, 148, 149
大鵬薬品工業労組	……	73
大八木建設	……………	59
大有	……………	160
太陽エンジニアリング	……	173
太陽工業	……………	151
太陽石油	……………	169
太陽鋳機	……………	223
太陽テクノサービス	……	179
平 英彰	……………	99
大楽 正幸	……………	261
大和町教育委員会文化財課	……………	80
大和ハウス工業	……	154
田内 信也	……………	189
田尾 博明	……………	20
田岡化学工業	……	217
峠田 博史	……………	40
高石 豊	……………	15
高浦 佑介	……………	26
高尾 忠志	……………	83
高尾 昇	……………	197
高尾 雄二	……………	23
高尾山自然保護実行委員会	……………	73
高木 郁二	……………	261
高木 耕一	……………	62
高木 仁三郎	……………	72
高木 敏行	……………	271
高木 宣雄	……………	221
高木 雅昭	……………	135
高木 正巳	……………	35
高木 芳光	……………	74
高木 隆三	……………	264
高木産業	………	144, 145, 146, 220, 222, 224, 225, 230, 233, 235, 238
高久 正昭	……………	21
高久 雄一	……………	23
高草 智	……………	151
高桑 健	……………	192
高桑 忠実	………	183, 186
高桑 正行	……………	259
高崎 浩司	……………	276
高砂熱学工業	……	155
高澤 静明	……………	59

高嶋技研	……………	141
田頭 剛	……………	244
高須 洋一	……………	186
高菅 卓三	……………	16
高瀬 昭三	……………	40
高瀬 和之	……………	269
高瀬 代代人	……………	175
高瀬 哲郎	……………	80
高瀬 操	……………	268
高田 真吾	……………	251
高田 壮進	……………	84
高田 孝	……………	273
髙田 卓志	……………	275
高田 利夫	……………	34
高田 十志和	………	42, 54
高田 秀重	……………	21
高田 弘	………	263, 267
高田 浩之	……………	242
高田 誠	……………	19
高田 真志	……………	275
高田 三男	……………	217
高田 容司	……………	92
高戸 勇	……………	71
高堂 治	……………	83
高野 修	……………	190
高野 公秀	……………	275
高野 諭	……………	75
高野 健人	……………	14
高野 秀機	……………	255
高野 宏明	……………	30
高野 広久	……………	260
高野 康夫	……………	207
高野 雄二	……………	180
鷹箸 利公	……………	203
高橋 亮人	……………	256
高橋 章	……………	29
高橋 和夫	……………	74
高橋 和司	……………	255
高橋 和彦	……………	113
高橋 一弘	……………	206
高橋 幹二	……………	68
高橋 潔	……………	24
高橋 清	……………	85
高橋 恵子	……………	113
高橋 恵悟	……………	75
高橋 耕一	……………	102
高橋 智子	……………	263
高橋 純造	……………	252
高橋 昭一	……………	78
高橋 史郎	……………	132

高橋 志郎 ………… 267, 275	宝田 恭之 ………… 201, 210	竹川 敏之 …………… 200
高橋 信 ……………… 270	田川 日出夫 ………… 122	武川 安彦 …………… 202
高橋 真一 …………… 212	滝 将展 ……………… 242	竹崎 斉 ……………… 188
高橋 武弘 …………… 169	滝 光夫 ………………… 75	竹崎 嘉真 …………… 167
高橋 忠男 …………… 257	瀧内 義男 …………… 80	竹澤 葵 ………………… 7
高橋 徹 …………… 135, 245	滝上 英孝 …………… 22, 23	竹下 健次郎 ………… 196
高橋 利幸 ……………… 74	滝川 裕史 …………… 133	竹下 真治 …………… 81
高橋 信夫 …………… 180	滝川 幸夫 …………… 259	竹下 貴之 …………… 131
高橋 弘 ………………… 42	瀧川 義澄 ……………… 21	竹下 寿雄 …………… 171
高橋 弘泰 …………… 133	滝口 健一 ……………… 40	竹下 保弘 …………… 229
高橋 史明 …………… 269	瀧口 博明 ……………… 29	竹田 修 ………………… 55
高橋 平七郎 ………… 260	滝澤 総 ………………… 60	武田 一宏 ……………… 26
高橋 雅仁 …………… 130	瀧沢 靖明 ……………… 78	武田 勝昭 …………… 246
高橋 正征 ……………… 64	滝沢 行雄 ……………… 69	武田 邦彦 ………… 200, 258
高橋 光雄 ……………… 74	滝塚 貴和 …………… 254	武田 信従 …………… 189
高橋 保雄 ……… 16, 18, 21	滝田 あゆち …………… 88	武田 敏一 ……… 252, 259, 266
高橋 優一 …………… 174	滝田 英徳 …………… 134	武田 文宣 …………… 268
高橋 祐治 …………… 260	滝田 祐作 …………… 177	竹と環境財団 ………… 51
高橋 祐三 …………… 218	多機能フィルター …… 42	武富 公裕 …………… 202
高橋 佑磨 …………… 104	瀧本 岳 ……………… 105	武富 敏治 …………… 197
高橋 敬雄 …………… 15, 19	澤津橋 徹哉 ………… 21, 22	武中 晃 ………………… 31
高橋 洋一 …………… 252	田口 一雄 …………… 184	竹長 常雄 ……………… 75
高橋 亮一 …………… 257	田口 和正 …………… 197	竹中 敏雄 ……………… 80
高橋 良一 …………… 196	田口 哲 ………………… 44	竹中工務店 …… 36, 78, 140
高橋 良平 ……… 193, 197	田口 達男 …………… 185	竹中製作所 … 220, 224, 228, 235
高梁川流域連盟 ……… 107	田口 正男 ……………… 36	武波 幸雄 ……………… 80
高畑 伸一 …………… 190	タクマ ……… 39, 144, 212, 214	竹林 征三 ……………… 74
高原 北雄 ……… 132, 240	田倉川と暮らしの会 … 109	竹原 勲 ……………… 242
高原 理 ……………… 198	多久和 毅志 ……… 210, 214	竹原 勇志 …………… 244
賞雅 寛而 …………… 269	武井 友也 ……… 172, 183	竹平 勝臣 …………… 179
高松 治 ………………… 74	竹入 章 ………………… 95	武末 博伸 ……………… 77
高松 茂行 …………… 253	竹入 俊樹 …………… 255	武村 治 ………………… 54
高松市立栗林小学校 … 107	武内 一夫 …………… 261	武村 清和 ……………… 41
高見 明秀 ……………… 38	竹内 和彦 …………… 171	竹本 和夫 ……………… 68
高見 昭憲 ……………… 42	竹内 清 ……………… 254	武本 隆志 ……………… 30
田上 慎也 ……………… 84	竹内 清秀 …………… 246	竹本 崇 ………………… 38
高見 晋 ……………… 54, 220	竹内 玄樹 …………… 277	竹本 哲也 …………… 130
高見 均 ……………… 223	竹内 憲司 ……………… 24	竹本 元 ……………… 171
高宮 眞介 ……………… 59	竹内 浩士 ……………… 70	竹森 利和 …………… 227
高村（塩谷）岳樹 …… 94	竹内 崇 ……………… 248	武谷 愿 ……………… 192
高村 典子 ……………… 64	竹内 正行 …………… 268	竹谷 敏 ……………… 180
高村 秀紀 …………… 131	竹内 徹 ………………… 60	太宰 宙朗 ……………… 35
高村 義之 ……………… 39	竹内 敏也 ……………… 77	田坂 完二 ……… 252, 255, 258
高谷 善雄 ……………… 11	竹内 智朗 …………… 238	田崎 智宏 …………… 24, 28
高柳 乃彦 ……………… 75	竹生 健二 …………… 243	田崎 靖朗 ……………… 36
高山 一郎 …………… 151	竹尾 弘 ………………… 53	田澤 勇夫 …………… 175
高山 暁 ………………… 41	武岡 栄一 ……………… 39	田澤 和治 …………… 205
高山 徳次郎 ………… 190	タケオカ自動車工芸 … 157	田嶋 晴彦 ……………… 16
高山 俊昭 …………… 187	武上 善信 ……… 168, 192	田嶋 裕起 …………… 138
		田島技術士事務所 …… 140

ダジョン, デビッド ……… 65	田中 全 ……………… 84	谷口 紳 ……………… 17
田代 彩子 ……………… 61	田中 孝 ……………… 36	谷口 隆博 …………… 47
田代 英夫 …………… 261	田中 隆 …………… 187	谷口 正靖 …………… 187
田代 有美 …………… 194	田中 雅 ……………… 38	谷口 紀久 …………… 35
多田 潔史 ……………… 84	田中 達生 …………… 185	谷口 文太 …………… 216
多田 幸一 ……………… 17	田中 敏英 …………… 205	谷口工業 ……… 143, 227
多田 孝俊 …………… 195	田中 利幸 …………… 262	タニコー ……… 232, 235
多田 隆治 …………… 188	田中 俊郎 …………… 35	谷澤 仁 ……………… 80
多田 良平 …………… 189	田中 直樹 …………… 60	谷田 好通 …………… 241
畳リサイクルの会 …… 51	田中 信男 …………… 38	谷野 忠和 …………… 244
田地 陽一 …………… 233	田中 紀夫 …………… 136	谷端 律男 …………… 198
立川 円造 …………… 253	田中 憲穂 …………… 94	谷村 聡 ……………… 241
立川 正夫 ……… 246, 248	田中 典義 …………… 172	谷村 純二 …………… 134
立花 潤三 ……………… 29	田中 治邦 …………… 269	谷本 浩志 …………… 41
橘 正博 ……………… 74	田中 淳 ……………… 79	種田 克彦 …………… 225
橘 正彦 …………… 276	田中 秀一 …………… 31	田上 敏博 …………… 81
立花 好子 ……………… 41	田中 宏 …………… 248	田端 修 ……………… 54
立花 吉茂 …………… 120	田中 宏志 …………… 253	田畑 健 ………… 54, 226
橘 隆一 ……………… 25	田中 博史 …………… 37	田畑 要一郎 ………… 133
立川 涼 …………… 125	田中 紘幸 …………… 258	田畑 米穂 …………… 253
タツノ・メカトロニクス ……………… 175	田中 博之 ………… 15, 22	田原 聖隆 …………… 215
辰巳 敬 …………… 178	田中 正明 …………… 259	田原 麻衣子 ………… 29
巽 哲男 …………… 244	田中 真人 …………… 207	田原 美香 …………… 264
巽 雅洋 ………… 267, 269	田中 正視 …………… 12	田原 るり子 ………… 21
伊達 和人 …………… 180	田中 正之 …………… 87	橳 隆一 ……………… 10
舘野 隆之輔 …………… 99	田中 通雄 …………… 171	田渕 浩三 …………… 262
舘林 豊七 …………… 218	田中 稔 ……………… 53	玉井 忠治 …………… 252
舘林 ガス …………… 220	田中 靖昭 …………… 54	玉井 秀定 …………… 269
田中 昭雄 …………… 130	田中 靖政 …………… 135	玉井 博康 …………… 29
田中 一雄 ………… 74, 80	田中 幸雄 …………… 220	玉井 康勝 …… 168, 197, 204
田中 一彦 ……………… 39	田中 洋一 …………… 237	玉川 勝美 …………… 16
田中 幹治 ………… 80, 81	田中 芳雄 …………… 165	玉川 哲也 …………… 190
田中 公章 ……………… 52	田中 義朗 …………… 252	多摩川源流研究所 … 113
田中 楠弥太 ………… 193	田中 隆三 …………… 278	玉川大学農学部 ……… 39
田中 啓介 …………… 236	田中 良一 …………… 203	多摩川癒しの会 …… 107
田中 弘一 …………… 198	田中舘 忠夫 ………… 188	玉置 明善 ……… 168, 196
田中 公二 …………… 133	棚橋 真一郎 …………… 54	玉置 元則 ………… 38, 68
田中 浩司 …………… 244	棚橋 学 …………… 189	ダマジオ, アントニオ … 120
田中 茂 ……… 16, 40, 68	田辺 顕子 ……………… 17	玉田 慎 ……………… 39
田中 俊一 …………… 258	田辺 章 …………… 254	玉田 源 ……………… 81
田中 駿一 …………… 127	田辺 治光 …………… 126	玉池 克弥 …………… 220
田中 彰 ………… 184, 190	田辺 清 …………… 243	玉野 俊郎 …………… 185
田中 正三 …………… 183	邊 潔 ………………… 19	玉理 裕介 …………… 131
田中 次郎 ……………… 54	田部 浩三 …………… 170	ダム水源地環境整備セン ター ……………… 79
田中 治郎 …………… 253	田辺 信介 ………… 19, 20	田村 早苗 …………… 257
田中 真悟 …………… 276	田辺製薬 ……………… 12	田村 哲郎 …………… 247
田中 真二 …………… 203	谷 潤一 ……………… 45	田村 誠也 …………… 251
田中 進 …………… 263	谷口 綾子 …………… 135	田村 富士雄 ………… 60
田中 精一 …………… 168	谷口 泉 …………… 175	
	谷口 啓之助 ………… 185	

受賞者名索引 つし

田村 昌三 …………… 176
田村 守淑 ………… 237, 240
田村 道夫 …………… 121
田村 幸雄 …………… 246
田村 幸久 ……… 74, 81, 84
田村 芳彦 …………… 187
田森 行男 …………… 35
多羅間 公雄 ………… 166
団 紀彦 ……………… 75
丹下 鼎 ……………… 243
丹下 昭二 …………… 243
丹治 日出夫 ………… 170
丹青社 ……………… 59
反田 久義 …………… 180
丹南地域環境研究会 …… 106
田んぼ ……………… 110
ダンロップファルケンタイヤ ……………… 149

【ち】

地域振興整備公団静岡東部特定再開発事務所計画課 ……………… 81
チェスナット, ハロルド ……………… 118
近沢 明夫 …………… 200
近角 真一 …………… 61
近角 よう子 ………… 61
近田 哲夫 …………… 244
近田 智洋 …………… 132
近宮 健一 ………… 60, 61
力石 国寿 …………… 134
地球エネルギー・水循環統合観測国際調整部会 … 112
地球環境産業技術研究機構 ……………… 205
地球環境産業技術研究機構・RITE-HONDAバイオグループ ……………… 90
地球環境と大気汚染を考える全国市民会議 …… 5, 11
地球問題研究会 ……… 137
地球緑化センター ……… 3
知久 昭夫 …………… 62
「筑後川まるごと博物館」運営委員会 ……… 109
竹田 宣人 …………… 19

竹田 信良 …………… 226
竹田 吉徳 …………… 151
千阪 文武 …………… 67
智頭町親水公園連絡協議会 ……………… 106
千田 佶 ……………… 187
千鳥 義典 …………… 60
千野 耕一 ……… 255, 260
茅野 紀子 …………… 246
茅野 政道 … 40, 256, 271, 275
千野 保幸 …………… 60
千葉 薫 ……………… 243
千葉 喬三 …………… 79
千葉 豪 ……………… 275
千葉 忠俊 ……… 205, 209
千葉 学 ……………… 45
千葉 幸弘 …………… 99
千葉ガス営業本部営業開発部 ……………… 223
千葉県葛南土木事務所河川改良課 …………… 75
千葉県立柏高等学校 …… 55
千葉県立茂原農業高等学校農業土木部 ……… 108
千葉市 ……………… 160
茶谷 直人 …………… 53
チャールズ・ダーウィン研究所 ……………… 56
中央住宅 …………… 158
中外炉工業 ………… 214
中外炉工業サーモシステム事業部 …………… 228
中国自然の友 ………… 85
中国電力 …………… 149
中国放送 …………… 155
中條 哲夫 …………… 53
忠鉢 繁 ……………… 87
中部ガス …………… 220
中部瓦斯浜松製造所 … 226, 217
中部国際空港 ………… 49
中部水工 …………… 59
中部電力 … 139, 141, 144, 146, 147, 148, 149, 150, 152, 211
趙 一先 ……………… 18
趙 漢珪 ……………… 86
長太 茂樹 …………… 78
長田 尚averaged …………… 30
長大 …………………… 77
丁野 博行 ……………… 9
長府製作所 … 147, 150, 155,

159, 163, 232, 234, 237, 238
長良製紙 ……………… 37
千代田化工建設 ‥ 48, 49, 154, 165, 166, 167, 168, 172, 173, 174, 175, 179, 209, 215, 278
チヨダセキュリティーサービス …………… 234, 236
陳 怡帆 ………………… 8
陳 鎮東 ……………… 65
鎮守の森保存修景研究会 …………………… 36

【つ】

対 Tsui-Design ………… 7
築城 諒 ………… 252, 257
通産省工技院公害資源研究所公害第一部第一課 … 35
通産省工技院中国工業技術試験所 …………… 36
塚見 史郎 …………… 48
塚越 隆啓 …………… 151
塚島 寛 ……………… 198
塚田 甲子男 ………… 251
塚田 隆 ……………… 269
塚田 芳之 …………… 226
塚原 沙智子 ………… 131
塚原 千幸人 ……… 21, 22
栂尾ルネッサンス103 … 108
塚本 克良 …………… 218
塚本 洋太郎 ………… 120
月岡 淑郎 …………… 172
津久井 裕己 ………… 39
つくば市教育委員会 … 113
筑波麓仁会 筑波学園病院 ……………………… 155
津久見市 …………… 157
津崎 賢治 …………… 236
辻 勝行 ……………… 53
辻 毅一郎 ……… 129, 134
辻 隆司 ………… 188, 190
辻 藤吾 ……………… 37
辻 俊郎 ………… 34, 203
辻 典子 ……………… 41
辻 英之 ……………… 41
辻 広 ………………… 197
辻 雅司 ……………… 273
辻 征雄 ……………… 39

環境・エネルギーの賞事典 317

つしお

受賞者名索引

辻岡 邦夫 ・・・・・・・・・・・・・・・ 30
辻川 賢三 ・・・・・・・・・・・・・・・ 199
辻川 毅 ・・・・・・・・・・・・・・・ 18
辻下 正秀 ・・・・・・・・・・・ 224, 229
津島 悟 ・・・・・・・・・・・・・・・ 266
ツシマヤマネコを守る会
　・・・・・・・・・・・・・・・・・・・・・ 5
都築 崇広 ・・・・・・・・・・・・・・・ 8
都築 正 ・・・・・・・・・・・・・・・ 81
都築 敏樹 ・・・・・・・・・・・・・・・ 77
都築 博彦 ・・・・・・・・・・・・・・・ 52
津田 敦 ・・・・・・・・・・・・・・・ 66
津田 泰三 ・・・・・・・・・・・・・・・ 22
土田 進一 ・・・・・・・・・・・・ 41, 133
土橋 敬一郎 ・・・・・・・・・・・・ 256
土橋 豊 ・・・・・・・・・・・・・・・ 123
土屋 愛自 ・・・・・・・・・・・・・・・ 76
土屋 淳 ・・・・・・・・・・・・・・・ 8
土屋 総二郎 ・・・・・・・・・・・・ 152
土屋 弘行 ・・・・・・・・・・・・・・・ 260
筒井 一就 ・・・・・・・・・・・・・・・ 134
筒井 信之 ・・・・・・・・・・・・・・・ 74
筒井 弘 ・・・・・・・・・・・・・・・ 243
筒井 康賢 ・・・・・・・・・・・・・・・ 245
筒井 康充 ・・・・・・・・・・・・・・・ 133
堤 鑪 ・・・・・・・・・・・・・・・ 193
堤 拓哉 ・・・・・・・・・・・・・・・ 249
堤 正俊 ・・・・・・・・・・・・・・・ 194
堤 正文 ・・・・・・・・・・・・・・・ 195
常木 達也 ・・・・・・・・・・・・・・・ 236
常俊 義三 ・・・・・・・・・・・・・・・ 68
常富 栄一 ・・・・・・・・・・・・・・・ 192
恒見 清孝 ・・・・・・・・・・・・・・・ 29
角田 十三男 ・・・・・・・・・・・・ 251
角田 直己 ・・・・・・・・・・・・・・・ 256
角田 洋 ・・・・・・・・・・・・・・・ 75
角田 文男 ・・・・・・・・・・・・ 67, 70
角田 陽太 ・・・・・・・・・・・・・・・ 9
角山 茂章 ・・・・・・・・・・・・・・・ 255
椿 範立 ・・・・・・・・・・・・・・・ 205
津別単板協同組合 ・・・・・・・・ 162
坪井 裕 ・・・・・・・・・・・・・・・ 265
坪内 昭雄 ・・・・・・・・・・・・・・・ 82
坪内 直人 ・・・・・・・・・・・ 208, 212
坪内 秀泰 ・・・・・・・・・・・・・・・ 74
坪田 晋三 ・・・・・・・・・・・・・・・ 35
坪田 康宏 ・・・・・・・・・・・・・・・ 134
壺屋の通りを考える会 ・・・・・・ 76
坪山 幸王 ・・・・・・・・・・・・ 43, 59
津村 和志 ・・・・・・・・・・・・・・・ 37

津村 義彦 ・・・・・・・・・・・・・・・ 98
露口 亨夫 ・・・・・・・・・・・・・・・ 196
津留 英司 ・・・・・・・・・・・・・・・ 189
都留 義之 ・・・・・・・・・・・・・・・ 212
敦井 代五郎 ・・・・・・・・・・・・ 226
敦賀ガス ・・・・・・・・・・・・・・・ 234
鶴川 正寛 ・・・・・・・・・・・・・・・ 29
鶴田 晴通 ・・・・・・・・・・・・・・・ 253
鶴田 祐子 ・・・・・・・・・・・・・・・ 177
鶴見川流域ネットワーキン
　グ ・・・・・・・・・・・・・・・ 106, 112

【て】

鄭 明修 ・・・・・・・・・・・・・・・ 66
鄭 用昇 ・・・・・・・・・・・・・・・ 86
ディアン・タマ財団 ・・・・・・・・ 51
テイエルブイ ・・・・・・・・・・・・ 152
定期航空便による大気観測
　プロジェクトチーム ・・・・・・ 88
帝国石油 ・・・・・・・・・・・ 165,
　167, 176, 187, 188, 189, 190
ティージー情報ネットワー
　ク ・・・・・・・・・・・・・・・・・・ 218
帝人 複合材料開発セン
　ター ・・・・・・・・・・・・・・・・・ 91
ティモーシュキン, オレッ
　ク A. ・・・・・・・・・・・・・・・・ 65
デイリー, グレッチェン・
　カーラ ・・・・・・・・・・・・・・・ 57
出倉 稔 ・・・・・・・・・・・・・・・ 218
手島 健次郎 ・・・・・・・・・・・・・・ 54
手塚 和彦 ・・・・・・・・・・・・・・・ 190
手塚 健一 ・・・・・・・・・・・・・・・ 263
手塚 哲央 ・・・・・・・・・・・ 134, 208
手塚 真知子 ・・・・・ 182, 183, 186
デックス第二業務部 ・・・・・・ 226
鉄建建設・三井住友建設共
　同企業体 ・・・・・・・・・・・・・ 80
鉄建建設・運輸施設整備支
　援機構 ・・・・・・・・・・・・・・・ 79
鉄道総合技術研究所
　・・・・・・・・・・・・・・・ 48, 49, 247
テムコ ・・・・・・・・・・・・・・・ 140
寺尾 潤 ・・・・・・・・・・・・・・・ 178
寺尾 稔宏 ・・・・・・・・・・・・・・・ 80
寺口 智美 ・・・・・・・・・・・・・・・ 17
寺沢 倫孝 ・・・・・・・・・・・・・・・ 254

寺沢 実 ・・・・・・・・・・・・・・・ 40
寺下 諭吉 ・・・・・・・・・・・・・・・ 76
寺下 力三 ・・・・・・・・・・・・・・・ 72
寺島 一郎 ・・・・・・・・・・・・・・・ 104
寺島 滋 ・・・・・・・・・・・・・・・ 41
寺蘭 勝二 ・・・・・・・・・・・・・・・ 39
寺園 淳 ・・・・・・・・・・・・・・・ 28
寺田 敦彦 ・・・・・・・・・・・・・・・ 270
寺田 和己 ・・・・・・・・・・・・・・・ 79
寺田 稠 ・・・・・・・・・・・・・・・ 191
寺田 貴彦 ・・・・・・・・・・・・・・・ 133
寺田 宏明 ・・・・・・・・・・ 271, 275
寺田 房夫 ・・・・・・・・・・・・・・・ 132
寺地 巧 ・・・・・・・・・・・・・・・ 269
寺部 本次 ・・・・・・・・・・・・・・・ 68
寺村 謙太郎 ・・・・・・・・・・・・ 182
寺本 宗正 ・・・・・・・・・・・・・・・ 97
照井 秋生 ・・・・・・・・・・・・・・・ 192
照井 総治 ・・・・・・・・・・・・・・・ 191
テルナイト ・・・・・・・・・ 188, 189
照屋電気工事 ・・・・・・・・・・・・ 152
点colers ・・・・・・・・・・・・・・・・ 6
電気工作 ・・・・・・・・・・・・・・・ 140
電気事業連合会 ・・・・・・・・・・ 269
電源開発 ・・・・・・・・・・・ 48, 159,
　162, 173, 201, 206, 208, 211
電源開発技術開発部 ・・・・・・ 205
デンジニア ・・・・・・・・・・・・ 222
電子ビーム排煙処理研究開
　発グループ ・・・・・・・・・・・・ 88
田振 晶 ・・・・・・・・・・・・・・・ 243
デンソー ・・・・・・・・・・・・ 40,
　145, 147, 152, 154
天然ガス自動車開発グルー
　プ ・・・・・・・・・・・・・・・・・・ 157
天然ガス自動車開発チー
　ム ・・・・・・・・・・・・・・・・・・ 88
電発 ・・・・・・・・・・・・・・・ 202
天明水の会 ・・・・・・・・・ 50, 109
電力中央研究所 ・・・・・・・・・ 40,
　145, 247, 274
電力中央研究所酸性雨研究
　グループ ・・・・・・・・・・・・・ 88
電力中央研究所横須賀研究
　所 ・・・・・・・・・・・・・・・・・・ 48

受賞者名索引　　　　　　　　　とうき

【と】

土肥 明 ･････････････ 259
土井 賢摩吉 ･･････････ 195
土井 隆志 ････････････ 54
土居 秀幸 ････････････ 105
土居 学 ･･････････････ 188
土居 康人 ････････････ 72
土居 祥孝 ････････････ 38
戸井田 康宏 ･･････････ 182
十市 勉 ･･････････････ 136
トイレの未来を考える会
　････････････････････ 113
唐 寧 ････････････････ 23
東亜建設 ･････････････ 49
東亜システムプロダクツ
　････････････････････ 110
東海 明宏 ････････････ 29
東海林 直人 ･･････････ 80
東海北陸自動車道白川村景
　観基礎検討委員会 ････ 77
東海旅客鉄道技術本部 ･･ 48
東海旅客鉄道建設工事部
　････････････････････ 49
陶器 二三雄 ･･････････ 59
とうきゅう環境浄化財団
　････････････････････ 108
東京ガス ･････････ 140,
　141, 142, 143, 144, 145, 146,
　147, 148, 149, 157, 161, 163,
　166, 168, 172, 206, 207, 212,
　213, 214, 215, 218, 219, 223
東京ガスインフォメー
　ションテクノロジー研究
　所 ･･････ 221, 223, 224, 226
東京ガスエネルギーエンジ
　ニアリング部 ･･･････ 230
東京ガスエネルギー技術研
　究所 ･･････････ 225, 227, 228
東京ガスエネルギー技術研
　究所トータルエネルギー
　システム部 ･････････ 222
東京ガスエネルギー技術
　部 ････････････････ 228
東京ガス・エンジニアリン
　グ ･･ 225, 228, 235, 237, 239
東京ガスガス冷房技術開発プ
　ロジェクト部 ･･ 223, 224, 225
東京ガス神奈川事業本部
　････････････････････ 228
東京ガス機器設備部 ････ 229
東京ガス技術開発部, 都市エ
　ネルギー事業部 ･･･ 231, 232
東京ガス技術開発部, リビ
　ング技術部 ･･･････････ 232
東京ガス技術開発部 ･･ 231, 232
東京ガス技術研究所
　････････････ 218, 219, 220
東京ガス基礎技術研究所
　･･･････････････ 224, 227
東京ガスケミカル ･･････ 213
東京ガス研究開発部 ･･ 229, 230
東京ガス工務技術センター
　････････････････････ 218
東京ガス工務部 ･･･････ 218
東京ガス産業営業部
　･･････････････ 219, 220, 223
東京ガス産業エネルギー事業
　部 ･･ 225, 228, 229, 230, 231
東京ガス商品開発部 ････ 217,
　218, 219, 220
東京ガス商品技術開発部
　････････ 221, 222, 223, 224,
　225, 226, 227, 228, 229, 230
東京ガス商品技術開発部・
　設備技術部 ･･････････ 222
東京ガス商品技術開発部導
　管技術開発センター ･･ 224
東京ガス情報システム部
　･･････････････････ 221, 224
東京ガス情報通信部 ････ 227
東京ガス生産技術センター
　････････････････････ 205
東京ガス生産技術部 ････ 220,
　221, 224, 226, 230
東京ガス生産技術部生産技
　術センター ･････････ 219
東京ガス生産技術部扇島工
　場 ･･････････････････ 204
東京ガス設備技術部 ････ 221,
　222, 223, 225, 228
東京ガス天然ガス自動車プ
　ロジェクト部 ････････ 226
東京ガス導管技術センター
　････････ 217, 218, 219, 220
東京ガス導管部, 技術開発
　部 ･･････････････････ 232
東京ガス導管部 ･････ 217, 229
東京ガス特需営業部 ････ 217
東京ガス都市エネルギー事業
　部 ･･ 223, 225, 227, 228, 230
東京ガストータルエネル
　ギーシステム部 ･･････ 221,
　223, 225, 226, 227
東京ガスフロンティアテ
　クノロジー研究所奥井敏
　治 ････････････････ 204
東京ガス防災・供給セン
　ター ･･････ 224, 225, 229, 231
東京給排気設備 ･･･････ 217
東京下水道エネルギー ･･ 157
東京建設コンサルタント
　････････････････････ 81
東京工業大学原子炉工学研
　究所 ･･････････････ 275
東京工業大学工学部社会工
　学科中村研究室 ･･････ 76
東京工業大学附属科学技術
　高等学校 ･･････････ 55
東京産業 ･･････････ 237, 239
東京三洋電機 ････････ 217
東京製綱 ･････････････ 49
東京大学 ･･･････････ 154, 273
東京大学生産技術研究所沖・
　鼎研究室 ･･････････ 90, 108
東京大学生産技術研究所第
　5部片山研究室 ･･････ 222
東京大学大学院工学系研究
　科原子力専攻 ･･･････ 275
東京タツノ ･･･････････ 165
東京電機工業 ････････ 140
東京電子工業 ･･････ 223, 225
東京電力 ･･････････････ 40,
　139, 140, 141, 142, 143,
　145, 147, 148, 149, 150, 207,
　208, 209, 211, 257, 264, 272
東京電力EV研究会 ･････ 87
東京電力(株)開発研究所
　････････････････････ 140
東京電力(株)技術開発本部
　開発研究所 ･･･････ 140
東京電力(株)技術研究所
　････････････････････ 139
東京都 ･･･････････････ 160
東京都葛飾区立水元中学校
　環境科学部 ･････････ 108
東京都下水道局 ･････ 157, 162

環境・エネルギーの賞事典　319

とうき　受賞者名索引

東京都小金井市 ………… 106
東京都市大学 …………… 273
東京都水道局 ……… 157, 158
東京都杉並区立富士
　見丘小PTA公害特別委員
　会 ………………………… 72
東京発電 …………… 111, 161
東京フードシステム …… 231
東京貿易 …… 219, 221, 224
東郷 育郎 ………………… 40
東光コンサルタンツ大阪支
　店 ………………………… 84
東芝 ………………… 140,
　141, 142, 143, 144, 153,
　157, 228, 245, 257, 264, 273
東芝家電製造 ……… 146, 147
東芝キヤリア … 143, 144, 145,
　146, 147, 148, 149, 150, 153
東芝キヤリア空調システム
　ズ ……………………… 148
東芝公共システム第三部
　………………………… 226
東芝コンシューママーケ
　ティング ………… 146, 147
東芝 消去可能インク及びト
　ナー開発チーム ………… 89
東芝セラミックス化学事業
　部 ……………………… 219
東芝 電力システム社 …… 213
東芝燃料電池システム
　…………… 163, 212, 234
東芝ホーム ……………… 153
東芝ホームアプライアン
　ス ………………… 151, 155
東芝ホームテクノ ……… 154
東芝三菱電機産業システ
　ム ……………………… 238
東芝四日市工場 ………… 153
東芝ライテック ………… 139,
　141, 142, 150, 151
東樹 宏和 ……………… 105
東條 正弘 ………………… 52
堂園 徹郎 ……………… 170
陶通研究所 ……………… 219
藤堂 義夫 ……………… 171
東陶機器 …… 140, 144, 146, 147
東燃テクノロジー ……… 173
藤埜 一仁 ………………… 40
梼原町 …………………… 83

東武エネルギーマネジメン
　ト ……………………… 164
東部瓦斯情報システムグ
　ループ ………………… 226
東部瓦斯生産供給グルー
　プ ……………………… 226
東部ガス福島支社 ……… 220
東武鉄道 ………………… 164
東邦ガス … 141, 143, 144, 145,
　146, 147, 157, 163, 202, 207,
　212, 215, 217, 218, 219, 220
東邦ガス営業開発部 …… 219
東邦ガス営業計画部 …… 223
東邦ガス営業サービス部
　………………………… 219
東邦ガスエンジニアリン
　グ ………………… 228, 234
東邦ガス技術企画部天然ガス
　自動車プロジェクト … 226
東邦ガス技術部 ………… 225
東邦ガス基盤技術研究所
　………………………… 222
東邦ガス基盤技術研究部
　………… 223, 226, 227, 229
東邦ガス供給管理部 …… 221,
　226, 229, 230
東邦ガス供給管理部導管技
　術センター …………… 222,
　223, 224, 225
東邦ガス供給部 …… 217, 218
東邦ガス商品技術開発部
　………………………… 220,
　222, 223, 225, 226, 227
東邦ガス設備営業部 … 222, 224
東邦ガス設備技術部 …… 230
東邦ガス総合技術研究所
　…… 217, 218, 219, 220, 221
東邦ガス総合技術研究所
　都市エネルギー技術開発
　部 ……………………… 223
東邦ガス総合技術研究所
　市エネルギー技術開発部
　都市・産業営業部 … 222, 224
東邦ガス都市エネルギー営
　業部 ……………… 230, 231
東邦ガス都市エネルギー技
　術開発部, 都市エネルギー
　営業部 ………………… 231
東邦ガス都市エネルギー技術
　開発部 …… 222, 225, 226, 228

東邦ガス都市・産業営業
　部 …… 222, 223, 225, 228
東邦ガスリビング営業部
　………………… 231, 232
東邦ガスリビング流通部
　………………………… 230
東邦金属工業 …………… 146
東邦レオ ………………… 42
東北工業大学 …………… 59
東北大学 ………………… 49
東北大学災害制御研究
　センター津波工学研究分
　野 ……………………… 113
東北電力 … 142, 149, 157, 164
東洋エレクトロン ……… 139
東洋エンジニアリング
　…………… 174, 175, 179
東洋ガスメーター ……… 234
東洋キヤリア工業 ……… 148
東洋計器 ………………… 239
東洋製作所 …… 144, 147, 228
東洋熱工業(株)九州支店
　………………………… 140
東洋紡績 ………………… 53
東洋紡績AC事業部 ……… 35
東洋マシン工業 ………… 217
動力炉・核燃料開発事業
　団 ……………………… 261
動力炉・核燃料開発事業団環
　境技術開発推進本部・東海
　事業所・中部事業所 … 260
動力炉・核燃料開発事業団
　新型転換炉ふげん発電所・
　プルトニウム燃料工場・
　再処理工場 …………… 260
動力炉・核燃料開発事業団東
　海事業所再処理工場 … 259
東レ ……………………… 35
東レ・エンジニアリング
　………………………… 35
東レエンジニアリング研究
　所 ……………………… 35
東レ地球環境研究所 …… 90
東レ複合材料研究所 …… 90
道路環境研究所 ………… 78
道路緑化保全協会 ……… 75
同和鉱業 ………………… 234
同和鉱業中央研究所 …… 35
東和産業 ………………… 152
遠田 正見 ……………… 262

受賞者名索引

遠松 展弘 … 58	戸田 俊彦 … 84	冨永 隆一 … 237
遠山 正瑛 … 85	戸田 雄三 … 195	冨森 邦明 … 198
遠山 柾雄 … 85	戸高 利恒 … 177	富安 邦彦 … 270
富樫 茂樹 … 76, 80, 81	戸田建設 … 49, 163	冨安 博 … 262
富樫 亮 … 60, 61	トータルデザインチーム … 80	冨山 明男 … 257, 267
戸河里 脩 … 168	栃川 哲朗 … 189	トーメンパワー苫前 … 159
外川 浩司 … 41	栃木富士産業 … 173	巴 保義 … 188
トキコ … 167	戸塚 漬 … 68	巴商会 … 139, 239
トキコ計装システム設計部 … 225	戸塚 ゆ加里 … 94	友岡 秀秋 … 76
時松 宏治 … 134	鳥取三洋電機ガス機器事業部 … 219	友清 衣利子 … 249
ときめきダンスカンパニー四国 … 106	鳥取三洋電機ライフテック事業本部 … 222, 224	友利 利正 … 253
常盤 寛 … 37, 69	土手 裕 … 38	友利 龍夫 … 75
ドーキンス, リチャード … 56	ドドビバ, ジョルジ … 32, 33	戸谷 市三 … 52
徳浦 敏雄 … 218	等々力 達 … 126	戸谷 嗣津夫 … 183
徳島 君博 … 176	トトロのふるさと財団 … 4	外山 敏夫 … 68
徳田 信幸 … 133	トーニチコンサルタント … 48, 76	富山港線デザイン検討委員会 … 80
徳田 祐太朗 … 10	東稔 達三 … 251, 254	富山のチューリップ育種グループ … 121
徳嵩 国彦 … 197	外池 幸太郎 … 275	豊吉 勇 … 257
特定フロン破壊処理技術開発グループ … 88	外岡 豊 … 208	豊嶋 守 … 60
トクデン … 147	殿村 兆史 … 243	豊田 貞治 … 195
徳永 興公 … 38, 127, 254	鳥羽 陽 … 23	豊田 尚美 … 96
徳永 幸雄 … 226	とばベクトル会議 … 80	豊田 政男 … 233, 235, 237
徳永 哲 … 81, 82	土肥 謙次 … 269	トヨタエンタプライズ … 153
徳永 重光 … 186	土肥 勇介 … 215	トヨタ自動車 … 37, 91, 145, 146, 154, 156, 157, 159, 234, 244
徳橋 秀一 … 190	飛鳥建設 … 48	トヨタ自動車(株)堤工場 … 152
徳原 慶二 … 54	土木製品開発委員会 … 83	豊田市矢作川研究所 … 77, 79
徳久 寛 … 166, 193	苫田ダム環境デザイン検討委員会 … 79	豊田市立西広瀬小学校 … 106
徳満 知 … 22	苫米 地顕 … 253	トヨタテクノクラフト … 157
徳山 曹達 … 36	富井 格三 … 253	トヨタホーム(株)栃木事業所・山梨事業所 … 155
所 千晴 … 33	冨岡 仁計 … 83	トヨトミ … 139, 141
ドーコン … 249	冨重 圭一 … 175, 177, 205	とよなか市民環境会議アジェンダ21 … 12
登坂 功 … 84	富田 彰 … 198, 203, 212	豊原 尚実 … 266
登坂 博行 … 187	富田 和久 … 78	豊久 志朗 … 41
都市基盤整備公団神奈川地域支社 … 83	冨田 涓一 … 67	鳥居 卓爾 … 241
都市基盤整備公団関西支社 … 80	富田 久雄 … 255	鳥井 弘之 … 137
都市再生機構東京都心支社 … 81	冨田 安夫 … 151	鳥海 隆一 … 248
都市整備プランニング … 81	冨田 理貴 … 31	鳥と生命の場 … 86
土壌地下浄化技術グループ … 39	富永 研司 … 257	ドリームアップ苫前 … 159
ドーセ, ジャン … 118	冨永 哲雄 … 242	鳥谷 初 … 243
トーセツ … 232, 239	冨永 哲三 … 79	鳥谷 隆 … 248
戸田 聡 … 174	冨永 浩章 … 203, 207	鳥山 成一 … 20
戸田 知佐 … 84	冨永 博夫 … 169, 199	土呂久鉱山公害被害者の会 … 72
	富永 譲 … 61	
	富永 禎秀 … 247, 249	

環境・エネルギーの賞事典　321

どんぐり1000年の森をつく
　る会 ・・・・・・・・・・・・・・・・・・・・・ 42
頓所　勝 ・・・・・・・・・・・・・・・・・・ 207
トンボと自然を考える会
　・・・・・・・・・・・・・・・・・・・・・・・・・・・ 106

【な】

内藤　淳之 ・・・・・・・・・・・・・・・・・ 78
内藤　晋 ・・・・・・・・・・・・・・・・・・ 274
内藤　隆悟 ・・・・・・・・・・・・・・・・・ 77
内藤　正則 ・・・・・・・ 256, 259, 275
内藤　廣 ・・・・・・・・・・・・・・・・ 78, 79
内藤　稔 ・・・・・・・・・・・・・・・・・・・ 18
内藤　俶孝 ・・・・・・・・・・・・ 257, 267
名内　泰志 ・・・・・・・・・・・・・・・・ 275
苗村　喜正 ・・・・・・・・・・・・・・・・・ 83
直井　洋介 ・・・・・・・・・・・・・・・・ 262
中　慈朗 ・・・・・・・・・・・・・・・・・・ 134
長井　明久 ・・・・・・・・・・・・・・・・ 179
永井　繁光 ・・・・・・・・・・・・・・・・・ 82
中井　隆男 ・・・・・・・・・・・・・・・・ 218
中井　孝弘 ・・・・・・・・・・・・・・・・・ 30
永井　崇之 ・・・・・・・・・・・・・・・・ 268
中井　俊作 ・・・・・・・・・・・・・・・・ 237
永井　伸樹 ・・・・・・・・・・・・・・・・ 201
永井　信行 ・・・・・・・・・・・・・・・・ 252
永井　晴康 ・・・・・・・・ 40, 271, 275
永井　雅夫 ・・・・・・・・・・・・・・・・ 165
永井　康男 ・・・・・・・・・・・・・・・・ 127
中井　祐 ・・・・・・・・・・・・・・・・ 76, 81
仲井　優一 ・・・・・・・・・・・・・・・・・ 10
永井　雄三郎 ・・・・・・・・・・ 166, 191
中家　博司 ・・・・・・・・・・・・・・・・ 219
中井機械工業 ・・・・・・・・・・・・・ 221
永石　博志 ・・・・・・・・・・・・・・・・ 203
中岩　勝 ・・・・・・・・・・・・・・・・・・ 180
中江　友美 ・・・・・・・・・・・・・・・・ 244
中尾　貫治 ・・・・・・・・・・・・・・・・・ 31
中尾　正風 ・・・・・・・・・・・・・・・・・・ 7
中尾　智春 ・・・・・・・・・・・・・・・・・ 22
中尾　徳晶 ・・・・・・・・・・・・・・・・ 263
長尾　博之 ・・・・・・・・・・・・・・・・ 256
長尾　文明 ・・・・・・・・・・・・・・・・ 249
中尾　真 ・・・・・・・・・・・・・・・・・・・ 41
中尾　昌樹 ・・・・・・・・・・・・・・・・・ 75
長尾　美奈子 ・・・・・・・・・・・・ 93, 96
中尾　安幸 ・・・・・・・・・・・・・・・・ 261

永岡　勝俊 ・・・・・・・・・・・・・・・・ 181
長岡　耕平 ・・・・・・・・・・・・・・・・・ 26
永岡　久 ・・・・・・・・・・・・・・・・・・・ 58
中岡　平 ・・・・・・・・・・・・・・・・・・ 275
長岡技術科学大学 環境・建
　設系 水環境研究室 ・・・ 109
永楠 ・・・・・・・・・・・・・・・・・・・・・・ 160
長尾曹達 ・・・・・・・・・・・・・・・・・ 165
仲上　聡 ・・・・・・・・・・・・・・・・・・ 135
中上　英俊 ・・・・・・・・・・・・・・・・ 136
中川　慎治 ・・・・・・・・・・・・・・・・ 166
中川　庸雄 ・・・・・・・・ 255, 266, 274
中川　久敏 ・・・・・・・・・・・・・・・・ 201
中川　博樹 ・・・・・・・・・・・・・・・・・ 77
中川　浩行 ・・・・・・・・ 202, 207, 211
中川　雅俊 ・・・・・・・・・・・・・・・・ 260
中川　正幸 ・・・・・・・・・・・・ 255, 259
中川　真知子 ・・・・・・・・・・・・・・・・ 7
中川　三男 ・・・・・・・・・・・・・・・・ 186
中川　義信 ・・・・・・・・・・・・・・・・ 268
中川　吉弘 ・・・・・・・・・・・・・・・・・ 37
長岐　侃 ・・・・・・・・・・・・・・・・・・・ 60
永木　卓美 ・・・・・・・・・・・・・・・・・ 75
中込　闇 ・・・・・・・・・・・・・・・・・・ 196
中込　秀樹 ・・・・・・・・・・・・・・・・ 127
長坂　秀雄 ・・・・・ 39, 258, 261, 268
長崎　晋也 ・・・・・・・・・・・・・・・・ 261
長崎　勧 ・・・・・・・・・・・・・・・・・・ 192
長崎県政策調整局都心整備
　室 ・・・・・・・・・・・・・・・・・・・・・・ 79
長崎県土木部港湾課 ・・・・・・ 79
長崎県臨海開発局港湾課
　・・・・・・・・・・・・・・・・・・・・・・・・・・ 79
中里　広幸 ・・・・・・・・・・・・・・・・・ 39
中里　正光 ・・・・・・・・・・・・・・・・・ 18
中里　祐造 ・・・・・・・・・・・・・・・・ 218
中里　洋平 ・・・・・・・・・・・・・・・ 9, 10
中澤　克仁 ・・・・・・・・・・・・・・・・ 211
中沢　克己 ・・・・・・・・・・・・・・・・ 193
中澤　暦 ・・・・・・・・・・・・・・・・・・・ 26
長澤　悟 ・・・・・・・・・・・・・・・・・・・ 60
中沢　正治 ・・・・・・・・・・・・ 256, 265
長澤　靖 ・・・・・・・・・・・・・・・・・・ 175
中静　透 ・・・・・・・・・・・・・・・・・・ 104
中下　成人 ・・・・・・・・・・・・・・・・・ 37
中島　修 ・・・・・・・・・・・・・・・・・・・ 10
長島　和茂 ・・・・・・・・・・・・・・・・ 206
中島　邦治 ・・・・・・・・・・・・・・・・・ 21
中島　健 ・・・・・・・・・・・・・・・・・・ 227
中嶋　賢二 ・・・・・・・・・・・・・・・・・ 52

長島　孝一 ・・・・・・・・・・・・・・・・・ 84
中島　泰知 ・・・・・・・・・・・・・・・・・ 67
中島　龍興 ・・・・・・・・・・・・・・・・・ 84
中島　経夫 ・・・・・・・・・・・・・・・・・ 65
中島　常憲 ・・・・・・・・・・・・・ 27, 209
中島　鉄雄 ・・・・・・・・・・・・・・・・ 257
中島　敏行 ・・・・・・・・・・・・・・・・ 259
中嶋　智子 ・・・・・・・・・・・・・・・・・ 92
中島　秀紀 ・・・・・・・・・・・・ 255, 261
中島　宏 ・・・・・・・・・・・・・・ 263, 267
中島　睦子 ・・・・・・・・・・・・・・・・ 123
中島　豊茂 ・・・・・・・・・・・・・・・・・ 78
中嶋　良昭 ・・・・・・・・・・・・・・・・ 262
中嶋　龍三 ・・・・・・・・・・・・・・・・ 254
中島龍興照明デザイン研究
　所 ・・・・・・・・・・・・・・・・・・・・・・ 83
中須　誠 ・・・・・・・・・・・・・・・・・・・ 82
中杉　修身 ・・・・・・・・・・・・・・・・・ 28
永瀬　克己 ・・・・・・・・・・・・・・・・・ 78
長瀬　哲夫 ・・・・・・・・・・・・・・・・ 257
長瀬　徳幸 ・・・・・・・・・・・・・・・・・ 74
永瀬　文久 ・・・・・・・・・・・・・・・・ 268
長瀬　誠 ・・・・・・・・・・・ 258, 267, 275
永瀬　六郎 ・・・・・・・・・・・・・・・・・ 34
中世古　幸次郎 ・・・・・・・・・・・ 184
永田　有世 ・・・・・・・・・・・・・・・・ 241
永田　健一 ・・・・・・・・・・・・・・・・ 205
永田　茂 ・・・・・・・・・・・・・・・・・・ 230
中田　真一 ・・・・・・・・・・・・・・・・ 172
中田　俊彦 ・・・・・・・・・・・・・・・・ 209
長田　光正 ・・・・・・・・・・・・・・・・ 207
中田　睦 ・・・・・・・・・・・・・・・・・・・ 82
中田　裕二 ・・・・・・・・・・・・・・・・ 241
永田　豊 ・・・・・・・・・・・・・・ 129, 138
ナカダ産業 ・・・・・・・・・・・・・・・ 150
中谷　隆 ・・・・・・・・・・・・・・・・・・・ 31
中谷　隼 ・・・・・・・・・・・・・・・・ 24, 29
中束　重雄 ・・・・・・・・・・・・・・・・ 254
永塚　剛士 ・・・・・・・・・・・・・・・・・・ 8
中司　雅文 ・・・・・・・・・・・・ 258, 271
中辻　正明 ・・・・・・・・・・・・・・・・・ 45
中藤　誠二 ・・・・・・・・・・・・・・・・ 248
永富　悠 ・・・・・・・・・・・・・・・・・・ 131
長友　正勝 ・・・・・・・・・・・・・・・・・ 77
中西　敏 ・・・・・・・・・・・・・・・・・・ 189
中西　準子 ・・・・・・・・・・・・・・・・・ 28
中西　咲理 ・・・・・・・・・・・・・・・・・・ 8
中西　正男 ・・・・・・・・・・・・・・・・・ 77
中西製作所 ・・・・・・・・・・・・・・・ 235

中日本高速道路 ………… 82	中村 孝久 ………… 260	中山 好弘 ………… 185
長沼 宏 ………… 210, 214	中村 隆行 ………… 168	中山 恒 ………… 241
中根 周歩 ………… 103	中村 卓司 ………… 45	中山 渉 ………… 234
中根 一 ………… 77	中村 武彦 ………… 265	永吉 拓至 ………… 269
長野 修治 ………… 35	中村 武久 ………… 122	南雲 勝志 ………… 74,
中野 隆史 ………… 194	中村 忠 ………… 38	75, 77, 78, 82, 85
中野 武 ………… 15, 21	中村 司 ………… 125	ナグモデザイン事務所 …… 81
中野 達也 ………… 52	中村 勉 …… 44, 58, 59, 62	名倉 弘 ………… 188
中野 恒明 ………… 74, 76, 78	中村 常太 ………… 188	名合 宏之 ………… 79
中野 牧子 ………… 29	中村 知夫 ………… 258	名古屋高速道路公団 …… 49
中野 学 ………… 54	中村 直人 ………… 196	名古屋市 ………… 159
中野 道雄 ………… 67, 70	中村 登流 ………… 125	名古屋大学 ………… 153
長野県臼田高等学校 環境緑	中村 秀夫 ………… 269	名古屋堀川ライオンズクラ
地科 農業クラブ …… 110	中村 秀仁 ………… 274	ブ ………… 111
長野県茅野市 ………… 158	中村 寛志 ………… 92	那須野ヶ原土地改良区連
長野県富士見高等学校農業	中村 浩志 ………… 125	合 ………… 108
クラブ環境保護会 …… 106	中村 拓志 ………… 62	夏原 由博 ………… 92
中の島連合町内会 ………… 79	中村 太士 ………… 66	ナニワ炉機研究所 ………… 163
中林 恭之 ………… 199, 202	中村 文人 ………… 267	那覇市土木部 ………… 76
中原 克彦 ………… 260	中村 政雄 ………… 137	鍋島 正宏 ………… 263
中原 謙太郎 ………… 54	中村 正和 ………… 38	ナマズのがっこう ………… 112
中原 武利 ………… 20	中村 誠宏 ………… 105	生田目 健 ………… 252
中原 延平 ………… 193	中村 雅之 ………… 18	波岡 知昭 ………… 209
永原 肇 ………… 54	中村 益雄 ………… 192	納屋 一成 ………… 174, 175
中原 実 ………… 193	中村 摩理子 ………… 207	奈良 顕子 ………… 61
永廣 正邦 ………… 62	中村 宗和 ………… 168, 178	奈良 謙伸 ………… 61
中部 主敬 ………… 241	中村 泰久 ………… 228, 231	奈良 照一 ………… 85
中坊 公平 ………… 86	中村 祐二 ………… 212	奈良 一秀 ………… 99
中間 兼市 ………… 219	中村 良夫 ………… 76, 78	習志野市企業局 …… 237, 238, 239
仲町 一郎 ………… 203	中村 嘉利 ………… 19	習志野市企業局工務部 …… 227,
永峯 剛 ………… 266	中村 亘 ………… 39	229, 233, 234
中村 晃子 ………… 59	長屋 利郎 ………… 38	奈良林 直 ………… 257, 265
中村 明則 ………… 30	中安 閑一 ………… 197	楢村 徹 ………… 59
中村 育世 ………… 174	永易 圭行 ………… 179	成田 治 ………… 59
中村 勲 ………… 31	中柳 靖夫 ………… 193	成田 一郎 ………… 82
中村 悦郎 …… 171, 192, 207	中山 一夫 ………… 187, 190	成田 祥 ………… 40
中村 一夫 ………… 134	中山 兼光 ………… 182	成田 友二 ………… 151
中村 一穂 ………… 182	中山 歳喜 ………… 83	成田 信之 ………… 247
中村 享一 ………… 59	中山 繁実 ………… 76	成田 英夫 ………… 180, 213
中村 勤也 ………… 266, 276	中山 俊一 ………… 35	成田 雅則 ………… 199
中村 桂子 ………… 121	中山 穣 ………… 75	成田製作所 ………… 233
中村 聡 ………… 151	中山 隆志 ………… 38	成田製陶所 ………… 238
中村 修二 ………… 119	中山 卓郎 ………… 81	成瀬 一郎 ………… 208, 214
中村 詔司 ………… 268	永山 哲 ………… 252	成瀬 順次 ………… 77
中村 二朗 ………… 21, 22	中山 哲男 …… 38, 201, 213	成瀬 雄二 ………… 260
中村 仁一 ………… 257	中山 哲成 ………… 179	南形 厚志 ………… 131
中村 孝志 ………… 95	中山 順夫 ………… 197	南形 英孝 ………… 239
中村 尚司 ………… 261, 275	中山 紀夫 ………… 256	南静会 ………… 160
中村 卓志 ………… 31	中山 久博 ………… 201	難波 和彦 ………… 59
	中山 浩成 ………… 275	

環境・エネルギーの賞事典　323

難波 哲哉 ……………… 181
難波 征太郎 …………… 178
難波 隆司 ……………… 258
難波 利幸 ……………… 103
南部 鶴彦 ……………… 137
南部 博彦 ……………… 168

【に】

二井 清治 …………… 45, 60
新居 照和 ……………… 62
新潟県粗朶業協同組合 … 108
新潟工事 ……………… 168
新潟石油開発 …… 171, 186
新潟鉄工所 …… 158, 221, 224
新潟水辺の会 ………… 82
新倉 節夫 ……………… 257
新関 良樹 ……………… 244
仁井田 浩二 …………… 267
新居田 真美 …………… 19
新苗 正和 ……………… 32
新野 宏 ……………… 249
新原 雄二 ……………… 247
新村 唯治 ……………… 191
二木 鋭雄 ……………… 169
西 教徳 ……………… 54
西 高志 ………… 260, 261
西 剛史 ……………… 275
西 亮 ……………… 247
西 義史 ……………… 11
西尾 健一郎 …………… 130
西尾 醇 ……………… 193
西尾 宣明 ……………… 218
西尾 勝久 ……………… 264
西岡 昭夫 ……………… 71
西岡 邦彦 ……………… 200
西岡 秀三 ……………… 88
西岡 澄穂 ……………… 52
西岡 一 ……………… 94
西垣 雅司 ……………… 223
西垣 好史 ……………… 200
西方 里見 ……………… 61
西ヶ谷 忠明 …………… 36
西川 潮 ……………… 105
西川 幸治 ……………… 83
西川 輝彦 ……………… 181
西川 豊正 ……………… 83
西川 雅高 …… 17, 20, 28

西川リビング ………… 151
西口 宏泰 ……………… 177
西口 文雄 ……………… 241
西崎 丈能 ……………… 231
西沢 広智 ……………… 78
西澤 潤一 ……………… 118
西沢 健 …………… 74, 75
西沢 敏雄 ……………… 242
西澤 政雄 ……………… 84
西沢 匡人 ……………… 40
西芝電機 ………… 219, 221
西嶋 一欽 ……………… 248
西島 進 ……………… 184
西島 直己 ……………… 192
西田 清二 ……………… 198
西田 耕之助 …………… 35
西田 浩平 ……………… 55
西田 睦 ……………… 65
西辻 俊明 ……………… 84
仁科 浩二郎 …………… 264
西日本電信電話ブロードバンド推進本部BBアクセスサービス部 ……… 233
西日本旅客鉄道 …… 48, 49
西野 敦 ……………… 132
西野 和彰 ……………… 244
西野 一弘 ……………… 127
西野 由高 ……………… 259
西野木 洋 ……………… 77
西林 仁昭 ……………… 54
西原 昭雄 ……………… 172
西原 崇 ……………… 248
西平 守孝 ……………… 103
西廣 淳 ……………… 102
西広 泰輝 ……………… 136
西部 信行 ……………… 220
虹別コロカムイの会 …… 86
西水 亮 ……………… 271
西村 勝 ………… 202, 203
西村 陽 ……………… 137
西村 浩一 ………… 30, 133
西村 紳一郎 …………… 53
西村 達志 ……………… 152
西村 哲治 ……………… 29
西村 浩 ……………… 80
西村 博文 ……………… 128
西村 寛之 ……………… 133
西村 瑞恵 ……………… 190
西村 恵美子 …………… 83
西本 幸史 ……………… 31

西山 磐 ……………… 219
西山 健一 ……………… 81
西山 典行 ……………… 133
西山 教之 ……………… 224
西山 ブディアント ……… 54
西山 昌史 ……………… 37
西山 泰成 ……………… 76
西山 禎彦 ……………… 77
西山 誼行 ……………… 172
ニシヤマ …… 219, 229, 235
西脇 敏夫 ……………… 78
西脇 由弘 ……………… 271
似鳥 次郎 ……………… 195
ニチアス ………… 139, 233
ニチガス都市ガスグループ脱水設備検討委員会 … 218
日韓共同干潟調査団 …… 86
日南市 ……………… 82
日南市まちづくり市民協議会 ……………… 82
日比谷アメニス ………… 78
日陽エンジニアリング … 178
ニチレイ ……………… 158
日揮 ……………… 169, 173, 174, 176, 177, 214
日揮化学 ………… 165, 166
日建・梓・HOK・アラップ中部国際空港設計監理共同企業体 ……………… 49
日建設計 …………… 43, 76
日鉱珠江口石油開発 …… 190
日鉱探開 ……………… 173
日産自動車 …………… 143, 149, 150, 151, 155, 158
日産自動車(株)栃木工場 ……………… 153
日産車体 ……………… 91
日産ディーゼル工業 … 146, 157
日商岩井 ……………… 201
日新電機 ……………… 160
日清紡績 ………… 220, 229
日清紡績徳島工場 ……… 224
ニッセイ緑の財団 ……… 86
新田 幸人 ……………… 33
新田 純郎 ……………… 186
新田 忠雄 ……………… 34
日中石油開発 ………… 187
日鉄化工機 ……… 35, 167
日鉄鉱業 ……………… 229

ニッテツ室蘭エンジニアリング	139	
日塔 光一	262	
日東精工	226	
日東電工ゴム事業部	230	
日邦工業	221	
ニッポンバラタナゴ高安研究会	107	
蜷川 利彦	59	
二ノ方 寿	262	
二宮 純	76	
二宮 進	256	
二宮 博正	260	
二宮 弘之	195	
二宮 善彦	200, 203	
二宮 龍児	268	
仁平 憲雄	80	
ニフコ	233	
二瓶 博厚	59	
日本アイ・ビー・エム	143	
日本アルミニウム協会	83	
日本板硝子	143	
日本イヌワシ研究会	125	
日本インシュレーション	139, 170	
日本ヴィクトリック	231	
日本エネルギー経済研究所	136	
日本海ガス	239	
日本ガイシ	262	
日本海洋石油資源開発	167, 171, 186	
日本瓦斯	236, 237	
日本ガス開発	218	
日本瓦斯化学工業	165, 166	
日本ガス協会	209, 212	
日本瓦斯供給グループ	231	
日本褐炭液化	201	
日本環境会議	5	
日本揮発油	165, 166	
日本空港コンサルタンツ	48	
日本黒部学会	107	
日本下水道事業団	38	
日本原子力学会原子力教育・研究特別専門委員会初等・中等教科書調査ワーキンググループ	277	
日本原子力研究開発機構	269, 271, 272	
日本原子力研究開発機構大洗研究開発センター技術開発部液体金属試験技術課	276	
日本原子力研究開発機構核融合研究開発部門IFMIF照射・試験施設開発グループ	276	
日本原子力研究開発機構原子力基礎工学研究部門応用核物理研究グループ	275	
日本原子力研究開発機構高温ガス炉システム開発チーム	276	
日本原子力研究開発機構次世代原子力システム研究開発部門	270	
日本原子力研究開発機構高崎量子応用研究所	274	
日本原子力研究開発機構敦賀本部原子炉廃止措置研究開発センター	274	
日本原子力研究開発機構東海研究開発センター核燃料サイクル工学研究所リスクコミュニケーション室	269	
日本原子力研究開発機構日本海海洋調査チーム	270	
日本原子力研究開発機構放射性核種データ解析研究グループ	269	
日本原子力研究所	262, 263, 266	
日本原子力研究所JFT2Gループ	252	
日本原子力研究所材料工学研究グループ	251	
日本原子力研究所保障措置環境試料分析技術開発グループ	267	
日本原子力産業会議	136	
日本原子力発電	272, 273	
日本原子力発電(株)研究開発室	270	
日本原子力発電(株)東海事務所,敦賀地区本部,広報室	271	
日本原子力発電(株)廃止措置プロジェクト推進室	271	
日本建設技術	113	
日本建鉄	141, 142	
日本原燃	273	
日本高圧コンクリート	228	
日本鋼管	36, 169, 170, 207, 225, 227	
日本鋼管エネルギーエンジニアリング本部	217	
日本鋼管エンジニアリング研究所	224	
日本鋼管ガス技術部	230	
日本鋼管工事エンジニアリング部	230	
日本鋼管継手	219	
日本鋼管継手技術開発部	229	
日本鉱業	169, 170, 171	
日本工業大学	159	
日本高熱工業社	218	
日本コカ・コーラ	140, 142, 155	
日本国土開発	140	
日本国有鉄道	240	
日本コムテック	228	
日本コールオイル	203, 204	
日本サーモエアー	234	
日本紙業	35	
日本触媒	159	
日本触媒化学工業	166, 167, 169	
日本食研ホールディングス	153	
日本製鋼	202	
日本製鋼所	168, 262, 274	
日本製鋼所室蘭製作所	172	
日本ゼオン	165	
日本石油	170, 172, 173, 224, 277	
日本石油精製	168, 170, 172, 173, 277	
日本石油精製横浜製油所	35	
日本石油輸送	167	
日本設計	43, 160	
日本セメント	35	
日本セラミック	141	
日本洗浄機	235	
日本大学理工学部1号館建設委員会	43	

日本大豆製油 158
日本地下石油備蓄 173
日本鋳造京浜機械製作所
　............................ 219
日本調理機 235
日本ツキノワグマ研究所
　............................. 86
日本テクノ 222
日本電気 37, 142
日本電気（株）NECソリュー
　ションズ 146
日本電信電話 156
日本電装 222
日本電池 145
日本電動車両協会 160
日本電波塔 49
日本道路公団 77
日本道路公団静岡建設局富
　士工事事務所 78
日本道路公団中部支社名古
　屋工事事務所 49
日本道路公団東京支社日光宇
　都宮道路工事事務所 .. 75
日本道路公団東京第二管理
　局 49
日本道路公団東名古屋工事
　事務所 49
日本特殊陶業 148
日本農書全集編集委員会
　.............................. 4
日本ビクター 148
日本ファシリティ・ソリュー
　ション 154
日本ファーネス 209
日本ファーネス工業 第一事
　業本部 228
日本ベトナム石油 ... 175, 189
日本舗道 218
日本舗道復旧営業所 231
日本無線 221
日本野鳥の会国際センター
　............................. 86
仁礼 尚道 196
楡井 久 38
丹羽 譲治 74
丹羽 幹 179
丹羽 元 261
丹羽 康文 75
丹羽 勇介 176

【ぬ】

抜井 宏寿 217
布柴 達男 94
沼田 茂生 259

【ね】

根井 弘道 252, 256
ネイビーズ・クリエイショ
　ン 153
根尾 定文 187
根岸 貴紀 212
根来 正明 206
ネスレジャパングループ
　............................ 161
熱帯林再生研究グループ
　............................. 88
ねっとわーく福島潟 ... 107
ねや川水辺クラブ 110
ネルソン, リチャード ... 119
ネルソン, M.N. 133

【の】

野生司環境設計 43
野内 勇 37, 69, 71
農と自然の研究所 5
納冨 昭弘 261
能美 健彦 95
農林水産省農業生態系メタ
　ン研究グループ 88
直方川づくり交流会 81
直方市 81
野上 晴男 202
野北 和宏 261, 264
野口 恭延 78
野口 邦生 84
野口 聡 190
野口 勉 88
野口 照雄 170, 199
野口 信雄 198
野口 弘喜 270
野口 雅人 241
野崎 智洋 181
野崎 典道 217
野崎 幸雄 197
野沢 定雄 151
野澤 剛二郎 248
野沢 正光 59
野尻 治 202
野尻 正信 196
能城 修一 124
能勢 美峰 97
野瀬 善勝 67
能勢町立天王小学校 12
苣戸 翔一 25
野田 隆史 102
野田 健史 209
ノートルダム女学院高等学
　校 科学クラブ 111
野中 篤 236
野中 英正 221,
　　　224, 232, 236, 240
野中 寛 205
野々瀬 恵司 60
野原 文男 58, 59, 60
昇 昭三 137
野馬 幸生 21
野間口 有 132
野見山 ミチ子 81
野村 和弘 228
野村 佳洋 242
野村 茂雄 259
野村 淳子 176
野村 誠治 204, 206, 209
野村 卓史 248, 249
野村 孝芳 82
野村 努 35
野村 平典 35
野村 正勝 176,
　　　197, 203, 206, 212
野村 靖 257
野山に学ぶ会 11
ノリタケカンパニーリミテ
　ド 217, 220
ノーリツ 145,
　146, 147, 225, 232, 233,
　234, 235, 237, 238, 239
ノーリツ温水・空調商品事
　業本部 232
則永 行庸 214
野呂 一幸 44

【は】

バイオエナジー ………… 163
バイオニア ……………… 147
バイオフィット研究会 …… 77
バイオーレ研究会 ………… 39
廃棄物対策豊島住民会議
　………………… 4, 51, 72, 86
ハイダー,マキシミリアン
　…………………………… 119
ハウステック …………… 42
芳賀 和子 ……………… 266
萩生田 秀之 …………… 82
萩屋 薫 ………………… 121
萩原 和彦 ……………… 279
萩原 岳 ………………… 82
萩原 直人 … 229, 230, 235, 237
萩原 達也 ……………… 18
萩原 亨 ………………… 85
萩原 雅之 ……………… 276
萩原 貢 ………………… 74
萩原 康雄 ……………… 194
萩原 由男 ……………… 222
白山川を守る会 ………… 106
博進 …………………… 160
羽倉 昌志 ……………… 94
羽倉 尚人 ……………… 274
ハーケン,ヘルマン ……… 118
波崎漁業協同組合 ……… 161
間組 ……………………… 174
橋口 幸雄 ……………… 127
橋爪 紳也 ……………… 137
羽島 良一 ……………… 265
橋本 晃 ………………… 75
橋本 英士 ……………… 257
橋本 和仁 ……………… 89
橋本 克彦 ……………… 168
橋本 健治 ………… 200, 202
橋本 謙治郎 ……… 127, 199
橋本 晃一 ………… 32, 33
橋本 俊次 ………… 20, 23
橋本 真一 ……………… 79
橋本 奨 ………………… 36
橋本 大二郎 …………… 78
橋本 崇秀 ……………… 9
橋本 忠美 ………… 77, 80
橋本 徹 ………………… 228

橋本 哲夫 ……………… 266
橋本 尚人 ……………… 137
橋本 夏次 ……………… 111
橋本 義和 ……………… 237
橋本 芳一 ……………… 69
橋本 涼一 ……………… 200
長谷エコーポレーション
　……………………………… 43
長谷川 敦子 …………… 16
長谷川 功 ……………… 210
長谷川 清 ……………… 244
長谷川 清善 …………… 37
長谷川 恵之 …………… 166
長谷川 淳 ……………… 19
長谷川 伸一 …………… 262
長谷川 泰三 …………… 133
長谷川 利雄 …………… 68
長谷川 永税 …………… 40
長谷川 宏 ……………… 201
長谷川 博 ……………… 125
長谷川 弘直 …………… 80
長谷川 浩己 ……… 60, 81
長谷川 泰久 …………… 182
長谷川建築事務所 …… 140
長谷場 七郎 …… 192, 194
長谷部 寛 ……………… 249
長谷部 新次 …………… 198
長谷部 信康 …………… 165
幡 知也 ………………… 84
秦 幸雄 ………………… 223
畠山 史郎 ……… 42, 68, 71
畠山 貴博 ……………… 26
畠山 晶 ………………… 52
畑田 明良 ……………… 39
畑中 重人 ……………… 178
畑中 章秀 ……………… 247
幡野 博之 ……………… 210
秦野 正治 ……………… 176
羽田野 祐子 …………… 264
波多野 雄治 …………… 264
秦野瓦斯 ………… 238, 239
秦野ガス供給部 …… 234, 235
幡宮 重雄 ……………… 245
畑山 実 ………………… 278
八馬 智 …………… 75, 85
八久保 晶弘 …………… 180
八谷 芳裕 ……………… 196
八洋エンジニアリング … 153
初川 雄一 ……………… 266
ハッコー ………… 217, 219, 229

パッシブサンプラー開発グ
　ループ ………………… 39
初島 住彦 ……………… 121
八田 力二郎 …………… 192
服部 弘一 ……………… 31
服部 禎男 ……………… 257
服部 司郎 ……………… 242
服部 隆利 ……………… 269
服部 忠 ………………… 175
服部 徹 ………………… 131
服部 敏雄 ……………… 241
服部 英 ………………… 175
服部 亮 ………………… 134
服部 幸和 ……………… 21
服部工業 ……………… 235
ハーテック・ミワ ……… 228
波戸 芳仁 ……………… 264
羽藤 英二 ……………… 85
パートナーシップオフィ
　ス ……………………… 109
花井 拓 ………………… 248
花井 嶺郎 ……………… 152
花岡 隆昌 ……………… 173
花岡 達也 ……………… 130
花岡 寿明 ……………… 210
花木 啓祐 ………… 13, 29
花里 孝幸 ……………… 64
花嶋 正孝 ……………… 35
パナソニック ………… 91,
　150, 152, 153, 154, 155,
　212, 215, 238, 239
パナソニックエコシステム
　ズ ……………… 150, 238
パナソニック株式会社エコ
　ソリューションズ社 …… 12
パナソニック株式会社ホー
　ムアプライアンス社 … 163
パナソニックプラズマディ
　スプレイ ……………… 154
花田 勝敬 ……………… 59
花田 喜文 ……………… 16
花田 芳実 ……………… 84
パナホーム(株)筑波工場
　………………………… 155
花村 庸治 ……………… 240
土師 高文 ……………… 225
羽生三洋電子 ………… 106
羽田 健三 ……………… 124
羽田 政明 ………… 175, 279
羽田 安秀 ……………… 9

ハネロン	236	
馬場 有政	191, 197	
馬場 治	262	
馬場 和夫	218	
馬場 敬	186	
馬場 恵吾	21, 22	
馬場 健司	27	
馬場 研二	37	
馬場 仂	218	
馬場 護	261, 271, 276	
馬場 譲	53	
バーパス	239	
バブコック日立	35, 37, 201, 213	
濱 健夫	65	
濱川 聡	178	
浜島 清高	40	
濱砂 信之	211	
浜田 明彦	59	
濱田 典明	20	
濱田 秀昭	175, 181	
濱多 広輝	31	
濱田 政則	232, 233	
濱田 道幸	277	
濱中 亮	239	
浜松市都市計画部都市開発課	80	
浜本 良男	264	
濱谷 博	241	
ハーマン	140, 218, 222, 225, 231	
ハーマンプロ	234, 235, 237, 238	
羽村 淳	218	
羽村 康	31	
早川 和一	23, 71	
早川 和男	45	
早川 匡	77	
早川 邦彦	79	
早川 真	59	
早川 孝	176	
早川 豊彦	171	
林 英治	177	
林 一馬	79	
林 寛治	79	
林 経矩	197	
林 重雄	256	
林 茂樹	201	
林 誠之	169	
林 茂	166, 194, 244
林 脩平	253
林 潤一郎	205
林 盛四郎	191
林 正純	243
林 達也	44
林 喜芳	193
林 洋夫	171
林 真	94
林 真琴	260
林 政克	39
林 叔民	188
林 嘉久	175
林 義幸	188
林 礼美	134
林田 宏二	248
林田 秀一	75
林田 芳久	256
林原 茂	40
早瀬 鉱一	127
早瀬 佑一	254
早津 彦哉	93
葉山 成三	59
葉山の自然を守る会	73
早味 宏	30
速水 洋	29
速水 義孝	260
速水林業	4
原 三郎	200
原 隆士	83
原 卓也	131
原 伸宜	167
原 伸宜	194
原 信義	276
原 文雄	252
原 麻奈美	7
原 行明	38
原口 紘炁	14
原弘産	159
原沢 英夫	13
原科 幸彦	13, 14
原田 喜代治	241
原田 修一	21
原田 秀郎	264, 268
原田 広史	128
原田 由紀	61
原田 泰雄	38
原田 義勝	53
原野 智広	105
播磨 良子	258
針谷 賢	75
春田 昌宏	38
春山 満夫	268
バロー, ジャック	56
パロマ	222, 225
パロマ工業	143, 144, 146, 217, 227, 229, 230
パロマ工業技術部	219, 222
伴 英明	189
韓 武栄	86
範 立	278
阪急電鉄	12
阪神高速道路公団	48
飯水教育会自然調査研究委員会	107
ハンセン, ジェームス	116
半田 浩一	243
半田 卓郎	172
半田 宗男	257
萬代橋を愛する会	82
萬代橋協議会	82
坂東 茂	211
坂東 博	21, 42, 71
ハンベリュース, グナー	117
半谷 吾郎	102

【ひ】

斐伊川流域環境ネットワーク	109
日色 和夫	36
樋上 琇一	246
比江島 慎二	247
ピーエス	43
稗貫 峻一	215
日置 秀明	262
東 軍三	38
東 三郎	78
東ガス	202
東口 安宏	253
東日本石油開発	169, 186
東日本旅客鉄道東京工事事務所	48, 49
東日本旅客鉄道東北工事事務所	80
東野 晴行	71
東マレーシアにおける熱帯	

雨林生態研究チーム … 122	日立空調システム大型冷熱事業部 …… 232	美唄自然エネルギー研究会 …… 160
疋田 強 …………… 196	日立建機 …………… 218	日比 進 …………… 52
樋口 明彦 ………… 81	日立産機システム …… 155	日引 俊 …………… 262
樋口 耕三 ………… 191	日立照明 …… 139, 144, 145	氷見 康二 ………… 69
樋口 広芳 ………… 125	日立製作所 …………… 37,	氷見市教育委員会生涯学習課 …… 111
樋口 雄 …………… 183	42, 139, 140, 141, 142, 143,	ひむかおひさまネットワーク …… 164
彦坂 満洲男 ……… 59	144, 153, 158, 159, 201,	姫野 修 …………… 190
彦根 アンドレア …… 61, 62	207, 225, 240, 257, 264, 273	樋山 恭助 ………… 248
肥後の水資源愛護基金 … 110	日立製作所土浦工場 …… 220	兵庫県企業庁 ……… 160
尾座元 俊二 ……… 81	日立製作所日立工場 …… 221	兵庫県住宅供給公社 … 80
久角 喜徳 …… 197, 238	日立造船 …………… 174, 227	兵庫県立コウノトリの郷公園 田園生態研究所 … 90
久野 哲也 ………… 266	日立ソフトウェアエンジニアリングGIS推進本部 … 227	兵庫県立大学 自然・環境科学研究所 田園生態系 … 90
久光 俊昭 ………… 173	日立脱硝装置開発グループ …………………… 36	兵庫県立農業高等学校 県農ため池調査班 …… 109
久本 勉 …………… 170	日立電力電機開発研究所火力機械第1部 ……… 205	兵庫県立播磨農業高等学校稲作研究班 …… 110
久本 泰秀 ………… 17	日立ハイテクノロジーズ …………………… 53	日吉 真一郎 ……… 20
肱岡 靖明 ………… 24	日立ハウステック …… 236	日吉 フミコ ……… 72
土方 孝敏 ………… 270	日立バルブ開発部 …… 228	平井 明夫 ………… 186
菱田 一雄 ……… 68, 85	日立プラント建設 …… 38	平井 孝雄 ………… 10
菱田 誠 ……… 254, 259	日立プラント建設集塵装置事業部 …………… 35	平井 隆之 ………… 278
菱田 元 …………… 33	日立プラントテクノロジー …………………… 42	平井 祐介 ………… 21
菱沼 章道 ………… 253	日立ホーム・アンド・ライフ・ソリューション … 147, 148	平石 はるか ……… 9
菱沼 祐一 ………… 227	日立ホームテック …… 142	平出 貴也 ………… 130
菱丸 敵 …………… 133	日立冷熱 …………… 228	平尾 茂一 ………… 274
比謝川をそ生させる会 … 107	肥田野 登 …………… 13	平尾 隆 …………… 211
ビスコドライブジャパン …………………… 173	ピーター ライス …… 74	平岡 克英 ………… 241
ビスワス, デバシス … 243	飛騨庭石 …………… 48	平岡 敬朗 ………… 22
備前 グリーンエネルギー …………………… 154	人・自然・地球共生プロジェクト 温暖化予測第一課題研究グループ ……… 89	平岡 豊助 ………… 185
肥田 景明 ………… 58	一柳 丈二 ………… 191	平岡 正勝 ………… 37
肥田 和毅 ……… 257, 259	日野 契芳 ………… 195	平岡 雅哉 ………… 45
日高 昭秀 ………… 265	日野 武久 ………… 244	平賀 潤 …………… 75
日高町役場 ………… 81	日野 哲士 ………… 274	平川 誠一 …… 168, 184
日立 ……………… 202	日野 友明 ………… 259	ヒラカワガイダム … 234, 236
日立GEライティング … 144	日野 幹雄 ………… 247	平木 隆年 ………… 38
日立アプライアンス … 149, 150, 155, 214, 238, 239	日野 竜太郎 ……… 270	平木 岳人 ………… 210
日立エンジニアリングサービス ……………… 158	日野川の源流と流域を守る会 …………… 112	平倉 章二 ……… 60, 61
日立化成工業 …… 42, 217	日野市 …………… 111	平倉 直子 ………… 82
日立化成工業機能性材料研究所 リサイクル技術グループ ………………… 41	日野自動車 …… 38, 145	平沢 貞男 ………… 219
日立金属 …………… 140, 218, 230, 235, 236, 237, 238	日野自動車工業 …… 241	平沢 佐都子 ……… 181
日立金属桑名工場開発センター …………… 230	樋野本 宣秀 ……… 41	平沢 太郎 ………… 212
日立金属中部東海支店 … 230		平島 偉行 ………… 170
日立空調システム …… 144, 145, 147, 148, 209		平田 彰 …………… 174
		平田 哲 …………… 58
		平田 健正 ………… 28

平田 倶篤	‥‥‥‥‥‥	195
平田 洋介	‥‥‥‥‥‥	274
平田 賢	‥‥‥‥‥‥	241
平田 光穂	‥‥‥‥	165, 168
平塚 隆治	‥‥‥‥‥‥	185
平戸 瑞穂	‥‥‥	199, 200, 206
平野 光	‥‥‥‥‥‥	223, 224, 228, 229, 230
平野 恵津泰	‥‥‥‥‥‥	62
平野 敏右	‥‥‥‥‥‥	204
平野 則子	‥‥‥‥‥‥	134
平野 廣和	‥‥‥‥‥‥	248
平野 史生	‥‥‥‥‥‥	276
平野 雅司	‥‥‥‥‥‥	260
平野 正人	‥‥‥‥‥‥	30
平野 靖	‥‥‥‥‥‥	263
平野 恭弘	‥‥‥‥‥‥	98
平野 勇二郎	‥‥‥‥‥‥	28
平林 一男	‥‥‥‥‥‥	181
平林 公男	‥‥‥‥‥‥	92
平林 紳一郎	‥‥‥‥‥‥	215
平間 利昌	‥‥‥‥‥‥	203
平本 一幸	‥‥‥‥‥‥	94
平山 邦男	‥‥‥‥‥‥	226
平山 英夫	‥‥‥‥	258, 264
平山 浩樹	‥‥‥‥‥‥	60
平山 詳郎	‥‥‥‥‥‥	127
美笠建設第二土木部	‥‥‥	82
廣重 拓司	‥‥‥‥	60, 62
広島学院高等学校 化学部		107
広島ガス	‥‥‥	236, 238, 239
広島ガス営業本部特需営業部		223
広島ガス技術研究所	‥	231, 234
広島ガス技術本部工務部		229
広島ガス供給設備部	‥‥	230
広島ガス供給部	‥‥‥‥	231
広島ガス廿日市工場	‥‥	227
広島建設コンサルタント		76
広島銘水研究会	‥‥‥‥	111
廣瀬 正幸	‥‥‥‥‥‥	133
広瀬 栄一	‥‥‥‥‥‥	243
広瀬 研吉	‥‥‥‥‥‥	264
広瀬 保男	‥‥‥‥	40, 256
弘田 実弥	‥‥‥‥‥‥	251
広田 信明	‥‥‥‥‥‥	177
廣田 倫央	‥‥‥‥‥‥	9
広田 裕一	‥‥‥‥‥‥	75
広田 和一	‥‥‥‥‥‥	192
廣谷 勝美	‥‥‥‥‥‥	83
広谷 精啓	‥‥‥‥‥‥	196
広中 清一郎	‥‥‥‥‥‥	172
広畑 修	‥‥‥‥‥‥	55
廣部 祐司	‥‥‥‥‥‥	129
広松 伝	‥‥‥‥‥‥	106
弘松 幹雄	‥‥‥‥‥‥	244
広渡 俊哉	‥‥‥‥‥‥	92
琵琶湖お魚ネットワーク		111
琵琶湖市民大学	‥‥‥‥	112
びわこ豊穣の郷	‥‥‥‥	113
日渡 良爾	‥‥‥‥‥‥	135
ビンサーレ, ハミドン	‥‥	245

【ふ】

ファゼラ, パオロ・マリア		118
ファン・グェン・ホン	‥‥	57
フィガロ技研	‥	217, 236, 237
フェリス女学院大学	‥‥	161
フォルテス, ミゲル・D.	‥‥	64
深尾 昌一郎	‥‥‥‥‥‥	88
深川 正美	‥‥‥‥‥‥	39
深沢 哲生	‥‥‥‥	261, 270
深沢 光	‥‥‥‥‥‥	187
深田 喜代志	‥‥‥‥‥‥	215
深谷 信彦	‥‥‥‥‥‥	237
深海 博明	‥‥‥‥‥‥	136
深谷 重一	‥‥‥‥‥‥	31
府川 伊三郎	‥‥‥‥‥‥	52
福井 恒明	‥‥‥‥‥‥	85
福井 博俊	‥‥‥‥‥‥	46
福井 正美	‥‥‥‥	261, 269
福井 寛	‥‥‥‥‥‥	242
福井県大野の水を考える会		4
福井県勝山土木事務所	‥	78
福井県土木部道路建設課		78
福井県立小浜水産高等学校 ダイビングクラブ		112
福井県立福井農林高等学校 環境土木部		109
福井市企業局	‥‥‥‥‥	229
福岡 伸典	‥‥‥‥‥‥	52
福岡 元次	‥‥‥‥‥‥	193
福岡県八女土木事務所	‥	77
福岡県立北九州高等学校 魚部		110
福岡市	‥‥‥‥‥‥	156
福岡市交通局	‥‥‥‥‥	83
福崎 紀夫	‥‥‥‥‥‥	70
福士 勉	‥‥‥‥‥‥	225
福島 和雄	‥‥‥‥‥‥	222
福嶋 健次	‥‥‥‥‥‥	78
福嶋 雅夫	‥‥‥‥‥‥	237
福嶋 正巳	‥‥‥‥‥‥	211
福島 実	‥‥‥‥‥‥	16
福嶋 実	‥‥‥‥‥	20, 22
福島 祐二	‥‥‥‥‥‥	61
福嶌 義宏	‥‥‥‥‥‥	64
福島県	‥‥‥‥‥‥	159
福島市河川課	‥‥‥‥‥	77
福田 桂	‥‥‥‥‥‥	135
福田 幸朔	‥‥‥‥‥‥	255
福田 卓司	‥‥‥‥	60, 62
福田 哲久	‥‥‥‥‥‥	134
福田 政仁	‥‥‥‥‥‥	54
福田 道博	‥‥‥‥‥‥	187
福田 光信	‥‥‥‥‥‥	38
福田 嘉男	‥‥‥‥‥‥	243
福永 和二	‥‥‥‥‥‥	35
福永 義徳	‥‥‥‥‥‥	22
福永 伶二	‥‥‥‥‥‥	199
福原 潔	‥‥‥‥‥‥	95
福原 賢二	‥‥‥‥‥‥	77
福原 稔	‥‥‥‥‥‥	241
福間 知之	‥‥‥‥‥‥	136
福本 千尋	‥‥‥‥‥‥	39
福谷 耕司	‥‥‥‥‥‥	268
福山 佳孝	‥‥‥‥‥‥	241
福山瓦斯	‥‥‥‥	225, 238
福山ガス研究室	‥‥‥‥	221
更田 豊志	‥‥‥‥	268, 270
房 清司	‥‥‥‥‥‥	221
藤 暢輔	‥‥‥‥‥‥	266
藤井 絢子	‥‥‥‥‥‥	86
藤井 清光	‥‥‥‥‥‥	183
藤井 邦雄	‥‥‥‥‥‥	249
藤井 憲二	‥‥‥‥‥‥	38
藤井 宏一	‥‥‥‥‥‥	103
藤井 貞夫	‥‥‥‥‥‥	259
藤井 修治	‥‥‥‥‥‥	195
藤井 進	‥‥‥‥‥‥	59

藤井 哲哉	190	
藤井 輝昭	53	
藤井 徹	68	
藤井 俊行	276	
藤井 利之	224	
藤井 信幸	263	
藤井 一至	104	
藤井 秀昭	137	
藤井 弘明	30	
藤井 大将	20	
藤井 雅則	40	
藤井 マナブ	9	
藤井 靖彦	266	
藤井 康正	130, 137	
藤井 義雄	259	
藤井 義久	92	
藤家 洋一	136	
藤井合金製作所	222, 224, 233, 235, 236, 238, 239	
藤江 和子	44	
藤江 幸一	13	
藤江 信	192	
富士エネルギー	163	
藤岡 一男	184	
藤岡 作太郎	121	
藤岡 信吾	195	
藤岡 展価	186	
藤岡 裕二	206	
富士化水工業	36	
藤川 泰雄	243	
藤倉 菊太郎	224	
フジクラ	140	
フジクリーン工業	36, 40, 42, 110	
不二公業	237	
伏崎 弥三郎	194, 197	
藤澤 彰利	213	
藤沢 健三	194	
藤沢 忠雄	185	
藤沢 秀忠	210	
藤澤 義和	40	
藤下 久	74	
藤島 喬	58	
富士重工業	159, 161	
富士石油	168	
富士ゼロックス	3, 90, 143, 144, 145, 146, 147, 148, 149, 150, 151, 155, 158	
富士ゼロックス・エコマニュファクチャリング	90	

受賞者名索引　　　　　ふなさ

富士ゼロックスプリンティングシステムズ	147, 149	
富士総合設備	37	
藤田 和男	187, 208, 209	
藤田 圭吾	179	
藤田 慎一	29, 70, 88	
藤田 照典	180	
藤田 豊久	32, 33	
藤田 一	185	
藤田 逸人	184	
藤田 彪太	253	
藤田 裕介	233	
藤田 寛之	20	
藤田 朋浩	8	
藤田 雅俊	74	
藤田 稔	167, 172	
藤田 恵	73	
藤田 泰宏	178	
藤田 嘉彦	185	
藤田 玲子	262, 264	
藤高 和信	255	
藤津 博	199, 202	
藤塚 譲二	44	
藤綱 義行	244	
富士電機	142, 143, 158, 160	
富士電機ヴィ・シー・アルテック	143	
富士電機機器制御	235	
富士電機機器制御器具事業部	234	
富士電機システムズ	160, 273	
富士電機総合研究所	143	
藤沼 俊勝	76	
藤根 幸雄	261	
藤野 耕一	242	
藤野 純一	130	
藤野 陽三	247	
富士フイルム	154	
藤間 正博	263	
藤前干潟を守る会	3, 72	
藤巻 健三	183	
藤巻 秀和	69, 71	
藤巻 裕蔵	125	
フジマック	235	
伏見 暁洋	28	
伏見 千尋	131, 213	
伏見大手筋商店街振興組合	157	
藤峰 慶徳	21	

藤村 武生	198	
藤本 昭三	166, 194	
藤元 薫	169, 174, 197, 203, 211	
藤本 一壽	49	
藤元 憲三	255	
藤本 幸人	40	
藤本 真司	134, 211	
藤本 武利	17	
藤本 尚則	175	
藤本 弘次	39	
藤本 昌也	80	
藤本 光昭	38	
藤森 一男	15	
藤森 幹治	39	
藤森 利美	195	
藤森 友一	220	
藤森 治男	257	
藤山 淳史	26	
藤山 一成	242, 244	
藤山 和久	133	
藤山 進	202	
武州ガス	237, 238	
ブジョストフスキ,エドワード	72	
藤若 貴生	228	
藤原 慈	83	
藤原 恭司	39	
藤原 光三	193	
藤原 寿和	73	
藤原 利光	30	
藤原 浩幸	79	
藤原 昌史	187	
藤原 宗	220	
藤原 康雄	178	
藤原 尚樹	203	
布施 元正	262	
二川 正敏	268	
二見 英雄	200	
二夕村 森	171, 200	
二村 典宏	99	
佛願 道男	19	
ブディコ,ミファイル・I	115	
舩岡 正光	89	
舟川 将史	19	
船木 薫	17	
船木 幸子	46	
舩越 英彦	226	
舟阪 渡	192	

環境・エネルギーの賞事典　　331

受賞者名索引

ふなさ

船崎 健一 ………………… 245
ブナの森を育てる会 …… 51
船橋 清美 ………………… 261
船山 俊幸 ………………… 31
舟ヶ崎 剛志 ……………… 41
麓 恵里 …………………… 211
武陽ガス … 236, 237, 238, 239
武陽ガス技術研究室 …… 222,
　　226, 227, 228, 229, 230,
　　231, 232, 233, 234, 235
武陽ガス熱量変更部 …… 228
芙蓉総合リース ………… 152
ブラウワー，デイビッド・
　R ………………………… 115
ブラウン，レスター …… 114
ブラット・アンド・ホワイ
　トニー社 ……………… 240
ブランス，ギリアン・トル
　ミー ……………………… 56
プランニングネットワー
　ク ………………………… 83
プリコジン，イリヤ …… 118
ブリヂストン ……… 42, 151
ブリヂストンタイヤ …… 35
降旗 千惠 ………………… 95
プリンス電機 …………… 147
古岡 清司 ………………… 45
古川 和子 ………………… 73
古川 祥智雄 ……………… 7
古川 真直 ………………… 7
古川 敏治 ………………… 31
古川 宏 …………………… 262
古川 雅人 ………………… 244
古河電気工業 ……… 158, 247
古河電気工業ファイテル製
　品部 ……………… 223, 225
古河ユニック …………… 150
古澤 毅 …………………… 214
古瀬 智裕 ………………… 130
古田 一雄 ………………… 265
古田 智史 ………………… 279
古田 毅 …………………… 196
古田 龍司 ………………… 9
古谷 裕 …………………… 173
古野 朗子 ………………… 271
古橋 晃 …………………… 253
古林 敬顕 ………………… 132
古屋 誠二郎 ……………… 46
古屋 富明 ………………… 242
古屋 広高 ………………… 258

古谷 正裕 ………………… 266
古山 隆 ……………… 32, 33
ブルントラント，グロ・ハル
　レム …………………… 116
フレイザー，イアン …… 120
不老川をきれいにする会
　…………………………… 111
プロジェクト ウォーター
　ネットワーク ………… 108
ブロッカー，ウォーレス・
　S ………………………… 114
フローラ，サバティノ・ルイ
　ジアーナ・マリア …… 226
文 国現 …………………… 86

【へ】

ベアフット・カレッジ … 117
米沢谷 誠悦 ……………… 78
ペツォー，ギュンター・E.
　…………………………… 119
戸次 加奈江 ……………… 23
別府市建設部 …………… 78
ペトカ …………………… 174
ベネズエラ石油 ………… 189

【ほ】

房家 正博 ………………… 18
豊国工業 …………… 160, 161
宝示戸 恒夫 ……………… 74
放射線医学総合研究所 … 274
放射線利用経済評価グルー
　プ ……………………… 266
朴 海洋 …………………… 215
ボー・クイー …………… 115
ホクショー ……………… 156
北電 ……………………… 203
北陸ガス …… 236, 237, 239
北陸ガス技術センター
　…………………… 229, 231
北陸ガス供給部技術セン
　ター …………………… 233
北陸電力 …………… 149, 157
星 一良 …………………… 188
星 純也 …………………… 19
星川 忠洋 ………………… 262

ホシザキ電機 … 148, 150, 235
星沢 欣二 ………………… 196
星野 一男 ………………… 185
星野 卓二 ………………… 123
星野 宏明 ………………… 206
星野 政夫 ………………… 186
星野 優子 ………………… 135
星野 佳路 ………………… 81
星野リゾート …………… 162
穂積 重友 ………………… 201
細井 卓二 ………………… 196
細井 弘 …………………… 184
細貝 聡 …………………… 210
細川 茂雄 ………………… 267
細川 純 …………………… 37
細川 貴弘 ………………… 105
細川 秀幸 ………………… 275
細田 英雄 ………………… 203
細谷 隆史 ………………… 210
細野 恭生 ………………… 178
細見 正明 …………… 17, 19
細矢 憲 …………………… 38
細谷 浩司 ………………… 241
細谷 憲明 ………………… 54
細山熱器 ………………… 231
穂高電気工事 …………… 59
襞地 伸治 ………………… 40
ホーチキ …………… 229, 235
北海道雨竜郡沼田町 …… 162
北海道化学資材 ………… 139
北海道ガス …… 236, 237, 239
北海道ガス営業開発部 … 223
北海道ガスエネルギー営業
　部 ………………… 230, 233
北海道ガス小樽工場 …… 218
北海道ガス技術開発研究
　所 ………………… 222, 227,
　　228, 229, 231, 232, 233, 234
北海道ガス札幌支社設備営
　業グループ …………… 227
北海道ガス函館支社 …… 230
北海道グリーンファンド
　…………………………… 3, 161
北海道札幌土木現業所 … 79
北海道札幌土木現業所千歳
　出張所 ………………… 78
北海道セキスイハイム … 150
北海道瀬棚町 …………… 161
北海道大学大学院工学研究
　院量子理工学部門 …… 275

受賞者名索引　ますた

北海道電機 ……………… 140
北海道電力 ‥ 37, 140, 149, 150
北海道電力（株）総合研究
　所 ……………………… 149
北海道電力（株）総合研究
　所 ……………………… 140
北海道熱供給公社 ‥ 160, 233
北海道モビリティデザイン
　研究会 ………………… 85
北海道旅客鉄道 ………… 49
堀田 毅 …………………… 84
堀田 満 …………… 120, 124
堀田 善次 ……………… 204
ボーマン，ハーバート …… 115
梅千野 晃 ………………… 59
堀 啓二 …………………… 59
堀 彩統子 ……………… 207
ポーリー，ダニエル ……… 57
堀 司 …………………… 210
堀 寛明 ………………… 134
堀 紀弘 ………………… 238
堀 雅夫 …………… 252, 267
堀 雅宏 ………………… 69
堀 道雄 ………………… 64
堀 吉則 ………………… 225
堀井 将太 ……………… 7
堀井 勇一 ……………… 28
堀家 茂一 ……………… 211
堀内 進 ………………… 255
堀内 健文 ……………… 127
堀内 泰 ………………… 20
堀江 俊男 ……………… 244
堀尾 浩 ………………… 62
堀尾 公秀 ……………… 40
堀尾 正朝 ……………… 201
堀川 晋 …………… 59, 60
堀川 吉彦 ……………… 80
堀川に屋根付き橋をかくそ
　うかい実行委員会 …… 82
堀川まちネット ………… 110
堀技研工業 …………… 239
堀口 晶夫 ……………… 180
堀口 憲明 ……………… 253
堀越 弘毅 ……………… 118
堀越 英嗣 ……………… 79
堀越学園 ……………… 157
堀田 善治 ……………… 170
堀場 弘 ………………… 47
堀場製作所開発本部 アプ
　リケーション開発セン

ター ……………………… 91
ボリン，バート ………… 114
ボルカノ 燃焼機事業部 ‥ 228
本宮 達也 ……………… 36
本郷 進 ………………… 233
本州四国連絡橋公団 …… 247
本庄 達郎 ……………… 186
本田 克久 ………… 18, 20, 22
本田 国昭 ……………… 128
本田 繁 ………………… 37
本田 敬 ………………… 9
本多 琢郎 ……………… 261
本多 俸 ………………… 68
本田 英昌 ‥ 168, 191, 196, 199
本田 守 ………………… 201
本田技研工業 …… 144, 145,
　147, 149, 152, 158, 232, 239
本田技研工業鈴鹿製作所
　………………………… 36
本田技術研究所 ………… 158
本藤 祐樹 …… 208, 213, 215
ポンプラサート，チョンラッ
　ク ……………………… 65
本間 克典 ……………… 67
本間 克弘 ……………… 77
本間 敏雄 ……………… 183
本間 正充 ……………… 94
本間 睦朗 ……………… 60
本間 理陽司 …………… 231

【ま】

マイアーズ，ノーマン …… 115
米谷 盛寿郎 …………… 186
前 一広 ……… 202, 207, 210
前 義治 ………………… 264
前川 滋樹 ……………… 41
前川 立行 ……………… 264
前川 敏彦 ……………… 52
前川 洋 ………………… 258
前河 涌典 ………… 197, 200
前川製作所 …………… 206
前沢 正礼 ……………… 195
前田 章 ………………… 130
前田 格 …………… 75, 80
前田 啓介 ……………… 60
前田 滋 ………………… 171
前田 潤滋 ……………… 247

前田 純二 ……………… 187
前田 耕 ………………… 174
前田 恒昭 ………… 17, 19
前田 哲 ………………… 59
前田 直彦 ……………… 30
前田 文章 ……………… 84
前田 充 ………………… 261
前田 泰昭 ………… 18, 70
前田 泰史 ……………… 90
前田 豊 ………………… 196
前田鉄工所技術部 ……… 219
前野 道雄 ……………… 67
前畑 京介 ……………… 276
前原 恒泰 ……………… 74
真柄 欽次 ……………… 184
真木 太一 ……………… 249
牧 親彦 ………………… 166
牧 英夫 …………… 252, 257
牧 泰輔 ………………… 207
牧田 淳二 ……………… 75
牧野 格次 ……………… 256
牧野 尚夫 ………… 205, 211
牧野 雅一 ……………… 84
牧原養鰻 ……………… 153
真坂 一彦 ……………… 99
正木 圭 ………………… 267
正木 隆 ………………… 102
正木 信之 ……………… 30
正谷 清 ………………… 183
正光 亜実 ……………… 7
益子 恵治 ……………… 42
真下 清 ………………… 214
真島 和志 ……………… 54
真下 麻理子 …………… 134
増井 利彦 ………… 24, 29
増岡 登志夫 …………… 17
増岡 洋一 ……………… 78
馬塚 丈司 ……………… 73
増沢 武弘 ……………… 122
枡田 一明 ……………… 31
増田 孝人 ……………… 133
益田 恭尚 ……………… 256
増田 雄彦 ……………… 174
増田 立男 ……………… 171
増田 智紀 ………… 233, 235
増田 昇 ………………… 84
増田 昌敬 ………… 188, 209
増田 正孝 ……………… 220
増田 幸央 ……………… 213

増留 純人 ……………… 222	松岡 広和 ……………… 16	松下電池工業・無水銀アルカリ乾電池研究開発グループ ……………… 87
益永 茂樹 ……………… 19	松岡 譲 ……………… 87	
益永 秀樹 ……………… 16	松岡 義治 ……………… 68	
増永 緑 ……………… 172	松尾設計 ……………… 83	松下冷機 ……………… 141, 143, 144, 145, 147, 148
枡野 俊明 ……………… 77	松方 正彦 ……… 174, 205	
増原 直樹 ……………… 24	松川 時晴 ……………… 121	松島 彰 ……………… 218
増淵 俊夫 ……………… 76	松川 敏正 ……………… 45	松島 二良 ……………… 67
増村 健一 ……………… 95	松木 正人 ……………… 39	松島 泰次郎 ……………… 93
間瀬 淳 ……………… 54	松木 洋忠 ……………… 81	松島 稔 ……………… 88
又野 孝一 ……………… 176	松木 正勝 ……………… 242	松田 一俊 ……………… 248
班目 春樹 ……………… 269	松木 悠 ……………… 97	松田 和秀 ……………… 71
町 末男 ……………… 127	マッケイ,ドナルド …… 119	松田 圭悟 ……………… 180
町井 令尚 ……………… 217	松崎 昭 ……………… 174	松田 健三郎 ……… 166, 194
町井 光吉 ……………… 39	松崎 潤 ……………… 96	松田 将省 ……………… 261
町井 義生 ……………… 44	松崎 喬 ……………… 74, 75	松田 慎三郎 ……………… 255
町田 明登 ……………… 133	松崎 寿 ……………… 21	松田 隆 ……………… 231
町田 和也 ……………… 214	松崎 裕之 ……………… 242	松田 徹 ……………… 267
町田 宗太 ……………… 208	松沢 明 ……………… 183	松田 照夫 ……………… 256
町田 幸弘 ……………… 189	松沢 真太郎 ……………… 194	松田 知成 ……………… 95
町野 彰 ……………… 227	松沢 隆志 ………… 60, 81	松田 知憲 ……………… 17
町山 芳信 ……………… 75	松下 真一郎 ……………… 30	松田 憲昭 ……………… 243
松井 賢一 ………… 136, 138	松下 卓 ……………… 82	松田 治和 ……………… 204
松井 隆 ……………… 257	松下 秀鶴 ……… 17, 18, 68	松田 裕之 ……………… 104
松井 正澄 ………… 77, 84	松下 光正 ……………… 54	松田 真宣 ……………… 85
松井 恒雄 ……………… 252	松下 洋介 ……………… 214	松田 優 ……………… 7
松井 徹 ……………… 278	松下 嘉男 ……………… 220	松田 貢 ……………… 79
松井 尚之 ……………… 253	松下エコシステムズ … 146, 234	松田 美夜子 ……………… 137
松井 正宏 ……………… 249	松下住設機器 …… 140, 218, 222	松田 宗明 ……… 17, 18, 19
松居 正巳 ………… 15, 17, 18	松下精工 ……… 142, 144, 228	松田 幸雄 ……………… 244
松井 幹雄 ……… 75, 83, 84	松下精工(株)開発事業部 ……………… 140	マツダ ……………… 91
松浦 治明 ……………… 264		松代町河川愛護会 ……… 112
松浦 祥次郎 ……………… 251	松下精工住宅空調事業部 ……………… 220	マツダ産業 ……………… 157
松浦 宗孝 ……………… 127		マツダ電子工業 ……… 229
松江市都市整備部街路公園課 ……………… 76	松下電器産業 ……………… 141, 142, 143, 144, 148, 149, 161, 223, 225, 228, 234	松田平田 ……………… 48
		松永 勝彦 ……………… 50
松枝 隆彦 ……………… 15		松永 忠功 ……………… 92
松枝 正門 ……………… 174	松下電器産業(株)エアコン社 ……………… 146	松永 辰三 ……………… 133
松尾 英輔 ……………… 123		松永 俊明 ……………… 30
松尾 栄人 ……………… 242	松下電器産業(株)照明社 ………… 146, 147, 149	松永 安光 ……………… 61
松尾 恵虹 ……………… 72		松沼 孝幸 ……… 244, 245
松尾 圭二 ……………… 184	松下電器産業(株)半導体社 ……………… 145	松野 栄治 ……………… 192
松尾 浩平 ……………… 127		松の木7号橋技術検討委員会 ……………… 75
松尾 俊明 ……………… 265	松下電器産業(株)松下ホームアプライアンス社 ………… 147, 149	
松尾 真吾 ……………… 6		松延 広幸 ……………… 255
松尾 雄介 ……………… 131		松橋 啓介 ………… 24, 213
松岡 浩一 ……………… 212	松下電工 ……… 140, 141, 142, 143, 144, 147, 148, 149	松橋 隆治 …… 129, 209, 212
松岡 ジョセフ ……………… 8		松林 茂樹 ……………… 45
松岡 伸吾 ……………… 268	松下電子工業 …… 141, 144	松林 信行 ……………… 174
松岡 拓公雄 ……………… 79	松下電子部品 ……………… 217	松原 健次 ……………… 198
松岡 俊文 ……………… 189		松原 悟朗 ……………… 81

松原 健夫	…………	258
松原 英隆	…………	20
松原 三千郎	…………	180
松藤 康司	…………	35
松丸 恒夫	…………	70
松宮 央登	…………	249
松村 明光	…………	169
松村 幾敏	…………	214
松村 輝一郎	…………	167
松村 邦仁	…………	263
松村 敏男	…………	54
松村 徹	…………	18
松村 英樹	…………	78
松村 英功	…………	216
松村 浩司	…………	83
松村 文代	…………	41
松村 道雄	…………	218
松村 光家	…………	134
松村 雄次	…………	203
松村 幸彦	…………	208
松本 克成	…………	40
松本 幹治	…………	182
松本 敬信	…………	198
松本 幸一郎	…………	21
松本 淳一	…………	81, 83
松本 伸一	…………	179
松本 信行	…………	130
松本 仙一	…………	183
松本 卓士	…………	255
松本 隆宏	…………	215
松本 隆也	…………	278
松本 毅	…………	219, 222
松本 忠夫	…………	103
松本 匡史	…………	245
松本 忠士	…………	178
松本 貞二	…………	183
松本 亨	…………	24
松本 直也	…………	215
松本 成樹	…………	59
松本 憲一	…………	252
松本 一穂	…………	97
松本 勝	…………	248
松本 勝生	…………	41
松本 稔樹	…………	238
松本 ガス	…………	236
松本ガス熱変製造部	…………	229
松山 彬	…………	195
松山 資郎	…………	124
松山石油化学	…………	167
馬奈木 俊介	…………	24, 27, 29
真鍋 淑郎	…………	114
真庭観光連盟	…………	162
馬渕 雅夫	…………	134
黛 正巳	…………	263
丸 彰	…………	259
丸尾 容子	…………	21, 22
丸岡 啓二	…………	53
マルゼン	…………	235
丸善石油	…………	165, 167
マルハンパチンコチェーン	…………	154
丸福 幹夫	…………	18
丸本 幸治	…………	29
丸山 和士	…………	189
丸山 敬	…………	246, 249
丸山 毅	…………	98
丸山 俊樹	…………	47
丸山 敏彦	…………	39
丸山 比佐夫	…………	246
丸山 倫夫	…………	251
丸山 結	…………	264
丸山 能生	…………	259
圓山 彬雄	…………	59, 61
マレーシア自然協会	…………	50
マングローブ植林行動	…………	51
萬代 重実	…………	204
マンデルブロー、ブノワ	…………	118
マンヨー食品	…………	158

【み】

三浦 収	…………	105
三浦 和彦	…………	29
三浦 清洋	…………	81
三浦 邦夫	…………	173
三浦 健也	…………	77
三浦 孝一	…………	199, 202, 207, 215
三浦 聡	…………	75, 76, 84
三浦 千太郎	…………	242
三浦 大志郎	…………	95
三浦 隆利	…………	204
三浦 正博	…………	178
三浦 豊彦	…………	68
三浦 則雄	…………	21, 22
三浦 弘	…………	181
三浦 裕二	…………	36
三浦 洋介	…………	60
美浦 義明	…………	197
ミウラ化学装置	…………	35
三浦工業	…………	214, 223, 234, 239
三浦工業小型貫流ボイラ事業部	…………	221
三重県環境汚染解析プロジェクトチーム	…………	36
三重県県土整備部住民参画室	…………	80
三重県久居市	…………	158
三上 聡	…………	83
三木 一克	…………	253
三木 健	…………	105
三木 実	…………	256
三木 康臣	…………	258
三木 康朗	…………	205
三栗谷 智之	…………	55
御子柴 真澄	…………	41
三沢 博	…………	218
ミサワテクノ	…………	159
ミサワホーム	…………	155
ミサワホーム近畿	…………	160
ミサワホーム総合研究所	…………	159
ミサワホーム総合研究所太陽光発電研究開発グループ	…………	88
三島 嘉一郎	…………	269, 271
三島 聡子	…………	23
三島 良績	…………	251
三島自然を守る会	…………	108
三島ゆうすい会	…………	77, 106
水出 喜多郎	…………	44
水エマルジョン燃料エンジン開発グループ	…………	89
水上 昭弘	…………	20
水上 富士夫	…………	176, 179
水口 保彦	…………	187
水沢化学工業	…………	165
水資源開発公団	…………	82
水嶋 生智	…………	174
水島瓦斯供給部	…………	227
水島地域環境再生財団	…………	112
水田 宏	…………	256
水田 元就	…………	31
水谷 安伸	…………	221, 228, 234, 236
水谷 優孝	…………	44
水谷 幸夫	…………	241, 243
水谷 幸雄	…………	167
水と文化研究会	…………	51, 108

水野 光一 ……………… 38
水野 誠司 ……………… 40
水野 建樹 ……………… 69
水野 哲孝 ……………… 53
水野 晴彦 ……………… 218
水辺の会わたり ……… 77
水みち研究会 ………… 107
水村 静三郎 …………… 220
水山 高久 ……………… 82
溝上 陽介 ……………… 41
溝口 忠昭 ……………… 199
溝口 次夫 …………… 18, 39
溝口 俊明 ……………… 20
溝田 武人 ……………… 247
御園生 誠 …………… 53, 174
御園生 雅郎 …………… 40
溝畑 朗 ………………… 69
三田 勲 ………………… 190
三田製作所 …………… 154
三谷 徹 ………………… 84
三谷 浩 ………………… 252
三田村 大松 …………… 85
三田村 浩 ……………… 249
三井 茂夫 ……………… 35
三井化学 ……………… 152
三井化学産資 ……… 237, 238
三井石炭液化 ……… 202, 203
三井石油開発 ………… 189
三井石油化学工業 … 169, 170
三井造船 ……………… 167,
　　　　 169, 219, 225, 241
ミツカン 水の文化セン
　ター …………………… 111
光木 偉勝 ………… 37, 38, 68
光瀬 彦哲 ……………… 29
三塚 哲正 ……………… 253
光藤 武明 ……………… 177
三橋 庸良 ……………… 242
三菱UFJリース ……… 153
三菱化学 ……………… 54,
　　　　 176, 177, 178, 181, 213
三菱化学エンジニアリン
　グ …………………… 227
三菱化工機 ………… 228, 230
三菱瓦斯化学 … 170, 171, 186
三菱化成 ……………… 201
三菱化成工業 ……… 166, 169
三菱自動車工業 … 141, 145, 162
三菱自動車テクノサービ

ス ……………………… 157
三菱重工 ……………… 36
三菱重工業 ………… 140, 142,
　144, 146, 153, 160, 162, 167,
　169, 170, 175, 208, 232, 234,
　239, 241, 273, 274, 275, 276
三菱重工業技術本部 … 231
三菱重工業原動機事業本
　部 …………………… 205
三菱重工業(株)高砂製作
　所 …………………… 154
三菱重工業汎用機・特車事
　業本部 ……………… 231
三菱重工業広島製作所 … 217
三菱重工業冷熱事業本部空
　調輸冷製造部 …… 231, 232
三菱重工冷熱システム … 144
三菱樹脂 ……………… 36
三菱石油 …………… 175, 189
三菱電機 … 42, 139, 140, 141,
　142, 143, 144, 148, 150, 151,
　153, 154, 157, 159, 160, 172
三菱電機エンジニアリン
　グ …………………… 142
三菱電機オスラム …… 145
三菱電機(株)群馬製作所
　…………… 145, 147, 149, 154
三菱電機(株)静岡製作所
　…………………… 146, 153
三菱電機照明 ………… 142
三菱電機(株)生活システム
　研究所 ……………… 140
三菱電機(株)中津川製作
　所 ………… 147, 148, 149, 150
三菱電機中津川製作所送風
　機製造部 …………… 220
三菱電機ビルテクノサービ
　ス …………………… 142
三菱電機ホーム機器 … 154, 155
三菱ふそうトラック・バ
　ス …………………… 151
三菱油化 ……………… 166
三菱油化エンジニアリン
　グ …………………… 220
光安 岳 ………………… 274
ミツワガス機器 … 222, 226
三戸岡 憲之 …………… 195
水戸部 英子 ………… 17, 19
緑と水の連絡会議 …… 5

緑の地球ネットワーク … 4, 12
皆川 和大 ……………… 245
皆川 農弥 ……………… 130
湊 明彦 …………… 257, 263
湊 和生 …………… 258, 263
湊 賢一 ………………… 223
湊 大介 ………………… 8
みなとみらい21 公共施設デ
　ザイン調整会議 …… 84
水俣を子どもたちに伝える
　ネットワーク ……… 73
水俣市立水俣第二中学校生
　徒会 ………………… 51
水俣フォーラム ……… 4
南 和雄 ………………… 186
陽 捷行 …………… 37, 88
皆見 武志 ……………… 178
南 晴康 ………………… 31
南小国町役場 ………… 82
南谷 忠志 ……………… 122
南谷 弘 ………………… 172
南那珂森林組合 ……… 82
南日本ガス …………… 221
南貿易 ………………… 160
峯田 建 ………………… 61
峰原 英介 ……………… 265
三野 重和 ……………… 38
美濃輪 智朗 … 38, 134, 212
箕輪 英雄 ……………… 188
三原 一正 ……………… 199
三峰川電力 …………… 163
味村 健一 ……………… 182
三村 富雄 ……………… 133
三村 均 …………… 255, 276
三村 富嗣雄 …………… 242
宮谷内 旨郎 …………… 77
宮城 俊作 ……………… 81
宮城県石巻工業高等学校
　……………………… 111
宮城県石巻工業高等学校天
　文物理部 …………… 110
宮城県気仙沼市立面瀬小学
　校 …………………… 108
宮城県仙台市立北六番丁小
　学校 ………………… 109
みやぎ生活協同組合 … 106, 109
宮口 生吾 ……………… 53
三宅 孝典 ……………… 277
三宅 坦 ………………… 195
三宅 千枝 ………… 257, 261

三宅 哲也 ……… 258	宮本 忠長 ……… 78	村上 慧 ……… 7
三宅 登志夫 ……… 55	宮本 俊樹 ……… 256	村上 周三 ……… 248
三宅 裕幸 ……… 38	宮本 博 ……… 254	村上 晋亮 ……… 237
三宅 信寿 ……… 54	宮本 博司 ……… 41	村上 隆 ……… 136
三宅 雅夫 ……… 262	宮本 誠 ……… 41	村上 高広 ……… 212
三宅 正宜 ……… 254	宮本 泰明 ……… 274	村上 琢哉 ……… 247
三宅 幹夫 …… 200, 214	宮森 和夫 ……… 195	村上 忠明 ……… 41
三宅 祐一 ……… 28	宮脇 昭 …… 88, 116	村上 洋司 ……… 134
三宅 慶明 ……… 244	宮脇 康介 ……… 273	村上 洋平 ……… 30
宮坂 純平 ……… 85	三好 利幸 ……… 131	村上 雅志 ……… 20
宮坂 力 ……… 54	三好 慶典 … 261, 269, 275	村上 政美 ……… 183
宮崎 章 ……… 16, 19	ミヨシ油脂キレート樹脂開	村上 雄一 ……… 172
宮崎 晃浩 ……… 271	発グループ ……… 37	村上 由紀 ……… 41
宮崎 晴典 ……… 194	御代田 和弘 ……… 77	村上 竜一 ……… 184
宮崎 秀幸 ……… 76	未利用バイオマス資源化	村上 良一 ……… 40
宮崎 浩 …… 44, 59, 187	チーム ……… 89	村川 喬 ……… 178
宮崎 宏康 ……… 7	三輪 薫 ……… 225	村木 繁 ……… 75
宮崎 正和 ……… 81	三輪 典和 ……… 185	紫川を愛する会 We Love
宮崎県木材利用技術セン	三輪 昌隆 ……… 231	Murasaki River ……… 112
ター ……… 82	三輪 正弘 ……… 188	村瀬 武男 ……… 251
宮崎県油津港湾事務所 … 82	三輪 優子 ……… 211	村瀬 秀也 ……… 23
みやざきバイオマスリサイ		村瀬 道雄 ……… 256
クル ……… 161	【む】	村田 岩雄 ……… 226
宮崎野生動物研究会 ……… 5		村田 和久 ……… 176
宮沢 功 …… 74, 80, 81, 83	無鉛はんだ導入推進プロ	村田 勝彦 ……… 7
宮澤 邦夫 ……… 209	ジェクト ……… 40	村田 源 ……… 121
宮澤 朋久 ……… 177	向井 博之 ……… 19	村田 聡 …… 175, 206, 207
宮下 重人 ……… 215	向山 武彦 ……… 262	村田 順一 ……… 38
宮下 修一 ……… 74	椋田 宗明 ……… 134	村田 寿典 …… 251, 257
宮下 信顕 ……… 47	向山 辰夫 ……… 75	村田 麻里子 ……… 21
宮下 知也 ……… 7	無臭元工業 ……… 154	村戸 靖彦 ……… 223
宮島 一仁 ……… 48	武藤 昭博 ……… 178	村西 隆之 ……… 78
宮島 建久 ……… 186	武藤 栄 ……… 259	村野 健太郎 …… 42, 71
宮津 隆 ……… 194	武藤 康 ……… 265	村林 真行 ……… 252
宮田 多津夫 ……… 61	ムーニー,ハロルド・A … 115	村松 淳司 ……… 172
宮田 利雄 …… 247, 348	棟居 洋介 …… 27, 29	村松 映一 ……… 58
宮田 俊範 ……… 268	宗森 信 ……… 68	村松 寿晴 ……… 262
宮田 秀明 ……… 16, 18	ムバラス石油 …… 171, 188	村丸ごと生活博物館 ……… 51
宮田 昌和 ……… 79	村井 琢弥 ……… 264	村本 義雄 ……… 85
宮谷 理恵 ……… 178	村井 祐一 ……… 238	村山 哲 ……… 40
宮寺 達雄 ……… 204	村石 忠 ……… 39	村山 等 ……… 16, 19
宮根 実 ……… 223	村尾 忠彦 ……… 60	ムレ,フィリップ ……… 119
宮野 広 ……… 260	村尾 成文 ……… 58	室 麻衣子 ……… 6
宮林 恵子 ……… 180	村尾 良夫 ……… 256	室井 一雄 ……… 59
宮原 茂悦 ……… 201	村上 格 ……… 242	室井 隆男 ……… 223
宮原 正元 ……… 193	村上 賢治 ……… 207	室田 泰弘 ……… 135
ミヤマ ……… 147	村上 好男 ……… 41	室蘭市 ……… 158
宮前 茂弘 ……… 200	村上 幸夫 ……… 37	
宮本 彰 ……… 228		
宮本 伊織 ……… 18		

【め】

メイ, ロバート ………… 115
明照学園樹徳高等学校 … 55
メイス, ジョージナ・M.
　………………………… 57
明拓システム ………… 140
目黒 泰道 ……………… 60
メダカ里親の会 … 107, 113
メタンハイドレート資源開発
　研究コンソーシアム … 279

【も】

茂漁川水辺空間整備検討委
　員会 …………………… 78
茂漁川親しむ会 ………… 78
舞木 昭彦 …………… 105
毛利 紫乃 ……………… 24
毛利 勝興 ……………… 16
毛利 三知宏 ………… 181
望木 光広 …………… 225
望月 明彦 ……………… 80
望月 明 ………………… 41
望月 央 ……………… 183
望月 健二郎 ………… 196
望月 秀次 ………… 75, 76
望月 精二 …………… 170
望月 弘保 …………… 260
望月 正隆 ……………… 95
持田 灯 ………… 246, 249
持田 勲 ……………… 168,
　175, 197, 199, 202, 203, 211
本井 和彦 ……………… 45
元田 浩 ……… 251, 253, 255
本橋 裕之 ……… 235, 239
本村 英人 ……………… 47
百田 真史 ……………… 60
森 章 ………………… 105
森 一星 ………………… 27
森 健一 ……………… 119
森 弦一 ……………… 123
森 建二 ……………… 260
森 憲朗 ………………… 10
森 浩亮 ……………… 181

森 滋勝 ……………… 206
森 重樹 ………………… 40
森 誠之 ……………… 181
森 茂 ………………… 251
森 俊介 ………… 134, 136
森 真 ……………… 80, 83, 84
森 誠一 ………………… 66
森 貴正 ……… 256, 259, 268
森 達司 ……………… 198
森 浩 …………………… 59
森 雅志 ………………… 80
森 雅人 ………………… 42
森 雅弘 ………………… 31
森 治嗣 ………… 263, 265
森 陽司 ………………… 45
森 友三郎 …………… 132
守井 信吾 …………… 130
森泉 由恵 …………… 208
森内 清晃 ……………… 30
森内 茂 ……………… 252
森尾 有 ………………… 75
森岡 弘之 …………… 125
森川 清 ……………… 165
森口 三昔 …………… 194
森口 実 ………………… 67
森口 祐一 ……… 28, 213
森口 義人 ……………… 35
森下 修 ………………… 47
森下 佳代子 ………… 205
森下 進 ……………… 244
森下 輝夫 …………… 241
森下 幸雄 …………… 192
守田 あかね ………… 260
森田 敦 ………………… 30
守田 英太郎 ………… 178
森田 輝 ……………… 238
森田 一樹 ……………… 29
森田 健太郎 ………… 104
森田 茂雄 ……………… 37
森田 唯助 ……… 166, 194
森田 恒幸 ………… 13, 87
森田 知二 ……………… 87
森田 真由美 …………… 60
森田 昌敏 ……………… 41
森田 泰治 ……… 257, 260
森田 義郎 … 167, 192, 195, 200
森田 良 ……………… 275
守富 寛 …… 202, 210, 213, 215
森永 克巳 …………… 166

森永 実 ……………… 173
森永 明 ………………… 75
森村設計 ……………… 43
森本 慎一郎 ………… 131
森本 恭一 …………… 273
森本 総一郎 ………… 264
森本 智史 …………… 237
森本 正人 …………… 213
守屋 俊治 …………… 190
守屋 弓男 ……………… 74
盛山 武夫 …………… 255
森山 裕丈 …………… 275
森若 博文 ……………… 31
森分 優太 ……………… 7
師 正史 ………………… 38
諸岡 成治 …………… 175
師岡 慎一 …………… 259

【や】

八重樫 武久 …………… 39
八尾 泉 ……………… 102
矢ヶ崎 えり子 ……… 179
矢川 元基 …………… 263
八木 絵香 …………… 270
八木 郭之 …………… 262
八木 一行 ……………… 37
八木 重典 …………… 133
八木 孝司 ……………… 95
八木 貴宏 …………… 276
八木 知己 …………… 249
屋木 はるか …………… 7
八木 冬樹 ……………… 55
八木下 和宏 ………… 179
柳下 立夫 ……… 206, 213
八木田 浩史 ………… 213
柳生 栄次郎 ………… 195
屋久島・ヤクタネゴヨウ調
　査隊 …………………… 5
ヤクモ ………………… 49
矢毛石 栄造 ………… 192
八ヶ岳観光協会 ……… 106
矢崎 陽一 …………… 189
矢崎総業 …………… 142,
　144, 157, 209, 217, 225,
　229, 235, 236, 237, 238, 239
矢沢 哲夫 ……………… 37
八島 浩 ……………… 268

八嶋 建明	169, 174	
矢島 千秋	275	
矢島 富広	36	
矢島 英邦	237	
矢島 正之	137	
安井 至	14	
安井 基陽	54	
安井 妙子	44	
安井 弘之	198	
安井 誠	178	
安岡 省	203	
安岡 善文	28	
安木 由佳	17	
安澤 百合子	46	
安田 勇	227, 236	
安田 栄一郎	185	
安田 憲二	68	
安田 幸一	60, 61	
安田 俊彦	243	
安田 俊也	48	
安田 秀志	254	
安田 洋	20	
保田 浩志	275	
安田 弘之	278	
安田 征雄	54	
安成 哲三	87	
安原 昭夫	15, 18	
安原 清	187	
ヤスマル設計事務所	160	
矢田 直樹	166, 194	
矢田・庄内川をきれいにする会	111	
矢田部 照夫	67	
谷田部 洋	233, 239	
八千代エンジニヤリング	78	
八束 健	133	
八束 はじめ	75	
八浪 哲二	52	
柳内 克行	82	
柳井 崇	44, 60	
柳井電機工業	220	
谷中 裕	276	
柳 憲一郎	13	
柳 辰太郎	84	
柳 良二	244	
柳岡 洋	200	
柳沢 和章	257	
柳澤 郷司	10	
柳沢 三郎	41, 67
柳沢 宏司	265
柳沢 幸雄	71
柳下 秀晴	183
柳原 敏	265
柳原 茂	67
柳瀬 信之	263
矢野 和隆	260
矢野 和之	82
矢野 隆行	31
矢野 忠義	72
矢野 貞三	194
矢野 トヨコ	72
矢野 豊彦	260, 277
矢野 法生	175
矢野 義雄	84
矢納 康成	231
矢作 昌生	60
矢作 正博	243
矢作川「川会議」	79
矢作川沿岸水質保全対策協議会	105
矢作川漁業協同組合	5
矢作川森の健康診断実行委員会	5
八幡 健志	60
八幡堀を守る会	83
矢原 徹一	121
矢吹 晃二	194
矢部 彰	134
山内 勝弘	80
山内 隆一	223
山内 博史	31
山内 真一	10
山内 通則	256
山浦 悠一	99
山岡 育郎	206
山岡 裕幸	53
山家 公雄	137
山形 咲枝	40
山県 芳和	133
山形県遊佐町立西遊佐小学校第6学年	108
山形風力発電研究所	157
山上 義一	10
山川 博美	99
山川 正剛	259
八巻 一幸	74
八巻 直臣	68
山岸 哲	125
山口 彰	261, 273
山口 敦	248
山口 敦史	30
山口 巌	41
山口 健介	10
山口 悟郎	192
山口 幸男	135
山口 伸次	188
山口 達也	165
山口 智行	215
山口 信行	242
山口 紀子	55
山口 治子	29
山口 秀樹	238
山口 広嗣	45, 46
山口 正康	138
山口 勝透	23
山口 松郎	222
山口 恭弘	266, 269
山口 祐一郎	224
山口 洋介	213
山口 容平	135
山口 六平	194
山口 恭弘	262
山口県自然環境保全審議会	76
山口県道路建設課	76
山口県豊田土木事務所	76
山口県立厚狭高等学校 生物部	111
山崎 厚	221
山崎 恭士	133
山崎 毅六	165, 194
山崎 惟義	35
山崎 慎一	241
山崎 喬	186
山崎 隆盛	61
山崎 敬久	20
山崎 豊彦	170, 185
山崎 文雄	234
山崎 正俊	273
山崎 正史	83
山崎 安彦	75
山崎 陽太郎	212
ヤマザキマザックオプトニクス フェニックス研究所	90
山澤 弘実	40, 274, 275
山路 清貴	84
山地 憲治	135, 136, 137, 138, 210

山路 巍 …………… 165	山武ハネウェル工業システ	山本 晋児 …………… 263
山路 哲史 …………… 270	ム事業部 ………… 225	山本 晋 …………… 70
山下 和正 …………… 44	山手 義彦 …………… 122	山本 純郎 …………… 5
山下 淳一 …………… 270	大和 春海 …………… 251	山本 宗也 …………… 256
山下 卓也 …………… 7	大和 勝 …………… 196	山本 大輔 …………… 169
山下 達也 …………… 33	大和信用金庫 ………… 111	山本 貴士 …………… 17
山下 太郎 …………… 192	山名 元 ………… 138, 268	山本 高義 …………… 76
山下 亨 … 203, 204, 209, 211	山中 敦 …………… 41	山本 拓司 …………… 180
山下 利之 …………… 267	山中 一郎 …………… 176	山本 卓朗 …………… 74
山下 勇人 …………… 212	山中 伸介 ……… 258, 267	山本 剛夫 …………… 68
山下 英也 ………… 80, 83	山中 秀文 …………… 240	山本 武 …………… 15
山下 裕太 …………… 27	山梨 矢 …………… 242	山本 為親 …………… 193
山下 弘巳 …………… 174	山梨県企業局 ………… 161	山本 哲也 …………… 215
山下 文敏 …………… 133	山梨県都留市 ………… 161	山本 徹 ……… 77, 269, 274
山下 正純 ………… 18, 22	山梨市立日川小学校「日川	山本 敏明 …………… 151
山下 昌彦 …………… 79	地区少年水防隊」…… 108	山本 敏久 …………… 267
山下 靖 …………… 225	山西 一誠 …………… 206	山本 信夫 …………… 165
山下 保博 …………… 62	山根 孝 …………… 127	山本 紀夫 …………… 122
山下 義彦 …………… 133	山根 照真 …………… 190	山本 教雄 …………… 74
山下 理道 …………… 267	山根 寿巳 …………… 252	山本 晴次 …………… 194
山科 俊郎 …………… 259	山根 政美 …………… 133	山本 博巳 …… 134, 135, 213
山添 文雄 …………… 67	山根 三知代 …………… 214	山元 深 …………… 127
山添 康 …………… 96	山野 憲洋 …………… 264	山本 文昭 …………… 255
山田 和豊 …………… 245	山之内 種彦 …………… 256	山本 雅洋 …………… 47
山田 澄 …………… 258	ヤマハ …………… 139	山本 康典 …………… 263
山田 謙一 …………… 76	ヤマハ発動機 ……… 146,	山本 光夫 …………… 211
山田 滋 …………… 181	218, 223, 224	山本 元祥 …………… 198
山田 周治 …………… 250	ヤマハリビングテック … 236	山本 泰 ………… 263, 276
山田 善市 …………… 40	山村 正美 …………… 173	山本 康弘 …………… 38
山田 巧 …………… 22	山村 禮次郎 ……… 200, 201	山本 洋次郎 …………… 170
山田 格 …………… 20	山室 真澄 …………… 65	山本 洋平 …………… 196
山田 強 …………… 29	山本 章夫 ……… 263, 267, 273	山本 佳孝 …………… 206
山田 俊郎 …………… 52	山本 孝正 …………… 242	山脇 宏 …………… 237
山田 聿男 ………… 42, 54	山本 学 …………… 9, 248	山脇 正男 …………… 192
山田 昇 …………… 133	山本 和喜 …………… 268	山脇 道夫 …………… 258
山田 久 …………… 19	山本 勝俊 …………… 179	弥生プロジェクトグルー
山田 秀次郎 …………… 241	山本 勝郎 …………… 166	プ ………………… 253
山田 均 …………… 247	山本 圭介 …………… 59	ヤンマー …………… 234
山田 洋大 …………… 176	山本 経三 …………… 225	ヤンマーエネルギーシステ
山田 雅巳 …………… 93	山本 研一 …………… 192	ム ‥ 215, 234, 237, 238, 239
山田 益義 …………… 41	山本 浩士 …………… 190	ヤンマーエネルギーシステ
山田 宗慶 …… 171, 178, 207	山本 耕司 …………… 16	ム遠隔監視センター … 232
山田 泰範 …………… 80	山本 鉱太郎 …………… 113	ヤンマーエネルギーシステ
山田 泰弘 …………… 196	山本 悟 …………… 243	ム開発部 ………… 231
山田 豊 …………… 38	山本 茂義 ………… 60, 61	ヤンマーディーゼル …… 144,
山田 米正 …………… 218	山本 修二 …………… 233	218, 223, 224, 229, 230, 231
山武 …………… 235	山本 淳治 …………… 256	
山武制御機器事業部コンポー	山本 俊弘 …………… 269	
ネント事業統括部 …… 229	山本 伸一 …………… 243	
山武ハネウェル ‥ 142, 225, 226		

【ゆ】

湯浅 三郎 245
湯浅 浩史 121
由井 正敏 125
祐乗坊 進 74
湯河原ガス 239
雪だるま財団 160
雪冷房 160
弓削田 英一 204
遊佐 英夫 255
檮原町 4
油藤商事 107
ユニテック 157
ユニパック 155
湯の坪街道周辺地区景観協
　定委員会 83
ユパック 141
湯原 哲夫 257
ユビテック 154
由布市 都市・景観推進課
　............... 83
由布市 湯布院振興局 83
弓田 敦 9
湯本 鍈三 253
ユリカ工業 168

【よ】

余 衛芳 180
陽 玉球 26
葉 祥栄 60
鷹羽科学工業 139
溶解槽補修グループ 256
溶融炭酸塩型燃料電池シ
　ステム技術研究組合技術
　部 205
横井 惇 32, 33
横井 悟 188
横井 俊之 181
横尾 雅一 229
横河 健 59
横川 親雄 192, 199, 205
横河ジョンソンコントロー
　ルズ 225
横河電機 ... 146, 152, 170, 218

横河電機製作所 166
横河ブリッジ 82
横沢 甚八 193
横沢 誠 257
横田 克彦 241
横田 耕史郎 278
横田 貞郎 166
横田 雄史 44, 60
横田 久司 71
横田 昌嗣 122
横田 昌之 208
横田 保生 83
横田 好雄 223
横田 善行 31
横野 哲朗 170, 198
横浜高速鉄道 79
横浜市栄土木事務所 84
横浜市環境科学研究所 ... 48
横浜市環境創造局 162
横浜市下水道局河川計画課・
　河川設計課 77
横浜市下水道局河川部河川
　計画課・河川設計課 ... 84
横浜市港湾局港湾整備部南
　本牧事業推進担当 76
横浜市港湾局港湾整備部南
　本牧ふ頭建設事務所 ... 76
横浜市道路局橋梁課 84
横浜市道路建設事業団工務
　課 75
横浜市都市計画局都市デザ
　イン室 78
横浜市都市整備局都市デザ
　イン室 84
横浜市都市整備局みなとみ
　らい21推進課 84
横浜市立大学 154
よこはま水辺環境研究会
　............... 106
横堀 誠一 258, 261, 268
横見 廸郎 256
横溝 修 259
横道 匠 80
横山 栄二 68
横山 長之 67
横山 堅之 261
横山 公一 83
横山 孝治 44
横山 貞彦 39
横山 伸也 38, 171, 206

横山 紳也 135
横山 晋 200, 202
横山 大毅 60
横山 泰一 21
横山 千昭 171
横山 浩史 10
横山 美鈴 236
横山 良平 129
與謝野 久 60
吉井 清隆 278
義家 亮 214, 215
吉池 貞蔵 121
吉江 直樹 30
吉生 寛 61
吉岡 克平 189
吉岡 完治 88
吉岡 静子 12
吉岡 崇仁 65
吉岡 拓如 98
吉岡 俊男 254
吉岡 秀俊 19
吉岡 斉 137
吉岡 洋 244
吉岡 浩実 20
吉岡 譲 261
吉岡 洋明 242
吉岡 律夫 259
吉門 洋 71
吉川 正英 76
吉川 博雄 267
吉川 正晃 129
吉川 允二 253, 256
吉識 晴夫 244
吉崎 浩司 232
吉崎 徹 185
吉廻 秀久 37
吉澤 德子 210, 211
芳住 邦雄 68
吉田 昭仁 248
吉田 明弘 46, 61, 84
吉田 新 81
吉田 功 74
吉田 英一 259
吉田 和生 218
吉田 克己 68
吉田 喜久雄 13, 28
吉田 義考 184
吉田 清英 204
吉田 啓之 269
吉田 健一 255

吉田 周平	………………	200
吉田 潤一	………………	54
吉田 俊弥	………………	74
吉田 譲次	………………	200
吉田 孝侑	………………	7
吉田 恕	………………	192
吉田 正	………………	254, 274
吉田 忠	………………	200
吉田 忠裕	………………	84
吉田 竜夫	………………	192
吉田 照男	………………	53
吉田 俊也	………………	98
吉田 富治	………………	263
吉田 豊信	………………	38
吉田 直樹	………………	182
吉田 尚弘	………………	89
吉田 信夫	………………	203
吉田 憲正	………………	259
吉田 半右衛門	………………	166
吉田 尚	………………	193, 194
吉田 弘	………………	127
吉田 浩	………………	260
吉田 博次	………………	38
吉田 真	………………	244
吉田 正昭	………………	249
吉田 正典	………………	182
吉田 公則	………………	244
吉田 宗弘	………………	92
吉田 雄次	………………	196
吉田 裕	………………	216
吉田 好邦	………………	131, 212
吉田 至孝	………………	269
吉田 佳弘	………………	31, 54
吉田 諒一	………………	198
吉永 淳	………………	18, 20, 22
吉中 司	………………	240
吉永 博一	………………	195
吉成 明	………………	243
吉成 知博	………………	175
芳根 俊行	………………	242
吉野 邦雄	………………	38
吉野 博	………………	249
芳野 博文	………………	195
吉野 良雄	………………	199
吉野川シンポジウム実行委員会	………………	4
吉原 和正	………………	59, 60
吉原 望	………………	40
吉見 克英	………………	198
吉満 伸一	………………	74

吉嶺 全二	………………	72
吉牟田 秀治	………………	263
吉村 晃治	………………	60
吉村 邦広	………………	259
吉村 玄	………………	26
吉村 忍	………………	263, 274
吉村 純一	………………	81
吉村 伸一	………………	77, 80, 84
吉村 剛	………………	92
吉村 雅宏	………………	74
葭村 雄二	………………	176, 201
吉元 学	………………	62
吉本 佑一郎	………………	259
依田 直	………………	137
依田 照彦	………………	82
依田 勝雄	………………	74
依田 幹男	………………	37
四辻 修道	………………	237
四辻 美年	………………	177
淀川水系の水質を調べる会	………………	108
米内 俊祐	………………	268
米沢 克夫	………………	242
米澤 義堯	………………	16
米沢 敏	………………	184
米澤 貞次郎	………………	202
米沢中央高等学校 科学部	………………	106, 110
米津 晋	………………	40
米田 潤	………………	60
米田 浩二	………………	47
米田 俊一	………………	177
米田 直也	………………	85
米田 則行	………………	178
米田 吉輝	………………	204
米山 嘉治	………………	209
頼経 勉	………………	266

【ら】

ライケンス, ジーン	………	115
ラブジョイ, トーマス・E.	………	117
ラブロック, ジェームズ・E	………	115
ラントウ石油開発	………	186

【り】

李 相国	………………	178
李 大熿	………………	205
リキッドガス	………………	234
リコー	………………	144, 145, 147, 149, 151, 153
リコー機器	………………	43
リコー研究開発本部	………………	40
リース, ウィリアム・E.	………………	117
利雪技術協会	………………	160
立教大学	………………	273
リティボンブン, ニティ	………………	50
劉 丹	………………	209
リュウキュウアユを蘇生させる会	………………	107
龍谷 幸二	………………	75
梁 運真	………………	85
両毛システムズガス・水道システム部	………………	228
リンナイ	………………	141, 143, 147, 218, 222, 225, 226, 227, 228, 230, 232, 233, 234, 235, 237, 238, 239
リンナイ商品開発部	………………	222

【る】

ルビアン, デニ	………………	120
ルブチェンコ, ジェーン	………………	117

【れ】

レインボープラン推進協議会	………………	4
レオポルド, エステラ・ベルゲレ	………………	57
歴みち事業デザイン検討委員会	………………	77
レッキス融着機器事業部	………………	234
レディ, ラジ	………………	119

レーブン, ピーター・ハミル
　トン ………………… 56
レンゾ ピアノ ………… 74

【ろ】

盧 在植 ………………… 86
朧大橋景観検討会 ……… 77
ロウファットストラクチュ
　ア …………………… 81
六甲アイランド開発 …… 139
六鹿 鶴雄 ……………… 68
ローズ, ハラルド ……… 119
ロビンス, エイモリ・B. … 116
ロベール, カールヘンリク
　…………………………… 115
ローム ………………… 152
ロリウス, クロード …… 116

【わ】

和宇慶 晃 …………… 184
和賀山塊自然学術調査会
　………………………… 121
若田 明裕 ……………… 94
若林 敬二 ……………… 95
若林 千裕 …………… 210
若林 努 ………… 235, 245
若林 宏明 …………… 253
若林 亮 ………………… 59
若松 周平 ……………… 55
若松 伸司 ……………… 70
若山 直昭 …………… 253
脇 祐三 ……………… 138
脇元 一政 …………… 128
脇本 忠明 ……… 15, 18, 19
和久 俊雄 …………… 278
涌井 顕一 …………… 176
涌井 徹也 …………… 132
涌島 滋 ………………… 35
和気 泉 ………………… 41
和気 史典 …………… 190
ワケナゲル, マティス … 117
分山 達也 …………… 214
鷲尾 隆 ……………… 262
鷲谷 いづみ …… 103, 121
鷲野 正光 …………… 254

鷲見 弘一 …………… 201
ワシ類鉛中毒ネットワー
　ク ……………………… 86
早稲田 周 …………… 189
和田 英太郎 ………… 103
和田 克夫 …………… 201
和田 三郎 …………… 184
和田 淳 ………………… 81
和田 拓也 ……………… 81
和田 俊彦 ……………… 81
和田 昇 ……………… 133
和田 通夫 …………… 133
和田 陽一 ……… 265, 269
渡辺 昭央 …………… 260
渡辺 彰彦 …………… 133
渡部 朝史 …………… 131
渡辺 伊三郎 ………… 167
渡邉 泉 ………………… 23
渡辺 修 ……………… 230
渡辺 克哉 …………… 278
渡辺 其久男 ………… 186
渡辺 公徳 ……………… 80
渡辺 賢一 …………… 275
渡邊 健人 …………… 274
渡部 康一 …………… 127
渡部 貞良 ……………… 34
渡辺 茂樹 ……………… 75
渡部 繁則 …………… 128
渡部 順子 …………… 262
渡部 真也 ……………… 67
渡辺 征紀 ……………… 38
渡邊 隆久 ……………… 9
渡辺 扶 ……………… 192
渡辺 正 ………… 14, 260
渡辺 達也 …………… 202
渡辺 亜夫 …………… 241
渡辺 豪秀 ……………… 84
渡辺 徹志 ……………… 94
渡辺 徳二 …………… 171
渡辺 利夫 ……………… 82
渡辺 紀徳 ……… 242, 245
渡辺 利彦 ……………… 74
渡辺 富夫 ……………… 39
渡辺 智也 ……………… 54
渡辺 豊博 ……………… 77
渡部 教雄 …………… 200
渡辺 晴男 ……………… 89
渡辺 治道 …………… 166
渡辺 久由 …………… 226
渡辺 裕朗 …………… 177

渡辺 弘 ………………… 68
渡部 文人 ……………… 82
渡辺 真理 ……… 44, 59
渡辺 誠 ………………… 43
渡辺 守 ………………… 36
渡辺 光昭 ……………… 36
渡部 充彦 …………… 133
渡辺 祐二 ……………… 39
渡部 良久 ……… 172, 199
綿貫 豊 ……………… 102
渡部 忠世 …………… 121
綿森 力 ……………… 254
渡 真治郎 …………… 194
和知 登 ……………… 187
稚内新エネルギー研究会
　………………………… 162
ワトソン, ロバート …… 117
ワン, ウェン・シオン … 66

【英数】

Agusa,Tetsuro ………… 102
AIHO ………………… 235
Aikawa,Shin-Ichi ……… 101
AIM開発グループ ……… 87
Akashi,Nobuhiro ……… 101
ARIAV (Association for
　the Rights of Industrial
　Accident Victims) …… 72
ARTOK,Levent ……… 206
Asada,Masahiko ……… 100
Atul Sharma ………… 214
AVC社 ……………… 143
AVCネットワークス社 … 155
AVCネットワークス社津山
　工場 ………………… 154
AVCネットワークス社山形
　工場 ………………… 154
B.Bienkiewicz ……… 246
Batsleer,Jurgen ……… 101
Bekku,Yukiko Sakata
　………………………… 101
Bespyatko Lyudmyla … 215
Bjørnstad,Ottar N. …… 100
Blue Earth Project …… 113
Bornstein,Ira ………… 263
Cabe,Jerry L. ………… 244
Carta Design Studio …… 6
Champavére,Rémy …… 229
Chevron Phillips Chemical

CHE

Company LP 179
Chevron Research and Technology Company 172
Chikaraishi,Yoshito 101
Choe,Jae Chun 100
CRCソリューションズ 160
CSIRO Richard Sakurovs 209
DIC（株）北陸工場 153
Doi,Hideyuki 101
Dumeignil,Franck 178
Enari,Hiroto 97
ENEOSセルテック .. 163, 212
Eriksson,Britas Klemens 101
ezorock 85
Flexi DRILL Ltd. 237
Fomichova,Kseniya 26
FRANKE,Hans-Hurgen 207
Fujii,Toshio 102
General Electric Co. 257
GREEN ISLAND project team 6
HAB21イルカ研究会 ... 107
Halim Hamid 177
Hayashi,Fumio 100
Hayashi,Shigeru 244
Hikosaka,Kouki 100
Hillebrand,Helmut 101
Hirao,Toshihide 100
Hirayama,Daisuke 102
Hirose,Tadaki 100, 101
Hiroshima,Takuya 97
Hi Star Water Solutions LLC. 42
Hsin Yeh 9
Hyodo,Fujio 101
I.M. Pei 74
Ichihashi,Ryuji 101
Igeta,Akitake 101
IMPACTプロジェクトチーム 266
INAX 43, 139, 150
International Fuel Cells社 157
Irie,Mami 101
Isagi,Yuji 101
Itoh,Akira 102
J-WAVE 163
JFEエンジニアリング ... 209, 211, 233, 236, 237

JFEエンジニアリング新省エネ空調エンジニアリング部 技術グループ 90
JFE継手 233, 238
JFE工建 236
JFEスチール 90, 91, 208, 215, 249
JFE西日本ジーエス 249
JTB関西 162
JX日鉱日石エネルギー 163, 181, 215
JX日鉱日石エネルギー 新エネルギーシステム事業本部 91
Kabaya,Hajime 100
KAGEYAMA,Kagehiro 244
Kasei,Akiko 100
Kawamura,Kouichi 100
Kawarasaki,Satoko 101
Kim,Kil Won 100
Kimura,Hideo 244
King Fahd University of Petroleum and Minerals 279
Kishi,Kimihiro 244
Kobayashi,Kenji 244
Kohmatsu,Yukihiro 101
Kohzu,Ayato 101
Koike,Shinsuke 97
Kubo,Toshifumi 244
Kubota,Yasuhiro 100
Kusdiana,Dadan 208
Kuwae,Michinobu 102
Leslie E. Robertson 74
LI,Xian 216
Livingston,George F. 101
M.Asadullah 177
M.Ashraf Ali 177
M.S.スワミナサン研究財団 114
Makida,Mitsumasa 244
Manabe,Tohru 101
Maruyama,Atsushi 101
Masatake G.Araki 97
MATHRAX LLC. 7
Matsui,Kiyoshi 101
Méziére,Yves 229
Mitsuoka,Takeo 244
Miyagi,Hiroyuki 244
Miyashita,Tadashi 100
mmm 6
Murakami,Masashi 100

MUレーダーグループ 88
Nagashima,Hisae 101
Nagata,Toshi 101
Nakano,Takanori 101
Nakano,Takashi 101
Nakata,Yasushi 244
Nanami,Satoshi 102
Narangerel,Janchig 181
Narikawa,Akiyoshi 100
NECカスタムテクニカ 146
Niinemets,Ulo 101
NIPPOコーポレーション 84
Nishimura,Eriko 101
NKK 222
NKKエネルギーエンジニアリング本部 220
NKK技術開発本部 221
NKK福山製鉄所エネルギ技術室 221
Noguchi,Ko 101
Noh,Suegene 100
NOTE 7
NTTファシリティーズ 155
O'Rourke,Thomas D. 232
Ochiai,Keiji 100
Oda,Hirotaka 102
Ogawa,Nanako O. 101
Ohkouchi,Naohiko 101
Ohnishi,Hitoshi 101
Okajima,Yuki 101
OKAYAMA,Akira 244
OMOCHIRI 7
Onoda,Yukio 101
Onoda,Yusuke 100
ONSI社 157
Otuka,Akira 100
PETCHPRADAB, Phacharakamol 212
PHD協会 51
Philpott,Stacy M. 101
PHスタジオ 108
Rubach,Anja 101
Sakaguchi,Shota 101
Sakamaki,Haruka 97
Sakata,Tsuyoshi 101
Sakurai,Shogo 101
Sakurovs,Richard 177
Satake,Akiko 100
Saudi Aramco 279

Scott,Richard 248	Yonekura,Ryuji 100
Shakeel Ahmed 177	Yoshida,Makoto 244
Shimatani,Kenichiro	Yoshimizu,Chikage 101
.... 100, 101	YOSHINARI,Akira 244
Simiu,Emil 248	YOSHIOKA PLUS 7
SMARAG 7	Youth Water Japan 108
sono mocci 10	Zaréa,Mures 229
Suzaki,Emi 101	Zdravkovich,M.M. 248
Suzuki,Maki 100	Zul Ilham 212
Takemon,Yasuhiro 101	
TAMAKI,Hideki 244	
TAMUNAIDU,Pramila	
.... 214	
Tamura,Noriko 100	
Tanabe,Shinsuke 102	
Tanaka,Hirotaka 101	
Tanaka,Koichi 100, 244	
Tanaka,Tadashi 101	
Taneda,Haruhiko 101	
Tange,Takeshi 100	
Tani,Yukinori 102	
Tateno,Masaki 101	
Tatsuta,Haruki 101	
Tayasu,Ichiro 101	
TDK株式会社 甲府工場	
.... 163	
Tefu Wu 9	
Terashima,Ichiro 101	
Terazono,Hirofumi 244	
Tomohiro Nishizono 97	
TOTO 155	
Toyoda,Kazuhiro 102	
Tsugeki,Narumi K. 102	
Tsuji,Kazuki 101	
Tsuruzono,Sazo 244	
Uchii,Kimiko 100	
Ueda,Shingo 102	
UOPLLC 175	
Urabe,Jotaro 102	
Wada,Eitaro 101	
Wang,Wan-lin 102	
Wang,Wei 42	
Wells,Gary 244	
Widodo,Susilo 260	
WIN-Japan 273	
Yamada,Hideshi 244	
Yamakura,Takuo 102	
Yamamoto,Shin-Ichi 101	
Yamanaka,Takehiko 100	
Yamasaki,Michimasa	
.... 101	
Yanagi,Ryoji 244	
YKK株式会社黒部事業所	
.... 84	

環境・エネルギーの賞事典

2013年8月25日　第1刷発行

発　行　者／大高利夫
編集・発行／日外アソシエーツ株式会社
　　　　　〒143-8550 東京都大田区大森北 1-23-8 第3下川ビル
　　　　　電話 (03)3763-5241(代表)　FAX(03)3764-0845
　　　　　URL http://www.nichigai.co.jp/
発　売　元／株式会社紀伊國屋書店
　　　　　〒163-8636 東京都新宿区新宿 3-17-7
　　　　　電話 (03)3354-0131(代表)
　　　　　ホールセール部(営業)　電話 (03)6910-0519

　　　　　電算漢字処理／日外アソシエーツ株式会社
　　　　　印刷・製本／株式会社平河工業社

不許複製・禁無断転載　　《中性紙H-三菱書籍用紙イエロー使用》
<落丁・乱丁本はお取り替えいたします>
ISBN978-4-8169-2428-6　　Printed in Japan, 2013

本書はデジタルデータでご利用いただくことができます。詳細はお問い合わせください。

環境・エネルギー問題 レファレンスブック

A5・380頁　定価9,450円（本体9,000円）　2012.8刊

1990～2010年に刊行された、環境・エネルギー問題に関する参考図書を網羅した目録。事典、ハンドブック、法令集、年鑑、白書、統計集など2,273点を収録、目次・内容解説も掲載。

統計図表レファレンス事典 環境・エネルギー問題

A5・410頁　定価9,240円（本体8,800円）　2012.10刊

1997～2010年に国内で刊行された白書などに、環境・エネルギー問題に関する表やグラフなどの形式の統計図表がどこにどんなタイトルで掲載されているかを、キーワードから調べられる索引。白書・年鑑・統計集385種から7,237点を収録。

3.11の記録　東日本大震災資料総覧

山田健太・野口武悟 編集代表　「3.11の記録」刊行委員会 編　2013.7刊

震災篇　　A5・580頁　定価19,950円（本体19000円）
原発事故篇　A5・470頁　定価19,950円（本体19000円）

東日本大震災発生から2年間に刊行・掲載・発表された図書・雑誌記事、新聞の特集・連載記事、視聴覚資料（CD・DVD）を網羅した資料データ集。「震災篇」では地震・津波に関する資料9,562件を、「原発事故篇」では福島第一原発事故と事故の影響などに関する資料7,730件を収録。図書・雑誌記事は報道、体験記、防災などの見出しのもとに排列。新聞・視聴覚資料は時系列に一覧することができる。

富士山を知る事典

富士学会 企画　渡邊定元・佐野充 編

A5・620頁　定価8,800円（本体8,381円）　2012.5刊

世界に知られる日本のシンボル・富士山を知る「読む事典」。火山、富士五湖、動植物、富士信仰、絵画、登山、環境保全など100のテーマ別に、自然・文化両面から専門家が広く深く解説。桜の名所、地域グルメ、駅伝、全国の○○富士ほか身近な話題も紹介。

データベースカンパニー
日外アソシエーツ

〒143-8550　東京都大田区大森北1-23-8
TEL.(03)3763-5241　FAX.(03)3764-0845　http://www.nichigai.co.jp/